Hilfsbuch für Metalltechniker

Einführung in die neuzeitliche Metall- und Legierungskunde, erprobte Arbeitsverfahren und Vorschriften für die Werkstätten der Metalltechniker, Oberflächenveredlungsarbeiten u. a. nebst wissenschaftlichen Erläuterungen

Von

Georg Buchner

selbständiger öffentlicher Chemiker in München

Dritte
neubearbeitete und erweiterte Auflage

Mit 14 Textabbildungen

Berlin
Verlag von Julius Springer
1923

ISBN-13:978-3-642-89584-5 e-ISBN-13:978-3-642-91440-9
DOI: 10.1007/978-3-642-91440-9

Softcover reprint of the hardcover 3rd edition 1923

Vorwort zur dritten Auflage.

Dieses Buch will den Metalltechniker in die neuzeitliche Metall- und Legierungskunde einführen und soll demselben überall da ein verlässiger Berater sein, wo seine Arbeiten chemischer Hilfsstoffe oder chemisch-physikalischer Aufklärung bedürfen. Damit soll die Verwertung wissenschaftlicher Erkenntnisse für die praktische Arbeit betätigt werden.

Die mechanische Technologie wird hier nur gestreift oder insofern einbezogen, wenn hierbei chemische Hilfsstoffe nötig sind, wie z. B. beim Löten, Schweißen usw., oder wenn die Vorgänge dabei durch neuere Erkenntnisse in das Gebiet der physikalischen Chemie verlegt wurden, wie z. B. durch die Auffassung der Legierungen als feste Lösungen oder der Vorgänge bei der Werkzeugstahldarstellung (Härten, Anlassen usw.) als physikalisch-chemische Umwandlungen. Dadurch wurden die näheren Vorgänge dieser, seit alters empirisch ausgeführten Arbeiten aufgeklärt und die Beherrschung derselben angebahnt.

Die Metall- und Legierungskunde ist in den letzten Zeiten in ein neues Entwicklungsstadium getreten, welchem in diesem Buche nach Möglichkeit Rechnung getragen wurde. Es vollzieht sich in unseren Tagen das Ereignis, daß die Metalltechnik vom empirischen Arbeiten immer mehr zur wissenschaftlichen Behandlung des Materials übergeht und daß Praxis und Wissenschaft immer mehr von einander zu lernen sich bemühen. Durch diese Beziehung bietet sich eine erhöhte Fülle von neuen Möglichkeiten in der bunten Welt der Metalle und wertvolle technische Fortschritte lassen sich voraussehen durch neue Einsicht über die bisher verwendeten Legierungen, sowie deren Eigenschaftsbeeinflussung durch mechanische und Wärmebehandlung und die Anwendung von bisher wenig oder nicht benützten Metallen und Metallkombinationen. So scheint das Leichtmetall Aluminium, welches nach der, erst 1888 gelungenen großtechnischen Herstellung nur zögernd von der Technik aufgenommen, dann nach Enttäuschungen vielfach wieder zurückgestellt wurde, durch die neuen Erkenntnisse als Nutzmetall gleich die Stelle nach dem Eisen einzunehmen, ebenso für sich allein im reinsten Zustande als auch in seinen Legierungen mit geringen Mengen anderer Metalle, wie ja auch das Eisen nur durch seine Legierung mit Kohlenstoff u. a. verwendbar ist.

Auch die in unseren Tagen erhöhte Notwendigkeit der verschiedenen Oberflächenveredlungsarbeiten fordert vom Metalltechniker vermehrte Kenntnisse, welche dieses Buch vermitteln will. Durch die neuen Fortschritte wird bewirkt werden, daß viele rein handwerksmäßig ausgeführte Arbeiten rationell und mit dem größtmöglichsten Nutzeffekt, also dem geringsten Energieaufwand und dem besten Güteverhältnis geleistet werden können.

Wer das innere Wesen seiner Arbeit erkennt, und über die mechanische Tätigkeit hinaus mit seinen Gedanken an dieselbe herantritt, wird mit Lust und Liebe seiner Arbeit leben und sich als eine selbständige Kraft bewähren. Die erworbenen Kenntnisse werden ihn zur sorgsamen Ausführung all seiner Arbeiten führen, er wird die Bedingungen haben, zu besten Leistungen und zur möglichst vollkommenen Betriebsführung.

Dem Herrn Verleger spreche ich für die treffliche Fürsorge, welche er meiner Arbeit entgegenbrachte, den verbindlichsten Dank aus.

München, im Herbst 1922. **Georg Buchner.**

Vorwort zur zweiten Auflage.

Dieses Buch, das der Gewerbeförderung dienen soll, tritt an die Stelle des von mir verfaßten und in gleichem Verlage erschienenen Büchleins »Rezepte für die Werkstättenpraxis der Metalltechniker«.

Seit dieser Zeit sind auf dem Gebiete der Metalltechnik in jeder Richtung vielfache Fortschritte gemacht worden, insbesondere hat die »wissenschaftliche Metallkunde«, die »Metallographie«, eine bedeutende Entwicklung erfahren.

An Stelle der auf empirischer Erfahrung gegründeten Vorschriften und alter unverstandener Rezepte traten immer mehr wissenschaftlich begründete Arbeitsverfahren; auch stehen dem Metalltechniker gegen früher eine Fülle von Metallkombinationen und neuen Hilfsmitteln bei der Bearbeitung derselben zu Gebote. Seit z. B. die beim Härten und Anlassen des Stahles stattfindenden Prozesse aufgeklärt sind, sind die althergebrachten, geheimnisvollen Rezepte zur Herstellung der Härtungsflüssigkeiten u. dgl. hinfällig geworden; oder wenn alte Meister, um die Widerspenstigkeit des Borax beim Löten zu besiegen, denselben mit Scheidewasser (Salpetersäure) benetzten, so lag ein empirisches Rezept vor, ein erfahrungsgemäß bewährtes Hilfsmittel; dasselbe ist unnötig, seit man den Sinn dieses Verfahrens erkannt hat und an Stelle des Borax ein alkaliärmeres Borat, das sogenannte »Borsäurewasserglas« setzen konnte.

Man kann in zweifacher Weise das Gewerbe fördern; erstens durch Vermittlung direkt erprobter Arbeitsmethoden und neuer verbesserter Hilfsmittel, und zweitens durch Aufklärung über die bei den Arbeiten vor sich gehenden Prozesse chemischer oder physikalischer Natur.

Indem ich in beiden Richtungen Wissen zu vermitteln mich bemühte, hoffe ich, die Metalltechniker an Kenntnissen und Erkenntnissen zu bereichern, ihre Arbeit zu erleichtern und die Freude an derselben zu erhöhen.

Dem Herrn Verleger möchte ich an dieser Stelle für sein Bemühen das Werkchen, das während der Arbeit weit über den vorhergesehenen Umfang hinauswuchs, in diesen schweren Zeiten herauszugeben, meine Anerkennung und besten Dank aussprechen.

München, im Juli 1916.

Georg Buchner.

Inhaltsverzeichnis.

Hygiene des Metalltechnikers[1]).

Die Arbeiten des Metalltechnikers bergen mancherlei Gefahren für die Gesundheit und damit für das Leben des Ausführenden in sich. Abgesehen von den vielen Gelegenheiten zu mechanischen Verletzungen, ist die Zahl der in den Arbeitsstätten der Metallgewerbe zur Verwendung kommenden starkwirkenden bzw. giftigen Hilfsstoffe eine große.

Eine erste hygienische Forderung für die Arbeiten jeglichen Betriebes lautet:

Hüte dich vor allen Schädigungen deiner Gesundheit und damit deines Lebensbestandes, die deinen beruflichen Arbeiten entspringen und durch Voraussicht und Vorsichtsmaßregeln vermieden werden können.

„Verhüten ist leichter als Wiedergutmachen."

Rüste dich mit dem nötigen Wissen aus, und wende das Wissen entsprechend auch an. Nur der Wissende kann allen Gefahren erfolgreich begegnen.

„Wissen ist Schutz und Macht."

Die Unfallverhütungsvorschriften der Berufsgenossenschaften geben ja die nötigen Verhaltungsmaßregeln.

Doch dürfte es nicht unangebracht sein, folgendes auszuführen.

Bei allen Arbeiten, welche ihrer Natur nach mechanische Verletzungen veranlassen können, z. B. bei Bearbeitung harter, spröder Metallarbeitsstücke, sind geeignete Schutzmittel (Brillen, Masken, Schutzschirme, Schutzglas — Triplexglas u. dgl.) anzuwenden.

Es werden ferner in der Metalltechnik Metallsalze und viele Stoffe verwendet, die starke chemische Wirkungen auf den Organismus ausüben, d. h. sofort oder nach einiger Zeit tiefgehende Veränderungen, schwere, ja oft nicht mehr rückgängig zu machende Funktionsstörungen und damit den Tod verursachen.

Die Wirkung dieser Stoffe findet auf die Haut und durch die Haut, die Schleimhäute, den Magen, Darm, die Luftwege (Lunge) statt. In Betracht kommen vor allem feste, flüssige und gasförmige Stoffe, von denen die ersten besonders auch in Staubform den Körper schädigen können, indem sie, durch die Gewebszellen und Säfte löslich gemacht, in den Körper übergeführt werden.

Wenn sich bei manchen dieser Stoffe auch nicht gleich Vergiftungserscheinungen zeigen, so treten solche doch nach einiger Zeit sicher auf. Da diese giftigen Stoffe nicht zu umgehen sind, muß durch vorsichtige Behandlung deren mögliche Schädigung auf das kleinste Maß beschränkt werden.

Man benutze Arbeitsräume, die frei von Schädlichkeiten gehalten werden, mit Ventilatoren und Abzügen für giftige Gase und Dämpfe versehen sind, Respiratoren bei Staub verursachenden Stoffen, Gasschutzmasken oder imprägnierte Schwämme gegen giftige Gase und Dämpfe, Handschuhe aus

---

[1]) Siehe auch: „Erste Hilfe bei vorkommenden Unfällen" am Schlusse des Buches. S. 356.

Gummi bei Stoffen, welche die Haut angreifen oder durchdringen (Ätzkali, Zyankalium u. a.), Brillen bei Stoffen, welche verspritzen können usw.

Beim Ausgießen von Säuren und Laugen aus Ballons oder anderen Gefäßen sind gewisse Vorsichtsmaßregeln zu beobachten, um ein Verspritzen zu vermeiden (Kipper, Heber usw.). Die Heber dürfen niemals durch Ansaugen mit dem Munde in Tätigkeit gesetzt werden. Besondere Vorsicht ist beim Arbeiten mit feuergefährlichen, leicht entzündlichen Stoffen, wie Benzin, Terpentinöl u. dgl., geboten. Irgendwelche Lösungen dürfen nie in die sonst als Trinkgefäße benutzten Gläser, Steinkrüge usw. gegeben werden.

Auch sind die Metalle an sich keineswegs harmlose Stoffe; doch treten ihre Wirkungen zumeist erst dann kräftig in die Erscheinung, wenn dieselben aus dem metallischen Zustand in die Ionenform (Metallsalze) übergegangen sind. Doch geht aus neueren Untersuchungen hervor, daß die gediegenen Metalle, vor allem Kupfer, Messing, Zink, Eisen, Blei (weniger Nickel) imstande sind, pathogene Mikroorganismen abzutöten, weshalb es zweckmäßig erscheint, Türklinken, Treppengeländer, Handgriffe aller Art aus solchen Metallen herzustellen, da dadurch die Kontaktinfektionen verhindert werden.

Man behandle, wenn nähere Kenntnisse fehlen, alle Stoffe und Zusammensetzungen so vorsichtig, als ob sie giftig wären, gewöhne sich an peinliche Sauberkeit und vermeide es, die Stoffe oder Lösungen mit den Händen zu berühren. Kommen dennoch Stoffe mit der Haut in Berührung, entferne man sie durch rasches Abwaschen mit Wasser.

Insbesondere gilt dies für diejenigen Zusammensetzungen, welche Blei, Quecksilber, arsenige Säure oder Zyankalium enthalten.

Man bedenke, daß die Haut stets kleine Verletzungen, Risse usw. aufweist, durch welche die Gifte eindringen können.

Man hüte sich vor allem:

1. vor den stark ätzenden Wirkungen, welche konzentrierte Säuren und Laugen auf der Haut verursachen;

2. vor der Einatmung von Blausäure, Säuredämpfen aller Art, den Arbeiten mit Salpetersäure entstammenden nitrosen Gasen, Arsenwasserstoff (Einwirkung von Metallen auf arsenhaltige Säuren), Schwefelwasserstoff usw.;

3. vor der Giftwirkung von Chemikalien aller Art, Metallsalzen, Zyankalium usw.

Zyankalium und zyankaliumhaltige Zusammensetzungen sollen nicht mit Säuren oder sauren Flüssigkeiten zusammengebracht werden, da sonst die furchtbar giftige Blausäure dampfförmig entweicht, welche eingeatmet sofort tödlich wirkt.

Auch wollen wir nicht versäumen, auf die notwendige Vorsicht beim Umgehen mit Quecksilber hinzuweisen. Man hüte sich, Quecksilber zu verschütten; denn da man dieses kaum vollständig auflesen kann und dasselbe schon bei gewöhnlicher Temperatur dampfförmig wird, d. h. langsam sich verflüchtigt, so befindet man sich immer in einer quecksilberhaltigen Luft, welche im Laufe der Zeit die Gesundheit ernstlich gefährden kann.

Es sei noch hingewiesen auf die Möglichkeit der Gesundheitsschädigung durch Benzoldämpfe (benzolhaltige Anstriche), Methylalkohol (Lacke, mit Methylalkohol hergestellt), Amylazetatdämpfe (Zapon) und die Wirkung der Nickelbäder auf die Haut (sog. Nickelflechte).

Auch die neuerdings zur Herstellung von Zelluloidlacken (Zapon) und Azetylzelluloselacken (Zellon) verwendeten Lösungsmittel, wie Äthylenchlorid, Äthanchlorid, Tetrachlorkohlenstoff, Chloroform, Tetrachlorazeton (Azetylentetrachlorid), Dichlorhydrin, Azeton sind nicht unbedenklich. Solche Lacke sind unter dem Namen Aviatol, Emaillit, Novaria, Alanol usw. im Handel. Es treten besonders beim längeren Arbeiten damit Gesundheitsstörungen auf, die sich in rauschartigen Zuständen, Schwindelgefühl, Kopfschmerzen, Erbrechen, motorischen und sensiblen Störungen bemerkbar machen.

An erster Stelle der Giftigkeit steht das Tetrachloräthan (Azetylentetrachlorid).

Auch Petroleum und die Petroleumkohlenwasserstoffe sind in hygienischer Beziehung gar nicht so harmlos, als allgemein angenommen wird (z. B. Benzin, Paraffin, Schmieröle usw. [Petroleumvergiftung und Paraffinkrätze]), ebenso die als Ölersatzstoffe gebrauchten Teeröle. Besonders sind Hautschädigungen beobachtet worden durch Ersatzschmieröle, Bohröle, Kühlmittel, welche Teer- und Naphthalinprodukte enthielten, desgleichen durch Kriegsvaseline und Kriegsparaffin.

Hierzu sei noch bemerkt, daß die schädlichen bzw. giftigen Wirkungen der in Frage kommenden Stoffe nicht immer sofort auftreten müssen, sondern, wenn kleine Mengen längere Zeit dem Körper zugeführt werden, sich erst nach längerer Zeit bemerkbar machen können; so äußert z. B. das Blei[1]) seine gesundheitsschädliche Wirkung in tückischer Weise, indem es ohne warnende Erscheinungen längere Zeit in geringer Menge in den menschlichen Organismus eingeführt werden kann, ohne daß Vergiftungserscheinungen zutage treten; ja selbst wenn eine solche Vergiftung sich zu äußern beginnt, können die Symptome so unbestimmt sein, daß es für den Arzt äußerst schwierig ist, die Krankheit zu erkennen, ehe unheilbares Siechtum eingetreten ist[2]). Ähnlich verhält es sich mit dem Quecksilber. Diese Metalle werden auch äußerst langsam und schwierig aus dem Körper mit den Sekreten und Exkreten entfernt und bleiben jahrelang in den Organen des Körpers aufgespeichert. Am wenigsten giftig wirkt das Kupfer und seine Salze; dieselben wirken brechenerregend und werden dadurch selbsttätig aus dem Körper entfernt. —

Es sei hier auch verwiesen auf die auf der »Sonderausstellung von Einrichtungen zum Schutze der in Metallbrennen und Metallbeizereien beschäftigten Personen gegen die schädlichen Wirkungen der nitrosen Gase« (Abteilung der Ständigen Ausstellung für Arbeiterwohlfahrt, Reichsanstalt, Berlin-Charlottenburg) vorgeführten Einrichtungen und Veröffentlichungen. Außer den Einrichtungen, durch welche die nitrosen Gase beseitigt werden können, sind auch die Vorkehrungen zu beachten, die dazu dienen, der Entstehung solcher Gase vorzubeugen, z. B. Abfüllvorrichtungen und Transportgefäße für Salpetersäure, säurefeste Fußböden usw.[3])

Am Schlusse dieses Buches befindet sich ein Verzeichnis solcher Werke, welche eingehend die Hygiene des Metalltechnikers behandeln und bestens empfohlen werden können.

Das Wichtigste aus der Metallkunde.

Die gesamte Metalltechnik, von der Gewinnung der Metalle angefangen bis zu deren vielgestaltigsten Verarbeitung, ist von steigender Bedeutung für unsere Gesamtwirtschaft.

Der Bergbau liefert das von uns in der Natur aufgefundene Urmaterial, in welchem die Metalle enthalten sind, die Erze. Diese werden entweder direkt oder

---

[1]) Siehe Erläuterungen zu dem Reichsgesetz betreffend den Verkehr mit blei- und zinkhaltigen Gegenständen, S. 104.

[2]) Neuerdings ist es möglich, durch die Untersuchung des Blutes das Vorhandensein einer Bleierkrankung schon in frühem Stadium nachzuweisen.

[3]) Siehe auch: Grundsätze für die gewerbepolizeiliche Überwachung der Metallbeizereien und nitrosen Gase in Metallbeizereien (Metallbrennen), Kapitel: Beizen und Reinigen, S. 229.

nach vorhergegangenen mechanischen Anreicherungsverfahren, der sog. Aufbearbeitung, den metallurgischen oder sog. Hüttenbetrieben zur Herstellung der Metalle übermittelt. Die Metallurgie liefert dann die Metalle in mehr oder weniger reinem Zustande für die Metalltechnik. Diese nimmt die weitere Veränderung mit den Metallen vor, also z. B. die Herstellung von Legierungen, deren Verarbeitung und Formgebung, Oberflächenveredlungsarbeiten usw.

Die Metalltechnik ist eng verbunden mit der Metallkunde; diese befaßt sich mit den vielseitigen Eigenschaften der Metalle und Legierungen, den Verfahren ihrer mannigfachen Verarbeitung durch Schmelzen, Gießen, Schmieden, Walzen, Ziehen usw. und mit der wissenschaftlichen Aufklärung der Prozesse der technischen Verarbeitung und der dabei stattfindenden Zustandsänderungen der Metalle und Legierungen.

Der dadurch erreichte tiefere Einblick in das Wesen dieser Vorgänge führt zu Verbesserungen und Neuerungen der Arbeitsverfahren und zur größeren Sicherheit in den Betrieben.

Die während des Krieges technisch und wissenschaftlich notgedrungen erarbeiteten Erfahrungen haben reichliche Früchte gezeitigt und man kann sagen, daß unsere Metall- und Legierungskunde in gewisser Richtung in eine neue Entwicklungsphase eingetreten ist. Insbesondere lernt man immer mehr die technisch wichtigen Zustandsänderungen der Metalle und Legierungen erkennen und beherrschen, welche dieselben durch mechanische Bearbeitung (Härtung — Festigung) und durch Wärmebehandlung (Wärmezufuhr und Wärmeabfuhr = Abkühlung = Entfestigung bzw. Festigung) erleiden Diese spielen eine so große Rolle, daß man für gewisse Legierungen sagen kann, daß die Art der Legierung von geringerer Bedeutung ist als die Art der Durchführung der mechanischen und Wärmebehandlung.

Es ist ein glückliches Zusammentreffen, daß gerade zu der Zeit, in der die gesamte vielgestaltige Metalltechnik von steigender Bedeutung für unsere Gesamtwirtschaft wird, derselben durch die neuzeitige rasche Entwicklung der wissenschaftlichen Metallkunde ein mächtiger Helfer zur Seite steht. Die Metalltechnik wird immer mehr angewiesen sein, Qualitätsware auf einfachste, sicherste und billigste Weise herzustellen.

Niemals hat der Metalltechniker diese Hilfe für seine Arbeiten nötiger gehabt als heute.

Das eifrige Suchen während der Kriegsnöte nach der Verwendung von Ersatz- und Sparmetallen, das sind solche, die wir im eigenen Lande aus unseren Bodenschätzen gewinnen können, hat nicht nur vielfache Lösung dieser Probleme gebracht, sondern es wurden durch diese wissenschaftlich und praktisch ausgeführten Arbeiten auch viele neue Möglichkeiten erschlossen (siehe auch bei Ersatzmetallen).

Die neueste Metallkunde lehrt uns unsere alten, seit Jahrhunderten bekannten und angewandten Metalle und Legierungen näher kennen, gibt uns in neuen Legierungen wertvolle Hilfsstoffe, bei denen früher kaum oder wenig angewandte Metalle verwendet werden, welche noch dazu aus einheimischem Material gewonnen werden können. Lange Zeit begnügte man sich mit einfachen Rezepten für die Herstellung von Legierungen. Der erste Fortschritt war dann die analytische Kontrolle der Metalle und Legierungen und man glaubte die meisten Eigenschaftsänderungen derselben auf Verunreinigungen mit anderen Metallen usw. zurückführen zu können. Darauf folgte, für die Technik äußerst wichtig, die systematische Untersuchung der physikalischen Eigenschaften, insbesondere Prüfungsverfahren zur Bestimmung der Festigkeit, der elastischen Konstanten usw. Ein gewaltiger Fortschritt ergab sich dann aus der Auffassung der Legierungen als feste Lösungen und der Anwendung der für diese geltenden Lehren, der physikalischen Chemie (Thermoanalyse), weiter durch die Verwendung des Mikroskops bezüglich der Vorgänge der Kristallisation und Bildung der einzelnen Gefügebestandteile, sowie die Untersuchung der letzteren, hinsichtlich ihrer Veränderung, bei der verschiedenen mechanischen und thermischen Behandlungsweise. Neuerdings werden diese Untersuchungen noch gefördert durch die Verwendung der Untersuchung mit Röntgenstrahlen.

Während früher die nähere Konstitution der Metallegierungen kaum berücksichtigt wurde, haben gerade diese Erkenntnisse auf dem Gebiet des Gefüges der Legierungen der modernen Metallindustrie zu großem Erfolge verholfen. Technik und Wissenschaft haben sich gegenseitig gefördert. Während aber bisher die großen Errungenschaften der großen industriellen Werke in praktisch wissenschaftlicher Richtung geheim gehalten wurden, werden in neuerer Zeit diese Erkenntnisse allgemeiner verbreitet. Wichtig war vor allem auch die Möglichkeit hohe Temperaturen genau zu messen.

Wir kommen immer mehr dazu, das Leben der Metalle und ihr ganzes Wesen zu verstehen. Es handelt sich um die Erscheinungen der Umwandlungen und Zustandsänderungen (Polymorphien und Allotropien), welche beim Abkühlen der erstarrten Legierungen gesetzmäßig, je nach der Temperatur und Abkühlungszeit, auftreten, dann um die näheren Legierungsbestandteile, welche abweichende Eigenschaften gegenüber den Bestandteilen zeigen, aus denen sie zusammengesetzt sind, nämlich die Eutektika, Mischkristalle und die chemischen Metallverbindungen. Es wurde die systematische Erforschung der kritischen und der zwischen ihnen liegenden gemischten Eigenschaften der Legierungen ermöglicht; man kommt zu einem bewußten Variieren der Härte, Elastizität, des Schmelzpunktes, der Eigenschaftsänderungen beim Härten, Abschrecken und Tempern gewisser Legierungen bei gewissen Temperaturgraden. An Stelle des früheren empirischen Herumprobierens trat die systematische Arbeit. Neuerdings steht im Vordergrund des Interesses die systematische Erforschung der seit alter Zeit bekannten Tatsache, daß man durch mechanische Behandlung die Eigenschaften der Metalle weitgehend verändern, bzw. verbessern oder veredeln kann. Schon in alter Zeit wurden die Schmiede gerühmt, welche es besonders gut verstanden, vorzügliche Schwerter zu schmieden. Aber es handelte sich mehr um gefühlsmäßige Erfahrungen Einzelner, welche anderen nicht übermittelt werden konnten. Allerdings ist auch heute die Frage, wie die Metalle bei bestimmten Bearbeitungsverfahren ihre Eigenschaften verbessern, noch lange nicht gelöst, trotz vieler Arbeiten der letzten Jahre (siehe später, S. 8).

I. Allgemeines über die Metalle und Legierungen.

A. Die Metalle.

Mit den Metallen formt und meistert der Metalltechniker seit alter Zeit Stoffe von äußerst merkwürdigen, vielgestaltigen Eigenschaften. Äußerlich das Bild des Festen und Starren darbietend, haben die Metalle ihr eigenes bewegtes, formenreiches Innenleben, so daß sie in den meisten Fällen noch nicht zur Ruhe gekommen sind. Den Metallen wohnt eine bedeutende Menge aufgespeicherter Energie (chemische Energie) oder Arbeitsmöglichkeit inne, welche wir beim Oxydations- oder Verbrennungsprozeß oder beim Lösungsvorgang umgeformt in Wärme (Wärmeenergie), in der Anordnung der elektrischen Ketten (sog. galvanischer Elemente), transformiert in elektrische Energie (elektrischer Strom), in die Erscheinung treten sehen.

Die elementaren Stoffe, welche uns in der „metallischen Zustandsform“ erscheinen, die Metalle, unterscheiden sich von den nichtmetallischen Stoffen durch eine Reihe gemeinsamer Eigenschaften; sie bilden hinsichtlich ihres Verhaltens in optischer, thermischer, elektrischer, mechanischer und chemischer Beziehung eine große Gruppe technisch äußerst bedeutungsvoller Stoffe. In zusammenhängenden Massen sind die Metalle ausgezeichnet durch ihre Undurchsichtigkeit, ihren Glanz (Metallglanz), ihre Farbe (Oberflächenfarbe — Metallreflex), ihre bedeutende Leitungsfähigkeit für die Wärme und die Elektrizität sowie durch ihre mechanische Bearbeitbarkeit.

Die Metalle erscheinen mit Ausnahme des Quecksilbers in der festen Formart; sie sind schmelzbar und bei höheren Temperaturen vergasbar. Die Metalle sind mehr oder weniger leicht deformierbar, d. h. sie können durch mechanische Bearbeitung eine Formveränderung erleiden, ähnlich wie die Flüssigkeiten. Diese technologisch wichtige Eigenschaft der Plastizität, welche eine Formgebung durch Pressen, Schmieden, Auswalzen zu Blech, Ziehen zu Draht (Duktilität) usw. gestattet, ist zwar nicht den Metallen allein eigen, jedoch bei diesen Stoffen am ausgeprägtesten und für die Technik am bedeutsamsten. Die Nichtmetalle der festen Formart dagegen sind spröde Stoffe; zwischen diesen und den Metallen stehen die früher Spröd- oder Halbmetalle genannten Stoffe (Arsen — Antimon — Wismut). Dem spezifischen Gewichte nach unterscheidet man die Leichtmetalle, deren spezifisches Gewicht unter 5,0 liegt, von den Schwermetallen mit einer Eigenschwere über 5,0. Nur letztere kommen als solche, mit Ausnahme des Aluminiums und Magnesiums, neuerdings auch des Baryums, Kalziums und Natriums für den Metalltechniker in Betracht. Die Schwermetalle kann man nach ihrer Schmelzbarkeit in drei Gruppen bringen:

1. leicht schmelzbare Schwermetalle: Zink, Kadmium, Quecksilber, Blei, Zinn, Wismut;

2. schwerer schmelzbare Schwermetalle: Kupfer, Silber, Gold;

3. strengflüssige Schwermetalle: Chrom, Wolfram, Molybdän, Mangan, Nickel, Kobalt, Eisen und die Platinmetalle.

Das große Leitungsvermögen für die Wärme und Elektrizität ist für die verschiedenen Metalle verschieden.

Die Metalle leiten (das ist das wichtigste Kriterium für den metallischen Zustand) den elektrischen Strom bzw. die Elektrizität metallisch (Leiter I. Klasse), d. h. im Gegensatz zu der sog. elektrolytischen Leitung (von Säuren, Basen und Salzen, sog. Elektrolyte) ohne gleichzeitigen Transport von Stoff- bzw. Metallteilchen. Die metallische Leitung besteht darin, daß sich innerhalb der Metalle, ohne stoffliche Veränderung derselben „Elektronen“ (Elektrizitätsatome) frei fortbewegen (elektrischer = Elektronenstrom). Diese freien Elektronen sind die Ursache der Leitfähigkeit. Durch den Leitungswiderstand wird ein Teil der elektrischen Energie in Wärmeenergie übergeführt.

Man nimmt bei den Metallen in den Molekülen festsitzende und frei bewegliche Elektronen an. Erstere bedingen die Lichtabsorption, letztere die Leitfähigkeit (Leitungselektronen). Die optische Undurchsichtigkeit der Metalle oder des metallischen Zustandes wird darauf zurückgeführt, daß die Metalle auch gegenüber so schnellen elektrischen Schwingungen, wie es die Lichtschwingungen im Sinne der elektromagnetischen Lichttheorie sind, sich als gute Leiter erweisen. Die große elektrische Leitfähigkeit der Metalle erklärt sich durch die große Elektronenkonzentration. Nach unseren heutigen Vorstellungen bewirken die Elektronen nicht nur die Stromleitung innerhalb der Metalle, sondern auch den Wärmeausgleich innerhalb eines Metalles.

Je dünner ein Metalldraht ist, desto größer — je dicker derselbe erscheint, desto geringer ist sein Widerstand dem elektrischen Strome gegenüber. Das elektrische Leitvermögen der Metalle entspricht relativ genau ihrem Wärmeleitungsvermögen. Nach beiden Eigenschaften geordnet erhält man dieselbe Reihenfolge der Metalle. Mit steigender Temperatur steigt der Widerstand und vermindert sich das elektrische Leitvermögen der Metalle.

Reine Metalle leiten Elektrizität besser als Legierungen, selbst minimale Zusätze, z. B. von Silber zum Kupfer, setzen dessen Leitfähigkeit herab.

Die Metalle gehören zu den Stoffen, welche alle Strahlen des Lichtspektrums sehr stark, wenn auch nicht alle gleich absorbieren und auch sehr stark reflektieren, d. h. zurückwerfen; aber ebenfalls wieder alle Teile des Spektrums in annähernd gleicher Stärke, so daß eine Farbwirkung deswegen im allgemeinen nicht zustande kommt. Die Farben[1]), welche die Metalle zeigen, sind im Gegensatz zu den Körperfarben (Absorptions- oder Durchlaßfarben) sogenannte Oberflächenfarben (Metallreflexion) evtl. auch sogenannte Schillerfarben. Mit Ausnahme des gelben Goldes und des roten Kupfers besitzen die Metalle eine weiße Farbe, in den verschiedensten Nuancierungen von silberweiß bis rötlichweiß.

Unter der Gruppe der edlen Metalle (Quecksilber, Silber, Gold, Platin, Palladium, Osmium, Iridium) faßt man die Metalle zusammen, welche sich weder bei gewöhnlicher noch bei höherer Temperatur unter gewöhnlichem Drucke direkt mit Sauerstoff verbinden (oxydieren). Im Gegensatze hierzu verlieren die übrigen, die sog. unedlen Metalle, bei gewöhnlicher Temperatur an der feuchten Luft unter Bildung entsprechender Sauerstoffverbindungen (Oxyde) ihre blanke Oberfläche, sie laufen an, oxydieren sich (rosten) und tun dies in gesteigertem Grade im erhitzten oder geschmolzenen Zustande (Metalloxydbildung, sog. Metallaschen).

Die Metalle besitzen eine bestimmte, für jedes Element charakteristische Affinität zum Sauerstoff. Diese ist am größten bei den Alkalimetallen, am geringsten bei den Edelmetallen. Zwischen der Oxydationstendenz und dem elektromotorischen Verhalten der Metalle besteht ein gewisser Parallelismus (s. S. 84).

Ihrem chemischen Verhalten nach (Verhalten gegen Wasser und Säuren) unterscheidet man die Metalle in drei Gruppen:

1. Die Leichtmetalle zersetzen das Wasser unter Entwicklung von Wasserstoff.

2. Die unedlen Schwermetalle zersetzen das Wasser nicht bei gewöhnlicher Temperatur, lösen sich aber in verdünnten Säuren unter Wasserstoffentwicklung.

3. Die edlen Schwermetalle werden erst von konzentrierten Säuren angegriffen.

Die Metalle gehen unter Abgabe von Elektronen (sie bestehen aus Metallionen und „Elektronen") als positive Ionen (Kationen) in Lösung (Lösungsvorgang), und umgekehrt kehren die letzteren durch Aufnahme von Elektronen in den metallischen Zustand zurück — Abscheidung der Metalle aus ihren Verbindungen, sei es durch den elektrischen Strom oder leichter Elektronen abgebender Stoffe (Elektronenzufuhr). Das Bestreben, „Elektronen" abzugeben oder aufzunehmen, ist von seiten der Metalle bzw. Metallionen ein sehr verschiedenes. Die unedlen Metalle geben leicht, die edlen Metalle schwieriger Elektronen ab (s. S. 84).

Die Metalle besitzen eine kristallinische Struktur und haben großes Kristallisationsvermögen. Sie bestehen im erstarrten Zustande aus einem Gemenge einzelner Kristallteilchen und Kristallverbände, sog. Kristalliten. Dieses

[1]) Siehe G. Buchner, Die Metallfärbung. 6. Auflage. Berlin, M. Krayn 1920.

Kleingefüge, diese Zusammenhäufung von Kristallkörnern, hat bei den einheitlichen Metallen, wie z. B. Kupfer u. a., große Ähnlichkeit mit dem Aufbau der einfachen kristallinischen Mineralien, wie z. B. Marmor u. a. In manchen Fällen ist diese kristallinische Struktur mit freiem Auge sichtbar, so daß, wenn man z. B. ein Metallstück durch schnellen Schlag entzweischlägt, die erhaltenen Bruchstücke ein ausgesprochenes, mehr oder weniger feines kristallinisches Gefüge deutlich erkennen lassen; in den meisten Fällen, besonders bei mechanisch bearbeiteten, z. B. gewalzten Metallen, kann diese kristallinische Struktur erst durch das Mikroskop und da meist erst nach vorhergehendem Anätzen eines polierten Schliffes durch Säuren in die Erscheinung gebracht werden. (Mikroskopische Struktur der reinen Metalle s. bei Legierungen S. 12.)

Die Art und Größe dieser Metallkristallverbände spielt für die mechanischen Eigenschaften und die technische Verbindung eine ausschlaggebende Rolle. Diese Metallstruktur kann durch mechanische Bearbeitung, wie Walzen, Ziehen, Schmieden usw., sowie durch entsprechende Wärmebehandlung (Glühen, Abkühlen) weitgehend beeinflußt und den Ansprüchen bei den technischen Verwendungen angepaßt werden; so ist z. B. die Festigkeit eines Metalles um so größer, je kleiner dessen Kristallverbände sind. Deshalb sind rasch abgekühlte Metalle (abgeschreckte) fester als langsam erkaltete, weil sie aus sehr kleinen, unausgebildeten Kristallen bestehen; ebenso werden beim mechanischen Bearbeiten der Metalle, beim Ziehen eines Drahtes oder Auswalzen zu Blech die Kristallverbände in kleinere Teile zerlegt, was erhöhte Festigkeit zur Folge hat, unter Verlust der Geschmeidigkeit. Umgekehrt findet beim Ausglühen und langsamen Abkühlen eine Neukristallisation statt, die Kristallverbände vergrößern sich, indem die größeren auf Kosten der kleineren wachsen. Hieraus ist zu ersehen, daß die physikalisch-mechanischen Eigenschaften ein und desselben Metalles oder einer Legierung mit dessen stofflicher Bezeichnung, wie z. B. Kupfer, Messing u. a. noch lange nicht eindeutig festgelegt, sondern bedingt sind durch die verschiedene Behandlung, der das betreffende Metall oder die Legierung ausgesetzt gewesen ist.

Durch diese Erkenntnisse bezüglich der Struktur der Metalle und der Bedingungen, sie beliebig zu erhalten und zu verändern, erhält der Techniker die Mittel in die Hand, Metalle und Legierungen in dem jeweils gewünschten Zustand zu erhalten. —

Es seien hier die Faktoren, welche von bestimmendem Einfluß auf die physikalischen Zustandsformen und damit die mechanischen Eigenschaften der Metalle sind, zusammengefaßt und kurz erläutert. Nähere Ausführungen siehe später bei: Schmelzen, Gießen, Mechanische Bearbeitung, Wärmebehandlung, Härten usw. auch S. 86.

Die mechanischen Eigenschaften eines Metalles oder einer Legierung sind abhängig (siehe auch später):

1. von der Reinheit eines Metalles oder einer Legierung (Abwesenheit von verunreinigenden Stoffen),

2. von der Art der Gewinnung oder Herstellung,

3. von der jeweiligen Zustandsform (Modifikation), in der ein Metall auftritt (Polymorphie),

4. von dem durch mechanische Bearbeitung festgelegten Kleingefüge,

5. von der durch Wärme- (bzw. Kälte-) Behandlung erzielten Struktur.

Diese Variationsmöglichkeiten, sofern sie mit einer Verschlechterung der Eigenschaften verbunden sind, werden auch unter dem Begriff der Metallkrankheiten zusammengefaßt.

Zu 1. Geringe Mengen fremder Metalle oder anderer Stoffe bewirken oft bedeutende Eigenschaftsveränderungen teils im verbessernden, teils im verschlechternden Sinne. Durch Bildung chemischer Verbindungen (stoffliche Veränderungen) werden auch die physikalisch-mechanischen Eigenschaften verändert.

So machen beispielsweise geringe Mengen Wismut das Kupfer kalt- und rotbrüchig, Kupferoxydul vermindert die Festigkeit des Kupfers usw. (s. später: Einfluß von Verunreinigungen).

Zu 2. Die Struktur von durch Schmelzprozesse gewonnenen Metallen ist verschieden von der durch elektrolytische Verfahren hergestellter Metalle. Bei der Herstellung von Legierungen spielt die Seigerung genannte stellenweise Entmischung beim Abkühlen, wobei sich in einem Gußstück z. B. Anteile verschiedener Zusammensetzung und verschiedenen Gefüges herausbilden, eine große Rolle, insbesondere bei Eisen-, Kupferzinn-, Zinn-, Antimon-, Kupferlegierungen und anderen. Durch öfteres Umschmelzen von Legierungen, z. B. Messing, Bronze u. a., verschlechtern diese durch teilweise Oxydation der in denselben enthaltenen leicht oxydierbaren Metalle Zink bzw. Zinn ihre Eigenschaften in hohem Grade.

Zu 3. Die Tatsache, daß ein fester Stoff nicht nur in einer, sondern in verschiedenen physikalischen Zustands- oder Erscheinungsformen mit ganz verschiedenen, bestimmten Eigenschaften auftreten kann, bezeichnet man mit dem Begriff der Mehrformigkeit oder Polymorphie. Diese verschiedenen Zustandsmöglichkeiten ein und desselben Stoffes treten bei sehr vielen Stoffen in die Erscheinung (z. B. Phosphor, Schwefel usw.), insbesondere auch bei den Metallen, bei welchen ihnen hinsichtlich ihrer mechanischen Eigenschaften eine ganz besonders wichtige Rolle zukommt. (Die polymorphen Erscheinungsformen werden bei den elementaren Stoffen auch Allotropien oder Modifikationen genannt.)

Zum Beispiel findet sich das reine Eisen, das bei etwa 1550° C schmilzt, nach dem ersten Festwerden im Zustande der γ-Modifikation; bei 910° C kristallisiert aus dem γ-Eisen unter Freiwerden von Wärme eine andere Zustandsform, das sog. β-Eisen; dieser Vorgang hält so lange an, bis alles γ-Eisen in β-Eisen umgewandelt ist. Endlich bei 780° C wandelt sich das vorher unmagnetische β-Eisen in die magnetische Modifikation, das α-Eisen, um. Nur die β-Modifikation kann Kohlenstoff in nennenswertem Betrage liefern (s. bei Stahl).

Als anderes Beispiel sei das Zinn angeführt:

Das Zinn kann in zwei Modifikationen auftreten: in Form des gewöhnlichen weißen Zinns (spez. Gewicht 7,28) und in derjenigen des grauen Zinns (spez. Gewicht 5,8). Die Umwandlungstemperatur beider liegt bei 18,5° C, das heißt oberhalb dieser Temperatur liegt das Existenzgebiet des weißen, unterhalb dieser Temperatur dasjenige des grauen Zinns. Also sollte das weiße Zinn und damit jeder unserer Zinngegenstände unter 18,5° C (und diese Temperatur haben wir nur im Sommer) in die Form des grauen Zinns, welche ein graues Pulver darstellt, übergehen, m. a. W. also zerfallen. Daß dies nicht der Fall ist, rührt davon her, daß sich das weiße Zinn lange in einem metastabilen[1]) Zustande befinden kann (Verzögerungserscheinung, wie z. B. unterkühltes, aber nicht in den festen Zustand des Eises übergehendes Wasser), d. h. die Umwandlung kann ohne besonderen Anlaß so langsam vor sich gehen, daß sie erst in sehr langen Zeiträumen in die Erscheinung tritt (Zerfall aller Zinngegenstände). Bei sehr niederen Temperaturen oder in Berührung mit etwas grauem Zinn (sog. Keimwirkung, Impfung) geht die weiße Modifikation des Zinns unter Volumzunahme in die graue Modifikation über (sog. Zinnpest). Oberhalb 18,5° C wandelt sich das graue Zinn wieder in

[1]) „Metastabil“ nennt man Systeme, welche sich nicht im Gleichgewicht befinden, also nicht stabil sind, doch aber den Eindruck der Stabilität machen. Solche Stoffe gehen oft schon durch einen kleinen Anlaß in das stabile Gleichgewicht über.

das weiße Zinn um, unter dieser Temperatur ist das graue Zinn die beständige Zustandsform. — (Natürlich wird hierdurch ein zerfallener Zinngegenstand nicht wieder aufgebaut.)

Beim Abkühlen einer Schmelze eines einheitlichen Metalles beginnt, wenn die Erstarrungstemperatur erreicht ist, ein Teil der Schmelze auszukristallisieren. Hierbei wird Wärme (Schmelz- oder Kristallisationswärme) in der Schmelze frei (Verzögerung des Temperaturabfalles); bei weiterer Abkühlung erstarrt zuletzt die ganze Schmelze. Unter Umständen tritt die Erscheinung der Unterkühlung ein, d. h. es kann die Temperatur unter den Erstarrungspunkt sinken, ohne daß Erstarrung eintritt, z. B. bei Wismut. Durch Umrühren, Hinzufügen von Wismutkriställchen (Impfen) tritt dann sofortige Erstarrung ein. Mit dem Erstarren einer Metallschmelze ist aber noch nicht immer das Ende der möglichen Zustandsänderungen erreicht. Auch in bereits kristallisiertem, festem Zustande finden vielfach noch Umkristallisationen, allotrope oder polymorphe Umwandlungen statt, wenn die Stoffe in verschiedenen Modifikationen auftreten können, was sogar die Regel zu sein scheint. Auch hierbei finden Unterkühlungserscheinungen statt (metastabile Zustände, s. oben).

Mit diesen Umwandlungen ist natürlich auch eine Eigenschaftsveränderung verbunden. Diese Zustandsänderungen geben sich, wie beim ersten Erstarren, in einer weiteren Verzögerung des Temperaturabfalles zu erkennen, da Modifikationsänderungen auch mit Energieänderungen verbunden sind. Diese Vorgänge und die damit verbundenen oft unliebsamen Eigenschaftsänderungen können verhindert werden durch rasches Abkühlen (sog. Abschrecken). Hierbei haben die Kristalle keine Zeit, sich umzuwandeln, und so bleibt denn das erste Erstarrgefüge bestehen. Dabei macht sich auch ein bestimmender Einfluß von Fremdstoffen aller Art geltend.

Diese Verhältnisse komplizierter Natur, die erst in neuerer Zeit klar erkannt wurden und die Erklärung geben für viele frühere rätselhafte Erscheinungen und Zufälligkeiten, sind für die Technik von größter Bedeutung.

Nach den neuesten Erkenntnissen stellen die Metalle „metastabile Gebilde" dar, die stets zu gleicher Zeit mehrere allotrope Modifikationen enthalten. Infolgedessen befinden sich die Metalle bei den Temperaturen, die im gewöhnlichen Leben herrschen, nicht im Gleichgewicht und zerfallen auf die Dauer. Die physikalischen und mechanischen Eigenschaften der Metalle hängen von ihrer thermischen Vorgeschichte ab. Die bisher festgestellten physikalischen und mechanischen Konstanten sind somit zufällige Werte.

Zu 4. Die mechanische, kalte Bearbeitung der Metalle hat einen außerordentlich großen Einfluß auf deren technische, insbesondere deren Festigkeitseigenschaften; es wird hierbei das Kristallgefüge durch Zerlegung in kleinere Teile so verändert, daß die Metalle gehärtet erscheinen. So wird z. B. das Kupfer durch die Operationen des Hämmerns, Walzens, Treibens, Ziehens usw. auch das Gold u. a. so hart, daß es einer nachträglichen Wärmebehandlung unterworfen werden muß, um seine weichen Eigenschaften wiederzuerlangen.

Zu 5. Bei der Wärmebehandlung der Metalle, d. h. bei Erhitzung derselben auf Glühtemperatur wird die Gestalt der das Kristallgefüge eines Metalles bildenden Kristalle im entgegengesetzten Sinne als wie bei der Kaltbearbeitung verändert; beim Ausglühen und langsamen Abkühlen findet eine Neukristallisation statt; die Kristallverbände vergrößern sich, indem die größeren auf Kosten der kleineren wachsen; die Metalle werden wieder weich. Die Erkenntnis, daß kalt bearbeitete Metalle durch Ausg'ühen ihre Bildsamkeit wieder erhalten, ist alt. Die hierbei statthabenden Vorgänge wurden aber erst in neuerer Zeit erkannt und damit ihre Beherrschung erlangt. Hierbei spielt die Art des Abkühlens, ob langsam oder schneller, eine große Rolle, indem je nachdem Unterkühlungserscheinungen, polymorphe Umwandlungen und Änderungen des Kristallgefüges auftreten.

So wertvoll die Wärmebehandlung der Metalle für die Technik ist, so schädlich ist eine übertriebene derartige Behandlung, sog. Überhitzung. Dieselbe bewirkt eine Materialverschlechterung (sog. Überhitzungskrankheiten der Metalle) (s. auch später).

Während es für die Metalle charakteristisch ist, daß sie sich ohne chemische Veränderung (Salz- bzw. Ionenbildung) in keinem nichtmetallischen Stoff lösen, sind die meisten Metalle im flüssigen Zustande meist unbegrenzt miteinander mischbar (Ausnahme bilden z. B. Zink und Blei u. a.), sie bilden Lösungen ineinander. Beim langsamen Abkühlen flüssiger Schmelzen zweier oder mehrerer Metalle werden sich im allgemeinen diejenigen Gefügebestandteile abscheiden oder im weiteren Verlaufe der Abkühlung aus den zuerst gebildeten Kristallarten bilden, die schließlich dem Gleichgewichtzustande bei Zimmertemperatur entsprechen. Bei festen Lösungen scheiden sich statt der reinen Komponenten Mischkristalle ab.

Diese erstarrten oder festen Lösungen werden seit alter Zeit Legierungen genannt (lega = Bündnis, Vereinigung).

B. Die Legierungen.

Die Legierungen werden technisch durch Zusammenschmelzen und Mischen (siehe Kapitel Schmelzen) der betreffenden Metalle hergestellt und besitzen in vielen Beziehungen wertvollere Eigenschaften als die Grundmetalle; auch ist man durch die Legierungen in der Lage, durch geeignete Zusammensetzung ihre Eigenschaften den Verwendungszwecken anzupassen. Die Legierungen sind meist härter und zäher als ihre Bestandteile, aber weniger geschmeidig. Die Metalle lösen sich um so leichter ineinander, je mehr sie sich ähnlich sind. Außer durch Zusammenschmelzen können sich Legierungen auch bilden, wenn man gemischte Metallpulver einem hohen Druck (z. B. 7000 Atm.) aussetzt; auch beim Aufeinanderpressen von Metallblöcken, z. B. Blei und Gold, diffundiert das eine Metall, hier z. B. das Gold, in das andere hinein; leicht bilden sich auch Legierungen, wenn ein Metall im flüssigen, gasförmigen oder im Ionenzustande auf ein anderes einwirkt, wodurch die Diffusionsgeschwindigkeit erhöht wird. So bildet sich durch Einwirkung von Zinkdampf auf einen Kupferdraht ein Messingüberzug; elektrochemisch mit Zink überzogene Platten aus Platin oder Silber oder mit Antimon überzogene Kupferstücke oder verplatiniertes Messing bilden nach und nach Legierungen. Verzinktes Kupfer färbt sich bei 100° C unter Messingbildung gelb.

Beim Zusammenschmelzen von Metallen können vor allem zwei Fälle eintreten:

1. entweder mischen oder lösen sich die geschmolzenen Metalle nicht, z. B. Blei und Eisen,

2. oder die Metalle lösen sich gegenseitig auf. Bei diesen Mischungen kann eine wahre chemische Verbindung entstehen, wobei öfters bedeutende Temperaturerhöhung stattfindet (z. B. Kalium und Natrium in Quecksilber), oder es geht ein rein physikalischer Lösungsvorgang vor sich; in diesem Falle wird der Schmelzpunkt des lösenden Metalles, der Menge des gelösten Metalles entsprechend, herabgesetzt. Beim Erstarren verhalten sich solche metallische Lösungen ganz wie die Lösungen von Salzen in Wasser, sie folgen denselben Gesetzen. Meist erstarrt zuerst das reine Lösungsmitel (so es im Überschuß vorhanden ist), während das gelöste Metall sich im flüssigen Anteil anhäuft, wenn die Lösung nicht gesättigt ist. Dann erstarrt oder kristallisiert die gesättigte Lösung zur „festen Lösung“. Im

allgemeinen kann man die meisten Legierungen als feste Lösungen ansprechen; diesen festen Lösungen kommen im allgemeinen die technisch wichtigen Eigenschaften zu (Dehnbarkeit, Festigkeit usw.), während die chemischen Metallverbindungen sich durch Sprödigkeit auszeichnen. Bei den Legierungen unterscheidet man

1. Zweistofflegierungen und
2. Mehrstofflegierungen.

Die Zusammensetzung der Legierungen kann eine sehr mannigfaltige sein. Durch das Legieren von zwei oder mehreren Metallen entstehen in den wenigsten Fällen Legierungen, deren Eigenschaften sich durch die Eigenschaften des Komponenten voraussehen oder berechnen lassen. Im Falle sich die zu legierenden Metalle im flüssigen Zustande vollständig mischen, kann man drei Hauptarten von Legierungen unterscheiden:

1. Die beiden Komponenten, die im flüssigen Zustande ein vollständig homogenes Gemisch bilden, entmischen sich beim Übergang in den festen Aggregatzustand. Es kristallisiert dann je nach prozentualer Zusammensetzung der Legierung das eine oder das andere Metall und bei einer bestimmten tiefer liegenden Temperatur der Reste eutektisch, d. h. beide Metalle in einem innigen Gemisch gemeinsam. Die erstarrte Legierung wird, wie es sich durch mikroskopische Betrachtungen der Schliffe feststellen läßt, aus Kristallen bestehen, die von einer zweiten Kristallart eingeschlossen sind. Der erste Kristall besteht aus einem der beiden Komponenten in reinem Zustande, während der zweite Kristall aus der eutektischen Mischung beider Komponenten besteht.

2. Die beiden Komponenten entmischen sich beim Erstarren nicht und bilden beim Übergang in den festen Aggregatzustand sogenannte „Mischkristalle", d. h., es kristallisiert nur eine Kristallart — eine feste Lösung — aus. Die ganze Kristallisation geht innerhalb eines kleinen Temperaturintervalls vor sich. Unter dem Mikroskop betrachtet, sieht man auch nur eine Kristallart, die nach der Konzentration der Legierung eine wechselnde Zusammensetzung besitzt. Ein Eutektikum ist bei dieser Art der Legierungen nicht vorhanden.

3. Die beiden Komponenten bilden beim Übergang in den festen Aggregatzustand wohldefinierte chemische Verbindungen. Diese neugebildete Verbindung tritt gegenüber beiden Metallen als neue Komponente auf und kann mit jedem der beiden Metalle Legierungen, wie sie unter 1. und 2. skizziert sind, bilden. Unter dem Mikroskop betrachtet, sieht man bei der Konzentration, die der prozentualen Zusammensetzung der neugebildeten Verbindung entspricht, nur eine Kristallart, wie dies ja auch bei der Kristallisation der unlegierten Komponenten der Fall ist.

In den Legierungen kann man im allgemeinen vier verschiedene Gefügebestandteile unterscheiden, welche allein oder in Mischung miteinander vorkommen und auf die Eigenschaften der Legierungen von bestimmendem Einfluß sind:

1. Kristalle einzelner Metalle (Kristalliten), Abb. 1 u. 2.
2. Chemische Verbindungen von zwei oder mehreren Metallen.
3. Mischkristalle zweier oder mehrerer Metalle, Abb. 3 u. 4.

Unter einem Mischkristall versteht man Kristalle, die zwar homogen und einheitlich erscheinen, aber aus zwei oder mehreren Bestandteilen in wechselnden Mengenverhältnissen bestehen.

4. Ein Eutektikum zweier oder mehrerer Metalle, Abb 5 u. 6.

Eine Legierung kann man sich vorstellen im Gefüge ähnlich wie z. B. das Gestein, das den Namen Granit führt, dessen drei kristallinische Gefügebestandteile: Quarz, Feldspat und Glimmer als dreiphasiges, heterogenes System ohne weiteres sichtbar sind, während bei einer Legierung meist eine so kleinfügige Struktur besteht, daß dieselbe erst nach vorausgehender Anätzung mit dem Mikroskop erkannt werden kann.

Den Punkt, an dem die Lösungsbestandteile einer Metallschmelze gleichzeitig im reinen Zustande erstarren, nennt man den eutektischen Punkt oder eutektische Temperatur, die Mischung selbst das „Eutektikum". Die eutektischen Temperaturen sind die Endpunkte der Kristallisation. Das Mengenverhältnis der Bestandteile eines Eutektikums ist ein bestimmtes, das Eutektikum hat einen einheitlichen Schmelzpunkt. Ein Eutektikum hat ein charakteristisches Gefüge,

Abb. 1. Einheitliches Metall, reines Eisen, sog. Ferrit. (Aus Brearly-Schäfer, Werkzeugstähle, 3. Aufl.)

Abb. 2. Einheitliches Metall, reines Kupfer, angeätzt, Ätzfigur. (Aus Martens-Heyn, Handbuch der Materialienkunde, Bd. II.)

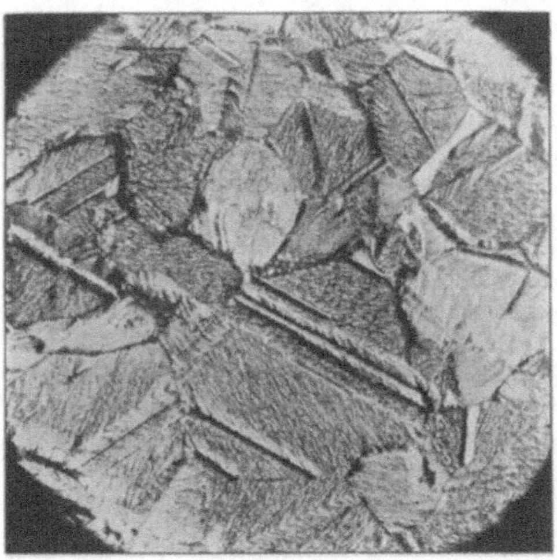

Abb. 3. Messing mit 73% Kupfer und 27% Zink. Mischkristalle, Ätzfigur. (Aus Martens-Heyn, Handbuch der Materialienkunde, Bd. II.)

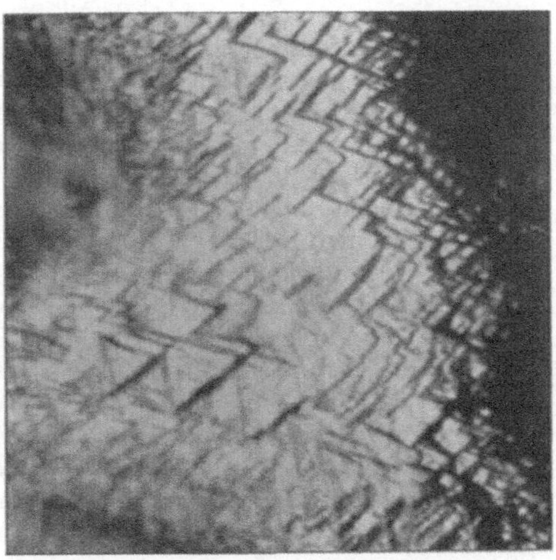

Abb. 4. Bronze mit 87% Kupfer, 5% Zinn, 8% Zink, Mischkristalle-Ätzfigur. (Aus Martens-Heyn, Handbuch der Materialienkunde Bd. II.)

nämlich eine feine Wechsellagerung der beiden Phasen in schichtenweiser Anordnung, in streifenförmiger oder punktförmiger Struktur. Von dieser Struktur gleichmäßigen Aufbaues stammt der Name „Eutektikum“[1]).

Die eutektischen Mischungen verhalten sich wie die sog. Salzhydrate oder Kryohydrate, welche beim Erstarren von Salzlösungen auftreten. Diese Mischkristalle werden als feste Lösungen angesehen; diese gehen ohne Änderung der Zusammensetzung von einer Formart in die andere über.

Zur Erläuterung sei folgendes ausgeführt: Wenn man eine verdünnte Lösung von Kochsalz (Chlornatrium) einer niedrigen Temperatur aussetzt, so friert das Wasser in Gestalt von Eis aus der Lösung aus. Durch diesen Vorgang wächst die Konzentration der Lösung, infolgedessen sinkt ihr Gefrierpunkt. Das geht so fort, bis die Chlornatriumlösung gesättigt ist. Wenn dann weiter Eis aus der Lösung ausfriert, so wird ihr Sättigungspunkt überschritten, es muß sich daher auch eine entsprechende Menge Salz ausscheiden, so daß die Lösung gesättigt bleibt. Mit anderen Worten: die Konzentration bleibt unverändert (gesättigte Lösung) und infolgedessen muß die Mischung von Eis und Salz, die sich ausscheidet, ebenfalls dieselbe Zusammensetzung aufweisen und der Gefrierpunkt bleibt konstant.

Das geschieht hier z. B. bei — 21,3° C, bei welcher Temperatur die gesättigte Lösung eine Zusammensetzung von 35,5 g Salz auf 100 g Wasser hat.

Hätte die Salzlösung von Anfang an mehr Salz enthalten, hätte sich bei der Abkühlung zuerst Salz abgeschieden, bis dann bei — 21,3° C genau dieselbe Lösung wie im ersten Fall entstanden wäre. Das ist das Temperaturminimum, bei dem aus einer Phase (Lösung) zwei Stoffe, hier Kochsalzkristalle und Eiskristalle, abgeschieden werden.

Solche Minima oder Maxima sind dadurch gekennzeichnet, daß die Zusammensetzung der Phase konstant bleibt, d. h. dieselbe prozentische Zusammensetzung hat wie die Summe der sich ausscheidenden Stoffe.

Da die geschmolzenen Legierungen als Lösungen der Metalle ineinander aufzufassen sind, so haben sich die für wässerige Lösungen gültigen Gesetze auf die Legierungen übertragen lassen. Eine Lösung von Blei (326,9°) in Zinn (231,84°) z. B. besitzt einen niedrigeren Schmelzpunkt als reines Zinn. Die Erniedrigung ist um so größer, je größer der Bleigehalt ist, und der Schmelzpunkt sinkt zu derjenigen Temperatur, bei welcher eine gesättigte Lösung von Blei und Zinn erstarrt. Anderseits ist eine Legierung von wenig Zinn in viel Blei als eine Lösung von Zinn in Blei aufzufassen, folglich muß diese einen niedrigeren Schmelzpunkt haben als reines Blei; bei weiterem Zusatz von Zinn sinkt der Schmelzpunkt immer mehr, bis schließlich wieder die sog. eutektische Temperatur (180° C) erreicht wird. In beistehender Abb. 7 sind als Abszisse die Zusammensetzung der Blei-Zinnlegierungen in Prozenten Zinn aufgetragen; der Anfangspunkt entspricht also dem reinen Blei, der Endpunkt reinem Zinn. Die Ordinaten stellen die Temperaturen der verschiedenen Schmelzpunkte dar. Die Schmelzpunktkurve sinkt also sowohl vom Schmelzpunkt des reinen Zinns, wie vom Schmelzpunkt des reinen Bleis aus und erreicht ihren tiefsten Punkt in der eutektischen Temperatur.

Diese einfachen Verhältnisse gelten nur, wenn die beiden Metalle miteinander keine chemische Verbindung bilden. Ist dies der Fall, so kommt dieser Verbindung, als einem einheitlichen chemischen Stoff ein konstanter Schmelzpunkt zu. Der Zusatz eines der beiden Metalle erniedrigt den Schmelzpunkt, da die Schmelze als Lösung des Metalles in der Verbindung zu betrachten ist. Die Zusammensetzung

---

[1]) (Eutektisch = gutflüssig.) Für eingehendes Studium dieser Verhältnisse seien folgende Werke genannt:

Heyn und Bauer, Metallographie. Bd. I u. II. Sammlung Göschen. Berlin-Leipzig, 1913.

Ledebur-Bauer, Die Legierungen. Berlin, M. Krayn.

Wüst, Legier- und Lötkunst, 7. Aufl. Leipzig, B. Fr. Voigt 1908.

Fenchel. Metallkunde. Hamburg, Boysen & Maasch 1911.

Ledebur, Die Metalle. O. Weisert.

Ledebur, Die Legierungen. Braunschweig, Vieweg u. Sohn.

Fischer, Die Metallurgie.

der Verbindung wird sich also durch ein Maximum der Schmelzpunktkurve kenntlich machen. Es sei dies veranschaulicht an dem Beispiel einer Blei-Magnesiumlegierung. Das Maximum der Kurve bei C beweist die Existenz einer Verbindung

Abb. 5. Eutektikum: Blei-Antimon (Blei dunkel — Antimon hell). (Aus Brearly-Schäfer, Werkzeugstähle. 3. Aufl.)

Abb. 6. Eutektikum: Eisen-Eisenkarbid (Perlit) eutektischer Stahl. (Aus Brearly-Schäfer, Werkzeugstähle, 3. Aufl.)

Bleimagnesium = $PbMg_2$, die Punkte E_1 und E_2 sind die beiden eutektischen Temperaturen. Abb. 8.

Von Metallösungen bzw. Legierungen mit niederem Schmelzpunkt macht man in der Technik vielfach Gebrauch. Gußeisen ist z. B. eine Legierung von Eisen mit Kohlenstoff von niedrigem Schmelzpunkt, Bronze eine Legierung von Kupfer und Zinn, die wesentlich niedriger schmilzt als reines Kupfer. Besonders auffallend ist die Schmelzpunkterniedrigung bei den sog. leichtflüssigen Legierungen wie z. B. Woodmetall usw. (s. d.).

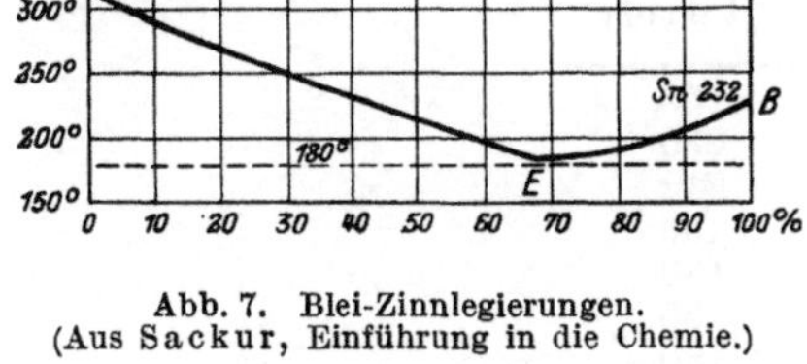

Abb. 7. Blei-Zinnlegierungen. (Aus Sackur, Einführung in die Chemie.)

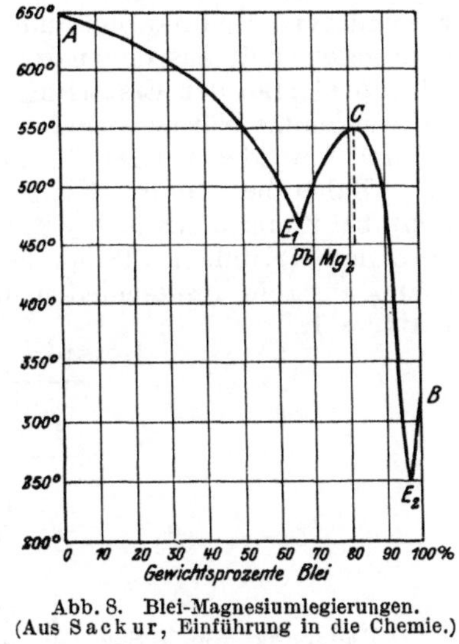

Abb. 8. Blei-Magnesiumlegierungen. (Aus Sackur, Einführung in die Chemie.)

Beispiele:

a) Eine Schmelze von 6% Zinn und 94% Magnesium schneidet beim Abkühlen zuerst Kristalle von Magnesiummetall ab, dann ein Eutektikum, bestehend aus 12% Zinn und 88% Magnesium (zwei Phasen).

b) Eine Schmelze von Antimon-Wismut oder eine solche von Kupfer-Zink (Messing) liefert nur Mischkristalle, kein Eutektikum. Bei den technisch so wichtigen Eisenkohlenstofflegierungen finden sich Mischkristalle neben Eutektikum.

Betrachten wir das Verhalten verschiedener Mischungen von Zinn (S.P. 231,8° C) und Blei (S.P. 326,9° C):

1. Eine Schmelze von 70% Zinn und 30% Blei erstarrt einheitlich bei 180° C auf einmal eutektisch in gestreifter oder punktförmiger Anordnung (Eutektikum 1) (sog. Sickerlot; siehe dieses).

2. Eine Schmelze von 35% Zinn und 65% Blei scheidet zwischen 250° C bis 180° C primär Bleikristalle ab; bei 180° C findet eine sekundäre Kristallisation des Eutektikums 1 statt (50% Blei + 50% Eutektikum 1).

3. Eine Schmelze von 85% Zinn und 15% Blei scheidet zwischen 206—180° C primär Zinnkristalle aus; bei 180° C erstarrt das Eutektikum 1. Die lösende Eigenschaft des Zinns bedingt, daß das sonst bei 326° C erstarrende Blei erst bei 250° C erstarrt; ferner, daß der Schmelzpunkt des im Überschuß vorhandenen Zinns durch die lösende Wirkung des Bleies auf 206° erniedrigt ist (50% Zinn + 50% Eutektikum 1).

Diese Verhältnisse werden auf Grund der thermischen Analyse erschlossen.

1. **Die thermische Methode** gründet sich auf die Erkenntnis, daß jeder einheitliche Stoff, also sowohl Elemente wie chemische Verbindungen einen konstanten Schmelz- und Erstarrungspunkt besitzen, d. h. bei einer einzigen, konstanten Temperatur vom festen in den flüssigen und vom flüssigen in den festen Aggregatzustand verwandelt werden können. Lösungen und Gemenge dagegen erstarren oder schmelzen bei einem mehr oder weniger ausgeprägten Temperaturintervall.

Bei der thermischen Metallanalyse wird der Gang des Thermometers in einer geschmolzenen Legierung während des Abkühlens beobachtet. Während eine Zeitlang (Sekundenzeit) das Thermometer gleichmäßig sinkt, treten dann Haltepunkte oder Temperaturverzögerungen auf, welche durch die Erstarrungswärme und evtl. Modifikationsänderungen bedingt werden. Hieraus werden Diagramme gezeichnet, aus denen man die Zusammensetzung entnehmen kann.

Beispiel: Bei der Erstarrung des Eutektikums 1 Blei-Zinn (siehe oben) bei 180° C werden 60 Wärmesekunden frei, d. i. die gesamte Schmelzwärme. Bei Beispiel 2 und 3 werden bei 180° C 30 Wärmesekunden frei, d. i. die halbe Schmelzwärme. Daher besteht die Konzentration bei 1 nur aus Eutektikum (= 60 Sekunden), bei 2 und 3 aus je $^1/_2$ Eutektikum (= 30 Sekunden) und $^1/_2$ primär ausgeschiedenen Kristallen. Daher besteht im Falle 2 und 3 das Metall zur Hälfte oder 50% aus rein ausgeschiedenem Blei oder Zinn, zur anderen Hälfte aus dem Eutektikum 1.

Beispiel zu Eutektikum 1:

	nach Sekunden	° Celsius
	0	250
	10	230
	20	212
	30	196
	40	180
	50	180
Haltepunkt von 60 Sek. bei 180 ° C, die Schmelze erstarrt auf einmal (40–100)	60	180
	70	180
	80	180
	90	180
	100	180
	110	170
	120	161

Praktische Anwendung der Thermoanalyse zur Analyse von Hartblei und anderen Bleiantimonlegierungen. Die Thermoanalyse ermöglicht die rasche Bestimmung des Antimongehaltes in Hartblei und anderen Antimonbleilegierungen, was z. B. für den Betrieb der Bleihütten u. a. derartiger Fabriken einen großen Vorteil bedeutet; denn dabei erhält man den richtigen Durchschnittsgehalt des Hartbleis, während bei den gewöhnlichen analytischen Bestimmungen die Gefahr vorliegt, daß die hierzu dienende kleine Metallprobe infolge der beim Erstarren mehr oder weniger eintretenden Entmischung (sog. Ausseigerung des Antimons) die analysierte Probe nicht den wahren Durchschnittsgehalt anzeigt. Bei der Thermoanalyse verfährt man wie folgt:[1])

Die geschmolzene Legierung befindet sich in einem Tiegel. Die Erstarrung, welche vom Rand aus erfolgt, ist leicht an der Bildung der Kristalle zu erkennen. Die Temperatur mißt man mit einem Thermometer, der die Grade von 200—350° angibt. Aus der Erstarrungskurve ist ersichtlich, daß die tiefste Erstarrungstemperatur einem Antimongehalt von 13% entspricht, und zwar beträgt sie 228°. Von da ab steigt wiederum die Kurve. Das Temperaturintervall von 326—228° ist also dem Blei mit einem Antimongehalt von 0—13% und dem mit 28—13% gemeinsam. Man muß daher von vornherein schon wissen, ob das Hartblei mehr oder weniger als 13% Antimon enthält. Besteht darüber Unsicherheit, so kann man übrigens die Probe mit einem gleichen Teil von Weichblei verdünnen.

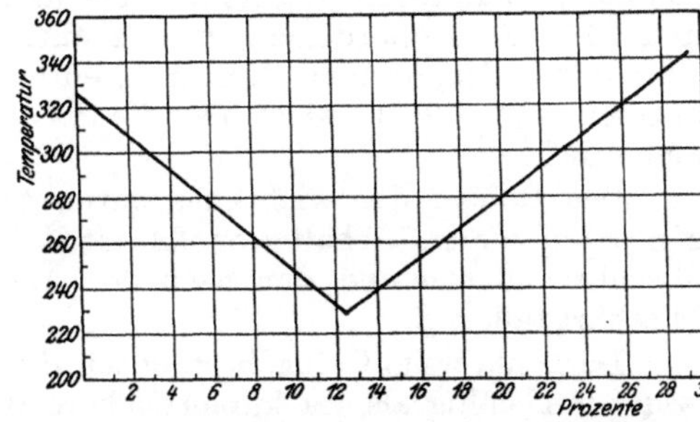

Abb. 9. Erstarrungskurve von Blei Antimonlegierungen (sog. Hartblei).

Da man gewöhnlich bei Vornahme der Messung das Thermometer nur bis über die Quecksilberkugel eintaucht, so muß man bei Benutzung des Diagramms (siehe Abb. 9) die Korrektion für den herausragenden Quecksilberfaden anbringen. Ist T die abgelesene Temperatur, t die mittlere Fadentemperatur, so ist die Korrektion $\gamma = k\,(T - t)\,l$, wo l die Länge des Fadens in Graden und k der scheinbare kubische Ausdehnungskoeffizient des Quecksilbers im Glase ist. Dieser hat bei Jenaer Glas den Wert 0,000165.

Neben dieser, durch die physikalische Chemie geschaffenen thermischen Metallanalyse haben wir der metallographischen oder mikrographischen Methode die neuen Fortschritte über die Kenntnisse und Erkenntnisse des inneren Aufbaues der Legierungen, deren Gefüge oder Struktur zu verdanken.

2. Die metallographische Methode. Mittels des Mikroskopes kann man erkennen, ob eine Metalloberfläche oder Schnittfläche homogen ist, oder eine deutlich ausgeprägte Struktur besitzt, d. h. aus verschiedenen Gefügebestandteilen zusammengesetzt ist. Die Erkennung dieser Struktur wird möglichst erleichtert, wenn man die Metalloberfläche anätzt. Hierbei werden die verschiedenen Bestandteile der Legierung in ungleichem Maße angegriffen und dadurch der Beobachtung zugänglich gemacht.

Das Schliffbild eines reinen Metalles zeigt unter dem Mikroskop eine zellenartige oder kornartige Struktur, deren einzelne Körner man für amorph halten könnte, wenn nicht ein genaues Studium die innere Kristallstruktur erwiesen hätte.

[1]) S. Nissenson, Laboratoriumsbuch für Metallhüttenchemiker. Halle, W. Knapp 1921, S. 30.

Die einzelnen Kristallindividuen haben sich mit ihrer Ausbildung in der freien Entwicklung ihrer äußeren Form gestört. Dies ist charakteristisch für alle reinen Metalle.

Bei den Legierungen sind die mikroskopischen Bilder je nach Art der Gefügebestandteile verschieden. Setzt man z. B. Gold zu Kupfer, so tritt das Gold in die Kupferkristalle ein, ohne daß sich das Bild des reinen Kupfers ändert. Das ist der Fall der „festen Lösung“. Die Kupferkristalle variieren lediglich ihre Zusammensetzung. Ähnlich verhalten sich die paarigen Legierungen z. B. von Mangan-Eisen, Eisen-Nickel, Kobalt-Nickel, Nickel-Kupfer, Silber-Gold, Gold-Platin, Kupfer-Platin usw. Ein anderes Bild zeigen Kupfer-Silberlegierungen. Man sieht hier weiße und schwarze (bzw. rote) Bestandteile, d. h. ein Gemenge zweier fester Lösungen, nämlich von Silber- und Kupferkristallen, die aneinander gesättigt sind. Ein anderes Bild tritt auf, wenn sich in der Legierung zweier Metalle Kristalle von vollkommen neuer Art vorfinden, die mit keinem der beiden Komponenten identifiziert werden können; es bilden sich chemische Individuen, z. B. in Kupfer-Antimon-Legierungen (Kupferantimonid) oder Eisensilizid. Derartige Bilder, die intermediäre Kristallarten als wesentlichen Bestandteil enthalten, weisen auf: sämtliche ungehärtete Stahlarten (enthalten Eisenkarbid), sämtliche Bronzen und Messing, und fast alle Legierungen, die als einen Bestandteil Zinn, Antimon, Phosphor, Aluminium, Magnesium, Zink u. a. enthalten. Beim gehärteten Stahl, z. B. beim abgeschreckten (s. d.), sieht man die erstarrte feste Lösung von Eisenkarbid in Eisen einheitlich.

Das Gefüge der wichtigen warmschmiedbaren Kupferzinklegierungen (Messing) mit einem Gehalt von 38—42% Zink besteht aus helleren, kupferreichen Mischkristallen α und den nach der Ätzung dunkler erscheinenden zinkreicheren Mischkristallen β.

Der zinkreiche Gefügebestandteil β ist gegenüber angreifbaren Stoffen weniger widerstandsfähig als der kupferreichere Bestandteil α.

Zuweilen kommt es vor, daß in schmiedbaren Kupferzinklegierungen das Gefüge innerhalb einer und derselben Probe jäh wechselt; durch die metallographische Untersuchung ist es möglich, Ungleichheiten im Verhalten der Legierung zu erkennen, die sonst unerklärt bliebe.

Die Metallographie ist eine wichtige Ergänzung der chemischen Analyse, welche über die Art und Menge der vorhandenen Stoffe, nicht aber über deren Verteilung oder ihr Gefüge Aufschluß geben kann. Die Metallographie fängt an, bei der Bewertung der Handelsprodukte neben der bisher fast allein angewendeten chemischen Analyse eine große Rolle zu spielen.

Bei manchen technischen Legierungen, insbesondere den wichtigen Eisenlegierungen spielt die Gegenwart von nichtmetallischen Stoffen, so z. B. von Kohlenstoff, Schwefel, Phosphor, Silizium, Bor u. a., auch die Verwendung früher kaum verwandter seltenerer Metalle, wie z. B. Chrom, Mangan, Wolfram, Molybdän, Titan, Vanadin u. a., eine bedeutende Rolle (siehe Stahl und Spezialstahle).

Die Mikrostruktur liefert die Erklärung für die mechanischen Eigenschaften einer Legierung; dieselben sind abhängig von der Art und den Eigenschaften der Gefügebestandteile (siehe auch S. 12, 84, 88, 138, 170, 176).

Die Legierkunst schreitet rüstig aus alter Empirie den modernen wissenschaftlichen Grundlagen zu.

Der Techniker soll keine ihm in ihrer Zusammensetzung unbekannten Legierungen, die unter allen möglichen Phantasienamen angeboten werden, in Verwendung nehmen, er soll stets über das von ihm verwendete Material im klaren sein.

Bedeutung der richtigen, sachgemäßen Probenahme von Metallen und Metallegierungen behufs chemischer Analyse. Die chemische Analyse gibt Aufschluß über die Art und Menge der in einem Metall oder einer Legierung vorhandenen Stoffe. Über die nähere Verteilung oder Struktur dieser Stoffe sagt sie nichts aus (siehe Thermoanalyse und metallographische Untersuchung S. 16 u. 17.

Nun ist aber zu beachten, daß die genaueste chemische Analyse falsch und wertlos sein kann, wenn nicht eine richtige Durchschnittsprobe zur Analyse vorgelegen hat; bei Produkten wie z. B. Steinkohle, Torf, Metallaschen usw. ist dies wohl allgemein verständlich. Weniger bekannt und beobachtet ist dieser Umstand aber im allgemeinen für die Metalle und Legierungen. Hier sind es wieder die sog. Weißmetalle (Hartblei), welche hauptsächlich aus Blei und Antimon, daneben auch aus Zinn usw. bestehen und als Lagermetalle vielseitige Verwendung finden, bei denen besondere Schwierigkeiten bestehen. Diese Legierungen entmischen sich je nach ihrer Zusammensetzung beim Erstarren mehr oder weniger leicht, infolge von sogenannten Seigerungserscheinungen, und zeigen dann an verschiedenen Stellen des Metallstücks eine ganz verschiedene Zusammensetzung. Wenn solche Legierungen analysiert werden, so können bei unsachgemäßer Entnahme von Analysenspänen ganz falsche Ergebnisse erzielt werden. So fand z. B. Heyn in einem Block einer Bleiantimonlegierung mit 80% Blei und 20% Antimon in den unteren Schichten 13%, in den oberen Schichten des erstarrten Blocks 40% Antimon. Hieraus geht die Wichtigkeit einer sachgemäßen Probeentnahme von Metallanalysenspänen zweifellos hervor.

Hier ist es zur Erzielung zuverlässiger Analysen häufig ratsam, die Proben möglichst flüssig aus großen Schmelzkesseln zu entnehmen und durch Ausgießen der Schöpfproben auf kalte Platten zum schnellen Erstarren zu bringen. Anders genommene Analysenmuster soll der Analytiker im allgemeinen zwecks Erzielung einer homogenen Durchschnittsprobe umschmelzen. Die Seigerungen sind besonders stark bei den zinn-, antimon- und bleireichen Legierungen, bei Bronze und Rotguß aber im allgemeinen gering. so daß von diesen Spänemuster gleicher Ware gewöhnlich ohne Einschmelzen analysiert werden. Der Chemikerfachausschuß der Gesellschaft deutscher Metallhütten- und Bergleute hat gemeinsam mit dem Verein deutscher Metallhändler Richtlinien für die Bemusterung von Metallen und metallischen Rückständen aufgestellt. Für Hartbleilegierungen und Lagermetalle wird hierbei stets die Sägeprobe für beste Probenahme empfohlen. Die Musternahme erfolgt in diesem Falle derart, daß ein Teil der zu bemusternden Blöcke von unten nach oben mittels einer Metallsäge gleichmäßig angesägt bzw. durchgesägt werden, und zwar sollen abwechselnd je ein Block rechts, links und in der Mitte der Probenahme unterzogen werden. Für Hochantimon-Bleilegierungen wird die Sägeprobe für die einzige Möglichkeit der genauen Bemusterung gehalten, da eine Probenahme durch Bohrspäne infolge der Seigerungsverhältnisse niemals den richtigen Durchschnittsgehalt des Blockes ergibt. Falls natürlich keine Metallsäge zur Verfügung steht, so müßte man sich mit dem Durchbohren der Blöcke behelfen, um diese Bohrspäne nach einem Umschmelzen bei schneller Erstarrung in einen Block wiederum durch Sägen zu bemustern.

Zur Analyse von Bronze und Rotguß, Tombak, Messing und ähnlichen Legierungen werden Bohrspäne verwendet, die zur Vorsicht mit Äther zu entfetten und dann durch Ausziehen mit dem Magneten von evtl. vorhandenen Eisenteilchen zu befreien sind. Ungleichartige Proben müssen zur Erhaltung eines richtigen Durchschnittsmusters umgeschmolzen werden. Der dabei durch Abbrand eintretende Gewichtsverlust muß festgestellt und berücksichtigt werden. Er rührt zum Teil von der Verflüchtigung des Zinks her. Zum Einschmelzen werden 200 bis

1000 g unter Zugabe von etwas Borax und Holzkohle womöglich im Koksfeuer verwendet. Aus dem erhaltenen Regulus werden Bohrspäne hergestellt. Wenn ein Umschmelzen untunlich ist, so muß man eine größere Einwage der Originalspäne zur Analyse auflösen.

Anweisungen über die Probenahme von Erzen und edelmetallhaltigen Materialien in Form von Scheidegut, Gekrätzen, Schlämmen usw. finden sich in „Metall und Erz“ 1921. Es wird hier berichtet

1. über die beste Probenahme der Metalle in Form von geschmolzenen Legierungen,
2. von Gekrätze, Rückständen, Schlämmen, Schliffen, Schlacken, Scherben usw. a) bei gleichmäßigem, b) bei ungleichmäßigem Material. Wir müssen uns begnügen hierauf zu verweisen.

Probenahme von **Roh-** und **Gußeisen** für die chemische Analyse. Es hat sich gezeigt, daß Probestücke von Roheisen und Gußstücken nie gleichartig zusammengesetzt sind. Die Zusammensetzung wechselt je nach der Tiefe des Bohrloches einer Massel[1]) oder eines dickwandigen Gußstückes, und zwar in ganz ungesetzmäßiger Weise. Es ist daher unbedingt notwendig, Proben so zu nehmen, daß ein möglichst der durchschnittlichen Zusammensetzung entsprechendes Analyseergebnis gewährleistet wird. Häufig wird dem Untersuchungsverfahren oder dem Chemiker selbst die Schuld gegeben, wenn abweichende Ergebnisse erzielt werden, während der Grund hierfür in den allermeisten Fällen die unsachgemäße Art der Probeentnahme sein dürfte. In der Literatur sind zwar Vorschriften vorhanden, die in jeder Hinsicht einwandfrei sind. Sie sind jedoch technisch schwer durchführbar, zeitraubend und kostspielig, wie z. B. das Abhobeln über den ganzen Querschnitt einer Massel und Mischen der erhaltenen Späne. Viel besser ist das Entnehmen der Proben mittels Bohrens, wenn es sachgemäß ausgeführt wird.

Professor Dr. Aulich, Leiter des Chemischen Laboratoriums der Staatlichen Hüttenschule in Duisburg, hat auf Veranlassung der vom Roheisenverband und vom Verein deutscher Eisengießereien eingesetzten Kommission zur Festsetzung einheitlicher Verfahren zur Probenahme und Analyse von Roh- und Gußeisen folgendes Verfahren angegeben, das wir auszugsweise dem Gießereihandbuch, herausgegeben vom Verein deutscher Eisengießereien, Gießereiverband in Düsseldorf, Verlag R. Oldenburg, München und Berlin, entnehmen:

Am geeignetsten hat sich die Horizontalbohrmaschine erwiesen, da sie am leichtesten die Entnahme von Bohrspänen gestattet. In Ermangelung einer solchen verrichtet eine Drehbank, auf der die Massel eingespannt ist, dieselben Dienste. In den meisten Fällen wird wohl eine Vertikalbohrmaschine in Anwendung kommen, da eine solche überall zur Verfügung steht.

Zunächst ist die peinlichste Sauberkeit der Maschine geboten; Bohröl, Fette sind unbedingt zu vermeiden; das Bohren hat trocken zu erfolgen, und die zur Probeentnahme dienenden Bohrer dürfen nie zu anderen Zwecken benutzt werden.

Was nun die Probeentnahme von grauem Roheisen und Ferrosilicium (10—12% Si) anlangt, so entnimmt man einer Wagenladung von 10 t: 3, 15 t: 4, 20 t: 5 Masseln. Ist das auf dem Wagen liegende Roheisen augenscheinlich nicht gleichartig, so kann man die Anzahl der Probemasseln vermehren. Mitunter befinden sich in Ladungen Masseln, die durch abweichende Form oder starken Rost auffallen; sie sind zum Gewichtsausgleich zugefügt worden und stammen von älteren Abstichen her; man schließt sie von der Probeentnahme aus.

Die Masseln werden zunächst durchgeschlagen; sodann entnimmt man ein Mittelstück, befreit es mit einer Drahtbürste soweit als möglich von anhaftendem

[1]) Massel = kurzer, dicker Stab Roheisen.

Sand, legt es entweder in ein schmaleres U-Eisen oder spannt es zwischen die Klemmbacken des Bohrtisches ein mit der Gußoberfläche nach oben, bohrt zunächst mit einem Bohrer von 10—15 mm Durchmesser auf $^1/_2$ cm Tiefe und verwirft die entfallenden Späne, da diese Oxyd- Oxydul und Sand enthalten. Nun folgt das Bohren der eigentlichen Probe durch die Massel hindurch bis $^1/_2$ cm Entfernung von der Unterseite derselben; ein völliges Durchbohren würde den anhaftenden und z. T. angeschmolzenen Sand in das Probegut führen. Die ungefähre Bohrtiefe läßt sich vorher mittels Zollstock ermitteln und durch einen Gummiring oder Bindfaden am Bohrer kennzeichnen.

Die gewonnenen Bohrspäne einer jeden Massel werden zunächst für sich gut durchgemischt behufs Ausgleich der schwankenden Zusammensetzung der Späne je nach der Tiefe des Bohrloches. Aus den einzelnen Masselproben werden gleiche Anteile abgewogen und zu einer Sammelprobe vereinigt. Ist dieselbe noch zu groß, so verringert man sie durch Vierteleilung wie es bei Erzproben üblich ist. Man durchmischt zunächst die Späne, schüttet mit einer kleinen Zinkblechschaufel zu einem Kegel auf, drückt den Kegel gleichmäßig ein, teilt in vier Teile und entnimmt zwei gegenüberliegende Teile, die dann miteinander gemischt, die endgültige Probe darstellen (Gewicht ungefähr 150 g).

Zu beachten ist, daß bei grauem Eisen der Graphit aus gröberen Spänen zum Herausfallen neigt oder beim Bohren schon herausgefallen ist. Genaue Graphitbestimmungen sind daher nicht leicht einwandfrei durchzuführen; indessen ist das nicht von allzu großer Bedeutung, da Graphitbestimmungen in Roheisen selten vorzunehmen sind; weil beim Umschmelzen doch Verschiebungen im Graphitgehalt unvermeidlich sind.

Es kommt vor, daß Späne fremder Herkunft mit Sand verunreinigt sind; dann war die Probenahme eine fehlerhafte. Dann wird aus dem, auf einem weißen Papier ausgebreiteten Probegut das Eisen mit einem Magneten herausgezogen; gröbere Späne, die vom Masselrand herrühren und angebrannter Sand werden entfernt. Bei Gußstücken soll nicht der Eingußtrichter zur Probenahme benützt werden, da gerade in diesem die Zusammensetzung eine wechselnde und vom eigentlichen Gußstück gänzlich verschiedene ist. Dünnwandige Gußstücke weisen oft viel eingebrannten Formsand auf. Dieselben werden zuerst vollständig glatt geschmirgelt und dann bohrt man vorsichtig mit einem sehr flachen Bohrer, ohne die Wandstärke ganz zu durchbohren, mehrere Löcher an verschiedenen Stellen.

Bei der Probenahme von weißem Roheisen, Stahleisen und Spiegeleisen begegnet man Schwierigkeiten, da sich diese Metalle nicht bohren lassen. Größere Masselstücke werden durchgeschlagen, dann schlägt man von der frischen Bruchfläche mit einem Handhammer von der Oberkante des Stückes her möglichst flache Splitter ab, desgleichen dann von der Unterkante. Diese Stücke werden dann in einem Stahlmörser zu Pulver zerstampft. Dabei ist eine vollständige Zerkleinerung nicht notwendig.

Von der endgültigen Probe siebt man so viel von feinem Pulver durch ein Sieb von 500 Maschen auf den Quadratzentimeter, bis eine Menge von 40—60 g erhalten wird.

Ferromangan läßt sich wegen seiner Sprödigkeit leicht zerkleinern; man entnimmt bei Wagenladungen von 10 t 25—30 flache Stücke und verfährt wie oben.

Halbierte Roheisen, Hart- und Temperguß müssen besonders behandelt werden; der graue Teil läßt sich meist noch bohren, während von dem übrigbleibenden Querschnitt Stücke abgeschlagen werden müssen, die im Stahlmörser zu pulverisieren sind. Entweder wird jede Probe für sich untersucht oder man stellt eine dem Verhältnis der beiden Anteile entsprechende Durchschnittsprobe her.

Untersuchung und Verarbeitung von Metallrückständen. Hierüber finden wir in der „Gießereizeitung" 1920 folgende wichtige Ausführung:

Metallrückstände sind gewöhnlich sehr ungleichmäßig, so daß dieselben, wie sie ursprünglich sind, überhaupt nicht eingewogen werden können. Sie bestehen oft aus Staub, kleinen und großen Stücken, und diese Stücke bestehen häufig aus ganz verschiedenen Metallen, eine unmittelbare Einwage ist also unmöglich. Man nimmt daher zuerst durch Sieben eine Trennung der verschiedenen Größen vor und wiegt die so erhaltenen Teile. Dann berechnet man die verschiedenen Anteile auf Prozente, und in diesem Verhältnis müssen dann die einzelnen Sorten eingewogen werden. Hat man z. B. beim Sieben 80% Pulver, 15% Feines und 5% Grobes erhalten, so nimmt man bei einer Einwage von 2 g 1,6 g Staub, 0,3 g Feines und 0,1 g Grobes. Das Einwiegen bestimmter Mengen geht sehr rasch und macht keine Schwierigkeiten. Natürlich müssen die gesiebten Anteile gut gemischt sein; das geht beim Staub gut, auch kann man denselben bis zum Einbringen in das Wägeglas nach der Quadrierungsmethode teilen, um einen dem Ganzen entsprechenden Durchschnitt zu erhalten; dies ist immer nötig, wenn man nicht ganz sicher ist, daß der Staub ganz homogen ist, was aber meist, da es sich um Abfälle der verschiedensten Herkunft handelt, nicht der Fall ist. Die gröberen Teile sind nicht zu mischen, müssen allenfalls bis zum Wägegläschen geteilt werden. Je größer die Einwage der gröberen Teile ist, desto wahrscheinlicher ist, daß die Einwage dem Ganzen entspricht. Allein man ziehe in Erwägung, daß, wenn man z. B. 0,2 g der gröberen Bestandteile einwiegen will und die gröberen Stücke ein Gewicht von 0,1—0,2 g haben, von einem richtigen Durchschnitt nicht die Rede sein kann, da man ja nur zwei oder gar nur ein Stückchen einwiegen kann; wenn also die einzelnen gröberen Teile nicht ganz homogen unter sich sind, erhält man keine richtige Probe.

Bei genauerer Betrachtung der gröberen Teile findet man oft, daß sie aus verschiedenem Material bestehen, beispielsweise aus Zink, Messing, Blei, Kupfer, Eisen oder irgendeiner Legierung. Eine Zerkleinerung der gröberen Stücke kann man fast nie vornehmen. Es ist daher absolut notwendig, von solchen gröberen Proben ein genügend großes Gewicht unter Zuhilfenahme von Reduktionsmitteln einzuschmelzen, und zwar muß das so geschehen, daß keine Metallbestandteile in die Asche gelangen. Der Unterschied zwischen dem ursprünglichen Gewicht und dem erhaltenen Regulus muß berücksichtigt werden als vorhandener Sauerstoff, organische Verunreinigungen, Sand und Verlust. Den so erhaltenen gut gemischten Regulus kann man dann feilen und erhält so eine analysierbare Probe, evtl. kann man auch die ganze Probe zu einem Regulus umwandeln. Bei Untersuchungen von Metallen werden größere Stücke oft an verschiedenen Stellen angebohrt und die Späne dann zusammengegeben, aber auch hier ist je nach der Art der Späne eine Mischung unmöglich. Man muß deshalb die Späne aus jedem Bohrloch für sich sammeln und für die Analyse aus jedem Bohrloch die gleiche Menge einwiegen, sonst kann der Fall eintreten, daß man aus einem Bohrloch nur sehr wenig einwiegt und aus einem anderen zu viel. Einfacher ist es auch hier, aus jedem Bohrloch die gleiche Menge zusammen einzuschmelzen, dann hat man nur eine Einwage.

Die gleichen Schwierigkeiten treten auch bei der Verarbeitung im großen auf und dieselben werden auch in ähnlicher Weise überwunden. Die Metallrückstände sind sehr verschiedener Herkunft und infolgedessen haben sie eine sehr verschiedene Zusammensetzung, dabei ist eine vollkommene Ungleichmäßigkeit vorhanden.

Es ist daher notwendig, das einlaufende Metall zu sortieren, wie das auch bei der Verarbeitung von Eisenschrott gemacht wird. Da man nach der Herkunft, der Form und dem sonstigen Aussehen des Materials die ungefähre Zusammensetzung, wenn auch innerhalb weiter Grenzen, beurteilen kann, so sortiert man dasselbe so in Haufen, daß in einen solchen immer Metall von ungefähr gleicher Zusammensetzung kommt; Messing, Rotguß, Bronze, Weißmetalle von ungefähr gleicher Zusammensetzung, Zinn, Blei usw. wird für sich gesammelt. Dann wird jeder Haufen für sich eingeschmolzen, gut gemischt und in Ingots von möglichst großem Gewicht gegossen; diese Ingots werden dann analysiert und man hat Material von bestimmter gleichmäßiger Zusammensetzung, von welchem man rationell weiter arbeiten kann. S. a. S. 137 u. f.

Über die Legierungskunst.

Nachdem man in neuerer Zeit durch die Einbeziehung auch seltenerer Metalle begonnen hat, den Kreis der Legierungen zu erweitern, ist die Mannigfaltigkeit der möglichen Legierungen ins Ungeheure gestiegen. Da die Eigenschaften, die man von Legierungen fordert, von außerordentlicher Mannigfaltigkeit sind, sieht sich der Metalltechniker, insbesondere der Erfinder auf diesem Gebiete einer Überfülle von Möglichkeiten gegenüber, welche er ohne wissenschaftliche Erkenntnisse nicht bewältigen kann. Die moderne, wissenschaftliche Metallkunde hat festgestellt, daß die Eigenschaften der Legierungen sich zum inneren Aufbau derselben in gesetzmäßige Beziehungen stellen lassen und daß auch über diesen Aufbau selbst, für die Gesamtheit der möglichen Legierungsmischungen sich eine Reihe von allgemeinen Gesetzmäßigkeiten aufbauen lassen. In einem Vortrag, gehalten auf der Hauptversammlung der Deutschen Gesellschaft für Metallkunde, gab Gürtler eine Entwicklung der Gesetze des inneren Aufbaues und schließt daran eine Übersicht der wichtigsten bisher gefundenen, allgemeinen Gesetzmäßigkeiten über die chemischen, physikalischen und mechanischen Eigenschaften der Legierungen. Für die Hauptverwendung der Legierungen zur Konstruktion von Großbauten, Maschinen und kleineren Gebrauchsgegenständen kommen vor allem drei Eigenschaften in Betracht:

a) die Herstellbarkeit der Legierung durch Zusammenschmelzen;
b) eine genügende chemische Widerstandsfähigkeit gegen Luft und Feuchtigkeit;
c) ein gewisses Mindestmaß von Plastizität, die ja die technisch wichtigste Unterscheidung metallischer Baumaterialien von anderen ist.

Unter Berücksichtigung dieser drei Gesichtspunkte lassen sich drei große Gruppen von Legierungen aus der ungeheuren Mannigfaltigkeit als möglich aussondern:

1. eine Gruppe von hochschmelzenden Metallen, die Eisengruppe, Kupfergruppe, Platingruppe und einige seltenere, hochschmelzende Metalle umfassend, sodann

2. die Gruppe der niedrigschmelzenden Metalle oder Weißmetalle mit den Hauptvertretern Zink, Blei und Zinn, und endlich

3. die Gruppe der Aluminiumlegierungen, der eine besondere Bedeutung für die Zukunft zuzuschreiben ist.

Gürtler entwickelt für diese drei Gruppen eine Übersicht über diejenigen Elemente, die als Hauptbestandteile oder als Zusätze in Frage kommen können, grenzt die ungefähren Maximalbeträge dieser Zusätze ab und gibt für die entstehenden Kombinationen einen allgemeinen Überblick über die zu erwartenden Eigenschaften.

Während man bis vor kurzer Zeit zwar eine reichliche Anzahl von empirisch gefundenen und praktisch bewährten Legierungen hatte, war man doch stets, um neue technische Möglichkeiten zu schaffen, auf ein unsicheres Probieren angewiesen. Erst seitdem eine enge Verbindung zwischen den neuen wissenschaftlichen Erkenntnissen und der Praxis hergestellt ist, kann man zielbewußt alle Möglichkeiten bearbeiten und Erklärungen finden für beobachtete Erfolge und Mißerfolge. Von grundlegender Bedeutung war die Verwertung der Erkenntnisse der physikalischen Chemie auf dem Gebiete der Salzlösungen und die Auffassung der Legierungen als Lösungen von Metallen ineinander, welche den gleichen Gesetzen unterliegen wie die Salzlösungen, ferner die mikroskopische Untersuchung der angeätzten Metallschliffe, wodurch die näheren Gefügebestandteile der Legierungen erkannt wurden. Dieses Metallographie in engerem Sinne genannte Gebiet hat die Aufgabe:

1. Die Erkennung und beschreibende Feststellung der einzelnen Gefügebestandteile der Legierungen; die Ermittlung ihrer chemischen und physikalischen Eigenschaften, sowie ihre Anordnungsweise.

2. Ermittlung der Veränderungen in der Art und Anordnung der Gefügebildner, welche durch verschiedene Behandlung des Metalls oder der Legierung, also durch langsames oder schnelles Abkühlen (Abschrecken), Erwärmen, mechanische Bearbeitung (Formveränderung), Oxydation, Kohlung, Gasaufnahme, chemische Einwirkungen usw. hervorgerufen werden.

3. Ermittlung der Änderungen der Eigenschaften der Legierungen, die durch die unter 2 genannten Veränderungen im Gefüge bedingt sind.

Um die Wichtigkeit dieser Verhältnisse und die Entwicklung der Metallkunde in bieser Richtung zu übersehen, muß der Techniker wenigstens einigermaßen Begriffe über die neuzeitlichen physikalisch-chemischen Vorstellungen haben. Deshald sei zum allgemeinen Verständnis einiges über die verschiedenen Zustandsformen der festen Stoffe ausgeführt.

Zustandsformen der festen Stoffe. Die heutigen Erkenntnisse kann man kurz in folgende zwei Sätze zusammenfassen:

1. Jeder Stoff der festen Formart oder des sog. festen Aggregatzustandes — gleichviel ob ein chemisch einfacher oder chemisch zusammengesetzter Stoff — ist imstande, in mehr als einer Zustandsform aufzutreten.

2. Ein Stoff oder ein Stoffsystem der festen Formart erscheint uns nicht stets in seinem ursprünglichen Bildungszustand; er macht vielmehr in den meisten Fällen von diesem bis zu seinem endgültigen Erscheinungszustand oder seiner Erscheinungsform eine Reihe von Entwicklungsstadien durch, je nach den herrschenden Bedingungen; die feste kristallinische Zustandsform ist keine starre, unveränderliche Form, wie man früher anzunehmen geneigt war; auch bei den erstarrten kristallinischen Stoffen finden noch vielfache Umwandlungen statt, Umkristallisationen, Vergrößerungen, Rekristallisationen usw.

Bei vielen Stoffen verläuft, nachdem der Stoff aus dem Schmelzfluß oder aus der Lösung erstarrt ist, die weitere Abkühlung gleichmäßig; bei anderen Stoffen aber finden auch im bereits festen, kristallisierten Zustand noch vielfache Umkristallisationen und teils reversible Umwandlungen statt, der Stoff tritt in verschiedenen Modifikationen oder Zustandsformen auf. Hierbei treten auch hier wie beim Übergang von dem flüssigen in den festen Zustand oft sog. Unterkühlungserscheinungen auf, welche, zum Teil praktisch verwertbar, von größter Wichtigkeit für die Technik sind. Man kann hier gleichsam von einer Entwicklungsgeschichte eines festen Stoffes sprechen.

Von besonderer Bedeutung sind die Umwandlungen, die nachträglich bei erstarrten Legierungen stattfinden; beruht doch die ganze Werkzeugstahlherstellung (Härten, Anlassen, Ausglühen usw.) auf derartigen Vorgängen; dann spielen die nach stattgefundener Bildung vor sich gehenden nachträglichen Veränderungen von Niederschlägen, je nach den herrschenden Bedingungen, z. B. Übergang in andere Modifikationen, Übergang aus dem amorphen Zustand in den kristallinischkörnigen Zustand, Kornvergrößerung, Kristallvergrößerungen, in der Technik eine große Rolle.

Für den Techniker ist es also notwendig zu wissen, daß Verschiedenheiten bezüglich der Eigenschaften eines festen Stoffs oder beobachtete Veränderungen eines Materials nicht nur von verschiedener chemischer Zusammensetzung oder von chemischer Veränderung herrühren können oder müssen, sondern daß sehr oft chemisch ein und derselbe Stoff, je nach seiner Vorgeschichte, also seinen Bildungs- und Existenzbedingungen mit sehr verschiedenen, technisch sehr abweichenden Eigenschaften auftreten oder Eigenschaftsänderungen erleiden kann.

Man kann das Gebiet der Zustandsformen in zwei große Gruppen bringen:

Die erste Gruppe umfaßt die wissenschaftlich zum großen Teil streng definierten, gesetzmäßig erkannten Zustandsformen, die in enger Beziehung zur Kristallstruktur eines Stoffes stehen und für welche man die allgemeine Bezeichnung der Allotropie, das heißt der Andersbeschaffenheit oder auch der Polymorphie, das heißt der Mehrformigkeit geschaffen hat.

Bei diesen Stoffen kann die eine Zustandsform entweder augenblicklich (Umwandlungspunkt) in die andere umgewandelt und rückverwandelt werden oder die Umwandlung oder die Rückwandlung erleidet eine mehr oder weniger lange Verzögerung, die sich auf Minuten bis Jahrtausende erstrecken kann; oder es sind uns bei anderen Stoffen die gegenseitigen Umwandlungen unbekannt, also bislang weder beobachtet noch bewirkbar.

Als Beispiele seien angeführt: die allotropen Formen des Kohlenstoffes, also Diamant und Graphit, diejenigen des Phosphors, des Zinns, des Eisens, des kohlensauren Kalks, der Kieselsäure usw.

Ein Beispiel für derartige umkehrbare, aber Verzögerung erleidende Zustandsänderungen, welche sich jedermann leicht veranschaulichen kann, ist folgendes:

Es sind zwei Zustandsformen des aus einem Atom Quecksilber und zwei Atomen Jod bestehenden Quecksilberjodids (HgJ_2) bekannt. Eine rote, tetragonale und eine gelbe, rhombische. Erstere Form ist die stabile. Wird das rote Quecksilberjodid erwärmt, so verwandelt es sich bei Überschreitung des Umwandlungspunktes (126° C) prompt in die gelbe, rhombische β-Zustandsform (Schmelzpunkt 238° C); wird die gelbe Form abgekühlt, so erfolgt wieder Rückbildung in die rote α-Form. Hier finden wir aber Überschreitungserscheinungen. Kühlt man das gelbe Quecksilberjodid vorsichtig unter 126° C ab, und zwar unter Ausschluß von Kriställchen der roten Modifikation, so daß keine sogenannte Impfung stattfinden kann, so bleibt die gelbe Modifikation längere Zeit bestehen im sog. metastabilen Zustand. Zusatz einer Spur der roten Form oder Ritzen mit einem Glasstab ruft die sichtbare, allmähliche Umwandlung in die rote Form hervor; dieses schöne einfache Experiment ist so instruktiv für die Begriffsbildung der so wichtigen polymorphen Zustandsänderungen, daß es bei der Einführung in die Chemie als eine der ersten Vorführungen gebracht werden sollte (siehe auch S. 9 beim grauen Zinn und S. 9, 26 und 176 beim Eisen).

Durch schnelles Abkühlen oberhalb eines Umwandlungspunktes gelingt es oft eine Umwandlung zeitweise zu unterdrücken. Anderseits gelingt es häufig durch Einbringen von bereits umgewandelten Kristallen eine Umwandlung zu erzwingen, d. h. momentan herbeizuführen. Durch diese Verzögerungserscheinungen können einfache Gesetzmäßigkeiten verschleiert werden, indem das Eintreten der wirklichen Gleichgewichtslage ausbleibt. Es handelt sich hier um sog. falsche Gleichgewichte, um die sog. Metastabilität, welche eine große Rolle spielt. Diese ist vergleichbar mit dem Gleichgewicht eines rauhen Stoffes, der durch Reibung auf einer geneigten Fläche gehalten wird. Diese sog. passiven Widerstände spielen in der Chemie eine bedeutsame Rolle, sie sind vergleichbar mit der Reibung und

Viskosität in der Mechanik. Die katalytischen Stoffe und viele andere zur Einleitung von chemischen Reaktionen vorgesehenen Prozesse haben den Zweck, diese passiven Widerstände zu beseitigen, sie wirken wie das Öl bei einer Maschine.

Man darf den Zustand der Verzögerung z. B. bei unterkühltem Wasser nicht mit dem Gleichgewicht in der Mechanik vergleichen; denn ein im labilen Gleichgewicht befindlicher Körper sucht eine neue Lage auf, sobald er nur die geringste Erschütterung erfährt; unterkühltes Wasser aber z. B. kann die verschiedensten Störungen erleiden, ohne zu erstarren, und reagiert nur auf Berührung mit Eis. Man nennt den Zustand, den die Stoffe bei solchen Verzögerungserscheinungen besitzen, „metastabil", und erst die weiter gelegenen Gebiete, in denen Erstarrung oder Umwandlung freiwillig eintritt, nennt man labil. Wir finden viele Stoffe in Zustande der Metastabilität, also in natürlichen Zwangszuständen.

Viele Zustandsformen lassen sich, obwohl sie sich längst hätten umwandeln können, lange unverändert aufbewahren, ohne also in die stabile Modifikation überzugehen, manche zeigen überhaupt keine Neigung dazu.

Es ist das sehr bemerkenswert für die Veränderungen, welchen feste Stoffe in längerer Zeit unterliegen können.

Bei den Metallen ist man erst verhältnismäßig spät zu der Erkenntnis gekommen, daß auch viele von ihnen Umwandlungen oder Modifikationen erleiden können, und zwar auch im bereits erstarrten Zustand. Am längsten bekannt und am eingehendsten studiert sind die Zustandsänderungen und Umwandlungserscheinungen beim Eisen, besonders auch in ihrer Beziehung zum Kohlenstoffgehalt, schon deshalb, weil ja das Eisen und seine Legierungen in technischer Hinsicht die wichtigsten sind; das Eisen besitzt verschiedene Modifikationen, und diese haben wieder verschiedene Fähigkeit, Kohlenstoff zu lösen oder aufzunehmen und abzuscheiden, und man kann sagen, daß unsere ganze technische Welt anders aussähe, wenn das Eisen nicht diese verschiedenen Zustandsformen hätte.

Beim Übergang aus dem flüssigen in den festen Zustand bei 1528° C erstarrt das Eisen zunächst als δ-Eisen. Dieses wandelt sich unter Freiwerden von Wärme bei 1401° C in γ-Eisen um; bei etwa 906° C verwandelt sich dies γ-Eisen unter Freiwerden von Wärme in β-Eisen; dieser Vorgang hält so lange an, bis alles γ-Eisen in β-Eisen verwandelt ist. Endlich bei 770—780° C verwandelt sich das vorher unmagnetische β-Eisen in die, magnetische Eigenschaften besitzende Form des α-Eisens um und kommt zur Ruhe. Diese Umwandlungspunkte nennt man auch Haltepunkte. Der Vorgang ist umkehrbar, beim Erhitzen treten also die Umwandlungen in umgekehrter Reihenfolge auf.

Durch schnelles Abkühlen (Abschrecken) oberhalb eines Umwandlungspunktes gelingt es, die Umwandlung ziemlich vollständig zu unterdrücken. Das reine kohlenstofffreie Eisen befindet sich dann bei Zimmertemperatur in einem für diese Temperatur metastabilen Zustand, es weist andere Eigenschaften auf als das langsam abgekühlte Eisen. Wird z. B. die Härte des reinen α-Eisens gleich 100 gesetzt, so ist die Härte des bei 850° C abgeschreckten β-Eisens bereits 217.

Durch den Eintritt von Kohlenstoff und anderen Stoffen werden diese Verhältnisse verändert und äußerst kompliziert gestaltet. Nur β-Eisen kann z. B. Kohlenstoff in fester Lösung halten. α-Eisen hat wenig Lösungsvermögen für Kohlenstoff. γ-Eisen löst leicht Eisenkarbid (Zementit), α-Eisen kann dieses nicht mehr lösen, die feste Lösung zerfällt in ihre Bestandteile usw.

Diese Vorgänge besonders bei den verschiedenen Stahlsorten haben der Forschung ungemeine Schwierigkeiten bereitet; bis zum Jahre 1896 fehlte es überhaupt an einer rationellen Erklärung dieser Umwandlungserscheinungen; hier trat die physikalische Chemie aufklärend ein durch die Betrachtungsweise der Legierungen als feste Lösungen und durch eingehendes Studium der Funktionen der Temperatur und der Zeit; endgültige Erklärung erhielten wir dann erst in den letzten 15 Jahren durch die metallographischen Untersuchungen.

Tritt zum Eisen Kohlenstoff, so wird, entsprechend dem Gesetz der Gefrierpunkterniedrigung, der Übergang aus dem flüssigen in den festen Zustand in tiefere Temperaturzonen heruntergedrückt, gleichzeitig erfährt auch die Umwandlung des γ-Eisens in β-Eisen eine Verschiebung nach unten. Kohlenstoffhaltiges Eisen gibt beim Erstarren Mischkristalle von Eisen und Eisenkarbid. Diese Vorgänge gelten nur unter der Voraussetzung, daß den Schmelzen beim Festwerden Zeit gelassen wird, damit sich Kristalle und Schmelze stets in das der jeweiligen Temperatur entsprechende Gleichgewicht einstellen können. Bei weiterer Abkühlung gehen in den nach unseren gewohnten Begriffen bereits festen Legierungen bei bestimmten Temperaturen Auskritallisierungen und Umwandlungen vor sich. Z. B. folgende Umwandluggen:

Feste Lösung von γ-Eisen und Eisenkarbid; beginnende Ausscheidung von Eisenkristallen aus der festen Lösung, dann Auskristallisieren von β-Eisen; Umwandlung dieses bei 780° C in α-Eisen; Ausscheidung von Karbidkristallen aus fester Lösung, Karbidkristalle neben fester Lösung; Umwandlung der festen Lösung in das eutektische Gemenge von Eisen und Eisenkarbid.. 700° C Ende der Umwandlungen.

Diese Verhältnisse werden variiert, je nach dem Kohlenstoffgehalt und dem Gehalt an anderen Metallen.

Bei hoher Temperatur sind Eisen und Kohlenstoff zu Karbid verbunden, welches sehr hart ist — feste Lösung, metastabil, übersättigt. Kühlt man schnell ab, so bleibt das Karbid bestehen, der Stahl bleibt hart. Kühlt man langsam ab, so zerfällt das Karbid und geht in Eisen und Graphit über, welche weich sind. Erwärmt man den harten Stahl langsam, so beginnt die Umwandlung des Karbids in Kohlenstoff und Eisen und schreitet um so schneller fort, je höher die Temperatur wird. Unterbricht man die Erwärmung, so bleibt der Zustand in der Kälte bestehen, und man kann jedes Verhältnis zwischen Karbid und Eisen und damit jeden Härtegrad zwischen diesen Grenzen erzielen. Das Festhalten des Härtegrades beruht darauf, daß bei gewöhnlicher Temperatur die Umwandlungsgeschwindigkeit des Karbids unmeßbar klein ist. Das technische Anlassen ist daher abhängig erstens von der Temperatur, zweitens von der Zeit. Niedere Temperatur wirkt bei längerer Zeitdauer ebenso wie höhere Temperatur bei kurzer Zeitdauer.

Die für einen gewissen Härtegrad erforderliche Temperatur ist vom Kohlenstoffgehalt abhängig; kennt man diesen, so kann man die Temperatur vorausbestimmen, bei welcher man einen gewissen Härtegrad erzeugt. Man kann die Härtung in einer Operation bewirken, wenn man durch passendes Erwärmen oberhalb 670° C das gewünschte Gemenge von Eisen und fester Lösung (deren Gleichgewicht sich mit der Temperatur verschiebt) herstellt und den Zustand durch plötzliches Abkühlen festhält.

Es handelt sich hier um Gleichgewichte, die sich mit der Temperatur verschieben. Nach dem Prinzip von d'Alembert, Gauß und dann Le Chatelier vermindert ein im Gleichgewicht befindliches System einen von außen kommenden Zwang dadurch, daß sich das Gleichgewicht in dem Sinne verschiebt, der den Zwang aufbraucht. Steigert man also z. B. die Temperatur, so verschiebt sich das Gleichgewicht im Sinne des Wärmeverbrauchs, also im Sinne der Karbidbildung, weil diese Reaktion Wärme verbraucht, den Zwang also beseitigt. Umgekehrt wird Wärmeentzug, also Kühlung, von diesem System so pariert, daß Karbid zerfällt, weil hierbei Wärme auftritt, der Kühlung also entgegenwirkt.

2. **Die zweite Gruppe** umfaßt die wissenschaftlich eigentlich noch sehr wenig bearbeiteten Zustandsformen chemisch ein und desselben festen Stoffes, welche auf

der Verschiedenheit des Verteilungs- oder Zerteilungszustandes beruhen, also die sog. Bildungsformen der kleinsten Massenaggregate betreffen; diese verschiedenen Zustandsformen sind demnach ein Ergebnis des Bildungsvorgangs, wobei die Korngröße, Oberflächenenergie u. a. das Bestimmende sind, z. B. Quecksilberoxyd, Zinkoxyd, Kadmiumsulfid, Metazinnsäure, Modifikationen des weißen, metallischen Zinns und viele Erscheinungsformen des Silbers, des Goldes u. a.

Diese Vorgänge im Sinn der Bildungs- oder Zerteilungsformen können dann auch bei den wahren polymorphen Zustandsformen der ersten Gruppe wieder weitere Variationen oder Modifikationen bewirken, z. B. verschiedene Formen des Graphits, Phosphors, Arsens usw. Bei den Stoffen dieser Gruppe können gewisse Zustandsformen erhalten, gewisse Bildungsstadien festgehalten werden, wir können sie aber nicht so leicht wie bei den Stoffen der ersten Gruppe ineinander beliebig überführen, es sind Bildungsformen ohne sog. Umwandlungspunkt. Gerade diese wissenschaftlich bisher sehr stiefmütterlich behandelten Zustandsformen fester Stoffe spielen in der Technik, insbesondere der Metalltechnik, bei Fabrikationsverfahren aller Art, so z. B. bei Fabrikation der Mineralfarben usw. eine große Rolle; sie sind in der Praxis in Form von Fabrikationsgeheimnissen bisher viel besser gekannt, als in der Wissenschaft; diese Zustandsformen sind viel mannigfaltiger als die der wahren Polymorphien.

Die Korngröße der Metallteilchen spielt bei der Technologie der Metalle eine besonders wichtige Rolle. Besonders deshalb, weil dieselbe die Eigenschaften vieler Metalle und Legierungen in hohem Grade beeinflussen kann. Sie wird daher vielfach als Wertmesser für das Arbeitsgut benützt und spielt insbesondere bei den Metallblechen, welche für Gravierarbeiten und Ätzungen aller Art benutzt werden, eine große Rolle, da ja die Gleichmäßigkeit dieser Arbeitsverfahren nur bei richtiger und gleichmäßiger Korngröße gewährleistet wird. Hieraus geht die Wichtigkeit hervor, daß der Metallätzende sich vor allem Kenntnis von der Zustandsform seiner Metallbleche verschafft. Vielfach werden Mißerfolge bei derartigen Ätzarbeiten, z. B. von Legierungen, in der fehlerhaften chemischen Zusammensetzung gesucht, während die Ursache einfach in der unrichtigen Zustandsform des Metalles liegt. Die Größe der einzelnen Kristallkörner eines erstarrten Metalles ist von der Erstarrungstemperatur, der Kristallisationsgeschwindigkeit, der Anzahl vorhandener Kristallisationskeime und der nachträglichen mechanischen und Wärmebehandlung abhängig. Auch die Korngröße bereits erstarrter Metalle kann sich auf dem Wege der sog. Rekristallisation ändern. Aus der Korngröße kann man auf die vorhergegangene Metallbearbeitung, z. B. Kaltreckung, Glühtemperatur usw. schließen.

Durch geeignete Wahl des Kaltreckungsgrades und der Glühtemperatur ist man imstande, ein Metall in bestimmter physikalisch-mechanischer Zustandsform, also z. B. von bestimmter Korngröße zu erhalten. Die Korngröße eines kaltgereckten Metalles nimmt z. B. mit steigender Rekristallisationstemperatur zu und zwar um so mehr, je geringer der Grad der Kaltreckung ist.

Wird normales Preßzink erhitzt, so tritt ein Wachstum der Kristalle ein, und zwar bei bestimmter Temperatur zunächst Vergröberung jener in einer Randzone. Diese verbreitert sich dann mit steigender Temperatur, und erfolgt völlige Umkristallisation von 200° C ab (Randumkristallisation von 140° C ab). Die Grobkristallisation des Zinks ist begleitet von einer Herabsetzung der Zerreißfestigkeit und Dehnung.

Galvanische Kupferniederschläge u. a. erweisen sich bezüglich der Struktur und der Reaktionsfähigkeit verschieden, je nachdem sie aus sauren oder alkalischen

Bädern erhalten sind; in der Galvanoplastik spielen die Bildungsformen der Metalle eine große Rolle.

Übelstände, welche sich bei technischen Arbeiten einstellen, werden oft in einer Richtung gesucht, welche nicht die richtige ist. Vielfach wird zu Unrecht einer verschieden chemischen Zusammensetzung oder einer Verunreinigung eines Metalles die Schuld zugeschoben, während es sich in der Tat nur um verschiedene Zustandsformen des gleichen Stoffes handelt. So verhielten sich z. B. zwei Stahlbleche mit annähernd gleichem perlitischen Kohlenstoffgehalt beim Stanzen ganz verschieden.

Während sich das eine Blech gut ausstanzen ließ, stumpften bei dem anderen Blech die Stanzwerkzeuge sehr schnell ab. Die Gefügeuntersuchung ergab, daß das leicht stanzbare Blech körnigen Perlit aufwies, während das schlecht stanzbare Blech lamellaren Perlit enthielt. Hiermit hängt das verschiedene Verhalten beim Stanzen zusammen. Nach Versuchen von Hanemann hat Stahl im Zustand des körnigen Perlits die größte Weichheit, die bei seinem Kohlenstoffgehalt überhaupt zu erzielen ist, während derselbe Stahl im Zustand des lamellaren Perlits erheblich härter ist. Durch langdauerndes Glühen dicht unterhalb der Umwandlungstemperatur (etwa 700° C), oder auch durch wiederholtes Glühen etwas über der Umwandlungstemperatur von 700° C mit nachfolgender wiederholter Abkühlung unter diese Temperatur, kann man lamellaren Perlit wieder in körnigen verwandeln.

Wie bei den einheitlichen Stoffen treten auch bei den **Legierungen**, also den festen Lösungen im bereits erstarrten Zustand Umwandlungen und Rekristallisationen auf, wodurch das mechanische Verhalten beim Gebrauch und der Weiterverarbeitung weitgehend beeinflußt wird.

Man kann sagen, daß in allen Fällen, in denen die Ausgangsstoffe Modifikationsveränderungen im festen Zustand fähig sind, solche auch bei den mit ihnen erschmolzenen Legierungen eintreten können. Da aber die Umwandlungen der reinen Metalle durch Legieren mit anderen Stoffen vielfach sehr schnell in tiefere Temperaturzonen heruntergedrückt werden (unter Zimmerwärme), so erstrecken sich die Umkristallisationen und Umwandlungen bei Legierungen meist nur über ein ganz bestimmtes, mehr oder weniger eng begrenztes Gebiet. Hier kommen besonders Kupfernickellegierungen, Aluminiumzinklegierungen, Kupferzink (Messing), Kupferzinn (Bronze), Kupferaluminium u. a. und die Eisenkohlenstofflegierungen in Betracht. Beruht ja doch die ganze Werkzeugstahlherstellung (Härten, Anlassen, Ausglühen) auf dergleichen Vorgängen. Bei den meisten Legierungen sind diese Verhältnisse noch unerforscht. Der Einfluß gewisser Stoffe ist ein großer. Z. B. wird bereits bei 45% Kupfer die Umwandlung des β-Nickels in das magnetische α-Nickel bis etwa Zimmerwärme herabgedrückt, so daß bei noch weiterer Steigerung des Kupfergehalts alle Nickelkupferlegierungen bei Zimmerwärme nicht mehr magnetisierbar sind. Das oberhalb etwa 300—330° C beständige β-Zink bildet mit Aluminium eine chemische Verbindung (Aluminium—Zink), während das α-Zink keine chemische Verbindung mit Aluminium eingeht. Sinkt die Temperatur bei der Abkühlung unter eine bestimmte Grenze (256° C), so hat die chemische Verbindung das Bestreben, in die beiden Endmischkristalle α und β zu zerfallen.

Durch Abschrecken oberhalb der Zerfalltemperatur läßt sich der Zerfall unterdrücken. Mit dem Zerfall im bereits erstarrten Zustand gehen sehr wesentliche Änderungen der physikalischen Eigenschaften Hand in Hand. Die abgeschreckte Legierung ist hart und spröde, die angelassene viel weicher und weniger spröde.

Hier bieten sich den Metalltechnikern große Aussichten für die Herstellung neuer Legierungen; manche Legierungen, welche z. B. bei zu großer Härte und

Sprödigkeit oder zu geringer Festigkeit eine nur eng begrenzte Verwendungsmöglichkeit zeigen, können oft durch geeignete Wärmebehandlung für viele Zwecke verwendbar gemacht werden, sog. Veredlungsverfahren, z. B. bei Duraluminium, einer Kupfer-, Mangan-, Magnesium-, Aluminiumlegierung.

Reine chemische Betrachtungen haben hier im Stich gelassen, und erst die Erfahrung der verschiedenen Gleichgewichtszustände hat Klärung gebracht. Im allgemeinen geht die Erkenntnis dahin, daß es sich auch hier um die Unterkühlungsvorgänge handelt, und daß je nach dem Gehalt an Kohlenstoff und anderen Stoffen wie z. B. Nickelmangan u. a. diese Unterkühlung stark beeinflußt, die Neigung dazu entweder erhöht oder vermindert wird; die sonst schwer zu erklärenden Eigenschaftsveränderungen der Eisenlegierungen durch sehr geringe Zusätze anderer Metalle finden hier Aufhellung, z. B. Spezialstähle (siehe bei Stahl, S. 190).

Beim Nickelstahl rühren die Verzugserscheinungen von Zustandsänderungen her, bei deren Umkehr auch die Eigenschaften sich zurückbilden, beim Nickelstahl kann man die mechanischen und magnetischen Eigenschaften jetzt bereits fast beliebig dosieren.

Auch Nickel und Kobalt kennen wir je in einer α- und β-Modifikation. Das bei Zimmertemperatur magnetische α-Nickel wandelt sich bei 350° C in unmagnetisches β-Nickel um, ebenso Kobalt; gleichzeitig ändern sich die elektrischen Eigenschaften.

Neuere Versuche haben gezeigt, daß die Überführung einer Modifikation in eine andere bei allotropen Stoffen sehr stark von der Erhitzungsgeschwindigkeit abhängt, nur bei sehr langsamem Erwärmen ist es häufig möglich, eine diskontinuierliche Änderung aufzufinden.

Man kann heute mit Sicherheit annehmen, daß auch das Zink im festen Zustand in mindestens zwei Modifikationen auftritt, die sich deutlich hinsichtlich ihrer physikalischen Eigenschaften unterscheiden. Setzt man die Härte des bei Zimmertemperatur beständigen α-Zinks = 100, so beträgt die Härte des oberhalb des Umwandlungspunktes bei 300—321° C abgeschreckten β-Zinks = 124 (Schmelzpunkt 419,4).

Für Aluminum und Kupfer sind die Modifikationen noch zweifelhaft.

Man unterscheidet die Metalle und Legierungen in zwei Abteilungen:

1. in diejenigen, bei denen nach dem Erstarren keine Umwandlungen eintreten, z. B. Gold, Silber, Kupfer u. a.;

2. in solche, deren Komponenten oder aus diesen gebildete chemische Verbindungen im festen Zustand Umwandlungen allotroper Natur erleiden, und trennt wieder, je nachdem diese Umwandlungen während des Erstarrens oder im erstarrten Zustand eintreten. Typische Beispiele sind hier die Eisen-Kohlenstofflegierungen.

II. Die technisch wichtigen Metalle und Legierungen[1]).

(Ergänzungen und Erläuterungen zu einzelnen wichtigen Legierungen siehe am Ende dieses Abschnittes, S. 54.)

Aichmetall, 60% Kupfer, 38,2% Zink, 1,8% Eisen. Goldgelb, stahlhart, in Rotglut schmiedbar.

Albionmetall, Bleiblech mit aufgewalzter Zinnschichte.

---

[1]) Die reinen, elementaren Metalle sind fettgedruckt. Betreffend der hier angegebenen spezifischen Gewichte sei bemerkt, daß bei den meisten Metallen durch mechanische Bearbeitung Abweichungen stattfinden, indem besonders die hämmerbaren Metalle durch Walzen, Ziehen, Pressen usw. eine geringe Erhöhung ihres spezifischen Gewichtes erleiden.

Alfenide = versilbertes Neusilber oder Argentan.

Algierisches Metall, 94,5% Zinn, 5% Kupfer, 0,5% Antimon.

Allot ist ein Aluminiumlot (siehe S. 215).

Alpakka (~~versilbertes~~ Neusilber) siehe Neusilber.

Aluminium (Reinaluminium).

Spezifisches Gewicht 2,6 (Leichtmetall), Schmelzpunkt 657° C, silberweiß, lebhafter Glanz, schöner Klang. Härte des Silbers; sehr dehnbar, streckbar, doch sehr fest; zu Draht zu ziehen, zu Blech zu walzen, zu dünnen Blättchen schlagbar (Blattaluminium). Große Durchlässigkeit für Röntgenstrahlen. Überzieht sich schnell mit einem hauchdünnen, farblosen Oxydhäutchen und ist dann im kompakten Zustand bei gewöhnlicher Temperatur und auch beim Erhitzen luft- und wasserbeständig. In Form feiner Blättchen oder als Pulver in sauerstoffreicher Atmosphäre oder mit Sauerstoff abgebenden Stoffen erhitzt, verbrennt es mit glänzendem Lichte, außerordentlicher Schnelligkeit und äußerst hoher Temperatur (Energiedichte).

Aluminium (Handelssorten). Qual. I: 98—99$^3/_4$% Al. Qual. II: 92 bis 98% Al.

Verunreinigungen hauptsächlich Silizium und Eisen. Leichter angriffsfähig als Reinaluminium.

Reinaluminium 99,5% Al.

Garantiealuminium 99% Al.

Hüttenaluminium 98% Al.

Umgeschmolzene Aluminiumblöcke 96% Al.

Die Weltproduktion von Aluminium betrug 1913 68 200 Tonnen, woran damals Deutschland kaum beteiligt war; dagegen war der deutsche Verbrauch in demselben Jahre recht hoch und kann ungefähr auf 1300 Tonnen geschätzt werden. In neuester Zeit entwickelt sich bei uns eine Aluminiumindustrie, über die Zahlenangaben noch nicht zu machen sind (siehe S. 54).

Aluminiumlegierungen siehe auch S. 57.

Aluminium, veredeltes, siehe Duraluminium.

Aluminiumantimon, 50% Aluminium, 50% Antimon.

Aluminiumbronzen, 5—20% Aluminium, 95—80% Kupfer Infolge ihres dichten Gefüges äußerst widerstandsfähig gegen Einwirkungen aller Art; bei Kirschrotglut schmiedbar wie Schmiedeeisen, aber nicht schweißbar.

Aluminiumbronzen (Handelssorten):

Al-Bronze A oder Goldbronze mit 3—5% Aluminium. Spez. Gew. 8,37 bis 8,15. Gegossene Zugfestigkeit 40 kg. Dehnung 60—70% pro 1 dm. Schöne Goldfarbe; diese Legierung oxydiert sich beim Erhitzen weniger als Kupfer und Eisen, daher besonders zu Büchsen und Spindeln für Lokomotivfeuerung usw.

Al-Bronze B oder Stahlbronze mit durchschnittlich 8,5% Aluminium (darunter 1% Silizium). Spez. Gew. 7,7. Gegossene Zugfestigkeit 45 bei 50—60% Dehnung. Sehr dehnbar und zähe, doch wenig elastisch; deshalb Anwendung da ausgeschlossen, wo bei großer Beanspruchung auf Zug und Druck keine bleibende Formveränderung eintreten darf. Durch Bearbeitung, Walzen, Ziehen, wird dies jedoch anders. Besonders angewendet, wo Bruchsicherheit verlangt wird, z. B. bei Maschinenteilen, Geschützen usw. Bei zu hoher Temperatur verliert diese Bronze ihre Elastizität wieder.

Al-Bronze B B mit 8,5% Aluminium und 1,5—2% Silizium; ist rätlich anzuwenden, wenn das Metall schon in gegossenem Zustande eine gute Elastizität haben soll und dieselbe auch nach der Bearbeitung in Rotglut zu bewahren hat. Festigkeit gegossen 65 kg bei 5—15% Dehnung.

Al-Bronze C oder Säurebronze mit 10% Aluminium; spez. Gew. 7,65; gegossene Zugfestigkeit 50 kg. Dehnung 22% p. 1 dm. Besonders geeignet gegen Oxydation und Säurewirkung.

Hart geschmiedet und gewalzt, Zugfestigkeit 70, Dehnung 10%. Weich geschmiedet und gewalzt, Zugfestigkeit 55, Dehnung 24%.

Al-Bronze D oder Diamantbronze mit 10% Aluminium und 2% Silizium. Spez. Gew. 7,3; gegossene Zugfestigkeit 80; Dehnung 0—3% p. 1 dm; sehr hart, von großer Festigkeit, doch spröde; gewalzt sehr geeignet zu Federn.

Aluminiumbronze nach Krupp. 8% Kupfer, 5% Zinn, 87% Aluminium.

Aluminiumchrom. 90% Aluminium, 10% Chrom.

Aluminiumeisen s. Ferroaluminium.

Aluminiumeisenbronze. 85,15% Kupfer, 0,2% Zinn, 0,38% Blei, 9,43% Aluminium, 4,74% Eisen.

Aluminiumferrosilizium. 39,48% Aluminium, 36,26% Eisen, 23,52% Silizium.

Aluminiumgold. 80% Gold, 20% Aluminium; Farbe rubinrot.

Legierungen des Aluminiums mit Gold. Eine Legierung von 6 Gewichtsteilen Gold auf 94 Gewichtsteile Aluminium gibt ein Metall von der weißen Farbe des reinen Aluminiums, aber von bedeutend größerer Sprödigkeit als letzteres. Die Legierung von 10 Gewichtsteilen Gold auf 90 Gewichtsteile Aluminium ist härter als reines Aluminium, läßt sich aber nur bei hoher Temperatur bearbeiten; seine Farbe ist hellviolett bis braun. 15 Gewichtsteile Gold auf 85 Gewichtsteile Aluminium geben ein sehr weiches, feinkörniges Metall von fast weißer Farbe mit einem schwachen violetten Schimmer. Die Legierung von 50 Gewichtsteilen Gold auf 50 Gewichtsteile Aluminium hat eine schöne violette Farbe, ist sehr weich und porös, während jene von 78 Gewichtsteilen Gold auf 22 Gewichtsteile Aluminium sehr spröde ist und eine eigentümliche Färbung zwischen Rosa und Violett besitzt. Alminiumlegierungen mit 80% Gold ergeben ein Metall von blauvioletter Farbe, während bei 90% Gold die Färbung sich wieder dem Rosa nähert. Legierungen mit kleinem Prozentgehalt an Aluminium zeigen in der Lötrohrflamme eine hellviolette Färbung. Die Legierungen des Aluminiums mit Gold haben außer zur Herstellung von Schmuckgegenständen wenig praktischen Wert. Die Legierung von 50 Gewichtsteilen Gold, 5 Gewichtsteilen Aluminium und 45 Gewichtsteilen Kupfer hat die Farbe und den Glanz 14karätigen Goldes, verliert aber den Glanz leicht.

Aluminiumkadmium (Gußmetall). 90,5% Aluminium, 3,5% Kadmium, 6% Kupfer.

Aluminiumkupfer. 3,07% Kupfer, 0,9% Zinn, 0,53% Antimon, 95,42% Aluminium, 0,06% Eisen, 0,01% Silizium.

Aluminimkupferzinklegierungen siehe S. 58.

Alminiumkupfernickel.

Die Legierungen des Aluminiums mit Nickel und Kupfer haben bemerkenswerte Farbe. 66 Gewichtsteile Kupfer mit 24 Gewichtsteilen Nickel und 10 Gewichtsteilen Aluminium geben ein Metall von der Farbe des 10karätigen Goldes, welches einen schönen Glanz annimmt. Die Legierung von 55 Gewichtsteilen Kupfer, 33 Gewichtsteilen Nickel und 12 Gewichtsteilen Aluminium hat eine schöne goldbraune Farbe, während jene von 72,5 Gewichtsteilen Kupfer, 21,25 Gewichtsteilen Nickel und 6,25 Gewichtsteilen Aluminium der vorigen sehr ähnlich ist, aber eine noch reichere und tiefer Färbung besitzt.

Aluminiumkupferzink. 45% Aluminium, 5% Zink, 50% Kupfer. Siehe auch S. 58.

Aluminiumlagerguß. 0,55% Kupfer, 22,7% Zinn, 54,95% Zink, 1,25% Blei, 20,2% Aluminium, 0,25% Eisen, 0,1% Silizium.

Aluminiumlagerguß nach Fletscher. 3,0% Kupfer, 1,0% Zinn, 0,5% Antimon, 95,5% Aluminium. Siehe auch Lagermetalle.

Aluminiummagnesium. 4% Kupfer, 0,5% Magnesium, 95,5% Aluminium (50% Aluminium, 50% Magnesium). Siehe auch Magnalium.

Aluminiummangan. 90% Aluminium, 10% Mangan.

Aluminiummangankupfer. 85% Aluminium, 10% Mangan, 5% Kupfer.

Aluminiummessing. Messing mit 1% Aluminium. Spez. Gew. 8,35; Zugfestigkeit 40; Messing mit 2% Aluminium; Messing mit 3% Aluminium. Spez. Gew. 8,33; Zugfestigkeit 65 (härter als die aluminiumärmeren).

Aluminiummünzen siehe Aluminiumpfennigstück.

Aluminiumnickel. 76,4% Nickel, 23,6% Aluminium; Silberfarbe, sehr beständig, gut bearbeitbar.

Aluminiumpfennigstück. Aus 1 Kilo erhält man 1250 Stück à 0,8 g.

Aluminiumsilber. 3% Silber, 97% Aluminium, schöne Farbe.

Aluminiumsiliziumnickel. 90% Aluminium, 8% Silizium, 2% Nickel.

Aluminiumstahl. 25% Aluminium, 75% Eisen.

Aluminiumzink. 3% Zink, 97% Aluminium, sehr dehnbar, weiß, härter als Aluminium (siehe S. 58).

Aluminiumzinkeisen. 29% Zink, 64,82% Aluminium, 5,76% Eisen.

Aluminiumzinklegierungen siehe S. 58.

Aluminiumzinkmagnesium. 4% Zink, 4,0% Aluminium, 92% Magnesium.

Aluminiumzinknickel. 5% Zink, 10% Nickel, 85% Aluminium (sehr hart; Maschinentechnik).

Aluminiumzinn. 3% Aluminium, 97% Zinn.

Algen. 66% Aluminium, 33% Zink.

Amalgame siehe auch Zahnlegierungen.

Amalgam für Elektrisiermaschinen. 3 Tle. Quecksilber, 1 Tl. Zink, 1 Tl. Zinn (Kienmayers Amalgam). (s. auch bei Kupfer-, Gold- usw. Amalgam.)

Amalgam für Glaskugeln. 80% Quecksilber, 20% Wismut.

Amalgam für Metallkitt. 70% Quecksilber, 30% Kupfer.

Amalgam für Spiegel. 70% Zinn, 30% Quecksilber.

Amalgam für gekrümmte Spiegel. 1 Tl. Zinn, 1 Tl. Blei, 1 Tl. Wismut, 1 Tl. Quecksilber.

Amaxmetall. 81,28% Kupfer, 10,98% Zinn, 7,37% Zink, 0,37% Phosphor.

Ampeobronze ist eine Aluminiumbronze (siehe Ergänzungen).

Antifriktionsmetalle nach Fenland. 5,56% Kupfer, 79,31% Zink, 0,06% Blei, 15,08% Antimon.

Amerikanisches. 0,98% Zink, 78,94% Blei, 19,6% Antimon.

Russisches. 8% Kupfer, 80% Zink, 12% Antimon (siehe auch Weißgußlagermetalle).

Antimon. Spez. Gew. 6,62, Schmelzpunkt 630° C, weiß, blättrig, kristallinisch, spröde, pulverisierbar. Härtet andere Metalle, z. B. Zinn. Existiert in zwei Modifikationen, β-Antimon und α-Antimon (metastabil, explosiv). Antimonlegierungen siehe auch S. 19, 70 u. 82.

Aphtit. 70% Kupfer, 5,5% Zink, 4,5% Kadmium, 20% Nickel.

Arcetmetall siehe D'Arcetmetall.

Argent Ruolz oder Fontenay siehe Silbernickel.

Argentan. 70% Kupfer, 20% Nickel, 10% Zink, s. auch Neusilber.

Argent allemand = Neusilber.

Argent français (Argent Ruolz). 40% Kupfer, 33% Silber, 27% Nickel.

Argentan, englisch Blech. 63% Kupfer, 22% Zink, 15% Nickel.

Argentinemetall. 85,5% Zinn, 14,5% Antimon.

Argentin-Zinniederschlag, fein verteiltes Zinnpulver zur Herstellung des unechten Silberpapiers.

Argilit. 90% Aluminium, 6% Kupfer, 2% Silizium, 2% Wismut.

Arguzoid. 55,78% Kupfer, 4,03% Zinn, 23,2% Zink, 3,54% Blei, 13,41% Nickel.

Argyrolith = Neusilber.

Arkometall. 80% Kupfer, 20% Zink.

Arsen. Spez. Gew. 4,71 und 5,73 (zwei Modifikationen). Blättrig-kristallinisch; sublimiert bei 450° C ohne zu schmelzen, verbrennt an der Luft zu weißem, giftigem Arsentrioxyd (arsenige Säure).

Arsenblei (Schrotmetall). 99% Blei, 0,2—0,8% Arsen.

Arsenbronze. 79,1% Kupfer, 10% Zinn, 9,5% Blei, 1,4% Arsen.

Ashberrymetall. 77,8% Zinn, 2,8% Zink, 19,4% Antimon. (Ersatz für Britanniametall).

Atlasmetall, bleireiches Lagermetall.

Auermetall. Cereisen mit ca. 30% Eisen, 70% Cer.

Austenit siehe Kapitel Härten S. 178.

Automobillagermetalle:

Amerikanisch: 3,7% Kupfer, 88,8% Zinn, 7,5% Antimon.

Französisch: 10% Zinn, 75% Blei, 15% Antimon.

Siemens-Halske: 47,5% Zink, 5,0% Antimon, 47,5% Kadmium.

Babbitmetall. 90% Zinn, 8% Antimon, 2% Kupfer. Amerikanische Bezeichnung für Lagermetalle s. d.

Barium. Spez. Gew. 3, 8, Schmelzpunkt 850—900° C. Silberweißes Leichtmetall aus der Gruppe der Erdalkalimetalle, weich wie Blei, an der Luft sich leicht oxydierend, Wasser und Alkohol leicht zersetzend.

Bariumlagermetall siehe Lurgimetall und Calciumlagermetall.

Bathmetall. 55% Kupfer, 45% Zink.

Benediktnickel. 80% Kupfer, 20% Nickel.

Bibrametall. 70% Blei, 15% Zinn, 15% Wismut.

Biderrymetall. 6,3% Kupfer, 0,8% Zinn, 90,2% Zink, 2,6% Blei.

Blattgold, unechtes. 84,6% Kupfer, 18,4% Zink.

Blattsilber, unechtes = Zinn.

Blattzinn = Zinn (Stanniol).

Blei. Spez. Gew. 11,37; Schmelzpunkt 326,9° C. Blaugrau, stark glänzend, weich, läßt sich auswalzen, ziehen, pressen usw.; färbt auf Papier ab. Geringe Festigkeit; an der Luft wird es matt (Bleisuboxydbildung); geschmolzen leicht oxydierbar. Im Jahre 1913 betrug die Weltproduktion an Blei 1186700 Tonnen, woran Europa mit 574000 Tonnen, also mit 48%, beteiligt war. Deutschland produzierte davon 181100 Tonnen, also 30,6% der europäischen Erzeugung, stand aber mit einem Bleiverbrauch von 223500 Tonnen allen europäischen Ländern voran.

Blei-Calciumlegierung siehe Lagermetall.

Bleikomposition. 84% Blei, 16% Antimon. Siehe auch Hartblei, Lagermetall, Magnolia, Letternmetall.

Bleimessing. Messing mit 3% Blei; günstig für Dreharbeiten.

Bleinickelbronze. Zinnbronze mit Zusatz von Blei und Nickel (bes. für Lagermetall).

Britanniametall im allgemeinen ca. 90% Zinn, 8—10% Antimon, 1—2% Kupfer.

Britanniametall für Bleche. 91,46% Zinn, 7,16% Antimon, 1,4% Kupfer; 70,82% Zinn, 15,1% Antimon, 4,91% Kupfer, 9,21% Blei (siehe auch bei Abschnitt Schmelzen und Legieren).

Britanniametall für Guß (Tutania) 92,4% Zinn, 4,65% Antimon, 2,45% Kupfer, 0,32% Blei.

Britanniametall für Löffel u. a. 88,42% Zinn, 8,68% Antimon, 2,86% Kupfer.

Bronzen (Kupferzinnlegierungen). Zusammensetzung je nach der Verwendungsart (Schmelzpunkt ca. 900° C). Siehe auch S. 64.

Bronzen, zinnfreie, siehe auch Legierungen, zinnfreie, S. 82.

Eigenschaften nach Th. Fischer.

% Kupfer	% Zinn	Farbe der Legierung	Bruch	Beschaffenheit
99	1	blaßrot	körnig	weich und zähe
95	5	rötlichgelb	feinkörnig	härter
90	10	—	körnighakig	gut feilbar
80	20	blaß goldgelb	etwas hakig	härter, noch feilbar
75	25	blaß weißgelb	glatt	härter, noch feilbar
65	35	grauweiß	weniger glatt	leicht brüchig, sehr schwer feilbar
50	50	grauweiß	weniger glatt	leicht brüchig
40	60	mattweiß	weniger glatt	leichter feilbar und polierbar
30	70	mattweiß	etwas blättrig	leichter feilbar und polierbar
20	80	mattweiß	etwas blättrig	leichter feilbar und polierbar
10	90	weiß	körnig	leichter zu feilen

Geschützbronze. 90% Kupfer, 10% Zinn.

Glockenbronze. 80% Kupfer, 20% Zinn.

Kunstbronze. 80—90% Kupfer, 20—10% Zinn mit mehr oder weniger Zink evtl. Blei.

Maschinenbronze wie Kunstbronze, je nach der Verwendung.

Münzen- oder Medaillenbronze. 95% Kupfer, 5% Zinn, oder 95% Kupfer, 4% Zinn, 1% Zink.

Bronze für Normalmeßstäbe. 82% Kupfer, 13% Zinn, 5% Zink.

Bronze für Schiffe (meerwasserbeständig). 45% Kupfer, 16% Zinn, 5,5% Zink, 1% Wismut, 32,5% Nickel (siehe auch S. 60).

Bronze für Schiffbeschläge. 94% Kupfer, 6% Zinn.

Bronze, schmiedbare = Messing mit Mangan, Eisen und Zinn.

Spiegelbronze für optische Instrumente. 70% Kupfer, 30% Zinn.

Bronzepulverlegierung. 82—99% Kupfer, 18—1% Zink.

Cadmium siehe bei **K.**

Calcium. Spez. Gew. 1,52, Schmelzpunkt 800° C. Silberweißes, hartes, zähes Metall, formbar, Leichtmetall aus der Gruppe der Erdalkalimetalle. Wasser zersetzt es bei gewöhnlicher Temperatur. Kommt in länglichen Stücken in den Handel, mit einer dünnen Oxydschichte bedeckt.

Calin. 120 Tle. Blei, 17,5 Tle. Zinn, 1,25 Tle. Kupfer (chinesisches Folienmetall).

Cementit = Eisenkarbid, chemische Verbindung = Eisenkohlenstoff mit 6,7% Kohlenstoff. (Siehe bei Stahl.) Schmelzpunkt 1300° C.

Cer. Spez. Gew. 7,024, Schmelzpunkt 623° C. Weißes, weiches Metall der sog. seltenen Erden, zur Glühstrumpffabrikation und Herstellung von Eisenlegierungen (siehe auch Thorium). Beim Abfeilen kleiner Splitterchen entzünden sich diese und verbrennen mit hoher Temperatur. Siehe: Auermetall.

Cereisen siehe Auermetall.

Chinasilber. Galvanisch versilbertes Neusilber.

Chinesische Bronze. 78% Kupfer, 22% Zinn.

Christoflemetall. Galvanisch versilbertes Neusilber mit 2% Silber.

Chrom. Spez. Gew. 6,5. Schmelzpunkt 1515° C. Silberweiß, kristallinisch, sehr hart, schneidet Glas.

Chrommangannickelbronze siehe S. 65.

Chromnickel und Chromnickeldraht = Platinersatz s. d.

Chromnickeleisen. 50% Chrom, 20% Nickel, 30% Eisen.

Chromnickelstahl. Stahl mit 6,98% Nickel und 0,42% Chrom (siehe Spezialstahle), nicht rostend.

Chrysokalk = Tombak.

Chrysorin = Tombak.

Cisium = Aluminium-Zink-Zinn-Kupferlegierung.

Clichiermetall. 33% Zinn, 46% Blei, 21% Kadmium oder 48% Zinn, 32,5% Blei, 10,5% Antimon, 9% Wismut.

Cobalt siehe bei K.

Coopermetall. Goldähnlich, für Schreibfedern. 66% Kupfer, 4% Blei, 30% Platin oder 12,5% Kupfer, 50% Platin, 37,5% Silber.

Cuivre jaune siehe Messing.

Cuivre poli. 70% Kupfer, 30% Zink.

Cuproaluminium siehe Aluminiumbronzen.

Cuproferromangan. 40% Kupfer, 30% Eisen, 30% Mangan.

Cuproferrozink siehe Aichmetall.

Cupromangan. 75% Kupfer, 25% Mangan.

Cupror. 95% Kupfer, 5% Aluminium.

D'Arcetmetall siehe Legierungen, leichtflüssige.

Deltametall, goldfarbig, schmiedbares, also in Rotglut bearbeitetes Messing mit 1—2% Eisengehalt, 56% Kupfer, 42% Zink. Heiß und kalt walzbar, läßt sich schmieden, stanzen, pressen wie Eisen. Schwer angreifbar. Spez. Gew. 8,6. 5800 kg pro Quadratzentimeter Festigkeit.

Denkmälerbronze siehe Kunstbronze.

Devardasche Legierung. 50% Kupfer, 5% Zink, 45% Aluminium, spröde, pulverisierbar, für chemische Reduktionen.

Diamantbronze siehe Aluminiumbronze.

Drittelsilber. 33,33% Silber, 66,66% Aluminium.

Duraluminium. Aluminiumlegierung mit 0,5% Magnesium, 0,5—0,8% Mangan, 3,5% Kupfer. Siehe auch S. 65.

Duranametall (Kunstschmiedebronze). Messing mit geringem Zinn-, Eisen- und Aluminiumgehalt.

Duranamanganbronze Durananickelbronze Duranaphosphorbronze	Widerstandsfähige Bronzen, goldfarbig. Kalt und bei Rotglut schmiedbar. Stanzbar, aber nicht schweißbar. 3200—6300 kg pro 1 qcm Festigkeit.

Durion siehe Legierungen, säurewiderstandsfähige. Eisen mit 14% Silizium (Siliziumeisenguß); siehe S. 66.

Dysiot (Lagermetall). 62% Kupfer, 18% Blei, 10% Zink, 10% Zinn.

Eichmetall siehe Aichmetall.

Einheitslagermetall siehe S. 70 u. 79.

Eisen (rein). Spez. Gew. 7,86. Schmelzpunkt 1550° C, metallographische Bezeichnung „Ferrit". Weißes, weiches Metall, an der Luft oxydierend. Tritt in drei Modifikationen auf, α-, β-, γ-Modifikation. Nur β-Eisen kann Kohlenstoff in fester Lösung halten. Umwandlung von α- in β-Eisen bei 750° C, β- in γ-Eisen bei 890° C. Erst in Verbindung mit Kohlenstoff erhält es technisch wertvolle Eigenschaften.

Im Jahre 1910 betrug die Roheisenerzeugung der Erde ca. 66 000 000 Tonnen, woran Deutschland mit 15 000 000 beteiligt war. Im letzten Friedensjahre war die deutsche Roheisenproduktion schon auf fast 20 000 000 Tonnen gestiegen, wozu auch große Mengen von Erzen (ca. 10 000 000 Tonnen im Jahre 1910) eingeführt (nur ca. 3 000 000 ausgeführt) wurden. Der Rückgang der Produktion während des Krieges zeigt sich in den Werten für

1914 rund 14 000 000 Tonnen,
1915 rund 13 000 000 Tonnen.

Eisen, technisch verwendetes (= Eisenkohlenstofflegierungen) (siehe auch S. 140, 142, 160 u. 174).

I. Roheisen.

Nicht schmiedbar, spröde, beim Erhitzen plötzlich schmelzend. Gehalt an Kohlenstoff (Silizium, Phosphor usw.) mindestens 2,6%. Schmelzpunkt 1050—1250° C.

1. Graues Roheisen.	2. Weißes Roheisen.	3. Eisenmangane.
Ein Teil des Kohlenstoffes wird beim Erkalten graphitisch ausgeschieden. Farbe der Bruchfläche grau. In der Gießerei zu Gußwaren verarbeitet heißt das graue Roheisen Gußeisen.	Der Kohlenstoff bleibt gebunden. Farbe der Bruchfläche weiß. Härter, spröder als graues Roheisen.	Kohlenstoffhaltige Eisenmanganlegierungen mit reichem Mangangehalt. Der Kohlenstoffgehalt bleibt gebunden. Farbe der Bruchfläche weiß oder gelblich, sehr spröde.

II. Schmiedbares Eisen.

Schmiedbar und in gewöhnlicher Temperatur weniger spröde als Roheisen. Beim Erhitzen allmählich bis zum Schmelzen erweichend. Gehalt an Kohlenstoff weniger als 2,6%. Schmelzpunkt 1300—1500° C.

1. Schweißeisen. Schmelzpunkt 1500° C. Im nichtflüssigen, teigartigen Zustande erfolgend. Schlackenhaltig.		2. Flußeisen. Im flüssigen Zustande erfolgend. Schlackenfrei.	
a) Schweißstahl. Kohlenstoffreicher (0,5% und darüber); fest; härtbar.	b) Schweißeisen (Schweißschmiedeeisen). Kohlenstoffärmer (weniger als 0,5%), weniger fest, aber zäher und geschmeidiger als Schweißstahl; nicht deutlich härtbar.	a) Flußstahl. Kohlenstoffreicher (0,5% und darüber); fest; härtbar. Schmelzpunkt 1300—1500.	b) Flußeisen (Flußschmiedeeisen). Kohlenstoffärmer (weniger als 0,5%), weniger fest, aber zäher und geschmeidiger als Flußstahl; nicht deutlich härtbar.

Eisenbronze. 82,5% Kupfer, 8,55% Zinn, 4,45% Zink, 3,95 %Eisen.

Eisenkarbid. Chemische Verbindung Eisenkohlenstoff mit 6,7% Kohlenstoff (= Zementit). Schmelzpunkt 1300° C.

Eisenkohlenstofflegierungen siehe Eisen, technisch verwendetes.

Eisenkupfernickel siehe Kupfernickelstahl.

Eisenlegierungen siehe bei Ferrolegierungen.

Eisenmünzen, 5-Pfennigstück 2,5 g, 10-Pfennigstück 3,6 g, bestehen aus weichem, zähem Siemens-Martinflußeisen, mit geringem Kohlenstoffgehalt. Gefüge: Ferrit mit wenig Perlit. Verzinkt durch sherardisieren.

Eisensiliziumlegierungen, säurebeständig, siehe Ferrosilizium und S. 66.

Elektrolyteisen, durch den elektrischen Strom gefälltes Eisen.

Elektrolytkupfer = elektrolytisch gewonnenes Kupfer.

Elektron. Moderne Aluminiumlegierung.

Elektronmetall siehe Magnesiumlegierungen.

Elektroplate. Versilbertes Neusilber.

Elektrostahl, im elektrischen Ofen umgeschmolzener Rohstahl = Tiegelgußstahl.

Elektrum. Antike Legierung. 20—25% Silber, 80—75% Gold (weiße Farbe).

Elektrum. 51,6% Kupfer, 22,4% Zink, 26% Nickel.

Elianik-Siliziumeisenguß, säurebeständig, siehe S. 66.

Elmores Kupfer = elektrolytisch gewonnenes Kupfer.

Ersatzlote:

84,4 Blei	7,6 Kadmium	5,0 Zinn	212—253°
90,6 „	7,9 „	1,5 „	237—267°
87,5 „	7,5 „	5,0 „	235—368°

Ersatzmetalle siehe auch S. 54 und S. 68.

In den Kriegszeiten hat man gefunden, daß die Kupferlegierungen für den Maschinenbau usw. in zahlreichen Fällen sehr gut durch Eisen oder Eisenlegierungen ersetzt werden können, ja es hat sich sogar gezeigt, daß dieser Ersatz Vorteile bietet. So halten z. B. einzelne Maschinenteile aus Gußeisen besser dicht, weil die Wärmeausdehnung dieses Metalles geringer ist als die des Kupfers. Unerwarteterweise hat sich z. B. Gußeisen als Lager für rasch umlaufende Maschinenwellen ausgezeichnet bewährt, auch in der Elektrotechnik hat man das Eisen an Stelle des Kupfers für elektrische Leitungen in großem Umfange mit Erfolg benützt, auch hat sich als Wicklungsmaterial elektrischer Maschinen das Zink trotz seines verhältnismäßig hohen elektrischen Widerstandes sehr gut bewährt. Das Aluminium wird als Ersatz von Kupfer immer mehr herangezogen; insbesondere bewähren sich auch hierfür Aluminiumlegierungen mit geringem Kupfergehalt. Auch für die sog. Weißmetalle, welche vor allem als Lagermetalle verwendet werden, hat man Ersatz gefunden, es sei nur erinnert z. B. an das Lurgimetall und andere ähnliche Kompositionen, welche aus Bleibarium, Bleicalcium und anderen Legierungen hergestellt werden. Siehe auch S. 70 u. 72.

Federgold (elastisch). 50% Kupfer, 25% Silber, 25% Gold.

Federmetall siehe Coopermetall.

Feilenlegierung. 64,4% Kupfer, 18% Zinn, 10% Zink, 7,6% Blei.

Feldgrau = Weißbronze siehe Weißbronze, feldgrau.

Fermor ist ein Aluminiumlot (siehe S. 214 u. 215).

Ferrit = reines Eisen, s. d.

Ferroaluminium. 75% Eisen, 25% Aluminium.

Ferrobor, säurebeständiger Siliziumeisenguß, siehe S. 66.

Ferrochrom. Eisen mit 20—70% Chrom.

Ferromangan. Eisen mit 50—80% Mangan.

Ferronickel. Eisen mit 50% Nickel.

Ferronickelchrom. 75% Eisen, 22% Nickel, 3% Chrom.

Ferrosilizium. Eisen mit 12—50% Silizium. Säurewiderstandsfähige Legierung (Durion).

Ferner Ferromolybdän, Ferrotitan, Ferrotantal, Ferrovanadin siehe Spezialstahle.

Flußeisen s. Eisen, S. 141.

Flußstahl siehe Eisen, S. 141.

Frarymetall (siehe auch Lurgimetall). Legierung aus 2% Barium, 1% Calcium und 97% Blei. Ersatz für Antimonlagermetalle. Wird elektrolytisch hergestellt durch Auftragen von Chlorcalcium und Chlorbarium auf geschmolzenes Blei unter Verwendung von Graphitanoden.

Gedges Legierung siehe Deltametalle.

Gelbguß (Messing). 60—80% Kupfer, 40—20% Zink.

Gelbkupfer siehe Messing.

Gelblot siehe Kapitel: Löten S. 209.

Geschützbronze siehe bei Bronze.

Giushi-buishi. Kupfersilber mit 30—50% Silber (japanisch).

Glanzmessing. 60% Kupfer, 40% Zink.

Glanzmetalle heißen im Handel zinnhaltige Speisen, zumeist spröde grauweiße Kupferlegierungen, welche bis 50% Zinn enthalten.

Glockenbronze siehe Bronze und Karakane (japanische).

Glykometall, bleireiches Lagermetall.

Gold. Spez. Gew. 19,32. Schmelzpunkt 1063° C. Lebhaft gelbes (goldgelb), sehr weiches, allseitig leicht bearbeitbares, ungeheuer dehnbares Metall. Hohe Politurfähigkeit; unveränderlich an der Luft. Wird mit Kupfer und Silber gehärtet. Die Weltgoldproduktion betrug 1910 682 Tonnen. Deutschland ist daran so gut wie gar nicht beteiligt.

Gold, verschiedenfarbiges (Legierungen)[1] (rote, weiße und gemischte Karatierung):

Gold, blaßmessinggelbes, 1 Tl. Gold, 2 Tle. Silber oder 4 Tle. Gold, 3 Tle. Silber, 1 Tle. Kupfer.

Gold, blaßrotes, 1 Tl. Gold, 1 Tl. Kupfer.

Gold, graues, 30 Tle. Gold, 3 Tle. Silber, 2 Tle. Stahlfeilspäne.

Gold, grünes, 2—3 Tle. Gold, 1 Tl. Silber, oder: 75% Gold, 12,5% Silber, 12,5% Kadmium.

Gold	Silber	Kupfer	Farbe	Goldgehalt in $^1/_{1000}$
16	$4^2/_3$	3,5	gelb	666
16	$1^3/_5$	$6^2/_5$	rot	666
18	$3^1/_2$	$2^1/_2$	gelb	750
18	$2^1/_2$	$3^1/_2$	rot	750
14	6	4	gelb	583
14	3	7	röter	583
14	1	9	sehr rot	583

Goldmünzen (Goldkupferlegierungen):

Deutschland, 900 $^1/_{1000}$ fein (21,6 Karat).

Ein Zehnmarkstück = 1 Reichskrone = 3,9825 g mit 3,5842 g Gold.

Ein Zwanzigmarkstück = 7,9658 g mit 7,1685 g Gold.

Österreich (Dukaten) 918,4 $^1/_{1000}$ fein (22,0 Karat).

Holland, 958,4 $^1/_{1000}$ fein (23,0 Karat).

Vereinigte Staaten von Nordamerika (Golddollars und österreichische Kronen), 875,0 $^1/_{1000}$ fein (21,0 Karat).

England (Sovereigns) 916,7 $^1/_{1000}$ fein (22,0 Karat).

Rußland (Imperials) 916,7 $^1/_{1000}$ fein (22,0 Karat).

Aus einem Kilo Gold werden 2790 Mark R.-W., 3280 österr. Kronen, 3444,4 Francs, 290,494 Dukaten geprägt.

Goldähnliche Legierungen (Oreide). 90% Kupfer, 10% Zinn; 60% Kupfer, 34% Zink, 2,8% Aluminium, 0,7% Mangan, 0,75% Nickel oder 16 Tle. Kupfer, 7 Tle. Platin, unter Kohlen und Kochsalz zusammengeschmolzen, dann, nachdem der Tiegel aus dem Feuer genommen ist, 1 Tl. Zink zugesetzt. Farbe ähnlich dem

[1]) Siehe auch Georg Buchner, Die Metallfärbung. 6. Aufl. Berlin, M. Krayn 1920.

16karät. Gold. Leicht verarbeitbar zu Blech und Draht; an der Luft unveränderlich. Oder 800 Kupfer, 15 Platin, 10 g Wolframsäure werden zusammengeschmolzen und durch Eingießen in Wasser, das 500 g gelöschten Kalk und 500 g Pottasche enthält, granuliert. Die Granalien werden dann mit 170 Teilen Gold zusammengeschmolzen. Oder Kupferantimonlegierungen.

Goldamalgam für Feuervergoldung. 1 Tl. Gold, 10 Tle. Quecksilber.

Goldbronze. 90,5% Kupfer, 6,5% Zinn, 3% Zink, siehe auch Aluminiumbronzen.

Goldersatz siehe auch Kuperon.

Goldfedern (elastische). 50% Kupfer, 25% Gold, 25% Silber.

Gold, französisches (Oreide). 68,2 Kupfer, 0,48% Zinn, 31,52% Zink.

Goldimitation — Goldersatz. 90% Kupfer, 2,5% Gold, 7,5% Aluminium. Siehe auch Nürnberger Gold.

Goldimitation von 10karätigem Gold. 66% Kupfer, 24% Nickel, 10% Aluminium. Imitation von 18—20karät. Gold, sog. Chrysorin, 70% Kupfer, 30% Zink.

Goldkupfer = Tombak.

Goldlegierung für Zahnärzte. 8 Tle. Gold, 3 Tle. Platin, 1 Tl. Silber.

Goldlote siehe bei Löten.

Gold, Mannheimer (Similor). 89,44% Kupfer, 0,62% Zinn, 9,92% Zink.

Goldmessing siehe Tombak.

Gold, mosaisches. 65,3% Kupfer, 34,7% Zink.

Goldmünzen siehe S. 39.

Goldnickellegierungen = Platinersatz; s. d.

Gold, Nürnberger. 90% Kupfer, 2,5% Gold, 7,5% Aluminium (und 90% Kupfer, 5,5% Gold, 4,5% Silber).

Goldpalladiumlegierung (Palau) = Platinersatz; s. d.

Goldplatinlegierungen = Platinersatz; s. d.

Goldschlaglot siehe bei Löten.

Gold, weißes. Antike Legierung siehe Elektrum.

Gongons (Tamtam). Ca. 70% Kupfer und 30% Zinn.

Güldisch. Silber, das geringe Mengen Gold, daneben auch Kupfer u. a. enthält.

Guillaumesches Metall. 35,7% Nickel, 64,3% Eisen.

Gunmetall. 90% Kupfer, 10% Zinn.

Gußeisen siehe Roheisen und Eisen, technisch verwendetes.

Gußstahl siehe Stahl und Eisen, technisch verwendetes.

Gußzinklegierungen siehe auch S. 81. Zink mit ca. 6% Kupfer und 3% Aluminium.

Hamiltons Metall. 66,7% Kupfer, 33,3% Zink.

Hammoniametall. 3,25% Kupfer, 64,5% Zinn, 32,25% Zink.

Hartaluminium. 11,6% Zink, 11,5% Magnesium, 76,9% Aluminium.

Hartblei. 84% Blei, 16% Antimon.

Hartguß (Schalenguß), schnell gekühltes Gußeisen.

Hartgußlegierung. 84,4% Kupfer, 15,2% Zinn, 0,4% Zink.

Hartlote siehe bei Löten.

Hartmessing siehe auch Manganhartmessing.

Hartsilber. 94,34% Silber, 0,47% Nickel, 3,3% Eisen, 1,88% Kobalt.

Hartzink. 0,13% Kupfer, 91,96% Zink, 2,14% Blei, 5,3% Eisen, 0,5% Phosphorzinn (auch eisenhaltiges Zink).

Heckmann-Kupfer. 86,15% Kupfer, 0,3% Zink, 0,78% Nickel, 0,57% Eisen, 12,26% Mangan.

Herkulesmetall für Obstmesser. 85,5% Kupfer, 10% Zinn, 2% Zink, 2,5% Aluminium.

Hintergußmetall für Galvanos. 94% Blei, 6% Antimon.

Hochzinkhaltige Kupfer-Aluminiumlegierungen siehe S. 58.

Illium siehe säurewiderstandsfähige Legierungen und Platinersatzmetalle.

Illium-Platinersatzmetall; s. d.

Instrumentenbronze. 82% Kupfer, 12,8% Zinn, 5,2% Zink.

Invar, hochprozentiger Nickelstahl. Der hochprozentige Nickelstahl kann bei gewöhnlicher Temperatur in zwei verschiedenen Zuständen existieren, einem magnetisierbaren und einem unmagnetischen, je nachdem eine entsprechende Abkühlung oder eine Erhitzung vorausgegangen ist. Sogenannte Temperaturhysterese. Das Material erleidet also beim Abkühlen und Erwärmen nicht umkehrbare Änderungen der magnetischen Eigenschaften. Diese Eigenschaften nehmen mit steigendem Nickelgehalt zu und erreichen ihr Maximum bei ungefähr 25% Nickel. Über diesen Nickelgehalt nimmt diese Eigenschaft wieder ab, und bei etwa 34% Nickel hört sie auf.

Iridium. Spez. Gew. 22,42. Schmelzpunkt ca. 1900° C. Hartes, platinähnliches Metall. Iridium und Iridium-Rutheniumlegierung für Thermoelemente nur Messing höchster Temperaturen.

Ironac, säurebeständiger Siliziumeisenguß, siehe S. 66.

Jacobymetall, bleireiches Lagermetall.

Jagotmetall = Flußeisen.

Japanbronze. 95,78% Kupfer, 3,69% Zinn, 0,08% Gold.

Japanmessing (Sinchu). 66,67% Kupfer, 33,33% Zink.

Japansilber. 50% Kupfer, 50% Silber.

Jellowmetall = Muntzmetall.

Kadmium. Spez. Gew. 8,64. Schmelzpunkt 320,9° C. Zinnweißes, weiches, zähes, geschmeidiges Metall, an der Luft kaum veränderlich. Kadmiumlegierungen zeichnen sich durch niederen Schmelzpunkt aus. Siehe auch S. 70.

Kadmiumamalgam. 26% Kadmium, 74% Quecksilber.

Kaisermessing. 60% Kupfer, 20% Zink, 20% Aluminium.

Kalium. Leichtmetall aus der Gruppe der Alkalimetalle. Spez. Gew. 0,8621. Schmelzpunkt 62,5° C. Wachsweiches, silberweißes Metall von hohem Glanz, an der Luft sich schnell oxydierend, das Wasser zersetzend, muß daher unter Petroleum- oder Paraffinöl aufbewahrt werden. An der Luft erhitzt, zu Kaliumtetroxyd verbrennend. Neuerdings zu Lagermetall verwandt in Legierung mit Blei.

Kanonenbronze siehe Geschützbronze.

Karakane (japan. Glockenbronze). 62,5% Kupfer, 25% Zinn, 9,37% Zink.

Kienmayers Amalgam siehe Amalgame.

Knopfmetalle. 99% Kupfer, 1% Zink; 84% Kupfer, 16% Z'nk.

Knopfmetalle, weiß. 20% Kupfer, 80% Zink.

Kobalt. Spez. Gew. 8,6. Schmelzpunkt 1500° C. Weißes, glänzendes, hartes Metall, luftbeständig, magnetisch; dem Nickel ähnlich.

Kobaltbronze. Kupfer-Zink-Kobaltlegierung.

Kobaltchrom-Platinersatz, s. d.

Kobalteisen.

Kobalteisenkupfer. 50% Kobalt, 25% Eisen, 25% Kupfer.

Kobaltlegierungen siehe auch Platinersatz und säurefeste Legierungen.

Königskupfer = Kupfer mit roter Metallfärbung.

Kolbenringmetall. 80% Kupfer, 20% Zinn.

Konstantan. 60% Kupfer, 40% Nickel.

Krätze. Abfälle (Feil-, Drehspäne usw.) von Metallwerkstätten, welche Edelmetallegierungen verarbeiten.

Kriegslegierungen siehe S. 68.

Kriegslot siehe S. 72.

Kunstbronze siehe bei Bronze.

Kupfer. Spez. Gew. 8,93. Schmelzpunkt 1083° C. Rotes (kupferrot), sehr geschmeidiges Metall von großer Dehnbarkeit bei großer Härte und Festigkeit; starker Glanz, hohe Politurfähigkeit. Gegossen feinkörniger, zackiger Bruch, gewalzt faserig, seidenartig. Nächst Silber größte Wärmeleitungsfähigkeit und geringster elektrischer Widerstand. An der Luft läuft es zuerst schwach an (Kupferoxydul), dann überzieht es sich mit einer Schicht von grünem, basisch kohlensaurem Kupfer (Patina).

1913 betrug nach der Statistik der Metallgesellschaft in Frankfurt die Weltproduktion an Kupfer 1 005 900 metrische Tonnen, woran die Vereinigten Staaten mit 58,3%, Europa mit 18,5%, davon Deutschland mit 4% beteiligt waren. Da der deutsche Verbrauch an Kupfer in demselben Jahre 259 300 Tonnen, also ca. 26% der Weltproduktion war, so ist zu ersehen, wie stark, besonders für elektrotechnische Zwecke, Deutschlands Industrie mit Kupfer arbeitete.

Von den in Deutschland 1913 gewonnenen 25 000 Tonnen Kupfer entfallen auf den Mansfelder Bezirk allein 20 000 Tonnen, der also fast die ganze deutsche Produktion bestreitet.

Kupfer. Hüttenkupfer, sog. Raffinadekupfer, Kupfer über 99,4% Elektrolytkupfer 99,8—99,9% Kupfer, hat evtl. sulfatische Laugeneinschlüsse.

Kupferaluminium siehe Aluminium.

Kupfer-Aluminium-Zinklegierungen, hochzinkhaltige, siehe S. 58.

Kupferamalgam für Zahnärzte. 34% Kupfer, 66% Quecksilber.

Kupfermagnesiumlegierung (gelb). 80—90% Kupfer, 20—10% Magnesium.

Kupfermünzen, deutsche. 95% Kupfer, 4% Zinn, 1% Zink. Ein Pfennigstück = 2 g.

Kupfernickel. 54% Kupfer, 46% Nickel, siehe auch Nickel.

Kupfernickelaluminium siehe Aluminium.

Kupferstahl siehe Siliziumkupfer.

Kupfer-Zink-Aluminium siehe Aluminiumbronze.

Kupfer-Zinklegierungen siehe S. 58.

Kupfer-Zink-Silberlegierung. 50% Kupfer, 22% Zinn, 28% Silber.

Lagerbronze siehe Lagermetalle.

Lagermetalle siehe auch S. 70 u. 79 und Ersatzlegierungen.

1. Rotlagermetall (Rotguß). 74% Kupfer, 10% Zinn, 9% Zink, 7% Blei oder 86% Kupfer, 14% Blei.

Für Lokomotiven und Eisenbahnwagen. 84% Kupfer, 16% Zinn; 82% Kupfer, 10% Zinn, 8% Zink; 82% Kupfer, 18% Zinn.

Für Automobile. 88% Kupfer, 8% Zinn, 3% Blei; 80% Kupfer, 10% Zinn, 8% Blei.

2. Weißlagermetalle (Weißguß) siehe Weißgußmetalle.

Leddellegierung (Messingersatz). 5% Kupfer, 90% Zink, 5% Aluminium.

Legierungen, verschiedenfarbige:

Blau. Goldeisenlegierung: 75 Tle. Gold, 25 Tle. Eisen.

Braun. Kupfernickelaluminiumlegierungen: Kupfer 55 Tle., Nickel 33 Tle., Aluminium 12 Tle.; Kupfer 72,5 Tle., Nickel 21,5 Tle., Aluminium 6 Tle.

Gelb. Kupferzink-, Kupferzinn-, Kupferzinkzinn-, Goldsilber-, Goldsilberkupfer-, Goldkupferlegierungen; hellgelb: 75 Tle. Kupfer, 25 Tle. Zink; dunkelgelb: 33 Tle. Kupfer, 67 Tle. Zink; goldgelb: 120 Tle. Messing, 60 Tle. Nickel,

10 Tle. Platin, 1 Tl. Gold, 2 Tle. Silber; Gold 14,7 Tle., Silber 9 Tle., Kupfer 4 Tle.; rotgelb: Gold 1 Tl., Kupfer 1 Tl.

Grau. Kupferzinn-, Goldeisenlegierung: Kupfer 60 Tle., Zinn 40 Tle.; Gold 94 Tle., Eisen 6 Tle.

Grün. Goldsilber-, Goldsilberkadmium-, Goldsilberkupferkadmiumlegierung: hell: Gold 60 Tle., Silber 40 Tle.; Gold 75 Tle., Silber 16 Tle., Kadmium 9 Tle.; dunkel: 74,6 Tle. Gold, 14,4 Tle. Silber, 9,7 Tle. Kupfer, 4,3 Tle. Kadmium.

Orange. Kupferzinnzinklegierung: 83 Tle. Kupfer, 5 Tle. Zinn, 12 Tle. Zink.

Rot. Goldkupfer-, Goldsilberkupfer-, Goldaluminium-, Kupferzink-, Kupferzinnlegierungen: rosa: 78 Tle. Gold, 22 Tle. Aluminium; 75 Tle. Gold, 20 Tle. Silber, 5 Tle. Kupfer; gelbrot: Kupfer 85 Tle., Zink 15 Tle.; Kupfer 93 Tle., Zinn 7 Tle.; rotgelb: Kupfer 90 Tle., Zink 10 Tle.; Kupfer 85 Tle., Zinn 15 Tle.; dunkelrot: Gold 80 Tle., Aluminium 20 Tle.; Gold 75 Tle., Kupfer 25 Tle.; blaurot: Kupfer 76 Tle., Zinn 24 Tle.; Gold 80 Tle., Aluminium 20 Tle.

Violett. Goldaluminiumlegierungen: hell: Gold 90 Tle., Aluminium 10 Tle.; dunkel: Gold 50 Tle., Aluminium 50 Tle.; blauviolett: Gold 80 Tle., Aluminium 20 Teile.

Weiß. Zinn-, Aluminium-, Nickel-, Silber-, Platinlegierungen.

Legierungen, leichtflüssige:

Nach D'Arcet: 8 Tle. Wismut, 5 Tle. Blei, 3 Tle. Zinn; Schmelzpunkt 94,5° C.
Nach Newton: 8 Tle. Wismut, 5 Tle. Blei, 3 Tle. Zinn; Schmelzpunkt 96° C.
Nach Rose: a) 8 Tle. Wismut, 8 Tle. Blei, 3 Tle. Zinn; Schmelzpunkt 79° C.
Nach Rose: b) 2 Tle. Wismut, 1 Tl. Blei, 1 Tl. Zinn; Schmelzpunkt 93,75° C.
Nach Wood: a) 7 Tle. Wismut, 6 Tle. Blei, 1 Tl. Kadmium; Schmelzpunkt 82° C.
b) 7—8 Tle. Wismut, 4 Tle. Blei, 2 Tle. Zinn, 1—2 Tle. Kadmium. Schmelzpunkt 60—72° C.
Nach Lipowitz: 50 Tle. Wismut, 30 Tle. Blei, 13,3 Tle. Zinn, 10 Tle. Kadmium.

Blei	Zinn	Wismut	Schmelzpunkt
1	1	1	126° C.
2	2	1	145° C.
3	3	1	155° C.
4	4	1	160° C.

Leichtflüssige Legierungen für Sicherheitsverschlüsse an Dampfkesseln usw.

Wismut	Blei	Zink	Schmelzpunkt	Atmosphär. Druck
8	5	3	100	1
8	8	4	113,3	1,5
8	8	3	123	2
8	10	8	130	2,5
8	12	8	132	3
8	16	14	143	3,5
8	16	12	146	4
8	22	24	154	5
8	32	36	160	6
8	32	28	166	7
8	30	24	172	8

Legierung für Kompositionsfeilen. 8 Kupfer, 2 Zinn, 1 Zink, 1 Blei unter einer Decke von Borax geschmolzen.

Legierung für mathem.-physikal. Instrumente. 89,5 Kupfer, 8,5 Zinn, 2 Zink.

Legierung für Metallsärge. 40% Zinn, 45% Blei, 15% Kupfer.

Legierung für Münzen oder sonstige kleine Gegenstände. 6 Wismut, 3 Zinn, 13 Blei; Farbe hellgrau; durch Beizen mit Salpetersäure dunkelgrau.

Legierung, nicht magnetische, an Stelle des Stahls für Uhrfedern, Räder usw. 30—40 Tle. Gold, 30—40 Tle. Palladium, 10—20 Tle. Kupfer, 0,1—5,0 Tle. Silber, 0,1—2,5 Tle. Kobalt, 0,1—5 Tle. Wolfram, 0,1—5 Tle. Rhodium, 0,1—5 Tle Platin.

Legierung, säurefeste, siehe Aluminium- und Phosphorbronze. Siehe auch S. 66.

Legierungen, seewasserbeständige, siehe Bronzen zinnfreie.

Legierungen, nicht rostende, siehe säurebeständige Legierungen und S. 32 u. 47.

Legierung, silberähnliche: „Minargent". 100 Kupfer, 70 Nickel, 5 Wolfram, 1 Aluminium.

„Warnemetall". 10 Zinn, 7 Nickel, 7 Wismut, 8 Kobalt.

„Trabockmetall". 87,5 Zinn, 5,3 Nickel, 5 Antimon, 2 Wismut. Auch: 23 Nickel, 5 Aluminium, 5 Kupfer, 65 Eisen, 4 Wolfram.

Legierung (weiße) für Statuenguß. 1 Kupfer, 8 Zinn, 1 Eisen.

Legierung für weiße Tischklingeln. 800 Zinn, 17 Kupfer, 5 Wismut oder 7 Zinn, 1 Antimon.

Legierung für Zapfenlager. 5 Kupfer, 85 Zink, 10 Antimon, oder 2 Kupfer, 1 Zinn, 1 Nickel. Weißmetall: 5,6 Kupfer, 76,14 Zink, 17,47 Zinn.

Legierungen, zinnfreie. Zur Einschränkung des Zinnverbrauches werden Legierungen ohne Zinn hergestellt, siehe: Muntzmetall, Deltametall, Duranametall; das sind im allgemeinen mangan- und eisenhaltige Kupferzinklegierungen mit ungefähr 55,5—59% Kupfer, 37—42% Zink mit etwas Eisen, Aluminium und Mangan. Diese Legierungen sind seewasserbeständig. Für Schneckenräder und Schraubenräder sind jedoch Zinnbronzen unentbehrlich. Siehe auch S. 82.

Legierungen X. Y. Z., Aluminiumlegierungen nach Art des Magnaliums.

Leichtlegierungen, Legierungen mit Leichtmetallen wie Aluminium, Magnesium u. a. Siehe auch Silumin und S. 72.

Leichtlote siehe bei Löten S. 211.

Letternmetall siehe Schriftgießermetall.

Lichtenbergmetall. 50% Wismut, 30% Blei, 20% Zinn.

Lipowitzmetall siehe Legierungen, leichtflüssige.

Lötantimon. 13% Antimon, 87% Blei.

Lötquecksilber. Blei und Quecksilber.

Lötzinn siehe S. 72.

Lokomotivstopfbüchsen. 18,8% Zinn, 65,65% Blei, 15,43% Antimon.

Lote siehe bei Löten S. 211.

Lurgimetall. Bleibariumlegierung.

Machts-Jellow-Metall. 56,9% Kupfer, 43,1% Zink.

Magnalium. Aluminium 98—70%, Magnesium 2—30% für Blech, 88—85% Aluminium, 12—15% Magnesium für Guß; 90% Magnesium, 10% Aluminium und mehr. Stahlersatz für Konstruktionen, die große Leichtigkeit erfordern, z. B. für Luftschiffe.

Magnesium, silberweißes, hämmerbares Leichtmetall aus der Gruppe der Erdalkalimetalle. Spez. Gew. 1,75. Schmelzpunkt 633° C. An trockener Luft bei gewöhnlicher Temperatur beständig, von Wasser langsam angegriffen. An der Luft erhitzt, bei ca. 800° C mit glänzendem Lichte verbrennend. Erwärmt bearbeitbar zu Draht, Band, Blech usw.

Magnesiumlegierungen siehe auch Elektron S. 72.

Magnoliametall, bleireiches Lagermetall. 83,5% Blei, 16,5% Antimon.

Maillechort. 66% Kupfer, 14% Zink, 20% Nickel.

Mangan. Spez. Gew. 7,39. Schmelzpunkt 1245° C. Weißes, glänzendes, sprödes, an der Luft leicht oxydierendes Metall (eisenähnlich).

Manganbronze. Eine durch Manganzusatz oxydfrei gemachte Bronze. Das Mangan wird meist als Kupfermangan (mit 10—30% Mangangehalt) zugesetzt zu 0,5—2%. Siehe auch S. 73.

Manganhartmessing. 85% Kupfer, 11% Mangan, 2% Zink, 2% Eisen.

Manganin für elektrische Widerstände. 84% Kupfer, 4% Nickel, 12% Mangan.

Mangankupfer. 75% Kupfer, 25% Mangan.

Manganmessing. 80% Kupfer, 15% Mangan, 5% Zink.

Manganneusilber. 59% Kupfer, 20% Zink, 18% Nickel, 3% Mangan.

Mannheimer Gold siehe bei Gold.

Mantecual-Legierung zur Desoxydation der Kupferzinklegierungen, bestehend aus Mangan, Eisen Kupfer und Aluminium.

Marienbronze (harte Lagerbronze). 84% Kupfer, 14% Zinn, 2% Zink.

Martensit siehe Kapitel: Härten S. 178.

Maschinenbronze siehe Bronze und Lagerbronze.

Maschinery, Autolagermetall. 87,5% Kupfer, 12,5% Wolfram.

Maskenschmuck. 65% Zinn, 35% Blei.

Medaillenbronze siehe Bronze.

Meliture, säurebeständiger Siliziumeisenguß, siehe S. 66.

Messing, Kupferzinklegierungen, siehe auch Sondermessing und S. 74.

a) Gelbguß. Spez. Gew. 8,5. Schmelzpunkt 1015° C. Ca. 70% Kupfer, 30% Zink.

b) Rotguß. Spez. Gew. 8,5. Schmelzpunkt 920° C. 82—88% Kupfer, 18 bis 12% Zink.

Messing, schmiedbares (Münz-, Aich- und Deltametall). 57 % Kupfer, 43% Zink; 65% Kupfer, 35 % Zink.

Messing, weißes. 80% Zink, 10% Kupfer, 10% Eisen.

Messingblech für Vergolder. 1 Tl. Kupfer, 1 Tl. Zink, 0,1 Tl. Blei, 0,1 Tl. Zinn.

Messingersatz siehe Leddellegierung.

Messinglote siehe Kapitel Löten, S. 211.

Metall d'Alger. 94,5% Zinn, 0,5% Antimon, 5% Kupfer.

Metallargentin. 85% Zinn, 14,5% Antimon, 0,5% Kupfer.

Metall, säurebeständiges, siehe Aluminiumbronzen und Phosphorbronzen.

Metalline. 30% Kupfer, 25% Aluminium, 35% Kobalt, 10% Eisen.

Metallkitt. 70% Quecksilber, 30% Kupfer.

Minargent siehe Legierung, silberähnliche, und Wolframbronze.

Minofor. 66% Zinn, 20% Antimon, 9% Zink, 4% Kupfer, 1% Eisen.

Mirametall. 74,7% Kupfer, 16,35% Blei, 0,78% Antimon, 0,9% Zinn, 0,25% Nickel, 0,43% Eisen.

Mitisguß. Eisen mit 0,1—0,5% Aluminium.

Molybdän. Spez. Gew. 8,6. Schmelzpunkt höher als Platin. Silberweißes, hartes Metall. Siehe auch Spezialstahle.

Monellmetall. 70% Nickel, 30% Kupfer.

Montefioremetall = Phosphorbronze.

Mosaisches Gold siehe bei Gold.

Moursets Silber. 60% Kupfer, 27% Silber, 10% Zink, 3% Nickel.

Münzen, ostafrikanische deutsche. 20 Heller und 5-Hellerstücke bestanden aus Messing, Goldmünzen aus 750 Gold und 250 Kupfer. Ein Stück = 15 Rupien = 20 Mark.

Münzenbronze siehe Bronze.

Münzenlegierungen siehe bei Kupfer, Nickel, Gold usw.

Muntzmetall. Eisenhaltiges Messing (0,8—2% Eisen, in Rotglut schmiedbar).

Mussivgold. 70% Kupfer, 30% Zink.

Myrtlemetall siehe Lagermetall.

Natrium. Leichtmetall aus der Gruppe der Alkalimetalle. Spez. Gew. 0,971. Schmelzpunkt 97,8° C. Wachsweiches, silberweißes Metall, von hohem Glanz, an der Luft sich schnell oxydierend, das Wasser zersetzend, muß daher unter Petroleum oder Paraffinöl aufbewahrt werden. An der Luft erhitzt, zu Natriumperoxyd verbrennend. Neuerdings zu Lagermetallen verwendet in Legierung mit Blei.

Natriumamalgam für Vergolder. Quecksilber mit 0,5% Natrium.

Navall-braß. 62% Kupfer, 37% Zink, 0,3% Zinn, 0,4% Blei.

Neogen. 58% Kupfer, 27% Zink, 12% Nickel, 2% Zinn, 0,5% Wismut, 0,5% Aluminium (Silberfarbe, politurbeständig).

Neumessing. 66% Kupfer, 34% Zink (ein Messing, in dem ein Teil Zink durch Nickel ersetzt ist.)

Neusilber. (Ein Messing, in dem ein Teil Zink durch Nickel ersetzt ist.)

Bezeichnung	% Kupfer	% Nickel	% Zink	% Eisen	% Blei	% Zinn	Eigenschaften, Verwendung
Pariser	62,24	16,56	13,42	3,26	0,15	0,22	gute weiße Farbe, große Härte
Walzbares Neusilber	55,89	23,76	19,83	0,05	0,09	0,10	gepr. Messergriffe, Farbe: 800 f. Silb.
a) Neusilber zum Gießen	50,79	22,14	27,10	—	0,02	—	kleine Kunstgüsse dkl. Silberfarbe
b) Neusilber zum Gießen	59,1	9,7	30,2	—	—	—	bläulich-weiß, spröde
Sheffielder Neusilber	45,7	17,1	37,2	—	—	—	leicht schmelzbar, schwier. walzbar
Strengflüss. Neusilber	45,7	34,3	20,0	—	—	—	schwier., aber auch kalt bearbeitbar
Neusilber für Löffel	79,7	13,00	7,2	—	—	0,09	gelblich, gut walzbar
Englisches Neusilber	57,4	13,0	25,0	3,0	—	—	sehr elastisch und walzbar
Argentan für Blech	50,32	18,40	30,14	—	0,05	0,18	—
Chinesisches Argentan	40,4	31,6	25,4	—	—	—	—

Newtons Metall siehe Legierungen, leichtflüssige.

Nickel. Spez. Gew. 8,9. Schmelzpunkt 1484° C. Nahezu silberweißes Metall, gelbstichig, hoher Metallglanz, bedeutende Härte und Festigkeit, dehnbar, leicht bearbeitbar, schweißbar wie Schmiedeeisen. An der Luft unveränderlich. Existiert in zwei Modifikationen: α magnetisch, β unmagnetisch.

Die Weltproduktion an Nickel betrug im Jahre 1912 28 500 Tonnen. Davon wurden in deutschen Hütten 5000 Tonnen erzeugt. Es waren aber fast ausschließlich ausländische Nickelerze, die verarbeitet wurden. Aus deutschen Nickelerzen wurden in Frankenstein in Schlesien nur einige hundert Tonnen erschmolzen. Deutschlands Verbrauch 1914: 7000 Tonnen.

Nickel = amerikanisches für Automobillager. 65% Kupfer, 29% Blei, 1% Nickel.

Nickelaluminium. 76% Nickel, 24% Aluminium.

Nickelaluminiumbronze. 10% Kupfer, 20% Zinn, 40% Nickel, 30% Aluminium oder 88% Kupfer, 10% Nickel, 2% Aluminium.

Nickelaluminiumkupfer siehe bei Aluminium.

Nickelbleiantimon. Schriftmetall mit 5% Nickel.

Nickelbronze. 60% Kupfer, 12% Zink, 8% Zinn, 20% Nickel.

Nickelchrom. Platinersatzmetall.

Nickeleisen (alkalibeständig). Eisen mit 7% Nickel, siehe auch Spezialstähle und Platinersatz.

Nickelin. 74,7% Kupfer, 25,1% Nickel, 0,23% Zink, 0,42% Eisen, 0,13% Mangan.

Nickelmanganbronze siehe Manganin.

Nickelmessing. 54% Kupfer, 44% Zink, 1,5% Nickel, 0,5% Eisen.

Nickelmünzen, deutsche. Diese teilen sich seit 1908 ein in legierte und Reinnickelmünzen:

1. 10- und 5-Pfennigstücke, 75% Kupfer und 25% Nickel. 1 Fünfpfennigstück = 2,5 g, 1 Zehnpfennigstück = 4,0 g.
2. 25-Pfennigstücke = Reinnickel.

Nickelstahl siehe Invar (3—15% Nickel).

Nickelwolfram siehe bei Wolfram.

Nürnberger Gold siehe bei Gold.

Oreide. Kupfer 90%, Zink 10% (goldähnliche Legierung).

Or moulin. 58% Kupfer, 16% Zinn, 26% Zink.

Österreichische Legierung siehe Zinklegierungen.

Packfong = Neusilber.

Palau — Goldpalladiumlegierung — Platinersatz.

Palladium. Spez. Gew. 11,4. Schmelzpunkt 1557° C. Dem Platin sehr ähnliches Metall.

Palladiumgoldlegierung. 27% Kupfer, 37,5% Gold, 23% Silber, 12,5% Palladium.

Palladiumlager für Uhren. 40% Kupfer, 30% Gold, 20% Silber, 10% Palladium.

Pariser Metall. 80% Kupfer, 2% Zinn, 0,5% Zink, 1% Kobalt, 16% Nickel, 0,5% Eisen.

Parsons Weißmessing. 55% Kupfer, 45% Zink.

Partinium. Aluminium mit 5—20% Magnesium.

Perlit siehe Kapitel: Härten.

Phosphorbronzen. Kupferzinnbronzen, welche durch Zusatz von Phosphorkupfer von Oxyden gereinigt sind und dadurch einen dichten Guß garantieren, siehe bei Schmelzen.

Phosphorkupfer. Kupfer mit 10—20% Phosphor.

Phosphorzinn. Zinn mit 10—20% Phosphor.

Pinchbeack. 88,8% Kupfer, 11,2% Zink.

Platin. Spez. Gew. 21,5. Schmelzpunkt 1764° C. Stahlgrau bis silberweiß, starker Glanz, weich und leicht bearbeitbar, schweißbar, unveränderlich.

Platina für Kleiderknöpfe (Weißmessing). 43% Kupfer, 57% Zink.

Platinersatz für elektrische Kontakte. 70% Gold, 5% Platin, 25% Silber.

Platinersatzmetalle siehe auch S. 75.

Platingoldlegierung für Zahnärzte. 16% Gold, 59% Platin, 25% Silber.

Platiniridium. Platin mit 1% Iridium ist weich; Platin mit 5% Iridium ist halbhart; Platin mit 10% Iridium ist hart. Platin mit 10—20% Iridiumlegierung für Platintiegel.

Platinit. Nickeleisenlegierung, Platinersatz.

Platinkupfer. Kupfer mit ca. 20% Platin, Goldfarbe, für Schmuckgegenstände.

Platinlegierung für Federn. 4 Tle. Platin, 3 Tle. Silber, 1 Tl. Kupfer.

Platinmessing. 66% Kupfer, 4% Zink, 30% Platin.

Platinmetalle = Platin, Palladium, Osmium, Rhodium, Ruthenium, Iridium.

Platino. 89% Gold, 11% Platin.

Platinoid. 54% Kupfer, 20% Zink, 26% Nickel; auch oft wolframhaltig.

Platin-Rhodiumlegierungen finden ausgedehnte Verwendung zur Herstellung von Thermoelementen zur Messung hoher Temperaturen (90% Platin, 10% Rhodium).

Platinsilber. Silber mit 20—30% Platin (weiß) für Schmuckgegenstände.

Platinsilberbronze. 100 Tle. Nickel, 1 Tl. Platin, 20 Tle. Zinn, 2 Tle. Silber.

Preßzink = Zink, gepreßtes.

Princemetall. 60% Kupfer, 40% Zink.

Prinsepsche Legierungen zum Messen hoher Temperaturen. (Fabrikant Frankfurter Gold- und Silberscheideanstalt.)

A. Goldsilberlegierungen.

Silber	Gold	S.-P. °C
100	—	954
80	20	975
60	40	995
40	60	1020
20	80	1045
—	100	1075

B. Goldplatinlegierungen.

Gold	Platin	S.-P. °C	Gold	Platin	S.-P. °C
95	5	1100	45	55	1420
90	10	1130	40	60	1460
85	15	1160	35	65	1495
80	20	1190	30	70	1535
75	25	1220	25	75	1570
70	30	1255	20	80	1610
65	35	1285	15	85	1650
60	40	1320	10	90	1690
55	45	1350	5	95	1730
50	50	1385	—	100	1775

Proplatinum. 83% Kupfer, 17% Zink.

Pyrophore Legierung siehe Cereisen.

Quecksilber. Spez. Gew. 13,55. Schmelzpunkt 38,89° C. Das einzige bei gewöhnlicher Temperatur flüssige Metall; silberweiß, glänzend, schon bei gewöhnlicher Temperatur flüchtig (giftige Dämpfe). Destilliert bei 360° C. An der Luft unverändert. Unreines Quecksilber überzieht sich mit einer Oxydhaut; seine Legierungen heißen Amalgame; aus diesen wird beim Erhitzen das Quecksilber ausgetrieben, siehe Feuervergoldung.

Die Weltproduktion an Quecksilber betrug im Jahre 1913 4200 Tonnen, an ihr ist Deutschland nicht beteiligt, dagegen betrug der Verbrauch Deutschlands in demselben Jahre ca. 900 Tonnen.

Quecksilberlegierungen siehe Amalgame.

Queens Metall. 88,5% Zinn, 3,5% Kupfer, 7,1% Antimon, 0,9% Zink, oder 9 Tle. Zinn, 1 Tl. Blei, 1 Tl. Antimon, 1 Tl. Wismut.

Rackellegierung (Vogt). 87,5% Kupfer, 1% Blei, 10,5% Wismut, 1% Mangan.

Reaumurs Legierung. 70% Antimon, 30% Eisen.

Reichsbronze. 85% Kupfer, 7% Aluminium, 7% Eisen, 0,5% Mangan.

Resistinbronze (Lunge). 86% Kupfer, 12% Mangan, 2% Eisen.

Rheostan (f. elektr. Widerstände). Kupferzinknickellegierung.

Roheisen siehe Eisen, technisch verwendetes.

Romanium. Aluminium-Nickel-Wolframlegierung (Feinmechanik).

Rosein. 40% Nickel, 10% Silber, 30% Aluminium, 30% Zinn (für Juweliere).

Roses Metall siehe Legierungen, leichtflüssige.

Rotguß (siehe auch Tombak und Gelbguß). Kupferreiche Kupferzinklegierung (= kupferreiches Messing) mit ca. 90% Kupfer und 10% Zink, evtl. mit geringem Zinngehalt. Durch Gießen zur Herstellung von Gußstücken, insbesondere von Maschinenteilen verwendet.

Rotgußlagermetalle = Kupferzinnlegierungen; siehe auch Maschinenbronze.

Rotkupfer siehe Messing.

Rotmessing siehe Messing.

Ruoltzmetall. 50% Kupfer, 30% Nickel, 20% Silber.

Säurefeste Bronze siehe Aluminiumbronze und Phosphorbronze.

Säurefester Stahl.

Säurefeste Legierungen siehe S. 66 und auch Nickelwolfram.

Samlegierung. 67,97% Eisen, 12,9% Mangan, 10,16% Silizium, 5,8% Nickel, 0,275% Kupfer, 2,53% Kohlenstoff.

Scheidemünzen siehe Silbermünzen.

Schellenmetall. 84% Kupfer, 16% Zinn.

Schiffsbeschlagmetall. 95% Kupfer, 5% Zinn.

Schmiedbarer Guß, durch Entkohlung des Gußeisens hergestellt.

Schmiedeeisen siehe Eisen, technisch verwendetes und S. 160.

Schraubenmuttern. 90% Kupfer, 10% Zinn.

Schriftgießermetall. 80% Blei, 20% Antimon; 55% Blei, 22,7% Antimon, 22,1% Zinn; 61,3% Blei, 18,8% Antimon, 20,2% Zinn; 69,0% Blei, 19,2% Antimon, 9,1% Zinn, 1,7% Kupfer; 93,0% Blei, 4,0% Antimon, 3,0% Zinn; 82,5% Blei, 13,0% Antimon, 4,5% Zinn.

Schrotguß. 99,7% Blei, 0,3% Arsen.

Schrott (Schmiedeeisenabfälle).

Seewasserbeständige Bronze. 45% Kupfer, 16% Zinn, 5,5% Zink, 1% Wismut, 32,5% Nickel.

Seewasserbeständige Legierungen siehe auch zinnfreie Bronzen und auch Sondermessing.

Shakdo (japanisch). Kupfer mit 1—10% Gold.

Sickerlot. 70% Zinn, 30% Blei, siehe bei Löten (Weichlot).

Siemens-Martinstahl, durch Zusammenschmelzen von Roheisen und Schmiedeeisenabfällen (Schrott) erhalten.

Silber. Spez. Gew. 10,5. Schmelzpunkt 960,5° C. Reinweißes (silberweiß), stark glänzendes Metall von großer Dehnbarkeit und Bearbeitbarkeit. Hohe Politurfähigkeit. Härter als Gold und Kupfer. Nächst dem Gold das dehnbarste Metall. Größtes Leitungsvermögen für Wärme und Elektrizität.

An der Luft, sofern diese frei von Schwefelverbindungen ist, unveränderlich; sonst durch Bildung von Schwefelsilber Braun- bis Schwarzfärbung. Wird durch Kupfer gehärtet.

Von der im Jahre 1912 6976 Tonnen betragenden Bergwerks-Weltproduktion an Silber fällt auf Deutschland nur 155 Tonnen, auf ganz Europa 497 Tonnen, wohingegen die deutsche Hüttenproduktion 538 Tonnen und die Weltproduktion 7745 Tonnen betrug. Dem steht ein deutscher Silberverbrauch im gleichen Jahre von 724 Tonnen gegenüber. Also konnte nur ein sehr kleiner Teil dieses Verbrauches durch eigene Bergwerksproduktion, dagegen ein erheblicher Teil durch eigene Hüttenerzeugung, also auch mit ausländischen Erzen arbeitend, gedeckt werden.

Die Silbererzeugung ist bei uns an Blei- und Kupferverhüttung gebunden.

Silberähnliche Legierung siehe Legierung, silberähnliche.

Silber, ägyptisches = verschiedene weiße silberähnliche Legierungen, siehe auch Elektrum.

Silberaluminium. Ein Drittel Silber, zwei Drittel Aluminium.

Silberbronze. 67,5% Kupfer, 13% Zink, 18% Mangan, 1% Aluminium, 0,5% Silizium oder 90% Silber, 5% Kupfer, 5% Zink.

Silbergegenstände des Handels. Meist 75% Silber, 25% Kupfer (sog. 12lötig).

Silberglockenmetall. 40% Kupfer, 60% Zinn.

Silberkupferkadmium. 80% Silber, 15% Kupfer, 5% Kadmium.

Silberkupferzink. 90% Silber, 5% Kupfer, 5% Zink.

Silberlote siehe Kapitel: Löten, S. 211.

Silbermünzen, deutsche. 90% Silber, 10% Kupfer. (1 Mark = 5,556 g.)

Silbernickellegierung siehe Ruoltzmetall.

Silbernickelzink. 33% Silber, 41,8% Kupfer, 8,6% Nickel, 16,3% Zink.

Silberplatin. 3 Tle. Silber, 4 Tle. Nickel, 1 Tl. Platin.

Silberzinklegierung für Medaillen. 66,5% Kupfer, 33,5% Silber.

Siliziumbronze. Kupfer mit geringem Siliziumgehalt (ca. 0,05%), mit Silizium desoxydiert.

Siliziumeisen. Eisen mit 10—15% Silizium. Siehe Siliziumeisenguß, säurebeständig, S. 66.

Siliziumkupfer. 38,9% Kupfer, 6,7% Aluminium, 54,4% Silizium.

Siliziummessing. Messing mit 20,1% Silizium.

Silumin. Aluminium mit 11—14% Silizium. Siehe auch S. 76.

Similor. 89,4% Kupfer, 0,6% Zinn, 9,9% Zink.

Sinchu (japanisches Messing). 66,5% Kupfer, 33,4% Zink.

Sondermessing (Eichmetall, Deltametall, Duranametall u. a.) (siehe auf S. 74).

Sonnenbronze. 40% Kupfer, 50% Kobalt, 10% Aluminium.

Sorbit siehe Kapitel: Härten, S. 178.

Sorelsche Legierung. 1% Kupfer, 98% Zink, 1% Eisen.

Spandauer Legierung siehe Zinklegierungen S. 81.

Sparmetalle. Unter der Bezeichnung Sparmetalle faßt man die Metalle: Kupfer, Nickel, Zinn, Chrom, Wolfram bzw. auch Blei, Zink, Antimon, Aluminium zusammen. Es handelt sich um die Metalle, deren Erze in Deutschland verhältnismäßig spärlich vertreten sind und also zumeist vom Ausland eingeführt werden müssen. Weiter kann man auch die Metalle dazu rechnen, von denen zwar reichliche Roherze in Deutschland gefördert werden, deren Verbrauch aber so groß ist, daß neben diesen auch noch Erze aus dem Auslande eingeführt werden müssen. Es handelt sich also um die Metalle, bei deren Gebrauch man so sparsam als möglich umgehen soll, besonders dann, wenn sie durch andere Metalle ersetzt werden können.

Sparmetalle siehe auch Legierungen, zinnfreie.

Spezialstahle sind solche Stahle, welche außer Kohlenstoff noch mit anderen Elementen legiert sind, um dem Material besondere mechanische bzw. Festigkeitseigenschaften zu erteilen. Die Legierungsmöglichkeiten sind außerordentlich groß.

Z. B. Nickelstahl, Chromstahl, Wolfram-Mangan-Silizium-Vanadin-Kupfer-Tantal-Bor-Stahl, Nickelchrom-, Nickel-Wolfram-, Nickel-Mangan-, Silizium-Aluminium-Vanadin-Molybdän-Stahl, Chrom-Vanadinstahl, Chrom-Wolframstahl. Mangan-Chromstahl, Mangan-Siliziumstahl, Nickel-Chrom-Vanadinstahl usw.

Es sind meist einige wenige Prozente der betreffenden Stoffe im Stahl enthalten, siehe auch später bei Stahl.

Spiauter = Zink.

Spiegeleisen = Weißeisen mit ca. 10% Mangan.
Spiegelfolie. 2% Kupfer, 98% Zinn.
Spiegelmetall. 68% Kupfer, 32% Zinn.
Spritzgußlegierung = verschiedene Legierungen für Spritzguß s. d.
Stahl siehe Eisen, technisch verwendetes, S. 174.
Stahlbronze nach Uchatius, eine durch mechanische Bearbeitung gehärtete Geschützbronze (Kupferzinklegierung).
Stahl, nicht rostender, siehe Chromnickelstahl.
Standbilderbronze siehe Kunstbronze.
Stanniol = Zinnfolie.
Stellit. Kobaltchrommolybdän-Wolframlegierung, siehe Säurefeste Legierungen und S. 71.
Stereotypmetall, 90% Blei, 10% Antimon; 70% Blei, 23% Antimon, 7% Zinn.
Stereometall. 60% Kupfer, 40% Zink.
Sterrometall. 60,66% Kupfer, 36,88% Zink, 1,35% Zinn, 1—4% Eisen.
Stopfbüchsenmetall. 62% Kupfer, 2% Zinn, 10% Zink, 10% Blei, 15% Nickel (Turbinen); 20% Zinn, 65% Blei, 15% Antimon. (Überhitzerlokom.).
Talmigold. 90% Kupfer, 8,9% Zinn, 1% Gold; 86% Kupfer, 1,1% Zinn, 12,2% Zink.
Tamtammetall siehe Glockenbronze.
Tantal. Weißes, dehnbares Metall. Schmelzpunkt über 2300° C.
Tantiron, säurebeständiger Siliziumeisenguß, siehe S. 66.
Theaterschmuck. 65% Zinn, 35% Blei.
Thermisilizid, Eisensiliziumlegierung der Firma Krupp, säurebeständige Legierung. Siehe auch S. 66.
Thomasstahl, Stahl nach dem Thomasverfahren hergestellt.
Thorium. Spez. Gew. 12,16. Schmelzpunkt 1700° C. Metall der seltenen Erden, Thoriumoxyd sog. Thorerde, Hauptbestandteil der Glühstrümpfe = 99,1% Thorerde, 0,9% Ceroxyd.
Tiegelgußstahl, umgeschmolzener Rohstahl, besonders für Werkzeuge, und als Ausgangspunkt für Spezialstähle.
Tiers Argent. 33,33% Silber, 66,66% Aluminium.
Titan. Spez. Gew. 3,54. Weißes Metall, hart, äußerst schwer schmelzbar.
Tombak (Rotmessing). 82% Kupfer, 18% Zink oder 97,8% Kupfer und 2,2% Zink.
Trabukmetall. 87,5% Kupfer, 5% Antimon, 2% Wismut, 5,5% Nickel.
Trostit siehe Kapitel: Härten, S. 178.
Tutania. 91,6% Zinn, 7,4% Antimon, 0,7% Kupfer, 0,3% Zink.
Uchatiusbronze siehe Stahlbronze.
Unechtes Blattsilber. 90% Zinn, 10% Zink.
Universalmetall. Komposition der Aluminium-Industrie-Akt.-Ges. Neuhausen.
Vanadin. Spez. Gew. 5,5. Weißes, hartes Metall.
Vanadineisen. 50% Vanadin, 50% Eisen.
Vanadiummessing (Kaiser)-Messing mit 0,5% Vanadin.
Vanalium. Aluminiumlegierung unbekannter Zusammensetzung.
Vergolderbronze. 58,3% Kupfer, 16,7% Zinn, 25% Zink.
Vergoldermessingblech. 45% Kupfer, 45% Zink, 10% Zinn.
Viertelsilber. 60% Kupfer, 40% Silber.
Walzzink siehe S. 81.
Warnemetall. 37% Zinn, 26% Nickel, 26% Wismut, 11% Kobalt.

Weißbronze - feldgrau. Bleinatriumlagermetall mit etwa 1,5% Natrium und etwas Eisen.

Weißeisen = weißes Roheisen.

Weißgußlagermetalle: siehe auch Kapitel: Schmelzen, und S. 70 u. 79.

Achsenlagermetall. 82,4% Zinn, 8,2% Antimon, 4,3% Zink, 5,3% Kupfer.

Englisches Lagermetall. 53% Zinn, 33% Blei, 10,6% Antimon, 2,4% Kupfer.

Kolbenring für Lokomotiven. 87% Zinn, 8,2% Antimon, 6,5% Kupfer.

Krummzapfenlager einer Braunkohlenpresse. 85% Zinn, 10% Antimon, 9,1% Kupfer.

Lager für Rad- und Schraubenwellen. 72,7% Zinn, 18,2% Antimon, 9,1% Kupfer.

Zentrifugenlager. 55% Zinn, 5% Nickel, 5% Antimon.

Weißgußmetalle siehe auch S. 70 u. 79.

Weißlot siehe Kapitel: Löten, S. 207.

Weißmetalle siehe auch S. 71 Ersatzlegierung.

Weißmessing (Platina). 43% Kupfer, 57% Zink.

Weißmetalle siehe Weißgußmetalle und S. 70 u. 79.

Wismut. Spez. Gew. 9,8. Schmelzpunkt 267,5° C. Rötlichweißes, glänzendes sprödes Metall; läßt sich pulvern; grobblättrig kristallinisch. Erniedrigt den Schmelzpunkt von Legierungen. Geringstes Wärmeleitungsvermögen, schlechtester Elektrizitätsleiter; dehnt sich im Gegensatz zu den übrigen Metallen beim Erstarren aus und zieht sich beim Erwärmen zusammen. An der Luft unverändert.

Wismutamalgam für Spiegel. 8,5% Zinn, 8,5% Blei, 8,5% Wismut, 74,5% Quecksilber.

Wismutbronze. 69% Kupfer, 15% Zinn, 20% Zink, 10% Nickel, 1% Wismut, 1% Aluminium.

Wismutglaskitt. 26,5% Zinn, 40% Blei, 33,5% Wismut.

Wismutlote s. Kapitel: „Löten“.

Wismutmessing. 52% Kupfer, 12% Zink, 5% Blei, 1% Wismut, 30% Nickel.

Wolfram. Spez. Gew. 19,1. Schmelzpunkt ca. 3400° C. Weißes, hartes Metall, leicht oxydierbar.

Wolframbronze. 90% Kupfer, 10% Wolfram.

Wolframgoldnickel = Platinersatz, s. d.

Wolframlegierungen siehe S. 80.

Wolframmessing. 60% Kupfer, 22% Zink, 14% Nickel, 4% Wolfram.

Wolframnickel. Säurebeständiges Metall. Siehe S. 80.

Wolframstahl siehe Spezialstahle.

Woodsche Legierung siehe Legierung, leichtflüssige.

Zahnlegierungen, d. h. Legierungen für Zahnärzte, welche in Form feiner Pulver mit Quecksilber verrieben in Amalgame verwandelt werden.

58% Zinn und 42% Silber,
65% Silber, 35% Zinn, 3% Kupfer,
60% Silber, 40% Zinn, 3% Kupfer oder Nickel für sog. Goldamalgame.
65% Silber, 35% Zinn, 8% Gold,
57% Silber, 39% Zinn, 4% Gold,
48,43% Silber, 48,50% Zinn, 1,57% Gold, 1,57% Kupfer.

Zementit siehe bei C.

Zementstahl durch Kohlung von Schmiedeeisen hergestellt.

Zimalium. 2,8% Zink, 3,75% Magnesium, 93,45% Aluminium.

Zink. Spez. Gew. 7,1. Schmelzpunkt 419,4° C. Bläulichweißes, grausttichiges, stark glänzendes Metall, über den Schmelzpunkt erhitzt, flüchtig und verbrennend.

Unbearbeitet bei gewöhnlicher Temperatur spröde, von grob kristallinischem Bruche; bei 100 –150° C wird es weich, so daß es sich ziehen und walzen läßt; bei 200° C spröde, pulverisierbar.

Dehnbar, wenn durch Walzen das grob kristallinische Gefüge zerstört ist; hoher Ausdehnungskoeffizient beim Erwärmen. An der Luft überzieht es sich mit einer Schichte von Zinksuboxyd und basischem Zinkkarbonat, wodurch es vor weiterem Angriff geschützt wird. Siehe auch S. 81 und Gußzink.

Die Weltproduktion von Zink betrug im Jahre 1913 997 900 Tonnen, davon erzeugte Deutschland 283 113 Tonnen, und stand mit dieser Produktion an erster Stelle. Der deutsche Zinkverbrauch im gleichen Jahre von 232 000 Tonnen wurde nur von den Vereinigten Staaten übertroffen und konnte, wie man sieht, aus eigener Produktion befriedigt werden. Siehe auch S. 80.

Zinkalium. Zink-Magnesium-Aluminiumlegierung.

Zinkaluminium. 90% Zink, 10% Aluminium; 66,6% Zink, 33,3% Aluminium; besonders harte Legierung.

Zinkaluminiumlegierungen entwickeln mit Wasser besonders in feinverteilter Form Wasserstoffgas. Poröser Guß wird daher rissig. Kupferzusatz schwächt diese Wirkung ab.

Zinkeisen. 92% Zink, 8% Eisen.

Zinkkupferaluminiumlegierungen siehe S. 58.

Zinklagermetall siehe Lagermetall.

Zinklegierungen siehe auch S. 80.

Zinknickel. 90% Zink, 10% Nickel.

Zinkrotguß. 85% Kupfer, 15% Zink; und 90% Kupfer, 10% Zink.

Zinkzehnpfennigstück, aus 1 Kilo 310 Stücke à 3,23 g.

Zinn. Spez. Gew. 7,29. Schmelzpunkt 231,84° C. Fast silberweißes, schwach bläuliches Metall von hohem Glanze; auf dem Bruch kristallinisch (sog. Zinngeräusch beim Biegen). Weich, dehnbar, allseitig bearbeitbar, geringe Festigkeit. Verliert an der Luft nach und nach seinen Glanz (Zinnoxydulbildung); beim Erhitzen auf 200° C spröde, pulverisierbar. Existiert in zwei Modifikationen, weißes und graues Zinn. Zum Schmelzen erhitzt leicht oxydierend.

Im Jahre 1913 betrug die Weltproduktion an Zinn 128 900 Tonnen, davon verhüttete Deutschland (meist aus bolivianischen Erzen) 11 500 Tonnen. Die deutsche Erzproduktion ist gering. Der deutsche Verbrauch betrug im gleichen Jahre 19 300 Tonnen.

Zinnalium. 100 Tle. Aluminium, 1—10 Tle. Magnesium, 1—20 Tle. Zink.

Zinnbleilegierung s. Theater- und Maskenschmuck.

Zinnbrillanten siehe Theater- und Maskenschmuck.

Zinndroß wird das bei der Feuerverzinnung von Kupfer abfallende stark verunreinigte Zinn genannt.

Zinnhärtlinge sind Eisensauen von der Zinngewinnung, welche neben Eisen bis über 30% Zinn neben anderen Metallen enthalten können.

Zinnhaltige Speisen siehe Glanzmetalle.

Zinnkadmiumlot. 2% Zinn, 12% Kadmium, 86% Blei. Siehe Kriegslote S. 72.

Zinnlegierungen siehe auch S. 70, 79, 82.

Zinnlote siehe Kapitel Löten, S. 207.

Zinnmessing = Messing mit verschiedenem Zinngehalte.

Zinnrotguß siehe Bronze.

Zinnschlacken sind eisenreiche Silikate, welche gewöhnlich außer Tonerde, Kalk und Magnesia meist über 1% Zinn als Stannosilikat, eingesprengte Zinnkörnchen und schwankende Mengen von Antimon, Blei, Wolfram, sowie Kupfer und

Zink als verschlackte Oxyde enthalten. Zur Analyse derartiger Schlacken wird die fein zerstoßene Schlacke von Metallkörnern abgesiebt und beide dann gesondert untersucht und ihre Gewichtsverhältnisse auf den Metallgehalt berechnet.

Zinn-Zinklegierung (russische). 72,25% Zinn, 26,5% Zink, 1,3% Kupfer.

Ziskon. 80% Aluminium, 20% Zink.

Zementstahl, durch Kohlung von Schmiedeeisen hergestellt.

A. Ersatzmetalle.

Für Bronze:	Stahlguß, Temperguß	
,, Kupfer:	Verzinktes Flußeisen	
,, Lagermetall:	Gußeisen	
,, Messing:	Schmiedeeisen	
,, Messingguß:	Preßzink, Temperguß	
,, Phosphorbronze:	Gußeisen, Stahl	siehe auch S. 68.
,, Rotguß:	Weißmetall, Zink, Gußeisen	
,, Zinn:	Eisen verzinkt oder verbleit	
,, Verkupfern:	Verzinken, Verbleien	
,, Vermessingen:	,, ,,	
,, Vernickeln:	Verkobalten, Kadmiumüberzüge	
,, Verzinnen:	,, ,,	

B. Ergänzungen und Erläuterungen zu den Legierungen.

Aluminium. Durch die neueste Entwicklung der Metallkunde tritt das Leichtmetall Aluminium, das in der Tonerde (Bestandteil der Tone usw.) enthaltene Metall, das erst im Jahre 1827 als Metall isoliert und erst seit 1888 großtechnisch, zuerst von der Aluminiumindustrieaktiengesellschaft Neuhausen (Schweiz), gewonnen wurde, als Nutzmetall gleich nach dem Eisen in den Vordergrund technischer Verwendung. Während vor dem Krieg die genannte Fabrik die einzige Lieferantin war, haben die Nöte des Krieges zu einer deutschen Aluminiumindustrie geführt, in erster Linie um das Kupfer zu ersetzen.

Während die im Kriege entstandenen Werke in Rummelsburg und Horem, die imstande waren, jährlich je 3500 Tonnen Aluminium zu erzeugen, nicht mehr im Betriebe sind, arbeiten noch das Aluminiumwerk in Bitterfeld mit 4000 Tonnen Jahreserzeugnis, das Bergwerk bei Gräfenbroich und das Lautawerk. Das bayrische Innwerk wird erst in einigen Jahren Aluminium erzeugen können.

Wurden zuerst, als das Aluminium der Technik dargeboten wurde, die hochgespannten Erwartungen, die man diesem Metalle entgegenbrachte, enttäuscht, so blieb es unserer Zeit vorbehalten, zu erkennen, in welcher Weise wir die günstigen oder ungünstigen Eigenschaften dieses Metalles durch Legierung oder mechanische Bearbeitung zu unsern Gunsten verändern können.

So wird das Aluminium eine tiefgreifende Umwälzung der Metalltechnik herbeiführen, was vor allem auch deshalb von der größten Bedeutung ist, weil kein anderes Nutzmetall in unseren Bodenschätzen in so hohem Prozentsatze zur Verfügung steht.

Die auffälligste Eigenschaft ist seine Leichtigkeit, die fast für alle Zwecke einen Vorteil bedeutet. Auch wenn das Aluminium mit anderen Metallen legiert wird, bleibt dieser Vorteil, wenn auch etwas vermindert, doch noch weitgehend bestehen.

Wenn auch der Schmelzpunkt des Aluminiums leider nicht sehr hoch ist, so liegt er doch immer noch über 600° C. Versucht man durch Zusätze anderer Metalle von hohem Schmelzpunkt den Schmelzpunkt des Aluminiums zu erhöhen, so erhält man nicht das erwünschte Resultat, denn wenn man dem Aluminium solche Metalle beifügt, dann erfährt dasselbe zunächst eine Erniedrigung des Schmelzpunktes, aus allgemeinen physikalisch-chemischen Gründen. Bei der Erstarrung scheidet sich zuerst Aluminium aus, und eine Restmasse bleibt noch bis zu einer Temperatur flüssig, welche noch unter dem Schmelzpunkt des reinen Metalles liegt. Erhöht man die Zusätze noch weiter, so scheidet sich von einem gewissen Betrage an, der von der Natur des Zusatzes abhängt, statt des Aluminiums vielfach zuerst eine Verbindung aus der erstarrenden Schmelze aus und die Temperatur dieser Ausscheidung steigt dann mit der Menge des Zusatzes. Die niedrig erstarrende Restmasse bleibt dann aber noch lange zugegen und längst, ehe sie durch Erhöhung des Zusatzes zum Verschwinden gebracht ist, hat der brüchige, spröde und harte Charakter der entstandenen Verbindung die Legierung zu allen technischen Zwecken unbrauchbar gemacht. Der niedrige Schmelzpunkt des Aluminiums kann also nicht verbessert werden und muß hingenommen werden.

Eine unangenehme Eigenschaft des Aluminiums ist die Angreifbarkeit durch Luft und Feuchtigkeit. In dieser Richtung lassen sich aber sehr wesentliche Verbesserungen erzielen, indem wir einerseits durch mechanische Behandlung und durch geeignete Zusätze die Porosität des Metalles möglichst verringern und anderseits solche Metalle zulegieren, welche von den Aluminiumkristallen in fester Lösung aufgenommen werden und den Korrosionswiderstand erhöhen.

Auch die elektrische Leitfähigkeit des Aluminiums ist durchschnittlich nur halb so gut wie die des Kupfers und wird durch Zusätze noch vermindert. Letztere haben bloß den Zweck, die Festigkeit und die sonstigen mechanischen Eigenschaften zu verbessern. Hier muß z. B. die Erfindertätigkeit sich darauf beschränken, die mechanischen Eigenschaften weitgehend zu verbessern, ohne die Leitfähigkeit merklich zu verschlechtern.

Die mechanisch-technologischen Eigenschaften des Aluminiums bilden ein fruchtbares Feld für erfinderische Tätigkeit. Hierzu ist nach Guertler folgendes zu beachten: Alle in Frage kommenden Zusätze erhöhen die Härte des Aluminium, womit auch eine Erhöhung der Festigkeit und der elastischen Eigenschaften verbunden ist. Sobald aber ein gewisser Betrag des Zusatzes erreicht ist, der je nach der Art desselben sich nach zehntel oder ganzen Prozenten bemißt, tritt bei steigender Härte eine Verschlechterung ein.

Beachtenswert ist, daß außer der Verwendung von Legierungszusätzen die Möglichkeit vorliegt, durch mechanische Bearbeitung im früher nicht geahnten Betrage die Eigenschaften des Aluminiums, wie auch anderer Metalle verbessert werden können. Die Beeinflussung durch mechanische Bearbeitung bezieht sich auf die Festigkeit und Härte, solange sie ein gegebenes, von der Temperatur abhängiges Maß nicht überschreitet. Die besten thermischen Behandlungsarten sind noch ein Gegenstand der Forschung.

Bei den Legierungen des Aluminiums sind vor allem Zusätze von Zink und Magnesium, sowohl einzeln, als zusammen, angewandt worden. Man hat dabei anfangs viele Mißerfolge zu verzeichnen gehabt, jetzt weiß man ganz genau, wie derartige Legierungen herzustellen sind, welche Verbindungen in denselben auftreten, welche Eigenschaften den einzelnen Mischungsverhältnissen zukommen. Wir kennen diejenigen, welche überhaupt für technische Verwendung nicht in Frage kommen und kennen solche, welche für verschiedene Verwendungszwecke die nötigen brauchbaren Eigenschaften besitzen.

Von den Legierungen Aluminium-Zinn, ebenso solchen mit Blei, Wismut, Arsen, Antimon, ist nicht viel zu erwarten. Ebensowenig eignet sich umgekehrt Aluminium zum Zusatz von Zinn. Aluminium tritt nicht in sog. fester Lösung in die Zinnkristalle ein, sondern bleibt zwischen ihnen eingelagert. Die Elemente von metalloidischem Charakter machen das Aluminium durch Bildung leicht zersetzlicher Verbindungen nur leichter angreifbar.

Dagegen läßt sich viel erreichen durch Zusätze kleiner Mengen hochschmelzender Elemente, wie Silizium, Titan, Zirkon, Cer, Thor, Vanadin, Tantal, Chrom, Molybdän und Wolfram. Es entstehen harte Kristallgebilde, welche die Härte und die Festigkeit erhöhen und durch die ganze Struktur für Lagermetalle geeignet sind. Ebenso lassen sich gute technische Legierungen erhalten durch geringe Zusätze von Mangan, Eisen, Kobalt, Nickel und Kupfer. Über die Bedeutung hochprozentiger Kupferaluminiumzinklegierungen siehe S. 58.

Umgekehrt haben Zusätze von Aluminium zu Kupfer die größte Bedeutung, indem sie berufen sind, mehr oder weniger die echten Bronzen (Kupfer-Zinn) mit ihrem großen Zinnverbrauch zu ersetzen, ebenso auch die sog. unechten Bronzen (Kupfer-Zinn-Zink) und die verschiedenen Messinge (Kupfer-Zink). Man erhält hier eine große Mannigfaltigkeit von Legierungen, die sich besonders auch durch mechanische und chemische Widerstandsfähigkeit und schöne Farbe auszeichnen. Siehe auch bei Ersatzmetall, S 68.

Erweiterte Verwendbarkeit des deutschen Reinaluminiums an Stelle des ausländischen Kupfers. In Anbetracht unserer ganzen wirtschaftlichen Lage soll der Metalltechniker überall, wo es möglich ist, für die Verwendung der Metalle, also vor allem des Reinaluminiums und seiner Legierungen, eintreten, welche aus inländischem Material gewonnen werden, an Stelle der zum größten Teile aus ausländischen Erzen gewonnenen Metalle und besonders des Kupfers. Dies gilt vor allem auch für die Herstellung von Elektrizitätsfreileitungen. Wie der Metallwirtschaftsbund in Berlin mitteilt, stellen sich Reinaluminiumleitungen etwa 15—20% billiger als Kupferleitungen. Auch Stahlaluminiumleitungen lassen sich wirtschaftlicher herstellen. Was es bedeutet, wenn wir das in Deutschland aus einheimischem Material hergestellte Aluminium an Stelle des Kupfers verwenden können, ist daraus zu ersehen, daß im Dezember 1921 die Einfuhr an Elektrolytkupfer allein rund 1 Milliarde 300 Millionen betrug, welche Summe hauptsächlich nach Amerika floß. Die früheren Angaben, daß das in Deutschland hergestellte Aluminium dem ausländischen Aluminium nicht gleichwertig sei, hat sich nicht aufrechterhalten lassen. Es ist notwendig, daß die sich im Laufe der Zeit mangels richtiger Erfahrung gegen das Aluminium herausgebildeten Vorurteile in chemischer, physikalischer und wirtschaftlicher Richtung beseitigt werden. Durch die neu erworbenen Kenntnisse und Erkenntnisse sind die Bedenken, welche zum Teil durch die Verwendung von unreinem Aluminium entstanden waren, hinfällig geworden. Wir müssen bedenken, daß wir früher neben der Eisengewinnung auch in der Zink- und Bleiindustrie rein deutsche Metallproduktion hatten. Beide sind aber seit den oberschlesischen Verhältnissen nur noch zu einem winzigen Teil in unseren Händen. 85% des gesamten Zinks und über 70% des gesamten Bleies, das Deutschland herstellte, sind in polnische Hände übergegangen. Die junge Aluminiumindustrie ist nunmehr die einzige Metallindustrie, die in der Lage ist, aus deutschem Material das Metall zu machen, dessen Deutschlands Industrie bedarf. In der gegenwärtigen Aluminiumindustrie sind über 10 000 Arbeiter beschäftigt und über 5000 Arbeiter in der eng mit ihr verbundenen Tonerdeindustrie.

Vor allem ist bei der Verwendung von Aluminium, wenn dasselbe unlegiert zur Verwendung kommt, nur das reinste Aluminium zu gebrauchen, also das Aluminium, wie es die Reichsaluminiumwerke als garantiert 99% Metall liefern, frei von allen schädlichen Bestandteilen, wodurch die chemische und mechanische Widerstandsfähigkeit gewährleistet wird. Im Kriege ist als Reinaluminium ein 98%iges Metall in den Handel gekommen. Dasselbe enthielt noch 1—1,5% Silizium sowie Eisen und andere Verunreinigungen, welche einerseits die Leitfähigkeit herabsetzten, andererseits stark die Angriffsfähigkeit des Aluminiums gegen chemischen Einwirkungen vermehrten. Die Behauptung, daß das deutsche Aluminium nicht die gleiche Leitfähigkeit habe, wie das amerikanische, ist hinfällig. Versuche in dieser Richtung, durchgeführt in der physikalisch-technischen Reichsanstalt, haben das erwiesen. Übrigens sei bemerkt, daß die Leitfähigkeit auch zusammenhängt mit der mechanischen Bearbeitung des Drahtes. Aluminiumdraht und Aluminiumseile, sowie Stahlaluminiumseile und -draht (d. h. Aluminiumseile mit Stahlseele) werden jetzt immer mehr, besonders aber in Amerika zu Leitungen herangezogen. Es ist bezeichnend, daß das kupferreiche Amerika Aluminium in diesem Sinne bereits weitgehend verwendet, während Deutschland, welches fast gar kein Leitungskupfer erzeugt, dem Amerikaner das teure Kupfer abkauft, weil es die früher berechtigten Bedenken, welche nicht mehr haltbar sind, nicht loswerden kann. Über die Stahlaluminium- und Reinaluminiumseile für Freileitungen verweisen wir auf die ausführlichen Mitteilungen von Oberingenieur Georg Hiller und diejenigen von Direktor Berling, sowie auf das Protokoll über die Sitzung des Metallwirtschaftsbundes am 11. Januar 1922 (Beratungsstelle). Desgleichen kann auf die Veröffentlichungen der Firma Karl Berg A.-G., Werdohl i. Westf., und der Heddernheimer Kupferwerke und Süddeutsche Kabelwerke A.-G., Frankfurt a. M., hingewiesen werden. Was das chemische Verhalten des Aluminiums betrifft, so ist auf folgendes hinzuweisen: Die Dauerhaftigkeit, also die Lebensdauer desselben ist wie bei Kupfer nahezu eine unbegrenzte. Wie dieses so überzieht sich auch das Aluminium sehr bald mit einer Oxydschicht, welche den weiteren Angriff des Metalles verhindert. Die Dauerhaftigkeit des Aluminiums hängt aber enge mit dessen Reinheit zusammen. Ein Aluminium mit nennenswertem Kupfergehalt wird nicht mehr durch die gebildete Oxydschicht geschützt. Erste Bedingung bei der, Dauerhaftigkeit versprechenden, Verwendung ist die Anwendung eines mindestens 99% Reinaluminiums insbesondere auch für die Herstellung von Klemmen, Armaturen usw. Von der Verwendung von sogenanntem Altaluminium, hergestellt aus Altmaterial, muß für derartige Zwecke gewarnt werden.

Über Aluminiumlegierungen. Die Verarbeitung des Aluminiums und seiner Legierungen hat in den letzten Jahren in der Metallindustrie einen bedeutenden Umfang genommen. Die Ursachen hierfür liegen einerseits in den guten Eigenschaften, die ihnen besonders wegen ihres geringen spezifischen Gewichtes bei guter Festigkeit und Verarbeitbarkeit ein reiches Anwendungsgebiet sichern, anderseits ist ihre Entwicklung durch die Absperrung Deutschlands vom Auslande gefördert worden, da man gezwungen war, für die bis dahin in großen Mengen eingeführten Erze und Metalle Ersatzmetalle zu suchen, die aus den Erzen des Inlandes gewonnen werden können, was ja beim Aluminium der Fall ist. Dieses kann dauernd aus einheimischen Rohstoffen erhalten werden und der Gedanke, daß das Zeitalter des Eisens von einem Zeitalter der Leichtmetalle abgelöst werden könnte, ist gar nicht so sehr von der Hand zu weisen. Um die Legierungen des Aluminiums allen möglichen Verwendungszwecken zuzuführen, ist natürlich eine genaue Kenntnis ihrer Eigenschaften erforderlich. Da sich die bisherigen Angaben in der Literatur oft widersprechen und vieles auch geheim gehalten wird, ist es sehr zu begrüßen, daß nun von den wissenschaftlichen Instituten für Metallforschung systematische Untersuchungen ausgeführt und bekannt gemacht werden. Wir finden von den binären Aluminiumlegierungen bereits Kupfer-Aluminium, Zink-Aluminium, Zinn-Aluminium und Eisen-Aluminium behandelt, während von den ternären Legierungen Untersuchungen vorliegen von Wehlert über Kupfer-Zink-Aluminium, Kupfer-Zinn-Aluminium und Eisen-Zink-Aluminium. Auf die Ergebnisse der Untersuchung, mitgeteilt in „Metall und Erz" 1921, sei verwiesen.

Spezifisches Gewicht von Aluminium-Zink-Legierungen (aus den Mitteilungen des Materialprüfungsamtes Berlin).

Aluminium %	Zink %	spez. Gewicht im Mittel	Aluminium %	Zink %	spez. Gewicht im Mittel
100	—	2,690	40	60	4,164
90	10	2,856	30	70	4,678
80	20	3,028	20	80	5,254
70	30	3,239	10	90	6,082
60	40	3,492	—	100	7,136
50	50	3,768			

Härtbare Aluminiumbronzen. Kupferaluminiumlegierungen mit einem Gehalt an Aluminium bis zu 15%, die sogenannten echten Aluminiumbronzen, verdienen in der Praxis große Beachtung. Besonders gilt dies im Konzentrationsgebiet von 7—15% Aluminium. Setzt man solchen Legierungen noch kleine Mengen von Eisen und Silizium zu, so kann die Härte in weiten Grenzen verändert werden. Eine Brinellhärte von 100 und darüber kann leicht erreicht werden, ohne daß die Legierungen spröde werden. In solchen Fällen war man meist gezwungen, Stahl statt gewöhnlicher Bronze zu verwenden, höchstens mit Rübelbronze ließen sich ähnliche Resultate erreichen.

Auch als Lagermetalle haben sich diese Legierungen gut bewährt, selbst für schnellste Umdrehungszahlen, bis zu 20 000 in der Minute. Das Härten oder Vergüten wird nach der Gießereizeitung (vom 1. April 1917, vgl. auch Zeitschrift des Vereins deutscher Ingenieure, Bd. 61, S. 561) durch eine Sonderwärmebehandlung hervorgebracht, wobei auf Temperaturen bis zu 800° erhitzt wird. Die Festigkeitseigenschaften solcher Legierungen sind:

Vorbehandlung	Fließgrenze kg/mm²	Zerreiß-festigkeit kg/mm²	Bruch-dehnung %	Quer-kontraktion %	Brinell-härtezahl
gegossen	9,6	51,8	19,5	23,7	100
abgeschreckt . .	19,8	73,6	1,0	0,8	262
vergütet von	27,7	67,7	5,5	9,1	158
vergütet bis	19,2	64,1	14,0	18,5	140

Es werden also die Eigenschaften von gutem Konstruktionsstahl an diesen Legierungen erreicht.

Aluminium-Zinklegierungen. Bei den hochzinkhaltigen Legierungen ergab sich (Mitteilungen aus dem Materialprüfungsamt Berlin), daß bis 0,75% Aluminium in Zink unter Bildung von Mischkristallen löslich sind, darüber hinaus liegen zwei Konstituenten vor. Bei 5% Aluminium besteht ein Eutektikum aus Mischkristallen mit 0,75% Aluminium und der Verbindung Al_2Zn_3, die allerdings unterhalb 256° in Mischkristalle der ersteren Art und Kristalle mit 25% Zink zerfällt. Demnach liegt bei gewöhnlicher Temperatur in Legierungen mit 0,75—5% Aluminium ein Gemisch von Mischkristallen (0,8% Aluminium) und Kristallen mit 25% Aluminium vor. Die Kugeldruckhärte des Zinks steigt beim Zusatz von Aluminium bis zu 0,5% sehr schnell, entsprechend der Bildung von Mischkristallen, dann bis zu 5% langsamer.

Aluminium-Kupfer-Zinklegierungen siehe Kupfer-Aluminium-Zinklegierungen.

Über die hochzinkhaltigen Kupfer-Aluminium-Zinklegierungen. In einer Arbeit „Neuere Wege zur Veredelung des Zinks" hat E. H. Schulz früher

(Metall und Erz 1916) die veredelnden Legierungsmöglichkeiten des Zinks untersucht und gefunden, daß ein gleichzeitiger Zusatz von Kupfer und Aluminium als die beste Legierungsweise zu betrachten sei. Es liegen vom gleichen Verfasser neuere Untersuchungen vor über diese hochzinkhaltigen Kupfer-Aluminium-Zinklegierungen, und zwar wurden ausgeführt:

I. Thermische und metallographische Untersuchungen (Aufstellung des ternären Zustandsdiagrammes):

a) das System Zink-Kupfer,
b) ,, ,, Zink-Aluminium,
c) ,, ,, Kupfer-Aluminium-Zink.

II. Bestimmung der wichtigsten physikalischen Eigenschaften der Kupfer-Aluminium-Zinklegierungen bis zu 10% Kupfer und Aluminium:

a) Härte,
b) Zerreißfestigkeit,
c) Quetschgrenze.

Indem wir im allgemeinen auf die Originalarbeit verweisen müssen, können wir daraus kurz folgendes referieren.

Härte: a) Kupfer-Zinklegierungen:

Die Härte des Zinks steigt durch den Zusatz von Kupfer ziemlich stark, und zwar ungefähr proportional der zulegierten Menge, also entsprechend der Zunahme der Kristalle. Die Härtekurve verläuft ziemlich gleichmäßig und steigt von der bei 40 liegenden Härtezahl des reinen Zinks bis zu 95, bei einem Gehalt von 10% Kupfer.

b) Aluminium-Zinklegierungen:

Die härtende Wirkung des Aluminiums ist bedeutend geringer als die des Kupfers. Bis zu 2% Aluminium steigt die Härte etwas rascher, um dann bei weiter wachsendem Aluminiumgehalt ziemlich gleichmäßig zu bleiben. Bei 10% Aluminium beträgt sie 65, ist also gegenüber der des reinen Zinks nur rund 50% gestiegen.

c) Kupfer-Aluminium-Zinklegierungen:

Die besprochenen binären Legierungsgruppen erfahren durch Zusatz des dritten Metalls eine Härtesteigerung. Durch Zusatz von Aluminium zu Kupfer-Zink erhält man auch hier erst einen schnelleren Härteanstieg, bis ungefähr 3% Aluminium, ein höherer Aluminiumzusatz steigert dann die Härte nicht wesentlich. Anders aber ist die härtende Wirkung des Kupfers auf die Aluminium-Zinklegierung. Besonders bei höheren Aluminiumgehalten härtet ein Zusatz bis zu 3% Kupfer sehr stark. Größere Zusätze dann weniger. So hat z. B. eine Legierung mit 2% Aluminium und 0,8% Kupfer die gleiche Härte wie eine aluminiumfreie Legierung mit 3,5% Kupfer. Eine Legierung mit 3,5% Aluminium und 4% Kupfer die gleiche Härte wie eine aluminiumfreie mit ungefähr 9% Kupfer. Für den Praktiker ergibt sich also die wichtige Tatsache, daß zur Erreichung einer bestimmten Härte bei Verwendung von Aluminium allein die größte Menge Zusatzmetall nötig ist, von Kupfer allein werden bereits viel geringere Mengen benötigt und die geringsten Mengen Zusatzmetall ergeben sich, wenn Kupfer und Aluminium gleichzeitig verwendet werden. Ganz ähnliche Resultate ergeben sich hinsichtlich der Zerreißfestigkeit und der Quetschgrenze.

Diese Zink-Kupfer-Aluminiumlegierungen finden hauptsächlich Verwendung:

a) zu Lagern, wobei aber die Grundmasse zu wenig plastisch ist, um sehr wechselnde Beanspruchungen und hohe Tourenzahlen zu vertragen;

b) zu Armaturen im Maschinenbau, jedoch nicht da, wo Oxydation durch Dampf eintreten kann; auch gegen Salzlösungen, Laugen usw. sind Legierungen empfindlich;

c) zu feinmechanischen und physikalischen Instrumenten.

Aluminium-Siliziumlegierung siehe Silumin.

Aluminiumlegierungen in der Automobil- und Flugzeugindustrie.[1]) Die thermische und elektrische Leitfähigkeit des Aluminiums, seine Geschmeidigkeit und vor allem seine geringe Dichte, die es vor den sonst üblichen Metallen auszeichnet, haben dieses Metall und seine Legierungen zu einem im Automobil- und Flugzeugbau unentbehrlichen Hilfsmittel gestempelt. Indes scheint seine Verwendung noch bis vor kurzem gewissermaßen nur solchen Ausnahmefällen vorbehalten gewesen zu sein, welche die obengenannten Eigenschaften bedingten, so daß sein Verwendungsgebiet bisher nur ein beschränktes war und sein mechanischer Wert und wirtschaftlicher Charakter nur teilweise zur Geltung kam. Daß das Aluminium und seine Legierungen mehr als bisher vom Konstrukteur und vom Gießer in Wettbewerb mit anderen, namentlich hochwertigen und teuren Kupferlegierungen gezogen zu werden verdient, soll hier gezeigt werden, wobei zu beachten ist, daß es sich bei dem aufgeführten Material stets um in Sandformen gegossenes Metall handelt.

Aus Gründen, deren Zweckmäßigkeit weiter unten ersichtlich sein wird, findet das Aluminium vorzugsweise mit anderen Metallen legiert Verwendung; es soll dabei hauptsächlich darauf ankommen, das Metall härter zu gestalten, d. h. seine Zerreißfestigkeit zu erhöhen, wobei es gleichzeitig eine mehr oder weniger große Sprödigkeit erleidet. Die bemerkenswertesten Legierungen werden demnach solche sein, die bei zunehmender Zerreißfestigkeit die geringste Sprödigkeit besitzen.

1. Aluminium-Mangan- und Aluminium-Nickellegierungen:

Mangan und Nickel gehören zu denjenigen Elementen, die am wirksamsten die Eigenschaften des Aluminiums beeinflussen und schon bei einem geringen Prozentgehalt seine Zerreißfestigkeit merklich heben.

So kann ein Gehalt von 3% Mangan die Zerreißfestigkeit der Legierung auf 15 kg/qmm bei 5% Dehnung erhöhen (im Vergleich zu 8 kg/qmm bzw. 15—20% bei nichtlegiertem Aluminium). Ein höherer Mangangehalt vermehrt die Sprödigkeit, die bei einem Gehalt von 10% besonders groß ist.

Noch wirksamer macht sich der Einfluß des Nickels geltend, der bereits bei einem Gehalt von 2% dieselben Eigenschaften hervorruft wie 3% Mangan. Während Aluminium-Nickellegierungen Veränderungen durch den Lufteinfluß erleiden, bewähren sich die Manganlegierungen selbst in Salzwasser als widerstandsfähig. Auf Grund ihrer mechanischen Eigenschaften besitzen diese Legierungen ein hohes Interesse und dürften wohl dazu berufen sein, künftig eine besondere Rolle zu spielen. Ihre Verwendung ist allerdings bisher auf Grund der Schwierigkeit ihrer Herstellung eine beschränkte gewesen, die auf dem großen Unterschied zwischen den einzelnen Schmelzpunkten beruht (Aluminium 655°, Mangan 1245°, Nickel 1470°) und die infolgedessen eine nachteilige Überhitzung des Aluminiums unvermeidlich macht, so daß sich des öfteren ungesunde Gußstücke ergeben. Jedoch werden diese Schwierigkeiten doch nicht unüberwindlich sein, und die Ermittlung ihrer Beseitigung wird den Forschern ein dankbares Betätigungsfeld bieten. Inzwischen muß sich die Industrie mit Legierungen begnügen, deren Erzeugung zurzeit einfacher und wirtschaftlicher ist.

[1]) Nach: Fortschritt der Technik, M. N. N. 1921.

Zu erwähnen ist als weitere Gruppe noch die der „Kunstbronzen“, worunter zu verstehen sind Zinn-Kupferlegierungen mit recht verschiedenem Zinngehalt und vielfach Zusätzen von Zink. Ihre spezielle Verwendung zu kunstgewerblichen Zwecken läßt eine Normalisierung überflüssig erscheinen, es sollte vielmehr festgestellt werden, daß der Begriff der Kunstbronze kein eindeutiger ist und daher nicht in der Technik verwandt werden sollte.

Zinnbronzen, die außer Zinn und Kupfer noch einen weiteren Zusatz erhalten haben, sei es zur Desoxydation, sei es zur Erzielung komplizierterer Legierungen, sind ebenfalls als Bronzen zu bezeichnen, wenn die Eigenart der Bronzen:

gute Gießbarkeit,
gute Festigkeitseigenschaften,
guter Korrosionswiderstand

erhalten bleiben.

Die Bezeichnung dieser Legierungen hat so zu erfolgen, daß der Name des zugesetzten Metalles (oder Metalloids) vor den Namen „Zinnbronze“ zu setzen ist, also z. B. „Phosphor-Zinnbronze“, die bekannte Zinnbronze, die mit Phosphor desoxydiert wurde. Bekanntlich enthält die fertige Phosphor-Zinnbronze normalerweise nur noch Spuren von Phosphor, trotzdem erscheint die Benennung, die auch eingeführt ist, begründet.

Als Gruppenname für die Zinnbronzen mit Zusätzen noch anderer Metalle wird vorgeschlagen „Sonderbronzen“.

Weiter gehören zu den Bronzen Legierungen des Kupfers mit anderen Metallen als Zinn unter folgenden Voraussetzungen:

Der Kupfergehalt muß stark vorherrschend sein — den jetzigen Verhältnissen entsprechend dürfte er nicht unter 80, meist nicht unter 90% betragen —,

die oben gekennzeichneten besonderen Eigenschaften der Bronze müssen auch bei diesen Legierungen vorhanden sein.

Nach dem jetzigen Stande der Legierungskunde würde in diese Gruppe fallen:

a) Aluminiumbronzen, Legierungen aus Kupfer mit höchstens 10 und meist über 5% Aluminium;

b) Manganbronzen, Legierungen aus Kupfer mit Mangan, deren Mangangehalt meist 5—6%, in einzelnen Fällen aber auch mehr beträgt;

c) Nickelbronzen, Legierungen aus Kupfer mit Nickel. Die Begrenzung des Nickelgehalts kann genauer erst erfolgen bei gleichzeitiger Klärung der Benennungen der Nickellegierungen, da Nickel-Kupferlegierungen mit noch verhältnismäßig geringem Nickelgehalt wegen ihrer weißen Farbe meist schon zu Nickellegierungen gerechnet werden. Vorgeschlagen sei einstweilen die Höchstgrenze von 15% Nickel.

d) Siliziumbronzen, Legierungen mit kleinen Mengen meist weniger als $^1/_{10}$% Nickel.

Wie sich aus vorstehender Zusammenstellung schon ergibt, wären diese Bronzen im einzelnen zu benennen durch Vorsetzen des Namens des zugesetzten Metalles vor die Bezeichnung Bronze; als Sammelname wird vorgeschlagen „Neubronzen“.

Chrom-Mangan-Nickelbronze. Zur Herstellung von besonders widerstandsfähigen Gußstücken, wie Preßzylindern von hydraulischen Pressen, Ventilen, stark belasteten Lagern, soll sich folgende Bronzelegierung besonders gut eignen:

74,0% Kupfer, 16,75% Zink, 3,35% Eisen, 2,0% Aluminium, 1,5% Mangan, 1,5% Nickel, 0,9% Chrom.

Diese Legierung wurde Franz Lange in Rautenkranz (Sachsen) durch das D. R. P. 340379 geschützt.

Duralumin, Zahnräder und Lager daraus. Besonders bei Schneckenantrieben hat man mit Duralumin sehr gute Erfahrungen gemacht. R. W. Daniels berichtete darüber auf der letzten Hauptversammlung der American Gear Manufacturers Association (vgl. „Automotive Industrie“ vom 20. Oktober 1921) und erwähnte besonders, daß das Gewicht eines entsprechenden Duraluminkonstruktionsteils nur etwa ein Drittel so groß ist wie das von Bronze. Ein weiterer Vorteil des Duralumins gegenüber der Bronze ist dessen sehr gleichmäßige Struktur und Härte, wenn es die entsprechende Warmbehandlung durchgemacht hat, während bei gegossenen Bronzen oft schwammige und poröse Stellen sowie harte Einschlüsse vorkommen. welche eine ungleiche Abnützung der Zähne hervorrufen.

Ebenso gestaltet sich die Bearbeitung des Duralumin sehr günstig. Die Abnützungsversuche zeigten, daß Duraluminschneckenräder etwa ebenso lange hielten, wie der Wurm aus gehärtetem Stahl.

Auch als Lagermetall hat sich Duralumin bewährt, denn eine Pleuelstange daraus lief ebenso lange wie eine mit einem Bronzelager. Die Reibungsverluste bei einem Druck von 14 kg/qcm bei 300 Umdrehungen in der Minute ergaben sich bei Duralumin sogar noch kleiner als bei „Genuine Babbit“-Lagermetall. Ist die Umdrehungsgeschwindigkeit und der spezifische Lagerdruck aber kleiner, wie oben angegeben, so ist Babbitlagermetall geeigneter.

Einen wesentlichen Fortschritt bedeutete die Erkenntnis, daß man dem Aluminium durch einen kleinen Magnesiumzusatz die Eigenschaft der Härtbarkeit erteilen kann, sog. veredeltes Aluminium. Duraluminium hat je nach dem Verwendungszweck verschiedene Zusammensetzung, z. B. außer Aluminium 0,5% Magnesium, 0,5—1,0% Mangan, 3,5—5,5% Kupfer.

Beim Härten dieser Legierung handelt es sich um einen Glüh- (420—520° C) und dann um einen Abschreckungsprozeß in Wasser. Der Unterschied vom Stahlhärtungsprozeß liegt aber darin, daß der Stahl die gewünschte Härte sofort nach dem Abschrecken erreicht, während das Duraluminium unmittelbar nach dem Abschrecken nicht wesentlich härter ist, sondern erst nach 24 Stunden bis mehreren Tagen das Höchstmaß der Härte erreicht.

Bemerkenswert ist, daß, während Stahl nach dem Härten weniger dehnbar ist, das Duraluminium eine Steigerung der Dehnung erfährt.

Das veredelte Duraluminium hat einen schönen Klang.

Eisen-Siliziumlegierungen, säurebeständige. Die hohe Säurebeständigkeit von Eisen-Siliziumlegierungen, mit einem Gehalt von etwa 13—18% Silizium, ist schon seit längerer Zeit bekannt, doch gelang es erst im Lauf der letzten Jahre, brauchbare Geräte daraus zu gießen. Der hohe Siliziumgehalt verursachte beim Schmelzen die Abscheidung des Kohlenstoffgehalts als Garschaum. Durch geeignetes Mischen von flüssigem, hochsiliziumhaltigem Flußeisen mit flüssigem Gußeisen ist es der Maschinenfabrik Eßlingen gelungen, diese Schwierigkeit zu überwinden. Das Verfahren wurde durch das Patent Nr. 306001 geschützt.

Die Friedrich Krupp A.-G. in Essen-Ruhr stellt einen ähnlichen säurefesten Siliziumeisenguß, „Thermisilid“ genannt, her. Eine Reihe weiterer solcher Legierungen kommt unter den Namen: Duriron, Elianik, Ironac, Tantiron usw. in den Handel. Sie enthalten alle etwa 13—15% Silizium, 0,2—2,5% Mangan, 0,2—1,2% Kohlenstoff, etwa je 0,1% Schwefel und Phosphor, manchmal etwas Nickel; der Rest ist Eisen.

Teile, die mit starken Säuren in Berührung kommen, wurden bisher teils aus Blei oder Steingut angefertigt. Nun werden aber auch große Kessel, Pfannen, Säureleitungsrohre, Kühler, Retorten, Beiztröge oder Formstücke aus dem viel festeren Siliziumeisenguß hergestellt. Es ist bemerkenswert, daß die Praxis fast 20 Jahre lang brauchte, um die wissenschaftlich schon so lang bekannte Säurebeständigkeit dieser Eisensiliziumlegierungen auszunützen. A. Jouve war der erste, welcher ihre Anwendung empfohlen hatte (Französische Patentschrift Nr. 330666 vom Jahre 1903). In der Zeitschrift für Metallkunde (Bd. XII, H. 12, S. 240) findet sich folgende Zusammenstellung von Analysenresultaten:

Bezeichnung:	Silizium	Eisen	Mangan	Nickel	Aluminium	Kohlenstoff	Phosphor	Schwefel	Kalzium u. Magnesium	Bor	Dichte
Métillure	16,92	81,05	0,88	—	0,25	0,59	0,17	0,01	—	—	6,71
Elianik I	15,07	82,40	0,62	0,62	0,62	0,62	0,62	0,62	0,62	0,62	6,87
Elianik II	15,13	80,67	0,53	2,23	—	0,82	0,06	0,03	—	—	7,14
Ironac	13,16	83,99	0,77	—	—	1,08	0,78	0,05	—	—	6,71
Duriron	15,51	82,23	0,66	—	—	0,83	0,57	0,01	—	—	6,94
Ferrobor	4,90	69,80	3,30	3,30	3,10	3,10	3,10	3,10	3,10	15,4	7,85

In der Deutschen Gesellschaft für Metallkunde hielt R. Walter am 28. Januar d. J. einen Vortrag über Silikothermie und ihre praktische Anwendung. Er betont, daß die bei der Vereinigung von Eisen mit Silizium bei etwa 1250° C freiwerdende Wärme hinreicht, die Schmelze auf höchste Weißglut (etwa 1800° C) zu erhitzen. Wenn gleichzeitig noch Kohlenstoff zugegen ist, so wird nicht so viel Wärme frei, da noch Siliziumkarbid gebildet werden soll.

Die reinen Legierungen des Siliziums mit dem Eisen erweisen sich als zu spröde für die Herstellung von Geräten für die chemische Industrie, wenn sie auch den Säuren guten Widerstand zu leisten vermögen. Außerdem ist bei diesen Legierungen das Schwindmaß ein sehr großes. Es war daher nötig, in die Legierung noch Kohlenstoff einzuführen. Für die technische Verwertung war eine Reihe von Maßnahmen nötig, um den Kohlenstoff bei der Abkühlung und Sekundärkristallisation in Form von feinverteiltem Graphit zur Abscheidung zu bringen. Da man bisher nur danach getrachtet hat, technisch brauchbare Gußstücke aus Siliziumeisenguß herzustellen, sind die Vorgänge bei der Sekundärkristallisation wissenschaftlich noch nicht aufgeklärt. Ähnlich wie bei der Herstellung des Hartgusses ist die Art der Abkühlung der Schmelze von ausschlaggebender Bedeutung für die Brauchbarkeit des Gusses. Je nachdem, ob der Kohlenstoff in fester Lösung gehalten oder in Form von Graphit zur Abscheidung gelangt, kann ein Stück aus derselben Schmelze ganz andere physikalische Eigenschaften aufweisen. R. Walter beobachtete so Härtenunterschiede von 50° Brinellhärte. Die Metallmikroskopie hat bei diesen Untersuchungen sehr wertvolle Dienste geleistet und gestattet auch, die Eignung der im Handel befindlichen Sorten von säurefesten Silizium-Eisenlegierungen zu prüfen. In den Kriegsjahren wurde auch von einer Reihe kleiner Eisengießereien versucht, Silizium-Eisenlegierungen im Kupolofen herzustellen. Da sie aber weder über die nötigen Erfahrungen noch die Hilfsmittel zur Untersuchung der Legierungen verfügten, wurden dabei nur unbrauchbare Resultate erzielt, wodurch die Sache sehr geschädigt wurde. Nach den heutigen Erfahrungen ist der Kupolofen ungeeignet für die Herstellung dieser Legierungen, da sie bei diesem Schmelzprozeß zu viel Kohlenstoff aufnehmen. Dieser wird dann in Form von Nestern in den Legierungen bei der Erstarrung ausgeschieden und macht sie so stark porös, daß sie für chemische Zwecke ungeeignet werden.

Das englische „Tantiron“ erklärt Walter als sehr wenig stabil, und das amerikanische „Ironac“ enthält zwar weniger Kohlenstoff, doch da er hauptsächlich in fester Lösung darin vorkommt, ist es sehr spröde und so hart wie Glas, weshalb es kaum zu bearbeiten ist.

Welche Fortschritte die deutsche Technik auf diesem Gebiet gemacht hat, erkennt man am besten aus den schon heute handelsüblich hergestellten Teilen aus Siliziumeisenguß. In der Zeitschrift für Metallkunde (Bd. 13, S. 229) sind beispielsweise eine Reihe solcher Gußstücke abgebildet, unter anderem ein Kessel von mehr als 2 m Durchmesser, im Gewicht von 3500 kg.

Ersatzmetalle. (Siehe auf S. 54). Im Krieg wurden vor allem die Geschoßführungsbänder aus Kupfer durch andere Metalle zu ersetzen versucht. Es war das eine sehr schwierige Aufgabe, welche aber zu bedeutenden technischen Erkenntnissen führte. Man mußte vor allem mit dem Zink und dem weichen Eisen rechnen, das heißt, diese so verarbeiten, daß sie in ihren physikalischen Eigenschaften denen des Kupfers so nahe wie möglich kamen. Zink kam in Betracht in Form gepreßten oder gewalzten Materials mit härtenden Legierungszusätzen. Ein bemerkenswertes Ergebnis war, daß innerhalb gewisser Grenzen die Art der Legierungen von geringerer Bedeutung ist als die Art und Durchführung der Reck- und Wärmebehandlung. Die Schwierigkeit beim Eisen lag vor allem in der größeren Härte des weichen Eisens, gegenüber dem Kupfer, besonders bemerkbar bei der nötigen Kaltreckung, bei Herstellung der Bänder. Es wurde dann Elektrolyteisen versucht, bis es gelang, ganz reine, weiche Eisensorten im Martinofen herzustellen und in Verbindung mit besonderer Wärmebehandlung und konstruktiven Maßnahmen, das Weicheisen des Martinofens an Stelle des Kupfers verwenden zu können.

Die Not des Krieges hat der deutschen Metalltechnik Fortschritte gebracht, insbesondere hinsichtlich der Verarbeitung der Metalle, sei es durch Legierung, sei es auf mechanischem und thermischem Wege. Obwohl Deutschland seit jeher auf dem Gebiete der Metallverarbeitung eine erste Stelle einnahm, so waren doch Wissenschaft und Praxis nicht in wünschenswerter Verbindung und ging die metallurgische Wissenschaft mit Ausnahme beim Eisen mehr rein theoretische Wege. Die Metallurgie hinsichtlich der Herstellung neuer Legierungen, Fortschritte im Schmelzen und Gießen, sowie in der Verarbeitung, z. B. Recken und Glühen, Untersuchung der Eigenschaften und des Gefügeaufbaues, stand zwischen 1914 und 1918 ganz im Zeichen der Arbeit für den Ersatz der sogenannten Sparmetalle.

Verwendung von Ersatzmetallen. Zur Kriegszeit war man gezwungen, sich mit „Ersatzmetallen“, besonders für hochwertige Kupferlegierungen, zu behelfen. E. Mäkelt berichtete in einem Vortrag auf der 1. Hauptversammlung der Deutschen Gesellschaft für Metallkunde in Berlin am 22. September 1920 über „Metallersatz bei chemischen Vorgängen“, und die nachstehenden Ergebnisse sind seinen Ausführungen entnommen.

Recht gute Erfahrungen wurden mit Eisen gemacht, wenn es zu Apparaten verwendet wurde, die mit starken alkalischen Laugen in Berührung kamen. Früher wurde dazu meist Kupfer verwendet, jedoch zeigte sich, daß das Eisen sogar besser dafür geeignet ist.

In der Nahrungsmittelindustrie und auch im Haushalt fanden Gefäße aus Kupfer und Messing die ausgedehnteste Verwendung. Ein großer Teil konnte unbedenklich durch eiserne Gefäße ersetzt werden, die teils mit Fett ausgebrannt oder emailliert waren; sie stellten so einen guten Ersatz für die verzinnten Geschirre dar. Ein Nachteil der Eisengeschirre ist allerdings deren geringes Wärmeleitungsvermögen. In der Marmeladefabrikation konnten die Kupferkessel durch Eisenkessel ersetzt werden, die für gewöhnliche Sorten blank, für feinere emailliert verwendet wurden. Durch leichten Säureangriff wurde allerdings bei blankem Eisen die Farbe der Marmelade leicht unansehnlich und dunkel, der Geschmack etwas beeinflußt, aber ohne gesundheitsschädliche Wirkung.

Bei Brauereieinrichtungen war das Kupfer so weit zu ersetzen, bis Kohlensäure im Gärprodukt auftrat. Dann allerdings war es ohne Schädigung des Wohlgeschmacks nicht mehr möglich, das Kupfer durch Eisen zu ersetzen. In der Spiritusbrennerei liegen die Verhältnisse ähnlich, und auch hier wurden Versuche mit Aluminium unternommen. Zu Maischbottichen scheint es sich zu bewähren.

Mit reinem Aluminium wurden bei Kochgeschirren und elektrischen Freileitungen gute Erfahrungen gemacht, dagegen eignete sich unreines Aluminium nicht für diese Zwecke. Duralumin, eine Aluminiumlegierung mit etwa 5% Kupfer, 0,3% Eisen, 0,2% Mangan und 0,5% Magnesium erwies sich gegen die atmosphärischen Einflüsse und gegen chemische Angriffe gut haltbar.

In der Holzdestillationsindustrie leistete das Aluminium einen guten Ersatz für Kupfer überall dort, wo es mit Essigsäure in Berührung kam.

In der Salpetersäureindustrie ist Aluminium geeigneter als Kupfer. Für die Metalltücher, das sind die feinen Siebe in der Papierfabrikation, wurde bisher noch kein geeigneter Ersatz für den Phosphorbronzedraht gefunden. Blei in der Schwefel- und Salpetersäureindustrie konnte vorteilhaft durch die säurefesten Eisen-Siliziumlegierungen ersetzt werden, die sich dafür sogar besser eignen, wie die säurefesten Chrom- und Chromnickelstähle. Diesen Legierungen, wovon eine unter dem Namen „Thermosiliol“ bekannt ist, steht in der chemischen Industrie noch ein weites Anwendungsgebiet bevor.

In einzelnen Fällen mußte zum Kupfer zurückgekehrt werden. So z. B. in der Kabeltechnik, denn das hier als Ersatz verwendete Aluminium hat sich weder bewährt noch als wirtschaftlich erwiesen. Da das Elektrizitätsleitungsvermögen des Aluminiums etwa nur halb so groß ist wie das des Kupfers, mußten die Querschnitte der Aluminiumleiter etwa doppelt so groß gewählt werden, wodurch ein Mehraufwand an den teuren Isolierstoffen, Baumwolle, Seide, Kautschuk oder Guttapercha sowie an Material für den Außenschutz bedingt war. Auch bei elektrischen Maschinen wurde das zeitweise als Ersatz verwendete Aluminium oder Zink wieder durch Kupfer ersetzt, da sie sich nicht bewährt hatten.

Die Not an Rohstoffen hat die Industrie zu einer wohltätigen Sparsamkeit erzogen, doch darf diese nicht so weit getrieben werden, die Güte der Fertigprodukte ungünstig zu beeinflussen. So können Maschinenteile, die früher ganz aus Sparmetallen hergestellt wurden, gerade so gut, ja vielleicht sogar besser aus Eisen oder Stahl gefertigt werden, wobei nur die in Frage kommenden Stellen mit dem dafür geeigneten Sparmetall versehen sind.

Wichtig bei der Wahl von neuen Ersatzstoffen ist aber, daß hier sinngemäß vorgegangen wird, und nicht durch rein empirische Versuche Unmengen von Material, Kraft und Geld verloren gehen, was wir uns besonders jetzt nicht leisten dürfen.

Invar. Nach Ausführungen, welche wir in der Zeitschrift „Das Metall“ finden, ist Invar ein hochprozentiger Nickelstahl. Der hochprozentige Nickelstahl kann vor allem bei gewöhnlicher Temperatur in zwei verschiedenen Zuständen existieren, einem magnetisierbaren und einem unmagnetischen, je nachdem eine entsprechende Abkühlung oder eine Erhitzung vorhergegangen ist. Wir haben es hier mit einer sogenannten „Temperaturhysterese“ zu tun, infolge deren das Material beim Abkühlen und Erwärmen nicht umkehrbare Änderungen der magnetischen Eigenschaften erleidet. Diese Eigentümlichkeit nimmt mit steigendem Nickelgehalt zu und erreicht ihr Maximum bei ungefähr 25% Nickel. Bei noch weiter wachsendem Nickelgehalt nimmt sie wieder ab, und bei etwa 34% Nickel ist jede Andeutung dieser Eigenschaft verschwunden, das Material verhält sich wie ein gewöhnliches, ferromagnetisches Material.

Eine praktische Verwertung haben die magnetischen Abnormitäten des Nickelstahls bei der Kriegsmarine gefunden, welche die Panzerung der dem Kompaß benachbarten Schiffsteile aus dem unmagnetisierbaren und gleichzeitig festen und zähen 25%igen Nickelstahl herstellt und so die außerordentlich unangenehmen Störungen des Kompasses vermeidet, welche die immer stärker werdende Panzerung aus reinem Stahl hervorbrachte.

Von etwa 25% Nickel ab sinkt ferner der Ausdehnungskoeffizient des Nickelstahls sehr stark und erreicht bei 34% Nickel ein Minimum, um dann wieder — erst rasch, dann langsamer — bis zum Ausdehnungskoeffizienten des reinen Nickels anzusteigen. Auch dies Minimum hat eine praktische Bedeutung erlangt, und zwar wird derartiges, als „Invar" bezeichnetes Material zur Herstellung von Maßstäben, Uhrpendeln usw. verwendet, deren Länge von der Temperatur nahezu unabhängig ist. Durch geeignete Zusätze von Mangan und Kohlenstoff läßt sich diese Eigenschaft so weit steigern, daß sich beispielsweise ein Draht von 1 m Länge bei einem Temperaturanstieg von 0° bis zu 20° um weniger als 0,4 mm verkürzen würde. — Die hohe Bedeutung dieses Materials für geodätische Zwecke wäre noch größer, wenn dasselbe nicht dauernden kleinen Änderungen unterworfen wäre, die im wesentlichen von der Art der vorhergegangenen thermischen Behandlung abhängen und nach der Herstellung des Maßstabs zunächst noch eine längere Wärmebehandlung, das sogenannte „Altern", nötig machen, mit Hilfe deren es dann allerdings gelingt, die hauptsächlichsten Unsicherheiten zu beseitigen. Wenn nun auch das Invar bei den Normalien erster Ordnung kaum das unveränderliche Platin vollkommen verdrängen dürfte, so ist es doch für bestimmte Zwecke der Meßtechnik, z. B. für geodätische Messungen in den Tropen u. dgl., wo die Unsicherheit der Temperaturbestimmungen eine Hauptfehlerquelle darstellt, von großem Werte geworden.

Neue Verwendungen von Kadmiummetall. Das Kadmiummetall, ein dem Zink ähnliches Metall, ein Begleiter desselben in den Zinkerzen, wurde bisher vor allem verwendet zur Herstellung von leichtflüssigen Legierungen, in der großen Menge aber zur Herstellung der gelben, orange bis roten Schwefelkadmiummalerfarben. In den letzten Jahren wurde das Kadmium auch benützt zur Herstellung von galvanischen Kadmiumniederschlägen an Stelle der Verzinnungen, zur Herstellung von Lötmetallen, von Kadmiumamalgam, an Stelle der Goldplomben der Zahnärzte. Neuerdings findet das Kadmium besonders in Frankreich und Italien vielfache Anwendung als Desoxydationsmittel bei der Herstellung von Bronze für Telegraphen- und Telephondraht sowie für Kabel; auch in Nickelbädern soll es Anwendung als Desoxydator finden.

Kupfer-Aluminium-Zinklegierungen siehe bei Aluminium.

Lagermetalle, siehe auch Weißmetalle und Lurgimetall. Bei den Lagermetallen sollen harte Kristalle in einer weichen Grundmasse liegen. Im Gebrauch schleift sich dann die weiche Grundmasse so weit ab, daß die harten Teile zum Tragen des bewegten Maschinenteiles kommen. Sie ragen inselartig hervor und lassen dadurch Räume entstehen für das Schmieröl. Bei stärkerer Beanspruchung (höherer Druck) sinken sie in die weiche Grundmasse ein, es entsteht eine größere Lauffläche und damit eine Wiederherabsetzung des Flächenpunktes. Das Lagerweißmetall der preußischen Eisenbahnen besteht aus 83,3% Zinn, 11,1% Antimon und 5,6% Kupfer. Die württembergische Eisenbahn benützt für weniger stark beanspruchte Lager eine Legierung aus 78% Blei, 12% Antimon, 8% Zinn und 2% Kupfer. Da nach den maßgebenden Untersuchungen bei der Zusammensetzung 80% Blei, 10% Zinn und 10% Antimon ein Eutektikum vorliegt, muß diese Legierung verhältnismäßig weich sein. Eine derartige Legierung ist in dieser Richtung nicht mit dem modernen Stand der metallurgischen Forschung vereinbart. Zinklegierungen sind vielfach als Ersatz für die teuern, zinnhaltigen Lager vorgeschlagen worden, z. B. 76% Zink, 18% Zinn, 6% Kupfer. Diese Legierungen, die nur in Betracht kommen für wenig beanspruchte Lager, genügen in ihrem Gefüge nicht den Weißmetallen, sondern mehr dem Rotguß. Dagegen soll eine Legierung mit 63,3% Zink, 21,3% Zinn, 12% Blei und 3,3% Kupfer in seiner Struktur dem Weißlagermetall entsprechen und mit Erfolg als Ersatz für solches verwendet worden sein.

Versuche, ein brauchbares Aluminiumlagermetall herzustellen, sollen bei einer Zusammensetzung von 40—90% Aluminium, 5—20% Zinn, 5—30% Nickel oder Antimon und bis zu 20% Blei gute Resultate ergeben haben. Hierbei soll das Nickel bzw. Antimon mit dem Aluminium eine chemische Verbindung ergeben, welche die notwendigen harten Kristallkörner gibt. Heute kann man unterscheiden unter den Lagermetallen:

1. Zinnweißmetalle,
2. Rotgußmetalle,
3. sog. Einheitsmetalle (Bleilagermetalle),
4. sog. Kriegslegierungen, z. B. Lurgilegametall (= Barium-Bleilegierungen) und Kalzium-Bleilegierungen u. a.

Bei den Weißmetallen müssen zwei Gefügebestandteile vorhanden sein:

1. ein harter zur Erhöhung der Druckfestigkeit,
2. ein weicher zur Einbettung des harten, zur Gewährleistung einer gewissen Nachgiebigkeit.

Der Zapfen darf durch das Lagermetall nicht erheblich angegriffen werden. Die Lager dürfen bei plötzlicher Druckerhöhung nicht springen.

a) Zinn und Antimon bilden als SbSn sehr harte Gefügebestandteile.

b) Zinn und Kupfer bilden als Verbindung $SnCu_3$ ebenfalls einen harten, spröden Gefügebestandteil.

Bei der Herstellung ist schnelle Abkühlung von Bedeutung für das Resultat. Die Anwesenheit dieser Verbindungen gibt den im Lagermetall notwendigen harten Gefügebestandteil, freies Zinn und Blei bzw. deren Eutektikum den weichen Anteil.

Der Antimongehalt darf 20% nicht übersteigen, andernfalls das Metall springt. Antimon wird auch teilweise durch Zink ersetzt.

Legierungen mit hohem Korrosionswiderstand gegen Einflüsse aller Art, insbesondere gegen Säuren. Hier kommen in Betracht Nickel-Chromlegierungen, dann Kobalt-Chromlegierungen, z. B. Stellit, eine Legierung aus Nickel, Kobalt und Chrom. Ferner Illium mit 61% Nickel, 21% Chrom, 6% Kupfer, 5% Molybdän, 2% Wolfram und je 1% Aluminium, Silizium, Mangan und Eisen. Schmelzpunkt 1300° C. Das Material ist gießbar, aber nicht schmiedbar. Es wird von 25%iger Salpetersäure nicht angegriffen.

Besonders widerstandsfähig gegen Schwefelsäure haben sich Legierungen aus Eisen und Silizium = Ferrosilizium erwiesen. So besteht die Legierung Duriron aus Eisen, mit einem Zusatz von etwa 14% Silizium und einige Zehntel Prozent Mangan und Kohlenstoff. (Siehe Silizium-Eisenlegierungen S. 66.)

Leichtlegierungen, neue. Vom „National physical laboratory" wurden (nach Angabe des „Chemical Age" Bd. 5 vom 29. Oktober 1921, S. 514—516) folgende Zusammensetzungen von Leichtmetallegierungen empfohlen: Die sogenannte N.P.B.-Legierung soll enthalten: 20,0% Zink, 2,5% Kupfer, 0,5% Mangan, 0,5% Magnesium, Rest-% Aluminium. Die $^3/_{20}$-Legierung: 20,0% Zink, 3,0% Kupfer, Rest-% Aluminium; die Y-Legierung: 4,0% Kupfer, 2,0% Nickel, 1,5% Magnesium, Rest-% Aluminium. Bei der Herstellung dieser Legierungen hat es sich als vorteilhaft erwiesen, das Magnesium der Schmelze als reines Metall zuzusetzen, nicht, wie es früher üblich war, in Form einer Aluminium-Magnesiumlegierung.

Durch eine geeignete Wärmebehandlung (Vergüten) oder durch Kaltbearbeitung können die Festigkeitseigenschaften wesentlich verbessert werden.

Lötzinn (Kriegslot). Die Metallfreigabestelle hat seinerzeit ein Merkblatt über Lötzinn herausgegeben. Es durfte nur Lötzinn verwandt werden, das aus Mischzinn mit 50% Blei gewonnen wird, das für diesen Zweck der „Metallberatungs- und Verteilungsstelle für Zinnlegierungen", Charlottenburg 2, Technische Hochschule, zur Verteilung an die Industrie überwiesen war. Empfohlen wird ein Zinn-Kadmiumlot, z B. ist eine Legierung mit 10% Sn, 10% Cd und 80% Pb ein besseres Lötmittel als mit 30% Sn und 70% Pb.

Lurgimetall. In neuerer Zeit werden als Lagermetalle an Stelle der bisherigen aus Blei, Antimon und Zinn bestehenden Lagermetalle, Bleikalzium- und Blei-Bariumlegierungen, letztere unter der Bezeichnung Lurgilagermetall, in den Handel gebracht. Die der Firma Schaefer & Schael, Breslau, geschützten Blei-Kalziumlegierungen sollen sich für Lagermetallzwecke gut bewährt haben.

Das Umschmelzen dieser Legierungen darf nicht in Graphittiegeln erfolgen, sondern es muß, unter Anwendung einer geeigneten Schmelzdecke, in eisernen Kesseln oder Tiegeln vorgenommen werden. Hierbei ist die Schmelzdecke zuerst in den Tiegel einzusetzen und erst nach deren Flüssigwerden sind die Metallblöcke langsam zuzugeben. Dadurch wird der Zutritt der atmosphärischen Luft zur Legierung verhindert, so daß eine Verbrennung des leicht oxydierenden Kalziums nicht eintreten kann.

Von der Metallbank und Metallurgischen Gesellschaft (Frankfurt a. M.) wird ferner für den gleichen Zweck eine neue, ebenfalls durch Patent geschützte Blei-Bariumlegierung unter der Bezeichnung „Lurgilagermetall" empfohlen.

Beim Einschmelzen ist auch diese Legierung vor dem freien Luftzutritt zu schützen, was hier zweckmäßig durch eine etwa 5 cm hohe Kokspulverschutzschicht geschieht.

Blei-Natriumlegierungen mit 1—2% Natrium haben ebenfalls als Lagermetalle Anwendung gefunden. Die Härtesteigerung, die das weiche Blei durch einen kleinen Natriumzusatz erfährt, ist recht beträchtlich. Auch hier sind beim Ein- oder Umschmelzen Vorsichtsmaßregeln, die das Verbrennen des Natriums verhindern sollen, anzuwenden. Ein als „Weißbronze Feldgrau" von der Firma Hoeveler & Diekhaus in den Handel gebrachtes Blei-Natriumlagermetall enthält etwa 1,5% Natrium, ferner etwas Eisen und im übrigen nur noch Blei.

Wieweit sich diese neuartigen Bleilegierungen mit Kalzium, Barium und Natrium im Dauerbetrieb bewähren werden, muß erst die Praxis zeigen. Versuche, die sich zum Teil auch über längere Zeitdauern erstreckt haben, sind im großen und ganzen recht günstig ausgefallen.

Neuerdings werden als Hartbleiersatz Bleimagnesiumlegierungen empfohlen.

Magnesiumlegierungen (Elektron). An Stelle des im Kriege oft spärlich vorhandenen Aluminiummetalls wurde versucht, Magnesiumlegierungen herzustellen. Das reine Magnesiummetall kommt an sich wegen seiner geringen Festigkeit und seines geringen Korrosionswiderstandes nicht in Betracht. Versuche, durch eine geeignete Behandlung diese Schwierigkeiten zu überwinden, hatten Erfolg bei der Firma Griesheim Elektron, die das Magnesiummetall zunächst in geschmolzenem Zustande weitgehend von Verunreinigungen, insbesondere Salzteilchen befreit und es dann mit geeigneten Zusatzmetallen, insbesondere Aluminium und Zink legierte. Solches Metall wurde unter dem Namen Elektronmetall in den

Handel gebracht. Diese Legierung überzieht sich an der Luft mit einer grauen Oxydhaut, welche das unterliegende Metall vor weiterer Einwirkung schützt.

Manganbronzen und deren Verwendung. Besonders zwei Sorten von Manganbronzen werden ob ihrer vorzüglichen Eigenschaften hergestellt, die man wohl auch als Spezialmessing und Spezialrotguß kennzeichnen kann. Die erstere Sorte enthält etwa 50—60% Kupfer, 30—40% Zink, 1% Eisen, Spuren bis zu 4% Mangan und Aluminium, 0,5—1,25% Zinn und 0,4—0,5% Blei. Zur Herstellung der Legierung werden Ferromangan oder Kupromangan angewendet. Nach E. J. Davis („Metallindustrie") können beim Einschmelzen auch Metallabfälle verwendet werden, jedoch ist auf die Reihenfolge der Zusätze zu achten. Diese Legierungen sind gut seewasserbeständig und ähnlich dem schon lange verwendeten Sterrometall, dem Eichmetall, Gedges Legierung, dem Deltametall und dem Durametall und werden daher zweckmäßig als Sondermessing charakterisiert. E. Vits berichtete schon im Jahre 1914[1]) über Versuche, solche Legierungen herzustellen. Im Eisen- und Stahlwerk „Mark" in Wengern a. d. Ruhr fand man, daß die Desoxydation der Kupfer-Zinklegierungen zweckmäßig mit einer eigens hergestellten Legierung erfolgt, die aus Mangan, Eisen, Kupfer und Aluminium zusammengesetzt ist und unter dem Namen Manfecual in den Handel gebracht wurde. Dadurch sollen die bei Manganlegierungen oft fehlerhaften Güsse vermieden werden können, da mit Hilfe dieser Zusatzlegierung leicht gleichmäßig gute Eigenschaften erzielt werden. Solches Sondermessing soll die teuren Zinn- und Phosphorbronzen vollwertig ersetzen. Diese Manganlegierungen sollen etwa doppelt so große Festigkeitswerte ergeben wie Phosphorbronzen und dabei um ein Drittel billiger sein. Auch als „säurebeständige Bronze" eignet sich die Legierung gut.

Die zweite Gruppe der Manganbronzen enthält neben Kupfer 4 bis gegen 20% Mangan und bis zu 12% Zink. Das Hauptanwendungsgebiet dieser Legierung ist die Herstellung von Heißdampfarmaturen, denn im Gegensatz zum gewöhnlichen Rotguß behält sie bis etwa 300° C die Festigkeitseigenschaften wie bei gewöhnlicher Temperatur, während diese bei Rotguß hier nur mehr rund die Hälfte betragen. C. v. Bach stellte darüber ausführliche Versuche an[2]).

Messing. Für die Normung von Metallen und Metallegierungen sind verschiedene Vorschläge gemacht worden, unter anderen auch folgende beachtenswerte Ausführungen von Schulz, Dortmund.

Zink-Kupferlegierungen sind zu bezeichnen mit dem Namen Messing, wenn ihr Gehalt an Zink höchstens 45% beträgt. Für Legierungen mit mindestens 80% Kupfer, also höchstens 20% Zink, die sich auszeichnen durch ihre rote bis rotgelbe Farbe, wird der Name „Tombak" schon lange gebraucht und könnte beibehalten werden.

Die Messinglegierungen mit 55—80% Kupfer zerfallen in zwei Klassen: das bei gewöhnlicher Temperatur durch ein Walzen verarbeitbare kalt reckbare Messing mit einem Kupfergehalt von mindestens 63% und das „warmschmiedbare Messing" mit 55—63% Kupfer. Für das erstere wäre noch ein kürzerer Name neu zu beschaffen; in Frage käme vielleicht „Weichmessing" oder „Walzmessing", die aber beide noch nicht recht treffend sind. Für das warmschmiedbare Messing könnte die kürzere Bezeichnung „Schmiedemessing" oder, da es neuerdings in der Hauptsache durch ein Pressen verarbeitet wird, auch die Be-

[1]) Fortschritte in der Herstellung hochwertiger und billiger Metallgüsse Zeitschrift des Vereins deutscher Ingenieure Bd. 58, S. 890.

[2]) Festigkeit von Bronzen bei höheren Wärmegraden, Mitteilungen über Forschungsarbeiten Heft 4, herausgegeben vom Verein deutscher Ingenieure, Berlin 1902.

zeichnung „Preßmessing" gewählt werden. Für Messingformguß kommen die weiter unten besprochenen Sonderbenennungen in Betracht.

Unterabteilungen des kalt reckbaren Messings könnten nur gemacht werden auf Grund besonderer Festsetzungen hinsichtlich einzelner genau umgrenzter Zusammensetzungen oder der physikalischen Eigenschaften. Die chemische Zusammensetzung ließe sich kurz in der teilweise jetzt schon üblichen Weise charakterisieren und die Benennung „63er Messing", „72er Messing" für Messing mit 63 bzw. 72% Kupfergehalt. Da das Messing mit 67—73% Kupfer sich auszeichnet durch eine gute Kaltreckbarkeit, die besonders hervortritt beim Ziehen zu Patronenhülsen, so wird vorgeschlagen, den Namen „Patronenmessing" beizubehalten für ein Messing mit 67—73% Kupfer von besonderer Reinheit. Die Bezeichnung „Tafelmessing" deckt sich etwa mit dem Inhalt des Begriffs „kalt reckbares Messing".

Das schmiedbare Messing verhält sich je nach dem Kupfergehalt verschieden in der Weise, daß bei höherem Kupfergehalt schon eine Kaltreckbarkeit sich einstellt, während bei geringerem Kupfergehalt die Bearbeitung mit schneidenden Werkzeugen, also durch Drehen usw., besser wird. Aus diesem Grunde wurde bereits früher vorgeschlagen, das höher kupferhaltiges Material als „Druckmessing", das weniger Kupfer enthaltende als „Schraubenmessing" zu bezeichnen.

Die beiden Bezeichnungen könnten sehr wohl beibehalten werden, es wären nur die Begrenzungen des Kupfergehalts für sie festzulegen. Vorgeschlagen wird:

Druckmessing . . . 59—63% Kupfer,
Schraubenmessing . 56—59% „

Es wäre nun noch eine Definition für die Bezeichnung „Gußmessing" oder „Gelbguß" (also für die Bezeichnung des Messingformgusses) zu geben. Es würde empfohlen, den Begriff recht weit zu fassen und darunter zu verstehen: in Formen gegossenes Messing mit einem Kupfergehalt von 55—80%. Weiterhin wird vorgeschlagen, den Gelbguß in zwei Sorten einzuteilen, „weicher Gelbguß" mit mehr als 63% Kupfer, wobei für beide Sorten die zulässigen Verunreinigungen noch besonders festgelegt werden könnten, die naturgemäß für harten Gelbguß höher sein können als für weichen. Es sei ausdrücklich betont, wie es auch schon oben erwähnt wurde, daß die Grenze von 63% dem Schmelzdiagramm nach scharf und eindeutig, in der praktischen Bearbeitung jedoch etwas schwankend ist. Soll aber überhaupt eine Grenze festgelegt werden — und dies wäre für empfehlenswert —, so kann nur diese in Betracht kommen.

Kalt reckbares Messing erhält kaum irgendwelche weiteren Zusätze, dagegen ist für das schmiedbare Messing die Benennung auch solcher Legierungen mit anderen Metallen vorzusehen. Dem Schraubenmessing wird häufig der besseren Verarbeitung wegen Blei absichtlich zugesetzt, andererseits aber enthält das schmiedbare Messing — neben anderen Verunreinigungen, insbesondere Eisen und Zinn — auch schon ohnehin Blei. Es wäre daher festzulegen, von welchem Bleigehalt ab der naheliegende Name „Bleimessing" zu gebrauchen wäre. Vorgeschlagen wird, in schmiedbarem Messing einen Bleigehalt bis zu 1% höchstens als Verunreinigung zuzulassen; ist der Gehalt an Blei höher, so ist das Material als „Bleimessing" zu bezeichnen.

Ebenso enthält das schmiedbare Messing meist Zinn als Verunreinigung, andererseits wird ihm Zinn — besonders für Gußzwecke — absichtlich zur Verfestigung und Härtung zugesetzt. Es wird vorgeschlagen, einen Zinngehalt bis zu 0,5% noch als zulässige Verunreinigung zu betrachten, bei höheren Zinngehalten ist von „Zinnmessing" zu reden.

Die vom schmiedbaren Messing abgeleiteten, in der Einleitung schon erwähnten Sonderlegierungen nach Art des Deltametalls, normalerweise mit einem

Kupfergehalt von 55—60%, in einigen Fällen auch mehr, und Zusätzen von Mangan, Eisen, Aluminium, Nickel usw., meist jedes in Mengen von etwa 1 bis höchstens 3%, wären zu bezeichnen als „Sondermessing", und zwar je nach der Verarbeitung entweder als Sondermessingguß" oder als „geschmiedetes Sondermessing".

Weitere Einzelheiten hier festzulegen, dürfte hinsichtlich der Bezeichnungen nicht am Platze sein.

Messinge lassen sich jetzt für alle Verwendungen durch Legierungen ersetzen, in welchen Aluminium an Stelle des Kupfers die Rolle des Grundmetalles übernimmt. Es handelt sich bei der ungeheuren Fülle neuer Möglichkeiten nicht nur immer um den Ersatz bestehender Legierungen, sondern unser Bestreben soll auch darauf gerichtet sein, neue wertvolle Fortschritte anzubahnen.

Platinersatzmetalle Platinersatzmetalle (siehe auch säurebeständige Legierungen). Bei der gegenwärtigen Knappheit des Platins in Anbetracht des reichlichen Bedarfes der Industrie und Wissenschaft für dieses Metall haben Platinersatzmetalle große Bedeutung erlangt. Vor allem kommt in Betracht eine Wolfram-Gold-Nickellegierung; sie soll als Platinersatz für kunstgewerbliche und technische Zwecke dienen, da sie sich gießen, schmieden und walzen läßt und von heller Farbe ist. Beim Polieren nimmt sie sogar Hochglanz an, was bei Platin, wie bekannt, nicht der Fall ist. Eine analoge Legierung besteht aus Silber, Wolfram und Nickel. Sowohl der Gold- wie der Silberlegierung wird erhebliche Säurefestigkeit nachgerühmt. Bei der Herstellung dieser Legierungen soll wenigstens das eine der verwendeten Edelmetalle in Form einer Zwischenlegierung mit Nickel angewendet werden. — Eine Nickel-Eisenlegierung („Platinit") kann nach der Mitteilung einer holländischen Firma das für die Glühlampenfabrikation benötigte Platin ersetzen wegen ihres dem Glase entsprechenden Ausdehnungskoeffizienten. Im Laboratorium und für technische Zwecke (elektrische Wärmeapparate u. a.) kann eine Legierung von Nickel und Chrom (Chromnickel) als Platinersatz (Draht, Blech) dienen. Noch besser sollen sich die entsprechenden Kobaltlegierungen wie Kobalt-Eisen und Kobalt-Chrom für genannte Zwecke eignen, besonders für säurebeständige Gegenstände. — Eine andere Legierung von großer Beständigkeit gegen Säuren, die sich in vollkommen flüssigem Zustand leicht gießen lassen soll, wird unter dem Namen „Illium" = 61% Nickel, 21% Chrom, 6% Kupfer, 5% Molybdän, 2% Wolfram, je 1% Aluminium, Silizium, Mangan und Eisen empfohlen. In den Vereinigten Staaten wird als „Rhotanium" eine Legierung verwendet, die für Laboratoriumszwecke sehr befriedigende Resultate gibt, sehr geschmeidig, hämmerbar und dehnbar ist und eine doppelt so große Härte wie das Platin besitzt. Auch soll die reduzierende Flamme keine Kristallisation hervorrufen, wie dies bei Platin einzutreten pflegt.

Gold-Platinlegierungen, die durchschnittlich 12,5% Platin enthalten, eine gelbliche Farbe besitzen, schon bei 1200° schmelzen und bei 1150° erweichen. Sie können deshalb vor dem Gebläse nicht stark erhitzt werden, widerstehen dagegen Säuren und geschmolzenen Reagentien und verlieren im Gebrauch nur wenig an Gewicht. Sie eignen sich gut für Tiegel zur Aschenbestimmung von organischen Stoffen, z. B. für Nahrungsmittel, wobei nicht über 1000° erhitzt werden muß.

Gold-Palladiumlegierungen, welche mindestens 20% Palladium enthalten, in ihrer Farbe dem Platin gleichen und im Gebrauch viel weniger Vorsicht erheischen als die Gold-Platinlegierungen. Sie können ohne weitere Vorsichtsmaßregeln erhitzt werden und widerstehen den Reagentien noch besser als Platin. Man verwendet sie unter dem Namen Palau und Rhotannium in den Vereinigten Staaten für Tiegel, Elektroden usw.

Platinersatz für Elektroden. Als Ersatz für die bei der Metallelektroanalyse verwendeten Platinelektroden, der Platindrahtnetzkathode und der Platinspiraleanode, die zusammen etwa 20—30 g wiegen, sind folgende Ersatzstoffe erprobt worden:

1. Kupfer, als Kathode von Ducru benützt, für die elektrolytische Bestimmung in schwefelsaurer, salpetersaurer oder ammoniakalischer Lösung, des Nickels und des Kobalts in ammoniakalischer Sulfatlösung. Die Kathode muß aber vollständig in die Flüssigkeit eintauchen. Beginnen sich die Maschen des Drahtnetzes zu verstopfen, so löst man einen Teil des abgeschiedenen Metalls mit verdünnter Salpetersäure vorsichtig heraus. Die Bestimmungen fallen so genau aus wie mit einer Platinkathode.

2. Legierungen von Gold mit Silber, Kupfer oder einem anderen Metall benützen Nikolardot und Boudet. Die Legierung darf von Salpetersäure nicht angegriffen werden. Vor der Benützung wird die Elektrode mit Salpetersäure gebeizt. Zweckmäßig nimmt man Legierungen mit 75—90% Gold, die man längere Zeit in reine, heiße Salpetersäure eintaucht. Da Platin das einzige Metall ist, das der stattfindenden Oxydation widersteht, so ist die Herstellung einer Ersatzelektrode mit Schwierigkeiten verbunden. Nicolardot und Boudet überziehen deshalb die mit Salpetersäure gebeizte Anode mit einem dünnen Platinüberzug. Griffith erhielt sehr gute Ergebnisse mit einer Kathode aus 75% Gold und 25% Silber, die weder durch kalte noch durch heiße Salpetersäure angegriffen wird. Man kann deshalb die Metallniederschläge durch Salpetersäure wieder entfernen, ohne daß das Gewicht oder die Form der Kathode sich ändert.

3. Gold-Nickellegierungen. Das „Laboratoire d'Essais des Arts et Métier" verwendet eine Legierung von 97% Gold und 3% Nickel, die in der Verwendung in der Elektrolyse dieselben Eigenschaften zeigt wie die Gold-Silberkathode, aber als Drahtnetz viel widerstandsfähiger ist.

Säurebeständige Gefäße wie z. B. Kessel, Pfannen, Säureleitungsrohre, Kühler, Retorten, Beizträge, Formstücke usw. werden jetzt aus **Siliziumeisenguß** (s. d.) hergestellt.

Silumin. Eine neue Silizium-Aluminiumlegierung. Diese neue Leichtlegierung wurde besonders auf Grund von Forschungen im Metallographischen Laboratorium der Metallbank und Metallurgischen Gesellschaft A.-G. in Frankfurt a. M. hergestellt und enthält neben Aluminium 11—14% Silizium. Das spezifische Gewicht des Aluminiums wird durch den Siliziumzusatz noch etwas erniedrigt und beträgt 2,5—2,65. Gegenüber den bisherigen Aluminium-, Kupfer- oder Zinklegierungen bedeutet dies etwa eine Verminderung von 10%. Die Zerreißfestigkeit des Silumins im gegossenen Zustand ist um etwa ein Viertel bis ein Drittel größer, die Bruchdehnung etwa doppelt so groß. Die Kugeldruckhärte dieser Legierung ist bei gewöhnlicher Temperatur etwa 60 kg/qmm (ermittelt mit einer Kugel von 10 mm Durchmesser unter 500 kg Belastung) und beträgt bei 350° C noch etwa 20—25 kg/qmm. In ähnlicher Weise nehmen auch die Festigkeitseigenschaften bei steigender Temperatur ab. Wie das Reinaluminium, wird auch das Silumin von nassem Wasserdampf nur wenig angegriffen. Gegen verdünnte sowie gegen konzentrierte Salpetersäure ist es sogar noch beständiger wie das reine Aluminium; sonst ist es im chemischen Verhalten gegen Alkalien und die übrigen Säuren diesem ähnlich. Das Wärme- und Elektrizitätsleitungsvermögen ist wesentlich besser wie das der bisherigen Aluminiumgußlegierungen. Durch den Siliziumzusatz wird der Wärmeausdehnungskoeffizient des Aluminiums um etwa 12% vermindert.

Silumin wird durch Verschmelzen von Aluminium und Silizium hergestellt oder kann direkt durch die Elektrolyse eines geeigneten schmelzflüssigen Bades gewonnen werden, doch ist es noch nötig, ein Veredelungsverfahren anzuwenden. Dies ist mit eine der wichtigsten Entdeckungen, denn dadurch erst werden die günstigen Eigenschaften hervorgerufen. Silizium-Aluminiumlegierungen wurden schon vor langen Jahren hergestellt, doch hatten früher nicht die nötigen Festigkeitseigenschaften erzielt werden können. Man sah daher einen größeren Siliziumgehalt in den Aluminiumlegierungen nicht gern, ja, man betrachtete ihn mit Recht als schädlich.

Die angeführten Eigenschaften des Silumins zeigen, wie man durch eingehende Untersuchungen und metallographische Forschungen auf dem Gebiete der Leichtmetallegierungen einen hervorragenden Erfolg errungen hat, mit einer Legierungsreihe, die man früher als aussichtslos betrachtet hatte. Wo bisher Leichtmetalllegierungen im gegossenen Zustande wegen zu geringer Festigkeit nicht hatten angewendet werden können, scheint Silumin berufen zu sein, diese Lücke auszufüllen. Im Maschinenbau, insbesondere für Kraftfahrzeuge, wird Silumin bald ausgedehnte Verwendung finden. Schon auf der Deutschen Automobilausstellung in Berlin im September letzten Jahres war diese neue Legierung vertreten. Im Oktoberheft der Zeitschrift für Metallkunde wurde darüber ausführlicher berichtet.

Nichtrostende Eisenlegierung. Durch Verschmelzen von vollkommen kohlenstoffreiem Eisen mit 3—10% Kupfer oder Kupferlegierungen werden Produkte erhalten, die nicht rosten. Diese Legierungen wurden durch das Deutsche Reichspatent Klasse 18b Nr. 337847 dem Plausonschen Forschungsinstitut G. m. b. H. in Hamburg geschützt. Sie sollen zur Herstellung von Kleinmünzen und in der Geschoßtechnik verwendet werden. (Siehe auch Chrom-Nickelstahl, S. 77.)

Nichtrostende Stahle. An Stelle der bisher verwendeten nichtrostenden und chemisch überhaupt widerstandsfähigen Legierungen, insbesondere der Chrom-Eisenlegierungen von Borchers-Monnartz, welche aber sehr sprödes Material darstellen, haben sich neuerdings die Chrom-Nickelstahle als sehr widerstandsfähig erwiesen, doch ließen auch die mechanischen Eigenschaften noch zu wünschen übrig. Es gelang nun den Friedr. Kruppwerken in Essen-Ruhr, hier Fortschritte zu erringen.

Besonders zwei Gruppen solcher Stahle zeigten sich recht geeignet. Das Gefüge der ersten Gruppe ist ein martensitisches. Dieses Gefüge wird bei 10—15% Chrom und 1—3% Nickel erzielt. Man kann damit eine Fließgrenze von etwa 60 kg/qmm, bei einer Zerreißfestigkeit von 80 kg/qmm und rund 15% Bruchdehnung erreichen, so daß sich dieser legierte Stahl, der die Bezeichnung V. 1. M. führt, besonders für hochbeanspruchte Maschinenteile eignet, die gleichzeitig chemischen Angriffen ausgesetzt sind. Weil diese Stahle sogenannte Selbsthärter sind, kann man sie auch durch langes Ausglühen oder langsamstes Abkühlen vom Schmieden nicht weich erhalten, sondern man erhitzt sie dazu kurze Zeit bis nahe an ihre untere Umwandlungstemperatur, das ist 680—750° C, und läßt sie dann beliebig rasch oder langsam erkalten. Dadurch werden sie bearbeitbar, und das Gefüge ist dann ein troosto-sorbitisches.

Die Stahle der zweiten Gruppe sind chemisch noch widerstandsfähiger und weisen ein austenitisches Gefüge auf. Sie enthalten bis zu 25% Chrom, neben 6 bis 10% Nickel und erfordern eine wesentlich andere Wärmebehandlung. Man erhitzt sie zweckmäßig auf 1100—1200° C und kühlt dann rasch ab. Diese Sorte wird mit V. 2. A. bezeichnet und zeigt eine Fließgrenze von etwa 40 kg/qmm, eine Zerreißfestigkeit von rund 75 kg/qmm bei einer Bruchdehnung von etwa 50%. Der Kohlenstoffgehalt beider Sorten ist ein nur geringer, von 0,1—0,5% Kohlenstoff. Bemerkenswert ist, daß die Legierungen zwischen den angeführten Chromgehalten ein Übergangsgefüge haben, das hier ungünstige mechanische Festigkeitseigenschaften anzeigt.

Nach der Untersuchung von O. Bauer[1]) ist der Stahl V. 2. A. wesentlich edler als Kupfer, wenn man ihn in einem Elektrolyten aus einer Lösung von 1% Kochsalz in Wasser untersucht. In der so aufgestellten elektrolytischen Spannungsreihe liegt er zwischen Kupfer und Silber.

Durch die Auffindung dieser Chromnickelstahle wurden praktisch rostsichere Eisenlegierungen mit etwa 70% Eisengehalt erzielt, welche die bisher besten, hochlegierten Nickelstahle an Rostfestigkeit weit übertreffen. In den verschiedensten Zweigen der Industrie werden die Chromnickelstahle schon mit bestem Erfolg angewendet, so z. B. für Ventile und Ventilsitze von Verbrennungskraftmotoren. Für alle Arten von Düsen, Düsenkörpern und Spindeln, für Kolbenstangen und Dampfturbinenschaufeln, für Teile von Pumpen und zu Rohrleitungen in der chemischen Industrie, besonders bei salpetersäurehaltigen Lösungen. Thermometerschutzrohre, Bimetall-Thermoregulatoren und andere physikalische Geräte werden schon heute daraus gemacht. Große Bedeutung haben diese Chromnickelstahle auch für die Herstellung von chirurgischen Instrumenten, ebenso für zahnärztlichen Bedarf erlangt. Auch Metallspiegel werden vorteilhaft daraus angefertigt. Wie F. Hauptmeyer (in den Kruppschen Monatsheften) berichtet, hat man aus 0,2 mm dicken Chromnickelstahlblechen mit gutem Erfolg Gaumenplatten für Gebisse hergestellt, die außerordentlich fest und widerstandsfähig sind, da sie nach der Prägung gehärtet werden können. Sie sind daher wesentlich leichter wie Gaumenplatten aus Gold und halten sich, wenn sie sorgfältig poliert werden, im Munde vollkommen blank. Nur das Anlöten der nötigen Teile ist schwierig. Man zieht es deshalb vor, diese nach dem elektrischen Punktschweißverfahren zu befestigen, was rascher und sicherer zu bewerkstelligen ist.

Stellit, ein neues Schnellschnittmaterial. Über Stellit, eine Legierung aus rund 50% Kobalt, 19,5% Chrom, 18% Molybdän, 9,7% Wolfram und 1,5% Kohlenstoff, ist bisher nur wenig in die Öffentlichkeit gedrungen. In der Zeitschrift für Metallkunde (Bd. 13, S. 435) wird über eingehende Versuche damit berichtet, welche die Leistungsfähigkeit dieses neuen Schnellschnittmaterials dartun. Von der Firma Alfred Herbert G. m. b. H. wird Stellit in Stangen von 9,525 × 9,525 und 12,7 × 12,7 Millimeter Querschnitt in den Handel gebracht. Da diese Legierung nicht schmiedbar ist, können die Drehmesser nur durch Schleifen geformt werden. Stellit ist naturhart und braucht nicht gehärtet zu werden. Die Angaben der erzeugenden Firma, daß man die Schnittgeschwindigkeit gegenüber Wolframschnelldrehstahl um 75—150% erhöhen kann, wurden durch die Versuche bestätigt. Um diese Ergebnisse zu erreichen, ist es aber notwendig, den Schnittwinkel unter 5° zu halten und den vorgeschriebenen halbkreisförmigen Anschliff der Drehmesser zu verwenden.

Aus den eingehenden Versuchen ergibt sich, daß die Verwendung von Stellit, trotz seines wesentlich höheren Preises, dann vorteilhaft ist, wenn man sehr hartes Material zu bearbeiten hat, bei dem selbst guter Wolframstahl versagt, oder wenn man durch Verdoppelung der Schnittgeschwindigkeit an Zeit sparen will. Die Bearbeitung mit Stellit kann trocken oder auch naß erfolgen. Bei der Bearbeitung von kleinen Querschnitten oder Stücken, die nur wenig Materialzugabe besitzen, ist daher die Verwendung von Stellit am Platze. Wenn dagegen viel Material abzuschruppen ist, wobei die Spantiefe groß zu wählen ist, zeigt sich Stellit wenig geeignet, denn er vermag infolge seiner Sprödigkeit den dabei auftretenden Spandrucken nicht genügend Widerstand zu leisten. Auch kann seine Schneide dafür nicht angepaßt werden. Zur Herstellung von Gewindedrehmessern ist Stellit aus

[1]) Mitteilungen aus dem Materialprüfungsamt, Berlin-Großlichterfelde-West 1918, S. 121.

denselben Gründen nicht geeignet. Richtig angewendet vermag Stellit als Dreh- und Hobelmesser die Leistungen, was Schnittgeschwindigkeit anbelangt, wesentlich zu steigern. Beim Bearbeiten von Grauguß wurden folgende Versuchsergebnisse erzielt: Schnittiefe 2 mm, Vorschub auf eine Umdrehung 0,98 mm, Schnittgeschwindigkeit 32 m in der Minute. Die Schneide von Stellit war nach 4 Stunden noch gut, während bei einem guten normalen Wolframschnelldrehstahl unter denselben Bedingungen die Schneide schon nach 10 Minuten vollkommen zerstört wurde.

Weißmetalle, siehe auch Lagermetalle. Unter Weißmetall verstand man bisher weiße Zinn-Antimonlegierungen mit mehr oder weniger Blei und einigen Prozenten Kupfer, welche im Maschinenbau als Lagermetalle oder Antifriktionsmetalle verwendet werden. Außerdem können kleine Mengen von Arsen, Eisen, Zink als schädliche Beimengungen vorhanden sein, insbesondere wird die Güte des Weißmetalls durch Zink sehr beeinträchtigt. Man unterscheidet Primaweißmetall mit etwa 80% Zinn, bis 3% Blei, bis 7% Kupfer und dem Restgehalt als Antimon, Sekundaweißmetall mit bis 30% und mehr Blei, 40—75% Zinn und zwischen 10—15% Antimon. Altmetallspäne aus Maschinenfabriken enthalten oft mehr oder weniger große Beimengungen von Bronze-, Rotguß- oder Messingspänen; man nennt sie dann oft gemischte Späne. Ferner werden zuweilen auch Zinn-Zinklegierungen (z. B. im Verhältnis 70 : 30) als Weißmetall bezeichnet, sie führen mitunter ein wenig Quecksilber.

Weißgußmetalle sind Legierungen von Antimon, Zinn, Kupfer, Blei in wechselnden Mengen. Allen Weißmetallen gemeinsam ist der Antimongehalt, dessen Sprödigkeit durch Kupferzusatz gemildert werden kann. Ersetzt wird das Antimon teilweise auch durch Zink. Die Weißgußmetalle werden in ihrer Zusammensetzung begrenzt nach oben durch die Britanniametalle 90 Zinn, 10 Antimon, nach unten durch die Hartbleiarten 87 Blei, 13 Antimon. Zwischen diesen beiden Grenzen gibt es unzählige Zusammensetzungen, die teils unter sehr phantastischen Namen in den Handel kommen, ohne daß dadurch ein Kennzeichen der Güte, Beschaffenheit und Brauchbarkeit gegeben ist. Zinn und Antimon scheiden sich als Würfel, Kupfer-Antimon als Nadeln in einer weichen Grundmasse beim Erstarren der Schmelze aus.

Die Weißmetalle gehören also zur Gruppe der Lagermetalle, die harte Kristalle in weicher Grundmasse eingebettet haben. Ein solches Lagermetall läuft sich rasch ein und schmiegt sich im Laufe des Betriebes eng der Form des Zapfens oder der Gleitfläche an.

Die Amerikaner bezeichnen die Weißgußmetalle als Babbitmetall. Die American Society for Testing Materials empfiehlt fünf Arten von Lagermetall.

1. 8,23 Cu, 8,33 Sb, 83,33 Sn sehr hart, geeignet für hohe Geschwindigkeit und hohen Flächendruck;
2. 4 Cu, 7 Sb, 89 Sn weniger hart, für ähnliche Verhältnisse;
3. — Cu, 15 Sb, 50 Sn, 35 Pb für hohe Geschwindigkeit und hohen Flächendruck;
4. Cu, 15 Sb, 5 Sn, 80 Pb für Hängelager, Kleinmaschinenlager;
5. — Cu, 10 Sb, — Sn, 90 Pb für ganz langsam laufende, wenig beanspruchte Lager.

Während des Krieges wurde von der Kriegsmetall-Aktiengesellschaft u. a. folgende Ersatzlegierung vorgeschlagen:

1.	5% Zinn,	15% Antimon,	79% Blei,	1% Kupfer
2.	20% „	13% „	65% „	2% „
3.	40% „	13% „	44% „	3% „
4.	70% „	13% „	11% „	6% „
5.	80% „	13% „	2—3% „	7% „

Wolframlegierungen. 1. Wolfram - Aluminium - Kupfer - Zinn - Antimonlegierung („Wolframium"). Diese Legierungen mit 94—98% Aluminium, 1,44% Antimon, 0,38% Kupfer, 0,04% Wolfram, 0,1% Zinn stellt eine sehr geschmeidige, äußerst widerstandsfähige Legierung dar, welche besonders zur Herstellung von Propellerflügeln Verwendung findet.

2. Wolfram - Aluminium - Zinn - Kupfer - Magnesiumlegierung („Partinium"). Diese Legierungen sind in ihrer Zusammensetzung sehr schwankend. Sie sind außerordentlich fest, dabei ziemlich hart; sie werden zu Motorgehäusen, Panzern, Helmen, Automobilkästen, Maschinenrohren usw. verwendet.

3. Wolfram - Kupfer - Zink - Nickellegierung („Platinoid"). Diese Legierungen, welche sich hinsichtlich der Festigkeit und Widerstandsfähigkeit ähnlich dem Platin verhalten und als Ersatz für Platin dienen, werden vielfach zu Leitungsdrähten verwendet. Die Zusammensetzung ist schwankend, ungefähr 60% Kupfer, 22% Zink, 14% Nickel und 4% Wolfram.

4. Nickelwolfram. Die Legierungen von Nickel mit Wolfram haben einen sehr hohen Schmelzpunkt, gegen 1500° C, sind äußerst duktil, so daß sie sich zu haarfeinen Fäden ausziehen lassen. Sie sind säurefest und können daher für Apparate, Ventile usw. als säurefeste Legierung verwendet werden. Diese Wolfram-Nickellegierungen können auf verschiedene Weise hergestellt werden, z. B. durch Schmelzen der Metalle im elektrischen Ofen, Zusatz von pulverförmigem Wolfram zu geschmolzenem Nickel, auch auf aluminothermischem Weg aus einer Mischung von Nickeloxyd und Wolframoxyd.

Zinksorten. Beim Handelszink unterscheidet man 1. Feinzink mit 99,7 bis 99,9% Zink, 2. Raffinadezink mit mindestens 98,5% Zink und etwa bis 1,3% Blei, 0,2% Eisen, 0,2% Kadmium. 3. Rohzink mit weniger als 98% Zink. 4. Umgeschmolzenes, aus Abfällen erschmolzenes Zink, welches stark verunreinigt ist und die verschiedensten Metalle enthält. Dasselbe ist für Legierungszwecke ohne Kenntnis seiner Zusammensetzung nicht verarbeitbar. 5. Walz- und Preßzink: Walzzink ist ein im warmen Zustande auf Walzen zu Stangen oder Blechen verarbeitetes Fein- oder (meist) Raffinadezink, das durch diese Verarbeitung eine bedeutende Erhöhung der Zerreißfestigkeit und eine verhältnismäßig große Dehnung erlangt hat.

Preßzink ist ein Fein- oder (meist) Raffinadezink, das durch die Verarbeitung im warmen Zustande auf der Strangpresse (nach dem Dickschen Preßverfahren) zu Stangen geformt worden ist und hierbei ebenso wie Walzzink eine Erhöhung der Festigkeit und eine große Dehnung erlangt hat.

Beide Werkstoffe lassen sich auf Pressen zu Formkörpern verarbeiten (im warmen Zustande).

Betreffend das Preßzink ist nach Schulz eine niedrige Preßtemperatur anzustreben. Die niedrigste Preßtemperatur für normales Raffinadezink scheint bei 120° C zu liegen. Die Temperatur, bei der das feine Korn des gepreßten oder gewalzten Zinks sich zu vergröbern beginnt, liegt verschieden hoch, anscheinend je nach der Temperatur, bei der das Zink gepreßt bzw. gewalzt wurde. Zunächst tritt bei einer gewissen Temperatur, die unter Umständen nur wenig oberhalb 100° liegt, ein Grobkristallinwerden in den Randzonen ein, bei weiter steigender Temperatur verbreitert sich diese Zone zunächst verhältnismäßig wenig, bei einer bestimmten höheren Temperatur aber, die in verschiedenen Zinksorten recht verschieden hoch (sowohl bei 200° wie erst bei 400°) festgestellt wurde, wird dann plötzlich das gesamte Material grobkristallin. Diese Umwandlung ist begleitet von einer Verschlechterung der physikalischen Eigenschaften, insbesondere der Dehnung.

Zinklegierungen. Während des Krieges haben von den vielen zur Legierung mit Zink vorgeschlagenen Metallen Bedeutung erhalten: Kupfer, Aluminium, Zinn, Eisen, Mangan und Blei. Man unterscheidet bei den Zinklegierungen 1. Gußlegierungen für Armaturen und ähnliche Zwecke, 2. Zinklagermetalle, 3. legiertes Walz- und Preßzink.

Die sog. Spandauer oder österreichische Legierung, bewährt zur Herstellung von Zündkörpern, besteht aus Zink mit 5—7% Kupfer und 2,5—3,5% Aluminium.

Als Zinklagermetalle werden empfohlen Legierungen mit Zinn, Kupfer, Aluminium und Blei, mit 3—20% Zinn, 3—8% Kupfer, 4—20% Blei. Diese Legierungen mit geringem Bleigehalt werden als Ersatz für Rotguß, die bleireicheren als Weißmetall zum Ausguß von Lagerschalen verwendet. Legiertes Walz- und Preßzink ist ein Werkstoff, der in der gleichen Art hergestellt wird wie normales Walz- und Preßzink, jedoch dient als Ausgangsmaterial nicht reines Zink, sondern ein (mit Kupfer oder Aluminium oder beiden Metallen oder auch mit Mangan) legiertes Zink.

Gußzinklegierungen. Dazu berichtet E. H. Schulz in der Zeitschrift für Metallkunde auf Grund einer Anzahl sehr beachtenswerter Arbeiten aus der Kriegszeit über Versuche mit inländischen Legierungen, die besonders jetzt auch von Bedeutung sind, um uns vom Ausland möglichst unabhängig zu machen. In erster Linie kamen sehr zinkreiche Legierungen in Frage, mit Zusätzen von Aluminium und Kupfer, während Blei, Zinn und Eisen als ungewollte Bestandteile zu betrachten sind, die aus den Verunreinigungen der Legierungsmetalle herstammen. Die Untersuchungen erstreckten sich auf Härtebestimmungen mit dem Shoreschen Skleroskop und der Kugeldruckpresse nach Brinell, die Ermittelung der Biegefestigkeit, Druckversuche und Betrachtungen des Bruchgefüges.

Die günstigste Zusammensetzung der Legierung ist mit einem Gehalt von 6% Kupfer und 3% Aluminium, während der Rest aus Raffinadezink mit höchstens 1,3% Blei und 0,2% Eisen gebildet wird. Die Mengen an Eisen und an Blei sollen nicht größer sein, da diese Bestandteile Neigung zum Ausseigern zeigen. Auch ein größerer Zinngehalt als etwa 0,5% wirkt ungünstig, da er die Brüchigkeit der Legierung erhöht. Ein größerer Prozentgehalt an Kupfer würde zwar die Bruchfestigkeit wesentlich steigern, doch nimmt auch die Sprödigkeit solcher Legierungen rasch zu, so daß „kurzer Bruch" entsteht. Aluminium wirkt bis zu etwa 3% sehr günstig auf die Zähigkeit und Festigkeit der Zinklegierungen ein, doch bei höherem Aluminiumgehalt macht sich starke Lunkerbildung und Gefahr zur Entmischung bemerkbar.

Die obengenannte Legierung wurde viel zu Geschoßzündern verarbeitet. Alte Geschoßzünder sind heute ein sehr beliebtes Einschmelzmaterial, und ihre Legierung besteht meist aus 4—6% Kupfer, 2—3,5% Aluminium, beide zusammen mindestens 7, höchstens 9%, während an sonstigen Legierungsbestandteilen (Verunreinigungen) höchstens 1,3% Blei, 0,4% Eisen und 0,5% Zinn zu erwarten sind.

Diese zinkreichen Legierungen sind beim Gießen besonders wärmetechnisch mit Sorgfalt zu behandeln. Sie werden zweckmäßig nur in Kokillen vergossen, wobei ein hoher verlorener Kopf anzuordnen ist, der lange warm gehalten werden soll. Die Wandung der Kokillen ist daher dort dünn zu halten und durch einen Asbestbelag vor zu rascher Wärmeausstrahlung zu schützen. Um beim Gießen das Entweichen der Blasen zu erleichtern, soll die Gußform gute Abrundungen der Kanten aufweisen oder möglichst nur schräge Übergänge besitzen. Außerdem soll die Gußform zu Anfang des Gusses schräg liegen und während des Gießens erst aufgestellt werden. Um ein günstiges Gefüge der Gußstücke zu erzielen, muß bei niederer Temperatur gegossen werden, wobei man bis kurz vor dem Guß die Schmelze durch Verrücken gut durchmischt. Die Festigkeitseigenschaften einer solchen Zinklegierung sind etwa: 18 kg/qmm Zerreißfestigkeit, 2 kg/qmm Biegungsfestigkeit, 96 Brinellhärte, 38° Shore. Ein Zylinder von 12 mm Durchmesser, bei 12 mm Höhe wurde durch eine ruhende Last von 17700 kg um 51% gestaucht. Das Bruchgefüge der Legierung ist feinkörnig. Vergleicht man daneben gegossenes Raffinatzink, das grobstrahligen Bruch aufweist, so erkennt man so recht den weitgehenden Einfluß, den die an und für sich kleinen Legierungszusätze hervorgerufen haben, denn dessen Festigkeiten sind nur: 2—3 kg/qmm Zerreißfestigkeit, etwa 0,4 kg/qmm Biegefestigkeit, 39 Brinell- und 13° Shorehärte. Durch 6500 kg Druck erfährt ein 12 mm hoher Zylinder von 12 mm Durchmesser eine Stauchung von 48%.

Es ist bemerkenswert, daß in letzter Zeit auch im Ausland den zinkreichen Legierungen mehr Beachtung geschenkt wurde. So berichtete J. L. Haughton[1]) über eine Zinklegierung mit etwa 6% Aluminiumgehalt, die im warmgewalzten Zustand eine Zerreißfestigkeit von etwa 24 kg/qmm besitzt.

Zinn- und Antimonlegierungen. Die Legierungen des Zinns und Antimons kann man in folgende Gruppen einteilen:

1. Zinnfolien, d. h. bleihaltiges Zinn,
2. Lote, aus Blei und mehr als 20% Zinn bestehend, zuweilen Antimon enthaltend,
3. Britanniametall und ähnliche Legierungen aus Zinn, Antimon, Kupfer,
4. Bronzen, Rotguß usw., d. h. zinnhaltige Kupferlegierungen mit etwas Blei, Zink (in neuerer Zeit häufig auch antimonhaltig),
5. Lager- und Weißmetalle aus Blei, Zinn, Antimon und Kupfer,
6. Letternmetall aus Blei, Antimon, Zinn,
7. Hartblei, d. h. Legierungen von Blei mit Antimon.

Siehe auch S. 19, Probenahme behufs chemischer Analyse.

Zinnfreie Legierungen. Zur Einschränkung des Zinnverbrauches werden zinnfreie Legierungen hergestellt, insbesondere handelt es sich um das sog. Muntzmetall, das Deltametall, das Duranametall, das sind im allgemeinen mangan- und eisenhaltige Kupfer-Zinklegierungen, mit ungefähr 55,5—59% Kupfer, 37—42% Zink und etwas Aluminium, Eisen und Mangan oder Legierungen mit rund 88% Kupfer, 11,5% Zink und 0,5% Eisen. Diese Legierungen sind seewasserbeständig und haben hinreichende Festigkeit. Unentbehrlich sind Zinnbronzen nur bei Schneckenrädern und Schraubenrädern, sonst genügen zinn- und kupferarme Bronzen.

Die erstgenannten Legierungen, welche schmiedbar sind, lunkern jedoch ziemlich stark und neigen zur Schaumbildung. Zur Verringerung der letzteren ist beim Gießen darauf zu achten, daß der Einguß so groß ist, das er das gesamte zu dem betreffenden Gußstück erforderliche Metall auf einmal aufnehmen kann. Der Einguß ist so lange mit einem Zuhalter geschlossen zu halten, bis die im flüssigen Metall vorhandenen Oxyde nach oben gestiegen sind, dann erst ist das Metall in die Gußform einzulassen; damit das Metall möglichst ruhig in die Form eintrete, sind die Steiger bzw. Druckknöpfe ebenfalls zu schließen und erst dann, wenn die Form beinahe ganz gefüllt ist, ist die Luft herauszulassen. Zum Vermeiden von Lunkern sind möglichst viele und starke Druckknöpfe aufzusetzen.

Siehe auch Bronzen, zinnfreie.

---

[1] The Metal Industrie vom 7. Januar 1921.

C. Chemisches und elektrochemisches Verhalten der Metallkombinationen[1]).

Aluminium: Leicht löslich in Salzsäure, Königswasser, chlor- und bromhaltigen Flüssigkeiten, Phosphorsäure, Alkalilaugen; schwer löslich in Schwefelsäure; kaum löslich in Salpetersäure und organischen Säuren. Salzlösungen, insbesondere Chloridlösungen greifen stark an, z. B. Eisenchlorid, Aluminiumchlorid usw. Das reine Aluminium wird von reinem Wasser nicht, von Meerwasser schwach angegriffen. Durch Anwesenheit von anderen Metallen, insbesondere Quecksilber, wird dieser Angriff auch von seiten des Wassers stark beschleunigt.

Blei: Leicht löslich in verdünnter Salpetersäure, chlor- und bromhaltigen Flüssigkeiten, organischen Säuren, wie Essigsäure usw., Chloridlösungen, wie z. B. Eisenchlorid. Kaum löslich in Salzsäure, unlöslich in Schwefelsäure. Wird angegriffen durch kohlensäurehaltiges Wasser, Salzlösungen u. dgl.

Eisen: Leicht löslich in allen verdünnten anorganischen und organischen Säuren. Unlöslich in konzentrierter Schwefelsäure; leicht angreifbar von kohlensäurehaltigem und lufthaltigem Wasser sowie von Salzlösungen, insbesondere Chloriden, wie z. B. Eisenchlorid, Kupferchlorid, Ammoniumchlorid u. dgl.

Gold: Löslich nur in chlor- oder bromhaltigen Flüssigkeiten und in Königswasser (1 Tl. Salpetersäure und 3—4 Tle. Salzsäure) und lufthaltiger Zyankaliumlösung.

Kupfer: Leicht löslich in verdünnter Salpetersäure und heißer konzentrierter Schwefelsäure sowie chlor- oder bromhaltigen Flüssigkeiten, z. B. Königswasser. In Salzsäure und verdünnter Schwefelsäure bei Luftabschluß unlöslich, bei Luft- bzw. Sauerstoffgegenwart schwach löslich. Löslich in organischen Säuren, z. B. Essigsäure, Salzlösungen, z. B. Eisenchlorid, Ammoniumchlorid und Ammoniak (Salmiakgeist), angegriffen von kohlensäurehaltigem Wasser, fettsäurehaltigen Ölen und Fetten, salzhaltigen Flüssigkeiten.

Nickel: Leicht löslich in Salpetersäure, chlor- und bromhaltigen Flüssigkeiten; schwieriger löslich in Salzsäure und Schwefelsäure. Sonst sehr beständig.

Platin: Löslich nur in chlor- und bromhaltigen Flüssigkeiten und Königswasser.

Quecksilber: Löslich in Salpetersäure, chlor- und bromhaltigen Flüssigkeiten, z. B. Königswasser, sowie heißer konzentrierter Schwefelsäure. Unlöslich in Salzsäure. Angreifbar von Salzlösungen, z. B. Kochsalz, Eisenchlorid usw.

Silber: Löslich in Salpetersäure und heißer konzentrierter Schwefelsäure. Salzsäure, chlor- und bromhaltige Flüssigkeiten, z. B. Königswasser, wirken langsam ein unter Bildung von unlöslichem Chlor- bzw. Bromsilber.

Zink: Leicht löslich in allen verdünnten Säuren und Salzlösungen, z. B. Ammoniumchlorid, Eisenchlorid, sowie Alkalilaugen. Angreifbar von luft- und kohlensäurehaltigem Wasser.

Die Abnutzung des Zinks durch Angriff von seiten der Atmosphärilien ist gering. Nach Pettenkofers Versuchen beträgt die Abnutzung bei Zinkdächern innerhalb 27 Jahren 0,042 kg pro Quadratmeter.

Dies betrifft natürlich die normalen atmosphärischen Verhältnisse. Viel stärker wird das Zink angegriffen, wenn das Zink Metalle enthält, mit denen es eine elektrische Kette bildet; ferner greift verstärkt an ammoniakhaltiges Regenwasser, ferner Wässer, welche Chlorkalzium, Chlormagnesium, Chlornatrium enthalten, z. B. Meerwasser, oder alkalische Stoffe, wie z. B. Kalkmörtel, dann die schweflige Säure enthaltenden Rauchgase, und in der Nähe von Zink, z. B. Zinkdächern befindliche Kupferteile; indem nämlich das ammoniakalische Regenwasser Kupfer löst, schlägt sich, wenn diese Kupferlösung auf das Zinkdach gelangt, bei gleich-

[1]) Verhalten der Metalle an der Luft siehe unter: Die technisch wichtigen Metalle und ...rungen, S. 30.

zeitiger Lösung des Zinks, Kupfer metallisch nieder, dasselbe löst sich wieder — und dieser Prozeß bringt fortdauernd Zink in Lösung.

Zinn: Salzsäure und konzentrierte Schwefelsäure lösen das Zink leicht, ebenso Alkalilaugen, Chloridlösungen, wie z. B. Eisenchlorid u. dgl. chlor- und bromhaltige Flüssigkeiten. Salpetersäure oxydiert zu weißer Metazinnsäure (unlöslich).

Säurebeständige Metalle. Aluminiumbronzen, insbesondere Bronze C, Phosphorbronze, Duranametall, Ferrosilizium, Platin (siehe auch S. 66, 71).

Beständig gegen konzentrierte Schwefelsäure bei gewöhnlicher Temperatur: Eisen, Blei, Kupfer, Platin.

Meerwasserbeständig siehe Bronze für Schiffe und S. 66, 71.

Die Kupfer-Zinn- und Kupfer-Zinklegierungen, die intermediäre Kristallarten als wesentliche Gefügebestandteile haben, erweisen sich bezüglich des Angriffes der Säuren etwas widerstandsfähiger als die reinen Metalle, aber je nach ihren Gefügebestandteilen verschieden. So bestehen die warm schmiedbaren Kupfer-Zinklegierungen mit ca. 38—42% Zink aus helleren kupferreichen Mischkristallen und den nach der Ätzung dunkler erscheinenden zinkreichen Mischkristallen. Der zinkreiche Gefügebestandteil ist gegenüber angreifenden Flüssigkeiten, z. B. Meerwasser, viel weniger widerstandsfähig als der kupferreichere Bestandteil. Die Angriffsflüssigkeit löst nach und nach das zinkreichere Gefüge, dringt in den dadurch geschaffenen Hohlräumen vor und läßt zuletzt ein schwammähnliches Gerippe des kupferreicheren Bestandteiles.

Wenn sich zwei verschiedene Metalle, z. B. Zink und Kupfer, in einer Flüssigkeit bzw. Elektrolytlösung direkt berühren oder mittels eines Metalldrahtes verbunden sind, so geht das Metall mit dem größeren Lösungsdruck (Zink) unter Abgabe von Elektronen in Form von Metallionen in Lösung, während die Elektronen (elektrischer Strom) zum anderen Metall fließen (Kupfer), d. h. abgeleitet werden.

Man sagt, das Zink verhält sich dem Kupfer gegenüber anodisch[1]).

Das Metall, welches am leichtesten unter Abgabe von Elektronen in den Ionenzustand übergeht, mit anderen Worten das Metall mit dem größeren Lösungsvermögen oder Lösungsdruck, das sogenannte anodische Metall verdrängt immer ein in Lösung befindliches Metall mit geringerem Lösungsdruck, indem dessen Metallionen unter Aufnahme der vom ersten Metall abgegebenen Elektronen in den metallischen Zustand zurückkehren. So z. B. verdrängt Zink fast alle anderen Metalle aus ihren Lösungen, Blei verdrängt oder scheidet ab: Kupfer und Silber, Kupfer das Silber usw. Man kann nach diesem Verhalten die Metalle in eine Reihe ordnen (Spannungsreihe der Metalle) hinsichtlich ihrer elektromotorischen Kraft, wonach jedes vorherstehende Metall die nachstehenden zur Abscheidung bringt, mit anderen Worten damit eine elektrische Kette bildet.

Spannungsreihe der Metalle.

Magnesium, Aluminium, Mangan, Zink, Chrom, Eisen, Kadmium, Kobalt, Nickel, Zinn, Blei, (Wasserstoff), Arsen, Kupfer, Antimon, Wismut, Quecksilber, Silber, Palladium, Platin, Gold.

Diese Reihe gilt auch für die chemische Angreifbarkeit der Metalle. Die Metalle bis zum Kupfer inklusive oxydieren sich leicht an der Luft. Die hinter dem Kupfer stehenden Glieder erleiden keine Oxydation dabei. Die Oxyde vom Kadmium und der folgenden Metalle werden leicht reduziert.

Diese Verhältnisse sind für den Metalltechniker von großer Bedeutung, und soll er folgendes beachten:

---

[1]) Siehe auch Georg Buchner, Elektrolytische Metallabscheidungen. Berlin, M. Krayn 1923.

D. Über die Notwendigkeit sachgemäßer Auswahl der Metalle, Legierungen und Metallkombinationen bei ihrer technischen Verwendung zur Erzielung größter Widerstandsfähigkeit und längster Dauer.

Durch Verwendung ungeeigneten Materials, insbesondere von Metallen, Legierungen und Metallkombinationen gehen jährlich, infolge unnötiger Zerstörungen, große Werte verloren, welche bei sachgemäßer Auswahl und Verwendung erspart bleiben könnten. Die jetzigen Zeiten fordern gebieterisch zielbewußtes Denken und Handeln in dieser Richtung. Deshalb ist die Frage nach der Widerstandsfähigkeit der technisch verwendeten Metalle von besonderer Bedeutung; wir möchten daher durch nachstehende Ausführungen anregend und fördernd wirken, indem wir zuerst allgemeine Gesichtspunkte geben und dann das Gesagte an verschiedenen Beispielen erläutern; man wird dann auch gewahr werden, daß es sich in vielen Fällen um sehr schwierige Probleme und Verhältnisse handelt, die einer Aufklärung noch dringend bedürfen.

Daß die verschiedenen, technisch verwendeten Metalle sich gegen äußere Einflüsse, also z. B. gegen die Einwirkungen der atmosphärischen Luft und deren Verunreinigungen, der Gebrauchswasser, von Fluß- und Seewasser, der Abwasser häuslicher und gewerblich-industrieller Betriebe, der Bodenbestandteile, Mörtel usw. sehr verschieden verhalten, ist bekannt. Die Angriffsfähigkeit der Metalle steht im engsten Zusammenhang mit dem elektrochemischen Verhalten derselben, mit anderen Worten mit der größeren oder geringeren Fähigkeit, unter Abgabe von Elektronen aus dem metallischen Zustand in den Ionenzustand, d. h. in ihre entsprechenden Salze überzugehen. Je geringer diese Fähigkeit vorhanden ist, desto edler, also angriffsbeständiger ist ein Metall. Der Techniker muß also stets darauf bedacht sein, die Metalle nicht Bedingungen auszusetzen, welche dem Streben der Metalle, Elektronen abzugeben, entgegenkommen, mit anderen Worten, er muß verhindern, daß das Metall sich oxydieren kann. Die technisch verwendeten Metalle sind zunächst nicht die stabilen Stoffe, als die man sie anzusehen geneigt ist, sondern Stoffe, die einen großen Energievorrat — oder Arbeitsmöglichkeit — aufgespeichert besitzen, mit Hilfe dessen sie sich betätigen wollen. Wir können uns ein Metall vorstellen als ein aufgezogenes Uhrwerk, das nur der Gelegenheit harrt, unter Beseitigung der vorhandenen Hemmungen unter Abgabe von Energie abzulaufen, wobei es den metallischen Zustand verliert.

Die sog. „Spannungsreihe" der Metalle belehrt uns in der Tat über die Aktionsfähigkeit oder das elektrochemische Potential (früher als „Affinität" bezeichnet) der Metalle und über ihre Tendenz zur Ionenbildung. Natürlich hat diese Reihe nur unter der Bedingung übereinstimmender Ionenkonzentration Geltung; in Elektrolyten, welche mit den Metallen komplexe Ionen geben, ändert sich dieses Verhältnis bis zu seiner Umkehrung. Nachstehende Übersicht zeigt die Spannungsreihe der wichtigsten Metalle in einprozentiger Kochsalzlösung, gemessen gegen die Kalomelelektrode nach 120 Stunden, in Volt, wie sie die Untersuchungen von Prof. O. Bauer ergeben haben:

Platin	+ 0,347	Antimon	— 0,261
Gold	+ 0,218	Zinn	— 0,422
Chrom	+ 0,150	Blei	— 0,483
Quecksilber	+ 0,044	Aluminium	— 0,737
Silber	+ 0,0006	Kadmium	— 0,741
Nickel	— 0,08	Elektrolyteisen	— 0,755
Wismut	— 0,202	Zink	— 1,037
Kupfer	— 0,223	Magnesium	— 1,598

Hieraus ist zu sehen, daß das Platin das unveränderlichste, das Magnesium das leicht veränderlichste Metall ist.

Immer aber ist zu beachten, daß diese Reihe keine absolute Geltung hat, daß bei Gegenwart anderer einwirkender Stoffe (Elektrolyte), z. B. Alkalien u. a., die Stellung eine andere wird, welche die Metalle hier einnehmen. Man muß daher bei der Auswahl der Metalle stets auf die Bedingungen Rücksicht nehmen, unter die es gestellt wird.

Sollen z. B. Zinkrohre verlegt werden, so ist es ratsam, nicht Gips oder Gipssandmörtel, sondern Kalksandmörtel zu verwenden, da Zink von feuchtem Gipsmörtel stark, von Kalksandmörtel nur schwach angegriffen wird. Handelt es sich dagegen um die Verlegung von Bleirohren, so ist Kalkmörtel zu vermeiden und Gipsmörtel zu gebrauchen, da Blei von ersterem stark, von letzterem nur schwach angegriffen wird.

Von Einfluß ist weiters die Oberflächenbeschaffenheit der betreffenden Metalle; eine glatte Oberfläche setzt den Angriffen größeren Widerstand entgegen als eine rauhe. Ferner ist die physikalische Zustandsform der Metalle, bewirkt durch die mechanische oder thermische Vorbehandlung von großem Einfluß; kalt gewalztes Eisen wird von Säuren erheblich stärker angegriffen als ausgeglühtes; Leitungswasser ist für weiches Aluminium weniger gefährlich als für hartgewalztes[1]). Hartgewalztes Aluminium wurde z. B. nach viermonatlichem Verweilen in Leitungswasser unter vorheriger Aufbeulung und Aufblätterung nahezu vollständig zerstört. Wurde das hartgewalzte Blech $1/2$ Stunde bei 450° C ausgeglüht, so traten Aufbeulungen und Aufblätterungen nicht mehr auf, das durch Glühen weich gewordene Blech wurde lediglich gleichmäßig über seine ganze Oberfläche angegriffen; dergleichen Beispiele gibt es viele. Wichtig ist das Verhalten von Metallkombinationen, wie solche in der Technik häufig verwendet werden. Wenn sich zwei Metalle in feuchter Luft oder in Flüssigkeiten (Elektrolyten-Salzlösungen) berühren, entstehen elektrische Ströme (Elektronenströme), indem das eine Metall mit höherem chemischen Potential in Lösung geht, also zerstört wird. Also überall da, wo Gebilde aus verschiedenen Metallen — bei denen sich verschiedene Metalle berühren —, z. B. ein eiserner Nagel im Zinkblech — Metalle mit mechanisch oder galvanisch hergestellten Metallüberzügen, deren Oberfläche verletzt ist (so daß das untenliegende Metall bloßgelegt ist) — der Einwirkung von Flüssigkeiten, atmosphärischen Niederschlägen, Bodenfeuchtigkeit usw. ausgesetzt sind, ist die Gelegenheit zur Entstehung elektrochemischer Vorgänge sog. kurz geschlossener Ketten gegeben. Hierbei fungiert das eine Metall als Leitungs-, das andere als Lösungselektrode; das letztere — sagt man — verhält sich anodisch und ist dadurch der Zerstörung am meisten preisgegeben, während das andere Metall geschützt wird. Das in dieser Beziehung edlere Metall wird beständiger, das der Spannungsreihe nach weniger edle, also aktivere Metall, mit höherem Lösungsdruck, wird unbeständiger, da durch das andere Metall fortwährend Elektronen daraus abgeleitet werden (verstärktes Spannungsgefälle). Ein verzinkter Eisendraht (sog. galvanisiertes Eisen) wird an den Stellen, an denen die Zinkschicht verletzt, das unterliegende Eisen also bloßgelegt ist, nicht so stark rosten, als wenn es des Zinküberzugs ganz entbehrte. Das Eisen ist dem Zink gegenüber das edlere Metall, das Zink bildet die Lösungselektrode.

Ganz anders verhält es sich aber mit dem verzinnten Eisen. Eisen und Zinn stehen sich in der Spannungsreihe sehr nahe. In dieser Kombination wird das Eisen zur Lösungselektrode. Verzinntes Eisen, dessen Zinnüberzug verletzt und das den atmosphärischen Einflüssen ausgesetzt ist, rostet daher viel schneller

[1]) Siehe Heyn und Bauer, Mitt. aus dem Materialprüfungsamt Berlin 1909 u. 1911.

als Eisen allein. Das kann man jederzeit beim Weißblech (verzinntes Eisen) beobachten im Gegensatz zum sog. galvanisierten d. h. verzinkten Eisen. Ganz ähnlich verhalten sich Vernicklungen des Eisens. Auch diese stellen nur so lange einen Rostschutz dar, solange die Nickelschicht unverletzt ist. An beschädigten Stellen, an denen die Kombination Eisen-Nickel (elektrische Kette) freiliegt, rostet das Eisen schneller als an und für sich, da eben wieder lokale elektrochemische Wirkung stattfindet, bei welcher das Nickel das edlere Metall ist. Zinkblech darf nicht mit Metallnägeln (außer solchen aus Zink) befestigt werden, da sonst das Zinkblech zerstört (gelöst) wird. Ebenso geht es mit verkupfertem Eisen, Aluminium usw. Ja, schon in ein und demselben Metall bestehen nach Maßgabe seiner Verunreinigungen Spannungsunterschiede, welche zu elektrochemischen Prozessen führen; so besteht eine Spannungsdifferenz zwischen Flußeisen und Gußeisen von 0,226 V, wobei sich das Gußeisen als das unedlere erweist; weiters besteht eine Spannungsdifferenz zwischen erhitztem und nicht erhitztem Eisen, wobei sich ersteres als edler erweist. Das nicht erhitzte Eisen verhält sich dem erhitzten Eisen gegenüber wie das Zink, es wird leichter angegriffen und schützt das erhitzte Eisen vor dem Rosten, wie das Gußeisen einen Schutz für das Flußeisen darstellt. Ebenso ist die Oberfläche des Zinks nie eine gleichmäßige; es befinden sich Stellen darin, die in elektrochemischer Beziehung zum reinen Zink in einem ähnlichen Gegensatz stehen wie das Kupfer. Dieses Verhalten gibt eine Erklärung dafür ab, daß an einem Metallblech stellenweise Angriffe stattfinden können.

Die Widerstandsfähigkeit der reinen Metalle wird durch Legierung mit anderen Metallen sehr verschieden beeinflußt. Im allgemeinen wird die Widerstandsfähigkeit erhöht, wenn das hinzulegierte Metall edler als das Hauptmetall ist und beide miteinander Mischkristalle bilden. Tritt keine Mischkristallbildung ein, so kann die Zerstörung durch Legierung begünstigt werden, da dann die unmittelbare Berührung von edleren und unedleren Gefügebestandteilen bei Gegenwart von Elektrolyten ein Spannungsgefälle innerhalb der Legierung erzeugt, das, wie wir bei den Metallkombinationen ausgeführt haben, auf verstärkten Angriff des unedleren Bestandteils hinwirkt. Neben dem Gefügeaufbau ist ebenso wie bei den Metallen an sich, auch bei den Legierungen die Vorbehandlung, also die mechanische und thermische Vorgeschichte, von Einfluß auf das Verhalten gegenüber angreifenden Stoffen, z. B. Walzen, Kaltstrecken, Glühen usw., auch ist es nicht gleichgültig, ob eine Metall oder eine Legierung mit oder ohne Gußhaut benutzt wird. Je mehr Metalle eine Legierung enthält, um so schwieriger wird es, über ihr mutmaßliches Verhalten etwas Sicheres vorauszusagen. Wertvolle Anhaltspunkte für die Beständigkeit in einem bestimmten Elektrolyten gibt auch für die Legierungen ihre Stellung in der Spannungsreihe, doch ist hierüber nur ein geringes Versuchsmaterial bis jetzt bekannt geworden.

Einige Spannungsmessungen in einprozentiger Kochsalzlösung mit technischen Legierungen haben O. Bauer und O. Vogel durchgeführt. Daraus kann man u. a. folgendes ersehen:

Nickel: Ein Kupferzusatz von 49,27% bewirkt nur eine schwache Änderung des Spannungswertes nach der unedleren Seite hin. Nickel-Kupferlegierungen gelten, selbst wenn sie noch beträchtliche Mengen Zink enthalten (Neusilber, Argentan), als sehr widerstandsfähige Legierungen.

Kupfer: Alle untersuchten Bronzen (Kupfer-Zinn) waren edler als Kupfer, obwohl Zinn allein einen bedeutenden unedleren Spannungswert zeigt. Besonders Phosphorbronze ist sehr widerstandsfähig gegenüber Salzlösungen (Seewasser). Alle untersuchten Messingsorten (Kupfer-Zink) waren unedler als Kupfer. Der Abstand vom Kupfer steigt mit wachsendem Zinkgehalt.

Aluminium: Legierungen mit 9,27% Zink sind erheblich unedler als Reinaluminium; Legierungen mit 4% Kupfer zeigen annähernd den Spannungswert von Aluminium; Legierungen, die außer 4% Kupfer noch 0,5% Magnesium enthalten, sind wieder viel unedler; sog. Duraluminium, veredelt und kaltgewalzt (4,18% Kupfer, 0,74% Magnesium, 0,66% Mangan, 0,51% Silizium, 0,26% Eisen, 0,06% Zink, Rest Aluminium) ist erheblich edler.

Ein für die Praxis wichtiges Beispiel der Messingsorten erörtert O. Bauer[1]), wie folgt:

Die technischen Messingsorten bestehen bis zu einem Gehalt von 36% Zink aus einheitlichen α-Mischkristallen von Kupfer-Zink. Ist nun ein solches Messing dem Angriff von Elektrolyten, z. B. dem Einfluß von Seewasser ausgesetzt, so tritt eine allmähliche Auslaugung des Zinks ein, wobei der Gegenstand zunächst seine Gestalt behält; die zersetzte Schicht wird immer zinkärmer und poröser, bis sie zuletzt abzubröckeln beginnt. Diese Zersetzung wird durch elektrische Einflüsse (vagabundierende Ströme, Berührung mit unedleren Metallen usw.) noch erheblich beschleunigt. Eine derartige Zerstörung wurde beobachtet z. B. an Messingrohren aus einem Ölkühler; durch die Rohre floß das warme Öl, außen wurden die Rohre durch Seewasser gekühlt.

Die Zerstörung geschah schichtenweise, so daß sich die zersetzte Schicht von dem gesund gebliebenen Messing abheben ließ. Bei Messingsorten mit höherem Zinkgehalt (mehr als 36%), bei denen im Gefüge zwei verschiedene Mischkristalle (kupferreichere α- und zinkreichere β-Mischkristalle) sind, verläuft die Zerstörung so, daß zuerst Zink aus den zinkreicheren Mischkristallen herausgelöst wird, und erst nach Zersetzung dieses werden die kupferreicheren Anteile angegriffen.

Warme kochsalzhaltige Wasser scheinen für Messing und Kupfer besonders gefährlich zu sein; hoher Sauerstoff- und Kohlensäuregehalt beschleunigt ebenfalls die Zerstörung; dies gilt für fast alle Metalle und Legierungen. Bei manchen Metallen, z. B. Blei. bildet sich indessen hierdurch eine Schutzschicht von Bleiverbindungen, welche den Angriff abhalten.

Zuweilen kommt es vor, daß in schmiedbaren Kupferzinklegierungen (38—42% Zink) das Gefüge innerhalb einer und derselben Probe jäh wechselt. Dadurch erklären sich Unregelmäßigkeiten im Verhalten der Legierung an ein und demselben Stück.

Aus demselben Grunde dürfen Zinkbleche nicht mit Metallnägeln befestigt werden (sondern Holznägeln). — Siehe auch: Über Rosten des Eisens S. 93.

E. Verhalten der Metalle und Mörtel zu ihrer Umgebung.

Zu den wichtigsten Aufgaben der Technik gehört die Beherrschung des Materials in jeder Beziehung. Durch unsachgemäße Verwendung von Metallen, Legierungen, Metallkombinationen aller Art, Mörtel, Zement, Beton, gehen alljährlich infolge von Zerstörungen, welche vermieden werden könnten, große Werte verloren. Daher muß der Techniker das Verhalten dieser Stoffe gegenüber ihrer jeweiligen Umgebung kennen, damit er einerseits die richtige Wahl, andererseits die nötigen Schutzmaßnahmen treffen kann. Wissen wir doch, daß im Laufe der Jahre zahlreiche Zerstörungen von Metall- und Zementbetonröhren, von Betonmauerwerk und Mörtelstoffen durch schädliche äußere Einflüsse erfolgt sind, welche hätten verhütet werden können.

Aluminium, bisher bei Wasserversorgungsanlagen nur wenig angewandt, darf nicht mit dem stark alkalisch wirkenden Kalkmörtel in Berührung gebracht werden. Für Aluminiumröhren ist ein äußerer Schutz notwendig, z. B. durch

[1]) Ledebur-Bauer, Die Legierungen.

asphaltierte Juteumwicklung. Aluminium ist chemischen Einwirkungen gegenüber um so widerstandsfähiger, je reiner es ist. Gegen vagabundierende Ströme wird sich Aluminium nach H. Klut, dessen Ausführungen wir hier folgen lassen, ähnlich wie die übrigen im Wasserversorgungswesen benutzten Metalle verhalten.

Die viel benutzten Bleirohre haben den Nachteil, daß sie bei hohen Drucken nicht genügend widerstandsfähig sind. Allmähliche Zerstörungen der Bleiröhren können daher auch leicht durch die bekannten Wasserschläge in den Leitungen verursacht werden. In wagrechter Lage müssen Bleirohre möglichst gestreckt verlegt werden, damit sich keine Luftsäcke bilden können. Bleiröhren sollten ferner stets auf fester Unterlage, z. B. Holzplatte usw. verlegt werden, da sie sonst wegen ihres Eigengewichts und auch wegen ihrer Ausdehnung bei Temperaturerhöhung leicht durchhängen. Bei seiner großen Weichheit wird Bleirohr auch leicht von Mäusen und Ratten durchfressen, wie das z. B. in Charlottenburg, Halberstadt Potsdam, Schroda beobachtet worden ist. Selbst Insekten, z. B. Holzwespen, können Blei durchbohren. Für Warmwasserleitungen, von kurzen Strecken abgesehen, ist Bleirohr nur wenig geeignet. Den Einwirkungen des Frostes leistet dagegen Blei durch seine Zähigkeit einen ziemlich beträchtlichen Widerstand. Vagabundierende elektrische Ströme wirken zerstörend auf Bleirohre ein.

Über geeignete Maßnahmen zum Schutz der Bleiröhren und überhaupt der Metalle gegen elektrische Ströme sei auf die vom Deutschen Verein von Gas- und Wasserfachmännern e. V. herausgegebenen Druckschriften hingewiesen.

Gegen alkalisch reagierende Stoffe und Lösungen, z. B. Kalkhydrat, ist Blei nur wenig widerstandsfähig. Zahlreiche Fälle aus der Praxis lehren auch, daß Blei von Kalk und Zementmörtel stark angegriffen wird. Es bildet sich hierbei aus dem Metall meist eine bröcklige Masse. Beachtenswerte Wahrnehmungen über Bildung von Jahresringen an einem Bleirohr durch Zementeinwirkungen wurden in Charlottenburg von Kohlmeyer gemacht, abwechselnd gelbe und rote Ringe, der feuchten bzw. trockenen Jahreszeit entsprechend. Auch durch alkalisch reagierendes Sickerwasser wird nach Feststellung von Gaines Blei erheblich angegriffen. Hoher Feuchtigkeitsgehalt des Kalkmörtels beschleunigt den Bleiangriff stark.

Beim Verlegen von Bleiröhren sind nach obigen Ausführungen Kalkmörtel, Kalksandmörtel oder Zementkalksandmörtel wegen ihrer starken Alkalität zu vermeiden und an ihrer Stelle Gips oder Gipssandmörtel zu benutzen, da Blei von Schwefelsäure und ebenso auch von Sulfaten praktisch nicht oder kaum angegriffen wird. In Kiel verwendet man bei Hausanschlüssen in Fällen, in denen Bleirohr unter Putz verlegt werden soll, eine Ummantelung von Filz; ebenso sind in solchen Fällen auch Schutzröhren aus Eisen oder Steinzeug zweckmäßig. G. Anklam empfiehlt in derartigen Fällen, wenn irgend möglich, die Bleiröhren frei zu legen. Zum Dichten von Eisenbetondruckröhren ist Bleiwolle bei unmittelbarer Berührung mit dem Beton ungeeignet. Müssen Bleiröhren in einem verunreinigten, besonders nitrathaltigen Boden verlegt werden, so sind sie zweckmäßig mit einem gut aufgetragenen Überzug, z. B. von Asphalt und außerdem mit Sandumbettung zu versehen.

Das Eisen, das bei Wasserversorgungsanlagen bei weitem am meisten verwendete Metall, ist dem Rostprozeß bekanntlich stark unterworfen. Dieser Prozeß wird durch den Gehalt der Wässer oder der Böden an Elektrolyten, insbesondere von Chloriden, Nitraten und Sulfaten, sehr begünstigt. Zink schützt das Eisen vor dem Rosten (verzinkte, sog. galvanisierte Eisenrohre), da das Eisen um 0,34 Volt edler ist als das Zink. Erst nach Entfernung des Zinks erfolgt das Eisenrosten. Umgekehrt verhält es sich bei verzinntem Eisen. Infolge elektrolytischer Vorgänge rostet das Eisen, wenn der Zinnüberzug beschädigt ist, viel schneller, als ohne Zinnüberzug, da das Zinn um 0,27 Volt edler ist als das Eisen (siehe S. 86).

Von alkalisch reagierenden Stoffen, z. B. Sodalösung, wird Eisen nicht angegriffen; sogar von starken Laugen, Kalkhydrat usw., wird es nicht verändert. Mat hat sogar wiederholt Entrostungen von Eisen durch unmittelbare Berührung mit alkalisch reagierenden Stoffen beobachtet. Die Rostsicherheit des Eisens bei Eisenbetonbauten lehrt ja auch die praktische Erfahrung. Man weiß schon seit langem, daß z. B. Portlandzement einen ausgezeichneten Rostschutz gewährt.

Vagabundierende elektrische Ströme sind von nachteiliger Einwirkung auf die eisernen Leitungsröhren.

Auch Radiumemanationen üben, wie die Untersuchungen von A. Forster in Plauen i. V. gezeigt haben, eine zerstörende Wirkung aus.

Bei Verlegen von eisernen Rohrleitungen ist zweckmäßig stets folgendes zu beachten: In feuchtem Lehm- und Tonboden werden eiserne Röhren meist stark angegriffen, wie zahlreiche Erfahrungen aus der Praxis beweisen. Besonders ungünstig ist gipshaltiger, feuchter Lehmboden, wobei eine beschleunigte Eisenrostbildung infolge elektrolytischer Wirkungen eintritt. Moorboden ist vielfach von schädlichem Einfluß auf Eisen, da er oft durch die Gegenwart von freien Säuren, wie Kohlensäure, Schwefelsäure, Humussäuren u. a., mehr oder weniger stark sauer reagiert.

Auch Boden, der Hochofenschlacke, Kohlenschlacke, Kohlenschutt oder Asche enthält, ist für Eisen ungeeignet, da die in solchen Böden oft enthaltenen Schwefelverbindungen durch Oxydation leicht freie Schwefelsäure bilden, die in das Wasser gelangt und in dieser Verdünnung das Eisen leicht zerstört. In aufgefülltem Gelände sind ebenfalls nicht selten eisenzerstörende Stoffe enthalten, namentlich Schwefelverbindungen, die durch Zutritt von Sauerstoff zu Schwefelsäure oxydiert werden.

Im Boden, der durch menschliche und tierische Abgänge wie auch durch Fabrikabfälle verunreinigt ist, dürfen eiserne Röhren nicht ohne weiteres verlegt werden; denn solcher salzhaltiger Boden begünstigt als guter Leiter für Elektrizität die Zerstörung des Eisens in hohem Grade. Böden mit hohem Gehalt an Chloriden, Nitraten und Sulfaten sind demnach für die Verlegung von eisernen Röhren nicht geeignet. Hieraus ergibt sich, daß beim Verlegen von eisernen Röhren die Beschaffenheit des umgebenden Erdreiches für die Haltbarkeit der Röhren von großer Bedeutung ist; die Prüfung des Bodens auf angreifende Stoffe ist stets angezeigt; die Prüfung hätte sich auch dahin zu erstrecken, ob der betreffende Boden bei Gegenwart von Wasser und Luftsauerstoff allmählich aus vorhandenen Schwefelverbindungen freie Schwefelsäure bilden kann.

Die Frage, ob Guß- oder Schmiedeeisen chemischen Einflüssen gegenüber widerstandsfähiger ist, läßt sich ganz allgemein schwer beantworten; auch gehen die Ansichten der Wasserfachmänner und Hüttenleute hierüber noch ziemlich auseinander. Nach dem Stande unsrer heutigen Kenntnisse kann man sagen, daß unter sonst gleichen Umständen gut geschützte Stahl- und Schmiederohre ebenso rostsicher wie gußeiserne sind.

Das beste Mittel gegen Rostangriffe des Eisens ist natürlich der völlige Ausschluß von Feuchtigkeit in tropfbar flüssiger Form. In der Praxis läßt sich dies bei Rohrverlegungen aber kaum durchführen. Müssen eiserne Röhren in ungeeigneten, z. B. tonigen, salzhaltigen oder sauren Böden verlegt werden, so sind sie zum Rostschutz mit einem gut aufgetragenen Anstrich von Asphalt und dergleichen zu versehen. Stahlröhren sind außerdem noch mit asphaltierter Jute sorgfältig zu umkleiden. Als guter Rostschutz hat sich ferner in der Praxis allgemein eine sorgfältige Umbettung der eisernen Leitungen mit Sand oder feinem Kies in einer Lage von 30 bis 50 cm Stärke bewährt. Nach C. Reichle empfiehlt es sich, beim Zuschütten der Rohrgräben namentlich darauf zu achten, daß für die unmittelbare Umfüllung der eisernen Röhren möglichst verwittertes und bereits völlig ausgelaugtes Material, also solches von der obersten Bodenschicht oder sonstiges in der Nähe vorhandenes, indifferentes Material verwendet wird. Von alkalisch reagierendem Material, wie Kalk usw., wird Eisen, wie bereits oben erwähnt, nicht angegriffen, sogar im Gegenteil ein Entrosten bewirkt.

Kupfer wird besonders als Rohrbrunnenmaterial für Filterkörbe, Saugrohre, Gewebe usw., verwendet. Auch für Warmwasserleitungen, Schwimmkugeln, Wasserkessel hat es sich gut bewährt. Von Säuren, auch von schwachen, wie z. B. Kohlensäure, wird es angegriffen, auch wirken Ammoniak, Kalkhydrat, Chloride und andre Elektrolyte nachteilig ein, und zwar um so stärker, je unreiner das Metall ist. Kupferrohre dürfen also ungeschützt nicht in einem Boden verlegt werden, welcher dergleichen Stoffe enthält. Auch Kalk und Zementmörtel greifen das Kupfer an; in diesen Fällen muß das Kupfer durch asphaltierte Juteumwicklung geschützt werden. Auch von vagabundierenden Strömen werden kupferne Leitungen geschädigt.

Das Zink wird besonders als Überzug von eisernen Röhren (sog. galvanisierte Rohre) viel benutzt. Neuerdings werden auch reine Zinkrohre verwendet. Das Zink wird von allen Metallen, die für Wasserleitungen benutzt werden, am leichtesten und am stärksten angegriffen und insbesondere von Wassern, welche Salze enthalten, und um so leichter, je unreiner es ist. Von Ton- und Lehmboden wird das Zink, wie das Eisen, stark angegriffen. Infolge der leichten Zerstörbarkeit des Zinks ist daher bei der Verlegung solcher Rohre besondere Vorsicht geboten. Besonders in Böden, welche alle möglichen Salze enthalten (z. B. Verunreinigung durch menschliche und tierische Abgänge, z. B. Chloride) oder in Moorböden, müssen solche Rohre z. B. durch Asphaltanstriche u. a. genügend geschützt und zweckmäßig außerdem durch eine Sandumbettung von 30—40 cm Stärke isoliert werden. Da Zink von Gipsmörtel stark, dagegen von Kalkmörtel nur schwach angegriffen wird, so sind beim Verlegen von verzinkten oder Reinzinkrohren nicht Gips- oder Gipssandmörtel, sondern Kalksandmörtel oder Zementkalksandmörtel zu benutzen. Desgleichen sind vagabundierende Ströme fernzuhalten.

Das Zinn kommt vor allem in Form von verzinntem Eisen, z. B. auch als Weißblech, zur Verwendung. Der Schutz, welchen das Zinn dem Eisen gegen die Rostbildung gewährt, dauert aber nur so lange, als keine Verletzung der Oberfläche stattfindet. Beim Verlegen von Zinnrohren muß ebenfalls darauf gesehen werden, daß nicht ein mit Salzen verunreinigter Boden vorliegt.

Mörtelarbeiten aller Art, z. B. an Wasserfassungsanlagen, Filterbecken, Wasserbehälter u. a. aus Wassermörtel, Portlandzement für Beton, Eisenbeton usw., sind vielfachen Zerstörungen ausgesetzt; vor allem durch ihren Gehalt an kohlensaurem Kalk. Die Angriffe durch Grund-, Sicker- oder Abwässer und auch ungeeignetem Boden, besonders Schlacke, können unter Umständen einen solchen Grad annehmen, daß die Standsicherheit der betreffenden Bauwerke gefährdet ist.

Mörtel wird angegriffen von Wasser oder Boden mit saurer Reaktion; desgleichen stören Schwefelwasserstoff und Sulfide, Fette, Öle. Marmor auflösende Kohlensäure (sog. aggressive Kohlensäure) im Wasser ist auch für Mörtel sehr schädlich. Besonders nachteilig wirkt auf Mörtel ein hoher Gehalt eines Wassers an Sulfaten und Magnesiaverbindungen. Die zerstörende Wirkung der schwefelsauren Salze auf Mörtel ist darauf zurückzuführen, daß die Schwefelsäure dieser Salze mit dem Kalk zunächst Gips bildet, und dieser mit dem im Mörtel vorhandenen Kalziumaluminat zu einer mit viel Wasser auskristallisierenden Doppelverbindung, dem Kalziumsulfoaluminat, zusammentritt. Die große Raumbeanspruchung dieser Verbindungen bedingt das Gipstreiben, da ihr sehr hoher Kristallisationsdruck das Mörtelgefüge mit überaus starker Gewalt sprengt. Das Kalziumsulfoaluminat führt vielfach in der Praxis die unzweckmäßige Bezeichnung „Zementbazillus“.

Mörtel wird außerdem zerstört durch Meerwasser sowie auch durch verwesende, stickstoffhaltige Stoffe, wie Jauche, Dünger, häusliche Abwässer (Mauerfraß), Bildung von Mauersalpeter.

Bei der Ausführung von Mörtelarbeiten ist deshalb, um Zerstörungen zu vermeiden, stets Vorsicht geboten. Nicht nur der Baugrund, sondern auch das Grundwasser an der Baustelle, wären zuvor daraufhin zu untersuchen, ob sie Mörtel angreifende Stoffe enthalten. Außerdem wäre noch zu prüfen, ob nicht durch Auslaugung schädlicher Stoffe, z. B. aus Schlacken, Schutthalden, Moorboden, durch Niederschlagswasser, noch Mörtelzerstörungen erfolgen können.

In den Fällen, wo es möglich ist, sollte man angriffsfähige Wässer z. B. durch Fernhalten, Absenken des umgebenden Grundwassers durch gute Dränage usw. unschädlich machen. Im andern Fall ist ein geeigneter Schutz der Mörtelflächen, z. B. durch Bekleidung mit Steinzeug oder hart gebrannten, säurefesten Klinkern, Asphalttafeln, Fluaten u. dgl., anzuordnen. Umpackungen mit asphaltierten Geweben, wasserabweisende Anstriche usw. sind nach den Erfahrungen der Emscher Genossenschaft nicht als ausreichender Schutz anzusehen. Auch sollen, nach Helbing und Bach, Hochofenzemente und der Michaelissche Erzzement einen weit höheren Grad der Widerstandsfähigkeit gegen aggressive Stoffe besitzen als Portlandzemente. Bei angriffsfähigem Boden kann auch unter Umständen schon eine 30—50 cm starke Sandbettung neben geeigneten Anstrichmitteln sich als praktisch ausreichend erweisen.

Aus diesen Ausführungen dürfte die besondere Bedeutung der Stoffkunde für den Techniker ersichtlich sein.

Neuere Versuche über die Beständigkeit von Blei und Zink ergeben folgendes:

Zink wurde von Regenwasser am stärksten angegriffen. Können die Niederschläge abtropfen und trocknet das Zink rasch wieder, so bildet sich eine oxydische Schutzschicht; bleibt es jedoch längere Zeit mit Regenwasser in Berührung (Regenpfützen auf Dachblechen, Dachrinnen aus Zink), so ist mit starkem Angriff zu rechnen. Auch technisches Blei wurde von Regenwasser stark angegriffen[1]). Es bildet sich bereits nach kurzer Zeit eine Schutzhaut, die weiteren Angriff verhindert.

Der Angriff von Salzlösungen ist sehr abhängig von dem Salzgehalt der Lösungen (Kalziumsulfatlösung (Gips) zeigte bei 0,4 g $CaSO_4$ im Liter auf Zink die stärkste Wirkung). Kalziumhydroxydlösungen mit 0,0675 und 0,135 g CaO im Liter haben das Zink erheblich stärker angegriffen als sämtliche andere Lösungen. Kalziumhydroxydbrei (Kalkbrei) rief den geringsten Angriff hervor. Blei zeigte unter der Einwirkung von Kalkbrei, kalkhaltigen Lösungen und Mörtel charakteristische rötliche und gelbliche Flecke und Überzüge.

Gegenüber verschiedenen Mörtelmischungen zeigten Zink und Blei ein gegensätzliches Verhalten, das für die Baupraxis äußerst wichtige Folgerungen ergibt.

Zink wird von Gips- und Sandsteinmörtel sehr stark angegriffen. Sehr wenig dagegen von Kalksandmörtel allein oder mit Gipszusatz, von verlängertem Zementmörtel.

Blei wird stark angegriffen von Kalksandmörtel allein oder mit Gipszusatz, von verlängertem Zementmörtel, sehr wenig dagegen von Gips und Gipssandmörtel.

Beide Metalle werden von reinem Zement stark angegriffen; mit steigendem Sandzusatz vermindert sich die zerstörende Wirkung.

Man wird also bei Installations-, Klempner- oder Dachdeckerarbeiten Zink nur mit Kalk- oder verlängerten Zementmörteln, Blei nur mit Gipsmörteln in Verbindung bringen dürfen.

[1]) Von Leitungswasser wurden beide Metalle nicht erheblich angegriffen.

In allen Fällen ist aber, um tiefergehende Zerstörungen zu vermeiden, bei allen Metallen auf schnelle Trockenlegung und, wenn möglich, dauernde Trockenhaltung der die Metalle umhüllenden Mörtelschichten Bedacht zu nehmen, da der Angriff bei Ausschluß von Feuchtigkeit nicht weiterschreiten kann.

F. Über das Rosten bzw. die Oxydation des Eisens und Schutz dagegen.

Über das Rosten des Eisens und den ganzen Rostprozeß sind seit langem, entsprechend der großen technischen Bedeutung dieses Problems zahlreiche Untersuchungen angestellt, auch eine Anzahl von Theorien aufgestellt worden. Alle diese bisherigen Vorstellungen über den Rostprozeß, so die Kohlensäuretheorie, die Säuretheorie, die Wasserstoffperoxydtheorie, die Ammonnitrattheorie u. a. sind heute zugunsten der elektrolytischen Lösungstheorie verlassen worden. Diese sieht in dem Rostprozeß ganz einfach eine elektrolytische Lösungserscheinung, bei der der Angriff des Eisens in der Weise eingeleitet wird, daß bei Gegenwart von überall vorhandenen Wasserstoffionen (Wasser) das Eisen Elektronen an die Wasserstoffionen abgibt, welches dadurch zu Wasserstoffgas wird, während das gebildete Eisenion sich mit den Hydroxylionen des Wassers ins Gleichgewicht setzt und Ferrohydrat bildet, welches dann durch den Sauerstoff der Luft und Wasser in das braune Ferrihydrat übergeht, das zuerst in kolloidalem Zustande, dann in kristallisiertem Zustande erscheint. —

Rohland gibt dazu folgende Ausführungen: Eisen und die anderen Metalle oxydieren sich in völlig trockener Luft nicht, ebensowenig rosten sie unter Wasser, das keine Luft bzw. Sauerstoff absorbiert enthält. Es müssen demnach Luft bzw. Sauerstoff und mindestens Spuren von Wasser und Wasserdampf vorhanden sein, und zwar zugleich, erst dann tritt Oxydation ein.

Nun wird diese Oxydation durch eine Reihe von Stoffen beschleunigt oder verlangsamt und aufgehoben.

Alle Säuren beschleunigen die Oxydation, selbst die schwach dissoziierte Kohlensäure, ferner die Salze, die infolge Hydrolyse sauer reagieren; diese Säuren und sauren Salze enthalten Wasserstoffionen und diese sind es, welche die Oxydation beschleunigen. Bis vor kurzer Zeit dachte man z. B. nicht an die Wirkung der Neutralsalze, wie z. B. Gips, Natriumsulfat, Chlornatrium usw. und hätte dafür auch keine Erklärung geben können.

Eisen und die anderen Metalle oxydieren sich schnell im Wasser, das Chloride, z. B. Chlorkalium, Chlornatrium, Chlorkalzium usw., oder auch Sulfate (Natriumsulfat, Ammoniumsulfat) enthält; die Chlorionen und die Sulfationen wirken im beschleunigenden Sinn.

Wie kommt diese Oxydation zustande? Auf Grund der Lehren der physikalischen Chemie läßt sich darauf folgende Antwort geben: Das Eisen in Berührung mit Wasser sendet positiv geladene Ferroionen in dieses, während es sich selbst negativ ladet, bis ein elektrochemisches Gleichgewicht zwischen dem Eisen und den Ferroionen eintritt.

Nun enthält auch reines Wasser Wasserstoffionen, und ihr Übergang in elektrisch neutralen Wasserstoff durch die Ferroionen muß erfolgen, wenn der osmotische Druck der Wasserstoffionen und der elektrostatische Zug die elektrostatische Lösungstension des Wasserstoffs zu überwinden vermag.

Es ist dann leicht ersichtlich, daß die Vermehrung der Wasserstoffionen durch Säuren die Oxydation beschleunigen muß. Der Sauerstoff aber bewirkt folgendes: durch Oxydation des abgeschiedenen Wasserstoffs zu Wasser wird eine schnelle Entfernung desselben und dadurch eine Lösungs- und Oxydationsbeschleunigung hervorgerufen.

Nun enthält das technische Eisen noch allerhand Beimengungen: Kohlenstoff, Mangan, Schwefel, Phosphor, Silizium; ist nun das Eisen von einem Elektrolyten, z. B. einer Salzlösung, umgeben, so treten elektrische Lokalströme auf, die das Rosten beschleunigen; es bilden sich Potentialunterschiede an der Oberfläche, die positiven Wasserstoffionen wandern nach den Stellen mit größerem Lösungsdruck, um mit den Eisenionen in Reaktion zu treten; infolgedessen tritt an den Stellen mit niedrigem Lösungsdruck eine Anhäufung von Hydroxylionen ein.

Auf Zusatz von Ferrizyankalium muß da, wo das Ferroion in größerer Konzentration vorhanden ist, die blaue Farbe (Berliner Blau) und da, wo Hydroxylionen in größerer Konzentration vorhanden sind, auf Zusatz von Phenolphthalein Rotfärbung eintreten.

Die Rostbildung zeigt sich zuerst an korrodierten Stellen der Metalle; daher ist es wichtig, ihre Struktur mikroskopisch zu untersuchen. An einer vollständig glatten und rißfreien Oberfläche macht sich der Einfluß der oxydierenden Agentien viel schwerer geltend.

Schließlich: „Der Rost frißt weiter"; das bedeutet, daß das schon gebildete Oxyd den Rostungsprozeß unterstützt, indem es Wasserdampf und Luft bzw. Sauerstoff absorbiert; hat sich erst einmal an einer Stelle Eisenoxyd gebildet, so wird dann die Oxydation rascher vorwärts schreiten.

Nachdem einige Teilchen des schon gebildeten Oxyds Feuchtigkeit und Sauerstoff aufgenommen haben, wird die zunächstliegende Stelle mit deren Hilfe oxydiert usw., so daß der erwähnte volkstümliche Ausdruck durchaus das Richtige trifft.

Schutzstoffe gegen das Rosten des Eisens. Andererseits gibt es nun auch Stoffe, welche die Oxydation verzögern oder ganz aufheben.

Diese Eigenschaft haben zunächst alle Laugen und ferner Salze, die infolge Hydrolyse alkalisch reagieren, also Stoffe, die Hydroxylionen enthalten; solche Schutzwirkung üben aus: Natronlauge, Kalilauge, Kalziumhydroxyd, Ammoniakwasser u. a. und von den Salzen: Soda, Pottasche, Wasserglas, Alkaliphosphate und Alkaliazetate und Borax.

So oxydiert sich Eisen auch nicht in einem feuchten Gemisch von Sauerstoff und Ammoniak, da letzteres die Schutzwirkung ausübt.

Eine bestimmte Alkalität, wie sie etwa in einer $^1/_{20}$ normalen Lösung von Kaliumhydroxyd (etwa 2,8 Gew.-T. KOH in 1 l) vorliegt, reicht vollständig aus, um diesen Zweck zu beweisen.

Von der Soda müssen etwa 17,2 g in 1 l gelöst werden, um eine Schutzwirkung hervorzubringen.

Borax übt eine noch geringere Schutzwirkung als Soda aus, da er nur schwach alkalisch reagiert.

Diese Stoffe, die alkalisch reagieren, schützen aber das Eisen vor der Oxydation, weil Eisen von alkalischen Flüssigkeiten nicht angegriffen wird. Die Alkalität verhindert, daß Säuren, saure Salze, also Wasserstoffionen, in Berührung mit dem Eisen kommen.

Außer den Laugen üben noch eine Schutzwirkung vor der Oxydation aus: Alkalichromate und Bichromate und Chromichlorid, obwohl diese beiden letzteren Wasserstoffionen enthalten und sauer reagieren.

Auch hier ist eine bestimmte Konzentration der Lösungen nötig, damit eine Schutzwirkung hervorgerufen werden kann, und auch die chemische Konstitution des Metalls, z. B. des Eisens, ist dabei maßgebend; so werden nur gußeiserne Rohre in einer $^1/_{100}$ Normallösung von Kaliumdichromat oxydiert, während bei den schmiedeeisernen Rohren bei dieser Konzentration der Lösung die Oxydation verzögert wird, ebenso verhalten sich diese Rohre in einer $^1/_{1000}$ Normallösung.

In einer $^1/_{10000}$ Normallösung von Kaliumdichromat werden beide Eisensorten in gleich starker Weise oxydiert. Hier ist eben der beschleunigende Einfluß der Wasserstoffionen größer als der verzögernde der Bichromationen.

Diese ganze Frage hängt mit der sog. Passivität der Metalle zusammen, die noch keine restlose Beantwortung gefunden hat.

Früher ist diese Passivität so erklärt worden, daß sich eine ganz dünne, nicht sichtbare Oxydschicht bildet, die die Metalle vor der Oxydation schützt.

Mit bloßem Auge kann sie nicht wahrgenommen werden, da dieses zur Erkennung solcher sehr dünnen Schichten ungeeignet ist; Schichten unter 4 $\mu\mu$ sind für das Auge auch unter günstigen Umständen nicht zu erkennen.

Wohl aber müßte diese Schicht nach einer von Müller und Königsberger aufgefundenen Methode sichtbar sein; es ist dies aber nicht der Fall; also eine Oxydschicht ist nicht vorhanden.

Ferner ist zu beachten, daß diese Schicht kontinuierlich sein müßte, da eine diskontinuierliche die Oxydation des ganzen Metallstücks herbeiführen müßte.

Die Alkohole gehören zu den Stoffen, die die Oxydation des Eisens und der anderen Metalle beschleunigen; sie enthalten ja auch Wasserstoffionen. Vielleicht läßt sich aber unter den genannten Stoffen eine finden, die einerseits das Eisen vor der Oxydation schützt, andererseits sich nicht chemisch mit dem Äthylalkohol verbindet.

Dann würde jedenfalls in noch viel größerem Umfang als bisher Spiritus für die Motore der Automobile, die allerdings umgeändert werden müssen, gebraucht werden.

Angriff des Aluminiums. Kalt gerecktes, hartes, reines Aluminium wird von destilliertem Wasser nur sehr wenig, dagegen von Leitungswasser unter Bildung von Aufbeulungen und Aufblätterungen außerordentlich stark angegriffen. Bei neuen Versuchen zeigte sich, daß in Leitungswasser reines Aluminium zwar keine Aufblätterungen, aber noch Aufbeulungen deutlich erkennen läßt, auch wenn es auf 400° angelassen wurde, sogar bei 500° Anlaßtemperatur war noch schwache Beulenbildung vorhanden, die erst bei 550° wirklich völlig ausblieb. Mit 7—10% Zink legiertes Aluminium zeigte in Leitungswasser zwar Ausblühungen und teilweise auch Anfressungen, aber keine Aufblätterungen und Beulen. In destilliertem Wasser wurde mit Zink legiertes Aluminium stärker als reines Aluminium angegriffen, unter Entstehung eines gleichmäßigen weißen Belages bzw. von Ausblühungen, die bei kalt gereckten Proben scheinbar etwas schwächer waren als im Leitungswasser. Im Nordseewasser zeigten sich dieselben Wirkungen wie bei Leitungswasser, grundsätzlich jedoch war bei reinem Aluminium die Beulenbildung etwas stärker, die Aufblätterungen geringer. Bemerkenswert ist es noch, daß es Bauer und Vogel gelang, eine Schutzbehandlung zu finden, wodurch Aluminium und Aluminiumlegierungen selbst bei Lagerversuchen von mehreren Monaten Dauer gegen die verschiedenen Arten von angreifenden Wässern, auch von Seewasser, durchaus beständig gemacht wurden. Zu diesem Zweck werden die Aluminiumstücke 2 bis 4 Stunden lang eingetaucht gehalten in eine 90—95° warme Lösung aus:

1000 cbm destilliertes Wasser,
25 g Kaliumkarbonat,
25 g Natriumbikarbonat,
10 g Kaliumbichromat.

Zeerleder stellt fest, daß Eisen und Nickel die Säurebeständigkeit des Aluminiums verbessern, Wolfram dagegen keinen günstigen Einfluß ausübt. Die Arbeit ist im Original in „Metall und Erz" erschienen.

Auch Bead und Greaves haben festgestellt, daß der Korrosionswiderstand des Aluminiums besonders gut wird durch einen Zusatz von Nickel, während bei einem gleichzeitigen Gehalt von Nickel und Kupfer das Verhalten bedeutend schlechter ist.

G. Säuren, Basen und Salze (= Elektrolyte).

(Allgemeine Begriffe.)

Infolge ihrer großen Reaktionsfähigkeit, d. i. Arbeitsfähigkeit gehören die Säuren und Basen zu den wichtigsten Stoffen, womit man stoffliche Veränderungen bewirken kann. Diese Stoffe sind imstande, hilfreiche Arbeit zu leisten und den Menschen große Dienste zu verrichten, so daß man diesen Stoffen einen bedeutenden Einfluß auf die Kulturentwicklung einräumen muß. Deshalb sollen dem Metalltechniker, der sich vielfach dieser Stoffe bedient, einige Grundbegriffe über diese Stoffgruppen vermittelt werden.

Der Begriff Säure steht in Beziehung zu der mit dem Namen „sauer" belegten Geschmacksempfindung. Seit langem wurden mit dem Namen Säure die Stoffe belegt, welche man als die Träger der sauren Eigenschaften eines Stoffes annahm, z. B. Essigsäure im Essig, Zitronensäure im Zitronensaft, die Salzsäure, d. h. Säure des Kochsalzes, Salpetersäure = Säure des Salpeters, Schwefelsäure, die aus dem Schwefel zu erhaltende Säure. Außer dem sauren Geschmack haben diese Stoffe die Eigenschaft, gewisse Farbstoffe zu verändern, blauen Lackmusfarbstoff oder gelbes Methylorange in Rot umzuwandeln, ferner mit Basen neue Stoffe, die man Salze nennt, zu bilden. Die frühere Ansicht, nach welcher der Sauerstoff das säurebildende Prinzip (Sauerstoff = säureerzeugend) sein sollte, mußte der Erkenntnis weichen, daß der Wasserstoff den Säurecharakter bestimmt. Heute definieren wir die Säuren als solche Wasserstoffverbindungen, deren Wasserstoff ganz oder teilweise durch Metalle ersetzt werden kann, oder welche in wässeriger Lösung Wasserstoffionen abspalten. Diese Wasserstoffionen bedingen den Säurecharakter.

Basen. Den Säuren entgegengesetzt steht eine Gruppe von Stoffen mit gemeinsamen Eigenschaften, die man Basen nennt. Dieselben besitzen laugenhaften Geschmack (Seifensiederlauge, Ätznatron, Soda usw.) und färben Farbstoffe im entgegengesetzten Sinne als die Säuren, also z. B. gerötetes Lackmuspapier blau, gerötetes Methylorange gelb, farbloses Phenolphthalein rot, Curcumagelb braun usw. Der Name Base rührt davon her, daß die alten Chemiker diese meist nicht flüchtigen, sondern feuerbeständigen Stoffe (die meisten Säuren sind flüchtig) für die Grundlage, die Basis der chemischen Verbindungen ansahen. Heute bezeichnen wir als Basen solche Stoffe, welche die sauren Eigenschaften der Säuren aufheben (neutralisieren) und damit Salze bilden, oder mit anderen Worten solche Stoffe, welche in wässeriger Lösung Hydroxylionen abspalten. Diese Hydroxyl genannte Sauerstoff-Wasserstoffgruppe ist das Charakteristische der Basen, z. B. Kalilauge, Natronlauge, Kalkhydrat usw.

Salze. Säuren und Basen treten in äquivalenten Mengen zu den Stoffen zusammen, die man Salze nennt. Diese Stoffe, welche weder die sauren Eigenschaften der Säuren noch die basischen Eigenschaften der Basen zeigen (Neutralisation), haben den bekannten salzigen Geschmack (z. B. Kochsalz) und verändern in ihren typischen Vertretern (Neutralsalze) nicht mehr die Farbstoffe. Bei der Salzbildung tritt der Wasserstoff der Säure mit der Hydroxylgruppe der Base zu Wasser zusammen, die Reste der Säure und Base bilden das Salz.

Die Salze kann man auch definieren als Säuren, deren Wasserstoff durch Metalle ersetzt ist. Man kann also durch Neutralisation, d. h. also durch Versetzen einer Säure mit einer entsprechenden oder äquivalenten Basenmenge oder einer Base durch Zusatz einer äquivalenten Säuremenge die Säure- bzw. Baseneigenschaften nehmen, neutralisieren.

Hat man z. B. auf ein Kleidungsstück Salzsäure gebracht und dadurch eine rote Farbe erhalten, so kann man durch Zugabe einer für das Kleid unschädlichen Base,

z. B. Ammoniak-Salmiakgeist, die Säurewirkung aufheben. Aus der Salzsäure bildet sich das Neutralsalz = Chlorammonium, das mit Wasser entfernt werden kann. Ebenso bringt man von den Händen die daran stark haftende Natronlauge oder Sodalösung leicht weg, wenn man etwas verdünnte Salzsäure darauf schüttet. Es entsteht das Kochsalz (Chlornatrium), das leicht weggewaschen werden kann.

Säuren, Basen und Salze sind Elektrolyte, d. h. sie leiten den elektrischen Strom elektrolytisch (Leiter II. Klasse), d. h. die Elektronen wandern nicht wie in den Metallen frei, sondern mit den Stoffteilchen. (Siehe elektrolytische Metallüberzüge, s. S. 287).

Über die Natur eines Metalles oder einer Metallegierung oder über die Verunreinigung eines solchen mit anderen Stoffen kann, was die Art und Menge der vorhandenen Metalle oder anderer Stoffe betrifft, nur die chemische Analyse (qualitativ und quantitativ) Aufschluß geben. Dieselbe kann maßgebend nur von geübten Chemikern ausgeführt werden. Hierbei ist es aber unvermeidlich, daß von einem betreffenden Gegenstand eine, wenn auch geringe Menge Metall entnommen werden muß, die verloren geht, d. h. dem Gegenstand abhanden kommt. In manchen Fällen kann die Bestimmung des spezifischen Gewichtes (s. d.) Aufschluß geben; dies kann geschehen, wenn reine Metalle zu unterscheiden sind oder wenn es sich darum handelt, Legierungen mit stark differierenden spezifischen Gewichten, z. B. Gold und goldähnliche Legierungen (mit einem spezifischen Gewicht von 19,32 bzw. ca. 8,5) schnell zu unterscheiden. Bei einer solchen Feststellung bleibt der zu prüfende Gegenstand unverletzt. Über die nähere Zusammensetzung kann das spezifische Gewicht nichts aussagen. Ebenso ist die chemische Analyse nicht imstande, Aufschluß über die näheren Gefügebestandteile einer Legierung zu geben; das ist aber der metallographischen Untersuchung möglich, s. S. 17.

H. Spezifisches Gewicht (Volumgewicht).

Das spezifische Gewicht eines Metalles gibt an, um wieviel schwerer ein Kubikzentimeter desselben ist als ein Kubikzentimeter Wasser, der 1,0 g wiegt, mit anderen Worten, das spezifische Gewicht ist das Gewicht eines Kubikzentimeters des betreffenden Metalles. Das spezifische Gewicht nimmt mit steigender Temperatur ab, mit sinkender Temperatur zu, es muß daher stets auf eine bestimmte Temperatur (meist 15° C) bezogen werden.

Das spezifische Gewicht der Metalle ist etwas verschieden, je nach der Modifikation, in der dieselben vorliegen, und je nach der mechanischen Bearbeitung, welche vorausgegangen ist. Durch Walzen, Ziehen, Hämmern, Pressen pflegt sich durch statthabende Verdichtung das spezifische Gewicht etwas zu erhöhen (s. S. 100).

Spezifische bzw. Volumgewichte der wichtigsten Metalle.

Aluminium 2,6. Antimon 6,62. Blei 11,37. Eisen 7,86. Gold 19,32. Kadmium 8,64. Kupfer 8,93. Nickel 8,9. Platin 21,5. Palladium 11,4. Quecksilber 13,55. Silber 10,5. Wismut 9,8. Zink 7,1. Zinn 7,29.

Spezifisches Gewicht fester Stoffe[1]).

Aluminium, gegossen	2,56	Arsen, kristallisiert	5,73
„ gewalzt	2,65—2,67	„ amorph	4,71
Aluminiumbronze	7,7	Asphalt	1,1—1,5
Anthrazit	1,4—1,7	Barium	3,75
Antimon	6,62	Bariumoxyd	5,72
Argentan	8,4—8,7	Bariumsuperoxyd	4,96

[1]) Taschenbuch für Eisenhüttenleute.

Beton	1,8—2,5
Blei	11,36
Blei, flüssig (bei 325°)	10,64
Bleioxyd (Pulver)	9,25
Bleisuperoxyd	8,91
Bleisulfat	6,23
Bor	2,53
Braunkohle	1,2—1,5
Bronze	7,4—9
Cadmium	8,65
,, flüssig	7,97
Calcium	1,85
Calciumaluminat	3,67
Calciumkarbid	2,26
Calciumchlorid (mit 6 H_2O)	1,65
Calciumoxyd	3,25
Carborund	3,12
Chlorbarium (mit 2 H_2O)	3,10
Chrom	6,59
Chromoxyd	5,04
Deltametall	8,6
Eis	0,916
Eisen, chem. rein	7,85—7,88
Eisenkarbid Fe_3C	7,07
Eisensilicid:	
FeSi	6,17
$FeSi_2$	5,40
Fe_2Si	7,00
Fe_3Si_4	6,36
Eisensulfat (wasserfrei)	2,99
Erde, festgestampft, frisch	2,0
Erde, festgestampft, trocken	1,6—1,9
Flußeisen	7,85
Flußstahl	7,86
Gips, gebrannt	1,81
,, gegossen, trocken	0,97
Glanzkohle	1,2—1,5
Glas	2,4—3,9
Glockenmetall	8,81
Gneis	2,4—2,7
Gold	19,3
Granit	2,51—3,05
Gußeisen, weiß	7,58—7,73
,, grau	7,03—7,13
,, flüssig	6,9
Holzkohle, lufterfüllt	0,4
,, luftfrei	1,4—1,5
Jod	4,66
Kalium	0,86
Kalk, gebrannt	2,3—3,2
,, gelöscht	1,3—1,4
Kanonengut	8,44

Kaolin	etwa 2,64
Kobalt	8,72
Kobaltoxyd	5,18
Kobaltoxydul	6,07
Koks, lufterfüllt	0,4—0,5
Kork	0,24
Kryolith	2,90
Kupfer, Draht	8,93—8,95
,, gegossen	8,30—8,92
,, flüssig	8,22
Kupferoxyd	6,40
Kupfersulfid	3,98
Kupfersulfat, wasserfrei	3,58
,, wasserhaltig	2,28
Lagermetall (Weißmetall)	7,1
Lava, basaltisch	2,8—3,0
,, trachytisch	2,0—2,7
Leder, gefettet	1,02
,, trocken	0,86
Lehm, trocken	1,52
,, feucht	1,67—2,85
Magnesia, schwach geglüht	3,22
,, stark geglüht	3,61
,, nach dem Schmelzen	3,65
Magnesium	1,74
Magnesiumaluminat	3,57
Magnesiumchlorid	2,18
Mangan	7,42
Manganoxyd	4,50
Manganoxydoxydul	4,85
Manganoxydul	5,09
Messing	8,4—8,7
Molybdän	9,0
Natrium	0,98
Neusilber	8,4—8,7
Nickel, gegossen	8,35
,, gewalzt	8,6—8,9
Nickeloxyd	4,83
Nickeloxydul	6,69
Paraffin	0,87—0,91
Phosphor, gelb	1,83
,, rot	2,20
,, kristallisiert	2,34
Phosphorbronze	8,8
Phosphorsäure	1,88
Phosphorsäureanhydrid	2,14
Platin	21,50
Porzellan (chinesisch)	2,4—2,5
,, (Berliner)	2,29
Preßkohle	1,25
Quecksilber	13,55
Quecksilberoxyd	11,14

Quecksilberoxydul	9,82
Rhodium	12,10
Sand, fein und trocken	1,4—1,65
,, fein und feucht	1,90—2,05
,, grob	1,4—1,5
Schamottesteine	1,85—2,2
Schießpulver, lose	0,9
,, gestampft	1,75
Schlacke	2,5—3,0
Schmirgel	4,0
Schwefel, amorph	1,92
,, kristallisiert	2,07
Schweißeisen	7,8
Schweißstahl	7,86
Silber, gegossen	10,4—10,5
,, gehämmert	10,5—10,6
,, flüssig	9,51
Silberoxyd	7,52
Soda, kristallisiert	1,45
Steinkohle	1,2—1,5
Strontium	2,54
Titanoxyd	3,84
Ton	1,8—2,6
Tonerde	3,85
,, kristallisiert	4,0
Tonschiefer	2,76—2,88
Traß, gemahlen	0,95
Uran	18,7
Uranoxydul	10,95
Wachs	0,95—0,98
Wismut	9,80
,, flüssig	10,04
Wolfram	19,1
Zink	7,1
,, flüssig	6,48
Zinkoxyd	5,65
Zinn	7,29
Zinnchlorür	2,70
Zinnoxyd	6,95
Zirkonoxyd	5,73

Das Gewicht eines Gußstückes läßt sich aus dem Rauminhalt = V einer Gußform und dem spezifischen Gewicht = s des Metalles nach folgender Formel berechnen

$$G = V \cdot s$$

Gewichte geschichteter Stoffe[1]).

	1 cbm wiegt kg
Äpfel	300
Basalt	3200
Beton mit Ziegelbrocken	1800
,, mit Kalksteinbrocken	2000
,, mit Granitbrocken	2200
Birnen und Pflaumen	350
Braunkohlen, lufttrocken und in Stücken	650—780
Buchenholz in Scheiten	400
Chilesalpeter, aufgeschüttet	1000
Eichenholz in Scheiten	420
Fettkalk, gebrannt und pulverig	500
Fichtenholz in Scheiten	320
Formsand, aufgeschüttet	1200
,, eingestampft	1650
Granit	2700
Gras und Klee	350
Holzkohlen von weichem Holze	150
,, von hartem Holze	220
Kalk- und Bruchsteine	2000
Kartoffeln	650—700
Kohlen, Zwickauer	770—800
,, oberschlesische	760—800
,, niederschlesische	820—870
,, Saar-	720—800
Kohlen, Ruhr-	800—860
Koks, Gas-	360—470
,, Zechen-	380—530
Mist und Guano	750—950
Mörtel (Kalk und Sand)	1700—1800
Nadelholz in Scheiten	330
Rüben	570—650
Sand, Lehm, Erde, trocken	1600
,, ,, ,, naß	2000
Schnee, frisch gefallen	80—190
,, feucht und wässerig	200—800
Schwemmsteine, rheinische	850
Siedesalz (NaCl), grobkörnig	745
,, ,, feinkörnig	785
Steinsalz (NaCl), gemahlen	1015
Ton, Kies, trocken	1800
,, ,, naß	2000
Torf, lufttrocken	325—410
,, feucht	550—650
Traß, gemahlen	950
Wasserkalk, gepulvert	550
Weißtannenholz in Scheiten	340
Ziegelsteine, gewöhnliche	1375—1500
,, Klinker	1600—1800

[1]) Hütte I, S. 618.

1 Ladung von 10000 kg (200 Ztr.) enthält cbm:

Brauneisenstein	3,0—3,5	Koks, Gas-	21,3—27,8
Braunkohlen lufttrocken, in Stücken	12,8—15,4	„ Zechen-	18,9—26,3
Buchenholz in Scheiten	25,0	Lehm, frisch gegraben	6,0
Eichenholz in Scheiten	23,8	Mörtel (Kalk und Sand)	5,6—5,9
Fichtenholz in Scheiten	31,3	Nadelholz in Scheiten	30,3
Flußkies, trocken	3,7—4,3	Preßkohlen	9,0—10,0
„ naß	3,5—4,0	Rüben	15,4—17,5
Flußsand, feucht	5,7	Schlacken und Koksasche	16,7
Formsand, aufgeschüttet	8,3	Schwefelkies	3,0
„ eingestampft	6,1	Schwemmsteine (rheinische)	11,8
Holzkohlen von weichem Holze	66,7	Spateisenstein	3,0—3,3
„ von hartem Holze	45,5	Steinsalz (NaCl), gemahlen	9,8
Kalk, gebrannt	7,7—8,4	Teer, Steinkohlen-	8,3
Kalk- und Bruchsteine	5,0	Ton, trocken	5,6
Kartoffeln	13,7—14,3	„ naß	5,0
Kohlen, Zwickauer	12,5—13,0	Torf, lufttrocken	24,4—30,8
„ oberschlesische	12,5—13,2	„ feucht	15,4—18,2
„ niederschlesische	11,5—12,2	Traß, gemahlen	10,5
„ Saar-	12,5—13,9	Weißtannenholz in Scheiten	29,4
„ Ruhr-	11,6—12,5	Ziegelsteine, gewöhnliche	6,7—7,3
		„ Klinker	5,6—6,3

Der Einfluß der Zustandsform auf das spezifische Gewicht.

Reines Eisen	7,85 —7,88
Schmiedeeisen	7,79 —7,85
Stahl	7,6 —7,8
Gußeisen, weiß	7,58 —7,73
Gußeisen, grau	7,03 —7,13
Kupfer, gegossen	8,83 —8,912
Kupferdraht	8,93 —8,949
Kupfer, gehämmert	8,919—8,959
Kupfer, elektrolytisch	8,884—8,952

Würden Würfel der verschiedenen Metalle zu Gebote stehen mit dem Rauminhalte von 1 ccm, so würde das Gewicht dieser Würfel direkt deren spezifisches Gewicht ausdrücken, denn z. B. wiegt

1	ccm	Aluminium	2,6 g
1	„	Blei	11,37 g
1	„	Kupfer	8,93 g
1	„	Gold	19,32 g
1	„	Platin	21,50 g

Nichts ist einfacher, als das spezifische Gewicht zu bestimmen, wenn ein Stoff eine regelmäßige Gestalt hat, aus der man sein Volumen berechnen kann; denn das spezifische Gewicht ist gleich dem absoluten Gewichte dividiert durch das Volumen. Z. B.: Eine Glasplatte sei 9 cm lang, 4 cm breit, 0,2 cm dick und wiege 18,72 g; ihr Volumen ist $= 9 \times 4 \times 0{,}2 = 7{,}2$ ccm; folglich würde 1 ccm dieses Glases wiegen $\frac{18{,}72}{7{,}2} = 2{,}6$. Dieses ist das spezifische Gewicht dieses Glases.

Dieses Verfahren kann man selten benutzen, da meist Körper mit unregelmäßigen Formen vorliegen.

Eine schnell auszuführende, aber nicht sehr genaue Methode ist folgende: Man nimmt einen Meßzylinder, der in 0,1 ccm geteilt ist; er sei bis zum Teilstrich 3,1 mit Wasser gefüllt von 15° C.

Wir nehmen ein Stück Bergkristall, das 5,1 g wiegt und dessen spezifisches Gewicht wir bestimmen wollen und lassen den Kristall ins Wasser fallen. Nun steigt das Wasser auf die Höhe von 5 ccm; es ist also von 3,1 auf 5,0 ccm gestiegen. Die Differenz = 1,9 ccm ist das Volumen des Kristalls; somit sein spezifisches Gewicht $\frac{5,1}{1,9} = 2,68$. Genauer gestaltet sich diese Bestimmung des verdrängten Wassers in einem Fläschchen mit engem Hals, das, bis zum Rande gefüllt, gewogen wird; alsdann schüttet man das gewogene, zerkleinerte Metall hinein und bestimmt dann nach dem Abtrocknen des Gefäßes durch Wägung das verdrängte Wasser. Da jedes Gramm Wasser = 1 ccm, so ergibt das Volumen des ausgeflossenen Wassers das Volumen des betreffenden Metalles. Einfach gestaltet sich die Bestimmung des spezifischen Gewichtes mit der hydrostatischen Wage, wobei durch Messung des Auftriebes, den ein Körper im Wasser oder einer anderen Flüssigkeit erleidet, sein Volumen bestimmt wird. Bei der hydrostatischen Wage ist eine der Wagschalen kurz aufgehängt und hat am Boden ein Häkchen, an welchem der an einem Haar aufgehängte Gegenstand zuerst in der Luft gewogen wird; dann setzt man ein Wasser enthaltendes Becherglas unter, läßt den Gegenstand ins Wasser tauchen und gibt auf die Schale so viel Gewichte, oder nimmt von der anderen solche fort, bis Gleichgewicht herrscht. Der gefundene Gewichtsunterschied ist das gesuchte Volumen, durch das man das absolute Gewicht dividiert. An Stelle der hydrostatischen Wage mit einer kurzen Schale kann man jede beliebige Wage benutzen, wenn man den Gegenstand an einem Haar in der Mitte des Schalengehänges befestigt, sodann über die Wagschale einen hölzernen Steg bringt, auf dem das mit Wasser beschickte Gefäß zu stehen kommt.

Beispiel: Es liegt ein Metallstück vor; es sei durch das spezifische Gewicht zu bestimmen, ob dasselbe aus reinem Aluminium oder einer Aluminiumlegierung besteht. Gewicht des Metalles 13,0 g; Auftrieb im Wasser (Differenz der 1. und 2. Wägung) = 5,0 g; somit spezifisches Gewicht $\frac{13}{5} = 2,6$, das ist das spezifische Gewicht des reinen Aluminiums.

Die Bestimmung des spezifischen Gewichtes von Flüssigkeiten ist einfacher als diejenige der festen Stoffe.

Die Bestimmungen sind für den Metalltechniker von Wichtigkeit, weil er dadurch in den Stand gesetzt wird, auf einfache Weise den Gehalt der von ihm käuflich bezogenen Flüssigkeiten, z. B. Säuren, Laugen usw. zu kontrollieren, und da das Gelingen mancher Arbeiten von der richtigen Konzentration dieser Stoffe abhängt. Voraussetzung ist hier, daß in einer Lösung nur ein Stoff vorhanden ist, dessen Menge aus dem spezifischen Gewichte der Flüssigkeit ersehen werden kann. Bei Mischungen verschiedener Stoffe versagt natürlich diese einfache Methode (s. Tabellen am Schluß des Buches).

1. Bestimmung des spezifischen Gewichtes mit dem Fläschchen (Pyknometer).

Ein Fläschchen mit engem Halse wiege 27,75 g, mit destilliertem Wasser von 15° C bis zur Marke gefüllt gleich 77,75; also Wassergewicht 50 g, Wasservolumen 50 ccm; will man prüfen, ob z. B. eine gelieferte konzentrierte Schwefelsäure auch solche darstellt, bringt man dieselbe, nachdem man sie durch Einstellen in kaltes oder warmes Wasser auf 15° C gebracht hat, in das trockene Fläschchen bis genau zur Marke und wägt. Gewicht = 115,75, also wiegen 50 ccm Schwefelsäure 115,75 — 27,75 = 92 g, folglich 100 ccm = 184 g, daher spez. Gew. 1,84. Aus den Schwefelsäuretabellen erfährt man, daß diesem spezifischen Gewicht ein Gehalt von 98,72% Schwefelsäure entspricht = die käufliche konzentrierte Schwefelsäure.

2. Einfacher gestaltet sich die Bestimmung des spezifischen Gewichtes mit dem Aräometer. Es sind das geschlossene, mit einer Skala versehene, unten bauchig erweiterte und durch Quecksilber beschwerte Glasröhren. Im Wasser von 15° C tauchen diese bis zur Marke 1 ein. Tauchen wir das trockene Instrument bei gleicher Temperatur in die konzentrierte Schwefelsäure, die wir unter 1. benutzt haben, so wird das Instrument in die schwerere Flüssigkeit nur weniger tief eintauchend schwimmen. An der Skala liest man entweder direkt das spezifische Gewicht oder die Dichte (Densimeter) ab, oder angegebene Grade meist nach Béaume, welche nach Tabellen das spezifische Gewicht angeben.

Man hat verschiedene Aräometer für leichtere (z. B. Alkohol, Ammoniak) und schwerere Flüssigkeiten (z. B. Säuren, Laugen) und muß stets die Temperatur berücksichtigen, da wärmere Flüssigkeiten dünner, kältere Flüssigkeiten dichter erscheinen und die Densimeter für bestimmte Temperaturen, meist 15° C, geeicht sind.

Herstellung von Flüssigkeiten bestimmter Konzentration.

In vielen Fällen ist bei Vorschriften die Verwendung von Säuren u. a. von bestimmter Konzentration angegeben, von denen das Gelingen einer Arbeit abhängig ist. Man hat z. B. eine Salpetersäure vom spez. Gew. 1,2 nötig und hat eine solche vom spez. Gew. 1,4 vorrätig. Eine einfache Rechnung gibt an, wie diese letztere Säure zu verdünnen ist. Aus den Tabellen (siehe Schluß des Buches) sieht man, daß eine Salpetersäure vom spez. Gew. 1,4 = 65%, eine solche vom spez. Gew. 1,2 = 32% Salpetersäure enthält. In wieviel Salpetersäure von 65% sind 32 g Salpetersäure enthalten?

$$65 : 100 = 32 : x.$$
$$x = 49,2.$$

Folglich müssen 49,2 g Salpetersäure vom spez. Gew. 1,4 mit 50,8 g Wasser verdünnt werden (oder 492 g mit 508 g), um 100 g bzw. 1 kg 32%ige Salpetersäure zu erhalten.

Zinn-Bleilegierungen, Bleigehalt und spez. Gewicht.

Annähernd reine Zinn-Bleilegierungen lassen sich als binäre Systeme in ihrer Zusammensetzung auch densimetrisch bestimmen unter Benutzung der im folgenden wiedergegebenen Tabellen von Grimaldi (Grimaldi Staz sperm. agrar. ital. 37 (1904) 1026; Chem. Zentralbl. 1905, 1112). Die Legierung muß frei von Luftbläschen sein und eventuell sorgfältig umgeschmolzen werden. Für annähernde Bestimmungen genügt es nach Kümmel, das Steigen des Wassers in einem engen Meßzylinder durch Zugabe einer gewogenen Menge Zinnblei zu beobachten. Analog dem Hartblei und anderen binären Legierungen ergeben für Zinnblei auch Schmelzpunktbestimmungen die Zusammensetzung; siehe S. 17.

Tabelle für Zinn-Bleibestimmung aus der Dichte nach Grimaldi.

Zusammensetzung	Dichte	Zusammensetzung	Dichte
95% Zinn, 5% Blei	7,46	65% Zinn, 35% Blei	8,57
90% „ 10% „	7,61	60% „ 40% „	8,61
85% „ 15% „	7,70	55% „ 45% „	8,90
80% „ 20% „	7,89	50% „ 50% „	9,09
75% „ 25% „	7,99	45% „ 55% „	9,25
70% „ 30% „	8,20	40% „ 60% „	9,30

Zinn-Bleilegierungen, Bleigehalt und spez. Gewicht.

% Blei	Sp. G.	% Blei	Sp. G.	% Blei	Sp. G.	% Blei	Sp. G.
0	7,290	14	7,677	28	8,105	42	8,584
1	7,316	15	7,706	29	8,137	43	8,621
2	7,342	16	7,735	30	8,169	44	8,658
3	7,369	17	7,764	31	8,202	45	8,695
4	7,396	18	7,794	32	8,235	46	8,732
5	7,423	19	7,824	33	8,268	47	8,770
6	7,450	20	7,854	34	8,302	48	8,808
7	7,477	21	7,885	35	8,336	49	8,846
8	7,505	22	7,916	36	8,379	50	8,884
9	7,533	23	7,947	37	8,405	60	9,299
10	7,562	24	7,978	38	8,440	70	9,736
11	7,590	25	8,009	39	8,476	80	10,225
12	7,619	26	8,041	40	8,512	90	10,767
13	7,648	27	8,073	41	8,548	100	11,370

Die Zinngießer prüfen ihre Legierung durch Bestimmung des spezifischen Gewichtes, und zwar so, daß sie Würfel von 1 ccm gießen, wobei dann das Gewicht direkt das spezifische Gewicht angibt. Hierzu ist zu bemerken, daß das spezifische Gewicht nur dann maßgebenden Aufschluß über die Zusammensetzung einer Zinn-Bleilegierung geben kann, wenn die Legierung wirklich nur aus Zinn und Blei besteht. Da aber diesen Legierungen, um an Zinn zu sparen und doch die gewünschte Härte zu erlangen, häufig Antimon zugesetzt wird (auch Kupfer,) kann in diesem Falle aus dem spezifischen Gewichte ein maßgebender Schluß nicht gezogen werden.

Spezifische Gewichte von Legierungen.

Legierung	Zusammensetzung	Vol.-Gew.
Aluminium und Kupfer	10 Al + 90 Cu	7,69
„ „ „	5 Al + 95 Cu	8,37
„ „ „	3 Al + 97 Cu	8,69
„ „ Zink	91 Al + 9 Zn	2,80
Antimon und Blei	54,1 Sb + 45,9 Pb	8,201
„ „ „	10,5 Sb + 89,5 Pb	10,586
„ „ Eisen	44,98 Sb + 55,02 Fe	8,159
„ „ Wismut	54 Sb + 46 Bi	7,864
„ „ Zinn	51,4 Sb + 48,6 Sn	6,929
„ „ „	9,5 Sb + 90,5 Sn	7,208
Blei und Gold	91,3 Pb + 8,7 Au	11,841
„ „ Silber	49 Pb + 51 Ag	10,925
„ „ „	98 Pb + 2 Ag	11,334
„ „ Quecksilber	51 Pb + 49 Hg	12,484
„ „ Zinn	87,8 Pb + 12,2 Sn	10,59
„ „ „	78,2 Pb + 21,8 Sn	10,08
„ „ „	64,2 Pb + 35,8 Sn	9,46
„ „ „	47,3 Pb + 52,7 Sn	8,779
„ „ „	31 Pb + 69 Sn	8,188
Blei, Zinn und Wismut	40 Pb + 7 Sn + 53 Bi	10,65
Gold und Kupfer	98 Au + 2 Cu	18,84
„ „ „	94 Au + 6 Cu	17,93
„ „ „	92 Au + 8 Cu	17,52
„ „ „	90 Au + 10 Cu	17,16
„ „ „	88 Au + 12 Cu	16,81
Gold und Silber	23,5 Au + 76,5 Ag	11,76
„ „ „	47,7 Au + 52,3 Ag	13,432

Legierung	Zusammensetzung	Vol.-Gew.
Gold und Silber	64,6 Au + 35,4 Ag	14,87
„ „ „	78,5 Au + 21,5 Ag	16,354
Iridium und Platin	10 Ir + 90 Pt	21,615
„ „ „	15 Ir + 85 Pt	21,618
Kupfer und Silber	5,6 Cu + 94,4 Ag	10,358
„ „ „	10,7 Cu + 89,3 Ag	10,304
„ „ „	19 Cu + 81 Ag	10,164
„ „ „	33,7 Cu + 66,3 Ag	9,927
„ „ „	50,35 Cu + 49,65 Ag	9,650
„ „ „	63,3 Cu + 36,7 Ag	9,439
„ „ „	70,5 Cu + 29,5 Ag	9,317
Kadmium und Zinn	32 Cd + 68 Sn	7,70
Kupfer und Zink	70 Cu + 30 Zn, gegossen	8,44
„ „ „	desgl., gewalzt	8,56
„ „ „	90 Cu + 10 Zn	8,60
„ „ „	50 Cu + 50 Zn	8,20
Kupfer und Zinn	90 Cu + 10 Sn	8,78
„ „ „	86,2 Cu + 13,8 Sn	8,87
„ „ „	75 Cu + 25 Sn	8,83
„ „ „	77,5 Hg + 22,5 Sn	11,456
Quecksilber und Zinn	46,3 Hg + 53,7 Sn	9,362
„ „ „	22 Ni + 52 Cu + 26 Zn	8,45
Neusilber	11 Ni + 59 Cu + 30 Zn	8,34
„	50 Bi + 25 Pb + 12,5	
Woods Metall	Cd + 12,5 Sn	9,70

(Al = Aluminium, Cu = Kupfer, Zn = Zink, Sb = Antimon, Pb =Blei, Fe = Eisen, Bi = Wismut, Sn = Zinn, Au = Gold, Ag = Silber, Hg = Quecksilber, Cd = Kadmium, Ir = Iridium, Pt = Platin, Ni = Nickel.)

Gesetz, betreffend den Verkehr mit blei- und zinkhaltigen Gegenständen, vom 25. Juli 1887.

§ 1. Eß-, Trink- und Kochgeschirre sowie Flüssigkeitsmaße dürfen nicht

1. ganz oder teilweise aus Blei oder einer in 100 Gewichtsteilen mehr als 10 Gewichtsteile Blei enthaltenden Metallegierung hergestellt,
2. an der Innenseite mit einer in 100 Gewichtsteilen mehr als einen Gewichtsteil Blei enthaltenden Metallegierung verzinnt oder mit einer in 100 Gewichtsteilen mehr als 10 Gewichtsteile Blei enthaltenden Metallegierung gelötet,
3. mit Email oder Glasur versehen sein, welche bei halbstündigem Kochen mit einem in 100 Gewichtsteilen 4 Gewichtsteile Essigsäure enthaltenden Essig an den letzteren Blei abgeben.

Auf Geschirre und Flüssigkeitsmaße und bleifreies Britanniametall findet die Vorschrift in Ziffer 2 betreffs des Lötens nicht Anwendung.

Zur Herstellung von Druckvorrichtungen zum Ausschank von Bier sowie von Syphons für kohlensäurehaltige Getränke und von Metallteilen für Kindersaugflaschen dürfen nur Metallegierungen verwendet werden, welche in 100 Gewichtsteilen nicht mehr als einen Gewichtsteil Blei enthalten.

§ 2. Zur Herstellung von Mundstücken von Saugflaschen, Saugringen und Warzenhütchen darf blei- oder zinkhaltiger Kautschuk nicht verwendet werden.

Zur Herstellung von Trinkbechern und von Spielwaren, mit Ausnahme der massiven Bälle, darf bleihaltiger Kautschuk nicht verwendet werden.

Zu Leitungen für Bier, Wein, Essig dürfen bleihaltige Kautschukschläuche nicht verwendet werden.

§ 3. Geschirre und Gefäße zur Verfertigung von Getränken und Fruchtsäften dürfen in denjenigen Teilen, welche bei dem bestimmungsgemäßen oder vorauszusehenden Gebrauche mit dem Inhalte in unmittelbare Berührung kommen, nicht den Vorschriften des § 1 zuwider hergestellt sein.

Konservenbüchsen müssen auf der Innenseite den Bedingungen des § 1 entsprechend hergestellt sein.

Zur Aufbewahrung von Getränken dürfen Gefäße nicht verwendet sein, in welchen sich Rückstände von bleihaltigem Schrote befinden. Zur Packung von Schnupf- und Kautabak sowie Käse dürfen Metallfolien nicht verwendet sein, welche in 100 Gewichtsteilen mehr als einen Gewichtsteil Blei enthalten.

§ 4. Strafbestimmungen

§ 5. Gleiche Strafe trifft denjenigen, welcher zur Verfertigung von Nahrungs- und Genußmitteln bestimmte Mühlsteine unter Verwendung von Blei oder bleihaltigen Stoffen an der Mahlfläche herstellt oder derartig hergestellte Mühlsteine zur Verfertigung von Nahrungs- oder Genußmitteln verwendet.

§§ 6 und 7. Straf- und Ergänzungsbestimmungen.

Zinn-Bleilegierungen, Bleigehalt und spezifisches Gewicht siehe S. 102.

Erläuterungen.

Es kommen bei den Zink-Bleilegierungen folgende zwei Normen in Betracht:

1. Eine Zinn-Bleilegierung, welche im Maximum in 100 Teilen 10 Teile Blei und 90 Teile Zinn enthält.

Diese Legierung darf angewendet werden zur Herstellung von Eß-, Trink- und Kochgeschirr, zum Löten und zur Verzinnung der Außenseite dieser Geräte sowie zur Verfertigung von Flüssigkeitsmaßen. Da Bierkrugdeckel Teile eines Trinkgeschirres sind, fallen diese natürlich auch unter dieselbe Bestimmung.

2. Fast reines Zinn, eine Zinnlegierung, welche im Maximum in 100 Teilen 1 Teil Blei und 99 Teile Zinn enthält,

kommt zur Verwendung zum Verzinnen der Innenseite von Eß-, Trink- oder Kochgeschirren, zur Herstellung von Druckvorrichtungen zum Ausschank von Bier, von Siphons für kohlensäurehaltige Getränke (der starke Kohlensäuregehalt kann den Übergang von Blei erheblich befördern), von Metallteilen, welche für Kindersaugflaschen verwendet werden, desgleichen zur Verfertigung von Metallfolien, worin Schnupf- und Kautabak sowie Käse verpackt werden.

Denselben Bestimmungen, wie Eß-, Trink-, Kochgeschirre und Flüssigkeitsmaße, unterliegen auch Geschirre und Gefäße, welche zur Verfertigung von Getränken und Fruchtsäften dienen, und zwar dem Wortlaute des Gesetzes nach nur in denjenigen Teilen, welche bei dem bestimmungsgemäßen oder vorauszusehenden Gebrauche mit dem Inhalte in unmittelbare Berührung kommen. Es ist natürlich ganz gleichgültig, ob solche Gefäße im In- oder Auslande gefertigt sind; es sind daher bei etwaigen Bestellungen aus dem Auslande die betreffenden Bedingungen anzugeben. Besonders gilt dies auch von den Konservenbüchsen, welche ja unter dieselben Bestimmungen fallen und im Gesetze ausdrücklich betont sind. Auch diese müssen mit einer Verzinnung versehen sein, welche höchstens 1% Blei enthalten darf.

Auf Geschirre und Flüssigkeitsmaße aus bleifreiem Britanniametall (aus 91% Zinn und 9% Kupfer, oder auch 100% Zinn und 10% Antimon bestehend) findet die Vorschrift des Gesetzes betreffs des Lotes keine Anwendung. Desgleichen sind vom Gesetze solche aus Blei oder Zinn-Bleilegierungen hergestellte Kapseln ausgenommen, welche auf verkorkte oder sonst verschlossene Gefäße (Wein- oder Likörflaschen, Fleichextraktbüchsen usw.) zur besseren Verwahrung derselben gegen äußere Einflüsse gepreßt werden, da die Erfahrung in dieser Hinsicht auf die Notwendigkeit eines sanitären Schutzes nicht hinweist.

Es wird befremden, daß das Gesetz, während es an alle Metallteile, welche direkt oder indirekt mit dem menschlichen Körper in Berührung kommen, in Hinsicht auf Bleigehalt gewisse Anforderungen stellt, in Beziehung auf Wasserleitungsrohre in keiner Weise Vorschriften macht; und doch bestehen die Röhren der Wasserleitungen fast ganz aus Blei. Auch sind, ebenso wie beim Gebrauch stark bleihaltiger Geschirre, manche Fälle bekannt, in welchen zweifellos durch das Wasser, welches bleierne Röhren passierte, chronische Bleivergiftungen herbeigeführt wurden.

Wasser verhält sich je nach seinem Gehalt an Kohlensäure, Kalk und anderen Salzen usw. verschieden gegen Bleirohre. Bei einem Wasser von hohem Härtegrade (Kalkgehalt bzw. Karbonathärte) wird eine Leitung durch bleierne Röhren zulässig sein, weil die Bleirohre bald mit einem Überzuge von kohlensaurem Kalk überzogen und dadurch geschützt sein werden, während eine Bleirohrleitung für Wasser, welches freie Kohlensäure und niedrigen Härtegrad besitzt, immerhin bedenklich erscheinen dürfte.

Der Gewerbsmann wird sich vor allem mit reinem Zinn (höchstens 1% Blei enthaltend) zu versehen haben, von dessen Reinheit er sich, will er nicht Schaden nehmen, überzeugen muß. Denn angenommen, er kauft Zinn angeblich mit 1% Bleigehalt, so muß er sich dessen vorher versichern, da er sonst doppelt in Verlegenheit käme, erstens, indem er bei einem höheren Bleigehalt des gelieferten Metalles eine ungesetzmäßige Verzinnung herstellt, und zweitens, indem er im Vertrauen auf das reine Zinn, wenn er auch den vorschriftsmäßigen Bleizusatz macht, am Ende doch eine bleireichere Legierung, als erlaubt, erhält.

Auch der Staub beim Feilen bleihaltiger Gegenstände kommt in Betracht; so gibt die sog. Tula- oder Nielloarbeit (s. S. 344) häufig zu Bleivergiftungen Anlaß durch den Schwefelblei und Bleioxyde enthaltenden, beim Feilen abfallenden Staub der Niellomasse[1]. —

Das Reichsgesetz über den Feingehalt von Gold- und Silberwaren.

§ 1. Gold- und Silberwaren dürfen zu jedem Feingehalt angefertigt und feilgeboten werden. Die Angabe des Feingehaltes auf denselben ist nur nach Maßgabe der folgenden Bestimmungen gestattet.

§ 2. Auf goldenen Geräten darf der Feingehalt nur in 585 oder mehr Tausendteilen, auf silbernen nur in 800 oder mehr Tausendteilen angegeben werden. Der wirkliche Feingehalt darf weder im ganzen der Ware, noch auch in deren einzelnen Bestandteilen bei goldenen Geräten mehr als fünf, bei silbernen Geräten mehr als acht Tausendteile unter dem angegebenen Feingehalt bleiben. Vorbehaltlich dieser Abweichung muß der Gegenstand, im ganzen und mit der Lötung eingeschmolzen, den angegebenen Feingehalt haben.

§ 3. Die Angaben des Feingehaltes auf goldenen und silbernen Geräten geschieht durch ein Stempelzeichen, welches die Zahl der Tausendteile und die Firma des Geschäfts, für welches die Stempelung bewirkt ist, kenntlich macht. Die Form des Stempelzeichens wird durch den Bundesrat bestimmt.

§ 4. Goldene und silberne Uhrgehäuse unterliegen den Bestimmungen der §§ 2 und 3.

§ 5. Schmucksachen von Gold und Silber dürfen in jedem Feingehalte gestempelt werden, und es ist in diesem Falle der letztere in Tausendteilen anzugeben. Die Fehlergrenze darf 10 Tausendteile nicht überschreiten, wenn der Gegenstand im ganzen eingeschmolzen wird. Das vom Bundesrate gemäß § 3 bestimmte Stempelzeichen darf auf Schmucksachen von Gold und Silber nicht angebracht werden.

§ 6. Aus dem Auslande eingeführte Gold- und Silberwaren, deren Feingehalt durch eine, diesem Gesetze nicht entsprechende Bezeichnung angegeben ist, dürfen nur dann feilgehalten werden, wenn sie außerdem mit einem Stempelzeichen nach Maßgabe dieses Gesetzes versehen sind.

§ 7. Für die Richtigkeit des angegebenen Feingehaltes haftet der Verkäufer der Ware. Ist deren Stempelung im Inlande erfolgt, so haftet gleich dem Verkäufer der Inhaber des Geschäfts, für welches die Stempelung erfolgt ist.

§ 8. Auf Gold- und Silberwaren, welche mit anderen metallischen Stoffen ausgefüllt sind, darf der Feingehalt nicht angegeben werden. Dasselbe gilt von Gold- und Silberwaren, mit welchen aus anderen Metallen bestehende Verstärkungsvorrichtungen metallisch verbunden sind.

---

[1] Siehe auch Protokoll der Sitzung des Großen Rates des Institutes für Gewerbehygiene: „Ärztliche Überwachung und Begutachtung der in Bleibetrieben beschäftigten Arbeiter." Berlin, Polytechn. Buchhandlung A. Seydel 1912. — Siehe auch Ärztliche Merkblätter für berufliche Vergiftungen. Berlin, Julius Springer 1913.

Bei Ermittlung des Feingehaltes bleiben alle von dem zu stempelnden Metalle verschiedenen, äußerlich als solche erkennbaren Metalle außer Betracht, welche: 1. zur Verzierung der Ware dienen, 2. zur Herstellung mechanischer Vorrichtungen erforderlich sind, 3. als Verstärkungsvorrichtungen ohne metallische Verbindung sich darstellen.

§ 9. Mit Geldstrafe bis eintausend Mark oder mit Gefängnis bis zu sechs Monaten wird bestraft: 1. Wer Gold- oder Silberwaren, welche nach diesem Gesetz mit einer Angabe des Feingehaltes nicht versehen sein dürfen, mit einer solchen Angabe versieht; 2. wer Gold- oder Silberwaren, welche nach diesem Gesetze mit einer Angabe des Feingehaltes versehen sein dürfen, mit einer anderen als der nach dem Gesetze zulässigen Feingehaltsangabe versieht; 3. wer gold- oder silberähnliche Waren mit einem durch dieses Gesetz vorgesehenen Stempelzeichen oder mit einem Stempelzeichen versieht, welches nach diesem Gesetz als Feingehaltsbezeichnung für Gold -und Silberwaren nicht zulässig ist; 4. wer Waren feilhält, welche mit einer gegen die Bestimmung dieses Gesetzes verstoßenden Bezeichnung versehen sind. Mit der Verurteilung ist zugleich auf Vernichtung der gesetzwidrigen Bezeichnung, oder, wenn diese in anderer Weise nicht möglich ist, auf Zerstörung der Ware zu erkennen.

§ 10. Dieses Gesetz tritt am 1. Januar 1888 in Kraft. An demselben Tage treten alle landesrechtlichen Bestimmungen über den Feingehalt der Gold- und Silberwaren außer Geltung.

Erläuterungen.

Wie aus diesem Gesetze ersichtlich, ist in Deutschland die Herstellung von Gold- und Silberwaren zu jedem Feingehalte gestattet. Doch müssen goldene und silberne Geräte, wozu auch Uhrgehäuse gehören, von einem bestimmten Feingehalt an (585 für Gold, 800 Tausendteile für Silber) mit der Gehaltsangabe in Tausendteilen versehen, also ihr Edelmetallgehalt deklariert werden. Die Stempelung minder feiner Waren dagegen ist nicht gestattet.

(Das gesetzliche Stempelzeichen für Silber ist eine von einem Kreis umgebene deutsche Reichskrone, für Gold eine Reichskrone, daneben ein Halbmond.)

In vielen anderen Ländern dürfen gesetzlich nur Legierungen von bestimmtem Feingehalte verwendet werden, die von letzterem nur um einen gewissen Betrag (sog. Remedium) abweichen dürfen.

In Deutschland hat sich ein gewisser Brauch herausgebildet, bestimmte Goldlegierungen von 583, 666 und 750 Tausendteilen zu verwenden, da Gold in diesen Legierungen am wenigsten der Abnützung unterworfen ist. Die billigen Waren werden aus Legierungen bis zu 250 Tausendteilen herunter verarbeitet; diese werden des besseren Aussehens wegen zuletzt schwach vergoldet.

In Deutschland ist die Reichsgoldmünze die Krone (10 Mark). Aus einem Pfund Feingold (500 g) werden 139,5 Stück Kronen ausgebracht, 69,75 Stück Doppelkronen und 279 Stück halbe Kronen.

Die deutschen Reichsoldmünzen sind 900 Tausendteile fein, mit 100 Tausendteilen Kupfer legiert. Ihr Feingewicht, d. h. das Gewicht der zu ihrer Herstellung verwendeten Feingoldmenge beträgt 3,5842 g, das Gewicht einer normalen Krone = 3,9825 g; siehe auch Goldlote beim Kapitel: Löten, S. 211.

Früher hatte man andere Grundlagen für die Bezeichnung des Feingehaltes der Gold- und Silberlegierungen. Es wurde die Kölnische Mark (= 233,8555 g) als Einheit zugrunde gelegt. Die Mark Feingold wurde in 24 Karat, das Karat in 12 Grän geteilt. Den Feingoldgehalt drückte man aus, indem man angab, wieviel Karat oder Grän reinen Goldes in der Mark enthalten sind. 20karätiges Gold war demnach solches, welches 20 Gewichtsteile Feingold und 4 Gewichtsteile Zusatzmetall, also $(24 : 20 = 1000 : x)$ 833,3 Tausendteile Gold enthielt. 14karätiges Gold = 583 Tausendteile Feingold usw.

(Hiermit ist nicht zu verwechseln das ebenfalls Karat genannte übliche Edelsteingewicht. Ein Edelsteinkarat = 205 mg jetzt fast allgemein, früher je nach den Ländern 597—206 mg.)

Wie bei den Goldlegierungen ist nach den gesetzlichen Bestimmungen in Deutschland auch der Silbergehalt der Silberwaren in Tausendteilen anzugeben. Früher war, wie beim Golde, auch bei den Silberwaren eine andere Ausdrucksweise für die Bezeichnung des Gehaltes einer Legierung an reinem Silber üblich. Als Gewichtseinheit diente hier ebenso wie beim Golde die Kölnische Mark (= 233,8 g), welche für Silber in 16 Lot (mit der weiteren Gliederung in Grän, 1 Lot = 18 Grän) geteilt war. 12lötiges Silber war also ein solches, welches 16 : 12 = 1000 : x) 750 Tausendteile Silber enthielt.

Die gesetzliche Stempelung darf also jetzt erst bei den Waren erfolgen, welche nach früherer Bezeichnung 14karätig (Gold) und 12,8lötig (Silber) sind.

Beim Münzwesen gilt in Deutschland für Silber wie für Gold das Münzpfund (500 g) als Einheit, das in 1000 Teile geteilt ist. Die deutschen Silbermünzen sind 900 Tausendteile fein mit Kupfer legiert. Die Mark = 5,556 g (Feingehalt 5,0 g).

1. Unterscheidung von Feingold und legiertem Gold.

Feingold unterscheidet sich von legiertem Gold durch die Härte und Farbe.

Feingold ist von großer Weichheit und deshalb leicht biegsam; mit der Menge des Zusatzes von Kupfer oder Silber nimmt die Weichheit ab.

Zur Prüfung der Farbe wird entweder die Strichprobe oder die Glühprobe angewendet.

Die erstere genügt bei Legierungen von 0,900 (vom Feingehalte der Reichsgoldmünzen) oder darunter; bei Legierungen von höherem Feingehalt ist die Glühprobe anzuwenden.

Die Strichprobe auf dem Probierstein ergibt bei Silberzusatz eine hellere, bei Kupferzusatz eine dunklere Farbe als diejenige des reinen Goldes. Beim Glühen über einer Weingeistflamme bleibt Feingold in seiner gelben Farbe unverändert; schon bei geringem Zusatz von Kupfer oder Silber läuft das Metall durch das Glühen leicht bläulich an; bei stärkerem Zusatze wird es stark bläulich, bräunlich bis schwarz. (Amtliche Anleitung für die Zollabfertigung.)

Unterscheidung von echtem Gold oder Goldüberzug auf Metallen von goldähnlichen Legierungen auch Platin (siehe auch Spez. Gew.). Vor Anstellung dieser Proben muß ein evtl. auf den Gegenständen befindlicher schützender Überzug von Firnis, Lack, Zaponlack usw. durch Behandlung mit entsprechenden Lösungsmitteln, wie Alkohol, Äther, (Amylazetat-Azeton für Zelluloid-Zapon) oder andere geeignete Mittel, entfernt werden.

1. Reibt man die reine Oberfläche des zu prüfenden Gegenstandes mittels eines Handschuhes mit einem Tröpfchen Quecksilber ein, so entsteht auf Gold und Goldlegierungen und selbst schwach vergoldeten Metallen ein weißer Fleck (Goldamalgam). Bei Messing, Tombak u. a entsteht außer dem Verluste des Glanzes keine Veränderung. Denn bei gewöhnlichen Legierungen geht eine Amalgamierung oder Verquickung nur langsam oder gar nicht vor sich.

Auf echter Vergoldung erzeugt eine Lösung von salpetersaurem Quecksilberoxydul keine Veränderung, wogegen Kupferlegierungen, also unechte goldfarbige Legierungen, einen weißen, silberähnlichen Fleck erhalten, der nach einiger Zeit dunkler, grau wird und das anfängliche metallische Aussehen verliert. Auch auf vergoldeten Papieren, Folien usw. führt dieses Verfahren zum Ziel. Dieses Verfahren beruht darauf, daß das Quecksilbersalz nicht auf Gold oder selbst schwach vergoldete Metalle einwirkt; durch Kupfer oder Kupferlegierungen dagegen wird aus dem Quecksilbersalz metallisches Quecksilber auf dem Metall abgeschieden, welches als weißer bis grauer Fleck in die Erscheinung tritt. Außerdem entsteht grünes, basisch salpetersaures Quecksilber. An Stelle des salpetersauren Quecksilberoxyduls kann man auch Kupferchlorid- oder Goldchloridlösung verwenden; hierbei bleiben Gold und vergoldete Waren unverändert, während auf Kupferlegierungen ein schwarzer Fleck entsteht.

2. Prüfung mit dem Probierstein oder Prüfstein. Der sog. Probierstein ist ein feinkörniger Kieselschiefer, der durch intensive Imprägnation mit Kohle schwarz gefärbt ist (Lydit). Man entfernt zunächst das an der Oberfläche des zu prüfenden Gegenstandes durch Oberflächenfärbung etwa in dünnster Schicht befindliche Feingold und macht dann mit dem Gegenstand einen Strich auf dem Stein, wodurch eine minimale Menge der Legierung auf den Stein kommt. Man betupft nun den Strich mit konzentrierter Salpetersäure. Verschwindet der Strich oder aber wird er weiß, so ist kein Gold oder eine sehr arme Goldlegierung vorhanden. Bleibt der Strich teilweise oder ganz in feinen Flimmern stehen, so ist man der Anwesenheit von Gold sicher. Die Salpetersäure löst die Metalle mit Ausnahme des Goldes, das stehen bleibt; nur bei sehr geringem Goldgehalte werden die Goldflitterchen durch die entstandene Lösung der übrigen Metalle mechanisch mit fortgeführt. Auch für **Platin** gilt das für Gold bei der Prüfung mit dem Probierstein Gesagte. Nur bleibt hier nicht ein gelber, sondern ein weißer Strich säurebeständig. — Zur annähernden Bestimmung des Goldgehaltes einer Goldlegierung bedient man sich neben dem Probierstein der käuflichen Probiernadeln, das sind Legierungen von bestimmtem Goldgehalte und entsprechenden Säuren.

Man erzeugt auf dem Probierstein einen gleichmäßigen Strich mit der zu prüfenden Legierung und daneben Striche mit den verschiedenen Probiernadeln; sodann betupft man die Striche mit den betreffenden Säuremischungen und beobachtet die Zeit des Angriffes. Legierungen von gleichem Goldgehalte werden gleich schnell angegriffen. Man kann auch die Farbe des erhaltenen Striches mit derjenigen von mit Probiernadeln erhaltenen vergleichen; der Goldgehalt der Probiernadeln in roter (Gold-Kupfer), in weißer (Gold-Silber) und in gemischter Karatierung (Gold-Silber-Kupfer) weicht um je einen Karat voneinander ab.

Probegold für Probiernadeln:

Nr. 1:	22	Kar.	0,96	Grän	= 920	Tausendstel
„ 2:	10	„	1,92	„	= 840	„
„ 3:	18	„	—	„	= 750	„
„ 4:	13	„	11,04	„	= 580	„

Diese Operation wird so oft mit anderen Nadeln und mit in anderen Verhältnissen gemischten Säuren wiederholt, bis ein übereinstimmendes Resultat erhalten ist.

Zu dieser annähernden Bestimmung des Goldgehaltes bedient man sich bei der Strichprobe folgender Säuren:

Für Legierungen von 585/1000 (= 14 Karat) und darunter benützt man reine Salpetersäure von 1,36 spez. Gew. (= 57,5%). Für Legierungen von 750/1000 (= 18 Karat) und darüber nimmt man ein Gemisch von:

Reiner Salpetersäure	1,274	(= 43,5%)	125 g
„ Salzsäure	1,173	(= 34,3%)	2 g

Nach anderer Angabe dienen folgende Säuren zu dieser Probe:

1. Für Legierungen von 250—458/1000 (6—11kar.) reine Salpetersäure von 1,2 spez. Gew. (= 32%).

2. Für Legierungen von 458—625/1000 (11—15kar.)

reine Salpetersäure von 1,16 spez. Gew. (= 26%)	200 g
reines Kochsalz	0,2 g

3. Für Legierungen von 625—750/1000 (15—18kar.)

reine Salpetersäure von 1,3 spez. Gew. (= 47,5%)	200 g
reines Kochsalz	3 g

Es dauert oft eine Minute, bis der Strich sich entfärbt.

Unterscheidung von echtem Gold und Vergoldung. Hierzu dient eine salpetersaure Silberlösung. Eine Lösung von 1 Tl. salpetersaurem Silber in 15 bis 20 Tle. destilliertem Wasser läßt Gold, auch Goldwaren mit 585/1000 (= 14 Karat) vollständig unverändert. Dagegen entsteht bei Vergoldungen, je dünner dieselbe desto schneller, bei Anwendung einer Lösung von 1 Tl. salpetersaurem Silber in 2—5 Tle. Wasser, nach einiger Zeit ein schwarzer Fleck.

Für ganz leichte Vergoldung gibt Finkener folgendes Verfahren: Man faßt den zu untersuchenden Gegenstand mit einer Pinzette, spritzt ihn mit Alkohol und gleich hinterher mit Äther ab, legt ihn eine Minute auf Fließpapier und dann in ein reines, trockenes Reagierglas. Man übergießt das Stück, welches 0,1—1,5 g wiegen soll, je nach dem Gewichte mit 0,5—10 ccm chlorfreier Salpetersäure vom spez. Gew. 1,3. Bleibt die Säure bei der erfolgenden Einwirkung klar, so läßt man das Stück sich auflösen, wird sie milchig, so gießt man sie sofort in ein anderes reines, trockenes Reagierglas. War das Stück vergoldet, so sieht man in der Flüssigkeit, besonders an der Oberfläche und am Boden, Goldflitterchen. Die Reaktion ist so empfindlich, daß sie noch 0,01 mg Gold auf einer Fläche von 2 qcm deutlich nachweist. Eine Lösung von Kupferchlorid oder salpetersaurem Silber läßt vergoldete Gegenstände beim Betupfen unverändert, während andere Legierungen graue bis schwarze Flecke erhalten. Die Kupferchloridlösung darf keine freie Säure enthalten.

Unterscheidung der Feuervergoldung von der galvanischen Vergoldung. Behandelt man einen vergoldeten Gegenstand mit Salpetersäure, so trennt sich infolge der Lösung des unterliegenden Metalles durch die Salpetersäure das Gold in Blättchen ab. Diese Blättchen sind auf der äußeren und inneren Seite ganz gleich goldfarbig, wenn galvanische Vergoldung oder überhaupt Vergoldung auf nassem Wege vorliegt. Dagegen sind die Goldblättchen an der inneren Seite dunkler, bräunlich matt, wenn Feuervergoldung vorliegt. Bei galvanischer Vergoldung erscheinen die Goldblättchen gegen das Licht gehalten dicht, bei Feuervergoldung dagegen fein durchlöchert. Die zu prüfenden Gegenstände werden am besten etwas angefeilt, damit die Salpetersäure die Unterlage angreifen kann.

2. Unterscheidung von unlegiertem und legiertem Silber.

Unlegiertes Silber unterscheidet sich von dem mit Kupfer legierten Silber mit einem Feingehalte bis höchstens 0,800 durch folgende Merkmale:

Unlegiertes Silber läßt sich leicht biegen; legiertes verliert diese Eigenschaft immer mehr, je mehr es Kupfer enthält. Ersteres gibt beim Auflösen in Salpetersäure eine klare, letzteres aber eine grünlichblaue Flüssigkeit, die sich durch Zusatz von Ammoniakflüssigkeit noch dunkler und mehr veilchenblau färbt.

Beim Abschaben von Metall von der Oberfläche zeigt unlegiertes Silber eine silberweiße Schabstelle, legiertes dagegen eine solche mit rötlichem Schimmer, der um so röter erscheint, je größer der Gehalt an Kupfer ist.

Noch deutlicher tritt diese Erscheinung hervor, wenn ein Probierstein mit den verschiedenen Silberarten bestrichen wird.

Ein Vergleich zwischen unlegiertem und legiertem Silber mit einem Feingehalte bis zu 0,880 ergibt ferner, daß sich ersteres mit dem Messer schneiden und mit einem Schaber viel leichter schaben läßt als letzteres, sowie daß ersteres beim Glühen weiß bleibt, während letzteres — je nach dem Legierungsmetall — eine graue bis ins Schwarze gehende Farbe annimmt.

Die Strichprobe und die Behandlung mit Salpetersäure sind leichter ausführbar und geben auch für die Unterscheidung einen sichereren Anhalt als die anderen Proben. (Amtliche Anleitung für die Zollabfertigung.)

Unterscheidung echten Silbers oder Silberüberzuges auf Metallen von silberähnlichen Legierungen. Vor Anstellung dieser Proben muß ein etwa vorhandener schützender Überzug (Firnis, Lack, Zaponlack usw.) durch Behandeln mit Alkohol oder anderen geeigneten Lösungsmitteln (z. B. Azeton-Amylazetat für Zapon-Zelluloid) entfernt werden.

1. Man bedient sich hierzu einer kalt gesättigten Lösung von doppelchromsaurem Kalium in reiner Salpetersäure von 1,2 spez. Gew.

Man bringt mittels eines Glasstabes einen Tropfen obiger Probeflüssigkeit auf den Gegenstand und spült dann den hierdurch entstandenen Fleck mit etwas Wasser ab.

Bei Vorhandensein von Silber ist der entstandene Fleck infolge gebildeten chromsauren Silbers blutrot und wird durch das Abspülen mit Wasser nicht fortgespült, sondern bleibt unverändert. Die Probeflüssigkeit erzeugt auf:

Neusilber: braune Färbung; nach dem Abspülen kein Fleck.

Britannia: schwarzer Fleck.

Platin: keine Veränderung.

Quecksilber: rötlichbrauner Fleck, der beim Abspülen verschwindet.

Blei und Wismut: gelber Niederschlag.

Zink: wird stark geätzt; kein Fleck nach dem Abspülen.

Zinn: gelber Fleck.

2. Eine Lösung von salpetersaurem Silber bleibt auf einer Silberoberfläche unverändert, während dieselbe von unedlen Metallen unter Silberausscheidung zersetzt wird.

Bei sehr schwach versilberten Waren, z. B. Knöpfen, die nur eine hauchdünne Schicht Silber erhalten, läßt diese Probe im Stich, da die geringe Menge sich bildenden chromsauren Silbers nicht sichtbar wird, bzw. sich in der vorhandenen Salpetersäure löst. Auch solche dünne Versilberung kann mit obiger Probeflüssigkeit erkannt werden, wenn man nach G. Buchner die obige Lösung mit dem gleichen Volumteil Wasser verdünnt anwendet, oder zuerst auf den Gegenstand einen kleinen Tropfen Wasser bringt und hierauf mittels eines Kapillarröhrchens einen kleinen Tropfen der unverdünnten Lösung einführt. Auf diese Weise ausgeführt, erhielt man auch bei sehr schwach versilberten Waren einen deutlichen roten Fleck. Nach Rößler reibt man das zu prüfende Metallstück auf dem Probierstein und benetzt den entstandenen Strich mit Salpetersäure, wodurch er verschwindet. Hierauf gibt man mit einem Glasstäbchen etwas Salzsäure zu; entsteht dadurch eine weiße, käsige Trübung (Chlorsilber), die auf Zusatz von Wasser nicht verschwindet, oder bei schwacher Versilberung oder silberarmer Legierung eine schwache Opaleszenz, so ist die Gegenwart von Silber sicher. Noch zweilötiges Silber gibt diese Reaktion deutlich.

Zur Feststellung leichter Versilberung gibt Finkener folgendes Verfahren: Man faßt den zu untersuchenden Gegenstand mit einer Pinzette, spritzt ihn mit Alkohol und hinterher mit Äther ab, legt ihn eine Minute auf Filtrierpapier und betupft denselben nun mit einer $1\,{}^1/_2$%igen Lösung von zweifach Schwefelnatrium. Nach zehn Minuten spült man mit Wasser ab. War der Gegenstand versilbert, so hat derselbe einen vollen, runden, stahlgrauen Fleck erhalten. Eine ähnliche Erscheinung zeigt nur noch verzinktes Kupfer; dieser Fleck ist aber matter und entsteht schneller. Diese Probe ist höchst empfindlich. Die Schwefelnatriumlösung stellt man dar durch Kochen von 30 g kristallisiertem Schwefelnatrium, mit 10 ccm Wasser und 4,2 g Schwefelblumen bis zur Lösung und Verdünnen zu 1 l.

Entstehen Zweifel darüber, ob eine Ware vergoldet oder versilbert ist, so hat eine Prüfung derselben, bei welcher nach Befinden eine starke Lupe zu benutzen ist, nach dem folgenden Verfahren stattzufinden:

Vergoldete Waren. Anscheinend vergoldete Waren sind in der Regel mittels Probiersteins und Behandlung der auf dem letzteren erhaltenen Striche durch starke. reine Salpetersäure (vom spez. Gew. 1,30—1,35) zu untersuchen, wobei das in den Strichen enthaltene Metall sich so weit auflöst und verschwindet, als es nicht aus Gold besteht, während das letztere von der Säure nicht angegriffen wird und unverändert zurückbleibt. Bei dieser Prüfung ist darauf zu achten, daß

a) der Strich auf dem Probiersteine nicht mit einer Ecke oder Kante des zu untersuchenden Gegenstandes, sondern mit einer breiteren Fläche desselben bewirkt und

b) der Probierstein vorher sorgfältig gereinigt wird.

Läßt sich hierdurch das Vorhandensein einer Vergoldung nicht erkennen und ist die Vermutung begründet, daß eine leichte Vergoldung dennoch vorliege, so ist zu einer weiteren Prüfung zu schreiten. (Siehe Verfahren nach Finkener, S. 110.)

Versilberte Waren. Bei anscheinend versilberten Waren ist in der Regel die Prüfung dadurch vorzunehmen, daß ein Tropfen einer wässerigen Chromsäurelösung mit einem Chromsäuregehalte von 25 Gewichtsteilen in 100 auf die zu untersuchende Ware gebracht wird, wobei die Gegenwart von Silber nach dem vorsichtigen Abspülen der Ware mit Wasser durch das Zurückbleiben eines braun- und blutroten Fleckes sich kundgibt. Für schwachversilberte Waren siehe Verfahren Finkener, S. 111. (Amtliche Anleitung für die Zollabfertigung.)

Schnelle Unterscheidung von Versilberung, Verzinnung und Vernickelung. 1. In Kochsalzlösung verändert sich ein Silberüberzug nicht. Nickel nimmt nach 10 Minuten eine violette Färbung an, Zinn wird mattgrau.

2. Ähnliche Resultate, aber schneller, erhält man mit Wasser, dem etwas pulverförmiges Mangansuperoxyd beigefügt wurde.

3. Befeuchtet man mit verdünnter Schwefelammoniumlösung und verdünnt gelinde, dann wird Silber schwarz, Zinn löst sich auf, Nickel bleibt unverändert.

3. Unterscheidung der Heißverzinkung (sog. Feuerverzinkung) von der elektrolytischen, sog. galvanischen Verzinkung.

Diese Feststellungen haben oft erhebliches Interesse. Nach O. Bauer ist das Eisen ein außerordentlich charakteristischer Begleiter des auf feuerflüssigem Wege aufgetragenen Zinks. Eine galvanische Verzinkung enthält niemals Eisen. Der leicht zu führende Nachweis von Eisen liefert für die Herkunft der Verzinkung einen sicheren Beweis, der auch durch den gleichzeitigen Nachweis von Blei (im Hüttenzink) gestützt werden kann. Das von Bauer angegebene Prüfungsverfahren beruht auf der Abtrennung der Zinkschicht durch verdünnte, arsenige Säure enthaltende Schwefelsäure, welche die Verzinkung einschließlich der eisenhaltigen Legierungszwischenschicht (bei Feuerverzinkung) quantiativ ablöst, ohne daß nennenswerte Mengen Eisens vom Untergrund mit in die Lösung gehen. Die Ausführung der Prüfung geschieht in der Weise, daß man den zu untersuchenden Gegenstand kurze Zeit, bis zum Aufhören der Gasentwicklung, in die Säure eintaucht und diese dann nach dem Herausnehmen des Probestücks auf Eisen qualitativ untersucht. Das in der Zinkschicht vorhandene Blei bleibt nach dem Ablösen des Zinks in Form schwarzer Flocken zurück und ist leicht zu charakterisieren. Der Nachweis von Blei kann ferner durch Behandeln des verzinkten Gegenstandes mit Ammonnitratlösung erbracht werden. Hierbei wird ebenfalls das Zink gelöst, während das Blei flockig abgeschieden wird.

4. Scheidung und Bestimmung von Gold und Silber in Legierungen.

Vorbemerkungen. Gold löst sich in Königswasser (1 Gewichtsteil Salpetersäure und 3—4 Gewichtsteile Salzsäure), Chlorwasser, Bromwasser, in Quecksilber und in lufthaltiger Zyankaliumlösung. Silber löst sich in verdünnter Salpetersäure und heißer konzentrierter Schwefelsäure. Versetzt man eine Goldlösung mit einer Eisenvitriollösung (schwefelsaures Eisenoxydul), dann wird das Gold metallisch in Form eines braunen, feinen Niederschlages ausgeschieden. In verdünnten Goldlösungen entsteht vorerst leicht bräunliche Trübung; beim Stehen setzen sich die feinen Goldteilchen zu Boden, die nach dem Waschen und Trocknen gewogen werden.

Versetzt man eine Silberlösung mit Salzsäure (= Chlorwasserstoff) oder einer Kochsalzlösung (= Chlornatrium), dann fällt das Silber in Form von Chlorsilber als weißer Niederschlag aus. In verdünnten Silberlösungen entsteht vorerst eine weiße Trübung; beim Stehen setzen sich die fein verteilten Chlorsilberteilchen ab (143,34 g trockenes Chlorsilber = 107,88 g Silber), das nach dem Waschen und Trocknen gewogen werden kann.

1. Nasse Scheidung und Bestimmung von Gold und Silber. Legierungen, welche weniger als 15% Silber enthalten, werden mit Königswasser behandelt. Es scheidet sich hierbei alles Silber als Chlorsilber ab, während alles Gold in Lösung geht, aus welcher Lösung es mit Eisenvitriollösung gefällt werden kann.

Enthält eine Legierung mindestens 70% Silber, so kann die Trennung mittels Salpetersäure bewerkstelligt werden, indem letztere dann alles Silber löst, während das Gold ungelöst zurückbleibt.

Legierungen, welche zwischen 15 und 70% Silber enthalten, können nicht direkt mit Salpetersäure behandelt werden, da nicht alles Silber in diesem Falle in Lösung geht. In diesem Falle wird die Legierung mit der dreifachen Menge Blei zusammengeschmolzen, aus welcher Legierung dann Salpetersäure nebst dem Blei auch alles Silber löst.

Konzentrierte Schwefelsäure löst beim längeren Erwärmen bei jedem beliebigen Silbergehalt alles Silber, während das Gold ungelöst bleibt. Das gleiche geschieht beim Schmelzen der Legierung mit Kaliumbisulfat.

2. Trockene Scheidung und Bestimmung von Gold und Silber (Güldisch-Probe). Diese am schnellsten und genauesten ausführbare Bestimmung auf trockenem Wege soll hier geschildert werden, um einen genauen Begriff von der statthabenden Arbeitsweise zu geben. Diese Methode gründet sich auf das verschiedene Verhalten der in Frage kommenden Metalle in der Hitze.

Schmilzt man eine Gold-Silberlegierung bei Luftzutritt mit Blei auf einer „Kupelle“ (einem äußerst porösen Tiegelchen aus Knochenasche), so oxydieren sich Blei und Kupfer, die Oxyde schmelzen und sickern in die poröse Kupelle ein, während alles Gold und Silber als Korn auf der Kupelle zurückbleibt, dessen Gewicht man bestimmt und hierauf das Gold vom Silber durch Behandeln mit Salpetersäure trennt, indem das Silber in Lösung geht, während das Gold zurückbleibt und gewogen wird. Zieht man das Gewicht des Goldes von dem des Goldsilberkornes ab, so erhält man das Gewicht des Silbers.

Zur Erlangung von richtigen Resultaten muß folgendes berücksichtigt werden. Durch Kupellation der Legierung mit Blei geht stets etwas Edelmetall verloren, und zwar um so mehr, je mehr Blei verwendet und je höher hierbei erhitzt wird. Ferner sickern stets geringe Mengen des Edelmetalls in die Kapelle ein, und dies um so mehr, je weniger Blei verwendet wird. Dieser Verlust ist aber bei weitem geringer als der, welcher durch Verwendung von zu viel Blei verursacht wird. Man muß daher bei jeder Goldkupellation einen unnötigen Überschuß an Blei vermeiden.

Die Erfahrung hat gelehrt, je reicher eine Gold-Silberlegierung an Unedelmetall ist, desto mehr Blei ist zur Kupellation erforderlich. Ferner, bei der Scheidung des Silbers vom Gold mittels Salpetersäure ist zu beachten, daß sie nur dann quantitativ verläuft, wenn die Gold-Silberlegierung auf 3 Tle. Silber und mehr 1 Tl. Gold enthält. Sind weniger als 3 Tle. Silber auf 1 Tl. Gold vorhanden, so ist die Scheidung unvollkommen. In diesem Falle setzt man der Probe reines Silber (Feinsilber) zu, bis auf 3 Tle. Silber 1 Tl. Gold kommt. Man nennt diese Operation die Quartation oder Inquartation. Bei der Behandlung einer Goldsilberlegierung in Blechform, welche aus 3 Tln. Silber und 1 Tl. Gold besteht, bleibt das Gold als zusammenhängendes braungefärbtes Blättchen zurück, bei mehr Silber als feines Pulver. Man muß also, um genaue Resultate zu erzielen, eine entsprechende Bleimenge zur Kupellation verwenden und das richtige Verhältnis zwischen Gold und Silber einhalten; das kann nur geschehen, wenn man die ungefähre Zusammensetzung der Legierung kennt. Zu diesem Zwecke muß eine Vorprobe wie folgt ausgeführt werden:

Die Vorprüfung (Zehntelprobe). Eine Muffel wird auf Kirschrot angeheizt, dann bringt man eine Kupelle von 6—7 g Gewicht (dieselbe kann ca. ihr eigenes Gewicht an Blei aufnehmen) ganz hinten in dieselbe, schließt die Muffeltüre und erhitzt so lange, bis die Kupelle dieselbe Farbe wie die Muffel angenommen hat. Nun legt man auf die Kupelle 5 g Blei, verschließt die Muffel, bis das Blei geschmolzen ist, setzt dann sofort (mit Hilfe einer langen Zange) 0,025 g der genau abgewogenen Legierung, die man in ein kleines Stück Bleifolie einwickelt, dazu und verschließt die Muffel, bis das Metall schmilzt und eine blanke Oberfläche zeigt. Mit Hilfe eines eisernen Hakens zieht man jetzt die Kupelle sorgfältig hervor, etwa bis in die Mitte der Muffel, und schiebt die Türe vor die Muffelöffnung, so aber, daß reichlicher Luftzutritt stattfinden kann.

Nach ungefähr 20 Minuten ist das Blei abgetrieben, was man an dem „Blicken“[1]) des Edelmetalls erkennen kann. Man nimmt die noch heiße Kupelle aus der Muffel heraus und beobachtet die Farbe des Kornes nach dem Erkalten.

a) Ist das Korn grüngelb oder dunkler, so enthält es weniger als 3 Tle. Silber auf 1 Tl. Gold. Ohne das Korn zu wägen, fügt man nach Augenmaß 4—6 Tle. Feinsilber hinzu und kupelliert auf einer frischen Kupelle mit 1 g Blei. Das nun erhaltene Korn wird mit Salpetersäure behandelt und gewogen.

b) Ist das Korn rein weiß, so enthält es drei bis mehr Teile Silber auf 1 Tl. Gold und wird sofort, wie weiter unten angegeben, mit Salpetersäure behandelt und das zurückbleibende Gold gewogen.

Hat man sich über den ungefähren Goldgehalt orientiert[2]), so erfährt man aus folgender Tabelle die bei der eigentlichen Probe zu verwendende Bleimenge.

Bleitabelle.

Gehalt der Legierung an Gold	Nötige Bleimenge zur Kupellation von 0,25 g Legierung
1000 Tausendstel	0,25 g
900 „	2,50 g
800 „	4,00 g
700 „	5,50 g
600 „	6,00 g
500 „	6,40 g
400 und weniger Tausendstel	8,50 g

[1]) Das „Blicken“ des Metalles ist das helle Aufblitzen, das eintritt, wenn die immer dünner werdende Bleioxydschicht schließlich berstet und das blanke Edelmetall durchschimmert. Kurz vor dem Blicken tritt eine deutliche Irisierung auf, so daß man nie im Zweifel sein kann, wann die Operation fertig ist.

[2]) Durch den Probierstein und Probiernadeln, siehe S. 109.

Die eigentliche Probe. Zur definitiven Bestimmung des Goldes und Silbers wägt man zwei Proben von genau 0,25 g ab, versetzt die eine Probe mit der nötigen Bleimenge, kupelliert und bestimmt das Gewicht des Goldsilberkorns.

Die andere Probe dient zur Bestimmung des Goldes. War die ursprüngliche Legierung sehr weiß, so enthielt sie mehr als 500 Tausendstel Feinsilber.

War sie grünlichgelb, so enthielt sie 550—750 Tausendstel Edelmetall, wobei Silber reichlich vorhanden ist.

War aber die Legierung schön gelb oder rötlichgelb, so enthielt sie mehr als 700 Tausendstel Edelmetall und Gold ist vorwiegend.

War daher die Legierung sehr weiß, so wägt man noch einmal so viel Feinsilber als Gold durch die Vorprobe gefunden wurde (inquartiert mit 1 Tl. Silber) und kupelliert mit derselben Bleimenge wie bei der ersten Probe.

War die ursprüngliche Legierung grünlichgelb, so inquartiert man mit 2 Tln. Silber, war sie deutlich gelb bis rötlichgelb, mit 2,5 Tln. Silber.

Behandlung des inquartierten Goldsilberkornes. Das Goldsilberkorn entfernt man mittels der „Kornzange" von der Kupelle, reinigt es mit einer steifen Bürste (Kornbürste), hämmert es alsdann auf einem Amboß und erhält so eine runde etwa 1 mm dicke Scheibe. Diese glüht man auf einer frischen Kupelle aus, kühlt rasch ab, indem man sie auf ein Messingblech legt und walzt[1]) sie zwischen zwei Stahlwalzen zu einem länglichen Streifen aus, glüht wieder und rollt zu einem Röllchen zusammen. Dieses Röllchen bringt man in ein Kölbchen, übergießt es mit 30—40 ccm chlorfreier Salpetersäure von 22° Bé, erhitzt es zum Sieden und erhält es so 10 Minuten lang. Nun gießt man die Säure ab, ersetzt durch ebensoviel Säure von 22° Bé und wiederholt obige Behandlung. Nachdem auch diese Säure abgegossen wurde, wäscht man durch dreimaliges Abgießen und Aufgießen mit destilliertem Wasser (Dekantieren), füllt hierauf das Kölbchen ganz mit Wasser an, stülpt ein kleines Tiegelchen darüber und kippt rasch um, so daß das Goldröllchen in den Tiegel gelangt. Nun entfernt man den Kolben und gießt das Wasser von dem Röllchen ab, trocknet und glüht das nun reine Gold. Das vorher weiche, braune Röllchen wird hart und erhält eine goldgelbe Farbe. Nach dem Erkalten wird das Röllchen gewogen. Zieht man dessen Gewicht von dem des zuerst erhaltenen Gewichtes des Goldes + Silbers ab, so erhält man die Silbermenge.

Sind in der Legierung außer Gold und Silber Platin oder Platinmetalle zugegen, so muß die Behandlung des in diesem Falle rauhen, etwas grauen Kornes mit kristallinischer Oberfläche eine Erweiterung erfahren, worauf hier nicht eingegangen werden kann.

I. Wiedergewinnung wertvoller Metalle aus Lösungen und Abfallprodukten (Güldisch und Krätze).

1. Kupferlösungen, z. B. alle sauren Kupferbäder, Waschwässer der Gelbbrennen, kupferhaltiges Eisenchlorid vom Messingätzen herstammend usw., säuert man mit etwas Schwefel- oder Salzsäure an, stellt Eisen- oder Zinkbleche ein und läßt einige Tage oder so lange einwirken, bis bei vorhandenem ungelösten Metallblech alles Kupfer metallisch ausgefällt ist. Blaue Kupferlösungen sind dann farblos geworden, bei gefärbten, z. B. Eisenlösungen wird in einer kleinen Probe durch Zinkblech kein Kupfer mehr gefällt.

---

[1]) Durch das Hämmern der Goldsilberlegierung wird das Metall so spröde, daß es sich nicht zu einem ganzrandigen Blättchen auswalzen läßt, wodurch sich bei der Behandlung mit Salpetersäure kleine Stücke des Metalles ablösen, und man das Gold nicht in Form eines zusammenhängenden Röllchens erhält, was natürlich die weitere Arbeit erschwert. Glüht man das Metall nach dem Hämmern und Walzen aus und kühlt rasch ab, so erlangt das Metall wieder seine ursprüngliche Weichheit.

Aus zyanhaltigen Kupferlösungen, z. B. alten alkalischen Kupferbädern oder Messingbädern, fällt man das Kupfer durch Einstellen von Zinkblech oder durch Zugabe von fein verteiltem Zink, sog. Zinkstaub, in gleicher Weise aus. Die Fällung ist vollständig, wenn eine Probe der Lösung auf Zusatz von Schwefelammonium- oder Schwefelleberlösung keinen schwarzen Niederschlag von Schwefelkupfer mehr gibt, oder wenn in einer Probe durch Zinkstaub kein Kupfer mehr gefällt wird.

Diese Fällungen gehen nicht plötzlich vor sich, sondern brauchen geraume Zeit.

2. Aus einfachen Silberlösungen, z. B. salpetersaurem oder schwefelsaurem Silber fällt man das Silber durch Einstellen von Zinkblech metallisch oder durch Zugabe von Salzsäure, solange noch ein Niederschlag entsteht, als Chlorsilber aus. Das gewaschene und getrocknete Chlorsilber (enthält reines 75% reines Silber) kann als solches z. B. zur Herstellung eines Silbersudes oder galvanischen Silberbades benutzt, evtl. mit Zink- und Salzsäure zu Silber reduziert werden.

Aus Zyansilberlösungen (alten galvanischen Bädern, Silbersud usw.) fällt man das Silber sehr einfach durch Schwefelammonium oder Schwefelleberlösung als schwarzes Schwefelsilber aus, das dann gewaschen und in Salpetersäure gelöst werden kann usw.

Oder man fällt durch Einstellen von Zinkblech aus den zyansilberhaltigen Flüssigkeiten metallisches Silber aus. Verwendet man Zinkblech in Berührung mit Eisenblech, dann scheidet sich das Silber pulverförmig aus.

3. Aus einfachen Goldlösungen, z. B. Goldchloridlösungen, fällt man das Gold durch Eisenvitriollösung in Form von braunem, pulverförmigem Gold aus, das gewaschen und getrocknet wird.

Aus zyanhaltigen komplexen Goldlösungen (alten galvanischen Goldbädern usw.) scheidet man das Gold durch Zinkstaub aus (Zinkblech fällt nicht).

4. Platin wird aus einfachen Lösungen, z. B. Platinchloridlösungen, durch Zink ausgefällt in Form eines schwarzen Pulvers.

Selbstverständlich können diese Metalle auch in der Weise wiedergewonnen werden, daß man dieselben durch den elektrischen Strom an einer Metall- oder Kohlenanode ausscheidet.

5. Güldisch und Krätze. In Metallwerkstätten aller Art, z. B. bei Gold- und Silberarbeitern, Knopffabriken, Bronzeuren, galvanischen Anstalten, Metallätzereien usw. ergeben sich fortwährend Abfälle von Edelmetallen in Form von Blechschnitzeln, Drahtstücken, abgeschabten Teilen von Lötstellen, Feilspänen usw., welche teils auf den Arbeitstischen, teils auf dem Fußboden sich befinden. Diese Abfälle werden sorgfältig durch Zusammenkehren gesammelt, und wenn eine genügende Menge angefallen ist, verarbeitet oder zu diesem Zwecke in Metallscheideanstalten eingeschickt.

Da diese Abfälle neben den wertvollen Metallen eine Menge anderer Stoffe, Holz, Schmutz, Tiegelscherben, Staub usw. enthalten, werden sie am besten auf einem Eisenblech verbrannt, evtl. gestampft, sortiert, gesiebt und geschlämmt, wobei die schweren Metalle zu Boden sinken. Man trocknet dann, schmilzt im Graphittiegel und gießt die Schmelze unter beständigem Rühren in Wasser. Man erhält so kleine Metallkörner.

Diese bringt man in eine Porzellanschale, übergießt mit konzentrierter Schwefelsäure und erhitzt auf einem Sandbade unter einem Abzuge (es entweicht schweflige Säure), bis die Gasentwicklung aufhört. Es haben sich nun alle Metalle mit Ausnahme des Goldes, das als braunes Pulver zurückbleibt, gelöst; es finden sich also Kupfer, Silber, Zink, Kadmium, Eisen u. a. in Lösung. Man gießt die Lösung in Wasser ein, sammelt das zurückgebliebene Gold und wäscht mit heißem Wasser aus. Aus der Lösung fällt man mit Salzsäure das Silber als Chlorsilber aus (siehe 2.), aus dem Filtrat das Kupfer mit Eisenblech.

1. Die praktischen Möglichkeiten der Wiedergewinnung des Edelmetalles aus den gewerblichen Rückständen.

Hierüber entnehmen wir Ausführungen von G. Nicolaus in der „Chemiker-Zeitung“ 1911, Nr. 138, Chem.-Techn. Repertorium, S. 584, folgendes:

Die Wiedergewinnung der Edelmetalle erstreckt sich auf im Kehricht (Gekrätz) enthaltene und in galvanischen Bädern oder Säuren gelöste. Die Verarbeitung des Kehrichts geschieht in der Gekrätzmühle. Der Kehricht wird zunächst in einem großen Verbrennungsofen zu Asche gebrannt, die zurückbleibenden Eisenteile mittels Magneten, grobe Stücke, wie Steine, durch Auslesen entfernt und darauf zu Staub gemahlen, um dann in die Siebmaschine zu kommen. In dieser wird das Grobe von dem Feinen getrennt und letzteres den Scheideanstalten überwiesen. Das Grobe wird in der Mühle geschmolzen und nach Möglichkeit abgetrieben und dann ebenfalls den Scheideanstalten überwiesen. Wasch- und Schleifwässer schlägt man mit aufgelöstem Eisenvitriol nieder, filtriert und gibt den Rückstand zum allgemeinen Gekrätz. Schliff- und Poliergekrätz schmilzt man, zusammen mit der Asche von Polierlappen, Borsten usw., mit gleichen Teilen käuflichem Schmelzpulver oder einem aus gleichen Teilen bestehenden Gemisch von kalzinierter Soda und Holzkohle. Alte Farbrückstände (Beizen, in denen das Gold matt gefärbt wird) werden in einem Eisentopf von 20—30 Liter Inhalt mit der Hälfte Wasser verdünnt, das Gemisch wird mit 250 g Eisenvitriol, in $1^1/_2$ Liter kochendem Wasser gelöst, versetzt und mit einem Eisenstab umgerührt, welcher in der Lösung bleibt. Man läßt einige Tage ruhig stehen. Den Bodensatz trocknet man, glüht und schmilzt nach dem Ausziehen mittels Magneten im Soda-Kohlegemisch. Reste von Zyanbädern, Ausschwenkwasser von Vergoldungs- und Versilberungstöpfen schlägt man mit Zinkstaub nieder. Aus alten Gold- oder Silberbädern gewinnt man die Edelmetalle durch Eindampfen von etwa 50 Liter unter Umrühren zur Staubtrockne. Dieser Rückstand wird mit Soda und Holzkohle ($^1/_4$ mehr als der Rückstand) geschmolzen, zerstoßen und nun im hessischen Tiegel bei Weißglut etwa $^3/_4$ Stunden erhitzt. Die Edelmetalle scheiden sich als Regulus ab und werden durch Umschmelzen unter Zusatz von etwas Salpeter gereinigt. Aus verbrauchten oder schlecht gewordenen Silberbädern gewinnt man das Silber wie beim Gold beschrieben, oder man versetzt das Bad so lange mit reiner Schwefelsäure, als noch ein weißer, käsiger Niederschlag entsteht. Man filtriert und mischt den trockenen Rückstand mit Sägemehl, glüht in einer eisernen Glühpfanne aus, zerkleinert im Mörser und schmilzt mit Soda-Holzkohle zum Regulus. Wegen der entstehenden Blausäuredämpfe verfährt man gefahrloser, wenn man 100 Liter des alten Goldbades mit $^1/_2$ kg Zinkstaub unter öfterem Umrühren mehrere Tage lang behandelt und dann absitzen läßt. Den Rückstand behandelt man in einer Porzellanschale so lange mit Salzsäure, bis alles Zink gelöst ist. Man filtriert und schmilzt den goldstaubhaltigen Rückstand mit Soda-Holzkohle zum Regulus, welcher durch Umschmelzen unter Zusatz von Salpeter gereinigt wird. Über die Verwertung der Edelmetallabfälle siehe auch Th. Wolff, Zeitschrift für Edelmetallindustrie, 1909.

2. Nickel aus Abfällen wiederzugewinnen.

Man kann die nickelplattierten Abfälle bei reichlichem Luftzutritt längere Zeit glühen, in Wasser ablöschen und in einem Rollfaß bearbeiten. Bei dem Glühen wird das Grundmetall (Eisen, Messing usw.) oxydiert, so daß sich unterstützt durch die plötzliche Abkühlung beim Ablöschen der Nickelüberzug leicht ablöst. Durch die Reibung im Rollfaß wird die Ablösung der Nickelschicht vollendet und das Nickel vom anhaftenden Oxyd befreit. Nach einem anderen Verfahren sortiert man die Abfälle in Eisen und Kupferlegierungen und schneidet sie in kleine Schnitzel.

Die Eisenabfälle bringt man in einen dichten Sack und legt sie in verdünnte Schwefelsäure (1 Teil Schwefelsäure auf 20 Teile Wasser). Die Schwefelsäure löst das Eisen. Das Nickel blättert ab und kann gewaschen und nach dem Trocknen zu einem Regulus verschmolzen werden.

Die kupferhaltigen Abfälle werden gleichfalls in einen dichten Sack gebracht und 24 Stunden lang in starken Holzessig, dann 12 Stunden frei an die Luft gehängt. Dies wird wechselweise mehrfach wiederholt, bis das Nickel vom Kupfer abgeblättert ist. Die Lösung von essigsaurem Kupfer kann natürlich gleichfalls verwendet werden.

Um zu bewirken, daß das Nickel von nickelplattierten Waren abblättert, kann man diese auch in heißes Wasser und dann eine halbe Stunde unter Bewegen in folgendes Säuregemisch tauchen: 4 l Schwefelsäure von 66° Bé, 500 g Salpetersäure von 40° Bé, 50 g salpetersaures Kalium, 500 g Wasser. Die Säure löst die Kupferlegierung, nicht aber das Nickel, das sich loslöst und gesammelt werden kann.

3. Verwertung von Metallegierungen, insbesondere von Zinkkupfer-Aluminiumlegierungen.

In Deutschland liegen große Mengen von Halb- und Fertigfabrikaten für Munition und Heeresgerät vor, deren Verwertung häufig recht schwierig ist. Es handelt sich da um schwierige Probleme der Umarbeitung; so ist die Frage nach der Möglichkeit der Verwertung von Zinkzünderlegierungen, eines Materials, das mit bis zu 6% Kupfer und bis zu 3,5% Aluminium legiert ist, eine schwierige, da ja sicher nur ein verhältnismäßig geringer Teil unmittelbar für Gußzwecke verwendet werden kann. Es handelt sich hier um ein wirtschaftliches Problem von großer Bedeutung. Guertler bespricht (Metall und Erz 1919) die Wege, welche zur Verfügung stehen, um entweder das Kupfer und Aluminium aus dem Zink zu entfernen oder um die Legierung als solche zu verwenden. Im ersteren Fall müßte man mit großen Verlusten an Aluminium und Zink rechnen. Die Wege zur Trennung des Zinks vom Kupfer und Aluminium wären nach Guertler folgende:

1. Man könnte die Legierungsmasse auf eine Temperatur bringen, bei welcher sie sich in einen festen, kristallinen und einen flüssigen Bestandteil scheidet, die dann mechanisch voneinander getrennt werden könnten. Man könnte in der Tat auf diese Weise zwei verschiedene Produkte erlangen, von denen das eine fast aluminiumfrei, das andere dagegen an Aluminium angereichert wäre. Kupfer würde jedoch in beiden Bestandteilen vorhanden sein. Somit ergäbe das Verfahren an sich schon keine reinliche Scheidung, außerdem würde aber naturgemäß die mechanische Trennung (durch Zentrifugieren, Pressen oder dgl.) immer nur eine unvollkommene bleiben.

2. Durch eine elektrolytische Raffination könnte das Kupfer restlos, das Zink ziemlich ohne Verlust und das Aluminium vielleicht auch noch zum Teil gerettet werden. Wenn dies Verfahren daher grundsätzlich als recht gut zu bezeichnen ist, so weist doch Guertler darauf hin, daß eine praktische Ausarbeitung wohl zu lange dauern würde; ob die Verarbeitung wirtschaftlich wäre, ist eine weitere Frage.

3. Das Zink könnte aus der Legierung herausdestilliert werden. Es würde auf diese Weise rein erhalten und der Rückstand aus Kupfer und Aluminium könnte zum mindesten auf Kupfer auch glatt verarbeitet werden. Allerdings wären die Feuerungskosten für dieses Verfahren ziemlich hoch.

4. Endlich könnte eine Entfernung des Aluminiums und Kupfers auf chemischem Wege versucht werden. Es erscheint Guertler aussichtsreich, durch ein Verschmelzen mit Zinkoxyd oder einer anderen geeigneten Zinkverbindung diese durch das Aluminium reduzieren zu lassen, wodurch also das Aluminium als Oxyd in die Schlacke gehen würde. Der Gefahr eines Zurückbleibens von Tonerde im Metallbad wäre durch geeignete Flußmittel entgegenzuwirken. Ein Weg

zur Entfernung des Kupfers in entsprechender Weise wäre schwieriger, aber nach Guertlers Ansicht doch zu versuchen, unter Anwendung des Prinzips, daß in gewissen Salzen das Kupfer elektropositiver ist als das Zink, so daß also in ihnen das Zink durch Kupfer ersetzt werden kann. Sollte dies Verfahren in die Praxis umgesetzt werden können, so dürfte es sich wohl als ökonomisch herausstellen. —

Was den zweiten Weg betrifft, den der unmittelbaren Verwendung dieser Legierungen als Werkstoff, so ist dabei zu unterscheiden, ob Legierungen von der in Rede stehenden Zusammensetzung oder unbestimmte Legierungen, die außerdem noch Blei und Eisen usw. enthalten, vorliegen. Für reine Legierungen wird sich wohl verschiedene Verwendung, auch zur Herstellung von Messing finden; auch wird die Legierung an sich, durch mechanische Bearbeitung, Walzen und Pressen, verschiedene Verwertungsmöglichkeiten darbieten.

Des weiteren müßte festgestellt werden, inwieweit sich diese Zünderlegierungen an Stelle des reinen Zinks auch zur Verzinkung von Eisen eignen.

4. Wiederherstellung von Arbeitslösungen (Regeneration).

Bei einem rationellen Arbeitsbetriebe ist darauf zu sehen, daß die verwendeten, während der Arbeit, ihre Zusammensetzung ändernden, z. B. Kupfer-, Nickel-, Vergoldungs-, Versilberungs- usw. Bäder (siehe diese) durch geeignete Behandlung auf ihrer geeigneten Anfangszusammensetzung erhalten oder wieder auf dieselbe gebracht werden (Regeneration). Dazu ist in vielen Fällen die Ausmittlung der stattgehabten Veränderungen durch die chemische Analyse notwendig. Dieselbe ist dann in der Lage, die Art und Menge der nötigen Zusatzstoffe anzugeben. Ist eine Wiederherstellung einer Lösung nicht möglich oder aus wirtschaftlichen Gründen nicht tunlich, dann soll man wenigstens die wertvolleren Metalle wiedergewinnen. Als Beispiel der Wiederherstellung einer Arbeitslösung führe ich die Regeneration der beim Ätzen von Kupfer oder Messing, z. B. in der Metallgravürentechnik, unbrauchbar gewordenen Eisenchloridlösung an:

Verfahren zur Wiederherstellung der beim Messingätzen unbrauchbar gewordenen Eisenchloridlösung. 20 l (= 27,5 kg) ausgebrauchter Eisenchloridlösung, welche stark kupferhaltig ist, wird mit 1 kg, am besten in feiner Verteilung (Eisenspäne) befindlichem Eisen und 1 kg roher Salzsäure versetzt und das Ganze unter öfterem Umrühren 1—2 Tage oder so lange stehen gelassen, bis eine Probe mit Eisenfeile zeigt, daß alles Kupfer aufgefällt ist; andernfalls müßte noch etwas Eisen zugefügt und gewartet werden, bis dies geschehen ist. Durch diese Behandlung wird das Kupfer, das beim Ätzen von Kupfer oder Kupferlegierungen in Lösung ging, metallisch ausgeschieden und wiedergewonnen. Das durch den Ätzprozeß noch nicht in Eisenchlorür übergegangene Eisenchlorid wird aber gleichzeitig durch das metallische Eisen zu Eisenchlorür (grün) reduziert und muß nachträglich zu Eisenchlorid, dem die Ätzwirkung zukommt, oxydiert bzw. chloriert werden (s. a. bei galvanischen Bädern, S. 310). Man läßt nun absetzen, gießt die klare grüne Lösung von Eisenchlorür ab; dieselbe muß nun in Eisenchlorid übergeführt werden. Zu diesem Zweck setzt man 8 kg rohe Salzsäure zu und fügt nach und nach ca. 1400 g chlorsaures Kalium oder so viel zu, bis eine Probe der Lösung mit einer Lösung von rotem Blutlaugensalz keine blaue, sondern eine braune Farbe gibt, was anzeigt, daß alles Eisenchlorür in Eisenchlorid übergeführt ist. Die erhaltene Lösung ist nun, obwohl etwas verdünnter als anfänglich, sofort gebrauchsfertig. Um sie zu konzentrieren, wird sie ein wenig eingedampft, bis dieselbe 40° Bé zeigt oder mit festem Eisenchlorid verstärkt.

Das ausgefällte Kupfer wird durch Auswaschen von anhängendem Eisenchlorid befreit und getrocknet. Aus 20 l werden gegen 1 kg Kupfer erhalten. In die Lösung (Eisenchloridlösung) kommen durch die Behandlung ca. 850 g Chlorkalium.

III. Herstellungsarbeiten.

A. Schmelzen. — Legieren. — Gießen.

1. Allgemeines.

Bei den Stoffen der festen Formart (Aggregatzustand) führen die kleinsten Teilchen, die Moleküle, lebhafte Bewegungen um ihre Gleichgewichtslagen aus, doch ist ihre Geschwindigkeit viel kleiner, ihre Näherung viel größer als bei den Stoffen der flüssigen Formart. Die Moleküle besitzen eine gewisse Anordnung, die Kräfte, die sie aufeinander ausüben, sind derart groß, daß sie ihre gegenseitige Lage von selbst nicht mehr ändern können; sie haben eine große innere Reibung. Die schmelzbaren kristallinischen Stoffe gehen bei genügender Erwärmung plötzlich in den flüssigen Zustand über, sog. Schmelzpunkt.

Bei den Stoffen der flüssigen Formart, den Flüssigkeiten oder den geschmolzenen Stoffen, haben die kleinsten Teilchen eine viel größere Bewegungsenergie, sie lassen sich leicht gegeneinander verschieben und besitzen eine viel geringere innere Reibung als die festen Stoffe. Führt man einem kristallinischen schmelzbaren Stoff, z. B. einem Metall, Wärme zu, so steigt zunächst seine Temperatur; dann beginnt es zu schmelzen. Solange nicht die ganze Stoffmasse geschmolzen ist, steigt dann die Temperatur nicht weiter an; alle zugeführte Wärme wird dazu verbraucht, den Molekülen des festen Stoffes die Energie zu erteilen, welche eben den flüssigen Zustand charakterisiert, die Wärmeenergie wird in Bewegungsenergie der Moleküle transformiert (Schmelzwärme oder sog. latente Wärme). Die Wahrnehmung, daß bei gleichmäßiger Wärmezufuhr der Schmelzvorgang um so länger dauert, je größer die Masse des zu schmelzenden Stoffes ist, führte zu dem Begriff der Wärmemenge. Beim Erstarren des geschmolzenen Stoffes wird die zum Schmelzen verbrauchte Wärmemenge wieder frei. Die lebhaftere Bewegung der flüssigen Stoffteilchen verringert sich und beim Erstarrungspunkt sind die gegenseitigen Anziehungskräfte so groß geworden, daß die Stoffteilchen ihre gegenseitige Lage nicht mehr ändern können. Die Bewegungsenergie wird in Wärmeenergie transformiert.

Unter Schmelzpunkt versteht man diejenige Temperatur, bei welcher ein Metall beim Erhitzen in den flüssigen, oder umgekehrt bei der Abkühlung aus dem flüssigen in den festen Zustand (Erstarrungspunkt) übergeht. Als Schmelzwärme bezeichnet man die Wärmemenge, die man einem Kilo auf seine Schmelztemperatur erhitzten Metalles zuführen muß, um dasselbe in eine Flüssigkeit von derselben Temperatur überzuführen, also zu schmelzen; durch diese Zuführung wird eine Temperaturerhöhung nicht bewirkt.

Die gesamte Schmelzwärme oder Schmelzbarkeit ist die Wärmemenge, die zum Erhitzen und Schmelzen von 1 kg erforderlich ist; sie läßt sich aus dem Schmelzpunkt, der spezifischen Wärme[1]), der Gießtemperatur und der Schmelzwärme berechnen oder sie wird direkt im Kalorimeter bestimmt. Je höher die spezifische Wärme eines Metalles ist, desto größer ist die zu seiner Erhitzung erforderliche Wärmemenge.

Das Schmelzen der Metalle geschieht in Kesseln, Herden eines Flammenofens oder in Graphittiegeln; für leichtflüssige Legierungen kann man gußeiserne Tiegel benutzen.

---

[1]) Unter spezifischer Wärme versteht man diejenige Wärmemenge in Wärmeeinheiten, welche erforderlich ist, um 1 kg des Metalles um 1° C zu erwärmen. (Als Wärmeeinheit *w* (Kalorie) für technische Zwecke gilt die Wärmemenge, welche erforderlich ist, um 1 kg Wasser bei etwa 15° C um 1° C zu erwärmen.)

Die Dünnflüssigkeit ist wichtig für die Fähigkeit der Metalle, dünne Querschnitte vollkommen auszufüllen. Eine Steigerung der Dünnflüssigkeit tritt durch Überhitzen und Beifügung bestimmter Stoffe ein, insbesondere von Stoffen, welche wie z. B. Aluminium usw. Oxydbildung verhindern oder solche rückgängig machen.

Allgemeine Regel beim Schmelzen der Metalle ist: jede unnötige Überhitzung über den Schmelzpunkt bzw. die Gießtemperatur zu vermeiden, da mit der Temperatur die Einwirkung des Sauerstoffes, die Oxydation und damit die Bildung lästiger Oxyde stark beschleunigt wird. Um den Luftzutritt zu beschränken, wird das schmelzende Metall mit Kohlenpulver, Borax usw. bedeckt (siehe bei den einzelnen Metallen). Des weiteren werden Stoffe zugefügt, welche die gebildeten Oxyde reduzieren.

Heizwerte der Brennstoffe. Die Brennstoffe müssen nach ihrem Heizwert bewertet werden.

Unter Heizwert versteht man diejenige Wärmemenge, die bei der Verbrennung bis zur Wiederabkühlung der Verbrennungserzeugnisse auf die Anfangstemperatur frei wird.

Der obere Heizwert $\frac{h}{wo}$ bezieht sich auf das in den Verbrennungserzeugnissen im flüssigen Zustand, der untere Heizwert $\frac{h}{wu}$ auf das im dampfförmigen Zustand befindliche Wasser, daher ist $\frac{h}{wo} = \frac{h}{wu} + 600.$ —

Besteht 1 kg eines Brennstoffes aus

C kg Kohlenstoff,
H kg Wasserstoff,
S kg Schwefel,
O kg Sauerstoff,
W kg hygroskopischen Wassers,

so ist die zur vollständigen Verbrennung von 1 kg Brennstoff erforderliche Luftmenge

$$L = \frac{{}^8/_3\, C + 8H + S - O}{0{,}23}\,\text{kg}$$

oder

$$L = \frac{{}^8/_3\, C + 8H + S - O}{0{,}3}\,\text{cbm}$$

von 0 und 760 mm Q.-S.

Der Heizwert des betr. Brennstoffes, d. h. die Anzahl der kg-Cal. welche bei der vollkommenen Verbrennung von 1 kg des Brennstoffes frei werden, berechnet sich nach der Gleichung:

$$\frac{h}{wu} = 8100\, C + 29000\, (H - {}^1/_8\, O) + 2500\, S - 600\, W.$$

Der Heizwert $\frac{H}{w}$ bezogen auf 1 cbm Brennstoff bei 15° C und 1 Atm. ergibt sich aus der Formel $\frac{H}{w} = \frac{h}{w}\,\frac{m}{24{,}4}$, wobei m das Molekulargewicht ist.

Obere Heizwerte:

Stoff	$\frac{h}{wo}$ kg-Cal	Stoff	$\frac{h}{wo}$ kg-Cal	$\frac{H}{wo}$ kg-Cal
Steinkohle (gute)	7500	Wasserstoff	34200	2800
Steinkohle (mittlere)	6600	Kohlenoxyd	2440	2800
Steinkohle (geringe)	4800	Azetylen	12000	12800
Steinkohlenbriketts	7750	Leuchtgas	10000	5130
Anthrazit	8000	Wassergas	3930	2520
Braunkohlen	3600	Generatorgas	1180	1175
Braunkohlenbriketts	4800	Mischgas	1190	—
Gaskoks	7000	Gichtgas	768	896
Torf	3800	Äther	9000	—
Holz	4100	Alkohol	7100	—
Holzkohle zu CO_2	8000	Benzol	10000	—
Holzkohle zu CO	2470	Braunkohlenteeröl	10000	—
Naphthalin	9700	Petroleum	11000	—
Phosphor	5950	Masut	10500	—
Schwefel zu SO_2	2220	Terpentin	10850	—
Wachs	9000	Leinöl, Rüböl . . .	9300	—

Untere Heizwerte:

Stoff	Dichte bez. auf Luft	$\frac{h}{wu}$ kg-Cal	$\frac{H}{wu}$ kg-Cal	
Wasserstoff	0,07	28700	2360	
Kohlenoxyd	0,97	2440	2800	
Azetylen	0,90	11600	12360	
Leuchtgas	0,43	8900	4590	
Wassergas	0,54	3580	2300	
Generatorgas . . .	0,84	1100	1095	
Gichtgas	0,98	757	883	
	Spez.-Gew. bei 15° C	$\frac{h}{wu}$ kg-Cal	Elementaranalyse	
			Wasserstoff %	Kohlenstoff %
Petroleum	0,879	10610	14,2	85,1
Solaröl	0,849	10100	13,3	85,7
Gasöl	0,865	10000	12,5	84,6
Braunkohlenrohöl	0,908	9800	12,4	85,6
Paraffinöl	0,926	9750	11,6	86,0
Kreosotöl	1,050	8970	6,1	91,2
Alkohol	0,794	6400	—	—
Spiritus, 95 proz.	0,809	6000	—	—
Spiritus, 85 proz.	0,836	5240	—	—
Spiritus, 75 proz.	0,861	4470	—	—
Benzol	0,885	9590	—	—
Naphthalin	0,977 (bei der Schmelztemp. 80°)	9370	—	—
Benzin	0,70	9800 bis 10200	—	—

Chemische Zusammensetzung, physikalische Eigenschaften und Heizwerte von lufttrockenem Koks.[1])

Bezirk	Handelsübliche Bezeichnung	Kohlenstoff %	Asche %	Schwefel %	Phosphor %	Anscheinendes spez. Gew. 1 cbm wiegt kg	Wirkl. spez. Gew.	Poren in %	Heizwert WE
Ruhrbezirk	Hochofenkoks	86,87	9,32	1,10	0,032	890	1,80	50,54	7019
„	Gießereikoks	86,57	9,79	1,13	0,032	930	1,92	51,56	6995
„	Hochofenkoks	89,35	7,23	1,04	0,013	890	1,87	52,72	7219
„	Gießereikoks	87,35	9,14	1,01	0,018	870	1,89	53,91	7058
„	Hochofenkoks	86,25	9,55	1,07	0,014	940	1,89	50,12	6969
„	Gießereikoks	90,19	7,30	1,17	0,013	900	1,89	52,25	7288
„	Hochofenkoks	85,93	11,10	1,37	0,020	960	1,87	67,30	6943
„	Gießereikoks	87,12	10,00	1,06	0,028	930	1,88	50,37	7039
„	Hochofenkoks	87,80	8,77	0,91	0,035	920	1,84	50,33	7092
„	Gießereikoks	85,30	10,01	0,73	0,047	1020	1,87	44,60	6892
„	Gaskoks	82,03	10,74	1,02	n. best.	n. best.	n. best.	n. best.	6841
„	„	85,18	7,42	0,87	„	„	„	„	7057
Oberschlesien	Hochofenkoks	84,87	13,00	1,08	„	940	1,80	47,71	6950
„	Würfelkoks	83,72	8,32	0,91	„	n. best.	n. best.	n. best.	6925
„	Nußkoks	80,03	10,16	0,89	„	„	„	„	6490
„	Gaskoks	86,35	6,41	0,96	„	„	„	„	7080
Niederschles.	Hüttenkoks	n. best.	10,36	n. best.	„	„	„	„	6887
Saargebiet	Hochofenkoks	—	10,60	0,71	„	„	„	„	n. best.
„	„	—	11,80	0,98	„	„	„	„	„
„	Gaskoks	88,08	6,52	0,98	„	„	„	„	7271
Belgien (Lüttich)	Hochofenkoks	81,05	12,00	1,22	0,03	„	„	„	n. best.
(Charleroi)	„	75,90	17,61	0,90	0,02	„	„	„	„
England	Gießereikoks	92,56	6,53	0,58	n. best.	„	1,83	40,00	„
„	„	93,16	5,76	0,49	„	„	1,76	49,80	„
Nordamerika (Connelsville)	Hüttenkoks	89,58	9,11	0,82	„	„	n. best.	n. best.	„

Guter Schmelzkoks soll besitzen:

silberweiße bis hellgraue Farbe,
metallischen Glanz,
stängliges Gefüge
hellen Klang,
große Festigkeit und Härte und
große Dichtigkeit.

Die Festigkeit d. h. Zerdrückbarkeit soll nicht unter 80 kg auf 1 qcm betragen:

Ruhrkoks 120—175 kg auf 1 qcm,
Saarkoks 120—140 kg auf 1 qcm;

Zerreiblichkeit; kennzeichnend für die Härte der Porenwände. Harter Koks geringere Neigung zur Kohlenoxydbildung als weicher. Abrieb beim Transport 4—6%;

Entzündungstemperatur etwa 700° C;
Wassergehalt im Mittel 5%;
Asche, Zusammensetzung dieselbe wie Kohlenasche.

1) Geiger, Handbuch der Eisen- und Stahlgießerei, 1911, Bd. I, S. 366.

Zusammensetzung von Steinkohlen- bzw. Koksaschen[1]).

Kohlenbezirk	SiO_2 %	Al_2O_3 %	Fe_2O_3 %	Mn_3O_4 %	CaO %	MgO %	SO_3 %	P_2O_5 %	
Ruhrbezirk	46,79	30,24	21,34	n. best.	1,70	Spur	n. best.	n. best.	Durchschnittskohlen von vier übereinander liegenden Flözen einer Zeche
„	38,15	34,09	15,12	„	12,31	1,21	„	„	
„	39,14	19,53	21,54	„	10,68	3,50	2,54	„	
„	32,17	17,87	17,42	„	17,83	6,97	5,74	„	
„	43,00	24,76	20,54	„	3,55	0,53	1,00	0,87	
„	44,08	17,59	26,96	„	4,28	1,11	1,35	1,10	
„	38,56	28,70	15,43	0,40	5,74	4,54	0,85	0,29	
„	34,50	24,70	24,85	0,24	7,67	5,94	0,85	0,37	
Saarbezirk	46,50	34,60	15,04	0,24	1,50	0,94	0,90	0,57	
Oberschlesien	14,03	8,94	21,32	0,71	19,95	10,00	22,53	0,48	selbstschmelzend
„	24,50	15,50	19,46	0,92	17,56	7,40	12,40	2,56	
Belgien	38,10	24,90	23,00	n. best.	4,04	2,95	2,10	0,85	
„	56,21	19,92	14,24	„	2,85	1,80	1,79	0,53	

Rechnungsbeispiel:

1 hl Wasser von 18° C soll durch Einwerfen von Eis auf 4° C gebracht, d. h. abgekühlt werden. Wieviel Eis ist dazu notwendig?

1 kg Eis von 0° braucht, um in Wasser von 4° C überzugehen, 80 + 4 = 84 w.

1 kg Wasser muß, um von 18° C auf 4° C abgekühlt zu werden, 14 w. abgeben, 100 kg = 1 hl, also 100 · 14 = 1400 w. Diese 1400 w. reichen hin, um 1400/84 = 16,7 kg Eis von 0° in Wasser von 4° C umzuwandeln. Folglich sind 16,7 kg Eis zuzugeben.

Oxydation und Reduktion. Während die unedlen Metalle bei gewöhnlicher Temperatur sich nur langsam mit dem Luftsauerstoff verbinden, wobei diese Oxydation zumeist auf die Oberfläche beschränkt bleibt (eine Ausnahme bildet das Eisen), unterliegen sie im geschmolzenen Zustande und noch mehr, wenn sie über die Schmelztemperatur erhitzt werden, viel rascher der Oxydation unter Bildung von Metalloxyden, sog. Metallaschen. Diese lösen sich entweder im schmelzenden Metall, z. B. beim Kupfer, oder sie scheiden sich auf der Oberfläche des geschmolzenen Metalles ab. Im ersteren Falle werden die mechanischen Eigenschaften der Metalle verschlechtert, im zweiten Falle treten nur nennenswerte Verluste an Metall ein. Diese Oxydation der Metalle kann verhindert werden, wenn die Metalle in einer sauerstoffreien Atmosphäre, z. B. in einer Stickstoffatmosphäre, geschmolzen werden, oder sie kann wesentlich beschränkt werden, wenn man die geschmolzenen Metalle mit Kohlenpulver oder mit schmelzenden Stoffen, z. B. Glaspulver, Borax u. a., bedeckt, wodurch der Luftzutritt verhindert wird.

Man kann aber, und das geschieht zumeist neben den erwähnten Vorsichtsmaßregeln, dem geschmolzenen Metall Stoffe zusetzen, welche den gebildeten Oxyden den Sauerstoff entziehen, indem sie sich oxydieren, wodurch dann die gebildeten Metalloxyde zu Metall zurückgeführt, reduziert werden. Das geschieht durch leicht oxydierbare Stoffe, welche in den Metallen löslich sind, deren Oxyde im Metall unlöslich sind, und von denen ein geringer im Metall verbleibender Überschuß dem Metall nicht schädlich ist. Solche Stoffe sind vor allem Magnesium, Aluminium, Silizium, Mangan und Phosphor, auch Zink und Zinn.

In folgender Reihenfolge kann jeder angeführte Stoff durch den vorstehenden von seinem Oxydsauerstoff befreit werden: Magnesium — Aluminium — Silizium —

[1]) Geiger, Handbuch der Eisen- und Stahlgießerei, 1911, Bd. I, S. 353.

Phosphor — Mangan — Eisen — Nickel — Zink — Zinn — Kupfer — Blei. — Beim Kupfer- und Bronzeguß verwendet man meist Phosphor, Mangan oder Aluminium, beim Eisenguß Mangan, Silizium, Aluminium, beim Nickelguß Magnesium, Zink, beim Silberguß Zink.

Bei der Herstellung von Legierungen müssen die Metalle längere Zeit im flüssigen Zustande erhalten und durch längeres Umrühren gut gemischt werden, was bei diesen dicken Schmelzen längere Zeit in Anspruch nimmt. Umgerührt wird mit einem Holz- oder Eisenstab. Bei der Herstellung von Legierungen brauchen die Metalle nicht alle im flüssigen Zustande sich zu befinden, da sich ja die Metalle ineinander auflösen.

Allgemeine Regel ist, zuerst das Metall mit dem höheren Schmelzpunkt zu schmelzen und dann die leichter schmelzenden Metalle im vorgewärmten, zerkleinerten Zustande zuzufügen. Metalle, deren Schmelzpunkt nicht weit auseinander liegt, werden gleichzeitig eingesetzt. Ist das leichter schmelzbare Metall bei der Temperatur des höher schmelzenden Metalles flüchtig, so werden beide Metalle zugleich in den Tiegel gebracht, z. B. bei Kupfer und Zink (s. Messing, S. 133). Eine alte Regel ist, bei der Herstellung der Legierungen, etwas alte Legierung mitzuschmelzen; es ist aber zu beachten, daß öfteres Umschmelzen die Oxydation begünstigt. Oft ist es von Vorteil, das schwerer schmelzbare Metall mit einem Anteil des leichter schmelzbaren Metalles zusammenzuschmelzen und dann diese konzentrierte Legierung dem geschmolzenen leichter schmelzenden Metall zuzufügen (siehe Lagermetalle).

Zusammenstellung der Metalle nach zunehmendem Schmelzpunkt (praktische Normalien für annähernde Schmelzpunktbestimmungen): Zinn 231,84 °C, Wismut 267,5° C, Kadmium 320,9° C, Blei 326,9° C, Zink 419,4° C, Antimon 630,5° C, Aluminium 657° C, Silber 960,5° C, Gold 1063° C, Palladium 1557° C, Platin 1764° C.

Schmelzpunkte einiger Elemente und Legierungen.[1])

	°C		°C
Aluminium	657	Gold	1064
Antimon	630	Iridium	etwa 1900
Barium	850	Kadmium	321
Blei	325	Kalzium	780
Britanniametall	236	Kalium	62
Brom	—7	Kobalt	1464
Bronze	etwa 900	Kupfer, bei Luftabschluß	1084
Chrom	1515	Kupfer, bei Luftzutritt	1065
Eisen	1506	Magnesium	633
Eisen, α-Form, kubisch, stabil unter	767	Mangan	1245
Umwandlungspunkt von α-Fe in β-Fe	770	Messing	etwa 1000
Umwandlungspunkt von β-Fe in γ-Fe	917	Natrium	97
Roheisen	1050—1250	Nickel	1484
Schweißeisen	1500	Palladium	1587
Flußeisen	1300—1500	Phosphor	44
Flußstahl	1300—1500	Platin	1789
		Quecksilber	—40
		Schwefel	115
		Silber	960

[1]) Taschenbuch für Eisenhüttenleute, 1910 S. 33.

	°C
Weichlote	130—200
Wismut	268
Wismutlote	90—130
Woodsche Legierung	75
Zink	419
Zinn	232

Schmelzpunkte verschiedener Stoffe.

	°C
Alkohol, absolut	—100
Ammoniak	—75
Bariumfluorid	1280
Borax, wasserfrei	878
Chlorbarium, wasserfrei	960
Chlorkalzium, „	780
„ wasserhaltig	30
Chlorkalium	790
Chlornatrium	820
Chlorsilber	460
Eisenchlorid	301
Eisenhochofenschlacken	1300—1430
Email	800—1000
Feuerfeste Steine, S—K[1])	26—36
Glas, bleihaltig	etwa 900—1000
„ bleifrei, schwer schmelzbar	etwa 1100—1200
Kaliumbisulfat	210
Kaliumkarbonat	880
Kaliumnitrat	336
Kaliumsulfat	1050
Kaliumpyrosulfat	über 300
Kalziumfluorid	1330
Kalziummetasilikat	1512
Kautschuk	125
Kieselsäure	1426
Kohlensäure	—79
Leinöl	—20
Natriumkarbonat	851
Natriumnitrat	313
Natriumsilikat (Na_2SiO_3)	1007
Natriumsulfat	880
Paraffin	54
Schwefelsäureanhydrid	15
Schweflige Säure	—73
Titansäure	1560
Tonerde S—K[1])	42
Zinnoxyd	1127

Bezeichnung	Schmelzpunkt °C	Spezif. Wärme bei 15° C	Schmelz-Wärme Kalorien pro kg	Gesamt-Schmelzwärme Kalorien pro kg	Wärmeleitungsfähigkeit
Aluminium	657	0,167	100,0	240,0	0,35
Antimon	630,5	0,048	—	—	0,04
Blei	326,9	0,03	5,4	16,0	0,08
Eisen	1150	0,116	—	—	0,17
Gold	1063	0,03	12,6	44,50	0,70
Kadmium	320,9	0,054	13,9	32,0	0,21
Kupfer	1083	0,086	43,0	154,0	0,72
Nickel	1484	0,109	4,6	205,0	0,14
Palladium	1557	0,059	36,3	130,0	0,17
Platin	1764	0,032	27,2	109,0	0,17
Quecksilber	38,89	0,033	2,8	—	0,02
Silber	960,5	0,055	24.7	87,1	1,096
Wismut	267,5	0,03	12,4	21,0	0,02
Zink	419,4	0,093	28,0	73,0	0.26
Zinn	231,84	0,055	14,0	27,0	0,14

Von der Schmelztemperatur verschieden ist die etwas höher liegende Gießtemperatur. Würde man ein eben geschmolzenes Metall ohne weiteres in eine

[1]) S-K = Segerkegel. Der Schmelzpunkt keramischer Materialien wird meist durch die Nummer des mit ihnen gleichzeitig umschmelzenden Segerkegels angegeben. Siehe S. 183.

Form gießen, so würde dasselbe durch Wärmeabgabe sofort erstarren, ehe die Form angefüllt ist. Zum Gießen müssen daher die Metalle etwas über den Schmelzpunkt erhöht sein.

Beim Abkühlen der Schmelze eines einheitlichen Metalles beginnt, wenn die Erstarrungstemperatur erreicht ist, ein Teil der Schmelze auszukristallisieren; hierbei wird Wärme (Schmelz- oder Kristallisationswärme) in der Schmelze frei; bei weiterer Abkühlung erstarrt zuletzt die ganze Schmelze. Unter Umständen tritt die Erscheinung der Unterkühlung ein, d. h. es kann die Temperatur unter den Erstarrungspunkt sinken, ohne daß Erstarrung eintritt, z. B. bei Wismut. Durch Umrühren, Hinzufügen von Metallkriställchen (Impfen) tritt dann die sofortige Erstarrung ein. Ebenso können bei vielen Metallegierungen, die beim Erstarren zuerst ausgeschiedenen Kristalle — Mischkristalle oder ein Eutektikum bilden (siehe S. 12), dann bei weiterem Abkühlen in andere Zustandsformen übergehen und damit andere mechanische Eigenschaften annehmen. Diese Umwandlungen (und die damit verbundenen unliebsamen Eigenschaften), welche wie der Erstarrungsvorgang von einer Verzögerung des Temperaturabfalles begleitet und daran zu erkennen sind, können verhindert werden durch rasches Abkühlen (Abschrecken); dann haben die Kristalle keine Zeit, sich umzuwandeln; es bleibt beim ersten Erstarrungsgefüge. Vor allem treten diese Vorgänge bei den Eisen-Kohlenstofflegierungen in die Erscheinung (S. 176). Von Wichtigkeit ist die Erkenntnis, daß mit dem Erstarren einer Schmelze nicht immer das Ende der möglichen Zustandsänderungen erreicht ist.

Ausdehnung und Schwindung. Wie alle Stoffe dehnen sich die Metalle bei Temperaturerhöhung aus und verringern ihr Volumen bei Temperaturerniedrigung (Schwinden). Als linearen Ausdehnungskoeffizienten bezeichnet man die Zahl, welche angibt, um wieviel sich 1 cm eines Stoffes verlängert bei der Erhöhung der Temperatur um 1° C.

Den kubischen Ausdehnungskoeffizienten erhält man annähernd genau durch Multiplikation des linearen Ausdehnungskoeffizienten mit 3.

Der Ausdehnungskoeffizient ist in Berücksichtigung zu ziehen bei Metallarbeiten, z. B. Rohrleitungen, die beim Gebrauche erwärmt werden, z. B. Dampfröhren usw.

Unter Schwindungskoeffizienten versteht man die Zahl, welche angibt, um wieviel ein Abguß kleiner ist als sein Modell, bezogen auf 100. Ein Stab von Gußeisen, dessen Form 100 mm lang war, wird nach dem Abkühlen des Gusses nur 97 mm ergeben. Die Modelle müssen daher stets um den Betrag des Schwindungskoeffizienten größer hergestellt werden.

Schwindungskoeffizienten in Prozenten.

(Prozentsatz der Verkleinerung des Gusses gegenüber dem Modell.)

Aluminium	1,8%	Messing mit 60—70% Kupfer	1,6%
Aluminiumbronze	1,8—2,0%	Nickel	1,0%
Blei	1,1%	Statuenbronze mit 86% Kupfer	1,3%
Geschützbronze mit 90% Kupfer	0,75%	Tiegelgußstahl	1,4%
Glockenbronze mit 80% Kupfer	1,5%	Wismut	0,4%
Gußeisen	1,04%	Zink	1,6%
Kupfer	0,8%	Zinn	0,8%

Soll z. B. eine Eisenplatte gegossen werden von 1,92 m Länge, so ist die Gußform um 2 cm länger zu nehmen, also zu 1,94 m.

Lineares Schwindmaß[1]).

		in %
Reines Eisen	1/41	2 44
Weißes Roheisen	1/55—1/60	1,82—1,67
Stahlformguß	1/55—1/60	1,82—1,67
Graues Roheisen	1/111—1/74	0,9 —1,35
Blei	1/90	1,1
Zink	1/143	0,7
Zinn (Banka)	1/227	0,44
Aluminium	1/55	1,8
Kupfer	1/80	1,25
Blei-Zinn mit		
18% Zinn	1/179	0,56
70% „	1/227	0,44
81% „	1/200	0,50
Blei-Antimon mit		
19% Antimon	1/185	0,54
15% „	1/179	0,56
Zinn-Zink mit		
49% Zink	1/200	0,50
14% „	1/217	0,46
5% „	1/204	0,49
Kupfer-Zink mit		
16% Zink	1/46	2,17
33% „	1/62—1/51	1,62—1,97
36% „	1/51	1,97

					in %
Kupfer-Zinn mit					
5% Zinn				1/59	1,7
10% „				1/125—1/71	0,8—1,4
19% „				1/67	1,5
Kupfer-Nickel-Zink mit					
Nickel	Zink				
16%	22%			1/50	2,02
20%	23%			1/49	2,05
26%	22%			1/49	2,03
36%	18%			1/52	1,93
Kupfer-Zinn-Zink-Blei mit					
Zinn	Zink	Blei			
3%	8%	2%		1/57	1,76
17,5%	1,5%	—		1/67	1,50
9,5%	1,5%	—		1/68	1,47
9,8%	2%	1,4%		1/68	1 47
6%	12%	—		1/77	1 30
Zink-Zinn-Kupfer mit					
Zinn	Kupfer	Blei			
14,5%	4,3%	1,7%		1/98	1,02
46%	2%	1%		1/137	0,73
Weißmetall mit					
Zinn	Blei	Antimon	Kupfer		
—	79%	12,5%	8,5%	1/182	0,55
20%	59%	21%	—	1/204	0,49
85,5%	—	9,5%	5%	1/196	0,51
90%	—	8%	2%	1/182	0,55
71%	9%	15%	5%	1/238	0,42
Aluminiumbronze				1/61	1,65

Von Bedeutung sind die Seigerungserscheinungen (Entmischungsvorgänge während der Erstarrung), besonders bei Blei-Antimon-, Zink-Eisen-, Blei-Silberlegierungen u. a.

Eutektische Legierungen seigern nicht, da hierbei die Erstarrung bei gleichbleibender Temperatur unter gleichzeitiger Abscheidung beider Bestandteile vor sich geht.

Auf das Maß der Seigerung haben vor allem drei Umstände Einfluß:

1. die Erstarrungsart der betreffenden Legierung,
2. der Unterschied im spezifischen Gewichte der einzelnen Legierungsbildner,
3. die Abkühlungsverhältnisse während der Erstarrung.

So unliebsam die Seigerung oder Entmischung einerseits ist, so kann dieselbe andererseits zur technischen Trennung von Metallen benutzt werden (Entsilberung des Werkbleies).

Bei Legierungen, welche unter Abscheidung von Mischkristallen erstarren, treten ganz besondere Verhältnisse auf; hier kann schnelle bzw. ungleichmäßige Abkühlung Verschiedenheit der Zusammensetzung bedingen (z. B. Kokillenguß), während langsame Abkühlung sie verhindern kann.

Bei vielen Legierungen sind die weiteren Umwandlungen und Umkristallisationen im bereits erstarrten Zustande (siehe S. 133) erheblich verwickelt, so z. B. bei den Kupfer-Zinn-, den Kupfer-Zink- und den Kupfer-Aluminiumlegierungen und bei den Eisen-Kohlenstofflegierungen.

Während die Verhältnisse bei letzteren genügend erforscht und klargelegt sowie seit langem technisch verwertet sind (siehe bei Stahl), sind diese Erscheinungen

---

1) A. Ledebur, Die Legierungen, 1913, S. 76.

bei den meisten Legierungen noch wenig bekannt oder verarbeitet. Hier bieten sich noch große Möglichkeiten, durch entsprechende Wärmebehandlung manche an sich z. B. spröde Legierungen für viele Zwecke verwendbar zu machen. Bei den Bronzen spielen die Abkühlungsverhältnisse eine große Rolle; siehe Abb. und S. 132.

Im Zusammenhang mit der Schwindung steht die sog. Lunkerbildung, d. h. die Bildung von Schwindungshohlräumen.

Das Saugen oder Lunkern. Alle geschmolzenen Körper unterliegen bei ihrer Abkühlung der Schwindung. Je größer diese ist, um so nachteiliger wirkt sie und kann zur Bildung von Hohlräumen Veranlassung geben. Man erkennt dies am leichtesten, wenn man von dem Erstarren eines großen Würfels ausgeht. Das Erkalten beginnt außen und schreitet nach innen weiter. Der Würfel zieht sich dabei zusammen, und zwar werden die äußeren Teilchen so lange nachgeben, als sich die einzelnen Moleküle noch gegeneinander verschieben lassen. Je kälter sie aber werden, um so weniger werden sie das tun, schließlich fest erstarren, und nun bleibt den im Innern noch flüssigen oder wenigstens wärmeren Teilen nichts anderes übrig, als sich an die bereits erstarrten anzuschließen. Ihr Gefüge lockert sich also, oder aber es entstehen sogar Hohlräume. Je mehr Material an einzelnen Stellen eines Gußkörpers angehäuft ist, um so größer ist die Gefahr solcher Hohlraumbildung allein auf Grund des Schwindens. Hiermit hängt auch die Tatsache zusammen, daß beim Gießen von Stahlblöcken tulpenförmige Vertiefungen auftreten. An den Wandungen kühlt sich der Block zuerst ab, und vor allem oben bei Berührung mit der Außenluft, während in den unteren Teilen die Abkühlung langsamer fortschreitet. Das im Innern des Blockes noch flüssige Eisen wird von den kalten Teilen angesaugt, und es entstehen dann die schädlichen Hohlräume. Oft sind die Lunker dem Auge nicht sichtbar, beeinflussen aber die Festigkeit des Gußstückes und können zu Brüchen führen.

Man verhindert die Bildung von solchen Hohlräumen nach Möglichkeit. Das eine Mittel ist, das Schwinden so klein als möglich zu machen, d. h. nur geringes Überhitzen des Metalles, also möglichst kalt und langsam gießen.

In der Graugießerei stellt man es zuweilen bei großen Stücken folgendermaßen an: Nach dem Eingießen des flüssigen Eisens und seinem Hochsteigen im Steigetrichter würde das Eisen an den schmalen Ansatzstellen der Trichter schnell erkalten und die Lunker im Stücke bleiben. Man stößt deshalb mit eisernen Stäben fortwährend in die Öffnung hinein, so daß das Eisen immer flüssig bleibt und aus dem Trichter in die Hohlräume nachfließen kann. Durch einen Hammerschlag kann man dann den erkalteten Trichter leicht abschlagen. Man nennt dies Verfahren das Pumpen in Anlehnung an das Auf- und Niederbewegen eines Pumpkolbens.

In der Stahlgießerei arbeitet man dagegen mit dem verlorenen Kopf. Man setzt ein großes Stück Eisen nach oben noch an, das dann als ein Wärme- und Materialspeicher dient. Außerdem wirkt es drückend und verhindert auch dadurch eine Hohlraumbildung.

Eine Beeinträchtigung erfährt die Gießarbeit der Metalle, wenn solches im flüssigen Zustande Gase aufnimmt, die dann beim Sinken der Temperatur abgegeben werden. Entweder wird dann die Gußform schlecht ausgefüllt oder es entsteht ein blasiger Guß. So nimmt z. B. Kupfer Wasserstoff und Sauerstoff auf, Silber — Sauerstoff (Spratzen), Eisen — Stickstoff, Nickel und Platin — Wasserstoff, Magnesium bildet mit Stickstoff eine Verbindung, usw. Durch Legieren und Zusatz geeigneter Stoffe wird die Aufnahmefähigkeit der Metalle für Gase vermindert. Ohne Zusatz läßt sich z. B. Kupfer nicht blasenfrei gießen, wegen der Wasserstoffaufnahme; Sauerstoff wird vom Kupfer unter Bildung von Kupferoxydul aufgenommen. Kupfer zum Silber gesetzt entzieht diesem den gelösten Sauerstoff. Handelskupfer enthält neben geringen Mengen Kupferoxydul stets etwas Schwefelkupfer; beide

Stoffe wirken unter Entwicklung von gasförmigem Schwefeldioxyd aufeinander. Eisen und Nickel, stets kohlenstoffhaltig, lassen infolge des Sauerstoffgehaltes Kohlenoxydgas entweichen, das das Metall unbenutzbar für die Gießerei macht. Beim Kupfer wird der Sauerstoffgehalt durch Legieren mit Zink beseitigt.

2. Besonderes.

Kupfer. Das geschmolzene Kupfer oxydiert sich leicht zu Kupferoxydul, welches sich im Kupfer löst, den Schmelzpunkt erniedrigt und, wenn in nennenswerter Menge vorhanden, das erstarrte Kupfer zu weiterer Bearbeitung und Verwendung ungeeignet macht. Auch absorbiert Kupfer im geschmolzenen Zustande Sauerstoff und andere Gase, besonders Kohlenoxyd, schweflige Säure, Wasserstoffgas usw. (siehe Verunreinigungen der Metalle), die beim Abkühlen entweichen, ein Steigen (Laufen) des Metalles in der Gußform bewirken und den Guß porös und undicht, damit zur mechanischen Bearbeitung ungeeignet machen. Es ist daher schwierig, mit Kupfer allein dichte Güsse herzustellen; daher wird Kupfer meist mit Zink und mit Zinn legiert.

Beim Kupferguß wird das Kupfer rasch unter einer Decke von Holzkohlen geschmolzen, dann werden $^3/_8$—$^3/_4$% Phosphorkupfer (mit 15% Phosphorgehalt) in Stücken unter gründlichem Rühren zugesetzt. Ist der Zusatz genügend, so wird die das Metall bis jetzt überziehende Haut verschwinden und die Oberfläche wird metallisch glänzend.

An Stelle des Phosphors verwendet man auch beim Kupferguß vorteilhaft das Aluminium; besonders deshalb, weil ein Überschuß davon angewendet werden kann, ohne dem Kupfer zu schaden, was beim Phosphor oder Silizium nicht der Fall ist. Man setzt 0,5—1 ‰ zu. Neuerdings wird ein Zusatz von Kalziumkarbid, evtl. gemischt mit Borax oder Kochsalz, empfohlen.

Zinn, über den Schmelzpunkt erhitzt, verbrennt schnell zu Zinnoxydul und Zinnoxyd (Zinnasche), welches sich auf der Oberfläche des geschmolzenen Metalles ansammelt; auch löst Zinn gasförmigen Sauerstoff auf. Daher jede Überhitzung vermeiden.

Viele Zinnblöcke zeigen im Innern Hohlräume (Schwindungsraum), die oft Wasser enthalten. Kommt so ein Block in ein geschmolzenes Metall, z. B. in Blei, bei Herstellung von Zinn-Bleilegierungen, so entweicht das Wasser bzw. der gebildete Wasserdampf explosionsartig und kann zu Unglücksfällen Anlaß geben. Daher sollen Zinnblöcke stets in zerkleinertem Zustande geschmolzen werden. Beim Gießen werden die Formen vorgewärmt. Die Formen sind aus Eisen, Messing, Stein oder Gips.

Zink oxydiert sich, über seinen Schmelzpunkt erhitzt, leicht zu Zinkoxyd, bei höheren Temperaturen verdampft und verbrennt es. Das gebildete Zinkoxyd sammelt sich auf der Oberfläche des geschmolzenen Metalles an, mengt sich auch demselben bei und macht es (abgesehen von dem Zinkverluste) dickflüssig (sog. verbranntes Zink). Daher ist jede Überhitzung zu vermeiden. Man gibt auf das geschmolzene Zink Holzkohlenpulver oder eine Mischung von Chlorzink und Chlorammonium (= Salmiak). Das Chlorammonium zerfällt in Salzsäure und Ammoniak; erstere löst das gebildete Zinkoxyd unter Bildung von Chlorzink auf; das Ammoniak entweicht. Das Chlorzink schmilzt und bildet eine Schutzdecke für das Zink. Zum Gießen dienen Formen aus Sand, Lehm, Eisen, Bronze oder Messing.

Das Schmelzen von Zink muß vorsichtig geschehen. Im tiegellosen Ofen wird das Zink in den erhitzten Ofen eingegeben, bis es geschmolzen ist. Das Schmelzgut wird mit Salmiak bestreut und durchgerührt, dann kann mit dem Vergießen des Zinkes begonnen werden. Der Abbrand beträgt beim Schmelzen von kompaktem Zink 0,5—1%, dagegen hat man beim Schmelzen von Zinkspänen mit einem Verlust von 10 und mehr Prozent zu rechnen. Das Schmelzen von Zink in Tiegeln wird am besten in Eisenkesseln vorgenommen.

Blei oxydiert sich bei der Überhitzung leicht zu Bleioxydul und Bleioxyd, Bleiasche.

Nickel gehört zu den schwer schmelzbaren Metallen; das im käuflichen Nickel enthaltene, das Metall spröde machende Nickeloxydul wird beim Schmelzen durch Zugabe von Magnesiummetall reduziert.

Wismut. Ein leicht schmelzbares, leicht oxydables Metall.

Silber absorbiert beim Schmelzen Sauerstoff, der beim Abkühlen der Schmelze, also beim Gießen, entweicht (sog. Spratzen des Silbers). Daher ist Silber allein schlecht zu Guß verwendbar. Oxydiert sich nicht, wenn es rein ist. Als Flußmittel dient Borax.

Gold oxydiert sich nicht beim Schmelzen, sofern es rein ist. Als Flußmittel dient Borax.

Aluminium schmilzt zu einer dicken Flüssigkeit, die sich mit einer Haut von Aluminiumoxyd überzieht. Da die spezifische Wärme und die Schmelzwärme des Aluminiums hoch ist, gehört das Aluminium, trotz seines niedrigen Schmelzpunktes, zu den schwierig, d. h. langsam schmelzenden Metallen.

Zum Schmelzen des Aluminiums nimmt man am besten Graphittiegel ohne jedes weitere Flußmittel und vermeidet eine zu hohe Temperatur. Bei einiger Vorsicht in Beobachtung der Temperatur läßt sich das Aluminium auch ganz gut in eisernen und tönernen Tiegeln schmelzen. Besonders bei letzteren ist jede Überhitzung zu vermeiden, da das Aluminium leicht siliziumhaltig wird. Am besten sind mit geteerter Kohle oder mit Tonerde ausgefütterte Tiegel. Größere Mengen würde man vorkommendenfalls im Flammenofen schmelzen, und müßte der Herd auch hier mit Kohle oder indifferenten Oxyden gefüttert sein. Feuerung: Holz- oder Gasfeuerung. Die Hitze braucht beim Schmelzen des Aluminiums nur auf dunkle Rotglut gebracht zu werden. Die Gießform soll aus Sand bestehen, der gut steht, lose gestampft und nicht zu scharf getrocknet ist. Kokillen sind stark anzuwärmen. Stäuben mit Graphit ist zu unterlassen. Das Schwindmaß des Aluminiums ist sehr groß (1,8%) und ist stets zu berücksichtigen. Sollen in Sand gegossene Stücke die schöne, silberweise Farbe des Reinmetalles besitzen, so darf man nicht stark rotglühend gießen, da sonst die Stücke leicht mißfarbig werden. Starke Stellen sind entsprechend anzugießen mit breitem Ausschnitt. Das flüssige Metall ist gut umzurühren, die Rührstange bei Rotglut zu wechseln, der Schaum zurückzuhalten. Abbrand 2—6‰, bei kleinen Stücken auch mehr. Will man Flußmittel verwenden, so sind zu empfehlen Kochsalz oder Kryolith. Am besten tut man aber, kein Flußmittel zu nehmen.

Schmelzen von Aluminium im tiegellosen Ofen geschieht wie das von Zink, nur wird an Stelle von Salmiak Zinkchlorid genommen. Der Schmelzverlust beträgt 2—3%. Das Schmelzen von Aluminium in Tiegeln geschieht wie das von Zink.

Kupfer-Aluminiumlegierungen. Aluminiumbronze. Zur Herstellung dieser Legierungen benutzt man Graphittiegel, schmilzt das Kupfer vollkommen nieder und wirft das Aluminium in gut getrockneten Stücken darauf, taucht es dann mit einer eisernen Zange unter. Dann rührt man gut um, wechselt aber den eisernen Löffel oder die Stange, sobald dieselben rot geworden sind. Man läßt dann das Metall noch ca. $^1/_4$ Stunde im Ofen, rührt nochmals um und gießt aus. Überhitzung ist zu vermeiden. Flußmittel sind nicht nötig. Will man solche durchaus nehmen, so ist hier allein Kochsalz zu empfehlen. Der Verlust beim Umschmelzen dieser Legierungen beträgt 2—2,5%. Schwindmaß 1,8—2%.

Wenn möglich, soll das Stück beim Gießen nur auf drei Seiten gekühlt werden, auf der vierten jedoch offen bleiben. Bedeutende Metallmassen müssen stets starke

Angüsse erhalten, womöglich von gleichem Querschnitt wie das Stück selbst. Zweckmäßig ist es, den Einguß durch einen weiteren Kanal mit einem offenen Schaumsteiger zur Aufnahme der Oxydhäute zu verbinden, diesen durch einen etwa halb so großen Kanal nach dem Gußstück zu führen und hier einen verlorenen Kopf anzubringen. Hält man bei genügender Dünnflüssigkeit des Metalles den Gußtrichter stets gefüllt, so steigen die Oxydhäute schon hier empor, dann infolge der durch die Querschnittsverminderung des Kanals hinter dem Schaumtrichter bewirkten Stauung auch in diesem, und nur das reine Metall gelangt in das Gußstück. Der Gegenstand ist stets am tiefsten Punkte anzuschneiden. Bei kleinen Gußstücken ist ein eigener Schaumsteiger nicht notwendig; man erreicht ein genügendes Zurückhalten des Schaumes, wenn man den Einlaufkanal unmittelbar bei seinem Übergang in das Gußstück möglichst niedrig macht, wobei sich seine Breite nach der Masse des Gußstückes richtet.

Aluminium-Messing. Man schmilzt das Messing wie gewöhnlich und setzt vor oder nach dem Zinkzusatz die bestimmte Menge Aluminium zu, als kompaktes Stück, das man mittels einer Zange untertaucht, bis es gelöst ist. Dann wird mit einem eisernen Löffel oder Stab gut umgerührt und läßt man noch einige Zeit verweilen. Dann gießt man aus. Anstatt reinen Aluminiums kann man auch 20—25% Aluminium-Kupfer (Aluminiumbronze) mit dem Kupfer schmelzen und dann das Messing wie sonst fertig machen. Mit dem Aluminiumgehalte wächst die Zugfestigkeit, die Dehnung aber vermindet sich, und zwar um so mehr, je höher der Zinkgehalt ist. Bei 40% Zink sollen nicht über 2% Aluminium zugesetzt werden. Für das Gießen gilt das bei der Aluminiumbronze Gesagte: der Trichter soll im ersten Augenblicke des Gießens sofort gefüllt und während des ganzen Gusses voll gehalten werden. Je niederer die Gießtemperatur, desto besser der Guß. Plötzliche Kühlung ist zu vermeiden.

Beim Umgießen von altem Messing oder solchen Metallabfällen wird vorteilhaft zur Reinigung 1—5 Tausendstel Aluminium zugesetzt.

Kupfer-Zinnlegierungen (Bronze). Zinn härtet das Kupfer. (Maximum der Härte bei 26% Zinn.)

Bei der Herstellung wird dem geschmolzenen Kupfer das zerkleinerte, vorgewärmte Zinn zugesetzt und gut gemischt. Um den unvermeidlichen Zinnverlust (Oxydation) zu vermeiden, setzt man 2—3% Zinn mehr als die beabsichtigte Menge zu.

Als Abgang beim Schmelzen und Gießen darf man ca. 4—6% rechnen, bei der Kunstbronze (zinkhaltig) 5—10%. Bronze soll nicht bei zu hoher Temperatur gegossen werden. Als Brennmaterial wird Holz den schwefelhaltigen Stein- oder Braunkohlen vorgezogen wegen der schwefelhaltigen Verbrennungsgase, welche das Kupfer absorbiert. Zum Gießen dienen Formen aus Sand, Lehm, Eisen oder auch Bronze.

Reinigungsmittel: Phosphor, Silizium, Mangan. Aluminium $^1/_4$—1 Tausendstel. Phosphor als amorpher Phosphor oder als Phosphorkupfer, Phosphorzinn. Zinkzusatz zur Bronze macht dünnflüssiger (sog. Kunstbronze).

In den gewerblichen Bronzen ist das Zinn mit dem Kupfer chemisch verbunden und diese Verbindung im überschüssigen Kupfer gelöst.

Die Kupfer-Zinnlegierungen haben große Neigung, sich beim Abkühlen zu entmischen oder zu seigern (s. a. S. 138). Diese Seigerung, welche in der Metallurgie zur Trennung von Metallen auf Grund ihres verschiedenen Schmelzpunktes benutzt wird (z. B. zur Entsilberung von Werkblei), verursacht viele technische Schwierigkeiten. So werden die Bronzen beim Abkühlen in der Mitte des Gusses zinnreicher als am schneller sich abkühlenden Rand. Je langsamer die Kühlung, desto größer die Entmischung; kleinere Gegenstände werden gekühlt (mit Wasser abgeschreckt);

kupferreiche Bronzen erleiden durch Abschrecken eine Änderung ihrer mechanischen Eigenschaften. Diese Entmischung kann sowohl durch die chemische Analyse wie durch die mikroskopische Untersuchung, oft sogar schon mit freiem Auge (Fleckenbildung usw. (s. a. S. 138) erkannt werden.

Die Kupfer-Zinnlegierungen (Bronzen) verschlechtern beim öfteren Umschmelzen ihre Eigenschaften, sie werden dickflüssiger und von geringerer Festigkeit. Diese alte Erfahrung wurde durch die metallographischen Untersuchungen aufgeklärt. Die Ursache liegt darin, daß beim Umschmelzen eine starke Oxydation des einen Bestandteils, des Zinns, zu Zinnoxyd stattfindet. Letzteres tritt in Form von festen Häuten und Fäden in der Schmelze auf, welche die einzelnen Flüssigkeitsteilchen umhüllen und dadurch ihr Zusammenfließen beim Guß erschweren und nach dem Erstarren die Festigkeit und Dehnung stark ungünstig beeinflussen. Diese Krankheit der Bronzen kann durch Umschmelzen mit reduzierenden Stoffen, welche das Zinnoxyd wieder in Zinn zurückführen, z. B. Phosphor in Form von Phosphorkupfer oder Phosphorzinn, behoben werden. (Siehe auch Fleckenbildung in Zinnbronzen S. 138).

Auf die Eigenschaften der Kupferzinnlegierungen hat die Abkühlungsgeschwindigkeit einen entscheidenden Einfluß. Beim langsamen Abkühlen (z. B. Sandguß) wird der alte Gleichgewichtszustand erreicht, wobei dann nur ein einziger Gefügebestandteil besteht. Anders bei der gleichen, rasch abgekühlten Kupfer-Zinnlegierung (mit ca. 6% Zinn), z. B. beim Kokillenguß; hier werden die Gleichgewichtszustände nicht erreicht, es treten zwei voneinander abgegrenzte Gefügebestandteile auf. Die Härte der rasch abgekühlten Bronze verhält sich zu der nach langsamer Abkühlung erhaltenen Legierung wie etwa 100 : 72; auch die Stauch- und Druckfestigkeit werden durch schnelle Abkühlung erhöht.

Man kann durch sachgemäße Regelung der Abkühlungsverhältnisse mit zinnärmeren, also billigeren Legierungen ähnliche Wirkungen erzielen, wie mit zinnreichen teueren Bronzen, deren Abkühlungsverhältnisse nicht derart waren, daß sie ihre besten Eigenschaften entwickeln konnten.

Kupfer-Zinklegierungen (Messing usw.). Zink härtet das Kupfer (Maximum der Härte bei 50% Zink).

Hierbei wird zuerst das Zink geschmolzen, dann das zerkleinerte Kupfer zugegeben. Dasselbe löst sich unter Erniedrigung des Schmelzpunktes im Zink auf. Verwendet werden Graphittiegel. In Anbetracht des stattfindenden Zinkverlustes (Oxydation) nimmt man 5—8% mehr davon, als der gewünschten Zusammensetzung entspricht. Beim Gießen verwendet man Formen aus Sand oder Lehm.

In der Bronze- und Messinggießerei schmilzt man das Schmelzgut in einem Tiegelofen. Der Tiegel wird von Koks umgeben. Der Tiegel wird mit einer Zange herausgehoben.

Beim Schmelzen von Messing wird als Reduktionsmittel 10%iges Phosphorkupfer, und zwar für 100 Kilo Metall 80 g, zugesetzt.

Beim Zusammenschmelzen von Messingspänen verbrennt vorwiegend Zink. Daher etwas Zinkzugabe und Flußmittel (Borax oder Potasche). Alte Späne werden am besten neuer Blockmetallschmelze zugesetzt.

Weißmetalle. Diese Zinn-Bleilegierungen mit Antimon- und Kupfergehalt nehmen eine besondere Stellung als Lagermetalle ein. Es hat sich gezeigt, daß die erprobten Lagermetalle mindestens zwei Gefügebestandteile enthalten. Einen harten, der die Druckfestigkeit des Metalles erhöht und den Reibungskoeffizienten erniedrigt, und einen weichen, in welchen der harte Bestandteil eingebettet ist und so eine gewisse Nachgiebigkeit des Metalles gewährleistet. Da aber die Struktur der Legierung von der Zusammensetzung und Herstellungsweise abhängt, so gelten hierfür besondere Vorschriften: Man schmilzt gleiche

Gewichtsteile Kupfer und Zinn zusammen, wobei das Kupfer zuerst eingeschmolzen und das Zinn dem geschmolzenen Kupfer beigefügt wird. Diese Hilfslegierung wird unter gutem Umrühren den schon geschmolzenen Mengen der anderen Metalle zugesetzt, wobei natürlich das in der konzentrierten Legierung enthaltene Zinn in Abzug gebracht werden muß. Man verwendet Metall-, Sand- oder Gipsformen. (Siehe a. Ersatzmetalle, S. 71).

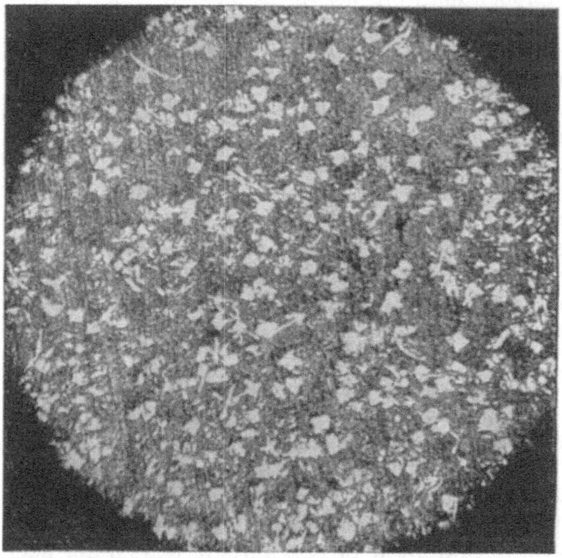

Abb. 10. Weißmetall, schnell abgekühlt (83,3 % Zinn, 11,1 % Antimon, 5,5 % Kupfer). (Aus Ledebur-Bauer, Die Legierungen.)

Bei der Verschmelzung der Weißgußmetalle sind folgende Regeln zu beachten:

1. Es sollen möglichst reine Rohstoffe verwendet werden.

2. Das Mischen soll möglichst weit unter dem Schmelzpunkt des am schwersten schmelzbaren Metalls erfolgen.

3. Das schmelzende oder geschmolzene Metall ist unter einer Holzkohlendecke zu halten.

4. Die beste Vergießtemperatur liegt zwischen 450° und 470° C.

5. Die Lagerschalen sollen vor dem Ausgießen auf 100—150° C erwärmt werden, um eine gleichmäßige, blasenfreie Oberfläche, dichten Guß und bestes Anhaften des Metalls an den Lagerwandungen zu erzielen.

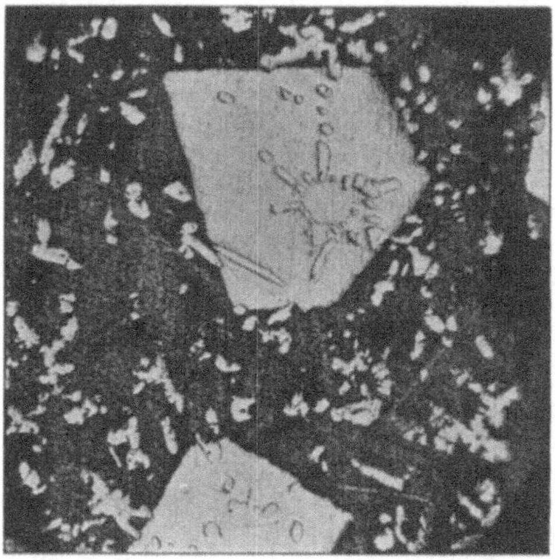

Abb. 11. Weißmetall, langsam abgekühlt (83,3 % Zinn, 11,1 % Antimon, 5,5 % Kupfer). (Aus Ledebur-Bauer, Die Legierungen.)

6. Um die harten Kristalle in möglichst feiner Verteilung in der weichen Grundmasse zu erhalten, ist möglichst rasch abzukühlen, ohne die Gießform zu erschüttern.

7. Die Brinellhärte ist bei der Gruppe 5: 23, bei Gruppe 1: 35, bei einem Druck von 500 kg, 10-mm-Kugel, die $^3/_4$ Minute mit diesem Druck auf das Metall wirkt. Innerhalb 15 Sekunden ist der Druck von Null auf 500 kg zu steigern.

Bei der Herstellung der Weißmetalle wird z. B. wie folgt verfahren. Es handle sich z. B. um die Herstellung einer Legierung von: 83,33% Zinn, 11,11% Antimon und 5,55 % Kupfer (Eisenbahnlegierungsmetall).

Zuerst wurden 2 kg Kupfer geschmolzen, diesem 4 kg Antimon und zuletzt 12 kg Zinn zugesetzt. Die Legierung wird in 15 mm starke Platten ausgegossen. Von diesen werden 20 kg mit 20 kg Zinn unter möglichst geringer

Überhitzung zusammengeschmolzen, dann abermals zu Platten ausgegossen, die für den Gebrauch dienen.

Eine metallographische Untersuchung gibt Aufschluß über die Gefügebestandteile und deren Struktur. Bei langsamer Abkühlung wachsen große antimonreiche Würfel, Härte und Druckfestigkeit wird geringer; bei schneller Abkühlung tritt feinkörniges Gefüge auf, Härte und Druckfestigkeit steigen an. (Siehe Abb. 10 u. 11.)

Wird eine solche kupferhaltige Antimon-Zinnlegierung durch Walzen zu Blechen ausgewalzt, dann hat man das sog. Britanniametall.

Britanniametall. Herstellung wie bei Weißmetall.

Kupfer-Nickellegierungen. Hier wird zuerst das Kupfer geschmolzen, dann das Nickel unter gutem Umrühren zugesetzt; auch werden beide Metalle in zerkleinertem Zustande lagenweise übereinander geschichtet und unter einer Kohlendecke geschmolzen.

Goldlegierungen (Kupfer härtet das Gold). Das Schmelzen des Goldes findet unter Anwendung von Flußmitteln (Borax, Kochsalz usw.) statt. Dem geschmolzenen Metall werden die Legierungsmetalle beigegeben. Kupfer für rote, Silber für weiße, Kupfer und Silber für gemischte Karatierung. Beim Gießen dienen Formen aus Eisen, Sand oder Sepia.

Silberlegierungen wie Goldlegierungen (Kupfer härtet das Silber).

Amalgame. Entweder werden die feinzerteilten Metalle mit Quecksilber zusammengerieben, oder dem geschmolzenen und etwas unter den Schmelzpunkt abgekühlten Metall das Quecksilber vorsichtig beigegeben.

Platinlegierungen, z. B. Platin-Silbermetall. Das Silber wird geschmolzen, dann das Platin in Form von fein verteiltem Platin, sog. Platinschwamm, zugesetzt.

Reinigung von Gold beim Umschmelzen.

Gold, welches infolge eines Gehaltes an fremden Metallen, z. B. Zinn, für die Verarbeitung nicht geeignet oder brüchig ist, kann auf folgende Weise gereinigt und verarbeitbar gemacht werden.

Man schmilzt das Gold im Tiegel und setzt dann, wenn alles im Flusse ist, 0,5—1% wasserfreies Kupferchlorid zu. Das sich entwickelnde Chlor verbindet sich mit den fremden Metallen, z. B. Zinn, welches dann als Zinnchlorid entweicht.

3. Ergänzungen zur Metallgießerei.

Gegenüber der Eisenindustrie sind die Schmelzarbeiten für Kupfer-Messing-Aluminium noch bedeutend im Rückstande. Während kleinere Werke der Gießereien mit Einsätzen von 15—20 kg arbeiten, werden in modern eingerichteten Betrieben dieselben Erzeugnisse mindestens ebensogut, aber billiger, mit Schmelzungen von 1000—1500 kg erzeugt[1]). Vielfach ist man dazu übergegangen, den Koksofenbetrieb durch den Ölofen bzw. durch die Ölfeuerung zu ersetzen. Hierbei unterscheidet man 1. den tiegellosen Ofen, 2. den Tiegelofen[2]). Bei den Koksöfen macht sich der Schwefelgehalt der Koks oft sehr unangenehm bemerkbar, indem die schweflige Säure von den Metallen aufgenommen wird. Dieser Übelstand wird bei den Ölöfen vermindert, da das Teeröl nahezu schwefelfrei ist, auch arbeitet der Ölofen mit einer neutralen bzw. sogar reduzierenden Flamme, wodurch die Oxydation des Schmelzgutes verhindert wird. Die Vorteile der Ölfeuerung gibt Schulz wie folgt an:

---

[1]) Siehe Schulte, Metall und Erz 1919.

[2]) Die beiden Firmen Fulmina-Werk, Friedrichsfeld bei Mannheim, und Friedrich W. Kelm, Berlin W 9, liefern tiegellose Öfen zur Metallschmelzung, die mit Ölfeuerung betrieben werden.

1. Leichtes Anlernen der Bedienungsmannschaft.
2. Äußerst schnelle Inbetriebsetzung der Öfen.
3. Schnellste Wärmesteigerung, verbunden mit einer Verkürzung der Anheizdauer.
4. Genaueste und leichteste Beobachtung des Schmelzprozesses.
5. Vermeidung einer Oxydation des Schmelzflusses durch die Reduktionsflamme.
6. Herabsetzung des Abbrandes.
7. Erzeugung von Qualitätsware wegen Fehlens von Schwefel im Brennstoffmaterial.
8. Erhöhung der Haltbarkeit der Tiegel.
9. Gesteigerte Leistung bei vermindertem Arbeitsmaterial.
10. Wegfall des Mahlens usw. der bei Koksofenbetrieb fallenden Krätzen und Schlacken.
11. Vollständige Ausnutzung des Brennstoffes.

Elektrische Schmelzöfen für Gelbguß u. a. Die Vorteile, welche der elektrische Ofen zum Schmelzen von Messing besitzt, hat man zuerst in Amerika erkannt. Im Lauf der letzten Jahre hat das Verfahren aber auch in Deutschland Eingang gefunden, weil die elektrischen Öfen sehr sparsam arbeiten, der Betrieb und insbesondere die Temperatur leicht zu regeln, die Atmosphäre reduzierend und der Abbrand von Metall sehr gering ausfällt. In der „Elektrotechnischen Zeitschrift" vom 10. März 1921 wird solch ein geeigneter zylindrischer Drehofen beschrieben, der auf vier Rollen gelagert ist und durch einen kleinen Motor gedreht werden kann. Die Elektroden ragen durch axiale Aussparungen in das Innere des Ofens. Diese Öfen werden im heißen Zustand beschickt. Je nach dem Schmelzgut beginnt das Schmelzen bei ruhendem oder sich drehendem Ofen. Es wird über zwei kleinere solche Öfen berichtet, deren Schmelzleistungen 230 bzw. 112,5 kg betragen. Die Schmelzzeit betrug bei ersterem etwa 40 Minuten, so daß im Tag etwas mehr wie 2200 kg Messing aus Spänen verschmolzen und direkt vergossen werden konnten. Der mittlere Stromverbrauch für 100 kg geschmolzenes Metall betrug rund 30 Kilowattstunden und an Elektroden waren etwa 0,16 kg dabei erforderlich, Zahlen, welche die Sparsamkeit dieses Schmelzens gut beleuchten. Die in $1\,{}^1/_2$ Jahren gewonnenen Betriebsergebnisse bei einem kleineren solchen Ofen (von 112,5 kg) waren etwa für 100 kg Schmelzgut aus Messingschrot 24 Kilowattstunden, aus Messingspänen 21 Kilowattstunden. Der Abbrand betrug bei Messing weniger als 1,4%, bei Rotguß im Mittel 0,75%, so daß sich auch hierin der elektrische Ofen allen anderen überlegen zeigt. Die Haltbarkeit der Öfen ist auch eine recht befriedigende, denn die Auskleidung hält 600—900 Schmelzen aus. Zweckmäßig ist es, den Ofen am Abend nach der letzten Charge noch mit Material zu beschicken, wodurch dieses vorgewärmt wird und bis zum nächsten Morgen auf etwa 480° C erwärmt scheint. Geschieht dies nicht, so sinkt die Ofentemperatur über Nacht auf rund 230° herab. Die Drehbarkeit des Ofens ist auch ein wesentlicher Vorteil, weil die Schmelzen dadurch gut gemischt, die Wärmeausnutzung und Haltbarkeit der Ofenauskleidung wesentlich erhöht werden.

Nach neuen Erfahrungen (siehe Metall und Erz 1920) werden die besten Ergebnisse in der Metallgießerei sowohl hinsichtlich der Freiheit von Lunkern, wie auch hinsichtlich der Festigkeitseigenschaften erzielt durch Anwendung von Eisenkokillen, die vor dem Guß gut angewärmt werden und die mit einem genügend hohen, besonders warm zu haltenden, verlorenen Kopf zu versehen sind. Das Schmelzgut selbst ist bei möglichst geringer Überhitzung in gleichmäßigem, ununterbrochenem Strahl in die Form einzugießen. Einschnürungen an einzelnen Stellen der Gießform sind tunlichst zu vermeiden. Wichtig ist der Hinweis auf die Irrigkeit der Annahme, daß der verlorene Kopf durch den Druck seiner Masse auf Dichtigkeit des Gußstückes hinwirke. Er stellt lediglich ein Reservoir dar zum Nachfließen von Metall bei der mit der Erstarrung und Abkühlung eintretenden Zusammenziehung.

Aluminium greift beim Formenguß das Eisen stark an, während Zinkguß die Formen nicht nachweisbar beschädigt. Andererseits soll mit Kupfer legiertes Zink die Eisenformen noch mehr angreifen als Aluminium.

Ofen zum Schmelzen von Metallen unter Vermeidung einer Oxydation des Schmelzgutes. Die bis jetzt bekannten Schmelz- oder Reduktionsöfen für Metalle, insbesondere solche für Zinn und Zink, haben den großen Nachteil, daß bei Gewinnung des Metalls erhebliche Mengen desselben als Oxyde in den Abgasen weggeführt werden. Die vorliegende Erfindung hat nun den Zweck, die durch die Einwirkung der Flamme auf das Metallbad hervorgerufene Verbrennung des Zinns zu Zinnoxyd oder des Zinks zu Zinkoxyd durch einen besonders gebauten Ofen zu vermeiden, und zwar dadurch, daß derselbe außer den für die Schmelzung des Metalls erforderlichen Heizdüsen Gasschlitze oder ähnliche Einrichtungen besitzt, welche unterhalb der Heizdüsen angeordnet sind, und durch welche während der Schmelzperiode ein Gasschleier über dem Metallbad erzeugt wird (Deutsches Reichspatent Nr. 300193).

Verfahren zum Einschmelzen von Legierungen und Metallen, insbesondere von Zink. Beim Einschmelzen von Legierungen und Metallen, besonders Zink, hat man bereits vorgeschlagen, das Schmelzgefäß mit einem neutralen Gas zu füllen, um eine Oxydation des zu schmelzenden Metalles, womit bekanntlich bedeutende Materialverluste verbunden sind, zu vermeiden. Hierbei tritt jedoch leicht eine Diffusion des verwendeten Gases in die Luft der Umgebung ein, so daß die in den Tiegel eindringende Luft immer noch eine Oxydation des Schmelztiegels veranlaßt.

Die vorliegende Erfindung sucht diesen Nachteil zu vermeiden. Das neue Verfahren besteht darin, daß das Schmelzgefäß luftdicht geschlossen und das zur Verwendung gelangende inerte Gas, etwa Stickstoff, in dem Schmelzgefäß unter einem dauernden Überdruck, z. B. durch Anschluß an einer der bekannten Stahlflaschen mit Stickstoff von 60—70 Atm., gehalten wird. Der während des Einschmelzens herrschende dauernde Überdruck läßt das Eindringen von Luft in das Schmelzgefäßt nicht zu, so daß eine Oxydation mit Sicherheit vermieden ist. Der Druck kann durch Reduzierventile auf die gewünschte Höhe herabgebracht werden. Der Kessel kann mit Manometer zur Beobachtung des Gasdruckes, mit Sicherheitsventil usw. versehen sein (D.R.P. Nr. 310971).

Zink- und Messingabfälle, Blechschnitzel, Späne u. dgl. werden vor dem Zusammenschmelzen in feste Bündel oder Stücke zusammengepreßt, d. h. brikettiert. Hierzu werden Einrichtungen von der Hochdruckbrikettierung G. m. b. H., Berlin SW 48, geliefert. Diese Arbeitsweise empfiehlt sich für alle leicht oxydierbaren Metalle. Die Vorteile dieses Verfahrens ergeben sich aus folgendem Beispiel: Als Messingspäne der Zusammensetzung: 56,55% Kupfer, 40,09% Zink, 0,33% Zinn, 2,84% Blei auf gewöhnliche Art zusammengeschmolzen wurden, ergab sich bei einer Schmelzdauer von $1^1/_4$ Stunden ein Schmelzverlust von 19,4%; dabei erhielt das geschmolzene Metall eine vom ursprünglichen Metall abweichende Zusammensetzung, nämlich: 66,30% Kupfer, 30,73% Zink, 0,36% Zinn und 1,89% Blei. Als dann mit dem gleichen Spänematerial Briketts gemacht wurden im Stückgewicht von rd. 2,5 kg, wurde beim Schmelzen bei kaum veränderter Zusammensetzung ein Schmelzverlust von nur 9,6% konstatiert. Geschmolzen wurde im Tiegelofen mit Koksfeuerung. Vor der Brikettierung werden zweckmäßig die Späne gereinigt; manche Maschinenfabriken haben zur Entölung usw. eigene Zentrifugen konstruiert.

Vorteile der Brikettierung sind:

1. Volumverminderung; 2. bequeme Handhabung; 3. Fortfall des Umschmelzens der Späne in Blöcke, da die Briketts einer Legierung ähnlich wie Rohmaterial zugesetzt oder zu unmittelbarem Guß verwendet werden; 4. Verringerung des Schmelzverlustes; 5. Verkürzung der Schmelzdauer; 6. Ersparnis an Brennstoff- und Tiegelmaterial; 7. Ersparnis an Arbeitslöhnen; 8. größere Leistung der Schmelzanlage[1]).

Wo Vorrichtungen zur Brikettierung nicht vorhanden sind, hilft man sich auch dadurch, daß man die Metallabfälle in schon geschmolzenes Metall untertaucht.

Nach Schulz und Winklerin findet beim Schmelzen von Zinkplatten $^1/_2$ bis 1% Verlust statt. Werden Zinkspäne so geschmolzen, daß man dieselben in geschmolzenes Zink einrührt, so hat man mit ca. 10% Schmelzverlust zu rechnen. Für derartige Schmelzanlagen wird sehr die Teerölfeuerung empfohlen.

Zu beachten ist auch, daß das ohne weiteres aus Spänen zusammengeschmolzene Material vielfach reichliche Mengen von Oxydationsprodukten enthalten kann, wodurch die mechanischen Eigenschaften ungünstig beeinflußt werden.

Flecken von verschiedener Farbe auf gegossenen Zinnbronzen. Gegossene Zinnbronzen zeigen häufig auf dem Bruch Flecken von verschiedener Farbe. Meist liegen graue Teile in einer mehr bronzefarbenen Masse. Diese Flecken erklären sich durch die Verhältnisse bei der Abkühlung. Je schneller die Bronze erstarrt, um so inniger mischen sich die verschiedenfarbigen Flecken, so daß bei genügend schneller Erstarrung mit bloßem Auge nur noch eine graugelbe, gleichmäßige Färbung des Bruchs beobachtet werden kann. Wenn eine derartige Bronze mit stark ausgeprägten Flecken auf dem Bruch geschliffen wird, so zeigt sich, nach Heyn und Bauer, doch unter dem Mikroskop ein vollständig gleichartiges Gefüge, obgleich man eine grobe Seigerung, eine Trennung der Bronze in gröbere Knollen einer zinnreichen Legierung von grauer Farbe und einer zinnarmen Masse von gelber Färbung, hätte erwarten können. Daß dies trotz der Fleckenbildung nicht der Fall ist, kann man nach Heyn und Bauer wie folgt erklären:

Bei der Erstarrung der Zinnbronzen mit den in der Technik gebräuchlichen Zinngehalten kristallisieren zuerst kupferreiche Mischkristalle α aus, und zwar bilden sie nicht sofort volle Kristalle, sondern Kristallskelette nach Art von Tannenbaumzweigen. Zwischen diesen Zweigen erstarrt dann in zweiter Linie eine Füllmasse, bestehend aus zinnreichen Mischkristallen β. Das Ganze bildet nach der vollständigen Erstarrung ein großes Korn. In dem Augenblick, wo die Kristallskelette der Mischkristalle α fest geworden sind, die Füllmasse der Mischkristalle β noch flüssig ist, läßt sich die ganze Legierung mit einem Schwamm vergleichen, dessen Poren voller Flüssigkeit sind. Je langsamer die Erstarrung vor sich geht, um so weniger, aber um so größere Körner können sich bilden. Wird die Erstarrung beschleunigt, so werden diese Körner klein und zahlreich, die Legierung gleicht dann einem innigen Filz von lauter kleinen, verschieden gelagerten Tannenbaumzweigen. Bricht man eine solche Legierung entzwei, so wird der Bruch teils im Skelett α, teils in der Füllmasse β verlaufen können. Soweit er in α liegt, wird der Bruch bronzefarben sein, in der Füllmasse β hat er eine graue Farbe. Sind die Körner grob ausgebildet, so werden die Intervalle länger sein als bei inniger Verfilzung der Körner, infolge beschleunigter Erstarrung. Im ersteren Fall zeigt dann der Bruch größere graue Flecken, im bronzefarbenen Grund; im letzteren Fall eine Mischfarbe. Die Fleckenerscheinung ist somit nicht als eine grobe Entmischung der Legierung (grobe Seigerung) aufzufassen. Bohrt man die grauen Flecken an, so

[1]) Nach dem D. R. P. 305846 werden die Metallabfälle vor der Brikettierung glühend heiß gemacht.

erhält man bei der Analyse denselben Zinngehalt wie in den angebohrten gelben Flecken. Dagegen werden die Festigkeitseigenschaften der Bronze durch diese Erscheinung wesentlich beeinflußt. Sie sind bei gröberer Ausbildung der Körner minder gut als bei inniger Verfilzung, wie es ja die Praxis bereits längst beobachtet hat. Bei sehr grober Ausbildung der Körner kommt es vor, daß der Raum nicht vollständig ausgefüllt wird, es bleiben Hohlräume zurück, in die die zackigen Tannenbäume hineinragen. Es ist sogar nicht selten, daß diese Hohlräume mit der Luft in Verbindung stehen, und daß sie sich in noch warmem Zustand mit Anlauffarben überziehen.

Granulieren der Metalle. Granuliertes Metall findet vornehmlich zur Herstellung von Loten, vorwiegend Schlagloten, Verwendung. Es wird aus den Legierungen in der Weise hergestellt, daß diese zunächst geschmolzen werden. Ist der Schmelzpunkt der betreffenden Legierung bzw. des Metalles, wie ja bei Hartloten allgemein, höher als der Siedepunkt des Wassers, so wird die flüssige Masse in feinem Strahl durch einen Reisigbesen hindurch in das kalte Wasser gegossen, den man im Wasser hin und her bewegt. Der in das Wasser dringende Strahl des geschmolzenen Metalles wird durch den Reisigbesen in feine Teile zerteilt, die im Wasser zu Körnern erstarren. Darauf folgt ein Aussieben der Körner nach Korngröße; zu große Körner werden wieder eingeschmolzen. Die Hauptschwierigkeit liegt nun darin, möglichst gleichmäßiges Korn zu erhalten; dies gelingt besser nach folgendem Verfahren:

Über einem Gefäß mit hinreichend großem Wasserspiegel läßt man aus der Wasserleitung oder sonstwie unter Druck einen Wasserstrahl austreten und regelt diesen zweckmäßig durch einen Hahn in der Nähe der Rohrmündung. Auf den Wasserstrahl läßt man in feinem Strahl das geschmolzene Metall aus dem darüber befindlichen Schmelztiegel fließen. Hierdurch wird das Metall in feine Tropfen zerteilt, als solche fallen sie in das Wassergefäß und erstarren dort zu Körnern, deren Größe man je nach Bedarf durch die Stärke des Wasserstrahles regeln kann. Auch unter Benutzung der Fliehkraft kann man eine gewisse Gleichmäßigkeit des Kornes erhalten, indem man das flüssige Metall auf eine rotierende Scheibe fallen läßt, die in ein Gefäß mit Wasser reicht, so daß die von der kreisenden Scheibt fortgeschleuderten Tropfen in das Wasser fallen und dort zu feinen Körnern erstarren.

Hat man Dampf von höherer Spannung zur Verfügung, so läßt man diesen auf einen dünnen, breiten Strahl des geschmolzenen Metalles stoßen, der gleichfalls in ein darunter gestelltes Wassergefäß fällt.

Ist das erforderliche Quantum an granuliertem Metall auf die eine oder andere Art erzeugt, so wird das Wasser abgegossen; für schnelle Abtrocknung ist Sorge zu tragen, damit eine dem späteren Verwendungszweck schädliche Oxydation vermieden wird. Am besten trocknet man in einem feinmaschigen Siebe, in das man Sägespäne und die erzeugten Metallkörner schüttet, und das man dann kräftig schüttelt.

Leichtflüssige Legierungen, deren Schmelzpunkt unter dem Siedepunkt des Wassers liegt, granuliert man zweckmäßig, indem man sie in festem Zustande in ein verschließbares, zum Teil mit Wasser gefülltes Gefäß bringt, die ganze Masse mit dem Wasser so lange erwärmt, bis sie geschmolzen ist und dann das Gefäß so lange schüttelt, bis das Metall zu Körnern erstarrt ist. In dieser Weise granuliert man z. B. auch Phosphor. — Leicht schmelzbare Metalle, wie Zinn, Zink und Weichlot, werden häufig granuliert, indem man sie in geschmolzenem Zustande in ein innen mit Gipsanstrich versehenes Metallgefäß gießt. Dieses wird gut verschlossen und dann bis zur Erstarrung des Metalls energisch geschüttelt.

Hat man Granalien in größeren Mengen herzustellen, so verwendet man an Stelle des Metallgefäßes eine Schütteltrommel nach Art der Scheuertrommel, deren

Lagerzapfen exzentrisch anzubringen sind. Der eine Lagerzapfen wird über die Lagerstelle hinaus verlängert und vorn mit einem Vierkant zum Aufstecken einer Handkurbel versehen. Indem man diese Trommel, die an ihrem Umfang eine gut verschließbare Füllöffnung hat, nach dem Eingießen des Schmelzgutes in rasche Umdrehung versetzt, erzielt man nach der Erstarrung des Materials eine sehr gründliche Granulierung. Die zu großen Körner, die nach der Trocknung im Siebe zurückbleiben, werden im Mörser zerstoßen oder wieder eingeschmolzen. Man gießt auch vielfach das Schlaglot in Stäbchen, zerstößt sie bei Rotglut (Messing- und Neusilberschlaglot), da sie bei dieser Hitze sehr spröde sind, im Mörser und sondert das Pulver durch Siebe verschiedener Feinheit.

Die dehnbaren Arten des Schlaglotes, wie Silberlot, das Gold- und Goldschlaglot, werden im eisernen Einguß zu kleinen Stangen gegossen, welche man platt hämmert und dann unter dem Walzwerk zu dünnen Blechen streckt. Hiervon schneidet man zum Gebrauch mit einer Blechschere kleine, länglich-viereckige Schnitzel ab (Paillen genannt). Auch Kupfer wird in solchen Blechstücken zum Löten verwendet.

Gold- und Silberschlaglote werden bei sehr zarten Lötungen in Gestalt von Feilspänen gebraucht.

Vielfach werden auch Körnungen von Metallen erzeugt, indem das feste Metall auf der Drehbank oder Shapingmaschine mittels des Dreh- bzw. Hobelstahles zu feineren Spänen verarbeitet wird. Wenn auch das auf diese Weise erzeugte Material nicht mehr die Form von Körnern hat, so hat man doch die Gleichmäßigkeit je nach Einstellung des Stahles in der Hand, auch ist die Leistungsfähigkeit in diesem Falle außerordentlich gesteigert.

4. Eisen.

Reines Eisen ist infolge seiner Weichheit für technische Zwecke ungeeignet. Alles in der Technik gebrauchte Eisen enthält zwischen 0,05—5% Kohlenstoff, daneben noch andere Stoffe, es handelt sich also um Eisenlegierungen, insbesondere Eisen-Kohlenstofflegierungen. In gewissem Sinne hängen die Eigenschaften der verschiedenen Eisensorten ab vom Kohlenstoffgehalt; je größer dieser ist, desto leichter schmelzbar ist die Legierung. Bei den Eisen-Kohlenstofflegierungen herrscht eine überaus große Mannigfaltigkeit der Eigenschaften, je nach dem Gehalt an Kohlenstoff und anderen Stoffen wie Silizium, Mangan, Phosphor, Schwefel, — dann weiter Chrom, Wolfram, Nickel, Molybdän u. a., sowie den besonderen Zustandsformen des Kohlenstoffes (frei als Graphit oder chemisch gebunden als Eisenkarbid) und der Zustandsänderungen beim und nach dem Erstarren, beim Wiedererhitzen und ferner den anderweitigen Zustandsänderungen bei der mechanischen Bearbeitung.

Flüssiges oder geschmolzenes Eisen, das im Hochofenprozeß als sog. Roheisen oder Gußeisen erhalten wird, kennt man erst seit etwa 1400 Jahren. Vor dieser Zeit, als die Schmelzeinrichtungen und damit die Herstellung hoher Temperaturen noch sehr unvollkommen waren, wurde das Eisen aus den Erzen mit Zuschlag von Kohle durch die sog. Rennarbeit (Luppenfrischen u. a.) in Form von schmiedbarem oder hämmerbarem Eisen (Schmiedeeisen und Stahl oder Schweißeisen) erhalten; die Temperatur reichte nur aus, um das Eisen zu reduzieren und zum teigigen Zustande zu erweichen, in welchem Zustande dann die Schlacken durch Hämmern entfernt und die einzelnen weichen Eisenteile vereinigt wurden. Erst später gelang es, das Eisen im geschmolzenen Zustande zu erhalten (Hochofen), das dann als Ausgangspunkt für die Herstellung von hämmerbarem Eisen (Schmiedeeisen und Stahl) diente.

Früher unterschied man die Eisensorten in Anbetracht der Gewinnungsweise in kohlenstoffreiches Roh- oder Gußeisen, in kohlenstoffarmes Schmiedeeisen und den zwischen beiden stehenden Stahl. Den neueren Herstellungsarten entsprechend hat man dann Stahl und Schmiedeeisen zusammengefaßt und dieselben in Schweiß- und Flußeisen unterschieden. Die neuere Einteilung ist aus beistehender Übersicht erkenntlich:

Einteilung des technisch verwendeten Eisens (nach Ledebur).

A. Roheisen. Nicht schmiedbar, spröde, beim Erhitzen plötzlich schmelzend. Gehalt an Kohlenstoff (Silizium, Phosphor u. a.) mindestens 2,6%.

1. Graues Roheisen. Ein Teil des Kohlenstoffes wird beim Erkalten graphitisch ausgeschieden. Farbe der Bruchfläche grau. In der Gießerei zu Gußwaren verarbeitet, heißt das graue Roheisen Gußeisen.

2. Weißes Roheisen. Der Kohlenstoff ist gebunden. Farbe der Bruchfläche weiß. Härter, spröder als graues Roheisen.

3. Eisenmangane. Kohlenstoffhaltige Eisen-Manganlegierungen mit reichem Mangangehalte. Der Kohlenstoff ist gebunden. Farbe der Bruchfläche weiß oder gelblich. Sehr spröde.

B. Schmiedbares Eisen. Schmiedbar und in gewöhnlicher Temperatur weniger spröde als Roheisen. Beim Erhitzen allmählich bis zum Schmelzen erweichend. Gehalt an Kohlenstoff weniger als 2,6%.

1. Schweißeisen und Schweißstahl. Im nichtflüssigen, teigartigen Zustande erfolgend. Schlackenhaltig und aus zahlreichen, einzeln entstandenen, zusammengeschweißten Eisenkörnern bestehend.

   a) Schweißstahl. Kohlenstoffreicher (0,5% und darüber); fest, hart.

   b) Schweißeisen. Kohlenstoffärmer, weniger fest und weniger hart, aber zäher und geschmeidiger als Schweißeisen.

2. Flußeisen und Flußstahl. Im flüssigen Zustande erfolgend. Schlackenfrei.

   a) Flußstahl. Kohlenstoffreicher (0,5% und darüber); fest, hart.

   b) Flußeisen. Kohlenstoffärmer, weniger fest und weniger hart, aber zäher und geschmeidiger als Flußstahl (siehe auch bei Stahl).

In den Eisen-Kohlenstofflegierungen haben wir im geschmolzenen Zustande als näheren Bestandteil das harte Eisenkarbid[1]) anzunehmen. Eisen-Kohlenstofflegierungen bestehen bis zu etwa 2,2% Kohlenstoff aus Mischkristallen (fester Lösung) von γ-Eisen und Eisenkarbid. Dieses Eisenkarbid ist ein äußerst harter, spröder, aber kein stabiler, d. h. unter allen Umständen beständiger Stoff, sondern ein sog. metastabiler Stoff, d. h. ein solcher, der unter gewissen Umständen längere Zeit beständig sein kann, aber die Neigung besitzt, diesen lediglich gehemmten Zustand zu verlassen und in Eisen und Kohlenstoff in der Zustandsform des Graphits zu zerfallen. So bleibt das geschmolzene Eisenkarbid, wenn es rasch abgekühlt wird, beständig, beim langsamen Abkühlen zerfällt es. Der Zerfall findet auch noch im schon erstarrten Zustande statt. Gewisse Stoffe, z. B. Silizium, begünstigen diesen Zerfall, andere Stoffe, z. B. Mangan, verzögern ihn (siehe auch unter Zustandsformen und bei Stahl).

Mit Zunahme des Kohlenstoffgehaltes in einer Eisenlegierung wächst die Neigung des Eisenkarbids zum Zerfall.

Auf diesen Verschiedenheiten beruhen die verschiedenen Eigenschaften der technischen Eisenarten.

---

[1]) Eisenkarbid-Eisenkohlenstoff Fe_3C, als Strukturbestandteil Zementit genannt, enthält 6,67% Kohlenstoff und 93,33% Eisen.

a) Roheisen (Gußeisen) mit mehr als 2,6% Kohlenstoff, leicht schmelzbar — nicht schmiedbar.

Enthält den Kohlenstoff in Form von Graphit oder sog. Temperkohle: graues Roheisen.	Enthält den Kohlenstoff in chemischer Bindung als Eisenkarbid (siehe auch bei Stahl): weißes Roheisen.

Das Roheisen ist das im Hochofen erschmolzene Eisen. Es hat starke Beimengungen von Kohlenstoff, Silizium, Schwefel, Phosphor und Mangan; infolgedessen ist sein Schmelzpunkt niedrig (1050—1200° C). Noch kurz unter seinem Schmelzpunkt ist das Roheisen spröde, kann nicht geschmiedet werden, unmittelbar über dem Schmelzpunkt ist es aber dünnflüssig und leicht gießbar. Deshalb wird es Gußeisen genannt.

Fast alle im Eisen anwesenden fremden Stoffe erniedrigen die Schmelztemperatur[1]).

	Anfang der Erstarrung	Ende der Erstarrung
Einfluß von Kohlenstoff auf siliziumarmes Eisen:	° C	° C
4,3% Kohlenstoff	1105	1105
3,2% „	1205	1105
2,9% „	1230	1105
Einfluß von Silizium auf Eisen:		
0,6% Silizium und 3,2% Kohlenstoff	1205	1105
1,6% „ „ 3,3% „	1205	1115
4,6% „ „ 3,1% „	1133	1133

Einfluß von Phosphor auf Eisen:

1% erniedrigt den Anfang der Erstarrung um etwa 30°. Ein Teil des phosphorhaltigen Eisens bleibt bis 950° herab flüssig; mit steigendem Phosphorgehalt wächst dieser Anteil.

Das **Roheisen oder Gußeisen tritt in zwei Zustandsformen** auf, die verschiedene Eigenschaften zeigen:

1. als sog. graues Roheisen oder Grauguß,
2. als sog. weißes Roheisen.

Die Abkühlungsart bzw. die dabei sich vollziehenden Vorgänge bedingen es, ob man das Roheisen in der Form des **grauen** oder des **weißen** Roheisens erhält.

Graues Roheisen erhält man bei möglichst langsamer Abkühlung des geschmolzenen Roheisens. Hierbei zerfällt das Eisenkarbid während des Erstarrens zum größten Teil unter Bildung von Graphit (Kohlenstoffmodifikation) in Form mehr oder weniger großer Blätter oder Lamellen, welche in die nunmehr kohlenstoffarme, zähe, weiche Grundmasse eingelagert sind.

Gefüge: Perlit (Zerfallsprodukt der festen Lösung γ-Eisen—Eisenkarbid als Eutektikum Ferrit—Zementit) α-Eisen, Zementit, Graphit. (Abb. 12.)

Graues Roheisen entsteht also durch Umwandlung des erst ausgeschiedenen unbeständigen Eisenkarbids, sog. Zementits, eine Umwandlung, die sehr leicht und regelmäßig in erst halberstarrtem Roheisen vonstatten geht, wenn dieses beim Erkalten das Gebiet der hohen Temperaturen — um 1100° C herum — nicht allzu rasch durchläuft.

Im grauen Roheisen hat die Umwandlung in das absolut stabile System (Martensit-Graphit) Platz gegriffen. An der Oberfläche finden sich oft große Blätter von Graphit abgeschieden, die in der halberstarrten Masse emporgestiegen sind

[1]) Taschenbuch für Eisenhüttenleute, 1910.

(Garschaum). Dieses absolut stabile System entsteht nicht sofort, sondern auf dem Umweg über das weniger stabile System Ferrit—Zementit (Mischkristall Martensit) Perlit (siehe bei Stahl S. 176).

Der graphitischen Kohlenstoffabscheidung verdankt das graue Roheisen seine Farbe (hell- bis tiefgrau). Das graue Roheisen ist schmelzbar, aber es erweicht nicht vorher; leichte Formgebung durch Gießen. Spez. Gewicht 7,03—7,13. S.-P. 1100—1200° C für Gegenstände, bei denen Festigkeit keine Rolle spielt, da diese gering ist.

Graugußstücke zeigen scharfe Konturen und ein gutes Aussehen, weil das leichtflüssige Material die Formen gut ausfüllt und sich beim Erkalten nicht zusammenzieht, sondern infolge der Kohlenstoffabscheidung ein wenig ausdehnt. Das Gußeisen ist spröde, läßt sich nicht strecken, nicht schmieden, nicht schweißen, ist wenig elastisch, nicht dehnbar. Der Bruch des grauen Gußeisens ist grau, grobkörnig, das Gefüge ungleichmäßig, die Festigkeit gering, es ist sehr spröde. Graugußstücke springen unter einem kräftigen Hammerschlag. Dagegen ist das graue Roheisen verhältnismäßig weich, so daß es mit dem Rohmeißel gut bearbeitet werden kann. Es findet als Maschinenguß ausgedehnte Verwendung. Die Menge des Graphits sowie Größe und Zahl der Graphiteinlagerungen im Eisen beeinflussen die Festigkeit. Je gröber die Graphitblättchen ausgebildet sind, um so größer ist im allgemeinen das Bruchkorn und um so geringer die Festigkeit. Je langsamer die Abkühlung erfolgt, um so gröber werden unter sonst gleichen Verhältnissen die Graphitblättchen. Hohe Festigkeiten kann man bei Gußeisen durch Erniedrigung des Gesamtkohlenstoffgehaltes (bis auf 2,9%) erreichen.

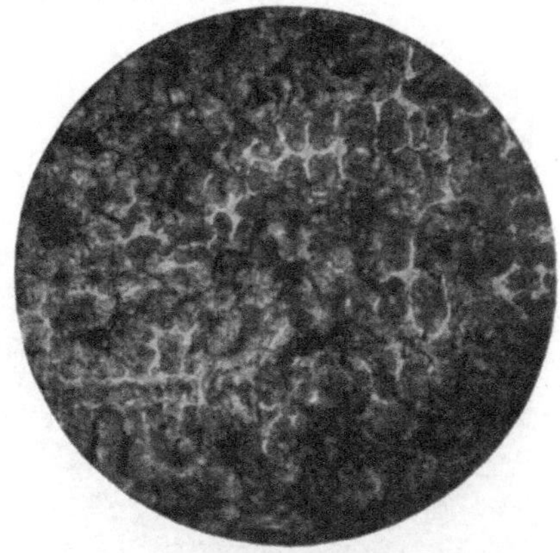

Abb. 12. Graues Roheisen, geätzt graphitisch. Gefüge: Ferrit (= Reineisen), Perlit (Ferrit und Eisenkarbid) und Graphit.
Graues Roheisen mit 6,6% Kohlenstoff enthält etwa 79%. Perlit 16% Eisenkarbid (= Zementit) und etwa 5% Graphit.
(Aus Preuß-Berndt-Cochius, Prüfung des Eisens.)

Silizium erhöht unmittelbar in geringem Maße die Festigkeit des gießbaren Eisens. Bei entsprechend hohem Kohlenstoffgehalt wirkt Silizium dagegen durch Begünstigung der Graphitausscheidung herabmindernd auf die Festigkeit. Da diese Ausscheidung von dem gleichzeitig vorhandenen Mangangehalt abhängt, so kann ein verschieden hoher Siliziumgehalt die gleiche Festigkeitsabnahme bewirken.

Mangan bewirkt bei Gußeisen Zunahme des gebundenen Kohlenstoffes und damit der Härte. Geringer Mangangehalt bis zu etwa 1,2% hat keinen deutlich erkennbaren Einfluß auf die Festigkeit des gewöhnlichen Gusses.

Phosphor zeigt seinen Einfluß namentlich in Verringerung der Durchbiegung und der Schlagfestigkeit. Zerreiß- und Biegefestigkeit werden durch Gehalte unter 1% nicht deutlich verändert.

Schwefel beeinflußt im Gußeisen bis zu Gehalten von etwa 0,15% die Festigkeit nicht erheblich. Zugfestigkeit wird nur etwas verringert, Härte und Sprödigkeit etwas vergrößert, indem die Graphitausscheidung beeinträchtigt wird.

Beizen mit verdünnter Schwefelsäure erniedrigt die Festigkeit von Gußeisen um etwa 10%. Weißes Eisen widersteht chemischen Einflüssen besser als graues. Temperaturunterschieden und damit auftretenden wiederholten Spannungen setzt ein möglichst phosphorarmes Gußeisen (Hämatit) den größten Widerstand entgegen.

Einwirkungen des Feuers (Glühgefäße, Roststäbe) widersteht ein Eisen, das viel gebundenen Kohlenstoff, aber wenig Silizium, Mangan, Phosphor und Schwefel enthält, am besten.

Im grauen Roheisen (graphithaltig), auch in siliziumreichen Sorten, erstarrt das Eisen zunächst als weißes Roheisen, also solches, welches den Kohlenstoff als Eisenkarbid enthält. Die Graphitbildung, also der Zerfall des Eisenkarbids, erfolgt erst im festen Zustand, und zwar während oder dicht unter der Erstarrungstemperatur des Eutektikums, innerhalb eines Temperaturintervalls von 30—40° C. Die weitere Zunahme des Graphits geht dann langsamer vor sich und ist unterhalb 1000° C nur geringfügig.

Während oder dicht unterhalb der eutektischen Temperatur (etwa 1130° C) wird durch den höheren Siliziumgehalt, verbunden mit langsamer Abkühlung der Anreiz zur Aufhebung der Unterkühlung gegeben; die zuerst gebildeten Graphitkeime wirken dann weiter als Anreiz zur Beseitigung der Unterkühlung oder des metastabilen Zustandes, die Graphitkristalle wachsen. Unterbleibt der Anreiz für den Zerfall des Eisenkarbids, bleibt also die Graphitbildung aus, so erhält man das weiße Roheisen (siehe auch bei Stahl).

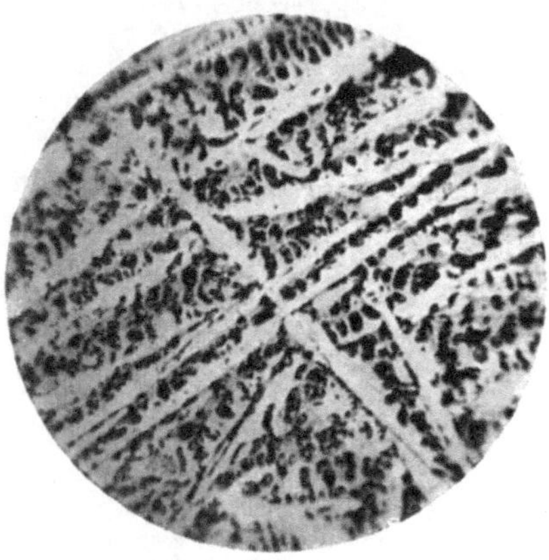

Abb. 13. Weißes Roheisen. Graphit frei (Zementit und Perlit). (Aus Preuß-Berndt-Cochius, Prüfung des Eisens, 2. Aufl.)

Weißes Roheisen erhält man, wenn die Abkühlung künstlich beschleunigt wird. Der Kohlenstoff scheidet sich ganz in Form von Eisenkarbid aus; demnach besteht das Gefüge fast ganz aus Zementit und Perlit (siehe bei Stahl). Durch den hohen Gehalt an Eisenkarbid ist das weiße Roheisen ein hartes, sprödes Produkt mit weißem, körnigem Bruch, das sich nicht bearbeiten läßt. Gegenwart von Mangan begünstigt die Erstarrung zu weißem Roheisen. Es dient zur Stahl- und Schweißeisenherstellung.

Das Weißeisen ist (wie auch der entsprechende Stahl) mit seinem Eisenkarbidgehalt die metastabile[1]), das graphithaltige graue Roheisen (Eisen, Graphit, Temperkohle) die stabile Zustandsform.

Gefüge: Weißes Roheisen enthält hauptsächlich Zementit (Eisenkarbid) in großblättrigen, weißen Kristallen, die sich dem Zerfall widersetzt haben, eingebettet in einer Grundlage der festen Lösung Eisen—Eisenkarbid. (Abb. 13.)

Beim Wiedererhitzen von weißem Roheisen scheidet sich Temperkohle (Graphit) aus.

Das weiße Roheisen vom spezifischen Gewicht 7,58—7,73 hat ein feinkörniges Gefüge. Es ist fester als graues Gußeisen, dabei aber so hart, daß es von der Feile meist gar nicht, von dem Meißel nur bei Verwendung des allerhärtesten Werkzeugstahls bearbeitet werden kann. Da es sich beim Erstarren beträchtlich zusammenzieht, füllt es trotz seines niedrigen Schmelzpunktes (1050° und höher) die Formen nicht scharf aus. Es wird deshalb nur zu solchen Gußstücken verwendet, die nachträglich bearbeitet werden (vgl. Temperguß, S. 202).

Gießt man graues Roheisen in stark abgekühlte Formen (Metallformen), so wird durch die rasche Kühlung der Oberfläche dort die Ausscheidung des Graphits verhindert. Man erhält also Gußstücke, die innen aus grauem, oberflächlich aus

[1]) d. i. verzögerte Umwandlung.

weißem Roheisen bestehen (Hartguß). Nach diesem Verfahren werden die Kaliberwalzen hergestellt. Infolge ihrer glasharten Oberfläche sind sie äußerst schwer zu bearbeiten.

Man unterscheidet ferner noch beim grauen Roheisen a) lichtgraues Roheisen, b) halbiertes oder meliertes Roheisen. Ersteres hat hellere Farbe und feineres Korn als das graue Roheisen. Letzteres bildet den Übergang vom grauen zum weißen Roheisen, es zeigt in weißer Grundmasse Graphitkristalle.

Beim weißen Roheisen bildet das sog. weißstrahlige Eisen den Übergang zum Spiegeleisen.

Während reines Eisen nur ausnahmsweise bis zu 4,6% Kohlenstoff zu lösen vermag, steigt die Löslichkeit durch Zusatz von Mangan erheblich, so daß man leicht ein Metall von 5% Kohlenstoff bei 6—20% Mangan erhalten kann. Dieses besitzt rein weiße Farbe, erstarrt mit großblättrigem Gefüge, zeigt große spiegelnde Flächen und heißt deshalb Spiegeleisen. Dient zur Stahlherstellung. (Noch reicher an Kohlenstoff und Mangan ist das Ferromangan.)

Zu Gießereizwecken dient graues Roheisen; zu Hartguß und schmiedbarem Guß wird halbiertes Roheisen verwendet.

Um 1 kg Gießereieisen zu schmelzen und auf Gießtemperatur zu bringen, sind 300 Wärmeeinheiten nötig. (Als Wärmeeinheit für technische Zwecke [= w] gilt die Wärmemenge, welche erforderlich ist, um 1 kg Wasser von 15° C um 1° C zu erwärmen.

Die Dünnflüssigkeit ist wichtig für die Fähigkeit der Metalle, dünne Querschnitte vollkommen auszufüllen. Eine Steigerung der Dünnflüssigkeit tritt durch Überhitzen und Beimengen bestimmter Elemente ein. Das an Kohlenstoff reichere Gußeisen ist dünnflüssiger als das an Kohlenstoff arme Flußeisen; graues Roheisen, das außer Kohlenstoff noch Silizium enthält, ist dünnflüssiger als weißes Roheisen, obgleich letzteres eine niedrigere Schmelztemperatur hat. Ein mäßiger Mangangehalt erhöht ebenfalls die Dünnflüssigkeit. Am meisten fördert Phosphor die Dünnflüssigkeit des Gußeisens. Schwefel, Aluminium und gelöste Metalloxyde vermindern die Dünnflüssigkeit.

Das Putzen der Gußstücke.

Die gegossenen Teile werden nach ihrem Erkalten aus den Formen herausgenommen, wobei diese entzweigehen.

Das Putzen bezweckt die Entfernung des am Eisen haftenden Sandes, der Kerne, Kerneisen, Gußnähte und Trichter. Bei großen Stücken geschehen diese Arbeiten von Hand unter Benutzung von Preßluftklopfhämmern, Preßluftmeißeln, Stoßstangen, Hämmern usw. Arbeitet man mit verlorenen Köpfen, so werden diese abgesägt, abgestoßen oder abgedreht, während die gewöhnlichen Trichter meist durch einen Hammerschlag abgeschlagen werden.

Kleinere Gußstücke bringt man in Sandstrahlgebläse, wo fein verteilter Sand durch Preßluft von 1—3 Atm. auf das Gußstück geblasen wird und diesem meist eine schöne glatte Oberfläche gibt. Auch arbeitet man mit Putztrommeln oder Rollfässern, in denen die Gußstücke stundenlang herumgewälzt werden. In einfacher Weise findet hierbei durch gegenseitige Reibung ein Abarbeiten der für Bearbeitung und Aussehen schädlichen Teile statt (siehe weiter: Beizen, S. 233).

Gußputzen mit elektrischen Handschleifmaschinen. Hierüber teilt W. Dalchau in den „Fortschritten der Technik" 1922 folgendes mit:

Zum Abschleifen von Guß- und Schweißnähten, zum Putzen, Abrosten mittels rotierenden Drahtbürsten u. dgl. mehr bedient man sich in Gießereien, besonders bei der Bearbeitung schwerer Stücke, mit Vorteil der kohlesparenden elektrischen

Handschleifmaschinen. — Solche Maschinen werden bei diesen Arbeiten frei in der Hand gehalten und müssen deshalb sehr leicht, aber trotzdem mit einem starken Motor ausgerüstet sein. Die Schleifscheibe wird nämlich, da meist ungelernte Leute mit den Maschinen umgehen, häufig unzulässig stark angedrückt und der Motor dadurch leicht zerstört, sofern er zu schwach ist. Gefahr droht dem Motor auch bei Maschinen, deren Schleifscheibe direkt auf der Motorwelle befestigt ist und deren Motoren durch einen elektrischen Schalter eingerückt werden. Hierbei kommt die schwere Scheibe sofort auf Touren und erzeugt natürlich einen überaus starken Stoß, der dem Motor sowie dem elektrischen Schalter schadet, beide aber gar bald betriebsunfähig macht oder dem Mann die Maschine aus der Hand schlägt. Die Schleifscheibe der Handschleifmaschine darf, weil die sichere Führung wie z. B. bei ortsfesten Maschinen fehlt, keine sehr hohe Umfangsgeschwindigkeit erhalten, die Scheibe würde sonst leicht zerspringen und Unheil anrichten.

Aus diesen Gründen ist es ratsam, folgendes zu beachten und vor Ankauf einer Handschleifmaschine zu prüfen, ob sie auch die folgenden Bedingungen erfüllt:

Das Gewicht der Maschine ohne Schleifscheibe darf in Aluminiumausführung etwa 16—18 kg, in Eisenausführung etwa 20—22 kg nicht übersteigen, weil sie sonst zu unhandlich wird. Die Leistung des Motors soll dabei wenigstens 0,75 PS betragen und vorübergehend bis auf 1,25—1,5 PS gesteigert werden können. Die Schleifscheiben sollen bei einem Durchmesser von etwa 180—300 mm eine Umfangsgeschwindigkeit von nicht mehr als 14 m/sec besitzen, da sonst leicht Unglücksfälle durch Zerspringen der Scheibe eintreten können. Diese Umfangsgeschwindigkeit entspricht einer Drehzahl der Schleifscheibe von etwa 1500—900 in der Minute.

Die schwere Schleifscheibe darf nicht durch einen elektrischen Schalter angeworfen, sondern sie muß langsam angelassen werden. Gleich nach dem Ausschalten sollte sie durch eine Bremse zum Stillstand kommen.

Alle Teile der Maschine, besonders der Motor und der Anlasser, bedürfen, da sie in den meisten Fällen eine rauhe Behandlung erfahren und aushalten müssen, einer sehr kräftigen Ausbildung, möglichst aus Eisen- und Stahlguß.

Normalanalysen des Roheisenverbandes[1]).

Aufstellung I.

Normalanalysen des deutschen Gießerei-Roheisens.

Hämatit-Roheisen	Gießerei-Roheisen I	Gießerei-Roheisen III
2—3 % Si	2,25—3 % Si	1,8—2,5 % Si
max. 1,2 % Mn	max. 1 % Mn	max. 1 % Mn
„ 0,12 % P	„ 0,7 % P	„ 0,9 % P
„ 0,04 % S	„ 0,04 % S	„ 0,06 % S

Gießerei-Roheisen Ersatz englisch III	Luxemburger Gießerei-Roheisen III
2—2,5 % Si	1,8—2,5 % Si
ca. 1 % Mn	ca. 0,5 % Mn
1—1,5 % P	„ 1,6—1,8 % P
max. 0,06 % S	„ 0,05 % S

Die Durchschnittsanalyse bleibt in der Regel nicht unwesentlich unter der vorgeschriebenen Höchstgrenze.

Auf Wunsch der Abnehmer liefert der Roheisenverband gegen Berechnung besonderer Aufpreise auch Roheisen mit schärferen Analysenvorschriften, z. B.

[1]) Aufgestellt vor dem Kriege.

Hämatit-Roheisen	Gießerei-Roheisen I
bis zu min. 4,5 % Si	bis zu min. 4,5 % Si
„ „ max. 0,25 % Mn	„ „ max. 0,6 % Mn
„ „ „ 0,05 % P	„ „ „ 0,02 % S
„ „ „ 0,02 % S	
Gießerei-Roheisen Ersatz englisch III	**Luxemburger Gießerei-Roheisen III**
bis zu min. 3,5 % Si	bis zu min. 4 % Si

Im Februar 1914 wurde hierzu zwischen dem Verein Deutscher Eisengießereien, Gießereiverband und dem Roheisenverband ein Abkommen getroffen, wonach sich der Roheisenverband bereit erklärte,

1. den Abnehmern das Hämatit innerhalb der Normalgrenze von 2—3% auf Wunsch in Abstufungen von 2—2,5% und 2,5—3% Si zu liefern und
2. wenn dieses seitens der Gießereien gewünscht wird, in den Versandanzeigen anzugeben, ob das Hämatit 2—2,5% oder 2,5—3% Si enthält;
3. auch für die Lieferung von Qualitäts-Gießereiroheisen auf Wunsch den von den Werken ermittelten Si-Gehalt als unverbindliche Werksanalyse in den Versandanzeigen bekanntzugeben;
4. den Mn-Gehalt im Hämatit auf 0,6—1,2% anstatt bisher max. 1,2% und im Gießereiroheisen I und III auf 0,5—1% anstatt bisher max. 1 % festzusetzen, welche Grenzen bisher auch in der Praxis schon eingehalten worden sind.

Aufstellung II.

Vergleichende Gegenüberstellung der Durchschnittsanalysen deutscher, englischer und schottischer Roheisenmarken.

Deutsches Hämatit-Roheisen	Englisches Ostküsten-Hämatit-Roheisen
2—3 % Si	2—3 % Si
0,8—1 % Mn	1—1,25 % Mn
0,08 % P	0,05—0,06 % P
0,03 % S	0,03—0,07 % S

Deutsches Gießerei-Roheisen I	Schottisches Gießerei-Roheisen I (Gartsherrie)	Schottisches Gießerei-Roheisen I (Summerlee)
2,75 % Si	2,45 % Si	2,85 % Si
0,7—0,8 % Mn	1,15 % Mn	1,08 % Mn
0,5—0,6 % S	0,75 % P	0,91 % P
0,03 % P	0,02 % S	0,03 % S

Deutsches Gießerei-Roheisen III	Schottisches Gießerei-Roheisen III (Shotts)	Schottisches Gießerei-Roheisen III (Gartsherrie)	Schottisches Gießerei-Roheisen III (Eglinton)
2,25 % Si	2,3 % Si	2 % Si	2,38 % Si
0,7—0,8 % Mn	1,1 % Mn	1,15 % Mn	2 % Mn
0,6—0,8 % P	0,83 % P	0,75 % P	0,89 % P
0,03—0,04 % S	0,03 % S	0,035 % S	0,03 % S

Phosphorhaltige Roheisen.

Deutsches Ersatz englisch III	Mathildenhütter Gießerei-Roheisen	Luxemburgisches Gießerei-Roheisen III
2—3 % Si	1,8—2,2 % Si	1,8—2,5 % Si
ca. 1 % Mn	0,5 % Mn	0,5 % Mn
„ 1—1,5 % P	1,3 % P	1,6—1,8 % P
„ 0,05 % S	0,02 % S	ca. 0,02 % S

Englisches Gießerei-Roheisen III (Middlesbrough).

Clarence	Newport	Redcar
2,8 % Si	2,75 % Si	1,45 % Si
0,6—0,7 % Mn	0,5 % Mn	0,58 % Mn
1,57 % P	1,5 % P	1,67 % P
0,05 % S	0,04 % S	0,07 % S

Schwindung von Gußeisen[1]).

Nr.	Gesamtkohlenstoff %	Graphit %	Silizium %	Mangan %	Phosphor %	Schwefel %	Stabdurchmesser mm	Schwindung %
1	3,60	3,3	2,3	0,6	0,7	0,10	30	0,90
2	3,50	3,2	1,8	0,6	0,5	0,10	20	1,08
3	3,50	3,0	1,5	0,5	0,1	0,08	30	1,10
4	3,40	3,0	1,5	0,6	0,3	0,10	30	1,12
5	3,30	3,0	2,0	0,7	0,6	0,10	40	0,96
6	3,40	2,95	1,8	0.7	0,7	0,10	50	1,05
7	3,43	2,89	1,46	0,75	0,93	n. b.	—	1,075
8	2,97	2,82	4,27	2,25	0,53	„ „	—	1,15
9	3,44	2,64	1,39	2,20	0,86	„ „	—	1,28
10	3,20	2,61	1,8	0,7	0,8	0,10	60	1,15
11	3,20	2,6	1,2	0,7	0,1	0,08	40	1,05
12	3,00	2,55	1,7	0,8	0,4	0,08	25	1,03
13	3,45	2,53	1,63	1,75	0,85	n. b.	—	1,12
14	3,25	2,4	1,4	0,5	0,15	0,08	30	1,25
15	3,10	2,27	1,5	0,7	0,8	0,10	80	1,10
16	3,10	2,2	1,2	0,7	0,15	0,08	40	1,25
17	3,10	2,15	0,8	0,7	0,2	0,08	—	1,24
18	3,00	2,10	1,3	0,8	0,6	0,10	40	1,35
19	3,00	2,00	1,0	0,8	0,15	0,08	60	1,20
20	2,90	1,80	1,0	0,9	0,6	0,10	50	1,35
21	3,14	0,49	0,84	0,26	0,73	n. b.	—	1,54
22	3,61	0,00	0,99	3,23	0,67	„ „	—	1,72

Mit steigendem Graphitgehalt nimmt die Schwindung ab, also vermindert auch langsame Abkühlung die Schwindung. Der Schwindung geht während und sofort nach der Erstarrung Ausdehnung des Gußeisens voraus. In der Praxis rechnet man für Grauguß mit einem linearen Schwindmaß von

1% für mittleren und leichten Grauguß,
0,9% in der Längsrichtung für große Zylindergüsse,
0,5% im Durchmesser für große Zylindergüsse,
0,5—0,7% für schweren Grauguß,
0,5—0,7% für Gußstücke, deren freies Schwinden durch Rippen usw. behindert ist.

Festigkeitseigenschaften. Die Festigkeitseigenschaften des gießbaren Eisens sind von der Gefügebeschaffenheit, d. h. von der Größe der Kristallkörner abhängig. Die Größe der Kristallkörner hängt von der chemischen Zusammensetzung und der Abkühlungsgeschwindigkeit ab. Langsamere Abkühlung bedingt größere Kristalle als schnellere; daher ist bei dickwandigen Gußstücken die Festigkeit im Inneren geringer als an der Oberfläche.

Weiter ist die Wärmebehandlung auf die Festigkeit des gießbaren Eisens von Einfluß. Sowohl eine zu hohe als eine zu niedrige Gießwärme des Eisens wirken ungünstig auf die Festigkeit. Die Abkühlungsgeschwindigkeit ist auch von erheblichem Einfluß. Durch Ausglühen nimmt die Festigkeit von Gußeisen ab.

[1]) Taschenbuch für Eisenhüttenleute.

Wiederholtes Erhitzen von Gußeisen bringt eine erhebliche Rauminhaltsvergrößerung und eine Festigkeitsabnahme bis zu etwa 30% mit sich.

Die Querschnittabmessungen beeinflussen die Festigkeit, und zwar namentlich die Probestäbe für Zerreiß- und Biegeversuche von Gußeisen. Stäbe von rechteckigem Querschnitt zeigen stets Gußspannungen und damit geringere Festigkeit als Rundstäbe. Gußeisenstäbe mit Gußhaut haben geringere Festigkeit als Stäbe von gleichen Abmessungen ohne Gußhaut, die aus Stäben mit größerem Querschnitt herausgearbeitet worden sind.

Wesentlich beeinflußt wird die Festigkeit des gießbaren Eisens von der chemischen Zusammensetzung.

Kohlenstoff tritt im Eisen chemisch gebunden als Härtungs- oder Karbidkohle und in freier Form als Graphit- oder Temperkohle auf. Härtungs- und Karbidkohle erzeugen feinkörniges, festes Gefüge und infolgedessen hohe Festigkeit, verbunden mit wesentlicher Härte und Sprödigkeit.

Herstellung guter Gußstücke. Bei der Herstellung von Gußstücken ist neben einer Reihe anderer Umstände die Herstellung der Form von ausschlaggebendem Einfluß auf die Beschaffenheit des Gusses. In den „Fortschritten der Technik“ 1922 werden folgende Ausführungen gegeben:

Besondere Aufmerksamkeit ist zunächst der Auswahl der Rohstoffe zu widmen. Ein Formsand, welcher Flußmittel enthält, kann für die Oberfläche eines großen Gußstückes verhängnisvoll werden, während ein stark schwefelhaltiger Koks zweifelsohne zu einer Vermehrung des Ausschusses beitragen wird.

Sodann können die besten Rohstoffe nur dann zufriedenstellende Ergebnisse zur Folge haben, wenn sie mit verständnisvoller Sorgfalt entsprechend bewährten Verfahren behandelt werden. Die Herstellung der Form selbst, die Auswahl bestimmter Sandarten je nach Art und Größe des Gußstückes, sowie das Gießen selbst, sind von einflußreicher Bedeutung, wobei fernerhin für richtige Anordnung der Eingüsse und Steiger zu sorgen ist. Gerade der letzte Punkt ist schon aus dem Grunde besonders wichtig, weil sich etwa ergebende Fehler erst dann erkannt werden, wenn ihre Beseitigung zu spät ist.

Die durch den Krieg geschaffenen schwierigen Arbeitsbedingungen machen sich wohl auf keinem Gebiet so unangenehm bemerkbar als gerade im Gießereifach. Die zur Verfügung stehenden Rohstoffe — Roheisen und Koks — sind von nur mittelmäßiger Beschaffenheit, so daß Gußstücke von untergeordneter Güte mit einem hohen Schwefelgehalt erzeugt werden. Diese üblen Folgeerscheinungen werden auch für eine Reihe von Jahren noch nicht verschwinden; wenn auch die Versorgung mit Roheisen und Brennstoff wieder in ein normales Stadium getreten sein wird, so wird der Gießer immer wieder gegen die Verunreinigungen anzukämpfen haben, die sich in dem seit dem Kriege erzeugten Guß befinden und die nach und nach als Gußbruch wieder in die Gießerei zurückkehren. Diese Unannehmlichkeit läßt sich nur durch möglichst geringe Bemessung des Bruchanteiles an der Charge beheben; es muß jedoch zugegeben werden, daß dies mitunter recht schwierig sein wird, und da kann nur eine tadellose Führung des Kuppelofens zufriedenstellende Ergebnisse herbeiführen. Lassen sich doch Gußstücke mit bis zu 0,3% Schwefel erzielen, die im Falle einer ordnungsgemäßen Behandlung als noch gut zu bezeichnen sind, wobei selbstverständliche Voraussetzung ist, daß der Anteil an oxydiertem Gußbruch auf das geringste Maß beschränkt wird, wenn nicht ganz vermieden wird.

Der Koks dürfte nicht mehr als 14% Asche und höchstens 2% Schwefel enthalten; sodann ist er möglichst trocken aufzubewahren, jedenfalls ist ein trockener Koks für die Grundcharge unentbehrlich, während er für die folgenden Beschickungen nicht von solcher Wichtigkeit ist.

Eine weitere dauernde Untersuchung erfordern die verschiedenen Sande hinsichtlich ihrer Feinheit und Bindekraft. Es empfiehlt sich, die Gußstücke in schwere, mittlere und leichte einzuteilen und dementsprechend für jede Art besondere Sande anzuwenden, deren Vermischung untereinander unbedingt zu vermeiden ist. Es dürfte wohl einleuchtend sein, daß z. B. ein feiner Sand, der in Verbindung mit einem groben kommt, die Porosität des letzteren vermindert und außerdem die Gleichmäßigkeit der Gußform und mithin auch der Gußoberfläche in Mitleidenschaft ziehen wird.

Der Umstand, daß lediglich die Formoberfläche der hohen Temperatur beim Guß ausgesetzt ist und nicht der innere Formkörper, könnte zu der Annahme führen, daß der Zusatz von Kohlenstaub zu dem Sand eine nur grobe und kostspielige Vermischung bedeutet, um so mehr als die Formoberfläche schließlich noch mit Graphit geschwärzt wird. Weiterhin ist es von Bedeutung, daß viele Former an Stelle einer Schicht von nur einigen Millimetern eines an Kohle reichen Gemenges oft eine Lage von 2—3 Fingerdicke aufzutragen pflegen; die Folge davon ist, daß ein großer Teil dieser Mischung später in den Sand zurückkehrt und dessen Bindevermögen nicht unwesentlich schwächt.

Das idealste Verfahren würde darin bestehen, einen möglichst großen Teil des verbrannten Sandes mit dem Gußstück herauszuziehen, diesen durch frischen Sand zu ersetzen, die Verwendung von Kohlenstaub zu umgehen, das Sandgemisch so rein zu halten und schließlich die Gußform zu schwärzen. Auf diese Weise könnte der Sandhaufen praktisch seine Bindekraft beibehalten.

Eine weitere Aufmerksamkeit verdient die Auswahl der Sande und Bindemittel für die Kernmacherei. Der Kern ist stets, wenigstens teilweise, von geschmolzenem Metall umschlossen und muß daher eine besondere Porosität besitzen, damit die Gase beim Gießen entweichen können. Mit einer großen Festigkeit und einer ausgezeichneten Durchlässigkeit muß er auch eine genügende Sprödigkeit verbinden, um dem Druck des beim Erkalten schwindenden Metalls nachzugeben. Sodann muß die Zeitdauer des Trocknens der Kerne eine genügend lange sein, um sowohl die Feuchtigkeit vollständig zu vertreiben, als auch die höchstmögliche Temperatur zu erreichen, welche die Kerne vertragen können, ohne von ihren Eigenschaften einzubüßen.

Die Formoberfläche ist um so glatter, je kleiner die Kieselsäurekörper im Sand sind; doch ist zu beachten, daß die Porosität der Formen in dem Maße abnimmt, als die Körner kleiner werden. Aus diesem Grunde werden auch schwere Stücke in grobem Sand geformt.

Von Bedeutung ist sodann die Gestalt des Korns. Je runder das Korn ist, um so poröser ist es; ein rundes Korn wird daher stets vorzuziehen sein, namentlich bei solchen Formern, denen noch die nötige Erfahrung fehlt, da ein derartiger Sand ein energisches Einstampfen zuläßt, ohne undurchlässig zu werden.

Sodann spielt die Güte des tonhaltigen Bindemittels eine wichtige Rolle; bei großer Bindekraft wird ein Verhältnis von 5—10% genügen, während bei nur schwachem Bindevermögen etwa 20% erforderlich sein können. Bei einem derartigen Verhältnis werden sich allerdings die Zwischenräume zwischen den Sandkörnern zum Nachteil der Durchlässigkeit leicht zustopfen, so daß in jedem Fall ein möglichst geringer und besonders gleichmäßig verteilter Anteil von Ton anzustreben ist. Ferner soll das tonhaltige Bindemittel auch besonders feuerfest, also möglichst frei von Flußmitteln sein.

Als idealer Sand könnte daher bezeichnet werden: ein aus kugelförmigen Quarzkörnern von gleicher Größe zusammengesetzter Sand, der von einer dünnen, aber sehr bindekräftigen und sehr feuerfesten Tonschicht umkleidet ist.

Vorschriften der Preußischen Staatseisenbahn für die Beschaffenheit und Güteprüfung der beim Bau von Fahrzeugen nebst Zubehör zu verwendenden Stoffe.

(April 1910, mit Berücksichtigung der bis September 1916 eingetretenen Änderungen.)
(Auszugsweise wiedergegeben.)

§ 1. Beschaffenheit.

Allgemeines.

Die Stoffe für Betriebsmittel nebst Zubehör sollen in bezug auf ihre Beschaffenheit und Herstellungsweise den nachstehenden Bedingungen entsprechen:

Die Mindestbeträge der Zugfestigkeit sind so zu verstehen, daß die Versuchsstücke die angegebenen Belastungen für das qmm ihres ursprünglichen Querschnittes tragen müssen, die Mindestbeträge der Dehnung so, daß die Versuchsstücke sich um den angegebenen Bruchteil ihrer in § 2, Ziff. 4 vorgeschriebenen Meßlänge ausdehnen müssen, wobei die Messung nach erfolgtem Bruch vorzunehmen ist. Die Meßlänge soll jedoch, soweit ein anderes nicht besonders bestimmt ist, tunlichst 200 mm betragen. Die Festigkeits- und Dehnungsvorschriften sind bindend ohne Unterschied, ob das Material durch Schmieden, Pressen, Walzen oder Gießen verarbeitet wird.

1. Gußeisen.

Der Guß muß fest und dicht, an den Ecken und Kanten voll, ohne Spannung und Fehler, wie Risse, Blasen usw., sein, eine glatte Oberfläche haben, auf der Bruchfläche ein feines gleichmäßiges Korn von grauer Farbe zeigen und, sofern nichts anderes verlangt wird, so weich sein, daß er sich leicht bearbeiten läßt.

Die einzelnen Gußstücke müssen genau nach den überwiesenen Modellen oder Zeichnungen sauber gegossen und durchaus frei von Formsand oder Kernmasse sein; windschiefe oder versetzte Stücke dürfen nicht geliefert werden. Angüsse und Saugköpfe sind sorgfältig zu entfernen, der Grat soll gut abgeputzt sein.

a) Zylinderguß.

Die Zugfestigkeit soll 18—24 kg betragen. Zu ihrer Feststellung sind an geeigneter Stelle Probestäbe von mindestens 350 mm Länge anzugießen. Auf gleichmäßig feste und dichte Beschaffenheit der zu bearbeitenden Flächen wird besonders Wert gelegt; harte Adern im Guß berechtigen zu dessen Zurückweisung.

b) Schieber- und Kolbenringeguß.

Schieber und Kolbenringe sind weicher, mit einer Zugfestigkeit für erstere von 12 bis höchstens 16 kg und für letztere von 14 bis höchstens 16 kg herzustellen. Der Guß soll vollkommen dicht und zähe sein. Harte Adern im Guß berechtigen zu dessen Zurückweisung. Fertige Kolbenringe müssen sich durch Hämmern strecken lassen.

c) Maschinenguß.

Die Zugfestigkeit soll mindestens 12 kg betragen.

d) Gewöhnlicher Eisenguß und Herdguß.

Die Zugfestigkeit soll dem Verwendungszweck entsprechen und eine bequeme Bearbeitung gestatten. Roststäbe sind aus einem Material herzustellen, das der Einwirkung des Feuers möglichst widersteht.

e) Hartguß.

Der durch Eingießen in eiserne Formen hergestellte Eisenguß mit weichem Kern ist aus geeigneten Mischungen spannungsfrei anzufertigen und muß eine Härteschicht von mindestens 5 mm Stärke besitzen. Auf der Bruchfläche soll das strahlige Gefüge der härteren Teile allmählich in das graue Korn übergehen.

f) Bremsklotzguß.

Die Bremsklötze sind aus zähem, dichtem und fehlerfreiem Stahlguß — Gußeisen mit Stahlzusatz —, der sich noch gut bohren läßt, sauber und glatt anzufertigen.

2. Schmiedbarer Eisenguß.

Der schmiedbare Eisenguß muß sich im kalten Zustande hämmern, strecken und richten lassen, ohne zu brechen. Hinsichtlich der äußeren Beschaffenheit der gegossenen Stücke gilt das beim Gußeisen (1) Gesagte.

4. Flußstahlguß.

Der Flußstahlguß soll zähe, dicht und durchweg von gleichmäßigem Gefüge sein.

Das Gußstück soll sauber, an den Ecken und Kanten voll sein und darf weder Risse noch Lunkerstellen zeigen. Angüsse und Saugköpfe sind sorgfältig zu entfernen. Scharfkantige Übergänge sind zu vermeiden.

Die Zugfestigkeit soll mindestens 50 und höchstens 60 kg bei einer Dehnung von mindestens 16% betragen, die auf eine Meßlänge von 100 mm bezogen werden darf.

6. Flußeisenguß.

Der Flußeisenguß soll zähe, dicht und durchweg von gleichmäßigem Gefüge sein.

Das Gußstück soll sauber, an den Ecken und Kanten voll sein und darf weder Risse noch Lunkerstellen zeigen. Angüsse und Saugköpfe sind sorgfältig zu entfernen. Scharfkantige Übergänge sind zu vermeiden.

Als Maßstab für die Festigkeit und die Dehnung dienen Zerreißproben, als Maßstab für die Zähigkeit bei besonderer Form der Gußstücke (z. B. Radgestelle) Schlagproben. Die Dehnung darf auf eine ursprüngliche Länge von 100 mm gemessen werden. Ausglühen der Probestäbe ist zu unterlassen, wenn das Gebrauchsstück nicht ebenfalls ausgeglüht wird.

Die Zugfestigkeit soll mindestens 37 und höchstens 44 kg bei einer Dehnung von mindestens 20% betragen.

Für kleine Beschlagteile wird vom Nachweis der Festigkeit und Dehnung abgesehen, wenn das Material im kalten Zustande Biegungen von 30—45° aushält, ohne Beschädigungen zu erleiden.

§ 2. Güteprüfungen.

Die Güteprüfungen erstrecken sich auf Schlagversuche, Zerreiß- und Dehnungsversuche sowie auf Biegeproben. (Näheres siehe Gießereihandbuch, Verlag Oldenburg, München.)

Gußspannungen, Verhütung derselben. Wenn Gußstücke mit sehr verschieden starken Querschnitten gegossen werden, machen sich infolge der verschieden raschen Abkühlung an den einzelnen Stellen die „Gußspannungen" recht unangenehm bemerkbar. Beim Stahl- und Grauguß deckt ein geschickter Gießer daher die Form nach dem Guß an den Stellen möglichst bald auf, die den größten Querschnitt besitzen, damit sie rascher abkühlen. Um die dünnen Querschnitte der Gußstücke länger warm zu halten, wurde von C. Greenhill (vgl. „Iron Age" 1918, S. 785) ein Verfahren angemeldet, bei dem kräftige, elektrische Ströme während des Abkühlen durch die Form geschickt werden und so durch die auftretende Joulsche Wärme gerade die dünnen Querschnitte erkalten. Der Strom wird durch geeignete Elektroden in das zuerst noch flüssige Metall in die Form eingeleitet und braucht nur von etwa 1300°—1050° C geschlossen zu bleiben, so daß die Stromkosten verhältnismäßig geringe werden. Es soll so möglich sein, die Unterschiede bei der Abkühlung nahezu ganz auszuschalten und spannungsfreien Guß zu erzielen.

Bei den Eisen-Kohlenstofflegierungen spielt die Seigerung (siehe S. 128) eine große Rolle.

Bei der Erstarrung von Flußeisenblöcken, besonders wenn dieselben eine große, senkrechte Hauptachse haben, erstarrt zuerst am Boden der Gußform eine reinere, eisenreiche, strengflüssige Legierung, während sich im Oberteil des Gußblockes eine eisenärmere, unreinere Legierung befindet. Da der Gußblock längere Zeit flüssig bleibt, so sondern sich nach der Entmischung der Legierung die einzelnen verschiedenartig zusammengesetzten Legierungen nach Maßgabe ihres spezifischen Gewichtes ab. Die spezifisch leichteren und lange flüssig bleibenden Legierungen des Eisens mit den Nichtmetallen, wie z. B. Phosphor, Schwefel, Kohlenstoff und Silizium, steigen in die Höhe und befinden sich dann meist in der Blockmitte, und zwar in der Nähe des Kopfes des Blockes. Auf dieser Abscheidung unreiner Legierungen beruht die Anwendung eines verlorenen Kopfes, welcher dazu dient, diese Verunreinigungen aufzunehmen, um später abgetrennt zu werden. Werden z. B. aus einem mit Seigerungen behafteten Block Röhren nach einem bestimmten Verfahren hergestellt, so kommt es vor, daß das Rohr beim Ziehen im Innern aufreißt; es kommt das daher, daß die Innenzone phosphor- und schwefelreicher ist als die

Außenzone. Beim Kaltziehen erweisen sich eben diese beiden Zonen verschieden dehnungsfähig.

Bei solchen der Anlage nach kranken Blöcken darf nur der von den oberen Teilen getrennte Block verarbeitet werden.

Beim Stahlguß verwendet man 10% Ferroaluminium; dasselbe wird in zuerst rotglühend gemachten, haselnußgroßen Stücken in den Ausfluß des geschmolzenen Stahles gebracht, der sie in die Gußkanne führt, wo dann Vermengung stattfindet. Auf 100 kg Stahl nimmt man 1 kg Ferroaluminium (mit 10% Aluminiumgehalt).

Das Aluminium, welches man auch als solches (zu $^1/_2$ und 1%) zusetzen kann, wirkt, indem es das Eisenoxydul, welches die Masse dicklich macht, und durch Einwirkung auf den Kohlenstoff das zu Blasenbildung Veranlassung gebende Kohlenoxydgas bildet, reduziert.

Dadurch wird der Stahlguß durch und durch gleichmäßig fest und dadurch bruchsicherer. Auch fällt die Blasenbildung durch die Entwicklung von Kohlenoxydgas fort und damit die Entstehung von Hohlräumen im Gußstück. Außerdem wird das Metall dünnflüssiger, so daß es die Form scharf ausfüllt.

Schmiedeeisen wird durch Aluminium gut vergießbar. Der Guß zeigt in bezug auf Struktur und Magnetismus die Eigenschaften des Schmiedeeisens. Beim Grauguß ist es vorteilhafter, reines Aluminium zuzusetzen, indem sich dieses rascher verteilt als das Ferroaluminium. Man legt die entsprechende Menge Aluminium entweder in die Pfanne oder taucht es mit einer Zange unter. Hat sich das Aluminium gelöst, so rührt man gründlich um und gießt dann sofort. Das Aluminium wärmt man vorteilhaft zuerst stark an.

Beschaffenheit des Formsandes (s. a. S. 149). Ein guter Formsand soll folgende Eigenschaften besitzen: Er soll stets feinkörnig sein, und sollen die Körner, welche auf schwarzes Papier gestreut, deutlich voneinander unterschieden sein sollen, nicht rund, sondern eckig, splitterig sein. Sind die Körner ohne Vergrößerungsglas nicht deutlich zu unterscheiden, dann enthält der Sand meist Ton und schmiert beim Formen, d. h. er gibt beim Ausheben der Modelle keine sauberen Flächen. Der Formsand muß mit 8—10% Wasser angefeuchtet sich leicht in jede beliebige Form bringen lassen, er muß, mit der Hand zusammengedrückt, beim Nachlassen des Druckes mit der Hand diese Form behalten, ohne auseinanderzufallen. Auch darf der Ballen, 1—2 m hoch geworfen und aufgefangen, nicht zerfallen. Nach dem Trocknen muß ein solcher Ballen eine bestimmte Festigkeit erlangen, die dem flüssigen Metalle Widerstand gegen Beschädigung der Form genügend bietet. Der Formsand von dieser Beschaffenheit muß ferner, ohne zu schmelzen, bis zur Weißglut erhitzt werden können. Er darf weiter keine Beimengungen von Kalk- oder Magnesiakarbonaten, auch keinen Gips enthalten, da sonst in der Hitze Gase entweichen würden. Der Sand darf also mit Salzsäure übergossen nicht brausen. Guter Formsand muß auch im aufgestampften Zustand porös sein, somit den auftretenden Gasen Durchgang gestatten. Es ist dies eines der wichtigsten Eigenschaften des Formsandes; je durchlässiger die Formmasse ist, desto dichter werden die Abgüsse.

Um das Anbrennen des Sandes an den Abguß zu verhindern, wird dem Formsand auf ca. 10 hl 3 hl Steinkohlenpulver zugesetzt. Damit der Sandkern bei hohlen Güssen sich leicht vom Eisenguß löse, wird derselbe bestrichen mit einer Mischung von 10 Tln. Kienruß, 60 Tln. Graphit, 400 Tln. Holzkohlenpulver, 200 Tln. weißem Ton, mit Wasser angefeuchtet. Vielfach wird Lykopodium (Bärlappsporen), auch vermodertes Holz usw. dazu verwendet.

Beim Gießen unterscheidet man den sog. Sandguß (Sandformen), wobei langsame Abkühlung stattfindet, und den Kokillen- oder Schalenguß, d. h. gußeiserne Formen (schnelle Abkühlung).

Im ersteren Falle erhält man infolge langsamer Abkühlung (fetter Sand, Lehm) weichen Guß, im zweiten Falle wird ein an der Oberfläche harter Guß durch schnelles Abkühlen (Abschrecken) erzielt (sog. Hartguß). (Reinigen des Eisengusses s. bei Reinigen, S. 233.)

Durch sog. Glühfrischen oder Tempern kann der Eisenguß bis zu einer Stärke von 25 mm schmiedbar gemacht werden. (Überschmiedete Massenartikel siehe später bei Enthärten der Eisen-Kohlenstofflegierungen.)

Das hämmerbare Gußeisen ist biegsam, schmiedbar, schweißbar und dient als Ersatz für Schmiedeeisen und kann durch Härtung stahlartige Beschaffenheit und Politurfähigkeit erhalten. Dieser hämmerbare und schmiedbare Eisenguß findet an Stelle von Messing, Bronze zur Herstellung von Kandelabern, Gittern u. dgl. Anwendung.

Schmiedbarer Eisenguß. Schmiedbarer Eisenguß (getemperter Guß, s. d. und Stahlguß) unterscheidet sich der Regel nach von nicht schmiedbarem Eisenguß (Grauguß und Hartguß) durch seine Biegsamkeit und Zähigkeit. Schmiedbarer Guß erhält durch einen Hammerschlag einen bemerkbaren Eindruck, ohne zu brechen, während nicht schmiedbarer Guß — bei nicht zu großer Dicke — schon infolge eines mäßig starken Hammerschlages bricht; auch lassen sich die feineren Gußnähte, Ecken, Kanten und Spitzen bei ersterem leicht, bei letzterem dagegen nur mit Anstrengung durch die Feile entfernen. Dünne Späne, die mit einem Hartmeißel durch Handhammerschläge losgelöst werden, brechen bei nicht schmiedbarem Guß kurz ab, während sie bei schmiedbarem Guß sich aufrollen und auf längere Erstreckung zusammenhängend bleiben. Ein weiteres Merkmal ist der Klang; an einem Faden aufgehangen, gibt schmiedbarer Guß einen schön klingenden, nicht schmiedbarer Guß dagegen einen dumpfen, nicht lange nachklingenden Ton.

Röntgenstrahlen zur Metallprüfung. Obwohl im allgemeinen die Metalle als undurchlässig für Röntgenstrahlen gelten, so ist diese Undurchlässigkeit gegenüber Strahlen von großer Stärke (Coolidge-Röhre) nur eine relative. So können Blasen im Metallguß bis zu einer Maximaldicke von 38 mm entdeckt werden (schwächere oder stärkere Flecke), z. B. im Kupfer- oder Stahlguß.

Prüfung des Eisens.

Diese erstreckt sich auf:

1. Festigkeitsversuche (Zug-, Biege-, Dreh- und Schlagversuch),
2. Härteprüfung (Ritzhärte-, Kugeldruck-, Kegeldruckverfahren),
3. Technologische Proben. Biegeprobe — Hin- und Herbiegeprobe, Verwendungsprobe, Prüfung der Härte von Stahl durch praktische, dem Verwendungszweck angepaßte Versuche,
4. Prüfung durch Ätzverfahren.

Prüfung des Eisens durch den Praktiker mittels Ätzverfahren. Für den Praktiker ist es zweckmäßig, daß er auf einfache Weise das Eisen einer vergleichenden Prüfung unterziehen kann. Bei der Prüfung des Eisens durch Ätzen wird das Gefüge, also der innere Aufbau, erschlossen. Hierbei ist in manchen Fällen die Beobachtung mit freiem Auge ausreichend. In den meisten Fällen aber wird man ein Mikroskop zu Hilfe nehmen, wobei für die Werkstatt eine 40—100fache Vergrößerung genügt. Die Metallschliffe werden mit auffallendem Lichte untersucht.

Wesentlich ist immer die Herstellung einer geeigneten Schliffläche; die zu untersuchende Fläche wird möglichst eben gehobelt, oder gefeilt, mit der Schlichtfeile geschlichtet, zuletzt mit Schmirgelpapier von immer höherem Feinheitsgrade geschliffen.

Das Ätzen erfolgt mit einer Lösung von 1 Gewichtsteil Kupferammoniumchlorid in 12 Gewichtsteilen Wasser. Diese Lösung gibt man in eine Porzellanschale und taucht das Probestück unter beständiger Bewegung während 60 Sekunden in die Lösung ein. Man spült dann sofort in fließendem Wasser ab, wobei der Kupferniederschlag, der sich auf der Schliffläche gebildet hat, mit einem Wattebausch entfernt wird. Dann wird mit einem weichen Leinentuch abgetrocknet, mit einem in Alkohol getränkten Wattebausch abgetupft und sorgfältige getrocknet. Man erhält so das Gefügebild der Schliffflächen. Man kann nun mit dem bloßen Auge schon die besonderen Unterschiede der Eisen- und Stahlsorten wahrnehmen. Z. B. Schlackeneinschlüsse, die Struktur des Schweißeisens einerseits und des Flußeisens anderseits, die Güte von Schweißstellen usw., die eingehende Untersuchung bleibt natürlich dem Metallographen vorbehalten, doch ist es sehr empfehlenswert, wenn sich der Metalltechniker, z. B. gerade auch der Metallätzer, in diese einfachen Arbeiten einarbeitet, zur Prüfung seines Rohmaterials, z. B. zur Vergleichung angebotenen und gelieferten Metallbleches u. a.

Haarrisse bei Eisen und Stahl. Bei Eisenteilen treten durch Kaltbearbeitung leicht feine Risse auf, die bei Konstruktionsteilen sehr gefährlich werden können, da sie meist den Ausgangspunkt für den Bruch bilden. Diese auch bei weichen Flußeisen auftretenden „Haarrisse“ sind meist auf innere Spannungen zurückzuführen. Infolge ihrer Feinheit entgehen sie, selbst bei Anwendung einer starken Lupe, der Beobachtung.

Auch die sogenannten Härterisse an allen gehärteten oder vergüteten Stahlteilen werden bei der Betrachtung mit dem freien Auge nur dann wahrgenommen, wenn sie beträchtliche Größe besitzen. Auf Schliffflächen kann man mit dem Mikroskop selbst die feinsten Haarrisse entdecken, doch kann man naturgemäß nicht alle in Frage kommenden Teile mikroskopisch untersuchen.

Von den in der Praxis zum Auffinden der Risse schon länger gebräuchlichen Verfahren seien hier erwähnt: Das Überhobeln der Flächen mit einem sehr spitzen Stahl, wodurch Haarrisse sichtbar gemacht werden können; selbstverständlich kann man dies nur in einzelnen Fällen ausführen. Nach einer anderen Methode reibt man das zu untersuchende Stück mit Lampenruß ein, trägt darauf eine weiße Farbe auf und erschüttert es z. B. durch Anschlagen mit dem Hammer. Der gegebenenfalls in die Risse eingedrungene Lampenruß kommt dadurch wieder aus den Rissen heraus und markiert diese scharf auf der weißen Fläche. Wenn Risse im photographischen Bilde sichtbar gemacht werden sollen, leistet diese Methode gute Dienste. Ein dem Kupferdruck ähnliches Verfahren wurde auch mit Erfolg zur Sichtbarmachung der Risse auf ebenen Flächen angewendet, indem diese mit Druckerschwärze eingerieben und auf einer Flamme etwas erwärmt werden. Nachdem das Stück oberflächlich durch Abreiben von der Druckerschwärze gereinigt ist, wird ein Blatt weißes Papier, hinterlegt mit einer weichen Unterlage, fest dagegen gepreßt — wie beim Kupferdruckverfahren —, wodurch die eventuell in Risse eingedrungene Druckfarbe diese scharf auf dem Papier zum Erscheinen bringt.

Besonders in der Werkzeughärterei ätzt man die gehärteten Teile gern mit stark verdünnter Salz- oder Schwefelsäure einige Minuten lang, wäscht flüchtig ab und trocknet die Stahlstücke. Dadurch wird die etwa in die feinen Risse eingedrungene Säure nicht ganz entfernt, sondern macht die Rißstellen durch die Entstehung von Eisenrost schon nach einigen Stunden sichtbar.

Auf Schliffflächen von größeren Stücken, z. B. auf Querschnitten durch Eisenbahnschienen oder durch Radreifen und dergleichen, kann man Risse auch durch ein Tiefätzungsverfahren sichtbar machen. Man bringt dazu die Teile in eine Mischung von 9 Teilen Salzsäure, 3 Teilen Schwefelsäure und 1 Teil Wasser. Da diese Säuremischung besonders die Stellen mit feinen Rissen stark angreift, werden diese weiter und so bei der Betrachtung schon mit dem freien Auge leicht als solche erkannt.

Nach E. Heyn und O. Bauer kann man Eisen-Kohlenstofflegierungen bis zu 0,3% Kohlenstoffgehalt zweckmäßig mit einer etwa 8%igen Lösung von Kupferammoniumchlorid in Wasser eine Minute lang anätzen, wodurch auf blank geschliffenen Gegenständen Risse und Seigerungen gut hervorgehoben werden. Der sich dabei auf der Oberfläche ausscheidende, schwammige Niederschlag von metallischem Kupfer wird durch Abreiben mit einem Wattebausch unter fließendem Wasser entfernt.

Für Stahlsorten mit größerem Kohlenstoffgehalt als 0,3% empfiehlt P. Oberhoffer folgendes Ätzmittel:

$^1/_2$ Liter destilliertes Wasser,
$^1/_2$ Liter Alkohol,
$^1/_2$ g Zinnchlorür,
1 g Kupferchlorid,
30 g Eisenchlorid,
50 ccm konzentrierte Salzsäure.

Mit Hilfe dieses Ätzmittels können besonders auch die Phosphorseigerungen auf fein polierten Stahlschliffen sichtbar gemacht werden, die meist ja den Ausgangspunkt der Haarrisse bilden.

In Amerika soll neuestens ein Verfahren zum Auffinden von feinsten Rissen in Eisen- und Stahlteilen dienen, bei welchem der Magnetismus zur Anwendung kommt. Der Nachweis der magnetischen Kraftlinien durch Eisenfeilspäne ist ja bekannt. Durch den Erdmagnetismus werden an den Stellen der Stahlteile, die Risse aufweisen, Störungen des normalen Bildes hervorgerufen. Dies kann man zweckmäßig durch sehr feine Eisenteilchen sichtbar machen, die dazu in einem hellen, dünnflüssigen Öl suspendiert sind. Der beim Schleifen auf Schmirgelscheiben abfallende Staub eignet sich infolge seiner Finheit gut für diesen Zweck. Auch von Nachrundschleifmaschinen abfallender Schleifschlamm, der gut getrocknet und gepulvert wurde, eignet sich zu diesem Verfahren. Nachdem das Eisenpulver in einem Gefäße mit Öl sorgfältig durch Umrühren aufgeschlämmt wurde, wird der zu untersuchende Eisenteil eingetaucht. Nach dem Herausheben bleibt eine dünne Schicht Öl daran haften, und an den Rissen sammeln sich die feinen Eisenteilchen den Magnetfeldern entsprechend an, wodurch die Risse leicht aufgefunden werden können. Bei der Untersuchung von feinen Meßwerkzeugen, wie z. B. von Endmaßen, die vollkommen frei von Härterissen sein müssen, hat sich das Verfahren angeblich sehr gut bewährt.

In einem Aufsatz von P. W. Döhmer (in der Werkstattstechnik 1920, Heft 9, S. 259) ist auf die Bedeutung der Untersuchung von Achsen auf Rißfreiheit hingewiesen, und einige interessante Achsbrüche sind im Bild dargestellt. Durch sorgfältige Untersuchung der Achsen auf das Vorhandensein von Anrissen wird es in vielen Fällen möglich sein, deren Bruch während des Betriebes zu vermeiden. Welche Bedeutung dies bei Achsen von Flugzeugen, Kraftwagen, Eisenbahnfahrzeugen und dergleichen mehr besitzt, braucht wohl kaum hervorgehoben zu werden. Aber selbst bei der Herstellung von einfachen Stahlwerkzeugen bietet die richtige Erkennung der Risse große Vorteile, da der Werkzeugmacher die unrichtige Behandlung des Stahls erkennt und so in der Lage ist, einerseits an Material zu sparen, anderseits einwandfreie Werkzeuge herzustellen.

Eisen bei Winterkälte. Die Beobachtung, daß Konstruktionsteile aus Eisen im Winter öfters brechen als im Sommer, besonders wenn die Beanspruchungen stoßweise sind, wurde schon wiederholt gemacht. Der erfahrene Praktiker schloß daraus richtig, daß die Festigkeit des Eisens bei tiefen Temperaturen eine wesentlich kleinere ist. Da dieses Verhalten des Eisens von großem Interesse ist — es sei hier z. B. nur an Eisenbahnmaterial, Ketten und Kupplungsbestandteile, Achsen und Schraubenbolzen erinnert —, wurde schon vor einer Reihe von Jahren versucht, durch eingehende Versuche Aufklärung zu schaffen. Hier sei nur an die einschlägigen Arbeiten von A. Martens und C. v. Bach erinnert sowie an die ausführlichste dieser Untersuchungen von R. Baumann: „Die Festigkeitseigenschaften der Metalle in Wärme und Kälte", Stuttgart und Leipzig 1907. Bei diesen Versuchen wurden aber meist nur die Festigkeitseigenschaften unter ruhig wirkender Belastung berücksichtigt. Es zeigte sich dabei für Eisen zwar eine Abnahme der Dehnung bei der Zerreißprobe, doch nur von unwesentlicher Größe, so daß dadurch das ungünstige Verhalten der Eisenkonstruktionsteile in der Kälte nicht restlos erklärt werden konnte.

Wie ganz allgemein im Materialprüfungswesen die den tatsächlich im Betriebe auftretenden Beanspruchungen stoßweiser Art mehr angepaßten dynamischen Prüfverfahren sehr wertvoll geworden sind, so haben diese gerade auch hier die nötige Aufklärung gebracht. Besonders für den Bau der neuzeitlichen Verkehrsmittel ist diese Untersuchungsmethode wertvoll geworden.

Ed. Wilhelm Kaiser[1]) aus Duisburg veröffentlichte kürzlich: „Versuche über das Verhalten von Schweißeisen und Flußeisen in der Kälte bei plötzlicher Beanspruchung" und fand einen ganz erheblichen Einfluß der Kälte auf die Zähigkeit, sowohl bei Flußeisen wie bei Schweißeisen. Dabei erwies sich die Kerbschlagprobe mit dem Pendelschlagwerk als sehr geeignete Prüfungsmethode. Flußeisen verliert bei einer Abkühlung auf — 20° C etwa 85% seiner Kerbzähigkeit; bei Schweißeisen ist der Verlust an Kerbzähigkeit dagegen nur rund 42%, also wesentlich kleiner. Dadurch wird die alte Erfahrung bestätigt, daß Schweißeisen gegen stoßweise Beanspruchungen in der Kälte wesentlich weniger empfindlich ist als Flußeisen.

Die Bruchflächen der auf — 20° abgekühlten Proben aus Schweißeisen zeigten teilweise noch sehniges Aussehen, während dabei schon bei allen Flußeisenproben körnige Bruchflächen beobachtet wurden. Wird die Kerbschlagprobe bei einer Temperatur von — 85° C vorgenommen, so ist auch die Bruchstruktur der Schweißeisenproben feinkörnig.

Der Einfluß einer Abkühlung von + 15 auf — 20° C ist bei Flußeisen wesentlich größer als bei Schweißeisen und bei ersterem auch größer als bei einer weiteren Abkühlung auf — 85° C. Die Kerbzähigkeit bei dieser Temperatur beträgt sowohl für Flußeisen wie auch für Schweißeisen nur etwa 1,5 mkg/qcm. Eine Abkühlung auf etwa — 3° ist dagegen auf die Kerbzähigkeit fast ohne Einfluß.

Spröde- und Rissigwerden von weichem Eisen. Besonders bei weichem Flußeisen, wie es für Kesselbleche verarbeitet wird, macht sich manchmal ein ebenso unangenehmes wie gefährliches Rissigwerden bemerkbar. Es tritt meist an den Nietnähten auf, wobei die kleinen Risse den Anfang zu tiefergehenden bilden. Bei größerem Schwefel- oder Phosphorgehalt ist diesem ein schädlicher Einfluß auf die Güte der Eisenbleche zuzuschreiben, denn sie werden dann für die „Kaltbearbeitung" sehr empfindlich. Diese ist aber auch an und für sich schon eine Gefahr für die Güte der Kesselbleche, besonders wenn die Bleche nach der Kaltbearbeitung noch eine unrichtige Wärmebehandlung erfahren.

Es ist bekannt, daß grobkristallenes, auch weichstes Eisen sehr spröde ist. Das grobe Korngefüge kann durch „Überhitzung", das heißt ein Erwärmen auf über 1100° C hervorgerufen werden, was naturgemäß bei ganzen Kesselblechen wohl kaum vorkommen dürfte, oder durch ein zu langes Erhitzen auf Temperaturen von etwa 700° C. Dies ist besonders gefährlich, wenn das Blech vorher irgendwie

[1]) In Stahl und Eisen 1921, Nr. 10.

kalt bearbeitet wurde, denn es kann dann an einzelnen Stellen das „Ferritkorn" sehr rasch anwachsen und so die Sprödigkeit veranlassen. Die chemische Analyse gibt in solchen Fällen keinen Aufschluß über diesen Materialfehler, und auch die statische Zerreißprobe des Materials kann sich normal verhalten. Die Kerbschlagprobe und die Ermittelung der Kerbschlagarbeit zeigen wohl die Sprödigkeit an, lassen aber deren Ursache noch nicht erkennen. Dies ermöglicht dagegen in einfachster Weise eine mikroskopische Untersuchung eines für die metallographische Untersuchung entsprechend vorbereiteten (polierten und geätzten) Querschnittes durch die fraglichen Proben. Neuere Arbeiten von W. Rosenhain und D. Hausen[1]) bestätigen dies.

B. Physikalische und mechanische Eigenschaften der Metalle, welche hinsichtlich der Bearbeitung und Verwendung derselben von großer Bedeutung sind.

(Vorgänge und Hilfsmittel.)

Leitungsvermögen für Wärme und Elektrizität. Die Metalle zeichnen sich den nichtmetallischen Stoffen gegenüber durch ein sehr gutes Leitvermögen für die Wärme aus; dieses Vermögen ist aber für die verschiedenen Metalle sehr verschieden; man kann das leicht sehen, wenn man einen Silberstab und einen Bleistab in heißes Wasser taucht. Der Silberstab wird am freien Ende viel schneller warm als der Bleistab. Silber leitet die Wärme etwa 50mal so gut wie z. B. Wismut.

Die Wärmeleitfähigkeit sagt uns, mit welcher Geschwindigkeit die Wärme ein Metall durchfließt. Die absolute Wärmeleitfähigkeit ist die Kalorienzahl, welche in 1 Sekunde durch 1 qcm eines Metalles geleitet wird. Wenn es heißt, das Silber hat die absolute Wärmeleitfähigkeit 1,096, so erfährt man dadurch, daß durch einen solchen Silberwürfel in einer Sekunde so viel Wärme geleitet wird, als rund einer Kalorie entspricht oder als hinreicht, um 1 ccm Wasser um 1° C (rund) zu erwärmen. Nach den heutigen Vorstellungen bewirken die Elektronen den Wärmeausgleich innerhalb eines Metalles bzw. die Wärmeleitung.

Bezeichnung	Wärmeleitungsfähigkeit	Ausdehnungskoeffizient	Elektr. Leitfähigkeit bei 0°	Elektr. Widerstand
Aluminium	0,35	0,000023	324000	28
Antimon	0,04	0,000017	27100	380
Blei	0,08	0,000029	50400	195
Eisen	0,17	0,000012	131000	76
Gold	0,70	0,000014	461000	21
Kadmium	0,21	0,000030	144100	70
Kupfer	0,72	0,000017	620000	16,7
Nickel	0,14	0,000013	144200	70
Palladium	0,17	0,000012	—	107
Platin	0,17	0,000009	63500	108
Quecksilber	0,02	0,000181	10630	941
Silber	1,096	0,000019	679000	15
Wismut	0,02	0,000013	9260	1080
Zink	0,26	0,000029	186000	57
Zinn	0,14	0,000023	76600	100

[1]) In Iron Age 1918, S. 632—638.

Ebenso wie für die Wärmeenergie besitzen die Metalle ein hervorragendes, aber verschiedenes Vermögen, die elektrische Energie, den elektrischen Strom zu leiten oder zu befördern. Die Metalle erleiden hierbei keine Veränderung (Leiter I. Klasse), es wird nur je nach dem Widerstand des betreffenden Metalles ein gewisser Betrag elektrischer Energie in Wärmeenergie umgewandelt. Je größer der Widerstand, desto geringer die Leitfähigkeit. Als spezifischer Widerstand bezeichnet man den Widerstand in Ohm (ein Ohm = der Widerstand einer Quecksilbersäule von 1 qmm Querschnitt und einer Länge von 1063 mm) eines Drahtes, dessen Länge gleich 1 m und dessen Querschnitt gleich 1 qmm ist. Das Leitvermögen ist von der Temperatur abhängig.

Die spezifische Leitfähigkeit ist der reziproke Wert des Widerstandes.

Härte. Unter Härte versteht man den Widerstand, den ein Metall dem Eindringen eines Stoffes beim Schneiden, Drehen, Feilen usw. entgegensetzt. Als Härtemaß benützt man die mineralogische Härteskala nach Mohs[1]) oder ordnet die Metalle in einer Reihe, um wieviel härter sie erscheinen als das Blei[2]).

1. Nach der Mohsschen Skala: Blei 1,5, Zinn 1,5, Aluminium 2,5, Gold 2,5, Silber geglüht 2,5 (kalt bearbeitet 3,0), Wismut 2,5, Kupfer geglüht 2,5 (kalt bearbeitet 3,0), Antimon 3,3, Eisen geglüht 4,0 (kalt bearbeitet 5,0), Palladium 4,8, Platin 4,3, Iridium 6,0.

2. Härte der Metalle, Blei = 1.

Blei	1	Aluminium	17,3
Zinn	1,73	Kupfer	19,3
Wismut	3,34	Platin	24
Kadmium	6,95	Schmiedeeisen	60,7
Gold	10,7	Stahl, ungehärtet	61,4
Zink	11,7	Roheisen, grau	64
Silber	13,3		

Als absolute Festigkeit oder Zerreißfestigkeit bezeichnet man die Last in Kilogrammen, welche einen Stab von 100 mm Länge und 1 mm Quadratquerschnitt bei längerer Einwirkung zum Zerreißen bringt.

Absolute Festigkeit (kg/qmm).

Blei	1,2
Zinn	3,5—4,0
Gold, geglüht	7,8 (kalt bearbeitet 28)
Silber, geglüht	10,0 („ „ 30)
Aluminium, geglüht	12,0 („ „ 24)
Zink	15—20
Kupfer, geglüht	20—24 (kalt bearbeitet 24—35)
Platin	28

Schlagfestigkeit in Kilogramm pro Quadratzentimeter drückt den Widerstand eines Probestabes gegen Schlag oder plötzliche Beanspruchung gegenüber Druck oder Zug aus.

Elastizität. Bei einer gewissen Belastung kehrt ein Metallstab nach anfänglicher Dehnung nach der Entlastung in seine ursprüngliche Gestalt zurück (elastische Dehnung).

---

[1]) Härteskala nach Mohs: Talk 1, Gips 2, Kalkspat 3, Flußspat 4, Apatit 5, Feldspat 6, Quarz 7, Topas 8, Koränd 9, Diamant 10.

[2]) Härtebestimmung der Metalle, schnelle, annähernde; Apparat hierzu: Techn. Rundschau 1915, Nr. 43.

Nimmt die Belastung einen gewissen Betrag an, so kehrt das Metall zur ursprünglichen Gestalt nicht mehr zurück. Elastizitätsgrenze.

Bildsamkeit — Schmiedbarkeit. Eine Reihe von Metallen besitzt die Eigenschaft, bildsam zu sein, also bei zwangsweiser Formveränderung und dabei stattfindender Strukturänderung des kristallinischen Gefüges ihren Zusammenhang zu bewahren (sog. Fließen der Metalle).

Geht die äußere Formänderung bei gewöhnlicher Temperatur vor sich, so haben wir die Hämmerbarkeit, die Walzbarkeit, die Ziehbarkeit; findet die Formgebung bei höherer Temperatur (Rotglut) statt, so bezeichnen wir den Prozeß mit Schmiedbarkeit, den Arbeitsvorgang mit Schmieden.

Hämmerbarkeit	Walzbarkeit	Ziehbarkeit
Gold	Blei	Platin
Silber	Zinn	Silber
Aluminium	Gold	Eisen
Kupfer	Silber	Kupfer
Zinn	Aluminium	Gold
Platin	Kupfer	Aluminium
Blei	Platin	Nickel
Zink	Eisen	Zink
Eisen		Zinn
Nickel		Blei

Das Schmieden geschieht im Schmiedefeuer, das in der Esse durch Anblasen mit dem Blasebalg usw. unterhalten wird, oder in Glühöfen. Das Schmieden erfordert lebhafte Rotglut bis schwache Weißglut (ca. 600° C). Stahl darf weniger stark erhitzt werden als Schmiedeeisen, da er leichter verbrennt und schlecht wird (siehe Überhitzungserscheinungen später).

Schmiedbar sind:
- Schmiedeeisen,
- Messing (warm schmiedbar mit 38—42% Zink),
- Aluminiummessing (dunkelrot),
- Aluminiumbronze (zwischen dunkler und heller Rotglut),
- Duranametall,
- Deltametall,

Schmiedbare Bronze = Messing mit Mangan-, Eisen- und Zinngehalt.

b) Schmiedbares Eisen.

Schwer schmelzbar, schmiedbar, nicht härtbar.

Flußschmiedeeisen oder Flußeisen.	Schweißschmiedeeisen oder Schweißeisen.

Schmiedeeisen. Das Roheisen wird durch weitere Verarbeitung entweder in Schmiedeeisen oder in Stahl übergeführt. Zur Gewinnung des Schmiedeeisens muß der Kohlenstoff bis auf allerhöchstens 0,6%, meistens auf 0,05%, sowie alle anderen Beimengungen möglichst vollständig entfernt werden. Dies geschah früher durch das sog. Herdfrischen, dann das Puddeln oder Flammenofenfrischen, dann das Bessemer- und Thomasverfahren, das Siemens-Martin- und das Schrotschmelzverfahren.

Das Schmiedeeisen vom spezifischen Gewicht 7,83 besitzt einen sehr hohen Schmelzpunkt (1450—1500°). Die Schmelze ist strengflüssig und zum Gießen ungeeignet. Dagegen erweicht das Schmiedeeisen schon weit unterhalb seines Schmelzpunkts teigig und kann in diesem Zustande durch Hämmern und Pressen ausgezeichnet bearbeitet werden (schmiedbar, streckbar, schweißbar). Es ist außerordentlich fest, aber nicht spröde, sondern zäh und gleichzeitig weich. Beim Erhitzen und raschen Abkühlen (Abschrecken) verliert es seine Weichheit nicht, es ist nicht härtbar.

Je nach der Herstellungsart unterscheidet man Schmiedeeisen in Schweißeisen und Flußeisen. Das Schweißeisen wird in teigigem Zustande gewonnen, die einzelnen Eisenteilchen, die sich beim Walzen zu einem lehmigen Gefüge ausbilden, sind mit Schlacke durchsetzt. Das Flußeisen wird im flüssigen Zustande gewonnen und ist schlackenfrei.

Schmiedeeisen hat auf dem Bruche bei mehr oder weniger starkem Glanze weiße bis graue Farbe. Die urspsünglich körnig-kristallinische Struktur wird beim Ausschmieden mehr oder weniger leicht sehnig.

Schmiedeeisen verändert seine Eigenschaften nicht merkbar, wenn man es erhitzt und plötzlich abkühlt. Es ist elastischer als das Roheisen, besitzt größere Festigkeit gegen Biegen und Brechen. Wenn es erhitzt wird, wird es weich und läßt sich schließlich (ca. 600° C) schmieden, d. h. unter Einwirkung kräftiger Hammerschläge in bestimmte Formen bringen, wie sich auch zwei Stücke Schmiedeeisen im weißglühenden Zustande zu einem Stück vereinigen, zusammenschweißen lassen (ca. 1000° C) (Schlossereibetrieb).

Steigt der Kohlenstoffgehalt des Schmiedeeisens über 0,6 bis etwa 1,5%, so wird es härtbar; das ursprünglich weiche Material wird beim Erhitzen und raschen Abkühlen hart. Härtbares Eisen nennt man Stahl (siehe bei Stahl). Der Unterschied zwischen Schmiedeeisen und Stahl besteht darin, daß Stahl 0,5% Kohlenstoff und darüber enthält, fest und härtbar (d. h. weich und hart zu erhalten) und ungehärtet elastisch ist. Schmiedeeisen hat weniger als 0,5% Kohlenstoff, ist weniger fest, aber zäher und geschmeidiger als Stahl, dagegen nicht deutlich härtbar (Unterschied von Stahl).

Schmiedbares Eisen bildet sehr leicht Kristalle, nicht nur beim Erstarren aus dem flüssigen Zustande, also beim Flußeisen, sondern auch wenn es sich in teigiger Form beim Frischen im Puddelofen bildet, wie beim Schweißeisen. Im massiven Material hindern sich die Kristalle gegenseitig in ihrer freien Bildung. Wird ein solches Stück durchgebrochen, so sieht man auf der Bruchfläche die einzelnen, unregelmäßig begrenzten Kristallflächen, die man als „Korn" bezeichnet. Bei der Bearbeitung des Eisens nach einer Richtung hin, z. B. im Walzwerk, können die einzelnen Kristalle so zusammengedrückt werden, daß sie sich zu „Sehnen" zusammenlagern, wie es beim Schweißeisen besonders auffällig zu sehen ist.

Die Korngröße wird einmal von der chemischen Zusammensetzung. dann auch von der Art der Behandlung und Bearbeitung beeinflußt. Eisen mit höherem Kohlenstoffgehalt zeigt feineres Korn als weniger gekohltes Eisen. Ähnlich wirkt Mangan; ein höherer Phosphorgehalt bewirkt gröberes Korn. Bei erhitztem und plötzlich abgekühltem Stahl wird das Gefüge feinkörniger: langsame Abkühlung gibt gröberes Korn.

Durch kräftige mechanische Bearbeitung werden die Kristalle zusammengedrückt, hierdurch wird das Gefüge feinkörniger. Stähle mit höherem Kohlenstoffgehalt zeigen nach dem Härten oft ein so feines samtartiges Gefüge, daß mit bloßem Auge keine Kristallbildung auf der Bruchfläche zu erkennen ist.

Wird das Eisen bei einer Temperatur von etwa 300—400° C, die der blauen Anlauffarbe entspricht, bearbeitet, so tritt leicht die Neigung zum Bruch auf, die man als „Blaubruch" bezeichnet.

Nach einer Arbeit von Wetzel stehen Blaubrüchigkeit und Altern des Eisens in ursächlichem Zusammenhang und sind wesensgleiche Eigentümlichkeiten desselben. Die Blaubrüchigkeit wird erklärt durch verschiedene Erscheinungen des

Eisens, so durch seine geringe Dehnung und Querschnittsverminderung bei Blauwärme u. ä. Nach den Versuchen von Preuß genügen bereits „geringfügige Streckungen der Proben bei 250 und 300° C, um eine zeitweise ganz außerordentlich Sprödigkeitszunahme des Flußeisens zu verursachen".

Es scheint ein Zusammenhang zu bestehen zwischen der durch Anlassen kaltgereckten Eisens eintretenden Erhöhung der Streckgrenze, der Blaubrüchigkeit, und jener Erhöhung der Streckgrenze, die durch längeres Liegenlassen kaltgereckten Eisens eintritt, dem „Altern" desselben. Erstere kann eintreten in wenigen Minuten oder Bruchteilen von Sekunden bei höheren Anlaßtemperaturen; letztere nach Monaten und Jahren, sofern überhaupt nicht angelassen wird.

Je reiner das Eisen, um so leichter ist es schmiedbar. Mit wachsendem Kohlenstoffgehalte nimmt die Schmiedbarkeit ab, bei etwa 1% Kohlenstoff ist sie sehr gering, bei über 1,6% ist sie nicht mehr vorhanden. Ein höherer Siliziumgehalt wirkt ähnlich; ein Mangangehalt bis zu etwa 1% erhöht die Schmiedbarkeit, setzt sie aber bei größeren Mengen wieder herab.

Prüfung des Schmiedeeisens. Schmiedeeisen, das der Kunstschmied verwendet, soll einen körnig-zackigen Bruch haben; bei dunkler Farbe soll es stets glänzend, bei heller Farbe aber matt sein; es ist darauf zu achten, daß Weiß und glänzend oder Grau und Mattweiß auf weniger gute Qualität schließen läßt. Auf das Aussehen des Bruches allein soll man sich nicht verlassen. Man kann leicht folgende Proben anstellen:

1. Die Wurfprobe. Ein aus bestimmter Höhe heruntergeworfener Eisenstab darf nicht brechen, auch nicht, wenn er auf einen kantigen Wurfblock geworfen wird.

2. Schlag- oder Fallprobe. Ein an den beiden Enden frei aufliegender Eisenstab darf durch einen oder mehrere gegen die Mitte geführte Schläge oder ein darauf fallendes Gewicht nicht dauernd gebogen oder gebrochen werden.

3. Die Biegeprobe. Ein mehrmals an derselben Stelle hin und her gebogener guter weicher Eisenstab darf erst nach zehnmaligem und öfterem Biegen ohne wahrnehmbares Geräusch brechen. Hartes und sprödes Eisen würde knistern und bald brechen. Eventuell kann man auch die warme Biegeprobe anwenden, auch die sog. Lochprobe, durch welche gezeigt wird, ob das Eisen, z. B. bei Blechen, das Lochen und Auftreiben von Löchern gut verträgt, ohne rissig zu werden. Bei Blechen ist die Zähigkeit in der Richtung des Walzens größer als quer derselben.

4. Die Feil- und Ätzprobe. Eine glatt gefeilte oder besser polierte Fläche wird mit Säuren angeätzt, wobei sich nach und nach infolge der verschiedenen Festigkeit der einzelnen Gefügebestandteilchen eine Anzahl lochartiger Vertiefungen zeigen, durch deren Beobachtung mit dem freien Auge, der Lupe oder dem Mikroskop man Schlüsse auf die Güte des Eisens ziehen kann.

5. Die heiße oder Schmiedeprobe. Der Eisenstab wird rotglühend gemacht, er muß sich dann biegen und drehen lassen, auch lochen.

6. An die Schmiedeprobe kann man eine Schweißprobe anschließen. Theoretisch sollte die Schweißstelle dieselbe Festigkeit aufweisen wie die ursprünglich ganze Stelle.

Für das Blech zur Ausführung ganz feiner und schwieriger Treibarbeiten wird als bestes Material feines schwedisches Holzkohlenblech empfohlen[1]), das eine bisher unerreichte Zähigkeit und Festigkeit besitzt (Biegeprobe).

Die kleinen Stellen werden Löcher, Aschenlöcher oder Äschel genannt; Schiefer, wenn dieselben mehr Langstruktur haben. Langrisse und Kantenrisse sind feine Spaltungen, welche durch fehlerhafte Walzung entstehen.

---

[1]) Siehe Hoch, Schlosserei.

Das unverarbeitete Schmiedeeisen kommt in den Handel als Stangen- oder Stabeisen, Fasson- oder Muster- (Zier-) Eisen, Blech, Draht, Rohr.

Eisenblechsorten. Rohes Blech ist fast immer geglüht und infolge der auf beiden Seiten vorhandenen Walzzunderschicht grau bis bläulichschwarz gefärbt; die Färbung ist aber meist ungleichmäßig. Nicht geglühtes rohes Blech hat eine rötliche Farbe. Die Oberfläche ist meist fühlbar rauh.

Entzundertes (dekapiertes) Blech, das durch Beizen mit Säuren vom Walzzunder befreit worden ist, besitzt eine rein metallische, matte Oberfläche von weißer, auch gelblicher oder mitunter rötlicher Farbe. Die Oberfläche fühlt sich etwas rauh an. Entzundertes Blech hat zumeist einen blauen Glührand, weil es in der Regel in Kisten geglüht ist.

Dressiertes Blech ist entzundertes Blech, das durch einmaliges oder mehrfaches Walzen in kaltem Zustande zwischen glatten Walzen eine gleichmäßig glatte glänzende, etwas spiegelnde Oberfläche erhalten, jedoch keine dem Walzen nachfolgende Bearbeitung erfahren hat. Meist ist ein bläulicher Glührand vorhanden.

Gerichtetes Blech kann aus rohem, entzundertem oder dressiertem Blech durch Richten (mechanisches Strecken) zwischen Walzen hergestellt werden; es ist möglichst eben, d. i. frei von Beulen, Dellen (Dillen), Falten oder dergleichen.

Abgeschliffenes Blech hat auf der Schliffseite keinen Glührand, eine gleichmäßige, rein metallische Oberfläche von nahezu silberweißer Farbe und zeigt noch deutlich die gleichlaufenden Schleifrisse. Die Oberfläche ist zum Schutz gegen Rost meist eingeölt oder auch durch Anlassen gelb bis blau gefärbt.

Poliertes Blech entsteht aus dressiertem Blech durch Fortsetzung des kalten Walzens zwischen glatten Walzen. Die Polierwalzen sind noch glatter als die Dressierwalzen. Durch diese Bearbeitung sind die bei dressiertem Blech öfters noch sichtbaren kleinen Unebenheiten auf der Oberfläche des polierten Blechs so weit verschwunden, daß sie mit bloßem Auge nicht mehr zu erkennen sind. Die Oberfläche des polierten Blechs ist ebener, glatter und glänzender als beim dressierten Blech und liefert deshalb bessere Spiegelbilder als letzteres.

Poliertes Blech hat reinen metallischen Glanz und ist zum Schutze gegen Rosten fast immer eingeölt. Glührand ist nur dann vorhanden, wenn das Blech noch einmal ausgeglüht worden ist. Eine besondere Art ist das Hochglanzblech, das nicht wieder geglüht wird und deshalb auch keinen Glührand hat; dieses ist härter und weniger biegsam als dressiertes Blech.

Gebräuntes oder sonst künstlich oxydiertes, auch mit spiegelnder Oxydschicht überzogenes Blech hat eine gleichmäßig gefärbte braune oder blaue, rote, gelbe, graue, auch schwarze Oberfläche, die immer glatt und oft spiegelnd blank ist. Zur Unterscheidung derartiger Eisenbleche von solchen aus anderen unedlen Metallen genügt es, den Überzug zu entfernen, z. B. durch Abschaben, und zu versuchen, ob der Magnet das Metall anzieht oder nicht. Die Entfernung des Überzuges ist nötig, da auch dieser magnetisch sein oder aber bei großer Dicke den Magnetismus des darunter befindlichen Eisens unterdrücken kann. Hochglanzblech mit aufgewalzter Zunderschicht ist meist daran zu erkennen, daß bei scharfem Biegen diese Schicht Sprünge bekommt oder auch sich loslöst.

Riffelblech ist gewalzes Eisenblech, das auf der einen Seite mit sich kreuzenden, streifenförmigen Erhöhungen (Riffeln) versehen, auf der anderen Seite dagegen glatt ist. Die Erhöhungen sind zusammenhängend.

Unter Warzenblech wird gewalztes Blech verstanden, das auf der einen Seite warzenartig hervortretende Erhöhungen von verschiedener Form zeigt; die Erhöhungen sind nicht zusammenhängend. Auf der Rückseite ist das Blech glatt oder zeigt nur schwache, jedenfalls unscharfe Vertiefungen.

Waffelbleche haben auf einer Seite warzenartig hergestellte Erhöhungen von verschiedener Form, welche kalt eingepreßt werden, so daß auf der anderen Seite eine entsprechend scharfkantige Vertiefung vorhanden ist. Die Erhöhungen sind nicht zusammenhängend.

Gepreßtes, gebuckeltes, geflanschtes, gebogenes Blech hat eine von der einfach ebenen abweichende, gekrümmte oder geknickte oder gekrümmte und geknickte Form.

Ob hierbei Schweißung stattgefunden hat, wie z. B. bei geschlossenen runden oder eckigen Querschnittsformen, ist an der sog. Schweißnaht zu erkennen. Dort ist die Oberfläche des Bleches meist rauher und unebener als an anderen Stellen. (Amtl. Anleitung für Zollabfertigung.)

C. Änderung der mechanischen Eigenschaften der Metalle und Legierungen.

a) durch Verunreinigungen,
b) ,, mechanische Bearbeitung,
c) ,, Wärmebehandlung.
d) Eigenschaftsänderungen der Eisen-Kohlenstofflegierungen durch Zustands- oder Modifikationsänderungen, durch Kohlenstoffzufuhr oder Kohlenstoffentziehung (Härten — Enthärten).

1. Einfluß der Verunreinigungen auf die mechanischen Eigenschaften der Metalle und Legierungen.

Fremdstoffe aller Art beeinflussen die mechanisch-technischen Eigenschaften der Metalle und Legierungen in hohem Grade, oft schon in geringen Mengen.

Kupfer: Geringe Mengen Wismut und größere Mengen Eisen machen das Kupfer kalt- und rotbrüchig[1]). Ebenso Antimon, bei dessen Gegenwart Nickel das Kupfer für alle Verwendungen unbrauchbar macht. Kupferoxydul, das sich durch Oxydation des Kupfers beim Schmelzen an der Luft bildet, vermindert in mehr oder geringen Mengen die Zähigkeit und Festigkeit und erzeugt Kaltbruch. Die Gegenwart reduzierend wirkender, also Sauerstoff aufnehmender Stoffe, wie z. B. Aluminium, Zink, wirken in geringer Menge günstig und festigend. Wasserstoffaufnahme macht kaltbrüchig und rissig (siehe Wasserstoffkrankheit).

Zinn: Arsen und Eisen vermindern den Glanz, die Farbe und Festigkeit, Kupfer macht hart und spröde und verändert die Farbe. Durch Sauerstoffaufnahme gebildetes Zinnoxydul macht spröde und dickflüssig.

Zink: Mehr als geringe Mengen Blei vermindern die Festigkeit, Eisen macht hart und rissig (Hartzink). Kupfer und Zinn machen hart und brüchig (besonsonders schädlich für die Blechfabrikation).

Gold: Geringe Mengen Blei und Wismut machen spröde und kaltbrüchig.

Platin: Geringe Verunreinigungen mit anderen Metallen machen brüchig. Ebenso wirkt nachteilig, wenn kohlenstoffhaltige, reduzierende Gase beim Schmelzen einwirken.

Schmiedeeisen: Die Eigenschaften des Schmiedeeisens (siehe S. 161) werden durch Verunreinigungen stark beeinträchtigt.

Schwefel und Kupfer machen weniger fest, besonders in der Hitze (rotbrüchig); dieses Eisen ist an seiner dunkelgrauen Farbe und schwachem Glanze und seiner Struktur zu erkennen.

---

[1]) Rotbruch gestattet Verarbeitung in der Kälte, aber nicht in der Wärme; Kaltbruch umgekehrt; Faulbruch gestattet weder das eine noch das andere.

Eine Beimengung von Phosphor, bis 0,5%, macht in der Kälte weniger fest und spröde (kaltbrüchig); dieses kaltbrüchige Eisen zeigt hellweiße Farbe mit starkem Glanz und flachen, schuppigen Körnern. Enthält das Eisen von der Darstellung her noch rohe kohlenstoffreiche Teile, besonders das Schweißeisen, so ist es weder kalt noch warm gut bearbeitbar, ist hart und spröde, sog. rohbrüchige; bei diesem Eisen wechselt nicht nur die feine und grobkörnige Struktur, sondern auch die weiße und dunkle Farbe[1]). Ungünstig wirkt auch ein Siliziumgehalt bzw. Gehalt an Schlackeneinschlüssen, sog. Faulbrüchigkeit (Neigung zur Rißbildung). Solches Eisen hat ein sehr ungleichmäßiges Ansehen und zeigt neben der körnigen gleich die faserige Struktur. Sauerstoff (Eisenoxydul) macht rotbrüchig, Nickelgehalt macht weniger oxydabel, härter und zäher, paßt für Kesselbleche. Infolge mangelhafter Herstellung zeigt das Eisen manche Fehler, unter denen besonders die unganzen Stellen hervorzuheben sind, davon herrührend, daß im Innern Schlackenteile vorhanden sind, die das richtige Ziehen und Schweißen hinderten. Wasserstoffaufnahme, z. B. beim Beizen, macht spröde und rissig. Weißes Eisen widersteht chemischen Einflüssen besser als graues.

Phosphorarmes Gußeisen (sog. Hämatiteisen) setzt Temperaturunterschieden und damit auftretenden wiederholten Spannungen den größten Widerstand entgegen.

Eisen, das viel gebundenen Kohlenstoff, aber wenig Silizium, Mangan, Phosphor und Schwefel enthält, widersteht am besten den Einwirkungen des Feuers (Stopfroste, Roststäbe).

Nickel: ungereinigtes, ist infolge des Gehaltes an Nickeloxydul spröde.

Glockenmetall (Bronze): Alle Metalle außer Kupfer und Zinn sind schädlich, machen spröde und zu Rissigkeit geneigt. (Siehe auch beim „Schmelzen“: Entmischungen.)

In den Kupfer-Zinklegierungen, insbesondere in den Walz- und Stanzqualitäten (Messingbleche) bildet das Blei die gefährlichste Verunreinigung; dasselbe macht in kleinen Mengen schon brüchig.

Manche Legierungen verdanken schmarotzenden Gefügebestandteilen ihre Vorzüge (gehärteter Stahl und gehärtete Bronze).

Wasserstoffkrankheit. Erhitzt man Handelskupfer in einer Wasserstoff enthaltenden Atmosphäre, z. B. in Leuchtgas, so platzt es bei Rotglut auf oder wird jedenfalls so brüchig, daß geringe Beanspruchungen genügen, um es zum Aufreißen zu bringen. So kann sich beim Löten von Kupfer mit einer Leuchtgasflamme oder beim Glühen von Kupfer mit Leuchtgasheizung dieser Übelstand einstellen. Die Erklärung für diese Escheinung ist die, daß Handelskupfer meist Kupferoxydul enthält; durch den Wasserstoff wird dieses unter Bildung von Wasser zu Kupfer reduziert, denn der Wasserstoff diffundiert bei höherer Temperatur in das Kupfer hinein. Der entstandene Wasserdampf kann aber nicht aus dem Kupfer herausdiffundieren; er ist im Kupfer eingesperrt, auf einen kleinen Raum beschränkt und steht daher unter großer Spannung, welche das Kupfer auseinander treibt. In einer wasserstofffreien Atmosphäre schadet das Kupferoxydul in kleinen Mengen nicht.

Kupfer, das einer solchen Atmosphäre ausgesetzt wird, z. B. Trockenöfen aus Kupfer usw., muß frei von Kupferoxydul sein, da es sonst wenig haltbar ist.

Eisen nimmt Wasserstoff auf und wird spröde und rissig. Gelegenheit dazu ist gegeben beim Beizen von Eisenblech oder Draht mit Säuren, wobei Wasserstoffentwicklung stattfindet. Beizen mit verdünnter Schwefelsäure erniedrigt die Festigkeit von Gußeisen um ca. 10%.

---

[1]) Über Blaubrüchigkeit siehe bei Schmiedeeisen.

Viele flüssige Metalle haben ein verhältnismäßig großes Lösungsvermögen für Gase. Da diese aufgenommenen Gase beim Abkühlen und Erstarren wieder entweichen oder in Hohlräumen eingeschlossen zurückbleiben, ergeben sich verschiedene Unzuträglichkeiten, unter Umständen beim Erwärmen solcher Metalle Explosionen und Entzündungen (Wasserstoff). Eisen nimmt gerne Wasserstoff, Silber Sauerstoff auf (Abgabe desselben sog. Spratzen). Außerdem macht der okkludierte Wasserstoff das Eisen brüchig (siehe auch Beizbrüchigkeit).

Der aufgenommene Sauerstoff oxydiert auch die unedlen Metalle, welche oft die gebildeten Oxyde oder Oxydule lösen. Dadurch werden die Metalle dickflüssig, erschweren das Gießen und werden spröde und brüchig. Auch Kohlenoxydgas kann von Metallen zurückgehalten werden.

Das Handelskupfer enthält meist etwas Schwefelkupfer, das mit dem Sauerstoff der Luft oder dem des vorhandenen Kupferoxyduls Schwefeldioxyd bildet, welches das Kupfer für nachheriges Gießen oder Walzen usw. schwierig macht. Geschmolzenes Kupfer löst z. B. viermal so viel Gase als das bei gewöhnlicher Temperatur der Fall ist.

Aluminium unter 98% Aluminiumgehalt (eisen- und siliziumhaltig) ist nicht mehr so zäh wie Reinaluminium, hat einen grauen, grobkörnigen Bruch. Eisen und Kupfer machen das Aluminium spröde.

2. Durch mechanische Bearbeitung bewirkte Härtung oder Festigung (Zustandsänderungen).

a) Allgemeines.

Die mechanische Metallbearbeitung gehört in das Gebiet der mechanischen Technologie[1]).

Hierbei ist aber für den Metalltechniker nötig zu wissen, daß bei den wichtigsten, auf der Dehnbarkeit der Metalle und Legierungen beruhenden Arbeiten, wie z. B. beim Biegen, Bohren, Drehen, Drücken, Hämmern, Prägen, Schmieden, Schneiden, Stauchen, Strecken, Treiben, Stanzen, Walzen (Blechfabrikation), Ziehen (Drahtfabrikation) u. a. in kleinerem oder größerem Betrage Struktur- oder Gefügeveränderungen stattfinden, welche die Eigenschaften der Metalle und Legierungen weitgehend ungünstig beeinflussen können. Zumeist macht sich der Einfluß in einer Zunahme der Härte, sog. Kalthärtung, welche weitere Bearbeitung verhindert (Festigung), geltend, welche dann durch entsprechende Nachbehandlung (siehe: Wärmebehandlung) aufgehoben werden kann (Entfestigung).

Werden Metalle gewalzt, gehämmert oder kalt gezogen usw., so tritt Erhöhung der Bruchfestigkeit auf unter Verminderung der Dehnungsfähigkeit und Bildsamkeit. Diesem Festigkeitszuwachs verdanken viele Metalle ihre ausgedehnte technische Verwendung. Drähte, Rohre, Stangen, Bleche werden fast ausschließlich mehr verfestigt von den Verbrauchern verarbeitet.

Nach Tammann hängt diese Veränderung mit dem Zustand der Kristalliten zusammen (= kleinste Bestandteile der Kristalle). Die Festigkeit eines Metalles ist um so größer, je kleiner diese einzelnen Kristallite sind. Legierungen und rasch abgekühlte (abgeschreckte) Metalle sind fester, weil sie aus sehr kleinen Kristalliten bestehen. Durch Bearbeitung, beim Ziehen eines Drahtes oder Auswalzen von Blechen werden die im Metall vorhandenen Kristallite in kleinere Teile zerlegt und dadurch die Festigkeit vermehrt. Das will auf den ersten Augenblick sonderbar erscheinen, doch schwindet der scheinbare Widerspruch, wenn man die Zerlegung der Kristallite genauer betrachtet. Es findet nämlich kein Zerbrechen

[1]) Siehe Hoyer, Die Verarbeitung der Metalle. Wiesbaden.

der kleinen Kristalle statt, sondern es bilden sich sog. Gleitflächen aus, parallel zu denen sich die Teilchen verschieben. Die Sache wird klar, wenn man an ein Paket Spielkarten denkt, das durch einen Stoß in eine flache Reihe auseinandergezogen wird, so daß die einzelnen Blätter zwar noch übereinander liegen, aber jedes gegen das benachbarte etwas verschoben ist. Ähnlich wird der Kristallit in einzelne Lamellen zerlegt. Das Gefüge wird feinkörniger, die Festigkeit größer.

F. Robin fand, daß lokale Deformationen durch Schneiden, Biegen oder Durchlochen beim Anlassen über ihren eigentlichen Bereich hinaus eine Fernwirkung ausüben, indem sich in den anliegenden Gebieten Kristalle von ungewöhnlicher Größe ausbilden.

Beim Walzen wirkt der Druck zumeist nur bis zu einem Viertel des Arbeitsstückes in die Tiefe.

Die Kaltreckung gibt sich u. a. durch Verlängerung der das Gefüge bildenden Kristalle zu erkennen; die Festigkeit nimmt zu, die Bildsamkeit ab. Die vorher keine bevorzugte Streckrichtung zeigenden Kristallkörner erscheinen nach dem Recken in der Zugrichtung stark verlängert, gestreckt. Die Festigkeit wird hierbei verdoppelt bis verdreifacht. Die Kaltreckung gibt sich auch noch durch andere Gefügeveränderungen, wie z. B. Kristallverschiebungen (siehe oben), kund.

Das Auftreten regelmäßig begrenzter Ätzfiguren ist nur Stoffen eigen, die eine gesetzmäßige Verkettung der kleinsten Teilchen aufweisen. Es sind das wichtige kristallographische technologische Kennzeichen.

Bei kalt gereckten Metallen verschwinden diese Erscheinungen, die an eine gesetzmäßige Verkettung der kleinsten Teilchen gebunden sind, in dem Grade, als die Verfestigung zunimmt.

Die Kristalle werden gezerrt, verlängert, verbogen. (Kristallographisch-optische Kennzeichen.)

Die durch das Kaltrecken bedingte Steigerung der Zerreißfestigkeit des Materials ist vielfach erwünscht, birgt jedoch Gefahren in sich; es entstehen nämlich innere Spannungen (Reckspannungen) im Material, die je nach dem Grade des Kaltreckens oft sehr hohe Beträge annehmen können.

Diese inneren Spannungen können durch ein im Kgl. Materialprüfungsamte zu Berlin ausgemitteltes Verfahren messend verfolgt werden. Nimmt man z. B. schätzungsweise die Bruchgrenze des Stabmaterials nach dem Kaltziehen zu 7000 kg/qcm an, so ist das Material im Stab stellenweise bereits bis auf die Hälfte der Bruchgrenze beansprucht, ehe dieser noch von äußeren Kräften beeinflußt wird. Treten nun zu einem mit solchen inneren Spannungen behafteten Material zusätzliche Spannungen, z. B. durch Beanspruchungen im Betrieb infolge der Einwirkung äußerer Kräfte (Belastung, Stoß usw.) oder auch durch ungleichmäßige Erwärmung, so tritt Bruch ein, ohne daß sich die Bruchursache ohne weiteres erkennen läßt.

Übertriebene Anforderungen bezüglich hoher Bruch- und Streckgrenzen lassen sich nur durch übertriebenes Kaltstrecken erfüllen. Durch Ausglühen lassen sich die Spannungen wieder aufheben.

Unsere Einsichten über die Veränderungen der Metalle hinsichtlich ihrer mechanischen Eigenschaften durch bestimmte Bearbeitungsverfahren sind heute noch im Entwicklungsstadium. Als sicher festgestellt können folgende Tatsachen gelten:

1. Erstarrte Metalle bestehen aus Kristallen.
2. Metalle lassen sich durch mechanische Kräfte deformieren.
3. Es ist möglich, durch mechanische Beanspruchung Metalle so in ihren mechanischen Eigenschaften zu verändern, daß ein als Verfestigung bezeichneter Zustand eintritt.

4. Nur eine zur bleibenden Deformation führende mechanische Bearbeitung vermag Verfestigung zu bewirken.

5. Verfestigte Metalle können durch Erwärmen wieder entfestigt werden, wobei eine sichtbare Gefügeveränderung eintritt.

6. Bei mechanischen Beanspruchungen, die zur Verfestigung führen, kann man auf polierten Flächen meist das Auftreten einer Streifung beobachten.

7. Die Dichte verfestigter Metalle ist geringer als die wieder entfestigter Metalle.

Zur Erklärung dieser Verhältnisse sind verschiedene Theorien aufgestellt, so z. B. die Translations- und Verlagerungshypothese, die Schmelzhypothese, die Annahme amorpher Schichten, die Modifikationshypothesen und andere.

Allgemein ist man sich darüber einig, daß der Zustand eines verfestigten Metalles ein Zwangszustand ist, der dem gewöhnlichen gegenüber unbeständig sein muß; wenn eine Umwandlung in den stabileren Zustand bei gewöhnlicher Temperatur nicht einzutreten pflegt, so liegt das an der bei gewöhnlicher Temperatur geringen Reaktionsgeschwindigkeit[1]).

b) Spezielles.

Kupfer wird durch mechanische Bearbeitung, Hämmern, Walzen usw., hart. Durch Ausglühen erhält es seine Dehnbarkeit wieder (siehe Wärmebehandlung der Metalle); muß daher während des Treibens öfters ausgeglüht werden. Das feinkörnige, hackige Gefüge des gegossenen Kupfers geht beim Schmieden und Walzen in ein sehniges Gefüge von seidenartigem Glanze über.

Aluminium wird durch Bearbeitung im kalten Zustande hart und spröde. Durch öfteres Ausglühen während der Arbeit wird es wieder weich; ohne diese Wärmebehandlung wird es rissig.

Silber. Dessen Festigkeit ist in hohem Grade von der Bearbeitung abhängig; hartgezogenes Silber erhält die Festigkeit von Schmiedeeisen. Durch Ausglühen erhält es bei wenig Festigkeit seine Dehnbarkeit wieder.

Gold und Gold-Silberlegierungen werden durch mechanische Bearbeitung, z. B. Hämmern, so spröde, daß sie sich nicht mehr auswalzen lassen und ihren Zusammenhang verlieren. Durch Wärmebehandlung (s. d.) erhalten sie ihre ursprüngliche Weichheit wieder.

Eisen[2]). Im kalt gestreckten kohlenstoffarmen Flußeisen erscheinen bei mikroskopischer Untersuchung die normalen Kristallkörner in der Streckrichtung gedehnt. Die Feststellung der mittleren Länge und Stärke der einzelnen Körner gestattet es, in vielen Fällen den Nachweis zu erbringen, ob Kaltbearbeitung vorliegt oder nicht.

Durch metallographische Untersuchung ist es möglich, darzutun, ob Nietlöcher gestoßen oder gebohrt sind. Bei gestoßenen Nietlöchern zeigen sich nach Ätzung Materialien mit ausgeprägter Zonenbildung; deutliches Umbiegen der Streifen und Zonen am Nietloch; bei seigerungsfreiem Material ist die durch die Stoßwirkung hervorgebrachte Deformation der Ferritkörner deutlich erkennbar.

Graues Roheisen ist leicht bearbeitbar.

Weißes Roheisen wird hart und spröde durch Feilen (Wärmebehandlung). Drehstahl ist nicht bearbeitbar.

Messing wird beim Erhitzen „warmspröde“ (Maximum bei 375° C).

---

[1]) Siehe auch W. Fraenkel, Die Verfestigung der Metalle durch mechanische Beanspruchung. Berlin, Julius Springer 1920.

[2]) Siehe auch bei Schmiedeeisen.

Messing wird durch kalte Bearbeitung hart und spröde, durch Wärmebehandlung wieder weich, sog. Veredlung. Schmiedemessing zeigt nach mechanischer Bearbeitung deutliche Streckung der Kristallkörner.

Durch das Walzen verliert das Messing zum großen Teil seine ihm eigene kristallinische Struktur, indem sich die Kriställchen parallel den Gleitflächen verschieben. Das Gefüge wird äußerst feinkörnig und homogen. Bei Schmiedemessing gibt sich die Kaltreckung durch Streckung der Kristallindividuen kund.

Bei einigen Metallen, z. B. Blei, Zinn u. a. tritt eine Umkristallisation, die bei anderen Metallen erst beim Glühen nach dem Kaltrecken eintritt, schon beim Kaltreckprozeß auf, um vielleicht erst nach Jahren oder Jahrhunderten zu verklingen.

Aluminiummessing

bei	$^1/_2$%	Aluminium	ist nur kalt bearbeitbar;
,,	1%	,,	ist handwarm bearbeitbar;
,,	2%	,,	ist dunkelrot bearbeitbar;
über	2%	,,	ist bis Kirschrotglut bearbeitbar.

Legierungen mit 40% Zink lassen sich ohne Rücksicht auf den Aluminiumgehalt dunkelrotwarm schmieden; Legierungen mit 33% Zink nur dann, wenn 2—3% Aluminium zugegen sind.

Durch kalte Bearbeitung wird Aluminiummessing hart und spröde. Gegenstände, durch Hämmern hergestellt, müssen während dieser Prozedur wiederholt ausgeglüht werden, sonst werden sie rissig.

Aluminiumbronze kann bis zu einer Temperatur zwischen dunkler und heller Kirschrotglut erhitzt, ebenso auf dem Amboß wie mit dem Hammer bearbeitet werden wie Schmiedeeisen. (Schweißen gelingt nicht.) Nach dem Kaltwalzen Ausglühen, im Wasser abschrecken.

Deltametall läßt sich kalt und heiß walzen, zu Draht ziehen, usw., stanzen, pressen wie Schmiedeeisen.

3. Durch Wärmebehandlung (Zufuhr oder Abfuhr von Wärmeenergie) bewirkte Eigenschaftsbeeinflussung (Entfestigung — Festigung) der Metalle und Legierungen.

a) Allgemeines.

I. Wärmezufuhr. Das Erwärmen von Arbeitsstücken aus Metall ist in vielen Fällen unentbehrlich. Es dient einerseits dazu, um die Dehnbarkeit eines Rohstoffes zu erhöhen, und anderseits, um die bei der mechanischen Bearbeitung aufgetretene Härte durch Ausglühen zu beseitigen.

Glühen. Wenn man festen Stoffen Wärme zuführt, beginnen sie, wenn ihre Temperatur eine gewisse Höhe erreicht hat, zu glühen, mit anderen Worten infolge der durch die Wärmeenergie hervorgerufenen Steigerung ihrer Molekularbewegungen sog. Wärmestrahlen auszusenden, die in den sichtbaren Teil des Spektrums fallen, mit anderen Worten Licht auszusenden.

Nach den Strahlungsgesetzen liefern alle Stoffe mit zunehmender Temperatur ein an Strahlen kürzerer Wellenlänge immer reicher werdendes Licht, und zwar zeigen alle Stoffe bei der gleichen Temperatur gleiche Erscheinungen.

Bei 400° ca. beginnen sie im Dunkel schwach zu leuchten (Dunkelgrauglut).

Beginnende Rotglut	525°	Hellrotglut	950°
Dunkelrotglut	700°	Gelbglut	1100°
Kirschrotglut	850°	Beginnende Weißglut	1300°

Volle Weißglut . . . . . . 1500°

Diese verschiedenen Farbenabstufungen, die immer bei bestimmter Temperatur erscheinen, zeigen für technische Arbeiten die ungefähre Temperaturhöhe an.

Als Beispiel dafür, welche Erleichterung die Bearbeitung gewisser Metalle durch die Erwärmung erfährt, sei angegeben die Größe der Kraft, welche drückende Werkzeuge zur Formänderung auf 1 qmm der Arbeitsfläche bei der Verarbeitung von Flußeisen bei verschiedenen Wärmegraden übertragen:

beinahe schwarz	braun	dunkelrot	rot	dunkelgelb	gelbbraun
22,3 kg	17,6 kg	16,0 kg	6,7 kg	6,4 kg	5,5 kg

Die Vorrichtungen zur Wärmebehandlung der Metalle bestanden früher ausschließlich in Schmiedefeuer, Schmiedeherd und Gebläse.

Große Gegenstände werden in Glühöfen behandelt; Metallstücke, die zur Vermeidung des Abbrandes und zur Abhaltung des Luftsauerstoffes nicht in offenen oder Flammenöfen behandelt werden können (Bleche, Draht usw.), werden in sog. Gefäßöfen geglüht, d. h. die Gegenstände werden in Gefäßen aus Eisen (Guß- oder Schmiede-) oder Ton (Tiegel, Muffel) einem Flammen- oder Windofenfeuer ausgesetzt. Zum Glühen wird jetzt auch der elektrische Strom benützt.

Beim Ausglühen verlieren im allgemeinen die Metalle die durch die Kaltbearbeitung infolge Strukturveränderungen ihres Kristallgefüges erhaltene Härte, Sprödigkeit und Festigkeit, sie werden wieder weich. Am auffälligsten tritt dies beim Kupfer in die Erscheinung. Ein harter, frisch gezogener Kupferdraht z. B. wird beim Ausglühen schnell wieder weich.

Die Gestalt des bei der Kaltbearbeitung der Metalle entstandenen Kristallgefüges wird durch Glühen stark verändert; die zackigen, amöbenähnlichen Kristallgebilde gehen beim Glühen in mehr oder weniger abgerundete Formen über, ebenso ist die Größe der Kristalle von der erreichten Temperatur, im gewissen Sinne von der Glühdauer abhängig. Die Korngröße nimmt zu.

Glüht man z. B. Kupfer, Eisen, Aluminium, Blei, Zinn, Messing oder überhaupt ein Metall oder eine Legierung längere Zeit, so schwellen einzelne Kristalle auf Kosten der anderen, in ihrem Wachstum benachteiligten Nachbarn an, indem sie letztere aufzehren. Hierfür hat man den metallographischen Namen „Wachsen der Kristalle“.

Das Korn eines kalt gereckten Metalles lagert sich beim Erhitzen um. Die gereckten Metalle lösen ihre fadenartige Anordnung auf und zerfallen in mehr oder weniger gleichmäßige Kristallkörnchen. Die aufgebrochenen Körnchen zeigen wieder das bunte Leben des anfänglichen Muttermetalles, und zwar: dislozierte Reflexion, Kristallfigurenätzbarkeit, Bildsamkeit, Dehnbarkeit und geringe Härte.

Die Handhabung des Glühens war bisher eine rein empirische, mehr gefühlsmäßige und oft übertriebene, schädigende. Erst neuere Untersuchungen haben die rationelle Behandlung angebahnt. (Martens, Le Chatelier, Heyn und Grard.) Es hat sich folgendes ergeben:

Die Entfestigung des Glühgutes erfolgt um so vollkommener und schneller, bei je höherer Temperatur die Glühung erfolgt und je schneller das Werkstück den gewünschten oder nötigen Glühgrad erreicht, und zwar durch seine ganze Masse.

Die Zeitdauer des Glühens übt demnach auf den Entfestigungsvorgang praktisch keinen selbständigen Einfluß aus, da dieser von der Zeitdauer der Erwärmung nur insofern abhängig ist, als die Durchwärmung des Glühgutes naturnotwendig an eine gewisse, von der Erwärmungsgeschwindigkeit abhängige

Zeit gebunden ist. Dagegen haben die erreichten höchsten Glühtemperaturen einen tiefgreifenden Einfluß auf den Verlauf der Entfestigung oder „Rekristallisation".

Hat das Glühgut einmal die erforderliche oder gewünschte Glühtemperatur in seiner ganzen Masse erreicht, so kann das Glühen (Garglühen) sofort unterbrochen und abgekühlt werden.

Beim Ausglühen kohlenstoffreicher Stähle kann sog. Schwarzbruch auftreten. Der Bruchquerschnitt eines schwarzbrüchigen Stahles zeigt ein mattes, infolge der Ablagerung von Temperkohle schwarzgefärbtes Aussehen im Vergleich zu der hellen, unverändert gebliebenen Umgebung.

Unnötiges Belassen der Werkstücke im Ofen ist vom Übel und eine Verschwendung an Brennmaterial. Richtiges Glühen ist kein so einfacher Arbeitsvorgang, als man es annehmen könnte.

Die jeweilige Temperierung des Glühgutes kann schätzungsweise oder mit optischen Pyrometern verfolgt werden.

Nur bei Werkzeugstücken großer Abmessungen kann eine Mehrzeit von einigen Minuten bis $^1/_4$ Stunde zur vollständigen Durchwärmung zugegeben werden.

Überhitzen ist immer von einer Herabminderung der mechanischen Eigenschaften des Metalles begleitet (sog. Überhitzungskrankheiten). Das Anwachsen der Kristalle wird übertrieben.

Werden die Metalle zu lange oder bei zu hoher Temperatur geglüht (überhitzt), so geht mit dem Einformen und Wachsen der Kristalle vielfach eine Entfestigung und Verschlechterung ihrer technischen Eigenschaften einher. In manchen Fällen lassen sich diese Störungen auf die mechanischen Widerstandsunterschiede, die grobkörnige Metalle im größeren Betrage als feinkörnige aufweisen, zurückführen.

Beim Eisen läßt sich (s. d.) die Überhitzungsverschlechterung (Sprödewerden) wieder aufheben; bei den übrigen Metallen führt nur kräftiges Recken, Schmieden, Hämmern usw. zu einer Wiedergenesung des Metalles von der Überhitzungskrankheit.

Als Grundsatz soll gelten[1]), die Glühung nur bis zum Erreichen der gewünschten Anlaßtemperatur bzw. bis zur völligen Durchwärmung des Glühgutes fortzusetzen. Im Gegensatze hierzu ist noch die alte Meinung verbreitet, daß nicht die Höhe der Glühtemperatur, sondern die Zeitdauer des Glühens ausschlaggebend sei.

Außer dem schädlichen Einfluß des Überhitzens auf die Struktur der Gefügebestandteile wirkt dasselbe schädlich durch unnötige Steigerung der Oxydation der leichter oxydierbaren Metalle, insbesondere des Zinks im Messing, des Zinns in der Bronze, des Eisens usw. Nach dem Glühen müssen die Metalle von den oberflächlich aufgetretenen Oxydschichten gereinigt werden (siehe später bei Beizen).

Blaubrüchigkeit und Altern des Eisens. Eisen, welches bei einer Temperatur von etwa 200—300° C bearbeitet wird, zeigt eine gefährliche Sprödigkeit, die als Blaubrüchigkeit bezeichnet wird, weil die dabei entstehende Bruchfläche oder die Oberfläche blaue Anlauffarben annimmt.

Da diese Erscheinung für die Technik (Kesselbleche usw.) und die Gewerbe von großer Wichtigkeit ist, wurden schon seit einer Reihe von Jahren eingehende Versuche angestellt, um die hier herrschenden Verhältnisse aufzuklären. Es wurde dadurch erkannt, daß das Eisen im Gebiet der Blauwärme ein Maximum an Zerreiß-

---

[1]) Siehe J. Czochralski, Wärmebehandlung der Metalle. Techn. Rundschau 1915, Nr. 39.

festigkeit, dagegen ein Minimum an Querkontraktion besitzt. Das Formänderungsvermögen ist also in Blauwärme sehr stark vermindert. Ebenso ist die Dehnbarkeit, allerdings schon bei etwas niederer liegenden Temperaturen, als stark vermindert erkannt worden. Merkwürdigerweise wurde die Kerbzähigkeit bei der Blauwärme sogar etwas größer gefunden, erst bei 450—500° C tritt ein Minimum derselben auf. Diese verminderte Kerbzähigkeit konnte also nicht für die Blaubrucherscheinungen verantwortlich gemacht werden, wie man es trotzdem von mancher Seite versucht hatte. Dagegen erweist sich ein Eisen, das bei 200—300° C, also bei Blauwärme, stärkere Formenänderung durch mechanische Bearbeitung erfahren hat, als sehr spröde, mit sehr geringer Kerbzähigkeit. Auch kalt deformiertes Eisen, das nachher auf 100—300° C erhitzt wurde, zeigt sich spröde; ähnlich wirkt ein längeres Lagern, das sogenannte „Altern" auf kalt deformiertes Eisen ein.

Nach Untersuchungen von Körber und Dreyer wird die Blaubrüchigkeit als Folge der starken Verminderung der Formänderungsfähigkeit in der Blauwärme, das sind Temperaturen zwischen 200—300° C, angesehen. Infolgedessen sind zu einer bestimmten Reckung in der Blauwärme größere wahre Spannungen nötig, wie bei gewöhnlicher oder bei höherer Temperatur, wodurch die Blaubrüchigkeit des Eisens erklärt ist.

Beulenkrankheit des Aluminiums. Es handelt sich hierbei um Zerstörungserscheinungen an Aluminiumgeräten, wobei die vorhergehende Bearbeitung und die nachherige Einwirkung der Luftfeuchtigkeit eine besondere Rolle spielen. Alle Geräte aus sog. Reinaluminium werden zur Herstellung einer Kaltbearbeitung durch Walzen, Ziehen, Drücken, Hämmern usw. unterworfen. Diese Kaltbearbeitung wird unter Umständen sehr hoch getrieben, um z. B. Rändern usw. eine gewisse Härte zu erteilen. Nach Heyn und Bauer (Mitteilungen aus dem Kgl. Materialprüfungsamt Groß-Lichterfelde) ist der hierdurch herbeigeführte Zustand des Aluminiums die beste Vorbedingung für eine rasche Zerstörung nach Art der Beulen, auch wurde festgestellt, daß zwischen kalt verdichtetem und weichem Aluminium elektrische Spannungen bestehen, welche die Veränderung durch elektrochemische Wirkung beschleunigen. Als Mittel zur Vermeidung dieser Übelstände wird ein Ausglühen des durch Kaltbearbeitung gehärteten Aluminiums bei 400° C angegeben, wodurch allerdings die beabsichtigte Härte aufgehoben wird. Die Aufbeulungen und Aufspaltungen haben ihre Ursache darin, daß das Aluminium im Innern Oxydhäutchen und Schwindungsporen enthält, die dann bei porösem Guß durch die Einwirkung der Feuchtigkeit sich trennen und bei der Kaltbearbeitung, meist unsichtbar, aufgerissen werden; die eindringende Feuchtigkeit, bzw. die dadurch bedingte Gasentwicklung ruft dann das Aufbeulen hervor. Ein Zusatz von Zink bessert nicht, sondern begünstigt diese Veränderungen. In der Zeitschrift für Elektrotechnik und Maschinenbau 1913 gibt Cohn Mittel an, reines Aluminium und dessen Legierungen ohne Dauerversuche auf seine Beständigkeit zu prüfen.

II. Wärmeabfuhr. (Abkühlung.) Das Abkühlen nach dem Glühen spielt nur beim Eisen und Stahl (s. d.) eine ausschlaggebende Rolle, hier und da auch noch bei schmiedbarem Messing und bei Bronze (s. d.), wobei aber im Gegensatz zu den anderen Metallen chemisch bedingte Gefügeänderungen, Umwandlungen und polymorphe Formänderungen stattfinden.

b) Spezielles.

In der nachstehenden Tabelle sind die zur vollständigen Entfestigung oder Rekristallisation berechneten und die betriebsmäßig ermittelten Wärmemengen angegeben. Daraus ist ersichtlich, daß dieser Unterschied sehr groß ist und der Mehraufwand nur durch unnötige Ausdehnung des Prozesses der Glühung bedingt wird.

Metall	Rekristallisationstemperatur ca.	Spezifische Wärme in der Nähe der Rekristallisationstemperatur im Mittel ca.	Erforderliche Rekristallisationswärme für 100 kg Metall in Wärmeeinheiten ca.	Wärmeverbrauch für 2 mm dickes Glühgut, das vom Wärmebad frei umspült wird, unter Berücksichtigung der technischen Heizverluste mittlerer Muffelöfen für 100 kg Metall	
				Erforderliche Wärmeeinheiten ca.	Praktisch verwendete Wärmeeinheiten ca.
1	2	3	4	5	6
Kupfer	700° C	0,096	6700	17700	80000
Eisen	700° C	0,126	8300	16500	100000
Aluminium	450° C	0,214	9600	29800	179000

Kupfer (auch Blei und wahrscheinlich viele andere Metalle), das ähnliche Überhitzungserscheinungen zeigt wie das Eisen, kann jedoch nicht wie das Eisen durch Wiedererhitzen auf eine bestimmte Temperatur wiederhergestellt werden. Beim Kupfer geht mit steigender Überhitzung das Wachsen der Kupferkristalle parallel. Beim Eisen bestehen andere Verhältnisse, s. d. Beim Kupfer und anderen Metallen führt oft kräftiges Recken zu einer Verbesserung (Neuordnung des Kristallgefüges).

Kohlenstoffarmes Flußeisen wird, wenn bei Wärmegraden über 1000° C geglüht, spröde. Das Material ist überhitzt, zeigt veränderten Bruch usw. Gutes kohlenstoffarmes Flußeisen im günstigsten Zustand der Behandlung hält $3^1/_2$ bis 4 Biegungen aus. Überhitztes Material bricht beim ersten Schlag. Durch etwa halbstündiges Glühen bei 900° C läßt sich die Überhitzungsverschlechterung wieder aufheben. Bei langer Glühdauer, z. B. 6 Tage, kann hier schon eine Temperatur von 700—850° C helfen. (Neuordnung des Kristallgefüges.)

Durch öfteres wiederholtes starkes Glühen wird das Schmiedeeisen mürbe, blättrig, schuppig und schlecht; solch überhitztes oder verbranntes Eisen erlangt durch Ausglühen unter Luftabschluß und langsames Erkalten mit Überschmieden seine ursprünglichen Eigenschaften wieder. Verbranntes Eisen erkennt man an dem grobkörnig-eckigen und blättrigen Gefüge mit starkem Glanze.

Einige kalt gereckte Metalle, z. B. Kupfer, Gold, Blei, zerfallen beim Glühen unter Zwillingskristallbildung.

Behandlung	Festigkeit im Mittel kg/qmm	Dehnung im Mittel %
Erhitzt auf 650° C und in Wasser abgeschreckt	31,4	70
„ „ 700° C „ „ „ „	31,3	71
„ „ 750° C „ „ „ „	30,2	76
„ „ 650° C und in Öl abgeschreckt . . .	30,8	65
„ „ 700° C „ „ „ „	30,3	68
„ „ 750° C „ „ „ „	30,0	73
„ „ 650° C uud rasch an d. Luft abgekühlt	31,6	65
„ „ 700° C „ „ „ „ „ „	30,9	67
„ „ 750° C „ „ „ „ „ „	30,0	72

Was die Abkühlung betrifft, so ist gegenüber älteren Anschauungen festgestellt, daß weder Kupfer noch Messing (von etwa 67% Kupfer aufwärts) durch schnelles Abkühlen (Abschrecken) verändert wird, wenn auch das Auftreten innerer, in der Regel praktisch unwirksamer Wärmespannungen nicht außer acht gelassen werden darf; es ist dies aus vorstehender Tabelle von Grard ersichtlich, die zeigt, daß die Abkühlung auf Messing mit 67% Kupfer keinen nennenswerten Einfluß hat.

Warm schmiedbare Messingsorten erhalten aber durch Abschrecken neue Eigenschaften, wie auch warm geschmiedete Bronze. Die Abkühlungsverhältnisse und die Wärmebehandlung der Bronzen spielen eine wichtige Rolle[1]). Bezüglich der mechanischen Eigenschaften (Festigkeit, Härte usw.) durch Gefügeunterschiede siehe: Schmelzen und Gießen (S. 127, 138 u. f.).

4. Eigenschaftsänderungen der Eisen-Kohlenstofflegierungen durch Zustands- oder Modifikationsänderungen, durch Kohlenstoffzufuhr oder Kohlenstoffentziehung. Härten und Enthärten (Anlassen).

c) Stahl.

Härtbare Eisen-Kohlenstofflegierung.

Flußstahl — Schweißstahl.

Schmelzpunkt 1300—1400° C; spez. Gew. 7,6—7,8.

a) Allgemeines.

Alle technischen Eisen-Kohlenstofflegierungen mit 0,3%—2% Kohlenstoff, die sich neben ihrer Schmiedbarkeit durch Erhitzen auf Rotglut und nachheriges rasches Abkühlen in kaltem Wasser (Abschrecken) härten lassen, heißt man Stahl (Unterschied von Schmiedeeisen). Durch entsprechendes Wiedererwärmen auf bestimmte Temperaturen kann diese Härte beliebig abgemindert werden. Die Eigenschaft des Stahles, durch geringe Temperaturerhöhung nach dem Abschrecken nach und nach einen Teil seiner Härte zu verlieren, ist für die Werkzeugtechnik von großer Wichtigkeit. Da alle Werkzeugstahle der Techniker fast nur im angelassenen Zustand verwendet werden, ist die Höhe der Anlaßerhitzung von der größten Bedeutung.

Ein Werkzeug, das dazu bestimmt ist, andere Metalle zu schneiden, muß neben einer großen Härte, welche zur Schneidfähigkeit erforderlich ist, eine gewisse Zähigkeit besitzen, damit es durch Erschütterungen, Stoß und Fall u. a. nicht zerspringt. Die Zähigkeit erreicht man aber nur auf Kosten der Härte.

Wenn zur Rotglut erhitzter Stahl langsam erkaltet, so ist seine Härte gering (sog. Naturhärte); kühlt man ihn aber plötzlich ab, sog. Abschrecken, so wird er sehr hart und spröde, sog. Glashärte. Diese durch plötzliches Abkühlen erlangte Härte kann dem Stahl ganz oder teilweise wieder genommen werden, wenn man den Stahl je nach dem gewünschten Härtegrad auf eine gewisse Temperatur erhitzt, sog. Anlassen, dann entweder langsam erkalten läßt oder abschreckt (Anlaßhärte). Je höher die Temperatur beim Anlassen (220—360° C), desto mehr nimmt man dem Stahl die Härte und Sprödigkeit (siehe Erläuterungen der hierbei vor sich gehenden Prozesse S. 176). Man kann also den Stahl beliebig spröde oder elastisch, hart oder weich erhalten. Die Härtbarkeit und Anlaßbarkeit gestattet eine beliebige Verschiebung seiner Eigenschaften. Stahl ist fester als Schmiedeeisen; er hat bei nicht sehr starkem Glanze lichtgrauweiße Farbe und körnige Struktur und ist um so besser, je feiner und gleichartiger das Korngefüge ist. Der Stahl verdankt seine Eigenart und seine ausgedehnte Anwendung seiner Härtbarkeit in verschiedenen Graden. Alle Stahlsorten sind schmiedbar, die kohlenstoffreichen (über 1% Kohlenstoff) aber nur schwer schweißbar. Stahl hält den Magnetismus im Gegensatz zum Schmiedeeisen

[1]) Siehe: Heyn und Bauer, Metallographie. Sammlung Göschen.

dauernd bei. Leichter schmiedbar als Schmiedeeisen. Wie beim Schmiedeeisen unterscheidet man je nach der Herstellung Schweißstahl (Frischstahl, Puddelstahl), der im teigigen Zustande, und Flußstahl (Martinstahl, Bessemerstahl, Tiegelstahl, Elektrostahl), der im flüssigen Zustande gewonnen wird. Leichter als durch Guß ist der Stahl durch Schmieden bearbeitbar, da er, ebenso wie Schmiedeeisen, weit unterhalb seines Schmelzpunktes erweicht.

Stahlguß ist roh gegossen nie gleichmäßig im Gefüge, erhält aber durch Ausglühen ein gleichmäßiges, feinkörniges Gefüge, womit eine Steigerung seiner Festigung und Dehnung verbunden ist, wie die nachstehende Tabelle zeigt:

Kohlenstoff %	Festigkeitswerte	Roh gegossen	Geglüht	Abgeschreckt und angelassen
0,26	Zugfestigkeit in kg/qmm	47,3	47,9	55,8
	Dehnung in %	13,5	27,5	20,3
0,42	Zugfestigkeit in kg/qmm	60,2	73,7	76,0
	Dehnung in %	2,7	13,0	11,7
0,63	Zugfestigkeit in kg/qmm	54,1	75,7	113,7
	Dehnung in %	1,6	7,2	0,8

Das Erhitzen des weichen Stahls bis zur Rotbraun- oder Kirschrotglühhitze geschieht in offenem Feuer oder in glühendem Sande in Glühöfen, Kapseln usw. gleichmäßig und rasch, daß nicht zu viel oberflächliche Oxydation (Glühspan oder Eisenhammerschlag) sich bilde.

Die Ablöschflüssigkeit, in die der erhitzte Stahl eingetaucht wird, ist gewöhnlich Wasser; je kälter dasselbe ist, desto härter der Stahl. Durch Zusatz von Salzen wird die Wärmeleitfähigkeit des Wassers erhöht. Geringere Härtegrade geben Fette und Öle, welche die Wärme langsamer ableiten. Die Wahl des Mittels hängt von der gewünschten Härte bzw. der beabsichtigten Verwendung der Stahlgegenstände ab. Die Damaszener Klingen sollen in der Art gehärtet werden, daß man sie glühend an einem Rad befestigt, das dann sehr schnell gedreht wird (Luftabkühlung).

Das Anlassen (Nachlassen) des Stahls geschieht in offenem Feuer oder auf Eisenplatten oder in Metallegierungen von bestimmtem Schmelzpunkt. Der Stahl verliert seine Glashärte schon beim Erwärmen auf verhältnismäßig niedere Temperaturen, etwa 300° C. Seine ursprünglichen Eigenschaften erhält er vollständig wieder durch Erhitzen auf ca. 700° C und nachheriges langsames Abkühlen.

Zur Vermeidung der beim Erhitzen auftretenden Oxydschichten überzieht man häufig den Stahl mit einer schützenden Decke.

Die beim Anlassen des Stahls auftretenden dünnen Oxydschichten haben je nach ihrer auftretenden Dicke verschiedene Farben (Anlauffarben), die im Zusammenhange mit deren Temperatur stehen und in einer gewissen Reihenfolge auftreten.

Da aber für die Stahlsorten der verschiedenen Stahlwerke diese Anlauffarben nicht ganz gleich sind, so haben diese Stahlwerke besondere Farbtafeln hergestellt, nach denen man sich richten muß.

Das Anlassen wie auch das Härten des Stahls erfordert sehr viel Umsicht, Geschick und Erfahrung des Arbeiters, da viele Kunstgriffe anzuwenden sind, um das Ziel zu erreichen.

Sehr weiche Stahle	0,05—0,15%	Kohlenstoff
Weiche	„	0,15—0,4 %	„

Halbharte Stahle 0,4 —0,6 % Kohlenstoff
Harte „ über 0,6 % „
Zementstahl = zementiertes Schmiedeeisen.

Gußstahl erweicht vor dem Schmelzen ähnlich wie Schmiedeeisen und läßt sich auch schmieden, wobei er auch eine dem Schmiedeeisen ähnliche faserige oder sehnige Beschaffenheit erhält.

Glasharter Stahl findet wegen seiner Sprödigkeit nur wenig Verwendung.

Der sog. Damasstahl (Wootz) orientalischer Herkunft wird durch Zusammenschmelzen von Schmiedeeisen mit kohlenstoffhaltigen Stoffen erhalten. Die erhaltenen Stahlklumpen, die nicht schmiedbar sind, werden in einem Gebläseofen anhaltend geglüht und unter Handhämmern ausgeschmiedet und gehärtet. Infolge des Gehaltes an verschiedenen härteren und weicheren Karbiden zeigt dieser Stahl nach dem Ätzen der polierten Oberfläche mit Säuren charakteristische Zeichnungen (Damaszierungen).

Erläuterungen.

Den bis vor kurzer Zeit nicht klar und gesetzmäßig erkannten, aber erfahrungsgemäß geübten Arbeitsweisen beim Härten und Anlassen von Stahl usw. entsprechen die zahlreichen alten, für jeden Sonderfall angegebenen Vorschriften, bei welchen alle möglichen Geheimmittel vom Kuhmist bis zum Menschenharn eine Rolle spielen. Durch die heutigen Erkenntnisse, welche ich kurz in den nachstehenden Erläuterungen vorführe, sind die bei der Arbeit stattfindenden Prozesse ihrer Natur nach erkannt; sie gehören als physikalisch-chemische Umwandlungen, welche gesetzmäßig verlaufen (siehe S. 25, 26), in das Gebiet der physikalischen Chemie. Damit ist die Härtetechnik von der mechanischen Technologie in das Gebiet der physikalischen Chemie verschoben worden. Hierdurch ist rationelles Arbeiten mit sicherem Erfolg gewährleistet, und alle früheren Härtungsgeheimmittel sind überflüssig geworden.

Während ein Stoff in verschiedenen Zustandsformen auftreten kann (allotrope Formen), die sich gesetzmäßig ineinander umwandeln lassen (siehe S. 25 und bei grauem Zinn, S. 9), kann daneben noch, und das ist der Fall bei den Eisen-Kohlenstofflegierungen, eine zweite Erscheinung eine Rolle spielen, nämlich das Auftreten von sog. festen Lösungen. Es ist von großer Bedeutung, daß man die Gesetze der flüssigen Lösungen auch auf die festen (erstarrten) Lösungen übertragen konnte; dieser Umstand hat einen Einblick in das Verhalten der Eisen-Kohlenstofflegierungen ermöglicht. Wir haben es hier mit den Umwandlungen der verschiedenen Zustandsformen des reinen Eisens einerseits und mit dem Verhalten der Eisen-Kohlenstofflegierungen anderseits zu tun.

Der wichtigste Gefügebestandteil der Eisen-Kohlenstofflegierungen ist das Eisenkarbid (Eisen-Kohlenstoffverbindung), das den Namen Zementit erhalten hat, und der Formel Fe_3C gemäß 6,67% Kohlenstoff und 93,33% Eisen in chemischer Bindung enthält. Dieses Eisenkarbid erscheint in Form blättriger, spaltbarer, sehr harter Kristalle. Das Eisenkarbid entsteht aus Eisen und Kohlenstoff unter Wärmeaufnahme (endotherme Verbindung); das Eisenkarbid ist ein unbeständiger Stoff, welcher stets die Neigung hat in Eisen und Kohlenstoff, in der Zustandsform des Graphits, zu zerfallen. Hierbei treten aber Verzögerungs- oder sog. Unterkühlungserscheinungen auf (siehe S. 25). Bei hinreichend schneller Abkühlung kann dieser Zerfall verhindert werden, so daß kristallisiertes Eisenkarbid bleibt. Dieser Prozeß ist aber nicht so vollständig, daß daneben nicht ein geringer Anteil des Eisenkarbids zerfiele. Es ist eben nicht möglich, bei der Abkühlung so schnell das Temperaturgebiet zu erreichen, bei dem der metastabile Zustand eintritt. Dazu kommt dann noch, daß die geschilderten Umwandlungen, die beim Abkühlen dieser erstarrten Eisen-Kohlenstofflegierungen auftreten, durch die Anwesenheit verschiedener Stoffe eine Beeinflussung in der Richtung einer Verzögerung eventuell auch einer Beschleunigung des Zerfalls des Eisenkarbids und der Umwandlung der Eisenmodifikationen erleiden; so verzögern Mangan, Nickel u. a. Metalle den Übergang des γ-Eisens in β- und α-Eisen. So enthält Eisen mit einem Mangangehalt von 12% nach dem Abschrecken nur unterkühltes γ-Eisen und ist nicht magnetisch. Es muß stundenlang (anstatt einiger Minuten) einer Temperatur von 500—600° C ausgesetzt werden, bis es in α-Eisen übergeht. Mangan bildet daher einen wertvollen Bestandteil des Stahles, denn es begünstigt die Erhaltung des Eisens in der Zustandsform des γ-Eisens, die allein Kohlenstoff löst; man erhält dadurch einen homogenen Stahl, der viel Kohlenstoff gelöst enthält, und der langsam abgekühlt werden kann, ohne seine Härte einzubüßen. van't Hoff gibt folgendes anschauliches Bild:

Wird eine Mischung von $6^2/_3$% Kohlenstoff mit $93^1/_3$% Eisen (= Eisenkarbid) vom geschmolzenen Zustand (ca. 2000° C) schnell gekühlt, so entsteht Eisenkarbid-Zementit. Bei langsamer Kühlung tritt zunächst durch Zerfall eines Teiles des Eisenkarbids Graphit auf, zu einem Betrag, der sich rechnerisch ergibt, indem bei 1130° C Eisen mit 2% Kohlenstoff zurückbleibt, das sich dann bis 1000° C unter weiterer Graphitabscheidung in Eisen mit 1,8% Kohlenstoff verwandelt. Auf 100 ursprüngliches Eisen beträgt somit die Graphitausscheidung 4,96%, die übrigen 95,04% Eisen mit 1,87% Kohlenstoff scheiden nun x-Eisenkarbid (mit $93^1/_3$% Eisen) aus, bis bei 670° C der Kohlenstoffgehalt auf 0,8% gesunken ist; der Rest wird Perlit mit 99,2% Eisen; auf 100 Teile des Ganzen (mit $6^2/_3$% Kohlenstoff) kommen also nach langsamer Kühlung rund 5 Graphit, 16 Eisenkarbid und 79 Perlit (mit 0,8% Kohlenstoff).

Der Stahl stellt eine Legierung dar von Eisen (Ferrit) mit einer chemischen Verbindung von Eisen und Kohlenstoff, dem Eisenkarbid (Fe_3C), das als Gefügebestandteil der Eisen-Kohlenstofflegierungen die Bezeichnung Zementit erhalten hat.

Der geschmolzene, flüssige Stahl besteht aus einer homogenen Lösung von Eisenkarbid in Eisen. Die Verhältnisse werden erst kompliziert beim Abkühlen, und zwar je nach der Art oder Schnelligkeit des Abkühlens und je nach dem Gehalt des Stahls an Eisenkarbid. Dabei kommen noch die verschiedenen Zustandsformen des erstarrten Eisens, welche verschiedene Eigenschaften aufweisen, in Betracht. Die unterhalb 780° C beständige Modifikation des Eisens, das a-Eisen (Ferrit), hat wenig Lösungsvermögen für Eisenkarbid und ist magnetisch. Oberhalb 780° C geht diese Form in das unmagnetische β-Eisen über, und dieses wandelt sich bei 910° C in γ-Eisen um, das Eisenkarbid leicht löst und magnetisch ist. Beim Abkühlen durchläuft das Eisen diese verschiedenen Stadien in umgekehrter Reihenfolge. Wie nun der flüssige Stahl eine homogene Lösung darstellt von Eisenkarbid in Eisen, so stellt auch der bei höherer Temperatur erstarrte Stahl eine feste Lösung dar von Eisenkarbid in Eisen. Diese feste Lösung unterscheidet sich vorerst nur durch die feste Formart von der flüssigen Lösung. Diese Löslichkeit ist nun aber an das Temperaturgebiet gebunden, in dem das Eisen als γ-Eisen vorhanden ist. Geht dieses γ-Eisen während des weiteren Abkühlens in die Modifikation des α-Eisens über, die bei niederen Temperaturen beständig ist, so kann diese α-Eisenzustandsform das Eisenkarbid nicht mehr lösen. Die feste Lösung zerfällt in ihre Bestandteile. Dieser Prozeß geht langsam vor sich. Das Eisenkarbid ist sehr hart, ebenso die feste Lösung von Eisenkarbid in Eisen, jedoch um so weniger, je karbidärmer sie ist.

1. Plötzliches Abkühlen des Stahls (Abschrecken). Durch rasches Abkühlen des Stahls aus einer Temperatur oberhalb 700° C, also aus dem Existenz-

gebiet des γ-Eisens, wird die allotrope Umwandlung des γ-Eisens und damit der Zerfall der festen Lösung „Eisenkarbid-γ-Eisen“ verhindert werden; man erhält die feste Lösung selbst. Dieselbe ist äußerst hart und spröde, stellt Mischkristalle in Form feiner Kristallnadeln dar und wird Martensit genannt. Die feste Lösung ist in diesem Zustande metastabil oder gewissermaßen übersättigt. Obwohl also bei gewöhnlicher Temperatur der Martensit im Verhältnis zum α-Eisen die unbeständige Form ist, so ist doch bei gewöhnlicher Temperatur die Geschwindigkeit der Umwandlung der unbeständigen Form in die beständige Form gleich Null. Rasch abgekühlter Stahl hat ein martensitisches Gefüge.

2. Langsames Abkühlen des Stahls. Wenn sich der geschmolzene Stahl langsam abkühlen kann, so daß sich bei jeder erreichten Temperatur das entsprechende Gleichgewicht einstellt, so ist die Abkühlung von verwickelten Umwandlungen begleitet. Im allgemeinen zersetzt sich hierbei etwa bei 670° C die feste Lösung, sie zerfällt in reines, weiches a-Eisen und Eisenkarbid; beide Bestandteile liegen nebeneinander, d. h. der eine Gefügebestandteil, der Zementit (= Eisenkarbid), ist in die Grundmasse des reinen α-Eisens (Ferrit) eingebettet. Dieses feinkörnige oder auch lamellare Gesamtgefüge nennt man wegen seines perlmutterartigen Glanzes metallographisch = Perlit. Dieses Gefüge findet sich in jedem langsam gekühlten Stahl, es bildet bei Stahlen mit 0,95% Kohlenstoffgehalt entsprechend 86% Ferrit und 14% Zementit den alleinigen Bestandteil des Eutektikums. Stahle mit weniger Kohlenstoff bei gleichem Gefüge nennt man untereutektische, solche mit mehr Kohlenstoff übereutektische Stahle. In den letzteren beginnt die Abscheidung des Karbides aus der festen Lösung während des Abkühlens. Langsam abgekühlter Stahl hat perlitisches Gefüge. Da das reine Eisen weich ist, so teilt es diese Eigenschaft auch dem Gemenge mit.

Abb. 14. Werkzeugsstahl mit 0,89% Kohlenstoff nach dem Abschrecken; feines nadelförmiges Gefüge (Martensit). (Aus Brearly-Schäfer, Werkzeugstahl 3. Aufl.)

Zwischen dem Stahl mit martensitischem und dem mit perlitischem Gefüge existieren zahlreiche Übergangsformen, welche metallographisch verschiedene Bezeichnungen tragen. Die Härte geht vom härtesten Bestandteil, dem Zementit (= Eisenkarbid) über Martensit, Austenit, Troostit, Osmondit, Sorbit herab bis zum weichen Ferrit; letzterer ist in allen untereutektischen Stahlen vorhanden, daher deren Weichheit. Perlit steht bezüglich der Härte in der Mitte, entspricht aber bezüglich der Festigkeit einem Maximum. Untereutektische Stahle sind um so fester, je mehr sie Perlit enthalten. Mit dem Auftreten freien Zementits nimmt die Festigkeit ab. Dies sind die Ursachen, warum abgeschreckter Stahl hart, langsam gekühlter Stahl weich ist.

Das Anlassen des harten Stahles besteht nun darin, daß durch die Temperaturerhöhung der Zerfall der festen Lösung des harten Stahles (des Martensits) in die beiden Bestandteile langsam eintritt, aber um so schneller, je höher die Temperatur steigt. Durch das plötzliche Abkühlen wird der jeweils erreichte

Mischungszustand des Gefüges festgehalten, da bei gewöhnlicher Temperatur die Umwandlungsgeschwindigkeit unmeßbar klein ist; so erhält man die entsprechenden Härtegrade. Hierdurch ist auch erklärt, warum das Anlassen erfahrungsgemäß nicht nur von der Temperatur, sondern auch von der Zeit abhängig ist, derart, daß hier eine niedrigere Temperatur bei langer Dauer ebenso wirkt wie eine höhere Temperatur bei kürzerer Dauer.

Durch mäßiges Erhitzen des gehärteten Stahles (Tempern) kann man es also erreichen, daß der Martensit mit merklicher Geschwindigkeit in Ferrit und Eisenkarbid (Zementit) zerfällt, d. h. es wird annähernd der Zustand herbeigeführt, den der Stahl bei langsamem Abkühlen annehmen würde.

Man kann die Härtung in einer einzigen Operation ausführen, wenn man durch passendes Erwärmen oberhalb 670° C das gewünschte Gemenge von Eisen und fester Lösung (deren Gleichgewicht sich mit der Temperatur verschiebt) herstellt und den Zustand durch plötzliches Abkühlen festhält. Die für einen bestimmten Härtegrad erforderliche Temperatur ist vom Kohlenstoffgehalt abhängig; kennt man diesen, so kann man die Temperatur vorausbestimmen, durch welche man einen bestimmten Härtegrad erreichen kann.

Durch Überführen des perlitischen Gefüges in das martensitische wird die Zerreißfestigkeit und Härte auf Kosten der Zähigkeit erheblich gesteigert. Durch Umwandlung dieser Struktur in die Übergangszustände des Troostits oder Sorbits (weicher als Martensit) neben dem noch nicht vollständig zustande gekommenen Eutektikum Perlit sind noch Ferrit und Zementit frei vorhanden; beim Erhitzen des abgeschreckten Stahls auf weniger hohe Temperatur wird dem glasharten Material eine große Bruchfestigkeit verliehen (Anlassen).

Hierzu noch folgendes[1]):

Alle Eisenlegierungen mit mehr als 0,95% Kohlenstoff scheiden beim Abkühlen Eisenkarbidkristalle aus, wobei die feste Lösung kohlenstoffärmer wird, bis sie bei 700° C wieder die eutektische Zusammensetzung mit ca. 0,95% Kohlenstoff erreicht hat und dann bei konstanter Temperatur in Eisen und Eisenkarbid zerfällt.

1. Legierungen mit weniger als 0,95% Kohlenstoff (Karbid weniger als 14,2%) = Ferrit im Perlit.

2. Legierungen mit 0,95% Kohlenstoff (= 14,2% Karbid) = nur Perlit.

3. Legierungen mit mehr als 0,95% Kohlenstoff (mehr als 14,2% Karbid) = Zementit im Perlit.

Bei genügend langsamem Abkühlen wird der der jeweiligen Temperatur entsprechende Gleichgewichtszustand wirklich erreicht (metastabil), doch können noch Umwandlungen im festen Zustande eintreten. Bei raschem Abkühlen werden die Umwandlungen im festen Zustande mehr oder weniger gestört, bei schroffem Abkühlen unterbrochen.

Von größter Bedeutung ist für die Eisen-Kohlenstofflegierungen mit bis zu 2,2% Kohlenstoff, also für die Wärmebehandlung der Stähle, die Geschwindigkeit, mit der die Temperatur oberhalb 700° C von der Legierung bei der Abkühlung von einer hohen Temperatur herab durchlaufen wird. Ist die Temperatur unter 700° C gesunken, wobei das stabile Gleichgewicht eingestellt ist, dann ist die Schnelligkeit der weiteren Abkühlung auf das Gefüge ohne Belang, wenn auch noch Umlagerungen stattfinden.

Aus dem Gefüge des abgeschreckten (unterkühlten) Stahles kann man Rückschlüsse auf die Höhe der Abschreckungstemperatur ziehen.

Der Perlit löst sich bei ca. 700° C (kritische Temperatur) direkt zu Martensit auf, wie ein Salz in seinem Kristallwasser schmilzt; hierzu ist eine gewisse Zeit

---

[1]) Siehe: Heyn und Bauer, Metallographie. Sammlung Göschen.

nötig. Es werden die Zementitlamellen im Ferrit gelöst. Beim Anlassen werden Martensit, Troostit, Osmondit und Sorbit umgewandelt; Perlit wird nicht umgewandelt.

Der perlitische Zustand ist die stabile, der martensitische die metastabile Form. Der Stahl kann also in seinem metastabilen, martensitischen Zustand dem Bestreben, sich dem stabilen, d. i. dem perlitischen Zustand zu nähern, bei der Erhitzung zwischen 0° und 700° bis zu einem gewissen Grade folgen.

Das weniger rasche Abschrecken durch kochendes Wasser oder Öl führt zu dem halben Zustand des Stahles, der durch schroffes Abschrecken und nachfolgendes Anlassen erzielt wird. Man erhält dasselbe Gefüge und dieselbe Härte, ob man den Stahl erst abschreckt und dann anläßt, oder die Abschreckung verlangsamt, ohne nachheriges Anlassen. Praktisch bestehen aber zwischen den zwei Arbeitsweisen doch Unterschiede. Im ersten Falle entstehen beim schroffen Abschrecken leicht Härterisse, die das Material minderwertig machen. Im zweiten Falle ist die Härterißbildungsgefahr weniger groß.

Das Existenzgebiet des Perlits hört bei 700° C auf. Erhitzt man perlitischen Stahl darüber hinaus, so verwandelt sich der Perlit in Martensit. Wird jetzt rasch gekühlt, abgeschreckt (durch Eintauchen des glühenden Metalles in Wasser oder Quecksilber), so bleibt die Rückumwandlung aus, wir haben dann gehärteten Stahl. Dieser ist daher nicht vollkommen beständig. Er befindet sich zu dem Perlit im Verhältnis einer unterkühlten Schmelze und kann sich nur dadurch erhalten, daß bei tieferen Temperaturen die Umwandlung in den eigentlich beständigen Phasenkomplex äußerst träge, praktisch unendlich träge verläuft. Die Unbeständigkeit macht sich aber bemerkbar bei der Bohrarbeit mit gehärteten Stahlwerkzeugen: bei der hierbei auftretenden Temperatursteigerung verliert der Bohrer bald seine Härte durch Perlitbildung.

Die oberflächliche Perlitisierung von Geräten aus gehärtetem Stahl wird bei der Operation des Anlassens erzielt.

Da die Werkzeugstähle fast nur in angelassenem Zustande verwendet werden, so ist die genaue Bestimmung der Höhe der Anlaßtemperatur (z. B. in Streitfällen) von der größten Bedeutung[1]). Ein sicheres Kennzeichen ist die Ätzung in alkoholischer Salzsäure (1 : 100). Während reiner Martensit und reiner Perlit hierbei nicht gefärbt werden, färben sich die Übergangsgefüge (siehe S. 178) mehr oder weniger stark und bieten dadurch eine Handhabe zur Unterscheidung.

Troostit entspricht einer Anlaßtemperatur zwischen 0° bis nahe 400° C.

Osmondit entspricht einer Anlaßhitze von ca. 400° C.

Sorbit entspricht einer Temperatur von 400—700° C.

Glasharter Stahl, der den Kohlenstoff in Form der festen Lösung Eisen-Eisenkarbid enthält, löst sich in verdünnten Säuren derart, daß fast die gesamte Menge des Kohlenstoffes in Form von gasförmigen Kohlenwasserstoffen entweicht.

Langsam gekühlter, weicher Stahl, der das Eisenkarbid in feinen Lamellen in die weiche Grundmasse eingebettet enthält, läßt bei der gleichen Behandlung mit sehr verdünnten Säuren bei Luftabschluß das Eisenkarbid ungelöst, während sich das Eisen auflöst.

Sorbit. Wenn das Eutektikum Perlit infolge von zu schneller Abkühlung u. a. nicht völlig zustande kommt und Ferrit und Zementit noch frei vorhanden sind, erhält man ein unvollständiges chemisches und strukturelles Gleichgewicht. Diese Zustandsform heißt man Sorbit.

Troostit. Bei dem Abschrecken von Stahl im Augenblick der Lösung (680° C), solange noch ungelöster Zementit vorhanden ist, erscheint ein Bestandteil, den man Troostit nennt; aus unvollständiger Reaktion herrührend.

[1]) Siehe: Heyn und Bauer, Metallographie. Sammlung Göschen.

Austenit, beim Abkühlen von Stahl mit über 1,1% Kohlenstoff in Eiswasser unvollständiger Reaktion entstammend.

Graphit. Bei langsamer Abkühlung der Eisen-Kohlenstofflegierungen mit mehr als 4% Kohlenstoff und längerem Halten auf einer Temperatur um 1100° C scheidet sich Kohlenstoff in der Zustandsform des Graphits aus durch Zerfall des Eisenkarbids.

In der Praxis teilt man die Kohlenstoffstähle ein in weiche mit weniger als 0,8% Kohlenstoff und in harte mit mehr als 0,8% Kohlenstoff; der höchste Kohlenstoffgehalt bei Werkzeugstählen beträgt 1,7%. Im Handel ist der Werkzeugstahl gekennzeichnet mit dem eingeschlagenen Firmenstempel und einem aufgeklebten farbigen Etikett, wobei der härteste Stahl die hellste, der weichste die dunkelste Farbe erhält, das außer der Firmenbezeichnung und der Handelsmarke auch die Angabe des Härtegrades, der hauptsächlichsten Verwendungszwecke und der beim Schmieden und Härten angewendeten Temperaturen enthält. Vielfach wird der Härtegrad durch Zahlen, entsprechend dem Kohlenstoffgehalte, ausgedrückt, also z. B. Härtegrad 7 = 0,7% Kohlenstoff; andere Fabriken bezeichnen die Stähle mit: sehr hart, hart, mittelhart usw.

Die Leistungsfähigkeit eines Werkzeuges hängt bis zu einem gewissen Grade von der Art des verwendeten Stahles ab. Er darf für einen bestimmten Verwendungszweck, z. B. für alle ruhig beanspruchten Werkzeuge um so härter, also kohlenstoffreicher, gewählt werden, je reiner er von schädlichen Beimengungen ist; für alle Werkzeuge, die in der Hauptsache durch Schlag oder Stoß beansprucht werden, ist ein kohlenstoffarmer, reiner Stahl, z. B. Tiegelstahl, zu benutzen. Je höher der Kohlenstoffgehalt sein darf, desto größer kann die Arbeitsleistung des daraus hergestellten Werkzeuges sein, eine um so sorgfältigere Behandlung muß das Werkzeug indes bei seiner Herstellung — Feuerbehandlung — erfahren. Weicher Werkzeugstahl (Bessemer-, Martinstahl) kann nicht so leicht überhitzt und verglüht werden als harter Werkzeugstahl; beim Härten erhält er, infolge höherer Zähigkeit, nicht so leicht Härterisse, erfordert bei der Verarbeitung zu Werkzeugen geringere Aufmerksamkeit und wird in der Praxis in viel größerem Umfange angewendet als harter Stahl.

Harter Stahl — Tiegelgußstahl — erfordert gewissenhafte und aufmerksame Arbeit bei der Herstellung der Werkzeuge und gut unterrichtete, erfahrene Schmiede und Härter.

Der Stahlfabrikant verlangt vom Käufer in der Regel Angaben über den Verwendungszweck, weil man häufig Werkzeuge findet, die aus völlig ungeeignetem Rohstahl hergestellt wurden.

Nachstehende Tabelle[1]) gibt einige Anhaltspunkte hinsichtlich der Wahl des Rohstahles für daraus herzustellende Werkzeuge:

	Kohlenstoffgehalt in Prozenten
Sensen, Maschinenteile, Besteckstangen, Schmiede- und Schellhämmer	0,60—0,70
Gesenke, Warmmatrizen	0,70—0,80
Schrotmeißel, Schermesser, Lochstempel, Nadeln, Holzbearbeitungswerkzeuge, Gruben- und Steinbohrer, Hämmer für Kesselschmiede, Kreissägen	0,80—0,90
Alle Arten Bohrer, Hand- und Preßluftmeißel, Körner, Stempel, Bergezähe, Hobeleisen	0,90—1,05
Gewindeschneidbacken, Reibahlen, Spiralbohrer, Prägestempel, Schnitte	1,05—1,15

[1]) Nach Schiefer, Härtetechnik. Berlin, Julius Springer 1920.

	Kohlenstoffgehalt in Prozenten
Bohrer, Feilhauermeißel, Feilen, Lochstempel, Drehmesser, Hobel-, Kerb- und Spaltwerkzeuge	1,15—1,25
Mühlpicken, Kranhämmer, Papier- und Tabakmesser, Graveurwerkzeuge, ärztliche Messer	1,25—1,35
Drehmesser, Gesteinsbohrer, Steinbearbeitungswerkzeuge	1,35—1,40
Drehmesser, Rasiermesser, Fräser, Drehwerkzeuge zum Abdrehen harter Walzen, Gewehrlaufbohrer	1,45—1,60

b) Besonderes.

1. Die beim **Härten** des Stahles vor dem Abkühlen notwendige Erhitzung geschieht auf verschiedene Weise:

In Öfen für feste Brennstoffe, sog. Schmiedeherde und Schmiedefeuer, wobei als Brennmaterial Holzkohle oder gut durchgebrannte Schmiedekohlen dienen. Um die Nachteile des Erhitzens des Stahles im offenen Feuer (ungleichmäßige Temperatur, direkte Berührung mit dem Brennstoff und dem Gebläsewind) zu vermeiden, werden Muffel- oder Flammenöfen verwendet, bei welchen der Stahl nur mit den heißen Verbrennungsgasen der Brennstoffe, aber nicht mit diesen selbst in Berührung kommt. Man erreicht hierdurch auch einen vollkommenen Schutz vor den schädlichen Einwirkungen des Gebläsewindes, auch werden die Ecken und Schneidkanten der Werkzeuge vom Feuer nicht angegriffen. Man hat hier verschiedene Konstruktionen. Immer mehr führen sich jetzt infolge der Sauberkeit und Leichtigkeit ihrer Bedienung die Härteöfen mit Gasfeuerung ein. Seit langer Zeit benützt man zum Erhitzen des Stahles und zum Zwecke des Härtens geschmolzene Metalle, insbesondere Blei und Bleilegierungen, denen sich in neuerer Zeit das Erhitzen in geschmolzenen Salzen, sog. Salzbäder, bei denen das Schmelzen der Salze oder Salzgemische neuerdings im elektrischen Ofen vorgenommen wird, anschließen. Der Vorteil dieser Art der Erhitzungen ist der, daß das Erhitzen hierbei unter Luftabschluß stattfindet, denn auch im Muffelofen ist der Zutritt der Luft zum Stahl nicht ganz zu vermeiden; durch die direkte Berührung desselben mit der Muffelwandung und die ungleichmäßige Erwärmung ist die Möglichkeit der ungleichen Erhitzung und damit auch derselben der nachherigen ungleichmäßigen Härtung nicht ausgeschlossen. Die Blei- oder Salzbäder bieten weiter den Vorteil, daß man Gegenstände, welche nur teilweise gehärtet werden sollen, auch teilweise erhitzen kann. Die zu härtenden Metallstücke sollen vor dem Eintauchen in die Bäder vorgewärmt werden.

a) Bleibäder. Die Schmelzkessel bestehen aus bestem, feuerbeständigem Stahlguß oder aus Graphit, letzterer für Bäder zum Härten für Schnellstahl, weil Stahlguß bei den erforderlichen höheren Temperaturen nicht standhält. Die Erwärmung des Schmelzkessels geschieht durch Koks oder Holzkohle, auch durch Gas.

Verwendet wird technisch reines Blei, dessen Schmelzpunkt bei ca. 330° C liegt. Da das Blei weit über seinen Schmelzpunkt bis ca. 750° C überhitzt werden muß, um die nötige Härtetemperatur zu erhalten, so ist das geschmolzene Blei einer starken Oxydation und Verdampfung ausgesetzt. Der gesundheitsschädliche Bleidampf muß durch geeignete Abzugsvorrichtungen entfernt werden. Zur Beschränkung der Oxydation des geschmolzenen Bleies gibt man auf dessen Oberfläche eine ca. 2 cm hohe Schicht von gepulverter Holzkohle. Zur Erwärmung von Schnellstahl sind die Bleibäder nicht geeignet, weil die notwendigen höheren Temperaturen Unzulänglichkeiten bewirken. Die zu härtenden Stahlteile werden einzeln oder gruppenweise eingetaucht; da die Stahlteile leichter sind wie Blei, so muß durch das Beschweren derselben für ein vollständiges Untertauchen im

Bleibad gesorgt werden. Diese Bleibäder haben verschiedene Nachteile. Unreines schwefelhaltiges Blei bewirkt Flecken auf dem Stahl, den Stahlteilen anhaftende Feuchtigkeit bewirkt, daß die dadurch entstehenden Dämpfe das geschmolzene Blei herausschleudern. Ferner bleibt Blei gerne in den Vertiefungen der Werkzeuge haften und verhindert an diesen Stellen dann die Härtung.

b) Salzbäder. In neuerer Zeit sind für das Härten und Anlassen immer mehr geschmolzene Salze, sog. Salzbäder, in Anwendung gekommen. Die Mischung der einzuschmelzenden Salze ist keine bestimmte, sie hängt in der Hauptsache vom Verwendungszwecke ab. Leicht schmelzbare Salze, die rasch verflüchtigen, und solche, die infolge ihrer chemischen Zusammensetzung schädliche Einflüsse ausüben, sind ausgeschlossen. Kochsalz bildet den Hauptbestandteil der Mischungen, da es billig ist und sich vorzüglich eignet; Zusatz von Soda führt rasches Schmelzen herbei. Zusatz von Kalisalpeter erhöht die Leichtflüssigkeit der geschmolzenen Masse, Zusatz von chromsaurem Kalium oder Borax verbessert die Eigenschaften des Schmelzbades, Zusatz von gelbem Blutlaugensalz (Ferrozyankalium) verhindert die schädliche Einwirkung des Salpeters durch Entkohlung des Stahles. Für hohe Temperatur eignet sich Chlorbarium. Gelbes Blutlaugensalz übt eine stark zementierende Wirkung aus, es wird beim Härten von Werkzeugen aus gewöhnlichem Werkzeugstahl mit Vorteil verwendet, bei Schnellstahl ist es überflüssig. Giftige Dämpfe, die aus dem Bade bei Zusatz von Kalisalpeter und Zyankalium aufsteigen, müssen abgeführt werden. (Über den Schmelzpunkt der verschiedenen Salze siehe S. 126.) Die Schmelzkessel bestehen aus feuerbeständigem Stahlguß oder aus Graphit, sie werden mit Koks, Holzkohle, Gas erhitzt; in neuerer Zeit führen sich immer mehr die elektrisch geheizten Salzbadhärteöfen ein. Die Erwärmung ist dem zu härtenden Stahle anzupassen; bei gewöhnlichem Werkzeugstahle beträgt die Temperatur 750—850° C, bei Schnellstahl 1000—1200° C; in letzterem Falle werden schwerflüssige Salze genommen. Die Temperaturmessung hat durch Pyrometer zu geschehen. Das durch Verdampfung abnehmende Bad ist von Zeit zu Zeit frisch aufzufüllen; Aufstreuen von gepulverter Holzkohle mindert die Verdampfung.

Wie bereits beim Bleibade vorgeschrieben, sind alle zu härtenden Gegenstände vor dem Eintauchen in das Salzbad von Feuchtigkeit, Öl und Fett sorgfältig zu befreien; sehr kalte Gegenstände wärmt man vor dem Eintauchen an.

Bleibt an den glühenden aus dem Salzbade gehobenen Werkstücken Salz haften, so wird es beim Eintauchen in Wasser sofort abspringen.

Im geschmolzenen Salz erwärmte Werkzeuge behalten ihre metallisch reine Oberfläche nach dem Härten bei, sie bleiben blank. Waren sie vor dem Härten mit einer Oxydschicht bedeckt bzw. rostig, so zeigen sie nach dem Härten metallisch reine Flächen.

Die zu härtenden Werkstücke werden in Stahlschlingen hängend oder auf Sieben liegend eingetaucht. Soll nur eine teilweise Härtung stattfinden, so werden sie mit einer trockenen gut Zange eingehalten.

2. **Temperaturmessungen.** Es ist nicht mehr zeitgemäß, die Temperatur des erhitzten Stahles lediglich wie früher mit dem Auge abzuschätzen, da ja Temperaturunterschiede von 30—50° C schon Schaden anrichten können. Ein sehr einfaches Mittel zum Messen höherer Temperaturen sind die sogenannten Segerkegel. Es sind das Tonmischungen in Form abgestumpfter Pyramiden, welche für die verschiedenen Temperaturen von ca. 600—2000° C eingestellt sind in der Art, daß die für die betreffende Nummer geltende Temperatur erreicht ist, wenn der Kegel so erweicht, daß sich die umbiegende Spitze der Unterlage zuneigt. Gebrauchsanweisungen hierfür sind den 59 Nummern der Segerkegel beigegeben. Als weitere Temperaturmessungen seien nur angeführt die elektrischen Wider-

standsthermometer, die thermoelektrischen Pyrometer, erstere für Temperaturen bis ca. 600° C. letztere von 600—1600° C. Ferner sei noch erwähnt das optische Pyrometer (siehe: Lehrgang der Härtetechnik von Schiefer und Grün, Verlag Julius Springer, Berlin).

Als Kennzeichen für den zu erzielenden Grad des Anlassens dienen seit langer Zeit die Farben, welche eine blanke Stahlfläche beim Erwärmen annimmt. Bei 220° C beginnt das Metall sich mit meßbarer Geschwindigkeit an der Luft zu oxydieren, wobei das Oxyd das Metall in Gestalt einer äußerst dünnen Schicht überzieht. Ist die Dicke dieser Oxydschicht von der Ordnung einer Lichtwelle, so beginnen die Interferenzfarben oder Farben dünner Blättchen sichtbar zu werden. Da zuerst die kürzesten Wellen, von den sichtbaren die violetten, ausgelöscht werden, so erscheint als erste Anlauffarbe die Komplementärfarbe, ein blasses Strohgelb; dies geht durch Orange in Purpur, Violett, Blau und zuletzt in Grau über. Jeder dieser Farben bzw. Temperatur entspricht eine gewisse Gefügeumwandlung des Stahles; gelb läßt man (siehe unten) Stähle zur Bearbeitung des Eisens, purpurrot solche für Messing anlaufen, während Werkzeuge für Holz blau angelassen werden. Wiewohl sich Farbe und Härte nicht vollkommen entsprechen, so ist doch der Zusammenhang für den erfahrenen Arbeiter ausreichend.

Durch diese Mannigfaltigkeit der Härteskala oder der Härtezustände, die der Stahl annehmen kann, wird seine allseitige technische Verwendbarkeit bedingt. Man kann ihn im weichen Zustande beliebig formen und die geformten Gegenstände dann auf jeden erforderlichen Härtegrad bringen.

Temperatur	Farbe	Gebräuchlich für	
220° C	blaßgelb	Lanzetten usw.	Chirurg. Instrumente, Werkzeuge für Metallbearbeitung
232° C	blaßstrohgelb	Rasiermesser	
243° C	goldgelb	Federmesser	
254° C	braun	Scheren u. Meißel	Holzverarbeitungswerkzeuge, gewöhnliche Schneidewaren
268° C	purpur, heller	Äxte, Hobeleisen,	
281° C	purpur, dunkler	Taschenmesser	
		Tischmesser	
		Große Scheren	
288° C	hellblau	Rohre, Sägeblätter, Uhrfedern	
296° C	indigoblau	Federn, Säbel- und Degenklingen. Holzsägen	
316° C	dunkelblau	Große Sägeblätter	
(siedendes Leinöl)			

Als Metallbäder zum Anlassen des Stahls finden folgende Legierungen je nach ihrem Schmelzpunkt Verwendung (Tabelle nach Fischer, siehe nächste Seite).

3. **Abkühlen** der erhitzten Stahlteile zum Zwecke des Härtens. Das Abkühlen des glühenden Werkzeuges hat so gleichmäßig und, wenn es sich um die Erzielung der größtmöglichen Härte handelt, so rasch als möglich zu geschehen, daß die Wärme dem zu härtenden Teile gleichmäßig entzogen wird. Die Gleichmäßigkeit der Abkühlung ist unbedingt nötig, weil das durch die Erwärmung ausgedehnte Stahlstück sich durch das plötzliche Ablöschen etwas zusammenzieht; es verzieht sich nicht, wenn das Abkühlen und damit das Zusammenziehen gleichmäßig erfolgt.

Taucht man das zu härtende glühende Werkzeug ins Härtebad, so verdunstet die Härteflüssigkeit überall da, wo sie den glühenden Stahl berührt, hüllt also das

Schmelzpunkt	Zinn	Blei	Wismut	Schmelzpunkt	Zinn	Blei	Wismut
95	3	5	8	186	4	1	—
98	3	6	8	187	17	4	—
108	3	8	8	188	9	2	—
114	1	2	2	189	1	1	—
117	3	4	4	191	9	4	—
123	1	1	1	192	5	1	—
130	4	5	4	193	11	2	—
132	2	3	2	194	6	1	—
143	7	8	4	199	4	5	—
144	2	2	1	200	2	3	—
146	3	4	2	215	4	7	—
148	9	8	4	221	8	15	—
149	1	2	1	228	1	2	—
151	5	8	4	231,84	1	—	—
151	5	4	2	233	8	17	—
153	12	11	4	238	4	9	—
154	6	5	2	243	2	5	—
154	3	3	1	246	4	11	—
155	11	8	4	250	1	3	—
155	12	9	4	252	4	13	—
158	3	2	1	254	2	7	—
159	17	16	2	256	4	15	—
160	12	13	4	259	1	4	—
160	4	4	1	261	4	17	—
160	9	8	2	263	2	9	—
161	9	16	2	266	1	5	—
162	5	4	1	267,5	—	—	1
164	15	16	4	268	4	21	—
166	6	7	2	269	2	11	—
167	7	8	2	270	4	23	—
169	3	2	—	271	1	6	—
170	7	4	—	272	4	25	—
171	2	1	—	273	2	13	—
172	12	15	4	274	4	27	—
173	9	4	4	275	1	7	—
175	13	16	—	276	4	29	—
176	5	2	—	277	2	15	—
177	3	4	—	278	1	8	—
178	11	4	—	279	2	17	—
178	5	4	—	281	1	9	—
180	3	1	—	282	2	19	—
182	13	4	—	283	1	10	—
183	7	2	—	284	2	21	—
184	15	4	—	286	1	11	—
287	2	23	—	292	2	31	—
288	1	12	—	292	1	16	—
288	2	25	—	292	2	33	—
289	1	13	—	292	1	17	—
290	2	27	—	292	2	35	—
291	1	14	—	292	1	25	—
291	2	29	—	326,9	—	1	—
292	1	15	—	—	—	—	—

Werkzeug in eine Dampfschicht ein, die die Abkühlung und damit die Annahme gleichmäßiger Härte verhindert. Der zu härtende Gegenstand muß daher im Härtebad fortwährend bewegt werden, damit die sich bildende Dampfschicht leichter entweichen kann; auch darf er nicht nahe der Wandung, sondern muß in der Mitte des Bades eingetaucht werden.

Es ist unbedingt zu vermeiden, ein Stück einfach in die Härteflüssigkeit zu werfen, mit Ausnahme ganz kleiner Gegenstände, die gleichzeitig in größerer Anzahl gehärtet werden, wie Nähnadeln u. a.; denn der Gegenstand muß je nach seiner Form in einer bestimmten Lage in die Flüssigkeit eingeführt werden, die auf dem Boden des Gefäßes aufliegende Fläche würde auch mit der Härteflüssigkeit nicht in Berührung kommen.

Wird ein Stahlstab so in die Abkühlflüssigkeit getaucht, daß seine Längsachse parallel zur Fläche derselben liegt, so verzieht er sich. Solche Gegenstände müssen daher senkrecht und nicht zu rasch in die Härteflüssigkeit getaucht werden; bisweilen führt man sie auch spiralförmig darin herum, um das Werkzeug stets mit frischer noch nicht erwärmter Flüssigkeit in Berührung zu bringen; bei langen, dünnen und zum Verziehen geneigten Gegenständen darf man dies nicht tun. Das langsame Eintauchen bezweckt, das Abkühlen des Stahles in der Hauptsache an der Oberfläche der Härteflüssigkeit zu bewirken, damit die besonders bei größeren Gegenständen sich reichlicher bildenden und die Härtung behindernden Dämpfe sofort entweichen können. Man kann bei besonders großen und schweren Werkzeugen, oder solchen, die ihrer Form wegen leicht zum Verziehen neigen, auch so verfahren, daß man sie ruhig liegen läßt und mit der Härteflüssigkeit umspült.

Flache Gegenstände werden mit der schmalen Seite zuerst, teils senkrecht, teils wagerecht, ungleichmäßig dicke Werkstücke mit der dicken Seite zuerst in die Härteflüssigkeit gebracht, weil sonst beim Zusammenziehen des stärkeren Teiles der bereits abgekühlte dünnere Teil nicht nachgeben und so ein Reißen eintreten würde. Ist diese Art der Abkühlung nicht möglich, so sind schwächere Teile des Stückes mit einer dünnen Schicht Lehm zu umhüllen, wodurch sie vor zu rascher Abkühlung beim Eintauchen geschützt sind.

Zur Erzielung gleichmäßiger Härte darf auch die Temperatur der Härteflüssigkeit während des Härtens sich nicht wesentlich ändern; der Behälter mit der Härteflüssigkeit ist also möglichst groß zu nehmen und immer genügend gefüllt zu halten. Es empfiehlt sich auch, die Kühlflüssigkeit dauernd in Bewegung zu halten, indem ein oder mehrere Wasserzuleitungsrohre bis fast auf den Boden des Kühlgefäßes geführt werden, neue Wassermassen zuführen, während ein entsprechend weiter Überlauf den Wasserüberschuß selbsttätig fortführt; hierdurch wird auch verhindert, daß die sich bildenden Dampfblasen das Werkstück mit einer isolierenden Dampfschicht umgeben, wodurch die rasche Abkühlung behindert wird.

Den Behälter mit der Kühlflüssigkeit stelle man möglichst nahe an den Ofen oder das Feuer heran, damit man mit dem glühenden Gegenstand nicht erst einen längeren Weg durch die Luft zurückzulegen hat.

Man vermeide auch eine ungleichmäßige Abkühlung des Werkstückes unmittelbar vor dem Härten; schon schwacher Luftzug kann schaden. Desgleichen lege man es vor dem Härten, wenn es aus dem Ofen gebracht wird, nicht auf kalte Eisenplatten oder gar feuchte Unterlagen, um es mit der Zange besser zu erfassen; die hierdurch herbeigeführte einseitige bzw. ungleichmäßige Abkühlung ist häufig die Entstehungsursache von Härterissen. Ebenso schädlich ist die Wirkung kalter oder nasser Zangen, namentlich bei Gegenständen mit schwachem Querschnitte.

Die zweckmäßigste Temperatur des Härtewassers ist 16—22° C, kälteres Wasser kühlt zu schroff, ohne eine größere Härte herbeizuführen, vermindert dagegen die Zähigkeit, und der Stahl wird spröde. Regenwasser ist seiner Reinheit wegen am besten, ebenso abgekochtes Wasser; Brunnen- oder Flußwasser enthält vielfach schädliche Beimengungen. Setzt man Salze oder Säuren dem Wasser zu, so wird die Wärmeleitungsfähigkeit erhöht, es härtet also schärfer; kalkhaltiges Wasser bewirkt das Gegenteil.

Zu scharf härtendes Brunnen- oder Quellwasser mildert man dadurch, daß man etwas Soda oder Pottasche darin auflöst; ungenügend härtendes Flußwasser erhält eine bessere Härtefähigkeit durch Mischen mit geringen Mengen Säuren,

z. B. Salzsäure, Schwefelsäure, Essig u. dgl. m. bis zu 2%. Dabei sind Essigsäure und Zitronensäure von milderer Wirkung als Salzsäure, Salpeter- oder Schwefelsäure. Längere Zeit gebrauchtes Härtewasser hat die schädlichen Beimengungen ausgeschieden, härtet also stets sehr gleichmäßig.

Alle Zusätze, welche man seit alters her dem Härtewasser gemacht hat, wirken nicht an und für sich durch ihre stoffliche Beschaffenheit, sondern lediglich dadurch, daß durch dieselben die Wärmeleitungsfähigkeit des Wassers erhöht oder auch vermindert wird. Da wir heute diese Vorgänge bei der Stahlhärtung als physikalisch-chemische Umwandlungen zu betrachten gelernt haben, wissen wir, daß es sich dabei nur um die Abkühlungsgeschwindigkeit handelt. Über die erfahrungsgemäße Wirkung der Zusätze zum Härtewasser teilen Schiefer und Grün, Lehrgang der Härtetechnik, folgendes mit:

Kochsalz. Es wird meist eine gesättigte Kochsalzlösung verwendet, und zwar dann, wenn eine größere Anzahl Werkzeuge, von komplizierter Form, eine hohe Härte besitzen sollen.

Soda und Salmiak. Sehr geeignet für komplizierte Werkzeuge, bei denen eine Abtrennung einzelner Teile zu befürchten ist, z. B. bei komplizierten Fräsern.

Säuren. Angewendet, wenn die Werkzeuge die höchste erzielbare Härte besitzen sollen, oder wenn man wenig härtbarem Stahl eine genügend harte Oberfläche geben will.

Alkohol. Die Härtung wird stark verzögert, weil der Siedepunkt des Wassers erniedrigt wird, dieses also leichter verdampft.

Seife. Seifenwasser härtet gar nicht. Sollen an gehärteten Werkzeugen, wie Angeln an Feilen, Messern, Säbeln, Sägen u. a. m. weich gemacht werden, so erwärmt man diese Teile bis zur Rotglut und kühlt im Seifenwasser ab.

Mit Öl und Fett vermengtes Wasser. Auf die Wasseroberfläche gibt man eine Öl- oder Fettschicht; das abzukühlende Werkzeug wird durch diese hindurchgeführt, überzieht sich dabei mit einer durch die Hitze zäh gewordenen Fettschicht, die verzögernd auf die weitere Abkühlung im Wasser wirkt.

Gegenstände, die in angesäuertem Wasser gehärtet wurden, müssen danach mit reinem Wasser oder mit Kalkwasser abgespült werden, um die Nachwirkungen der Säure zu neutralisieren und eine Oxydation zu verhüten.

Andere Abkühlungsarten sind die folgenden:

a) Kühlen durch Luft, was dadurch geschieht, daß der Gegenstand rasch in der Luft bewegt oder ein kalter Luftstrom darüber geblasen wird.

b) Kühlen in Ölen und Fetten: Infolge der geringeren Wärmeleitungsfähigkeit kühlen Öle und Fette weniger als Wasser und härten daher weniger scharf. Rüböl härtet am gleichmäßigsten, ähnlich Mineralöle, Petroleum am schärfsten.

c) Abkühlen in Metallen: Hierzu wird vor allem Quecksilber gebraucht. Es erfolgt hier eine sehr gleichmäßige Kühlung und infolge der starken Wärmeleitungsfähigkeit eine energische Härtung.

d) Abkühlung durch feste Körper: Es geschieht in der Regel in der Weise, daß das Werkzeug zwischen wassergekühlte Eisenplatten gelegt wird und dabei gleichzeitig eine Pressung erfährt; man nennt es auch Preßhärtung.

Angewendet wird die Preßhärtung bei sehr dünnen Werkzeugen, wie Sägeblättern, Bandstahl u. dgl., bei denen ein Verziehen vermieden werden muß.

4. Zum **Anlassen** dient der Gasbrenner; ferner benützt man Sandbäder, Öl, Talg, oder Salpeterbäder, deren Temperatur mit dem Thermometer kontrolliert wird.

Über das Härten verschiedener Werkzeuge muß auf Spezialwerke verwiesen werden und besonders auf Schiefer und Grün, Lehrgang der Härtetechnik, Verlag Julius Springer, Berlin.

Die Stahlsorte und die Behandlung ist für die verschiedenen Zwecke verschieden.

Bei Bezug von Stahlwerkzeugen ist auf folgendes zu achten:

Der Stahl muß frei sein von Rissen, Nähten, Schuppen, insbesondere aus sog. Kantenrissen d. h. Querrisse an den Kanten; letztere deuten auf „Rotbruch" oder auf überhitzten, verbrannten Stahl, solcher Stahl ist ungeeignet; für die Herstellung von Werkzeugen muß beachtet werden, daß die für ein bestimmtes Werkzeug, mit bestimmtem Verwendungszweck erforderliche Härte des Rohstahls gegeben ist.

Das Härten der verschiedenen Stahlwerkzeuge ist ganz nach deren Verwendungszweck verschieden. Im Lehrgang der Härtetechnik von Schiefer und Grün finden wir ausführliche Angaben über das Härten von Stählen zum Abdrehen von Hartgußwalzen, Zentrumbohrern, Kanonenbohrern, Bohrmessern, Gewindebohrern, Gewindebacken oder Schneidbacken, Fräsern, Rohrfräsern und Rohrschneidern, Reibahlen, Scherenmessern, Kreisscherenmessern u. dgl., Fassonmessern zum Stanzen von Gummi, Leder u. dgl. für Sohlen, Absätze u. a. m., Lochstempeln, gravierten Prägstempeln, Schlagnummern usw., Rollenmessern, Anfertigung von Schnitten, Hammergesenken, Hämmern, Handmeißeln, Schrotmeißeln und Nietquetschern, Döppern, Kreiskörnern, Ziehdornen, Werkzeugen für Bergwerksbetriebe und Steinbrüche, Grubenhacken, Kreuzhacken, Steinhauerwerkzeugen, Werkzeugen aus Schweißstahl und Raffinierstahl.

Als Beispiel sei hiervon das Härten von Scherenmessern, Kreisscherenmessern u. dgl. angeführt:

Stahlsorte: extrazäh, zäh.

Feuerbehandlung: Das Anwärmen zum Schmieden hat in gut durchgebranntem Kohlen- oder Holzkohlenfeuer auf Hellrotglut zu erfolgen. Nach dem Schmieden sorgfältig ausglühen.

Zum Härten werden die Messer so erhitzt, daß der Gebläsewind das Werkzeug nicht trifft. Entweder bedeckt man das Feuer mit einer eisernen Platte oder mit einem U-Eisen und legt das Messer darauf. Bei längeren Messern soll das Feuer mehrere Windformen oder Düsen haben, damit das Erwärmen gleichmäßig erfolgen kann.

Abschrecken: Man kühlt in Wasser von 18—20° C oder in Wasser mit einer Ölschicht ab; die Messer sind genau senkrecht einzuführen, dann auf und ab zu bewegen.

Lange, dünne Scherenmesser zum Schneiden von Papier, Leder u. ä. kühlt man in einem länglichen Kasten in Talg und Rüböl ab. Der Kasten muß genügend groß zur Aufnahme reichlicher Kühlmengen sein. Vorteilhaft ist es, den Ölbehälter in einen größeren mit Wasser gefüllten zu hängen, wodurch das Ölbad dauernd gekühlt wird.

Schwere Scherenmesser von kurzer, breiter Form werden nur an der Schneide warm gemacht und in Wasser, unter Durchschneiden mit der Schneide zuerst der Wasseroberfläche, langsam abgekühlt.

Anlassen: Man läßt mit der Eigenwärme an. Anlaßfarbe violett, oder bis eine scharfe Sägenfeile eben faßt. Darauf wird in Öl kurz abgeschreckt und in Wasser vollständig abgekühlt.

Über Volumenänderungen beim Abschrecken von Eisen und Stahl sagt M. v. Schwarz folgendes:

Die Veränderungen der Dimensionen, die Stahlgegenstände beim Abschrecken zwecks Härtung erfahren, sind in ihrer Wirkung schon lange bekannt und werden von geübten Praktikern meist auch richtig beurteilt und verwendet.

Obwohl beim Härten des Stahles eine Volumenvermehrung eintritt, das spezifische Gewicht also geringer wird, so sind die Dimensionsveränderungen aber sehr abhängig von der Formgestaltung der gehärteten Stücke. Ein langer Stahlstab wird z. B. durch das Härten verkürzt, während sich ein kurzer Zylinder dabei verlängert, wobei die Endflächen ausgebaucht werden. Die Bohrungen ringförmiger Körper werden beim Härten kleiner im Durchmesser und zwar bei mehrmaligem Härten stärker als bei nur einmaliger Härtung. Wenn Ziehringe oder Kaliber zu große Durchmesser haben, so härtet sie der Praktiker mehrmals, bis sie sich genügend verengert haben.

Die Größe der Volumenänderung ist einerseits vom Kohlenstoffgehalt des Stahles, anderseits von der Härtetemperatur abhängig, so zwar, daß höherer Kohlenstoffgehalt und höhere Härtetemperatur sie erhöhen. Naturgemäß ist man hier aber an die bekannten, ziemlich engen Grenzen gebunden, um die mechanischen Eigenschaften des Härtegutes nicht zu verderben.

Die Volumenänderungen beim Härten von Stahlteilen machen sich auch durch das „Verziehen" bemerkbar, dem man zwar bei einfach gestalteten Stücken durch geeignetes Einbringen in das Härte- (Abschreck-)Mittel entgegenwirken kann. Bei komplizierteren Stücken, besonders solchen mit unvermittelten Übergängen zwischen stark verschiedenen Querschnitten entstehen beim Härten große Härtespannungen, die bis zum Auftreten der mit Recht so gefürchteten „Härterisse" führen können. Beim Abschrecken des glühenden Stahles wird besonders an den zuerst mit dem Abschreckmittel in Berührung kommenden Oberflächenschichten der harte „Martensit" erhalten, während die Abkühlung im Innern der Stahlstücke langsamer vor sich geht, so daß der Kern weicher bleibt. Es ist zu vermuten, daß die äußeren, harten Schichten einen großen Druck auf den elastischen Kern ausüben, wodurch die Volumenveränderungen zu erklären sind. Diesem Druck wird auch zugeschrieben, daß manchmal auch im Innersten von gehärteten Stahlstücken gerade solcher „Martensit" zu beobachten ist wie an der Oberfläche, denn dessen Bildung wird durch Druck begünstigt.

Recht interessant sind die Beobachtungen von J. H. Whiteley und Stead[1]) welche fanden, daß nicht nur ein kurzer Stahlzylinder, sondern auch ein solcher aus weichem Schmiedeeisen, nach mehreren hundertmal Abschrecken von 700 bis 800° C in Wasser, nahezu Kugelgestalt annahm. Durch nachträgliche mikroskopische Untersuchung von Querschliffen durch diese Proben konnte gezeigt werden, daß sich bei diesem wiederholten Abschrecken die Volumenänderung durch starkes Verdrehen der einzelnen Schichten vollzogen hatte. Besonders beim weichen Eisen war an einzelnen Stellen des Querschnittes auch ein starkes Anwachsen der Größe der „Ferritkörner" zu erkennen.

Verbessern des im Feuer verdorbenen Stahles. Verbrannter Stahl[2]). Bei Erwärmung des Stahles bis zu Temperaturen von 1200° C und höher verändert er sich unter Funkensprühen; es entsteht dadurch eine chemische Veränderung, hauptsächlich Entkohlung des Metalles durch Einwirkung der Luft oder der Flammengase bei hoher Temperatur, infolgedessen der Stahl im ungehärteten Zustande Kantenrisse zeigt, beim Schmieden in Stücken abbricht, zerfällt und beim Härten reißt. Dieser Stahl kann nicht mehr regeneriert werden, er ist also völlig unbrauchbar.

Überhitzter Stahl[2]). Er hat durch Erwärmung über helle Rotglut und bei zu lang anhaltender Dauer derselben grobkristallinisches Gefüge erhalten und ist spröde geworden. Eine chemische Veränderung der Zusammensetzung ist nicht eingetreten. Je nach der Dauer erstreckt sich die Überhitzung entweder nur auf die Oberfläche — Ecken und Kanten — oder durch die ganze Masse des Stahles.

Erfolgte das Überhitzen des Werkstückes bereits beim Schmieden, so kühlt man die Kirschrotglut ab und schmiedet es sorgfältig und kräftig bis Dunkelrotglut

---

[1]) In Iron Age 1918, S. 1256.

[2]) Siehe: Schiefer und Grün, Lehrgang der Härtetechnik. Berlin, Julius Springer 1920.

nach. Das Überschmieden hat den besonderen Zweck, das grobkristallinische Gefüge, welches die Sprödigkeit herbeiführte, zu zerstören.

Würde das Werkzeug beim Härten überhitzt, so läßt man es langsam ganz erkalten und erwärmt dann von neuem vorsichtig bis zur niedrigsten Härtetemperatur, meist Dunkelrotglut, dann in Wasser abgekühlt. Man kann auch sogenannte Stahlverbesserungsmittel anwenden, die den Zweck verfolgen, dem Stahl den an der Oberfläche durch das Überhitzen ausgeschiedenen Kohlenstoff wieder zuzuführen.

Nachstehende Regenerierungs- oder Verbesserungsmittel sind praktisch ausprobiert und bewährt.

1 Teil Hufmehl, 1 Teil Salz, 1 Teil Schmierseife; oder 3 Teile Leinöl, 1 Teil Schmierseife, 2 Teile Harz; oder 2 Teile Rindstalg, 5 Teile Harz, 1—2 Teile Tran, 1 Teil Ferrocyankalium.

Die Mischungen sind gut durchzukneten.

Das zu verbessernde Werkzeug wird auf Dunkelrotglut erwärmt in die Masse getaucht bzw. mit ihr bestrichen und im Feuer eingebrannt; das Verfahren wird zwei- bis dreimal wiederholt, dann das Werkstück in Wasser oder Öl abgekühlt.

Durch besondere Umstände verdorbener Stahl. Hierunter ist ein Stahl zu verstehen, der beim Erhitzen im offenen Schmiedefeuer unter Benutzung frischer Schmiedekohlen durch den in diesen enthaltenen Schwefel verdorben wurde. Schwefel entzieht dem Stahl an den gegenseitigen Berührungsstellen den Kohlenstoff vollständig, der Stahl wird fleckig — sog. Weichflecke — und kann an diesen Stellen nicht gehärtet werden. Um ihn wieder brauchbar zu machen, wird dieser Stahl an allen Stellen von Zunder und dergleichen mehr befreit, mit einem Stück Schmirgelleinen blank gerieben, in einem Einsatzkasten sorgfältig mit Holz- oder Lederkohle eingepackt, der Kasten luftdicht verschmiert und im Glüh- oder Härteofen ca. 4—5 Stunden — je nach Umfang des Stückes — geglüht. Die Temperatur sei etwa 750° C. Steht kein Härte- oder Einsatzofen zur Verfügung, so werden die blank abgeriebenen Teile in einer Muffel, Rohrstück oder zugedecktem Eisen, das mit Holzkohle gefüllt ist und auf dem offenen Feuer eingebaut wird, erhitzt und danach in Wasser von 18° C abgekühlt.

Verglühter Stahl. Hier wurde Werkzeugstahl längere Zeit bei Luftzutritt einer Temperatur ausgesetzt, die an sich nicht hoch genug war, um ihn zu überhitzen. Dabei ist ihm der Kohlenstoff an der Oberfläche ganz oder teilweise entzogen worden, die hieraus hergestellten Werkzeuge werden beim nachfolgenden Härten nicht genügend hart oder bleiben weich.

Abgestandener Stahl. Er wurde beim Gebrauch wiederholt erhitzt und gehärtet, infolgedessen spröde, verliert hierdurch an Schneidkraft und reißt beim Härten leicht.

Das Verbessern erfolgt unter Anwendung von Härtepulver und besteht in einer Oberflächenzementation.

Die Eisen-Kohlenstofflegierungen, welche man als Stahl bezeichnet, verdanken ihre wertvollen Eigenschaften, vor allem ihre Härte, ihrem Gehalte an Kohlenstoff. Diese Kohlenstoffstähle bilden die gewöhnlichen Werkzeugstähle im Gegensatz zu den sog. Spezialstählen oder legierten Stählen.

Spezialstähle — Sonderstähle oder legierte Stähle. Besonders wertvolle Eigenschaften, insbesondere auch Härtesteigerung erhält der gewöhnliche Stahl, wenn er mit geringen Mengen anderer Metalle legiert wird; hierzu kommen vor allem in Betracht Mangan, Chrom, Wolfram, Nickel, Molybdän, Vanadin u. a. Diese Stähle heißen je nach Art dieser Beigaben dann Chrom-, Wolfram-, Nickelstahl usw.

Die Wirkungen dieser Zusätze beruhen zum Teil darauf, daß die verschiedenen Umwandlungen, die beim Abkühlen des Stahles auftreten, durch die Gegenwart fremder Stoffe verzögert werden (gleichsam Unterkühlungserscheinungen). Mangan, Nickel und andere Metalle verzögern den Übergang des γ-Eisens in β- und a-Eisen. Es enthält z. B. Eisen mit 12% Mangangehalt nach dem Abschrecken nur unterkühltes γ-Eisen und ist nicht magnetisch. Es muß stundenlang (statt einiger Minuten) einer Temperatur von 500—600° C ausgesetzt werden, bis es in a-Eisen oder Ferrit übergeht. Mangan bildet demnach einen wertvollen Bestandteil des Stahls, denn er begünstigt die Bildung des γ-Eisens, also der Modifikation, in der allein der Kohlenstoff löslich ist. Man erhält dadurch einen homogenen Stahl, der ungewöhnlich viel Kohlenstoff gelöst enthält und der langsam abgekühlt werden kann, ohne deshalb seine Härte einzubüßen.

Die Herstellung und Verwendung der Spezialstähle ist ein Erfolg zielbewußter, physikochemischer Forschungsarbeiten.

Ein Zusatz von Nickel macht den Stahl außerordentlich zäh; eine Legierung mit 25% Nickel kann, ohne zu zerreißen, auf die doppelte Länge auseinandergezogen werden. Chrom macht den Stahl glashart. Kombination von Nickel und Chrom (Panzerplatten) liefert ein hartes Material von hoher Zähigkeit.

Ein Zusatz von Wolfram macht den Stahl selbsthärtend, d. h. er bedarf zur Härtung keines Abschreckens, sondern es genügt dazu die gewöhnliche Abkühlung an freier Luft. Werkzeuge aus hochprozentigem Wolframstahl (bis zu 20% Wolfram) schneiden noch bei dunkler Rotglut, ohne stumpf zu werden, was ein sehr rasches Arbeiten und demgemäß erhebliche Zeitersparnis ermöglicht. (Schnelldrehstahl.) Molybdän und Vanadin, ersteres bis zu 10%, letzteres nur in wenigen Prozenten zugesetzt, wirken ähnlich wie Wolfram.

Nickelvanadinstahl braucht nach dem Abschrecken nicht angelassen zu werden. Stähle mit wenig Nickel, Mangan und Silizium lassen sich nach dem Abschrecken von 800—900° C in Öl ohne nachträgliches Anlassen verwenden.

Die hauptsächlichsten im Handel vorkommenden Spezialstahlgattungen sind: Schnellstahl, naturharter Werkzeugstahl, Spezialdrehstahl und Magnetstahl.

Naturharter Stahl hat in ungehärtetem Zustande eine so große Schneidkraft und Härte, daß er ohne weiteres zu ruhig beanspruchten Schneidwerkzeugen verwendet werden kann. Bei langsamem Erkalten aus Rotglut ist die Härte größer als bei raschem Abkühlen.

Der Vorzug des naturharten Stahles besteht in der nicht so starken Beeinflussung der Schneidhaltigkeit bei Erhitzung der Schneidkante während der Arbeit, also bei Anwendung schnellaufender Werkzeugmaschinen, auf harten Materialien, bei Abnahme eines besonders starken Spanes usw. Der naturharte Stahl erhält diese Eigenschaften durch einen höheren Gehalt an Wolfram, Mangan und Silizium. Über die Zusammensetzung naturharten Stahles gibt die kleine Tabelle Aufschluß:

Benennung:	Kohlenstoff	Mangan	Silizium	Wolfram	Chrom
Englischer Mushetstahl . .	1,71	1,8	0,81	7,75	—
Steirischer Stahl	1,78	1,85	1,01	9,72	—
Naturstahl	2,04	1,78	1,08	9,50	—
Schnellstahl	0,80	0,20	0,20	23,00	5,00
Sehr harter Spezialdrehstahl	1,0—1,5	i. d. bei Werkzeugstahl übl. Mengen		3,0-6,0	—

Enthält Spezialstahl einen höheren Wolframgehalt, der die Härte bedeutend steigert, so ist dieser beim Härten besonders vorsichtig zu behandeln, wenn die Härte zu voller Wirksamkeit gelangen soll, ohne daß das Werkzeug durch die entstehenden außerordentlich hohen Härtespannungen geschädigt wird und Härterisse bekommt. Derartigen Spezialgattungen werden ausführliche Härteanweisungen beigegeben.

Weichkernstahl hat an der Oberfläche die größte Härte, im Innern ist er ganz weich. Der Übergang zwischen harter Oberfläche und weichem Innern ist ein allmählicher. Dargestellt wird solcher Stahl durch Zementation weichen Stahles; man unterbricht die Kohlung, sobald sie tief genug eingedrungen ist. Da indes das Produkt ungleichmäßig ausfällt, wird es zu Werkzeugen selten gebraucht. Zu Maschinenteilen, die sehr zähe sein müssen, deren Oberfläche aber gegen rasche Abnutzung hart sein soll, z. B. Kurbelzapfen, Lagerstellen der Dynamoachsen usw., verwendet man Weichkernstahl mit wenig tief reichender Härte.

Wolframstahl findet Verwendung bei Anfertigung von Gewindebohrern, Gewindebacken, Schneideisen, Drehstählen für Hartgußwalzen und abgebremste Radreifen.

Chromstahl dient zur Bearbeitung sehr harter Materialien; er eignet sich für Hobel-, Bohr- und Drehstähle, sehr harte Fräser, Schaber u. dgl. m.

Schnellstahl wird gebraucht zur Herstellung von Werkzeugen, die bei größter Schnittgeschwindigkeit schwere Schrubbarbeiten leisten sollen, also für Stähle zu Hobel-, Dreh-, Revolver- und Automatendrehbänken, Fassonmesser, Spezialbohrer und Fräser aller Art.

Schmiedeeisen und Stahl, Auswahl geeigneter Sorten. In den „Fortschritten der Technik“ 1922 gibt M. v. Schwarz folgende beachtenswerte Ausführungen hierüber:

Dem Praktiker fällt es oft schwer, diese Frage zu beantworten, denn nur in den seltensten Fällen kennt er die chemische Zusammensetzung des von ihm verarbeiteten Materials. Und selbst wenn er davon eine chemische Analyse ausführen ließe, so weiß er mit den Zahlen nicht viel anzufangen. Dieser Übelstand ist teilweise einer Geheimnistuerei der Stahlwerke, teilweise der Interesselosigkeit der Verbraucher zuzuschreiben. Bisher war es eben handelsüblich, die Eisen- und Stahlsorten nur nach dem Verwendungszweck einzuteilen, zu bestellen und zu liefern. Dergestalt kaufte der Verbraucher ungeschaut, was ihm geliefert wurde. Erst in der letzten Zeit, in der man gezwungen war, das Material höher zu beanspruchen, um es besser auszunützen, wurde den Eigenschaften der Materialsorten mehr Beachtung geschenkt. Es ist daher mit besonderer Freude zu begrüßen, daß nun die Normung der Eisen- und Stahlsorten, vorläufig wenigstens für die unlegierten oder niederlegierten Eisen-Kohlenstofflegierungen, in die Wege geleitet wurde, was sowohl für die Verbraucher, wie auch für die Erzeuger von Vorteil und außerdem für das gesamte Wirtschaftsleben von hervorragender Bedeutung ist.

Die mechanischen Eigenschaften der Eisen- und Stahlsorten sind in erster Linie vom Kohlenstoffgehalt abhängig. Dieser wird daher auch der Normung zugrunde gelegt. Um dem Praktiker einige Anhaltspunkte über die Zusammensetzung, die Eigenschaften und den möglichen Verwendungszweck der Eisen-Kohlenstofflegierungen, ohne wesentliche andere Legierungsbestandteile, zu geben, sei nachstehende Übersicht[1]) wiedergegeben.

1. 0—0,05% Kohlenstoff, sogenannte Weicheisen, meist nach dem Thomasverfahren hergestellt oder auch fast ganz rein auf elektrolytischem Wege gewonnen, dient meist nur zu Legierungszwecken, da es für die meisten anderen Verwendungsarten zu weich ist. Seine Fließgrenze liegt bei 18—20 kg/qmm, die Zerreißfestigkeit bei 28—32 kg/qmm und die Deckung meist über 35—40%; auch die Querzusammenziehung ist sehr groß. Für Stanz- und Ziehzwecke ist das Material sehr geeignet,

[1]) Teilweise nach „Hütte“ 1911 und H. Mars, Die Spezialstahle, 1912.

wenn es entsprechend mechanisch und thermisch vorbehandelt wird, große Formänderungen in kaltem Zustande durchmachen soll und an die Härte und Festigkeit der daraus gefertigten Stücke keine größeren Anforderungen gestellt werden.

2. 0,05—0,08% C (Kohlenstoff), normales, weiches Fluß- und Schweißeisen, mit Fließgrenze σ_f = 20—24kg/qmm, Bruchfestigkeit k_z = 33—46 kg/qmm und Bruchdehnung φ = 35—30%, ist gut schmied- und schweißbar, aber nicht härtbar. Es dient für Draht, Fein- und Stanzbleche, nahtlos gezogene Rohre und Stangenmaterial.

3. 0,08—0,11% C, 0,11—0,14% C } gewöhnliches Flußeisen, sehr gut schmied- und schweißbar. σ = 22—28 kg/qmm, k_z = 36—41 kg/qmm bei φ = 32—23%. Es werden daraus viele Walzwaren, Drähte, Drahtstifte, Schrauben, gezogene und geschweißte Rohre, Nieten usw. hergestellt. Es ist weiches Einsatzmaterial.

4. 0,15—0,19% C, etwas härteres Flußeisen, meist mit Härte Nr. 1 bezeichnet, während die vorgenannten die Härte Nr. 0,00 und 000 besaßen, ist gut schweiß- und schmiedbar, σ_f = 24—32 kg/qmm, k_z = 41—44 kg/qmm, φ = 26—31%; es wird durch das Abschrecken nur sehr wenig gehärtet und dient als härteres Einsatzmaterial, dessen Kohlenstoffgehalt immer unter 0,2% liegen soll. Viele Arten von Walzmaterial, wie Stangen, Bandeisen, Eisenbahnschwellen und Laschen, Bleche und Träger, Winkeleisen, Fassoneisen jeder Art, Walz- und Zaundraht, Ketten, Nägel, Drahtstifte und Hacken, Spaten und Schaufeln, Maschinenteile und viele Schmiedearbeiten werden daraus hergestellt. Es ist das typische Schmiedeeisen.

5. 0,20—0,24% C, Härte Nr. 2, ist hartes Flußeisen oder weicher Maschinenstahl, wenig härtbar, doch wird die Wirkung der Vergütung nach der Wasserhärtung vorteilhaft angewendet; σ_f = 26—34 kg/qmm, k_z = 44—47 kg/qmm und φ = 23 bis 19%. Maschinenteile, Achsen, härtere Schmiedestücke, Eisenbahnschwellen, Schaufeln, geknotete Sprungfedern usw. werden daraus angefertigt. Für Einsatzhärtung soll es nicht mehr verwendet werden.

6. 0,25—0,34% C, Härte Nr. 3, ist mittelweicher Maschinenstahl mit σ_f = 28—36kg/qmm, k_z = 47—53 kg/qmm und φ = 17—22%. Achsen, Schmiedestücke, Radreifen, Fahrradrohre, härterer Draht, Grubenschienen usw. werden daraus angefertigt; das Material ist härtbar und wird zweckmäßig vergütet.

7. 0,35—0,44% C, Härte Nr. 4, ist mittelharter Stahl mit σ_f = 30—38 kg/qmm k_z = 53—60 kg/qmm und φ = 14—19%; dieser Stahl ist schon gut härtbar, wobei besonders das Abschrecken in Wasser angewendet wird; beim Vergüten kann das Abkühlen aber auch schon in Öl vorgenommen werden. Viele Achsen, Gewehrläufe, härterer Draht, Gasflaschen, Radreifen, Pflugscharen, Spaten, Sprungfedern, Raspen, Grifte für Hufeisen usw. bestehen vorteilhaft aus diesem Material.

8. 0,45—0,54% C, Härte Nr. 5, ist zäher Werkzeugstahl. Die Festigkeitseigenschaften sind etwa σ_f = 35—45 kg/qmm, k_z = 69—68 kg/qmm bei φ = 16 bis 11%. Dieser Stahl ist in Wasser oder Öl zu härten und wird bei hochbeanspruchten Teilen immer vergütet angewendet. Schienen, Bandagen, Hämmer, Pflugscharen, Sensen, Hacken, Spaten, Gabeln, Klingen, Scherenmesser, Ahlendraht, Holzfeilen, Hufstollen und -griffe und besonders alle Arten von Federn können daraus gemacht werden.

9. 0,55—0,64% C, Härte Nr. 6, ist mittelharter Werkzeugstahl mit σ_f = 45 bis 55 kg/qmm, k_z = 68—76 kg/qmm bei φ = 13—9%. Er dient zur Herstellung vieler Werkzeuge und zu Straßenbahnschienen, Radreifen, Hartdraht, Seildraht, Matrizen, Hämmern, Kaltmeißeln, Feilen, Pflugscharen,

Spaten, Gabeln und Messern, Sensen und Klingen, Döppern und Korsettstahl sowie besten Federn.

10. 0,65—0,74% C, Härte Nr. 7, ist harter Werkzeugstahl mit $\sigma_f = 50$ bis 63 kg/qmm, $k_z = 76$—84 bei $\varphi = 11$—6%. Es ist der typische Werkzeugstahl für alle Sorten von Werkzeugen; außerdem werden daraus noch Radreifen für elektrische Straßenbahnwagen, Gewehrläufe der Militärgewehre, Geschosse, Sägen und Bleche, Meißel und Feilen, Steinbohrer und Kabeldraht sowie Klaviersaiten und Förderseile hergestellt. Das Vergüten von diesem hochvergütbaren Material muß in Öl geschehen, da sonst die Gefahr der Härterisse beim Abschrecken in Wasser zu groß wäre.

11. 0,75—0,79% C, Härte Nr. 8, ist harter Werkzeugstahl mit $\sigma_f = 62$ bis 70 kg/qmm, $k_z = 89$—92 kg/qmm und $\varphi = 8$—3%. Besteckstanzen, Warmmatrizen, Gesenke, Hammer, naturharte Sägebleche, Kugeln für Kugelmühlen, Regenschirmdraht, Geschosse, Schrotmeißel und eine Menge anderer Werkzeuge werden daraus angefertigt.

12. 0,80—0,90% C, Härte Nr. 9, ist ein sehr harter Werkzeugstahl, dessen Gefüge im ausgeglühten Zustand nur aus dem Eutektoid „Perlit" besteht. Diese Eisen-Kohlenstofflegierung zeigt daher das Maximum der Festigkeitseigenschaften. Alle Werkzeuge, die sehr hart sein und daneben auch noch ein großes Maß von Festigkeit besitzen müssen, werden deshalb aus dieser Sorte angefertigt. Die Festigkeitseigenschaften des geglühten Materials (oder des walzharten) sind: $\sigma_f = 67$—74 kg/qmm, $k_z = 92$—100 kg/qmm bei $\varphi = 5$—2%.

Bei den folgenden Sorten werden besonders die Bruchdehnungen sehr klein, die Fließgrenze und Zerreißfestigkeit sind anfänglich nur wenig, mit stärker zunehmendem Kohlenstoffgehalt aber sehr wesentlich; die einzelnen Werte werden, da sie wenig Interesse haben, hier nicht mehr einzeln angeführt. Aus dem eutektoiden Stahl werden besonders hergestellt: Hartwalzen, Gewindebohrer, Dreh- und Hobelmesser, Fräser und Fräsermesser, Nadeln, Regenschirm- und Klaviersaitendraht, Gruben- und Steinbohrer, Hämmer, Kreis- und Metallsägen, Schrotmeißel, Schermesser, Lochstempel, Holzbearbeitungswerkzeuge usw.

13. 0,91—1,15% C, harter Werkzeugstahl, nur unter Anwendung von Borax schweißbar, für alle Arten von Bohrern, Körner, Stempel, Hand- und Preßluftmeißel, Berggeräte, Hobeleisen, Gewindeschneideeisenbacken, Reibahlen, Prägestempel, Spiralbohrer, Schnitte und Matrizen usw.

14. 1,16—1,34% C, sehr harter, kaum mehr schweißbarer Werkzeugstahl, dient zur Herstellung von Bohrern, Feilenhauermeißeln, Feilen feinen Hiebes, Lochstempeln und Bohrern, Dreh-, Hobel-, Kerb- und Spaltwerkzeugen, Mühlenpicken, Kronhämmern, Papier- und Tabakmessern, Graveurwerkzeugen, ärztlichen und sonstigen Messern usw.

15. 1,35—1,60% C, härtester Werkzeugstahl, sogenannter Hartstahl, nicht mehr schweißbar; daraus werden angefertigt: Drehmesser, Gesteinsbohrer und Steinbearbeitungswerkzeuge, Rasiermesser, Fräser, Gewehrspiralbohrer und Drehwerkzeuge, zum Abdrehen sehr harter Walzen. Es ist wohl die härteste, gegen die Abnützung beständigste, gewöhnliche Eisen-Kohlenstofflegierung, die aber im gehärteten Zustande schon außerordentlich spröde ist und selbst auch ausgeglüht nur schwer mit schneidenden Werkzeugen bearbeitet werden kann, da in ihrem Gefüge reichliche Mengen von Zementit vorhanden sind.

Je höher der Kohlenstoffgehalt einer Stahlsorte ist, desto empfindlicher ist sie in der Temperaturbehandlung, beim Schmieden und insbesondere auch beim Härten. Die Wahl einer richtigen Härtetemperatur ist für die Erzeugung guter, von Härterissen freier Werkzeuge aber unbedingt nötig. Kennt man den Kohlenstoffgehalt der Stahlsorte, so kann man auf Grund der vorliegenden Untersuchungen die richtige Härtetemperatur angeben. Sie liegt bei eutektoidem Stahl (mit etwa 0,9% C) bei 740—760° C; bei härteren Stahlsorten wählt man 720—740° C als Härtetemperatur. Wenn der Kohlenstoffgehalt dagegen ein geringerer ist, hat man als Härtetemperaturen zu wählen:

bei	0,2—0,3 % C	etwa	900—950° C
,,	0,3—0,5 ,, ,,	,,	860—900° ,,
,,	0,5—0,6 ,, ,,	,,	830—860° ,,
,,	0,6—0,7 ,, ,,	,,	800—830° ,,
,,	0,7—0,8 ,, ,,	,,	770—800° ,,
,,	0,8—0,9 ,, ,,	,,	740—770° ,,

Den Kohlenstoffgehalt von ausgeglühtem Stahl kann man, besonders bei niederen Konzentrationen, im Mikroskop ziemlich genau abschätzen, jedenfalls genau genug, um die Härtetemperatur entsprechend wählen zu können, so daß man also weder eine chemische Analyse ausführen muß, noch auf empirischem Wege die richtige Härtetemperatur aufzusuchen braucht. Die mikroskopische Untersuchung leistet aber auch in den Fällen unersetzliche Dienste, wo es sich darum handelt, nachträglich festzustellen, ob ein Stück richtig gehärtet worden war.

Die Metallographie hat außerdem in der Untersuchung der „Haltepunkte" ein Mittel, den Kohlenstoffgehalt bzw. die Umwandlungstemperatur der vorliegenden Stahlsorten zu erkennen, was besonders bei den legierten Stahlsorten wertvoll ist. Geringe Mengen von anderen Legierungsbestandteilen kommen in allen schmiedbaren Eisensorten vor. Sofern die Gehalte etwa 0,8% Mangan, 0,3% Silizium, je etwa 0,2% Chrom, Nickel und Wolfram nicht übersteigen, braucht man sie weiter nicht zu berücksichtigen. Der Gehalt an Kupfer soll etwa 0,1% nicht überschreiten, da es sonst ungünstig auf die Festigkeitseigenschaften einwirkt. Bei allen hochbeanspruchten Eisen- und Stahlsorten soll der Gehalt an Arsen, Antimon und insbesondere an Schwefel und an Phosphor nur ein möglichst geringer sein, keinesfalls aber mehr wie 0,05% davon zugegen sein. Dabei ist seigerungsfreies Metall angenommen, das heißt, diese Verunreinigungen sind in der ganzen Masse gleichmäßig verteilt. Ist das nicht der Fall, so können örtliche Anreicherungen dieser Verunreinigungen, selbst wenn ihr Durchschnittsgehalt geringer ist wie oben angegeben, von sehr schädlichem Einfluß auf die Festigkeit der Teile sein. Diese örtlichen Anreicherungen werden durch die mikroskopischen Untersuchungen aufgefunden, deren Wert für die Industrie daher ohne weiteres klar wird. Die Zusammenhänge zwischen Struktur, Härtetemperatur und Festigkeitseigenschaften wurden durch die Metallkunde in weitgehendem Maße erforscht und die Wege angezeigt, welche man einschlagen muß, um das Beste aus dem Material herausholen zu können. Wenn eingehende Untersuchungen auch teuer sind, so lohnen sie sich doch, da man nur dadurch das Material entsprechend auswählen und ausnützen kann.

Über Normung von Konstruktionsstahl. Hierüber gibt M. v. Schwarz in den „Fortschritten der Technik" folgende Ausführungen:

Durch Normungen wurde im Laufe der letzten Jahre besonders im Maschinenbau viel Ersprießliches geschaffen. Den Uneingeweihten wird es daher verwundern, daß die hauptsächlichsten Maschinenbaustoffe noch nicht genormt sind. Es liegt dies wohl besonders daran, daß die Stahlerzeuger der einzig richtigen Normung nach den Eigenschaften bisher geradezu Widerstand entgegensetzten. Im Ausland hatte man schon während des Weltkriegs die Wichtigkeit der Normung von Konstruktionsstoffen erkannt und deshalb die Weltflugnormen geschaffen. In Deutschland hatte man diese gute Idee schon viel früher geäußert, denn bei der Tagung des Verbandes der Materialprüfung für die Technik in Nürnberg im Jahre 1910 war der Beschluß gefaßt worden, die Eisen- und Stahlsorten nach den Eigenschaften zu normen. Trotzdem verging mehr wie ein Jahrzehnt, ohne daß die Normung Fortschritte machte.

Das recht ungleichmäßige Konstruktionsstahlmaterial, das in den letzten Jahren auf den Markt kam, zwang den Verbraucher, es eingehend zu prüfen, falls er daraus hochwertige Erzeugnisse herstellen wollte. Von seiten der Stahlverbraucher wurde der Mangel an entsprechenden Normen unangenehm empfunden. Es ist daher mit Freude zu begrüßen, daß von den Bayerischen Motorenwerken in München Vorschläge für Stahlnormen ausgearbeitet und veröffentlicht wurden. (In den „Mitteilungen des Vereins Deutscher Motorfahrzeug-Industrieller“ Nr. 14 vom Jahre 1920 und Nr. 8 dieses Jahres finden sich nähere Angaben darüber.) Da die Eigenschaften der Eisen-Kohlenstofflegierungen in erster Linie vom Kohlenstoffgehalt abhängen, wurde dieser der Einteilung zugrunde gelegt. Die Konstruktionsstahlübersicht enthält folgende Gruppen:

Klasse 10 mit 0,0—0,1% Kohlenstoff: Einsatzweichstahl;
Klasse 11 mit 0,1—0,2% Kohlenstoff: unvergütbarer und Einsatzstahl;
Klasse 12 mit 0,2—0,35% Kohlenstoff: halbvergütbarer Stahl;
Klasse 13 mit 0,35—0,50% Kohlenstoff: vergütbarer Stahl, nicht für Einsatz;
Klasse 15 mit 0,50—0,70% Kohlenstoff: hochvergütbarer Stahl.

Einstweilen ist nur der unlegierte Stahl für die Normung in Aussicht genommen, von dem aber die niederlegierten Sorten nur wenig in den Eigenschaften abweichen. In dieser Stahlübersicht sind die Höchstgrenzen für andere Legierungsbestandteile zu 0,8% Mangan, 0,3% Silizium, je 0,05% Schwefel und Phosphor angegeben. Die Mindestwerte der Festigkeitseigenschaften, d. i. Fließgrenze, Zerreißfestigkeit, Bruchdehnung und Arbeitsvermögen bei der Kerbzähigkeitsprobe wurden für diese Klassen angegeben und dabei jeweils die thermische und mechanische Behandlung berücksichtigt, die das Material erfahren hat. Die Normalwerte gelten für Material, das bei angegebenen Temperaturen $^1/_2$ Stunde lang ausgeglüht worden war. Außerdem sind die Festigkeitseigenschaften für den walzharten, gehärteten und vergüteten Stahl berücksichtigt, wobei die dabei zweckmäßigsten Temperaturen einbezogen wurden.

Oberflächlich betrachtet, erweckt es den Anschein, als wenn man durch eine derartige Normung dem Material Zwang antun wollte, doch erkennt man bald die Vorteile der Normung, sowohl für den Verbraucher wie für den Erzeuger. Der Konstrukteur weiß auf Grund der Normung, wie hoch er die einzelnen Sorten beanspruchen darf, der mit der Materialprüfung betraute Ingenieur kann das Material mit Sicherheit in die einzelnen Klassen einteilen. Die Lagerhaltung und die Bezeichnung wird durch die Normenklassen sehr vereinfacht, und bei guter Durchführung dieser Maßnahmen können keine der so gefährlichen Verwechslungen in der Werkstatt vorkommen.

Für den Stahlerzeuger bietet die Normung mindestens ebenso große Vorteile, denn er braucht nur die Sorten der wenigen Klassen zu erzeugen, wodurch die Erzeugung sicherer gehandhabt und verbilligt wird. Es ist zu hoffen, daß die Normung aller Stahlsorten vom Normenausschuß der deutschen Industrie rasch durchgeführt wird, denn gerade diese Normen ermöglichen eine Verbesserung und Verbilligung unserer Erzeugnisse und sind dadurch von großer volkswirtschaftlicher Bedeutung. Indessen hat man auch in der Schweiz die Vorteile der Normung erkannt und einen noch umfassenderen Entwurf dafür ausgearbeitet, der ebenso wie der deutsche Vorschlag auf der chemischen Zusammensetzung fußt. In ähnlicher Weise werden in der Einteilung dann die Festigkeitseigenschaften berücksichtigt, und besonders wird auf die bei den hochwertigen Baustählen so wichtige thermische Behandlung eingegangen. Die Festigkeitswerte jeden Baustahles, auch nach verschiedenen Vergütungsverfahren, können bequem aus der Übersicht entnommen werden, die auch Angaben über die Kerbzähigkeit enthält, was besonders für den Maschinen- und Kraftwagenkonstrukteur wertvoll ist. Nicht nur die gewöhnlichen Kohlenstoffstähle, sondern auch die Nickel- und die Chromnickelbaustähle wurden in diesen Normungsentwurf aufgenommen. Besonders wertvoll ist es, daß auch über die höchstzulässigen Mengen von Schwefel und Phosphor in den verschiedenen Stahlsorten genaue Angaben gemacht wurden. Stahl gewöhnlicher Qualität (n = pureté normale) darf nach diesem Entwurf bis zu 0,07% Phosphor und 0,06% Schwefel enthalten, gutes Material dagegen nur höchstens 0,04% Phosphor und 0,03% Schwefel aufweisen. Bei hochwertigem Konstruktionsstahl (s = pureté supérieure) ist der höchstzulässige Betrag der Verunreinigung durch Schwefel und durch Phosphor auf je 0,02% festgesetzt.

Die Kohlenstoffstähle sind in sechs Gruppen eingeteilt mit folgender Bezeichnung:

Sehr weiches Material: C $^1/_2$ s enthält weniger als: 0,06% Kohlenstoff, 0,10% Mangan, 0,02% Phosphor, 0,02% Schwefel.

C 1 enthält 0,05—0,15% Kohlenstoff und ist weiches Einsatzmaterial.

C 2 enthält 0,15—0,20% Kohlenstoff und ist mittelweich, noch für Einsatzhärtung zu gebrauchen.

C 3 enthält 0,25—0,40% Kohlenstoff; es ist mittelharter Stahl für Vergütung geeignet.

C 4 enthält 0,40—0,50% Kohlenstoff; harte Qualität.

C 5 enthält 0,50—0,60% Kohlenstoff; es ist für Konstruktionszwecke schon sehr harter Stahl.

In diesem Normenentwurf wurde nur „Flußmaterial" aufgenommen und nicht weiter zwischen Flußeisen und Flußstahl unterschieden. Durch eine sinnreiche Anwendung der chemischen Symbole kann nach diesem Klassifizierungssystem auch jeder beliebig zusammengesetzte Stahl bequem gekennzeichnet werden. Ein Chromnickelstahl mit 0,1% Kohlenstoff, 4% Nickel und 0,8% Chrom würde danach bezeichnet mit: C 1 Ni 40 Cr 8.

Für alle einzelnen Gruppen sind die Festigkeitswerte angegeben, und zwar die Mindestwerte für die Streckgrenze, die Mindest- und Höchstwerte für die Zerreißfestigkeit, die Mindestwerte für die Bruchdehnung, sowohl bei $l = 10\,d$ und $l = 5\,d$ (das heißt für eine Meßlänge = dem fünffachen bzw. zehnfachen Probendurchmesser oder $5{,}65 \times \sqrt{}$ Querschnitt bzw. $11{,}3 \times \sqrt{}$ Querschnitt). Die Kerbzähigkeiten sind sowohl für den Probestab von 1 qcm wie auch für den Probestab von 4 qcm als Mindestwerte angegeben, wobei der Probestab in der Faserrichtung des Materials auszuwählen ist. Da dieser Normenentwurf sich mit dem in Deutschland ausgearbeiteten im wesentlichen deckt, sind die Bestrebungen sehr zu begrüßen, daß man an den maßgebenden Stellen beabsichtigt, hier einheitlich vorzugehen.

In der Schweiz haben sich die Stahlerzeuger schon bereit erklärt, Baustahle nach diesem Normenentwurf zu liefern, und es ist zu hoffen, daß wir in Deutschland auch bald so weit kommen. Auf die wirtschaftliche Bedeutung, welche die Stahlnormung besitzt, braucht hier wohl kaum mehr hingewiesen zu werden.

Anfänglich sieht es so aus, als wenn diese Normung nur für den Verbraucher von Vorteil wäre. Bei näherer Betrachtung zeigt sich aber, daß sie auch für den Stahlerzeuger von größtem Interesse ist, denn er kann dann das Qualitätsmaterial genau bezeichnen und charakterisieren. Auch tritt in der Erzeugung eine wesentliche Vereinfachung ein, denn es genügt, die genormten Sorten herzustellen, um allen möglichen Anforderungen zu entsprechen. Trotz der Vorteile, welche die

Normung des Stahl auf Grund der chemischen Zusammensetzung bietet, ist diese Einteilung noch nicht gesichert, denn von seiten der Erzeuger wird teilweise großer Widerstand entgegengesetzt, weil dadurch ein Teil der Geheimniskrämerei und des damit verbundenen Nimbus zerstört wird. Gegen diese Normung kann zwar mit Recht angeführt werden, daß die Angaben der Festigkeitszahlen sich nur auf ausgewalztes oder ausgeschmiedetes Material kleinerer Querschnitte beziehen, wie es im Motorfahrzeug- und Kleinmaschinenbau Verwendung findet. Es ist wohl selbstverständlich, daß bei groben Stücken derselben Zusammensetzung nicht diese hohen Festigkeitswerte erreicht werden können, doch ist dies dem erfahrenen Praktiker zur Genüge bekannt und bei der Konstruktion leicht zu berücksichtigen.

Würde man bei der Normung nur hauptsächlich den Verwendungszweck zugrunde legen, oder nur die Festigkeitseigenschaften angeben, so wäre es sehr schwer, schon vorhandenes Material richtig einzureihen. Ein hochwertiger Chromnickelstahl oder ein Siliziumfederstahl würde, wenn er im Lager nicht als solcher gekennzeichnet ist, kaum erkannt. Durch die chemische Analyse wird dies aber in einfachster Weise möglich. Die Kenntnis der chemischen Zusammensetzung setzt uns aber auch in die Lage, die gerade bei den hochwertigen Stählen so wichtige Wärmebehandlung richtig auszuführen. Nur dadurch ist es möglich, dem Stahlmaterial die günstigsten Festigkeitseigenschaften zu verleihen.

Abgesehen von der Stahlfabrikation, wobei der Stahl in flüssigem oder halbflüssigem Zustande erhalten wird (Rennstahl, Siemensstahl, Uchatiusstahl, Herdfrischstahl, Puddelstahl, Bessemerstahl, Martinstahl, Wootz- oder Damasstahl), kann man Stahl durch die ganze Masse oder nur oberflächlich darstellen ohne jede Schmelzung durch das sog. Trocken- oder Glühfrischen aus Roheisen durch Entkohlung, oder aus Schmiedeeisen durch Zementierung durch Kohlung.

Außer der Härtung, welche man bei Stahl durch Erhitzen und nachheriges rasches Abkühlen erreicht, versteht man unter Härten noch die Arbeitsmethoden, wobei z. B. eine oberflächliche Kohlung oder Verstählung weichen Eisens, z. B. Schmiedeeisen (sog. Einsetzen des Schmiedeeisens) durch Glühen mit stickstoffhaltigen Kohlenpulvern, z. B. Knochenkohle, Lederkohle, Blutkohle oder Stickstoff-Kohlenstoffverbindungen, wie z. B. Blutlaugensalz, Hornspänen, sog. Härtepulvern, erzielt wird. (Siehe auch bei Roheisen: Hartguß, S. 145.)

5. Andere Härtungs- und Enthärtungsverfahren.

a) Kohlungsprozesse.

Härten von Schmiedeeisen (Überführen in Stahl). Zementieren (Einsetzen, Einsatzhärtung, Oberflächenhärtung).

Wird Schmiedeeisen bei Luftabschluß mit Kohle bei etwa Kupferschmelzhitze (1000—1138° C) anhaltend geglüht, so nimmt es Kohlenstoff auf und geht in Zementstahl über. Der Kohlenstoff wird zunächst von der äußeren Schicht aufgenommen und wandert dann nach innen.

Man nimmt Schweißeisenstäbe, die schichtenweise mit einem Zementierpulver aus Holzkohle in aus feuerfestem Material gemauerte Zementieröfen eingebettet werden. Binnen 24 Stunden werden die Kästen auf Rotglut erhitzt, und nun erhält man etwa 7 Tage auf Kupferschmelztemperatur. An einem herausgenommenen Probestabe erkennt man den Fortschritt der Stahlbildung. Nachdem sich der geschlossene Ofen bis zur Dunkelrotglut abgekühlt hat, öffnet man nach und nach die Zugänge und nimmt etwa 8 Tage nach dem letzten Schüren die Stahlstäbe heraus. Der Zementstahl wird entweder direkt benutzt oder umgeschmolzen.

Einsetzen. Geformte Schmiedeeisenstücke werden in Tierkohle eingebettet und in Blechbüchsen einige Stunden auf Rotglut erhitzt. Zusatz von Zyankalium oder Ferrozyankalium beschleunigt den Vorgang. Es findet oberflächliche Verstählung statt. Selbst durch Eintauchen von glühendem Schmiedeeisen in geschmolzenes Roheisen kann schon schwache Verstählung bewirkt werden. Taucht man nach dem Glühen die Stücke noch glühend in kaltes Wasser, so findet oberflächliche Härtung statt.

Die Einsatz- oder Oberflächenhärtung beruht auf der chemischen Bindung von außen her auf glühendes Eisen einwirkenden Kohlenstoffes zu Eisenkarbid.

Die Möglichkeit, Schmiedeeisen durch Erhitzen in Kohlenpulver zu stählen, geht durch Übertragung des Kohlenstoffs auf das Eisen unter Vermittlung des Kohlenoxydgases vor sich. Das Kohlenoxydgas, das sich beim Erhitzen der Kohlen bildet, zerfällt bei 450° C fast ganz in Kohlenstoff und Kohlendioxyd; als Beschleuniger dieses Vorganges wirken Eisen oder Nickel; hier wirkt wieder das Eisenkarbid, das durch das Kohlenoxydgas in kohlenstoffreichere Karbide übergeführt wird, die dann unter Kohlenstoffabscheidung das normale Karbid zurückbilden.

Einsatzmittel für Siemens-Martinstahl und Eisen.

2 Teile pulverisiertes Ferrocyankalium
1 Teil kalzinierte Soda
3 Teile pulverisierte Holzkohle

---

3 Teile Schlemmkreide
4 Teile Hornmehl
2 Teile Knochenmehl
2 Teile pulverisierte Lederkohle
2 Teile kalzinierte Soda

---

5 Teile gestoßene Holzkohle
3 Teile feines Kochsalz
2 Teile Lederkohle
1 Teil Ruß

---

4 Teile Bariumkarbonat
6 Teile pulverisierte Holzkohle.

Härtemittel für Eisen und Stahl zum Gebrauche im offenen Feuer.

1 Teil kalzinierte Soda
4 Teile Ferrocyankalium
2 Teile feines Salz
1 Teil pulverisierte Holzkohle
etwas Gummiarabikum.

Anwendung: Der zu härtende Gegenstand wird dunkelrotwarm gemacht, mit dem Härtepulver bestreut, in reinem hellroten Feuer zwei- bis dreimal abgebrannt und in kaltem Wasser abgehärtet.

Härtemittel zum Bestreichen von Fräsern, Gewindebohrern u. ä. Fräser, Gewindebohrer und andere Werkzeuge mit vorspringenden dünnen Ecken, Zähnen usw., die beim Erhitzen an diesen dürren Stellen leicht zu warm werden und entkohlen, werden mit der hier angegebenen Paste bestrichen:

5 Teile Schlemmkreide
2 Teile Ferrocyankalium
1 Teil feines Salz.

Das Ganze wird mit Wasser zu einem Teige angerührt. Die handwarm gemachten Fräser oder sonstigen Werkzeuge werden damit an den vorspringenden Teilen bestrichen, das Werkzeug zum endgültigen Erhitzen in die Muffel oder das Feuer gebracht. Vor dem Abschrecken im Wasser ist der Schutzüberzug durch Abbürsten mit der Stahldrahtbürste zu entfernen. Das Abkühlen erfolgt im Wasser.

Härtemittel für Feilen, Raspeln usw.

2—3 Teile reines Hufmehl
1 Teil Ferrocyankalium
2 Teile Salz.

Diese drei Teile werden mit Wasser zu einem Brei angerührt, mit dieser Paste werden die Feilen vollkommen bestrichen und nach völligem Antrocknen in der Glüh- bzw. Härtemuffel auf etwa 850° C erwärmt, je nach der Güte des verwandten Stahls. Man härtet dann in gesättigtem Salzwasser ab.

Einsatzhärten, Fehler dabei. Hierüber teilt M. v. Schwarz in den „Fortschritten der Technik" folgendes mit:

Rostige Stellen und besonders Verunreinigungen an der Oberfläche der im Einsatz zu härtenden Eisenteile mit lehmigen Substanzen müssen vermieden werden, da sie die Kohlenstoffaufnahme verhindern oder zum mindesten erschweren, so daß nachträglich diese Stellen weich bleiben.

Man bestreicht ja deshalb jene Teile der im Einsatz zu härtenden Eisenstücke mit Lehm, welche keinen Kohlenstoff aufnehmen sollen, damit sie dann nach der Härtung weich und gut bearbeitbar bleiben.

Die vielen verschiedenen festen Kohlungsmittel lassen so gut wie alle gute Resultate erzielen, wenn sie richtig gehandhabt werden. Nur vor einer allzu raschen Kohlung muß gewarnt werden. Bei Temperaturen von über 1000° C erfolgt nämlich die Kohlenstoffaufnahme an der Oberfläche der im Einsatz zu härtenden Eisenteile sehr rasch, besonders bei Anwendung der Bariumkarbonat-Holzkohlemischung, so daß sich dabei hier eine überkohlte Schicht bilden kann. Der Abtransport des Kohlenstoffes nach dem Kerne des Einsatzmaterials zu vermag eben dieser zu raschen Kohlenstoffaufnahme nicht zu folgen. Nach den Erfahrungen der Kraftfahrzeugindustrie, besonders mit im Einsatz gehärteten Zahnrädern, kann dadurch das Ausspringen von Schalen beim Härten oder Schleifen veranlaßt werden. Dies wird auf dem unvermittelten Übergang zwischen der sehr kohlenstofffreien Außenschicht gegenüber dem kohlenstoffarmen Kern zurückgeführt, wodurch beim Abschrecken sehr große Spannungen entstehen, die zu gefährlichen Sprüngen führen können. Früher glaubte man, das beste Kohlungsmittel sei jenes, welches in der kürzesten Zeit die stärkste Kohlenstoffaufnahme bewirkt. Heute wissen wir, daß ein „übereutektoider" Kohlenstoffgehalt der Einsatzschicht aus den oben angeführten Gründen schädlich ist.

Beim Kohlen mit gasförmigen Zementationsmitteln sollen diese von allen Seiten auf das Einsatzgut einwirken können; es ist hier auch darauf zu achten, daß sich nicht an einzelnen Stellen der im Einsatz zu härtenden Teile durch Zersetzung des Gases Kohlenstoff als schwammige Masse ansetzt, weil dadurch die Gleichmäßigkeit der Kohlung stark beeinträchtigt werden kann.

Die meisten Fehler bei der Einsatzhärtung werden einerseits durch unsachgemäße Auswahl des Materials, anderseits durch eine falsche Wärmebehandlung begangen. Die Zusammensetzung des Einsatzmaterials soll etwa sein: 0,06 bis etwa 0,16% Kohlenstoff (0,2% ist schon zu viel!), etwa 0,40% Mangan, unter 0,30% Silizium, je unter 0,04% Schwefel und Phosphor. Flußeisen ist wegen seiner Gleichmäßigkeit dem Schweißeisen vorzuziehen. Bei den teuren, legierten Einsatzstahlsorten braucht der Praktiker sich nur nach den Vorschriften der Stahlwerke zu richten, welche dieser Qualitätsware bei der Erzeugung meist große Aufmerksamkeit schenken. Doch hat er darauf zu achten, daß es sich wirklich um einen wenig Kohlenstoff enthaltenden Nickel- oder Chromnickelstahl handelt, denn die für Vergütezwecke bestimmten Sorten werden beim Einsetzen alle mehr oder minder verdorben. Es wird eine wichtige Aufgabe der Stahlnormungen sein, genaue Bestimmungen darüber herauszugeben. Einstweilen findet man in den Weltflugnormen die wichtigsten Anhaltspunkte auch für legierte Stahlsorten, die im Einsatz gehärtet werden sollen.

Um die Kohlenstoffaufnahme genügend rasch zu bewirken, ist das Einsatzgut mehrere Stunden lang auf 900 bis etwa 950° C zu erhitzen. Es wird dadurch aber eine wesentliche Vergröberung des Korns im Eisen herbeigeführt. Eine höhere Erhitzung darf oder soll nicht angewendet werden, da sonst dieser Rekristallisationsvorgang zu stark einsetzt. Wenn nun die Stücke in der Einsatzkiste langsam erkalten, so ist das schädlich, weil das grobe Korn erhalten bleibt, das nur durch eine sehr sorgfältige nachfolgende Wärmebehandlung wieder beseitigt werden kann, indem man den Kohlenstoff des Kernes durch Erhitzen auf über 900° löst und durch rasches Abkühlen eine feine Verteilung desselben herbeizuführen sucht. Das Kernmaterial wird so verbessert, wie man sagt „vergütet". Nun muß noch die gekohlte Außenschicht thermisch behandelt werden. Durch Erhitzen auf die richtige Härtetemperatur, das ist jene Temperatur, bei welcher der Kohlenstoff gerade im Eisen aufgelöst wird, hier etwa 750°, und Abschrecken in Wasser wird Glashärte der Oberfläche erzielt. Die zähen Eigenschaften des vorher vergüteten Kernes werden dadurch sogar noch verbessert. War das Material durch Überhitzung sehr verdorben, so hilft manchmal eine zwei- oder mehrmalige Temperaturbehandlung, wobei vorteilhaft auch in Öl abgelöscht wird. Durch geeignete Temperaturregelung während der Kohlung kann eine gefährliche Überkohlung der Außenschichten vermieden werden. Die halbe Einsatzzeit wird sie auf etwa 950°, dann auf 720—730° C noch einige Stunden erhalten, wodurch ein guter Übergang des Kohlenstoffgehalts erreicht wird. Die Einsatzkisten sollen unbedingt aus dem Ofen zum Erkalten herausgenommen werden.

Manchmal wird der Fehler begangen, die Stücke sofort aus der Einsatzkiste heraus durch Abschrecken zu härten. Sie werden dabei zwar glashart, aber bleiben auch im Kerne sehr spröde, da hier noch das grobe Gefüge, das durch die langandauernde Erhitzung entstanden war, erhalten geblieben ist.

b) Umwandlung der Gefügebestandteile.

Gußwaren, die behufs Bearbeitung weicher gemacht werden sollen, werden getempert (aduziert oder angelassen); man glüht sie anhaltend bei Luftabschluß und läßt sie dann sehr langsam erkalten. Wenn man auch in Eisengießereien zu allen Gußstücken die einer nachherigen mechanischen Bearbeitung unterworfen werden müssen oder ihrer Bestimmung nach eine weiche Beschaffenheit erfordern, ein weiches, graues Eisen auswählt, so tritt doch besonders bei nassen Sandformen und an Stellen geringer Dicke sehr leicht und oft die Abkühlung so schnell ein, daß der Guß in Form des weißen harten Roheisens (S. 144) erscheint. Diese Gegenstände erfahren obige Behandlung, wobei sie in Holzkohlen- oder Kokspulver, in geeigneten Gefäßen eingepackt, der Rotglut ausgesetzt werden.

Wenn ein ursprünglich weiß erstarrtes Roheisen längere Zeit bei höheren Hitzegraden geglüht wird, so tritt ebenfalls ein Zerfall des Eisenkarbids (Zementits) ein in seine beiden Komponenten Eisen und Kohlenstoff; der letztere scheidet sich in Form der sog. Temperkohle aus.

Zwischen Temperkohle und Graphit besteht praktisch kein Unterschied, sie sind wahrscheinlich identisch.

Perlit und weißes Roheisen (S. 144 bei Stahl und Roheisen), alle Arten von Eisen, in denen Zementit (Eisenkarbid) vorkommt, sind nicht absolut beständig. Wenn der Zementit lange Zeit auf genügend hoher Temperatur erhalten wird, wie dies z. B. beim Tempern geschieht, so zerfällt er in Kohle und Eisen. Und zwar tritt die Kohle in ihrer gewöhnlichen, amorphen Form auf, wenn die Umwandlung des Zementits bei Rotglut durch tage- und wochenlanges Erhitzen auf etwa 800—900° C vorgenommen wird. Unter dem Mikroskop erblickt man im Tempereisen schwarze Knollen von amorpher Kohle, umgeben von hellen Höfen von Ferrit. Nimmt man aber die Umwandlung des Zementits in der Nähe des eutektischen Punktes, bei Gelbglut, etwa 1100° C, vor, so entsteht die energieärmere und stabilere Modifikation des Kohlenstoffs, der Graphit (graues Roheisen).

c) Entkohlungsprozesse.

Enthärten von weißem Roheisen (Weißeisen). (Überführen in Stahl.) Trocken- oder Glühfrischen (Tempern im engeren Sinne).

Glüht man Weißeisen in dünnen Stäben in Quarzsand eingebettet bei Luftzutritt längere Zeit, so geht es in Stahl, sog. Glühstahl über. Es entsteht oberflächlich Eisenoxyduloxyd, dessen Sauerstoff die nächstgelegenen Kohlenstoffteilchen oxydiert; das so enstandene Oxydul nimmt wieder Sauerstoff auf usw., so daß die Entkohlung, d. h. die Verstählung bis ins Innere der Stücke fortschreitet. Häufig werden die aus Weißeisen gegossenen Stücke, nachdem sie vom Anguß befreit sind, z. B. Schlüssel, Schloßteile, Gewehrteile usw., die größere Festigkeit und Zähigkeit erlangen sollen und deren Preis die Belastung durch die Schmiedearbeit nicht verträgt, in Pulver von Roteisenstein (sog. Glühpulver), gerösteten Brauneisenstein oder Braunsteinpulver eingebettet und geglüht, worauf sie sich infolge teilweiser Entkohlung mit Feile und Meißel bearbeiten, biegen und polieren lassen. Die zur Herstellung dieses sog. hämmerbaren oder schmiedbaren Gusses (Temperguß) dienenden Öfen (Temperöfen) haben gemauerte Kammern zur Aufnahme der Gußstücke, die einzeln in das Glühpulver eingebette sind, ohne die Wandung des Ofens zu berühren. Man feuert 2 Tage an, glüht 3—4 Tage und läßt 2 Tage abkühlen. Kleinere Stücke werden in eisernen Töpfen geglüht. Das Metall ist nicht homogen; das Verfahren kann also nicht zur Herstellung größerer Stücke dienen.

Werden zum schmelzenden Roheisen Schmiedeeisen- oder Stahlspäne zugesetzt, so erhält man den sog. Stahlguß.

Unterscheidung von Stahlguß und Temperguß, von Grau- und Hartguß siehe S. 144, 155.

Es sei hier auf die Wichtigkeit und Möglichkeit der metallographischen Untersuchungen hinsichtlich der Güte des Metallmaterials hingewiesen. Diese Feststellungen können neben den üblichen mechanischen Prüfungen, z. B. bei Kesselblechen (Zerreißprobe, Biegeprobe, Schlagprobe usw.) den Beweis für fehlerhaftes Material, z. B. Fehler, entstanden durch Verunreinigungen (s. d.) oder Überhitzung (s. d.), durch Seigerungserscheinungen (s. d.), phosphorreiche Stellen (Ätzproben) erbringen; das bisher wichtigste Gebiet der Metallographie ist neben den allgemein wissenschaftlichen Aufklärungen über das Wesen der Metalle an sich, die Ermittlung der thermischen und mechanischen Vorbehandlung des Metallmaterials; es läßt sich ersehen, ob die Operationen des Härtens, Anlassens (Werkzeugstahl) oder des Streckens und Ziehens (Flußeisen) oder des Glühens sachgemäß und ohne Schaden für die Metallbeschaffenheit ausgeführt wurden. Auch die Aufklärung von Brucherscheinungen ist der Metallographie möglich. Die Metallographie kann nachweisen, ob ein Metallstück (z. B. bei Münzfälschungen) gegossen oder geprägt ist. Beim Auswalzen in eine einzige Richtung ändert sich die Struktur des Materials, weil Verschiebung und Verlängerung der Kristallaggregate in eine bestimmte Richtung stattfinden, welche sich unter dem Mikroskop mit größerer oder geringerer Deutlichkeit erkennen läßt, je nach dem Grade, in welchen die Streckung fortgesetzt wurde.

D. Verbindung und Zusammenfügung.

1. Schweißen.

Die Möglichkeit, daß sich blanke Metallteile bei Druck und erhöhter Temperatur ein und desselben oder verschiedener Metalle fest verbinden lassen, nennt man Schweißbarkeit, die Arbeit selbst das „Schweißen".

Schweißbar sind nur die Metalle, welche vor dem Schmelzen erweichen.

Das Schweißen bezweckt also die Verbindung gleichartiger oder verschiedener Metallteile durch Druck bei höheren Temperaturen. Beim Schweißen ist Bedingung, daß die zu verbindenden Teile metallisch rein sind, daß die metallischen Oberflächen, gerade wie das auch beim Löten der Fall ist, nicht von einer nicht schweißbaren Oberfläche überzogen sind. Da die unedlen Metalle sich bei der Schweißtemperatur (Rotglut bis Weißglut) stark oxydieren, so müssen Hilfsmittel angewandt werden, welche einerseits dazu dienen, die Luft abzuhalten bzw. den Luftzutritt einzuschränken, anderseits die gebildeten Oxyde unter Bildung leichtflüssiger Verbindungen (Schlacken) zu lösen und so metallisch reine blanke Oberflächen herzustellen imstande sind. Diese Schweißmittel bzw. Schweißpulver sind in verschiedenster Zusammensetzung in Gebrauch.

Schweißen von Stahl auf Eisen. Mit sinkendem Kohlenstoffgehalt steigt die Temperatur, bei der das Eisen vom festen in den flüssigen Zustand übergeht. Da nun Stahl einen wesentlich höheren Kohlenstoffgehalt als Eisen besitzt, wird die Schweißtemperatur niedriger sein als bei Eisen. Dies ist beim Schweißen von Stahl auf Eisen zu beachten; man muß also den Stahl später ins Feuer bringen als das Eisen. Auch benutzt man wohl zwei verschiedene Feuer für beide, und zwar erhitzt man den Stahl in einem Holzkohlenfeuer, das Eisen in einem Koksfeuer, das ja auch eine stärkere Hitze als Holzkohlenfeuer entwickelt. Doch beachte man, daß das Koksfeuer gut durchgebrannt sein muß.

Schweißpulver. Die meisten Schweißpulver enthalten Borax, und zwar aus dem schon früher angegebenen Grunde, der schon bei Hellrotglut schmilzt, und fast alle Metalloxyde aufzulösen vermag.

Da sich aber der Borax beim Erhitzen stark aufbläht, wobei das Kristallwasser verdampft und leicht Lücken auf den zu schweißenden Stellen läßt, so ist es ratsam, ihn vorher in einem Gefäße zu schmelzen, dann abkühlen zu lassen, wobei er zu einer glasartigen amorphen Masse erstarrt, die man pulverisiert.

Nachstehend angegebene Schweißpulver haben sich nicht nur seit Jahren in der Praxis bewährt, sondern finden auch durchweg in der Lehrhärterei mit bestem Erfolge beim Schweißen von Stahl an Stahl, Schnellstahl an Stahl oder Eisen u. ä. m. Anwendung:

a) 5 Teile pulverisierter Borax
2 Teile rostfreie Eisenfeilspäne,

oder b) 3 Teile pulverisierter Borax
2 Teile Braunstein
1 Teil pulverisiertes Glas
2 Teile rostfreie Eisenfeilspäne.

Die verwendeten Eisenfeilspäne sollen von Schmiedeeisen herrühren, man vermeide solche von Gußeisen oder Stahl.

Die Anwendung von Schmiedeeisenfeilspänen im Schweißpulver gibt diesem dem Wesen nach eine gewisse Ähnlichkeit mit dem Löten. Bekanntlich versteht man ja hierunter die Verbindung zweier gleich- oder verschiedenartiger Metallstücke unter Benutzung eines metallischen Bindemittels, das Lot genannt, welches in heißflüssigem Zustand in die Trennungsfuge beider Stücke fließt, dort erstarrt und infolge seines Anhaftevermögens an beiden Teilen diese zusammenhält. Wegen ihrer Feinheit nehmen nun die Eisenfeilspäne rasch die nötige Schweißtemperatur an, erleichtern also die Verbindung der zu schweißenden Stahlstücke wesentlich.

Als Schweißpulver für Kupfer dient Borsäure, auch Phosphorsalz, oder ein Gemisch aus 75 Tln. entwässertem Natriumphosphat, 25 Tln. Borsäure.

Die Vereinigung von Aluminiumbronzestücken gelingt leicht auf eine Weise, welche fälschlich Schweißen genannt wird (sog. Vergießen, siehe bei Löten).

Wenn man die zu vereinigenden Flächen in Sand einbettet und eine große Menge ziemlich heißer Legierung darüber hinwegfließen läßt, vereinigen sich die Flächen und es ist bei richtiger Durchführung unmöglich, die Schweißstellen nach der Bearbeitung der Stücke zu erkennen. Die Zugfestigkeit solcher Stücke ist die gleiche wie diejenige nicht geschweißter Stellen. Auf diese Weise lassen sich leicht dünnwandige Zylinder aus Blech herstellen.

Schweißbar sind: Weiches Eisen, Nickel und Platin, unter Umständen auch Kupfer. Geglühtes Gold kann kalt geschweißt werden (siehe auch S. 115 u. 168).

Die größte Rolle spielt das Eisen. Dieses ist um so leichter schweißbar, je niedriger sein Kohlenstoffgehalt ist. Die Eisensorten verhalten sich daher beim Schweißen sehr verschieden. Roheisen läßt sich nicht schweißen.

Bei der hohen Temperatur, welche das Schweißen erfordert (helle Rotglut), ist die Einwirkung des Luftsauerstoffs auf das Eisen eine sehr verstärkte, es bildet sich an der Eisenoberfläche eine Schicht von Eisenoxyduloxyd (Eisenhammerschlag). Um dies zu vermeiden, umgibt man das Eisen mit einer schützenden Hülle, die einerseits den Luftzutritt erschwert, anderseits nach ihrer Entfernung eine blanke Metalloberfläche zurückläßt. Meist wird Schweißsand (Kieselsäure) aufgestreut, der einen gewissen einhüllenden Schutz gewährt und außerdem ein leichtflüssiges Eisenoxydulsilikat bildet, das leicht abfließt und abspringt.

Bei einer guten Schweißarbeit sollen keine Schweißnähte zu erkennen sein; solche sind das Zeichen einer schlechten metallischen Vereinigung.

Schweißstellen. Die Feststellung, ob Schweißnähte in einem Material vorhanden sind, also beispielsweise bei der Unterscheidung von nahtlosen und geschweißten Rohren, ist möglich durch Ätzproben mit Kupferchloridammonium. Auch die Art der Schweißung läßt sich erkennen. Beim Schweißen z. B. tritt leicht örtliche Überhitzung ein in der Umgebung oder auch an der Schweißstelle selbst. Gelingt es nicht, durch Hämmern oder Ausglühen die Überhitzungsfehler wieder aufzuheben, so verbleibt das Material stellenweise in einem spröden Zustand, der später im Gebrauche leicht zum Bruche führen kann (siehe Wärmebehandlung der Metalle).

Bei fehlerhaften Schweißstellen (autogene Schweißstellen) liefern die Untersuchungen mit Röntgenstrahlen (siehe auch S. 154) Aufschlüsse. Die entsprechend hergestellten Radiographien zeigen weiße Linien im Zentrum der Schweißstellen (nicht innig verbundene, oberflächlich zusammengeschweißte Metalle).

Elektrisches Schweißen. Das Schweißen kann auch mit Vorteil mittels der durch den elektrischen Strom erzeugten Wärme unter Mitwirkung von Druck und Schlag ausgeführt werden; hierdurch ist es auch möglich, Metalle miteinander durch Schweißung zu verbinden, deren Vereinigung bisher auf anderem Wege nicht möglich war. Man kann Kupfer und Messing auf Eisen, Gold auf Platin und letzteres auf eine Reihe anderer Metalle schweißen.

Aluminothermisches Schweißverfahren (Goldschmidt). Eine Mischung von feinkörnigem Rohaluminium (Aluminiumgrieß) mit Eisenoxyd (Goldschmidts Thermit) durch einen brennenden Magnesiumdraht oder eine aus Bariumsuperoxyd und Magnesiumpulver bestehende Zündkirsche entzündet oder zur Reaktion gebracht, erfährt eine plötzliche Umsetzung, wobei die Temperatur auf 3000° C steigt. Dabei schmilzt sowohl das reduzierte Eisen als auch das entstandene Aluminiumoxyd, welches nach dem Abkühlen zu Korund erstarrt. Das aluminothermische Schweißverfahren nach Goldschmidt besteht darin, daß man die metallisch blanken, mit Klemmapparaten verbundenen Eisenteile mit dem Thermitpulver überschüttet und zur Entzündung bringt. Bei dem Thermit wird also statt brennender Kohle ein brennendes Metall, das Aluminium, als Wärmequelle benützt, welches den Sauerstoff nicht der Luft, sondern einer Sauerstoffverbindung, dem Eisenoxyd, entnimmt. Thermit entzündet sich nicht bei gewöhnlicher Rotglut, sondern erst bei Weißglut.

Autogene Schweißung[1]). Die Schweißung wird ferner noch mittels der Wassergasschweißung, dann mittels der Flammenbogen- und Widerstandsschweißung elektrisch ausgeführt. Am besten hat sich die autogene Schweißung mit Sauerstoff-Wasserstoff- bzw. der Azetylen-Sauerstofflamme eingeführt. Die autogene Schweißung kann nur bis zu 8 mm Blechstärke als rationell bezeichnet werden. Die Hauptanwendung der autogenen Schweißung findet nicht nur für Neuarbeiten, sondern ganz besonders zum Ausbessern von defekten Blecharbeiten, wie sie beim Walzen, Ziehen, Pressen usw. vorkommen, statt. Diese so geflickten Sachen kommen dem Vollen und Ganzen gleich. Insbesondere wird das autogene Schweißverfahren für Flußeisen und Siemens-Martinstahl verwendet. Autogen lassen sich ferner schweißen: Kupfer, Nickel, Silber, Platin und Gold. Ferner Messing, Bronze, Aluminium.

Beim autogenen Schweißen mittels der Schweißflamme verwendet man am besten die Azetylen-Sauerstofflamme. Dabei tritt beim Schmelzen von Bronze oder Messing ein Aufschäumen der Metalle ein, wodurch eine rasche Oxydation begünstigt wird. Man hat hier beim Schweißen mit drei Übelständen zu rechnen: 1. mit Gasabsorption, 2. mit dem Verdampfen von Zink, 3. mit dessen Oxydation. Als Schweißmetall verwendet man am besten Phosphorbronze und bei Messing einen Aluminiumzusatz. Vorsicht, daß keine Verbrennungen des Messings stattfinden!

Als Schweißmittel für das autogene Schweißen, das ein Spezialarbeitsgebiet[2]) darstellt, verwendet man Mischungen von Chlorkalzium, Kochsalz und Kaliumsulfat oder solche von Alkalichloriden mit Fluorverbindungen in Pulver- oder Breiform.

Autogal ist ein neues Flußmittel für die autogene Aluminiumschweißung. Dasselbe wird von der chemischen Fabrik Griesheim-Elektron, Frankfurt a. M. in den Handel gebracht.

Das autogene Schweißen bietet vor dem Löten den Vorteil, daß dabei keine Lötstellen oder Kombinationen verschiedener Metalle mit elektrolythaltigen Flüssigkeiten in Berührung kommen können, wodurch das Auftreten elektrochemischer Wirkungen Zerstörungen der Verbindungsstellen auftreten. Als elektrolythaltige Flüssigkeit wirkt z. B. auf Gegenstände, die im Freien stehen, das Regen-

---

[1]) Siehe auch Bayer. Industrie- und Gewerbeblatt 1906, S. 143.

[2]) Siehe: Handbuch der autogenen Metallbearbeitung von Th. Kautny, Marhold, Halle: Anleitung für autogenes Schweißen: Autogenwerke Sirius, Düsseldorf; Dr. W. Schieber, Wien; Ingenieur Schoop, Zürich; A.-G. für Aluminiumschweißung, Zürich.

wasser industrieller Gegenden, in denen die Atmosphäre mit Rauchbestandteilen aller Art vermischt ist.

Beim autogenen Schweißen des Kupfers muß dasselbe lokal bis zum Schmelzen erhitzt werden, wobei Oxydation stattfindet, wodurch die Gefahr der Verunreinigung mit Kupferoxydul und damit des Brüchigwerdens auftritt. Durch geeignete Zusätze, z. B. Phosphor, kann hier abgeholfen werden.

An das autogene Schweißen schließt sich das autogene Schneiden an. Dasselbe beruht darauf, daß die Metalle im reinen Sauerstoff lebhaft verbrennen. Das Metall wird der Knallgasflamme oder einem Kurzschlußfunken auf die Verbrennungstemperatur erhitzt, sodann Sauerstoff in feinem Strahl unter hohem Druck auf diese Stelle aufgeblasen; das Eisen verbrennt in wenigen Minuten an der betreffenden Stelle, so daß das Metall durchschlitzt. Dieses Resultat kann mit der Knallgasflamme allein nicht erreicht werden. Es scheint hier ein Widerspruch vorzuliegen, besonders wenn man bedenkt, daß der austretende Sauerstoff, der die Verbrennung besorgt, je nach dem angewendeten Druck bis $-10°$ C aus dem Brennerrohr austritt und die Schmelzstelle mit sehr niederer Temperatur trifft. Vergleicht man indes die Verbrennungswärme der beiden verbrennenden Körper, des Wasserstoffs und des Eisens, so findet man bald die Erklärung des auf den ersten Blick überraschenden Phänomens. 1 kg Wasserstoff entwickelt zwar rund 28 000 Kalorien, während 1 kg Eisen nur rund 1650 Kalorien abgibt. Diese Zahlen verschieben sich indes sehr zugunsten des Eisens, sobald man die Wärmemengen auf gleiche Volumina umrechnet. 1 l Wasserstoff gibt ungefähr nur $2^1/_2$ Kalorien, während 1 l Eisen $7{,}8 \times 1650 = 12\,900$ Kalorien entwickelt. Hieraus ergibt sich, daß 1 l Eisen beim Verbrennen ungefähr die 5000fache Wärmemenge von 1 l Wasserstoff erzeugt.

2. Löten.

a) Allgemeines.

Das Löten bezweckt die feste Vereinigung von zwei gleich- oder verschiedenartigen Metallteilen durch ein leichter schmelzendes Metall oder eine solche Legierung, welche im flüssigen Zustande aufgebracht, nach dem Erstarren die Verbindung bewirkt, das sog. Lot.

1. Erste Bedingung eines Lotes ist, daß dasselbe sich mit den zu verbindenden Metallen verbinden oder legieren, d. h. Lösung bewirken kann. So kann man wegen dieser mangelnden Fähigkeit z. B. Zink nicht mit Blei, Eisen nicht mit Zink, Blei, Wismut oder Silber löten.

2. Dann müssen die zu lötenden Metallteile vollständig metallisch blank und frei von Oxydschichten sein, da nur blanke, oxydfreie Metallflächen sich mit dem Lotmetall legieren oder vereinigen können. Man bewirkt dies durch Feilen, Schaben, Kratzen oder durch Abbeizen in Säuren oder Verwendung geeigneter oxydlösender Lötmittel.

Da das Lot die Festigkeit des Lötverbandes bedingt, ist bei der Wahl des Lotes vor allem auf die geforderte Festigkeit des betreffenden Gegenstandes Rücksicht zu nehmen.

3. Die zu lötenden Stücke müssen genau aufeinander passen und dürfen ihre Lage nicht ändern; die Berührungsflächen sollen möglichst große Oberflächen darbieten. Beim Löten von Hohlkörpern, z. B. Kugeln, muß die Luft aus dem Inneren entweichen können.

4. Die zu lötenden Metalle sollen nahe der Schmelztemperatur des Lotes erhitzt sein. Die Erhitzung soll rasch erfolgen, die Luft zur Verhinderung der Oxydation bei Temperatursteigerung durch Lötmittel möglichst abgehalten werden.

5. Das Lot soll annähernd dieselbe Festigkeit haben als der zu lötende Gegenstand.

6. Das Lot soll annähernd die Farbe des zu lötenden Metalles besitzen.

7. Je niederer das Lot schmilzt, desto bequemer ist die Lötung zu bewerkstelligen.

Zur Entfernung der sich während des Erhitzens bildenden Oxydschichten auf den Metallteilen benützt man während des Lötens verschiedene Stoffe und Gemische solcher, welche teils, indem sie schmelzen und den betreffenden Metallteil bedecken, die Luft abhalten und so die Oxydation hintanhalten, teils eine reduzierende und lösende Wirkung auf die Oxyde selbst ausüben. Diese Mittel, „Lötmittel", sind je nach der Temperatur, die beim Löten angewendet werden muß, verschiedene. Beim Löten haben wir es daher einerseits mit den Loten, anderseits mit den Lötmitteln zu tun. Bezüglich der Schmelzbarkeit und Festigkeit unterscheidet man zwischen Weichloten und Hartloten.

Zum Löten benützt man beim Weichlöten den Lötkolben, Löteisen, Löthammer, Barthels Benzinlötkolben; beim Hartlöten das Lötrohr, das Lötgebläse, verschiedene Lötlampen, z. B. Barthels Spiritus- oder Benzinbrenner usw.

b) Spezielles.

A. Weichlote (Zinnlote oder Weißlote, auch Zinnschnellote genannt).

Diese bestehen aus weichen, leichtflüssigen Metallen oder Legierungen und besitzen keine große Festigkeit. Sie sind infolge ihrer leichten Schmelzbarkeit sehr leicht und bequem zu handhaben. Die leicht schmelzbaren Metalle können nur mit Weichlot gelötet werden. Man verwendet Zinn, Zinnblei oder Zinnblei-Wismutlegierungen. Reines Zinn wird nur bei Gegenständen aus reinem Zinn verwendet. Der Bleizusatz macht das Lot schwerer schmelzbar, aber billiger. Wismutzusatz erniedrigt den Schmelzpunkt. Die Weichlote sind angewendet bei niederschmelzenden Metallen, z. B. Zinnblei, Britanniametall, Weißblech usw., aber auch schmiedbares Eisen, Kupfer, Messing, Zink, evtl. Silber und Gold werden damit gelötet. Bei Herstellung dieser Lote werden die Metalle in einem Graphittiegel bei möglichst niederer Temperatur zusammengeschmolzen, mit einem eisernen Stab gut durcheinander gemischt und in eisernen Formen in Stangen gegossen. Als Wärmequelle für das Flüssigmachen des Lotes dient der Lötkolben.

Nach dem Schmelzpunkt unterscheidet man schwache und starke Schnell- oder Zinnlote.

Obwohl heutzutage alle Lote und Lötmittel von verschiedenen Fabriken erstklassig hergestellt werden, so bringen wir doch Vorschriften für die Herstellung derselben.

Zinnlot zum Löten von Gußeisen. 1 Tl. Zinn, 1 Tl. Blei, 1 Tl. Wismut. Das Eisen muß vollständig blank sein, evtl. durch Reinigen mit Salpetersäure. Nimmt das Eisen das Lot nicht an, so taucht man das blanke Stück zuerst in eine konzentrierte Zinnsalzlösung oder in Salzsäure, in der Zinn bis zur Sättigung aufgelöst wurde.

Zinnlote, sog. feine oder schwache Schnellote zum Löten von Blei, Zinn, Zink, Weißblech, ebenso, wenn von einer besonderen Flüssigkeit abgesehen werden kann, für Kupfer und Messing und ähnliche Legierungen:

10 Tle. Zinn,	4 Tle. Blei,	Schmelzpunkt	181° C	schwache Zinnschnellote
10 „ „	5 „	„	185° C	
10 „ „	6 „	„	190° C	
10 „ „	10 „	„	200° C	feine Zinnschnellote
10 „ „	15 „	„	223° C	

Billiges Weich- oder Schnellot für Blei, Zink, Kupfer, Messing.

10 Tle. Zinn, 20 Tle. Blei. Schmelzpunkt 240° C.

Leicht schmelzbares Zinngießer- oder Wismutlot.

2 Tle. Zinn,	1 Tl. Blei,	1 Tl. Wismut		Schmelzpunkt 130—160° C
3 „ „	4 „ „	2 „ „		
2 „ „	2 „ „	1 „ „		

Sickerlot. 10 Tle. Blei und 10 Tle. Zinn werden zusammengeschmolzen, gut gemischt, dann bis zum Beginn des Erstarrens stehen gelassen, darauf das noch flüssige (das leicht flüssige und das leicht schmelzbare Sickerlot) abgegossen.

Die empirische Herstellung dieses Lotes beruht darauf, daß sich hierbei beim Abkühlen reichliche Mengen Blei ausscheiden, bis das Eutektikum mit 70% Zinn und 30% Blei flüssig zurückbleibt. Es ist dies das leicht schmelzendste Weichlot (182° C). Man kann statt der alten Arbeitsweise auch gleich das Eutektikum in der angegebenen Zusammensetzung herstellen.

Lötbeispiel. Auf die blank geschabten oder geschliffenen Metalloberflächen streicht man Lötwasser (Zinkchlorid-Chlorammonium). Mit dem erhitzten Lötkolben, den man auf einem Stückchen Salmiak an der Spitze oder Schneide von anhaftenden Oxyd säubert und durch Lötzinn verzinnt, überstreicht man bzw. verzinnt man nun auch die Lötstellen, legt sie passend aufeinander und erwärmt durch Anhalten des Kolbens nochmals, bis das Zinn fließt. Bei schwer schmelzbaren Metallen, wie z. B. Messing, Kupfer, Eisen, kann man statt des Lötkolbens auch mit offener Flamme erhitzen. Beim Bleilöten nimmt man statt des Lötwassers Kolophoniumpulver.

Ersparnis an Zinn durch Zinn-Kadmiumlot (10% Zinn, 10% Kadmium, 80% Blei).

Lot für die Innenseite von Eß-, Trink- und Kochgeschirren, sowie von Flüssigkeitsmaßen, Konservenbüchsen usw.

90 Tle. Zinn und 5 bis höchstens 10 Tle. Blei.

Anmerkung. Nach § 1 des Gesetzes vom 25. Juni 1887 dürfen Eß-, Trink- und Kochgeschirre, sowie Flüssigkeitsmaße nicht mit einer in 100 Gewichtsteilen mehr als 10 Gewichtsteile Blei enthaltenden Metallegierung gelötet sein. (Siehe S. 104.)

Gelbfärben von Weichloten. Wenn Messing weich gelötet wird, so sticht die weiße Farbe des Lotes unangenehm von der Messingfarbe ab. Man färbt dann die Lötstelle auf folgende Weise:

Eine gesättigte Lösung von Kupfervitriol (10 Tle. Kupfervitriol, 35 Tle. Wasser) wird auf das Lot gebracht, worauf man mit einem Eisendraht berührt. Die Stelle wird hierdurch verkupfert. Um eine gelbe Farbe hervorzubringen, bringt man auf die so verkupferte Stelle eine Mischung von einem Teil einer gesättigten Zinkvitriollösung und 2 Tle. einer gesättigten Kupfervitriollösung und reibt mit einer Zinkstange ein. Die entstandene Farbe kann im gegebenen Falle noch durch Polieren oder schwaches Vergolden verbessert werden.

B. **Hartlote** (auch Schlaglote oder Strenglote genannt).

Diese werden angewendet beim Löten von Eisen, Kupfer, Messing, Tombak, Neusilber, Silber, plattierten Gegenständen, Goldarbeiten und Stahlwaren. Sie bestehen hauptsächlich aus Kupfer mit Zink, auch Zinn und Blei; aus Silberlegierungen mit Kupfer und Zink und Goldlegierungen mit Kupfer und Silber.

Die Hartlote sind bedeutend härter und fester als die Schnellote, aber dafür auch weniger leicht verarbeitbar. Im allgemeinen sind dieselben um so leichter schmelzbar, je mehr Zink vorhanden ist. Ein zunehmender Zinkgehalt vergrößert aber auch die Sprödigkeit. Die Wahl der Hartlote richtet sich hauptsächlich nach der Art des zu lötenden Gegenstandes. Am vorteilhaftesten wählt man ein dem betreffenden Metall oder der Legierung ähnlich zusammengesetztes Lot, welches durch einen größeren Zusatz des leichter schmelzbaren Metalles leichter schmelzbar gemacht worden ist. Die leichter schmelzbaren Hartlote werden auch Schnellote genannt (nicht zu verwechseln mit den Zinnschnelloten).

Die Hartlote werden hergestellt, indem man zuerst das schwerer schmelzbare Metall schmilzt, dann das leichter schmelzbare Metall zusetzt, mit einem Eisenstab gründlich mischt, hierauf in dünnem Strahl in ein Gefäß mit Wasser, welch letzteres durch Rühren in starker Bewegung befindlich ist, ausgießt (s. S. 139).

Auch kann man einen Birkenreiserbesen nehmen und denselben rasch und stoßweise im Wasser hin und her bewegen und das Metall darauf gießen. Auch gießt man in Stäbchenform; letztere werden dann zu Blechen ausgeschlagen. Für den Gebrauch nimmt man davon kleine Schnitzel (Paillen). Auf andere Weise kann man das flüssige Lot, nachdem es etwas abgekühlt ist, auch in einen trockenen, eisernen Mörser gießen und noch heiß, in sprödem Zustande, stoßen. Auch kann man es geraspelt oder als Feilspäne verwenden. Bei Legierungen von Messing mit Zink ist es vorteilhaft, das Messing und Zink, jedes für sich, zu schmelzen und dann erst zu mischen. Was das zu verwendende Messing betrifft, so nimmt man am besten solches, aus dem der Gegenstand selbst hergestellt ist. Als Wärmequelle dient beim Hartlöten nicht der Lötkolben, sondern das Lötrohr, Gaslötrohr usw.

Lötbeispiel. Das mit Wasser oder Petroleum angefeuchtete Boraxpulver streicht man auf die blanken Metallflächen. Das entsprechende Hartlot wird mit Boraxpulver bestrichen auf die Lötstelle (nicht dazwischen) gebracht und dann erhitzt, bis es fließt (Benzinstichflamme). Die zu lötenden Teile kann man mit Blumendraht umwickeln und in die richtige Lage bringen. Den geschmolzenen Borax entfernt man von der Lötstelle durch Einlegen in stark verdünnte Säuren. Dann wird überfeilt und geschliffen.

Zum Löten von Eisen

dient am besten Kupfer, auch Messing.

Zum Löten von Kupfer

nimmt man das sog. harte Schlaglot, bestehend aus 2 Tln. Kupfer, 1 Tl. Zink; auch eine Legierung von 5 Tln. Kupfer und 1 Tl. Blei wird verwendet, ist aber schwerer verarbeitbar als erstere.

Gelbes Schlaglot zum Löten von Messing, Kupfer, Eisen, Bronze.

5 Tle. Messingblechschnitzel, 2—5 Tle. Zink, leichtflüssig für Gußeisen.
3—4 Tle. Messingblechschnitzel, 1 Tl. Zink, strengflüssig für Walzmessing.
7 Tle. Messingblechschnitzel, 1 Tl. Zink, sehr strengflüssig, zäh, für Walzmessing.

Für Tombak, Blech- und Gußmessing verwendet man am besten Metallabfälle derselben Sorte, die gelötet werden soll, und erniedrigt den Schmelzpunkt durch Zuschmelzen von ca. 30% Zink.

Halbweißes Schlaglot (zinnhaltig, deshalb härter).

12 Tle. Messingblechschnitzel, 4—7 Tle. Zink, 1 Tl. Zinn
oder
16 Tle. Kupfer, 16 Tle. Zink, 1 Tl. Zinn
oder
20—30 Tle. gelbes Schlaglot und 1 Tl. Zinn.

Löten von Gußeisen mit Ferrofix. Über das Löten von Gußeisen mit Ferrofix sammelte F. Reh besonders reiche Erfahrungen. Die zusammenzulötenden Gußeisenflächen werden während des Lötprozesses vom Graphit befreit und mit dem geschmolzenen Hartlot in innige Berührung gebracht. Zur Entkohlung der

Lötflächen dient eine Paste aus Kupferoxydul oder anderen Metallsauerstoffverbindungen und Borax; ersteres gibt seinen Sauerstoff an die Lötstellen ab, der sich mit dem Graphit zu Kohlenoxyd und Kohlensäure verbindet, während das metallische Kupfer in sehr fein verteiltem Zustande frei wird. Der Borax schützt die gereinigten Lötstellen gegen Oxydation, absorbiert noch etwa vorhandenes Oxyd und hält den Sauerstoff der Luft auch von dem Kupferoxydul ab.

Ferrofix besteht aus einem innigen Gemenge von 17 Teilen Kupferpulver, 58 Teilen Eisenpulver, 24 Teilen wasserfreiem Borax und einem Teil kalzinierter Soda. Ein besonders zähes Lot zum Löten von Stahl- oder Sägebändern besteht aus 18 Teilen Messing, 4 Teilen Zink und einem Teil Silber. Dieses Lot ist seines hohen Schmelzpunktes wegen auch zum Löten von Röhren geeignet, die nachträglich gezogen werden können, ohne daß die Lötnaht aufbricht. Eisen und Stahl kann man übrigens sehr dauerhaft löten mit Neusilber als Lötmetall und Borax als Flußmittel. Als Lötpulver zum Hartlöten von Gußeisen tut ein Gemenge von Eisenpulver und Natriumperborat gute Dienste.

Hartlöten von Gußeisen. Die zu verlötenden Teile werden nach der üblichen Vereinigung oder dem Blankfeilen zusammengebracht und durch Bindedraht oder dergleichen zunächst befestigt. Sie werden dann in der Gasflamme oder durch eine sonstige Wärmequelle dunkelrot erhitzt. Hiernach wird das Lötmittel, bestehend aus Blutlaugensalz, Gips, Holzkohle und Zitronensäure aufgetragen. Die genannten Körper werden vorzugsweise nach folgendem Verhältnis gemischt: 2 Gewichtsteile Blutlaugensalz, 2 Gewichtsteile Gips, 0,5 Gewichtsteile Holzkohle, 1 Gewichtsteil Zitronensäure und 2 Gewichtsteile Borax, wenn man letzteren nicht nachträglich, sondern mit der Mischung gleichzeitig verwendet.

Die genannten Stoffe werden einfach gepulvert und innig gemischt und diese Mischung kann unmittelbar auf die Metalle an der Lötstelle aufgestreut werden, wenn die Erwärmung bis zur Flußhitze des Lotes vorgeschritten ist. Das Lot (Messing oder granuliertes Schlaglot) wird sofort nach dem Aufstreuen des Pulvers aufgetragen, es fließt dann sehr leicht.

Weißes Schlaglot (mit noch mehr Zinn).

20 Tle. Messingblech, 1 Tl. Zink und 4 Tle. Zinn
oder
3 Tle. Kupfer, 1 Tl. Zink, 1 Tl. Zinn.

Hartlote nach Abbas, besonders für Gürtler, Bronzearbeiter. Kupferschmiede, Mechaniker, Metallarbeiter und Metallwarenfabriken.

1.	strengflüssig,	1000	Tle.	Messing,	301	Tle.	Zink,	33	Tle.	Zinn
2.	gutflüssig,	1000	,,	,,	413	,,	,,	33	,,	,,
3.	leichtflüssig,	1000	,,	,,	467	,,	,,	33	,,	,,
4.	schnellflüssig,	1000	,,	,,	534	,,	,,	16	,,	,,

1. und 2. eignen sich besonders für Kupferschmiede, Mechaniker, Metallarbeiter und Metallwarenfabriken.

Sehr leicht schmelzbares Schlaglot. 1 Tl. Messingblech, 1 Tl. Zink.

Sehr zähes Schlaglot, zum Löten der zu ziehenden Messingröhren.
18 Tle. Messing, 4 Tle. Zink, 1 Tl. Feinsilber.

Japanische Lote.

Für Glockenmetall 20 Tle. Messing, 10 Tle. Kupfer, 15 Tle. Zinn; für Messing erster Sorte: 10 Tle. Messing, $1^1/_2$ Tle. Kupfer, 6 Tle. Zink, für Silber: 10 Tle. Silber, 2—3 Tle. Messing erster Qualität; für Gin shi bu ichi: 10 Tle. Silber, 5 Tle. Messing erster Qualität, 3 Tle. Zink; für Mokume: 10 Tle. Silber, $1^1/_2$ Tle. Messing erster Sorte; für Shakdo: 3 Tle. Shakdo erster Qualität, 10 Tle. Zink; für Zinn: 10 Tle. Zinn, 5 Tle. Blei.

Silberschlaglot von großer Festigkeit zum Löten von silbernen Gegenständen, auch von anderen Metallen, z. B. Löten der Bandsägeblätter, von Messing, Kupfer, Stahl und Eisen, besonders für Gürtler und Bronzearbeiter. Das Silberschlaglot wird in Stäbchen gegossen und beim Gebrauche werden kleine Stückchen davon genommen.

66 Tle. Silber, 24 Tle. Kupfer, 10 Tle. Zink
oder
4 Tle. Silber, 3 Tle. Messing.
Nach Abbas: 11 Tle. Silber, 4 Tle. Messing, 1 Tl. Zink
oder 16 „ „ 5 „ „ 1 „ „

Ein strengflüssigeres Silberschlaglot

besteht aus: 3 Tln. Silber, 1 Tl. Kupfer.

Im Gegensatz zu dem zinkhaltigen Lot ist dieses Lot sehr dehnbar und bricht nicht beim Hämmern und Biegen.

Weiches Silberlot

zum Nachlöten schon gelöteter Stellen, wobei keine besondere Festigkeit erforderlich ist:

3 Tle. Silber, 2 Tle. Kupfer, 1 Tl. Zink,
oder 1 „ „ 1 „ Messing,
„ 7 „ „ 3 „ Kupfer, 2 „ „

Leichtflüssiges Silberlot

für geringere Arbeiten: 5 Tle. Silber, 6 Tle. Messing, 2 Tle. Zink.

Dem Silberlot ähnliches Lot:

76 Tle. Messing, 18 Tle. Zink, 6 Tle. Silber.

Goldschlaglote (Goldlot) zum Löten von Goldwaren, auch Platinwaren. Bei Herstellung dieser Lote werden Gold, Silber und Kupfer in einem Tiegel unter einer Kohlendecke zusammengeschmolzen; nach einigem Abkühlen setzt man dann das Zink zu.

					Bemerkung
Für 24kar. Gold	= 24 Tle.	22kar. Gold,	2 Tle. Silber,	1 Tl. Kupfer	streng flüssig
„ 18 „ „	= 9 „	18 „ „	2 „ „	1 „ „	streng flüssig
„ 16 „ „	= 24 „	16 „ „	10 „ „	8 „ „	streng flüssig
„ 14 „ „	= 3 „	14 „ „	2 „ „	1 „ „	leichter flüssig

Lot für goldärmere Legierungen:

8 Tle. Gold, 10,5 Tle. Silber, 5,5 Tle. Kupfer;
oder
10 Tle. 13,5karät. Gold, 5 Tle. Silber, 1 Tl. Zink.

Für minderwertige Goldwaren folgendes leichter schmelzbare Lot:

2 Tle. Gold, 9 Tle. Silber, 1 Tl. Kupfer, 1 Tl. Zink.

(leichter flüssig)

Mit diesem Lote gelötete Gegenstände können dem Färben des Goldes nicht unterworfen werden, da dieses Lot dabei schwarz würde.

Diese früher benützten Goldlote bestanden nur aus Gold, Silber und Kupfer, hatten also dieselben Bestandteile wie die zu lötende Legierung. Dadurch mußte das Lot, um es leichtflüssiger als die Legierung zu machen, weniger fein, also goldärmer gemacht werden. Denn die Strengflüssigkeit der Legierung hängt von ihrem Goldgehalte ab. Dadurch entstand aber der Mißstand, daß beim Export nach Ländern, in denen eine strenge Kontrolle der Goldwaren auf der Basis der Feinschmelzung des ganzen Gegenstandes mit dem Lote besteht, leicht durch das weniger feine Lot eine Feinheitsgehaltsabweichung festgestellt werden konnte. Man half sich dadurch, daß man schon bei Herstellung der Gegenstände die Legierung, entsprechend der durch das Lotgewicht erfolgenden Herabminderung des Feinheitsgehaltes, goldhaltiger als angegeben machte. Nun ist es aber einfacher und sicherer, sich der Lote zu bedienen, welche trotz hohen Goldgehaltes leichter schmelzbar sind als die gleichfeinen Legierungen. Dies gelingt durch die Verwendung von Kadmium bei der Herstellung dieser Goldlote.

Lot für	500	Tausendteile	500	Gold,	200	Silber,	200	Kupfer,	100	Kadmium.
,, ,,	550	,,	550	,,	150	,,	180	,,	120	,,
,, ,,	583	,,	585	,,	115	,,	186	,,	116	,,
,, ,,	750	,,	750	,,	30	,,	100	,,	120	,,

Fenchel zieht die Verwendung von Zinn dem Kadmium vor, z. B. für:

500 Tausendteile 50 Gold, 10 Zinn, 20 Kupfer, 20 Messing. Schmelzpunkt 400° C.
584 Tausendteile 58,4 Gold, 2 Zinn, 36,6 Messing, 3 Silber. Schmelzpunkt 500° C.
750 Tausendteile 75 Gold, 2 Zinn, 17,5 Messing, 5,5 Silber. Schmelzpunkt 550° C.
800 Tausendteile 80 Gold, 2 Zinn, 12 Messing, 4 Silber, 2 Kupfer. Schmelzpunkt 650° C.

Leichtflüssiges Reparaturlot 750/1000 = 18karätig. Gold 75, Zinn 7,5, Messing 17,5. Schmelzpunkt 400° C.

Sehr leichtflüssiges Goldlot 750/1000. Gold 75, Zinn 10, Messing 11, Kupfer 4. Schmelzpunkt 350° C.

Um die Farbe dieser Lote dunkler (Goldfarbe) zu machen, kocht man die Legierung mit konzentrierter Salzsäure oder Salpetersäure von 1,25 spez. Gew. 5—10 Minuten, spült mit Wasser ab und bürstet (s. S. 237).

Farblot,

d. i. Lot für Gegenstände, die nachher gefärbt werden sollen: 423 Gold, 400 Silber, 164 Kupfer, 13 Zink.

Goldhartlot:

506 Gold, 242 Silber, 186 Kupfer, 66 Messing.

Ausschwemmlot

zum Verstärken dünner Gegenstände: 62 Gold, 762 Silber, 144 Kupfer, 32 Messing.

Als Lot für Platin dient: Feingold.

Für feinere Eisen- und Stahlartikel ist Argentan (Neusilber) wegen seiner Dehnbarkeit und Farbe ein gutes Lot.

Lot für Neusilber (Argentan).

	I.	II.
Neusilberblechabfälle	1000	1000
Messingblechschnitzel	125	100
Zink	142	92
Zinn	33	33.

Auch: 8 Tle. Neusilber, 2 Tle. Zink.

Herstellung von Argentanloten. Diese Lote zeichnen sich durch eine große Festigkeit aus und werden deshalb außer zum Löten von Argentan in jenen Fällen angewandt, in denen der zu lötende Gegenstand eine bedeutende Widerstandsfähigkeit besitzen soll. Nachdem das Argentanlot mit einer stahlähnlichen Farbe hergestellt werden kann, bedient man sich seiner besonders auch zum Arbeiten beim Stahl.

Leichtflüssiges Argentanlot.

I. 4,5 Tle. Kupfer, 1,0 Tle. Nickel, 7,0 Tle. Zink.
II. 35 „ „ 8,5 „ „ 56,5 „ „
III. 5 „ Argentan, 4 „ Zink.

Strengflüssiges Argentanlot = Stahllot.

I. 35 Tle. Kupfer, 56,5 Tle. Zink, 9,5 Tle. Nickel.
II. 38 „ „ 50,0 „ „ 12 „ „

Komposition 2 kann gewöhnlich nur unter Anwendung einer Gebläselampe in Fluß gebracht werden. Zum Löten von Neusilberwaren bedient man sich der leichtflüssigen Kompositionen. Das Lot wird am besten in der Form eines feinen Pulvers angewendet. Der Mörser, der zum Pulvern des Lotes dient, wird stark angewärmt, das geschmolzene Lot auf eine große Eisenplatte ausgegossen, so daß dünne Platten entstehen, die sofort mit dem Hammer zerschlagen und in den Mörser geworfen werden. Das Pulver wird durch ein Haarsieb geschlagen.

Nach Versuchen der Physikalisch-technischen Reichsanstalt haben sich folgende Hartlotkompositionen besonders bewährt:

	Kupfer	Zink	Silber
für strengflüssige Metalle	53%	43%	4%
„ mittelstrengflüssige	48%	48%	4%
„ Messingblech und Draht (am vielseitigsten zu verwenden)	42%	52%	6%
„ zweite Lötungen und als Ersatz für zinnhaltige	43%	48%	9%
„ schnellflüssige Lote	38%	50%	12%

Man soll das Zink im Graphittiegel ohne starke Überhitzung schmelzen, das Kupfer in fein gekörntem Zustande mit etwa $^1/_3$ seines Volumens mit Salmiak mischen und allmählich im Zink auflösen. Das Silber wird in dünnen Blechschnitzeln mit dem Kupfer zugesetzt. Nach dem letzten Zusatz wird noch etwas Salmiak zugefügt, gut umgerührt, dann gekörnt (siehe S. 139).

Strengflüssiges Emaillierlot für Stücke, die aus 20karätigem und noch feinerem Golde bestehen und wegen der hohen Temperatur beim Emaillieren ein strengflüssiges Lot benötigen.

37 Tle. Gold, 9 Tle. Silber oder 16 Tle. 18karätiges Gold, 3 Tle. Silber, 1 Tl. Kupfer.

Löten von Aluminium und Aluminiumlegierungen. Das Löten des reinen Aluminiumbleches bietet einige Schwierigkeiten; man benützt am besten zwei verschiedene Lote, ein leichter und ein schwerer schmelzendes. Das schwerer schmelzende dient zur Vorbereitung der blanken Metallflächen, das leichter schmelzende zur eigentlichen Lötung; solche Lote sind folgende (je höher der Aluminiumgehalt, desto höher der Schmelzpunkt):

Nr.	Aluminium	Kupfer	Messing	Zink
1.	30	20	—	50
2.	20	15	—	65
3.	12	8	—	80
4.	9	—	6	85

Nr.	Aluminium	Kupfer	Messing	Zink
5.	7	—	5	88
6.	6	—	4	90
7.	4	2	—	94

oder Zink 100 Tle., Wismut 2 Tle., Nickel 1 Tl.

Die Metallteile werden mit Stearinsäure eingerieben.

Nach den Mitteilungen der Aluminium-Industrie-Aktien-Gesellschaft Neuhausen gelingt das Löten von Aluminium nach folgendem Verfahren:

Man reinigt zuerst die beiden aufeinander zu lötenden Flächen sorgfältig durch Schaben (nicht mit Schmirgelpapier) und trägt dann das von der Aluminium-Industrie-Aktien-Gesellschaft eigens hierzu hergestellte Lot auf jede der Flächen auf. Man hebt hierzu vermittelst eines heißen Kupferkolbens etwas Lot von dem Lotstängelchen ab (wie es gewöhnlich geschieht) und reibt mit dem Kolben auf jeder der einzelnen Lötflächen so lange hin und her, bis die Flächen ganz gleichmäßig mit dem Lot überzogen sind. Dabei achte man darauf, daß das Lot überall sitzt und das Blech nicht etwa durch einen Lötschleierüberzug gut verzinnt erscheint. Dann streift man mit dem Kolben das überflüssige, schaumig gewordene Lot wieder ab, reinigt den Kolben von dem daran hängenden rauhen Lote vermittelst eines Blechstreifchens[1]), versieht denselben mit frischem Lote und bringt dies in einem gleichmäßigen, leichten Zuge auf die Lötflächen, so daß es mit der Verzinnung wohl bindet, diese jedoch nicht wegstreift. Zuletzt legt man die Lötflächen aufeinander und erwärmt die Lötstelle wie gewöhnlich durch Streichen mit Lot und Kolben. Zu beachten ist, daß Aluminium noch mehr als Kupfer an Wärme aufnimmt, man also den Kolben länger als etwa bei Weißblech auf derselben Stelle lassen muß, um gehörig durchzuwärmen.

Wenn die Arbeit richtig durchgeführt wird und die Temperatur des Kolbens nicht zu niedrig ist, d. h. so, daß das Lot wie gewöhnliches Weichlot vom Kolben gepackt wird, läuft dasselbe leicht unter den Flächen durch; stets behalte man im Auge, daß die Lötung weniger zur Befestigung, als zur Dichtung dienen soll; womöglich soll daher gleichzeitig genietet oder gefalzt werden. Anwendung eines der Reduktionsmittel oder Lötwasser ist hier unnütz.

Für die Haltbarkeit der Aluminiumlötungen gilt das S. 81 Gesagte über das elektrochemische Verhalten von Metallkombinationen.

Neuestens wird Aluminium mit Hilfe reduzierend wirkender Flammen (besonders Azetylen) autogen gelötet (siehe autogenes Schweißen S. 205). Das Aluminium überzieht sich leicht mit einem dünnen unsichtbaren Häutchen von Aluminiumoxyd, welches erhebliche Schwierigkeiten für alle Arbeiten bildet.

Das Löten des Aluminiumbleches durch Verkupfern der Lötstellen ist nicht sehr sicher.

Nach einem Fr. Page & H. A. Anderson erteilten amerikanischen Patente bringt man auf die zu verbindenden Oberflächen als Flußmittel Chlorsilber und trägt dann das Lot auf.

Aluminiumbronze bis und mit 5% Aluminium läßt sich gut mit dem gewöhnlichen Zinnlot löten, nicht aber solche mit höherem Aluminiumgehalte. Hier muß man die Lötstellen schwach verkupfern. Ein mit Kupfervitriollösung getränktes Löschpapier wird aufgelegt, mit einem Kupferblech bedeckt, letzteres mit dem + Pol und das Stück mit dem — Pol einer Elektrizitätsquelle in Verbindung gesetzt. Eine Bestreichung der Lötstelle mit einem frischen Gemisch aus Kolophonium,

---

[1]) Gereinigt und verzinnt wird der Kolben nie mit festem Salmiak, sondern nur blank gefeilt und im Lote gerieben; gut ist z. B., den hinteren Teil der Lötstange für die letztere Operation zu reservieren.

Talg, neutralem Chlorzink und Sublimat leistet gute Dienste, falls die Verkupferung nicht anginge.

Das Hartlöten bietet keine Schwierigkeiten. Als Lot dient eine Legierung von: 52 Tle. Kupfer, 46 Tle. Zink, 2 Tle. Zinn; auch genügt ein anderes nicht zu strengflüssiges Lot; auch gelangt man durch Einlegen von Messingblechstreifen zum Ziele. Als Lötmittel dient Borax.

Neue Aluminiumlote sind Allot und Fermor. Für einzelne Zwecke gibt es schon ganz brauchbare Aluminiumlote, doch, wenn die Lötung auch korrosionsbeständig sein soll, versagen die meisten der angegebenen Lötmittel. Das Autogenschweißen ist in diesem Falle noch das beste Verfahren, während hier auch z. B. ein Nieten mit Kupfernieten versagt, denn das Kupfer erhöht die Angreifbarkeit des Aluminiums stark, wenn das Stück feucht wird.

Von Otto Kuhn in Elberfeld wurden neuestens zwei Aluminiumlote: „Allot" und „Fermor", in den Handel gebracht, welche den Vorteil sehr einfacher Handhabung besitzen. Diese Lote werden mit dem Bunsenbrenner oder mit der Lötlampe ohne jeden Zusatz niedergeschmolzen und gestatten nicht nur, Aluminium zu löten, sondern auch Eisen, Stahl, Kupfer oder Messing an Aluminiumgegenstände fest anzulöten.

Andere Lote für Aluminiumbronzen: 80 Tle. Zink, 20 Tle. Aluminium oder 12 Tle. Aluminium, 8 Tle. Kupfer, 8 Tle. Zink. Man schmilzt zuerst das Kupfer im Tiegel, setzt dann nach und nach das Aluminium zu, dann nach dem Mischen mit einem Eisenstab und einigem Abkühlen das Zink.

Aluminiummessing wird wie das gewöhnliche Messing mit Weich- oder Hartlot gelötet.

C. Lötmittel.

I. Für das Weichlöten. 1. Kolophoniumpulver oder Salmiak in Stücken; 2. Chlorzink allein oder in Verbindung mit Salmiak.

Lötsalz.

200 g säure- und eisenfreies Chlorzink, gemischt mit 200 g Salmiakpulver. Für den Gebrauch wird soviel als nötig in wenig Wasser gelöst (1 Tl. Salz in 3—4 Tle. Wasser). Beim Löten von vielen Gegenständen, z. B. von Telegraphendrähten, taucht man die letzteren in geschmolzenes Zinn, dessen Oberfläche mit geschmolzenem Chlorzink bedeckt ist.

Lötwasser, säurefreies.

Chlorzink, säurefrei .	20 Tle.
Salmiak	20 „
Wasser.	60 „

Empfohlen wird auch folgende Mischung: 1 Tl. Milchsäure, 1 Tl. Glyzerin, 8 Tle. Wasser; die Lötstelle wird hiermit genetzt.

Lötpaste.

Säurefreies Lötwasser wird mit Stärkemehl verdickt, bis eine Paste entsteht. Diese Paste ist leichter als das Lötwasser haftend aufzutragen.

Lötfett

für Weißblech: 250 Tle. Kolophonium, 150 Tle. Rindstalg, 150 Tle. Baumöl werden geschmolzen, dann 50 Tle. Salmiakpulver zugesetzt, das man in wenig Wasser löste.

Dieses Lötfett ist dem gewöhnlichen Kolophoniumpulver vorzuziehen, da es sich nach dem Löten leichter als Kolophonium entfernen läßt.

Für Aluminiumlegierungen: Gleiche Teile Kolophonium und Talg werden zusammengeschmolzen, dann ebensoviel Chlorzink eingerührt.

Für Eisen: In 50 Tle. Baumöl werden 50 Tle. Salmiakpulver eingerührt.

II. Für das Hartlöten. 1. Borax, entweder trocken oder mit Wasser oder Petroleum zu einem Brei angerührt, wird auf die Lötfuge gebracht.

Am besten verwendet man sog. gebrannten, d. h. den durch Erhitzen von seinem Kristallwasser befreiten und gepulverten Borax, wodurch das starke Aufblühen desselben beim Erhitzen vermieden wird. Der Borax wirkt, indem er die Metalloxyde auflöst und eine geschmolzene Schutzdecke bildet. Man hüte sich, daß der Borax nicht mit schwefelsaurem Natrium vermischt sei. Solcher Borax ist zum Löten unbrauchbar.

Nach älterer Angabe erhält man einen guten Lötborax, sog. Streuborax, durch Zusammenstoßen von 1 Tl. entwässertem Borax, 4 Tle. Potasche und 4 Tle. Kochsalz.

An Stelle des Borax verwendet man nach Ackermann mit Vorteil das von ihm dargestellte Borsäurewasserglas, das sich als vorzügliches Flußmittel für Hartlötungen erwiesen hat. (D. R. P. 217 256 vom 26. August 1906.) Während der Borax auf 2 Moleküle Borsäureanhydrid 1 Molekül Natriumoxyd enthält, sind im Borsäurewasserglas auf 3—4 Moleküle Borsäureanhydrid 1 Molekül Natriumoxyd zugegen. Das Borsäurewasserglas stellt einen durchsichtigen, stark klebenden, farblosen Sirup dar. Die Lötfläche wird bei großen Metallstücken vor dem Zusammensetzen mit diesem Sirup bestrichen; man ist dann sicher, daß im Feuer das Flußmittel und folglich das Lot an alle Stellen hindringt. Bei kleineren Lötungen kann man auf keine bequemere Art das Lot an seinen Ort bringen, als daß man mit einem in den Sirup getauchten spitzigen Hölzchen an einen Punkt tupft oder über eine Naht einen Strich zieht und ganz feines Lot aufstreut. Wie Sand an der Tinte, bleibt das Lot genau an der richtigen Stelle hängen, und zwar nach dem Trocknen sehr fest. Das Borsäurewasserglas bläht sich beim Erhitzen nicht wie der Borax auf, hat ein starkes Dekapierungsvermögen und bewirkt ein leichtes Fließen des Lotes. Beim Löten von Messing hat es den besonderen Vorteil, daß nach dem Erkalten die Schmelzkruste sich sehr leicht entfernen läßt. Am besten stellt man das Borsäurewasserglas dar durch Mischen von 3 Tln. Borax und 1 Tl. Borsäure. Beim Erwärmen verflüssigt sich die Mischung, die beim Gebrauche etwas mit Wasser verdünnt wird. Der Borsäurewasserglassirup erstarrt bei Erschütterungen zu einem Kristallklumpen. Ein altes Goldschmiedeverfahren, das darin bestand, dem Borax der besseren Klebkraft wegen etwas Salpetersäure (Scheidewasser) zuzusetzen, benützt unbewußt die alkaliärmere Borsäureverbindung, das Borsäurewasserglas (so genannt, weil diese Verbindung dem Kieselsäurewasserglas analog ist).

2. Sehr vorteilhaft ist es, zur Verhütung von Oxydation beim Hartlöten, z. B. beim Löten des Eisens mit Kupfer, die Stücke in Lehm zu schlagen, dem Flachsschäbe zugesetzt sind, zur Verhinderung des Reißens.

3. Zum Hartlöten des Kupfers und der Kupferlegierungen bedient man sich des Kryoliths als feinen Pulvers, oder 3 Tle. Kryolithpulver, 1,5 Tle. Phosphorsäure, oder 3 Tle. Kryolithpulver, 3 Tle. Ammoniumphosphat.

Müllersches Lötwasser: 1 l Phosphorsäure, 1 l Weingeist 80%.

Lötpulver für Aluminiumbronze.

Gleiche Teile Kryolith und Chlorbarium, auch Fluornatrium, entwässertes Natriumphosphat, letzteres allein oder mit gleichen Teilen Borsäure gemischt, werden als gute Lötpulver angewendet.

Zum Löten von Eisen mit Gußeisen. 10 Tle. Gußeisenfeilspäne werden mit 10 Tln. kalziniertem Borax zusammengeschmolzen; das schwarze Glas wird gepulvert und in die Fuge gestreut. (S. a. S. 209.)

Lötpulver für engl. Gußstahl.

	I.	II.	III.	IV.
Borax	64	61	300	300
Salmiak	20	17	300	200
Blutlaugensalz	10	52	—	—
Kolophonium	5	5	—	—
Weißes Pech	—	—	300	—
Berlinerblau	—	—	—	1
Schmiedeeisenteile	—	—	—	100

Die Stoffe werden zusammen erhitzt; dabei schmilzt das Ganze zuerst im Kristallwasser des Borax; dann wird erhitzt, bis das Ganze wieder trocken ist, und gepulvert. Das Pulver wird auf den glühenden Stahl gestreut.

Kalte Lötung. Um kalt zu löten, verreibt man nach einem von Fletcher in Washington angegebenen Verfahren 1 Tl. Natrium mit 50—60 Tln. Quecksilber, welche Masse gewissermaßen als Lötwasser dient. Das eigentliche Lot oder die Plombe ist ein Kupferamalgam, das man erhält, indem man eine Kupfervitriollösung mit Zink fällt, den Niederschlag wäscht und mit der doppelten Gewichtsmenge oder etwas mehr Quecksilber verreibt und zu Kugeln formt. Diese werden vor dem Gebrauch in einem kleinen Mörser weich gerieben. Wenn man nun die Verbindungsstelle zunächst mit dem Natriumamalgam anreibt, so haftet das Kupferamalgam daran und erhärtet in etwa 3 Stunden. Die Masse kann evtl. mit dem Hammer oder Meißel wieder zerbrochen werden.

Zur kalten Lötung (eigentlich Kitten) von Eisen wird ein mit konzentrierter Schwefelsäure dickbreiig angemachtes Gemisch von 6 Tln. Schwefel, 6 Tln. Bleiweiß und 1 Tl. Borax angewendet. Nach 5—6 Tagen tritt vollständige Erhärtung ein.

Löten mit Chlorblei. Nach der bisherigen Methode des Lötens mit dem Kolben gelingt es nur auf Umwegen, oder oft auch gar nicht, die für Lötzwecke sich eignenden Metalle an dem Kolben zum Anhaften zu bringen, um dieselben auf die Lötnaht zu übertragen. Zu den ersteren gehören Zinn und Schnellot (bei Zinnlegierungen). Die Lötbahn des Kolbens muß für diese Fälle durch Feilen blank gemacht (angefrischt) werden und wird dann durch Reiben auf mit Kolophonium bestreutem Zinn zunächst verzinnt, bevor der Kolben zum Löten geeignet ist. Mit reinem Blei zu löten, gelingt mit dem Kolben nach den bisherigen Methoden gar nicht. Die Anwendung von Chlorblei gestattet, nach dem Verfahren von Dr. Wachhausen, nicht nur mit Blei zu löten, sondern vereinfacht auch das Löten mit Schnellot bzw. Zinn. Das Verfahren besteht darin, daß die Lötbahn des erhitzten Kolbens mit dem Chlorblei in Berührung gebracht und nachdem dasselbe zum Schmelzen gelangt ist, das zu übertragende Lot, analog dem bisherigen Verfahren, aufgenommen und auf die zu verbindende Fuge übertragen wird. Es gelingt auf diese Weise leicht, Blei, Zink, Kupfer, Messing, Eisen, verzinktes, verzinntes und verbleites Eisen zu löten. Die Anwendung des Chlorbleies beim Löten mit Schnellot macht ein Abfeilen und Verzinnen des Kolbens entbehrlich und erfordert höchstens eine oberflächliche Reinigung desselben von Kohle und Aschepartikelchen. Vorzüge dieses Lötverfahrens mit Chlorblei sind Zeitersparnis und Billigkeit, indem dadurch das billige Blei als Lot benutzt und dasselbe auch mit dem Lötkolben behandelt werden kann.

Der Begriff Löten wird öfters dahin erweitert, daß man ähnliche Operationen darunter einbezieht. Man kann z. B. zwei gleichartige Metalle von niederem Schmelzpunkt, wie Blei oder Zinn, durch lokales Erhitzen bis zum Schmelzen ohne Anwendung eines Lotes gut verbinden. Das Schweißen (siehe S. 203 u. f.) ist auch eine Art Lötung.

Ähnlichkeit mit dem Löten hat dann noch das sog. Vergießen; hierbei werden zwei Metallstücke mittels zwischen die Fugen eingegossenen, über den Schmelzpunkt erhitzten Metalles miteinander verbunden. Unter Anschweißen versteht man ein ähnliches Verfahren, indem man ein Metallstück, das verlängert werden soll, in eine Sandform bringt und dann oben das stark erhitzte flüssige Metall aufgießt.

3. Kitte für Metallarbeiten.

Unter dem Begriff „Kitt“ versteht man Mischungen der verschiedensten Art, welche, in dickflüssigem oder teigartigem Zustande zwischen die zu verbindenden Stoffe gestrichen, nach kürzerer oder längerer Zeit erhärten und dadurch eine feste Verbindung bewirken. Ein guter Kitt muß dem Verwendungszweck angepaßt sein, an den zu verbindenden Stoffen fest adhäsieren und so viel Festigkeit aufweisen, daß er den trennenden Einwirkungen, denen er ausgesetzt ist, widersteht. Vor dem Gebrauch der gekitteten Gegenstände muß der Kitt vollständig erhärtet sein.

1. **Eisenkitte**, sog. Rostkitte. Die Wirkung der Eisenkitte beruht wohl auf der Bildung und nachträglichen Erhärtung von kolloidalen Eisenoxychloridverbindungen. Die Eisenkitte erhärten erst innerhalb einiger Tage vollständig und sind erst dann hitzebeständig.

Eisenkitt, sog. Rostkitt, zur Verbindung und Dichtung von Guß- und Schmiedeeisen, z. B. Wasserleitungsröhren, gußeisernen Koch- und Waschkesseln, zum Ausfüllen von Gußfehlern, für eiserne Wasserbehälter, Dampfröhren usw.

2 Tle. gepulverter Salmiak werden mit 1 Tl. Schwefelblumen und 60 Tln. feinen Eisenfeilspänen gemischt und mit Wasser, dem der sechste Teil Essig oder einige Tropfen konzentrierte Schwefelsäure zugesetzt sind, zu einem steifen Brei angestoßen. Der Kitt kommt auf die blank gemachten Teile und wird fest eingedrückt. Nach einigen Tagen erhärtet dieser Kitt vollkommen. Färben mit Graphit.

Eisenkitt für feinere Gußstücke,
z. B. Verzierungen an eisernen Öfen, Kaminen usw.

100 Tle. fein gepulvertes Eisen (Limatura ferri der Drogenhandlungen) werden mit 1 Tl. Salmiakpulver und 1 Tl. Kochsalz gemischt und mit Wasser angestoßen.

Eisenkitt für Glühhitze,
z. B. für Verbindung von Rohren, die im Feuer liegen.

4 Tle. Eisenfeile, 2 Tle. Ton, 1 Tl. Porzellankapselmasse werden mit Kochsalzlösung zu einem dicken Brei angerührt und dann zwischen den Flanschen mit Schrauben zusammengepreßt.

Für gesprungene Eisenplatten empfiehlt sich folgender Kitt:

20 Tle. Eisenfeile, 12 Tle. feingepulverter Eisenhammerschlag, 30 Tle. gebrannter Gips, 10 Tle. Kochsalz werden mit Wasserglaslösung zu einem steifen Brei angemacht.

2. **Ölkitte und Glyzerinkitt.** Die ersteren beruhen einerseits auf der Eigenschaft der trocknenden Öle, insbesondere Leinöl, durch Sauerstoffaufnahme aus der Luft nach und nach zu erhärten, anderseits auf der Verbindung geeigneter basischer Stoffe mit diesen Ölen zu harten Massen. Diese Kitte erlangen erst nach einiger Zeit eine gewisse Festigkeit.

Die Glyzerinkitte

beruhen auf der Fähigkeit des Glyzerins, mit Bleioxyd eine harte, wasserunlösliche Verbindung einzugehen. Sehr geeignet zum Ausbessern von Fehlern in Glockenguß, dazu vermengt mit Bronzemetallspänen.

Blei- oder Mennigkitt.

Wasserdichte Kitte (Ölkitte) für Gas- und Wasserleitungsrohre, besonders für kleinere Teile.

Bleiweiß oder Mennige werden mit Leinölfirnis oder fettem Kopallack angerieben, so daß eine feste, knetbare Masse entsteht.

Die Erhärtung findet sehr langsam, erst nach Wochen statt; Dichtung aber tritt schon vor dem vollständigen Erhärten ein.

Dieser Kitt wird besonders für schmiedeeiserne Gasleitungsröhren, Nietnähte bei Gasometern, Warmwasserröhren, gußeisernen Flanschenrohren, Warmwasserheizungen usw. angewendet. Manchmal wird demselben noch Gips zugesetzt. Billiger für gleiche Zwecke sind nachstehende, ebenfalls sehr gute Kompositionen.

1 Tl. Bleiweiß, 1 Tl. Braunstein, 1 Tl. weißer Ton werden gut gemischt und mit heißem Leinölfirnis zu einem steifen Teig angeknetet, oder 2 Tle. Mennige, 5 Tle. Bleiweiß, 4 Tle. Ton und Firnis, oder besonders für Wasserleitungsrohre: In eine heiße Mischung von 3 Tln. Leinölfirnis und 10 Tln. Kolophonium werden 10 Tle. gebrannter Kalk und 10 Tle. fein zerzupfte Baumwolle oder Zellulose eingeknetet; der Kitt kommt sofort zur Verwendung.

Für die Verwendung im großen für Wasserleitungen:

24 Tle. Zement, 8 Tle. Bleiweiß, 2 Tle. Bleiglätte werden gemischt, sodann mit Leinöl, das man erhitzt und darin 2—3% Kolophonium gelöst hat, angeknetet.

Diamantkitt.

10 Tle. Kreidepulver, 15 Tle. Bleiglätte, 50 Tle. Graphit fein gepulvert, 5 Tle. zerfallener Kalk, 20 Tle. heißes Leinöl. Der Kitt wird warm angewendet.

Dampfröhrenölkitt.

12 Tle. Graphit, 16 Tle. feinst gepulverter Schwerspat, 16 Tle. gebrannter Kalk, 6 Tle. Leinölfirnis.

Metallkitt.

100 Tle. Zinkoxyd, 100 Tle. schwefelsaures Blei, 100 Tle. Braunsteinpulver, 100 Tle. Eisenoxyd, gemischt und mit 36 Tle. Leinöl angeknetet.

Kitt zum Befestigen von Metallbuchstaben auf Glas, Marmor, Holz u. dgl.

Man mischt 15 Tle. Kopalfirnis, 5 Tle. Leinölfirnis, 5 Tle. Terpentinöl und setzt dann 10 Tle. gelöschten Kalk hinzu.

Metallbeschläge auf Glas, Porzellan usw. zu befestigen: 2 Tle. guter Leim in Wasser gelöst und 1 Tl. guter Leinölfirnis nebst 1/2 Tl. venetianischem Terpentin unter Erwärmung auf Kohlen hinzugefügt. Die gekitteten Gegenstände müssen 40—60 Stunden lang zusammengebunden bleiben.

Dichtungen.

Zum Dichten dienen mit Leinölfirnis getränkte Leder- oder Filzscheiben.

Kitt zur Befestigung von Glas auf Metall (wasserdicht und sehr widerstandsfähig).

Glyzerinkitt. Fein gepulverte Bleiglätte wird mit 80% Glyzerin zu einem dicken Brei verrieben. Der Kitt muß stets frisch bereitet werden.

3. **Leimkitte.** Diese beruhen auf der anklebenden und verkittenden Eigenschaft der kolloidalen Leimlösungen. Durch nachheriges Bestreichen mit Formaldehydlösung oder Tanninlösung können diese Kitte wasserbeständig gemacht werden.

Kitt zur Befestigung von Zink auf Zink.

Man läßt gewöhnlichen Leim 12 Stunden in kaltem Wasser aufquellen, schüttet sodann das Wasser von der Leimgallerte weg, bringt letztere durch Erwärmen in Fluß und fügt so viel zu Staub gelöschten, fein gesiebten Kalk nebst etwas Schwefelblumen hinzu, bis die Konsistenz eines Kittes erzielt ist, der sofort warm in Anwendung kommen muß.

Kitt zum Aufeinanderkitten dünner Blechplättchen.

Man löst feingeschnittene Hausenblase in wenig Wasser bei gelinder Wärme, die nicht bis zum Sieden steigen darf, alsdann setzt man so viel Salpetersäure zu, als man Hausenblase angewendet hatte. Der Kitt trocknet langsam.

Metalle auf Holz zu befestigen: Man macht eine dicke Leimauflösung und rührt bis zur nötigen Konsistenz feingemahlene Kreide darunter.

Ferner Schellack mit Bimsteinpulver zu gleichen Teilen zusammengeschmolzen, durch Harz oder Pech mit Ziegelmehlpulver und Wachs.

Kitt zum Befestigen von Leder auf Metall.

Man bestreicht das Metall mit einer heißen Leimlösung und tränkt das Leder mit einer heißen Auskochung von zerstoßenen Galläpfeln. Dann legt man beide aufeinander, preßt sie zusammen und läßt sie trocknen. Auf diese Weise haftet das Leder so fest an dem Metalle, daß es, ohne zu zerreißen, nicht davon losgetrennt werden kann.

Juwelierkitt.

Hausenblase	100
Mastixfirnis	50

Man löst die Hausenblase in möglichst wenig Wasser unter Zusatz von etwas starkem Weingeist; der Mastixlack wird bereitet, indem man feinst gepulverten Mastix mit einer Mischung aus Alkohol 96% übergießt und in der geringstmöglichen Flüssigkeitsmenge auflöst. Die beiden Lösungen von Hausenblase und Mastix werden in einer Porzellanschale auf das innigste zusammengerieben.

Leimkitt für Metall und Glas.

60 Tle. heiße Leimlösung werden mit 20 Tln. Leinölfirnis gemischt und heiß aufgetragen.

4. **Harzkitte.** Die Harzkitte beruhen darauf, daß die Harze bei größter Klebrigkeit beim Erhitzen schmelzen und beim Abkühlen wieder erstarren. Um die Sprödigkeit der Harze zu mildern, werden verschiedene Zusätze gemacht. Die Harzkitte sind sehr widerstandsfähig, wasserdicht, aber nicht hitzebeständig.

Kitt für emaillierte Zifferblätter auf Uhren.

$2^1/_2$ Tle. Dammarharz und $2^1/_2$ Tle. Kopal, in möglichst farblosen Stücken, werden zu feinem Pulver gerieben, hierauf werden 2 Tle. venetianischer Terpentin und so viel Weingeist zugesetzt, daß das Ganze einen dicken Brei bildet. Hierzu werden dann 3 Tle. feinstes Zinkweiß gerieben. Die Masse hat nun die Konsistenz einer angeriebenen Ölfarbe. Um den gelben Strich des Kittes zu beseitigen, fügt man zu dem Zinkweiß eine Spur Berlinerblau hinzu. Zuletzt wird das Ganze erwärmt, bis der Weingeist verjagt ist und eine geschmolzene Masse zurückbleibt, die man erkalten läßt und für den Gebrauch aufbewahrt. Vor der Verwendung werden die zu kittenden Teile erwärmt.

Zur Befestigung von emailliertem Eisenblech auf Holz dient eine Mischung, bereitet durch Zusammenschmelzen von gleichen Teilen Schellack und Guttapercha. Die Masse wird zu Stangen ausgerollt. Beim Gebrauche wird erwärmt. (Auch eine Mischung von Wasserglas mit Kreide zur dickbreiigen Konsistenz ist hierzu zu gebrauchen.) Eine andere Vorschrift lautet:

Man schmilzt in einem eisernen Gefäße über freiem Feuer zuerst 1 Tl. gelbes Wachs, gibt dann 2 Tle. gereinigte, zerschnittene Guttapercha dazu, bis unter beständigem Umrühren sich die letztere mit dem Wachs zu einer homogenen Masse vereinigt hat, und fügt endlich noch 2 Tle. Schellack hinzu. Wenn alles geschmolzen und gleichmäßig verrührt ist, gießt man die Masse auf einen benetzten Stein aus und befördert die innige Vermischung ihrer Bestandteile schließlich noch durch das Kneten der halb erstarrten Masse mit den befeuchteten Fingern. Der in Stangen ausgerollte Kitt wird heiß aufgetragen.

Metalle mit Glas zu verbinden: 1 Tl. gelbes Wachs, 4 Tle. schwarzes Pech und 4 Tle. Harz geschmolzen und 1 Tl. feines Ziegelmehl daruntergerührt, evtl. noch Harz, Schwefel, Eisenfeile oder Graphit dazu.

Um Glas in Metallhülsen zu befestigen, dient Siegellack, dem man noch mehr Zähigkeit geben kann, indem man es schmilzt und mit etwas venetianischem Terpentin vermischt. Die metallenen Fassungen sind dabei etwas zu erwärmen. Oder: 8 Tle. Kolophonium, 2 Tle. weißes Wachs und 4 Tle. Englischrot zusammengeschmolzen, 1 Tl. venetianischen Terpentin zugesetzt und bis zum Erkalten gerührt. Dieser Kitt wird beim Gebrauche erwärmt und auf die erwärmten Stellen aufgetragen.

Glas und Messing miteinander zu verbinden: 5 Tle. Harz und 1 Tl. Wachs geschmolzen und in die flüssige Mischung 1 Tl. gebrannten Ocker und $^1/_4$ Tl. Gips gerührt. Oder: 4 Tle. Fichtenharz und 1 Tl. Wachs zusammengeschmolzen und 1 Tl. geschlämmtes Ziegelmehl oder Kreide zugerührt. Wird warm auf die erwärmten Flächen aufgetragen.

Harzkitte zum Einkitten von Messerklingen.

(Heiß zu verwenden.) 2 Tle. Schellack werden geschmolzen und 1 Tl. Schlämmkreide eingerührt, oder 20 Tle. Kolophonium geschmolzen, dann 6 Tle. Schwefel und 8 Tle. Eisenfeile eingerührt.

Kitt für Holz auf Metall.

4 Tle. schwarzes Pech werden geschmolzen, dann 1 Tl. Schwefel und 1 Tl. Gemisch von gleichen Teilen Eisenfeile und Ziegelmehlpulver eingerührt, bis die richtige Konsistenz entstanden ist.

Metallplatten in hölzerne Kästen zu kitten: 6 Tle. Harz mit $^1/_4$ Tl. Leinöl zusammengeschmolzen und 1 Tl. gebrannten Ocker nebst $^1/_2$ Tl. gebrannten Gips hinzugerührt.

Schienenkitt, Gußfehlerkitt.

Schusterpech, Leinöl, Kreide, Harz, Schwerspat, Graphit zu ungefähr gleichen Teilen zusammengeschmolzen.

Wasserdichter Kitt für Installateure.

Steinkohlenteer mit 12% Schwefel zusammengeschmolzen, mit trockenem Kalkhydratpulver zu einem Teig angemacht, heiß verwendet.

Harzlösungen, insbesondere Kautschuk bzw. Guttapercha in Benzin bzw. Chloroform können sehr gut verwendet werden.

Kitt zur Befestigung von Kautschuk auf Metall.

Man erwärmt pulverisierten Schellack in der zehnfachen Menge starken Salmiakgeistes; diese Lösung macht den Kautschuk weich; nach Verflüchtigung des Salmiakgeistes erhärtet er jedoch, und wird für Gase und Flüssigkeiten undurchdringlich.

5. **Metalle oder Legierungen als Kitt.** Kitt zum Ausfüllen fehlerhafter Stellen in Metallgüssen. 1 Tl. Wismut, 3 Tle. Antimon, 8 Tle. Blei, oder man gießt mit schmelzendem Blei oder einer geeigneten Legierung. Diese Verkittung ist sehr haltbar. Auch kann man hierzu das sog. Spencemetall (Schwefeleisen, Schwefelblei, Schwefelzink und Schwefel), für kleinere Sachen auch den sog. Metallkitt (= Kupferamalgam) S. 42 verwenden.

6. **Kaseinkitte.** Für Befestigung von Metall und Stein dient auch zweckmäßig eine ziemlich schnell erhärtende Mischung von Käsestoff (sog. Quark oder Topfen) mit 20—25% gebranntem Kalk.

Zu gleichem Zwecke dient ein angestoßenes Gemenge von 10 Tln. Quarzsand, 10 Tln. gelöschtem Kalk und 8 Tln. Kasein (sog. Topfen).

7. **Magnesiumoxychlorid- und Zinkoxychloridkitte.** Für gewisse Zwecke eignet sich auch der sog. Magnesiazementkitt und der Zinkoxychloridkitt für Metall, besonders für Verbindung von Metall und Stein. Der erstere wird bereitet, indem man gebrannten Magnesit (im Handel unter dem Namen Steinkittpulver erhältlich) mit konzentrierter Magnesiumchloridlösung zu einem dicken Brei anrührt und aufträgt. Der Zinkoxychloridkitt wird bereitet durch Vermischen von Zinkoxyd mit 40—50% Zinkchloridlösung. Beide Kitte erhärten nach einigen Tagen zu steinharten Massen. Man kann denselben auch noch Glaspulver, Marmorpulver oder Quarzsand beimengen.

8. **Wasserglaskitte.** Kitt für Metall auf Porzellan. 2 Tle. Flußspatpulver und 1 Tl. Glaspulver werden mit so viel Wasserglaslösung gemischt, daß eine dickliche Masse entsteht. Dieselbe wird rasch auf die zu verkittenden Flächen aufgetragen und dann gut aufeinandergepreßt. Nach einigen Tagen erreicht dieser Kitt eine bedeutende Festigkeit. Das Flußspatpulver und das Glaspulver müssen möglichst fein gesiebt sein.

Kitt für eiserne Teile, die höhere Temperaturen aushalten müssen: 52 Tle. Braunstein, 25 Tle. Zinkoxyd, 5 Tle. Borax werden gemischt, mit Wasserglaslösung angemacht und sofort verwendet. Dieser Kitt trocknet allmählich, hält aber dann gut höhere Temperaturen aus; oder Asbest mit Wasserglas angemacht.

9. **Gips-, Zement-, Schwefel- und Tonkitte.** Kitte zum Befestigen von Eisen in Stein. 1. Man vergießt mit Gips oder Zement, die mit der nötigen Menge Wasser angerührt sind. Die Lochwände werden zuerst angefeuchtet; dem Gips setzt man zweckmäßig feine Eisenfeilspäne zu. 2. Man gießt mit geschmolzenem Schwefel aus. Dünne Steinteile werden jedoch durch die beim Erstarren eintretende Ausdehnung des Schwefels leicht zersprengt. Durch Zumischung von Eisenoxyd (sog. Kolkothar) soll dies vermieden werden.

Tonkitt für Metalle. 5 Tle. Glaspulver, 5 Tle. Schamottemehl, 1 Tl. Borax mit Wasser angeknetet.

Gipsharzseifenkitt.

Kitt zur Befestigung von Messing auf Glas, der dem Petroleum widersteht.

1 Tl. Ätznatron wird mit 5 Tln. Wasser und 3 Tln. Kolophonium bis zur Lösung des Kolophoniums (Harzseifelösung) gekocht; sodann rührt man die Hälfte des Gewichtes Gips darunter. Erhärtung nach $^1/_2$—$^3/_4$ Stunden. Auch dient zum gleichen Zweck eine Mischung heißer Leimlösung mit gelöschtem Kalk zur Sirupkonsistenz

IV. Vollendungs- und Verschönerungsarbeiten.

A. Mechanische und chemische Reinigung.

(Schleifen, Kratzen, Beizen, Brennen.)

Während der verschiedenen Herstellungsarbeiten, insbesondere durch die vielfachen Temperaturerhöhungen, denen sie ausgesetzt werden, bedecken sich die Metalle vielfach mit schwächeren oder dickeren Oxydschichten, Ruß, Öl usw., so daß sie meist in einem sehr unansehnlichen Zustande erscheinen. Um denselben ein schönes, blankes, metallisches Aussehen zu geben oder zur Vorbereitung weiterer Verschönerungsarbeiten, wie z. B. Ätzen, Färben, Emaillieren oder zum Zwecke der Erzeugung von Metallüberzügen aller Art müssen dieselben einer weiteren Reinigungsarbeit unterworfen werden, welcher eine sehr wichtige Rolle zukommt, da davon das Gelingen der weiteren Arbeiten abhängig ist.

Man bedient sich dazu sowohl mechanischer als chemischer Arbeitsverfahren, die meist in Verbindung miteinander angewendet werden.

Die wichtigsten vorhergehenden mechanischen Arbeiten sind das Schleifen, Kratzen und die Arbeit mit dem Sandstrahlgebläse. Die chemischen Verfahren bestehen im Beizen (Abbeizen), Blankbeizen oder Brennen der Metallgegenstände mittels geeigneter Säuren oder Säuremischungen, ferner im Reinigen und Entfetten, sei es mit fettlösenden Flüssigkeiten (Petroleum, Benzin usw.) oder fettemulsierenden alkalischen Laugen, wie Kalkbrei, Ätznatronlauge, Soda oder Potaschelösungen.

Das Schleifen bezweckt die Herstellung metallisch blanker Metalloberflächen durch Wegfegen der Oxydschichten, Gußhaut usw., wie der oberflächlich liegenden Metallteilchen. Das Schleifmaterial muß daher stets härter sein als das zu schleifende Metall.

Das Schleifen im engeren Sinne oder das Spezialschleifen mit Spezialmaschinen für Werkzeuge, besonders der Stahlfabrikate, gehört in das Gebiet der mechanischen Technologie.

Das Schleifen wird trocken oder feucht (Wasser, Weingeist, Glyzerin, Öl usw.) ausgeführt mit Handbetrieb oder maschinellen Vorkehrungen. Man benützt die mannigfachsten, den verschiedenen Erfordernissen angepaßten Hilfsmittel: Bimsstein, Sand, Glaspulver, Kalk, Schmirgelpulver (körniger Korund = kristallisierte, natürliche Tonerde), Bürsten aus Borsten, Stahl- oder Messingdraht, Rollfässer, Schleifsteine aller Art, wie Sandsteine, Wetzschiefer, Schmirgelscheiben, sog. Feuerscheiben, dann in neuerer Zeit besonders den künstlichen Korund (Korubin), der bei dem aluminothermischen Schweißverfahren (siehe S. 205) als Schlacke abfällt (geschmolzene Tonerde) und den Karborund (Siliziumkarbid), hergestellt durch Schmelzen von einer Mischung aus 50% reiner Kohle, 25% Aluminiumsilikat und 25% Kochsalz im elektrischen Ofen. (Siloxikon ist Siliziumdikarbid.) Das Sandstrahlgebläse, das sich der vielfachsten Anwendung erfreut, dient in Eisengießereien zum sog. Gußputzen, d. h. zum Entfernen der Gußhaut von den Erzeugnissen (siehe später bei Eisen und bei Mattieren).

Entscheidend für die Schleifwirksamkeit des Schmirgels ist die Beschaffenheit seiner Körner, d. h. ob dieselben scharfwinklige Kanten aufweisen.

Die Schmirgelschleifsteine werden entweder bei einer Temperatur unter 400° C oder über 400° C hergestellt. Als Bindemittel dienen Magnesiazement, Silikate, Schellack oder Kautschuk, für höhere Temperaturen Ton, Korund = Siliziumkarbid.

Als Bindemittel zur Herstellung von Schleifsteinen benützt man Kaolin und Feldspat oder Kautschuk und Schellack, auch sog. Stahlbruch wird als Schleifmittel verwendet, sog. Stahlschmirgel.

Für Rot- und Gelbguß dienen besondere Schmirgelscheiben. Man hat viele verschiedene Härtegrade zur Auswahl. Man unterscheidet unter den Schleifscheiben solche von Naxosschmirgel, Korund, Kanadischem Korund, Karborund bzw. Karbonit, Karborund-Diamantin- und Elektritscheiben, ferner solche für Naß- und solche für Trockenschleifen. Die sog. Feuerscheiben z. B. (so genannt, weil bei der Arbeit damit ein Funkenregen wegschießt) können auf folgende Weise hergestellt werden:

Holzscheiben aus kreuzweise verleimten Weichholzbrettern werden möglichst genau in der Mitte mit einem viereckigen Loch versehen, auf die konische Spindel einer passenden Schleifmaschine aufgesteckt und nun mit einem Drehstahl, wie ihn die Drechsler führen, überdreht so daß sie, ohne zu schlagen, vollkommen rund laufen. Wenn dies erreicht ist, werden sie durch einen kurzen Schlag von der Spindel abgenommen und beledert. Dazu wird ein vorher in Wasser eingeweichter Streifen aus sämischem Leder durch Einschlagen zweier Tapezierernägel am Umfang der Scheibe befestigt, ein Stück des Umfanges mit Kölner Leim bestrichen, der Lederstreifen über das beleimte Stück angespannt und am Ende dieses Stückes wieder mit zwei Tapezierernägeln festgelegt. So schreitet man immer weiter fort, bis man die beiden Enden des Lederstreifens scharf aneinanderstoßen kann. Dann läßt man die Scheibe trocknen, entfernt alle Nägel mit der Zange und beginnt mit dem Auftragen des Schmirgels. Man breitet Schmirgel von geeigneter Körnung auf einem Stück Papier aus, bestreicht die belederte Scheibe auf ihren Umfang dick mit Kölnischem Leim und rollt sie im ausgebreiteten Schmirgel hin und her (siehe auch Tuchscheiben S. 226).

Beim Schleifen ist sehr wichtig, nicht eher mit der nächst feineren Schmirgelsorte zu schleifen, als bis die Fläche von den Schleifstrichen der vorhergehenden Sorte befreit ist.

Schleifmittel. Für Eisen und Stahl benützt man vorzugsweise Schleifsteine, Schmirgel in Form von Schmirgelscheiben oder Schmirgelfeilen; auch Schmirgel in Form von Pulver und mit Öl befeuchtet.

Ebenso fein gepulverten Eisenhammerschlag, besonders zum Ausdrehen der Schlüsselrohre.

Für Kupfer und Messing, Tombak oder Neusilber nimmt man meist Bimsstein, natürlichen oder künstlichen (tonhaltiger, feiner Quarzsand). Auch Stahlpulver eignet sich gut.

Auch Holzkohle von Lindenholz, Holunder- oder Faulbaumholz ist gut.

Für Silber und Gold dienen Bimssteinpulver und Tripelpulver in feuchter Form, auch Kohle; doch ist hier feinster Bimsstein vorzuziehen (siehe auch bei Reinigen).

1. Die mechanische Reinigung.

Die Intensität der mechanischen Reinigung richtet sich ganz nach der Art des Zustandes, in dem sich die Metalloberflächen befinden. In vielen Fällen genügt die mechanische Reinigung mittels härteren oder weicheren Borstenbürsten, Bürsten aus Stahl- oder Messingdraht mit oder ohne Zuhilfenahme feiner Pulver von Sand, Bimsstein, Schmirgel, körnigem Korund (d. i. Tonerde), Kalk usw. Es geschieht dies entweder mit der Hand oder mit rotierenden Bürsten mit Fuß- oder Maschinenbetrieb. Die Härte der Bürsten und der Hilfsmittel muß der Härte der Metalle angepaßt sein. Für kleinere Massenartikel benutzt man rotierende Fässer, sog. **Rollfässer**, welche mit der Ware, Wasser, Sägespänen, Sand oder Schmirgel beschickt werden. Sollen die Gegenstände glänzend erscheinen, so bearbeitet man sie trocken oder naß mit Schmirgelscheiben oder mit rotierenden Borstenbürsten mit Schmirgel und Öl.

Feinere Gegenstände reibt man zur Erzielung einer gleichmäßigen Oberfläche mit feinem feuchten Sand (Seesand) oder Kreide, Neuburger Kreide (Kieselsäure), ab, spült mit Wasser und reibt mit einem reinen, fettfreien Tuche trocken.

Entfetten. Da man nach dem Entfetten die Gegenstände nicht mehr mit den Händen berühren darf, so muß man, ehe man zum Entfetten schreitet, Sorge tragen, die Gegenstände passend an Metalldrähten zu befestigen, mittels derer man dieselben dann in die Beizen usw. bringen und dieselben bewegen kann. Auch soll man am besten hölzerne Zangen zur Hand haben, womit man solche Gegenstände nötigenfalls anfassen kann.

a) Feinere und kleinere Gegenstände entfettet man am schnellsten durch öfteres Eintauchen in Äther, Benzin oder sonst ein gutes Lösungsmittel für Fette, z. B. Petroleumäther, Benzol oder Tetrachlorkohlenstoff, Trichloräthylen u. a. Wenn man öfters solche Entfettungen ausführt, hält man sich einige gut verschließbare, weithalsige Glasflaschen vorrätig, welche zu ungefähr zwei Drittel mit einem solchen Lösungsmittel, also z. B. Benzin, gefüllt sind. In der ersteren bewegt man die Gegenstände öfters hin und her, läßt sie ev. einige Minuten darin liegen, nimmt dann heraus, bringt sie dann in das zweite Gefäß mit Benzin, spült dann nochmals in dem dritten Gefäß ab und läßt dann an der Luft abtrocknen.

Je nach der Häufigkeit der Benutzung werden diese Flüssigkeiten dann zu fettreich, um sie weiter benutzen zu können. Man verwendet dann das erste Benzin, passend als Brennöl, z. B. in einem Benzinleuchter, nimmt das zweite als erstes Eintauch-, das dritte als erstes Spülbenzin, und benutzt zum letzten Abspülen neues Benzin. Wir bemerken ausdrücklich, daß diese Arbeiten wegen der leichten Entzündlichkeit des Benzins, Äthers usw. nicht bei Licht vorgenommen werden dürfen.

b) Gröbere und größere Gegenstände, und zwar solche aus Kupfer, Messing oder Bronze, Eisen, Nickel, Neusilber oder Silber, kocht man am besten in verdünnter Ätznatronlauge, 1 Tl. Ätznatron (Laugenstein) auf 10 Tle. Wasser aus, wobei das anhängende Fett emulsioniert und verseift und dadurch in Lösung gebracht wird.

Bei Metallen, welche durch diese Laugen besonders beim Kochen angegriffen werden, z. B. Zinn, Zink, Britannia, oder bei weichgelöteten Gegenständen, nimmt man in demselben Verhältnisse wie oben statt Ätznatron eine Lösung von Soda oder Potasche, welche etwas schwächer wirkt als obige Ätznatronlösung, oder eine schwächere Ätznatronlösung (1 : 20), und behandelt nur kurze Zeit. Große Gegenstände können auch mit obiger Natronlösung oder mit Kalkbrei (gelöschter Kalk) gebürstet werden.

Hierbei ist darauf zu sehen, daß der Gegenstand auch überall von der Ätznatronlösung oder Sodalösung berührt wird, daß keine Luft in Hohlräumen eingeschlossen bleibt, welche das Eindringen der Natronlösung verhindern würde. Nach einviertel- bis einhalbstündigem Kochen wird der Gegenstand an Drähten oder mit geeigneten Zangen (Holzzangen) herausgenommen und zur Entfernung der anhängenden Natron- und durch Verseifung des vorhandenen Fettes entstandenen Seifenlösung in viel reinem Wasser öfters abgespült. Am besten verwendet man hierzu sehr weiches, am besten Regenwasser, um die Bildung sich an den Gegenstand ansetzender unlöslicher Kalkseifen zu verhindern. Als Zeichen der richtigen Entfettung müssen die Gegenstände an allen Stellen das Wasser leicht annehmen.

Elektrische Entfettungsbäder. In neuerer Zeit werden Metallgegenstände, insbesondere auch Massenartikel, auch elektrolytisch entfettet, d. h. die Entfernung der Fettstoffe von Metallgegenständen wird unter Zuhilfenahme der kathodischen Wirkung des elektrischen Stromes bewirkt. Als Dekapierbad benützt man eine 10%ige Natrium- oder besser Kaliumkarbonatlösung. In diese Lösung werden die Waren genau so eingebracht wie in irgendein galvanisches Bad, so daß sie an Drähten oder in metallenen Sieben an der Warenstange hängen, welche als Kathode dient, während Eisenbleche als Anoden vorhanden sind. Geht der Strom durch das Bad, so entsteht an den Waren Ätznatron und außerdem Wasserstoff, der in feinen Bläschen aufperlt und neben der emulsionierenden und verseifenden Wirkung der Lauge das Abheben der Fettschicht von der Metalloberfläche wesentlich befördert. Kleine Massenartikel werden in flachen Sieben aus Messingdrahtnetzen an die Warenstange gehängt. Das Bad wird zweckmäßig warm gehalten. Die Spannung an den Klemmen des Bades regelt man so, daß an den Waren eine kräftige Gasentwicklung stattfindet.

Mechanische Reinigung von Arbeitsstücken aus Gußeisen (in Verbindung mit Beizen). Diese Arbeitsstücke, aus dem Gießereibetrieb kommend, zeigen noch die Vorsprünge, welche den Eingußöffnungen der Form entsprechen, ferner die Gußnähte und die sog. Gußhaut, welche als dunkle, grobkörnige Schicht das Eisen bedeckt. Um diese Gußhaut aufzulockern und die mechanische Entfernung zu erleichtern, kommen die Eisenteile zuerst in die sog. Beize, die aus verdünnter Schwefelsäure besteht (siehe bei chemischer Reinigung S. 233), die vorteilhaft erwärmt angewandt wird. Nach einviertel- bis einhalbstündiger Einwirkung werden die Gegenstände gründlich mit Wasser gespült; sodann werden mit dem Schleifstein (aus Schmirgel) die Vorsprünge und Gußnähte entfernt, sowie soweit als möglich die Gußhaut. Die Schmirgelscheibe ist zwischen den Flanschen der Schleifmaschine eingespannt. Die Schleifmaschine soll mit schmiedeeisernen Hauben versehen sein, um etwa weggeschleuderte Stückchen aufzuhalten (Schutzvorrichtung), der Staub, der sich beim Schleifen ergibt, soll abgesaugt werden. Sodann werden die Metallstücke mit den sog. Feuerscheiben behandelt (siehe S. 226).

Mit diesen Scheiben, die auf der Spindel des Schleifstandes 1200—2000 Umdrehungen in der Minute machen, werden nun die Werkstücke weiter bearbeitet und alle Flächen sorgfältig bloßgelegt. Gewöhnlich beginnt man mit einer Scheibe, die mit gröberem Schmirgel beleimt wurde, und greift dann zu einer feineren; meist ist man aber auch deshalb zu einem mehrfachen Wechsel der vorhandenen Feuerscheiben gezwungen, um alle Teile des Gegenstandes gründlich bearbeiten zu können. So kommt es z. B. vor, daß ganz schmale und kleine Scheiben aus Leder, die mit Schmirgel beleimt sind, gebraucht werden, um in alle Ecken und Winkel des Werkstückes zu gelangen. Um etwa ein Gußstück, das ein Flachrelief trägt, auch im Grund des Reliefs ausarbeiten zu können, beleimt man häufig eine Tuchscheibe, die sich infolge ihrer Nachgiebigkeit auch in die Vertiefungen hineinschmiegt, mit grobem Schmirgel und benützt sie wie eine Feuerscheibe.

Hat man nun die Gußhaut überall weggeschliffen und das Metall blankgelegt, so muß man die Striche entfernen, welche die Feuerscheiben gemacht haben, und dies geschieht mit den Polierscheiben. Man beledert zunächst zu ihrer Herstellung wieder Holzscheiben, wie dies oben beschrieben wurde, besser aber ist es, Filzscheiben oder Scheiben aus Walroßleder zu verwenden, die allerdings sehr teuer sind. Den Umfang der Polierscheiben bestreicht man mit einer Mischung aus heißem Kölnischen Leim und Schmirgel von entsprechend feiner Körnung. Ferner wird mit den Polierscheiben auch nicht trocken gearbeitet, sondern die Gegenstände werden an den zu bearbeitenden Stellen mit einer Mischung von Stearinöl und Schmirgel benetzt. Unter dem Einfluß der Polierscheiben, deren Umfang und Größe natürlich wiederum in öfterem Wechsel den Formen der zu bearbeitenden Werkstücke angepaßt werden muß, verschwinden jetzt die sog. Feuerrisse, die Waren nehmen ein gleichmäßiges Grau an. Der Schleifer nennt dies das Polieren, während die Herstellung glänzender Flächen von den Arbeitern mit Aufglänzen bezeichnet wird, ev. auch mit Abstäuben, wenn es mit pulverförmigem

Wiener Kalk geschieht. Sollen die Gegenstände mit galvanischen Metallüberzügen versehen, also z. B. verkupfert oder vernickelt werden, dann werden runde Bürsten, deren Borsten aus Fiber bestehen, auf die Schleifspindel aufgesteckt und mit ihnen die Stücke in allen Teilen gründlich überbürstet, wobei man wieder an den zu bearbeitenden Stellen eine Mischung aus Schmirgel und Leinöl aufträgt. Es muß dann entfettet werden; man entfernt durch Abwaschen mit Petroleum den ärgsten Schmutz, trocknet mit Sägespänen. Dann spült man mit Benzin, trocknet mit Sägespänen und entfernt die letzten Fettreste durch Abbürsten mit Kalkbrei, zuletzt spült man mit Wasser; solch ein vorbereiteter Gegenstand kann direkt ins galvanische Bad kommen.

Harte Güsse für Kunstgegenstände, die beim Abbrechen oder Abschneiden der Gußtrichter und Lüfte weiße, splittrige oder gar blättrige Texturen zeigen, müssen getempert, mindestens ausgeglüht werden. Ein vorsichtiges Glühen in Eisen- oder Zinkoxyd bewirkt die oberflächliche Entfernung des Kohlenstoffs. Darauf muß ein vollständiges Ziselieren und Überarbeiten erfolgen.

Verbietet sich das Tempern oder Ausglühen aus verschiedenen Gründen, so muß die Gußware einfach gebeizt werden, obwohl der Erfolg kein sicherer ist. Nur ganz feinkörniges und durch Zähigkeit ausgezeichnetes Eisen von hackigem Bruch gibt durch Abbeizen und Scheuern eine nahezu geschlossene, metallische Textur; sobald die Graphitausscheidung eine über 0,5 mm gehende ist, wird die Textur schon zu locker, um spätere metallische Fällungsüberzüge sicher und fest zu tragen.

Bei anderen Arbeiten, die mit dem Eisen vorgenommen werden, z. B. Verzinken, kann man mit einfacheren Vorbereitungsarbeiten auskommen. Es genügt z. B. vollkommen, den an den Warenstücken haftenden Hammerschlag oder „Zunder" durch Behandlung in der Beize abzulösen, dann die einzelnen Stücke tüchtig mit einer Eisendrahtbürste zu überkratzen, um allen Rost zu entfernen, sie schließlich mit Kalk zu entfetten und abzuspülen. Wenn irgend möglich, wird man selbst für dieses Entfetten noch ein abgekürztes Verfahren vorziehen und die Gegenstände in einer heißen Lösung von rohem Ätznatron (Laugenstein) oder Soda, die sich in einem eisernen (nicht emaillierten und auch nicht verbleiten, verzinkten oder verzinnten) Gefäß befindet, reinigen und sie dann, nach einem gründlichen Abspülen, ins Bad einhängen.

Handelt es sich z. B. darum, eine große Partie von geschmiedeten, großen eisernen Nägeln zu verzinken, so kann man das Beizen und das Kratzen mit der Eisendrahtbürste auch durch eine Behandlung in der Scheuertrommel ersetzen. In solche Scheuertrommeln werden die Nägel zusammen mit Quarzsand eingefüllt, die Scheuertrommeln in Gang gesetzt, und schon nach kurzer Zeit sind durch die Reibung zwischen Eisenteilen und Sand alle Flächen genügend metallisch rein, daß selbst das Entfetten entbehrlich scheint. Eine große Rolle bei den Reinigungsarbeiten spielt das **Sandstrahlgebläse.** Mittels eines solchen Apparates wird durch einen Strom von Luft, manchmal auch von Dampf, Quarzsand oder gemahlenes Glas mit mehr oder weniger großer Gewalt auf die Flächen der zu bearbeitenden Gegenstände geschleudert, wobei vollkommen metallisch reine, jedoch matte Flächen entstehen, deren Korn von der Körnung des verwendeten Sandes oder Glaspulvers abhängig ist. Die Einrichtung der Sandstrahlgebläse ist nach dem Zweck, dem sie dienen, eine recht verschiedene. Zum Reinigen größerer Gußstücke von der Gußhaut verwendet man häufig sog. Freistrahlgebläse. Der Sand wird aus der Düse eines Schlauches herausgeschleudert, welchen ein Arbeiter so führt, daß er mit dem Sandstrahl nach und nach alle Teile des Werkstückes bestreicht. Solchen Freistrahlgebläsen muß die Luft unter ziemlich hohem Druck zugeführt werden, damit der in ihnen gebrauchte Sand mit genügender Kraft gegen die zu bearbeitenden Flächen getrieben und die sehr widerstandsfähige Gußhaut zerstört wird. Man verwendet deshalb zu ihrem Betrieb auch meist Luftpumpen mit Kolben. (Siehe auch bei Mattieren, S. 239.)

Bei der mechanischen Vorbereitung von Kupfer- oder Messingwaren geht man im allgemeinen ebenso zu Werke wie bei Eisengußwaren. Man kann den Stein, die Feuerscheiben, die Polierscheiben und die Bürsten anwenden, dann in Petroleum und Benzin reinigen, schließlich mit Kalkbrei entfetten und spülen. Überflüssig ist es, die Gegenstände vorerst einem Beizen zu unterziehen; bei der Arbeit mit den Polierscheiben und den Bürsten pflegen die Schleifer auf die zu bearbeitenden Stellen meist nicht eine Mischung von Stearinöl und Schmirgel, sondern eine Mischung von Stearinöl und Bimssteinpulver aufzutragen.

Werden Gegenstände aus Messingblech schon ziemlich rein metallisch geliefert, dann genügt es meistens, sie einer Behandlung mit der Bürste, unter Befeuchtung mit der erwähnten Mischung von Stearinöl und Bimssteinpulver, zu unterziehen. Ferner muß man sie aber vor dem Entfetten und Elektroplattieren auch noch glänzen. Würde man sie nämlich im mattgebürsteten Zustand ins Bad bringen, so würde die Oberfläche des nur ganz dünnen Niederschlages ebenfalls diese Matt aufweisen und keinen Glanz annehmen, und deshalb sind die Flächen der Warenstücke so zuzurichten, daß der Niederschlag von vornherein einen gewissen Glanz hat und es bei der Vollendungsarbeit nur mehr einer kurzen Nachbehandlung bedarf. Dieses Aufglänzen der Werkstücke vor dem Entfetten und Vernickeln besorgt man nun mit Tuchscheiben.

Die Tuchscheiben werden aus kreisförmigen Abschnitten solcher Gewebe hergestellt, die zur Anfertigung von Uniformen dienen. Die einzelnen Blätter sind durch grobe Nähte mit Bindfaden zusammengehalten. Man schlägt zunächst durch die Scheibe zwei Löcher für die Bolzen der Eisenflanschen, spannt hierauf die Scheibe mittels der Schraubenbolzen zwischen die Flanschen ein und brennt mit einem angespitzten, viereckigen Eisen, das man glühend macht, durch die Mitte der Scheibe ein Loch, und zwar so, daß man das glühende Eisen zunächst bei der Öffnung der einen Flansche hineinsteckt, dann bei der Öffnung der anderen, bis das Loch gleichmäßig ausgebrannt ist. Jetzt steckt man die Scheibe auf die Spindel der Schleifmaschine und überdreht sie mit einer Messerklinge, die man über die volle Breite des Umfanges anhält, bis sie, ohne zu schlagen, vollkommen rund läuft. Wenn man nun an die laufende Scheibe ein Stück der sog. roten Paste der Schleifer anhält und mit der so präparierten Scheibe die Messingwaren behandelt, nehmen sie in kurzer Zeit einen verhältnismäßig hohen Glanz an. Dann kann man sie in Petroleum und Benzin reinigen, mit Kalk entfetten und ins Bad bringen.

Gegenstände, die neu versilbert oder vergoldet werden sollen, werden, nachdem der Silber- bzw. Goldüberzug durch chemische Behandlung (s. d.) entfernt ist, je nach Bedarf entweder nur gelbgebrannt (s. d.), oder einer Behandlung mit Schleifwerkzeugen unterworfen; das ist bei zerkratzten Gegenständen, wie z. B. Löffeln usw., nötig. Man behandelt dann zunächst mit der feinkörnigen Feuerscheibe zur Entfernung der groben Risse, dann mit der Polierscheibe und dann mit Bürsten. Dann folgt das Reinigen mit Petroleum und Benzin, das Entfetten mit Kalk usw.

Gegenstände aus weicheren Metallen, z. B. Zink, Blei, Zinn und solchen Legierungen, werden mit Bürsten und Tuchscheiben usw. bearbeitet.

2. Die Chemische Reinigung (Beizen und Brennen).

Die chemische Reinigung dient zur Entfernung der Oxydschichten und bezweckt die Herstellung metallisch reiner Oberflächen mittels erprobter, für die einzelnen Metalle verschiedener Säuregemische. Dabei wird aber nicht nur allein die Oxydschicht entfernt, sondern in vielen Fällen auch das Metall oder die Legierung oberflächlich angegriffen. Indem sich hierbei bei Legierungen ein Bestandteil (z. B. Zink bzw. Kupfer bei Messing) schneller löst als der andere, wird durch das Beizen oft auch eine Farbenänderung der Oberfläche bewirkt.

Das Beizen muß in eigenen Räumen (wegen der metallangreifenden Dämpfe) vorgenommen werden. Die Beizflüssigkeiten befinden sich je nach ihrer Zusammensetzung bzw. Angriffsfähigkeit in Steinzeugwannen, verbleiten Eisengefäßen (für Schwefelsäure), Holztrögen (für verdünnte Beizflüssigkeiten). Zumeist werden die Beizen bei Zimmertemperatur verwendet; zur Beschleunigung ihrer Wirkung werden sie auch erwärmt, indem man am besten Dampf durch ein am Boden liegendes Schlangerohr aus Blei streichen läßt. Bei Verwendung von Wannen aus Steingut oder auch solcher aus Metallen schützt man diese Gefäße vor Beschädigung durch Herabfallen schwerer Metallstücke durch Einlagen auf den Boden aus Holz (Lattenroste) aus harzreichem Holze (Lärche, Pitchpine). Die Zeit des Beizens ist durch Herausnehmen, Abspülung und Prüfung der Oberfläche zu bestimmen.

Man kann das Blankbeizen auch auf elektrolytischem Wege vornehmen, indem man die zu reinigenden Gegenstände als Anoden in ein schwaches Säurebad (verdünnte Schwefel- bzw. Salzsäure) hängt und dort kurze Zeit der Einwirkung des elektrischen Stromes aussetzt.

Nach dem Beizen müssen die Metallgegenstände durch gründliches Waschen mit Wasser von jedem Rest der Beizflüssigkeit befreit und sogleich zu anderen Arbeiten, z. B. Färben u. a., verwendet oder gut mit Sägespänen getrocknet werden.

Da sich beim Beizen teils entzündliche (Wasserstoff), teils schädliche Gase entwickeln, werden diese Operationen unter Abzügen, die in den Kamin führen, oder unter einem Holzdach im Freien ausgeführt. Zweckmäßig ist es, die Brenngefäße in einem verglasten Schrank mit leicht heb- und senkbaren Schiebetüren anzuordnen, dessen oberen Abschluß eine hölzerne Dunsthaube bildet und der auf einem mit Ziegeln aufgemauerten und verbleiten Wassertrog steht. Wenn der Schrank in einen gutziehenden Kamin mündet, an dessen unterem Ende eine Lockflamme brennt, und wenn er nach jedesmaligem Brennen wieder mit den Schiebetüren geschlossen wird, so dringen nur geringe Mengen von den Ausdünstungen aus den Brenngefäßen in den Arbeitsraum.

Selbstverständlich werden die ersten Waschwässer der Beizen wertvoller Metalle entsprechend verwertet. So kann man die Abwässer von Kupfer- und Messingbeizen über Eisenspäne (Kupferabscheidung) und dann über Kalkbrei (Neutralisation) laufen lassen.

Das Beizen gehört zu den gesundheitsschädlichsten Operationen des Metalltechnikers. Wir schalten daher hier das für diese Arbeiten Wissenswerte in hygienischer Beziehung ein.

Grundsätze für die gewerbepolizeiliche Überwachung der Metallbeizereien (Metallbrennen).

(Aus dem Amtsblatt der Staatsministerien Königreich Bayern, 1911, Nr. 30.)

1. Metallbeizereien (Metallbrennen) zum Beizen von Metallen mit Salpetersäure müssen von den sonstigen Arbeits- und von Wohnräumen durch dichte Wände abgetrennt und so angeordnet sein, daß keine schädlichen Gase in andere Arbeits- und in Wohnräume gelangen können. Verbindungsöffnungen mit anderen Arbeits- und mit Wohnräumen sind durch selbsttätig zufallende, dichtschließende Türen geschlossen zu halten.

2. Der Fußboden der Beizerei ist aus säurebeständigem Stoff (Steinplatten, harten Klinkern, Asphalt u. dgl., nicht Zement) undurchlässig und so herzustellen, daß Säuren und säurehaltige Spülwasser nach Senklöchern ablaufen müssen. Der Anschluß des Fußbodens an die Umfassungswände ist säurefest und so herzustellen, daß letztere von Säure nicht zerstört werden können. Der Fußboden und die Seitenwände müssen durch Abspritzen mit Wasser dauernd sauber gehalten werden. Die Senklöcher sind durch säurebeständige Rohrleitungen (glasierte Tonröhren u. dgl., nicht Zementröhren) mit einem ebenfalls säure-

beständigen Sammelbehälter zu verbinden, in welchem sie vor weiterer Ableitung durch Kalk oder auf andere Weise neutralisiert werden.

3. Die zum Beizen benutzten Säuregefäße müssen auf säurefestem Untergrund und, wenn nicht auf andere Weise für den Schutz der Arbeiter gesorgt ist, so hoch aufgestellt werden, daß die Arbeiter durch die Säure und die Dämpfe möglichst wenig gefährdet werden.

4. Metallbeizereien müssen durch Tageslicht und bei Dunkelheit durch künstliche Beleuchtung so gut erhellt sein, wie es die Sicherheit des Betriebes erfordert.

5. Die Säuredämpfe sind an der Entstehungsstelle in wirksamer Weise abzufangen und so abzuführen, daß sie nicht in Wohn- oder Arbeitsräume dringen können.

6. Das Ansetzen der Säure darf nur unter einem gut wirkenden Abzug erfolgen. Bei Nichtbenutzung der Beizerei sind die Säuregefäße dicht abzudecken.

7. In der Beizerei selbst dürfen organische Stoffe, wie Papier, Holz, Stroh, Kohlen, Gewebe u. dgl. nicht aufbewahrt werden.

8. Jugendliche Arbeiter dürfen in der Beizerei nicht beschäftigt werden. Doch ist in Handwerksbetrieben die Heranziehung jugendlicher Arbeiter zu Beizarbeiten insoweit nicht zu beanstanden, als die Lehrlingsausbildung in Frage steht und die Beschäftigung unter entsprechender Anweisung und Beaufsichtigung durch den Meister erfolgt.

9. Der Genuß von Branntwein ist in der Beizerei zu untersagen. Personen, die zu übermäßigem Genusse von Spirituosen neigen, sind von der Beschäftigung in der Beizerei auszuschließen.

10. Als Gegenmittel gegen Einatmung von nitrosen Dämpfen ist die Möglichkeit der Sauerstoffatmung vorzusehen. Wo Einrichtungen dieser Art nicht vorhanden sind, ist ev. durch Anschlag auf die Sauerstoff- und Wiederbelebungsapparate der nächsten Feuerwache hinzuweisen.

11. In jeder Beizerei ist auf die Gefahr der Vergiftung durch Einatmung nitroser, rotbrauner Dämpfe mittels auffallenden Anschlags eindringlich aufmerksam zu machen und anzuraten, nach Einatmung größerer Mengen dieser Dämpfe, auch bei scheinbarem Wohlbefinden, sofort den Arzt aufzusuchen und Gegenmittel anzuwenden.

12. Für den Anschlag wird folgender Wortlaut empfohlen:

Vorsicht!

Die Dämpfe der Salpetersäure, besonders die rotbraunen, sind giftig. Es ist lebensgefährlich, sie einzuatmen, da sie die Lunge angreifen.

Nicht unter die Abzugshaube beugen!

Wer Säuredämpfe in größerer Menge eingeatmet hat, suche, auch wenn er sich scheinbar wohlbefindet, sofort den Arzt auf.

Auslaufende Säure ist sofort mit viel Wasser zu verdünnen und fortzuspülen.

Nitrose Gase in Metallbeizereien (Metallbrennen). Wie entstehen nitrose Gase, wie wirken sie und wie schützt man die Arbeiter dagegen? Herausgegeben vom Institut für Gewerbehygiene, Frankfurt a. M.[1]).

In den Metallbeizereien wird zum Beizen und zum Ätzen von Messing- usw. Gegenständen ganz allgemein Salpetersäure verwendet. Die Salpetersäure ist eine sehr stark ätzend wirkende anorganische Säure, die aus Stickstoff, Sauerstoff und Wasserstoff besteht und sich dadurch auszeichnet, daß sie leicht Sauerstoff abgibt. Das ist besonders — abgesehen von chemischen Prozessen — der Fall, wenn Salpetersäure mit Metallen oder mit organischen Stoffen, wie Baumwolle, Öl, Petroleum, Sägemehl, Holz, Papier, Asche, Erde usw. zusammentrifft. Die Salpetersäure zersetzt sich dabei, indem sie Sauerstoff abgibt und sauerstoffärmere Verbindungen — salpetrige Säure, Untersalpetersäure, untersalpetrige Säure, Stickoxyd und Stickoxydul — bildet. Diese sind teils gasförmig, teils leicht flüchtig. Man bezeichnet sie mit dem Sammelnamen „nitrose Gase“. Sie sind kenntlich an ihrer gelben bis rotbraunen Farbe, die jedoch bei starker Vermischung mit Luft kaum sichtbar ist.

In den Metallbeizereien entstehen nun bei verschiedenen Arbeiten nitrose Gase oft in recht erheblicher Menge, vor allem beim Beizen und Brennen der Metall-

---

[1]) Der Gesundheitsschutz in den Metallbeizereien (Metallbrennereien). Von Gewerbeassessor Dr. Poerschke. Sonderabdruck aus Heft 3 der Mitteilungen des Instituts für Gewerbehygiene zu Frankfurt a. M. (1912). 25 S. kl. 8°. (Verlag von A. Seydel in Berlin.)

gegenstände selbst. Dieses geschieht in der Weise, daß die gegossenen, gepreßten oder gezogenen Metallgegenstände in Salpetersäure oder meistens in ein Gemisch von Salpetersäure und Schwefelsäure getaucht werden. Die Salpetersäure löst die schwarzen oder dunklen Oxydschichten, die sich auf der Oberfläche des Metalles gebildet haben, auf und greift auch das Metall oberflächlich an. Zuweilen ist dies letztere sogar der eigentliche Zweck des Brennens, wenn es sich nämlich darum handelt, besondere Färbungen zu erzielen. Stets bilden sich dabei aber in größeren oder geringeren Mengen nitrose Gase; ebenso beim Abspülen der gebrannten Gegenstände. Die nitrosen Gase sind gewissermaßen ein unvermeidliches Nebenerzeugnis der Metallbeizereien. Abgesehen von dem Beizen selbst entstehen in den Metallbrennen nitrose Gase auch beim Abfüllen und Mischen (Ansetzen) der Säure, beim Auslaufen oder Verschütten von Säure und besonders, wenn ein Gefäß, das Salpetersäure enthält, zerbricht oder umgestoßen wird. Trifft in solchen Fällen die auslaufende Salpetersäure mit Stroh, Öl, Putzwolle usw. zusammen oder wird unbedachterweise Sägemehl, Torfstreu oder Erde auf die ausgelaufene Säure geschüttet, so entwickeln sich oft sehr stürmisch große Mengen tiefrotbrauner Dämpfe von nitrosen Gasen. Endlich können nitrose Gase überall entstehen, wo Salpetersäure mit Metall oder organischen Stoffen zusammentrifft.

Die nitrosen Gase sind nun in hohem Grade gesundheitsschädlich. Sie greifen die Atmungsorgane und die Lunge stark an. Nach dem Einatmen von nitrosen Gasen treten — zumeist erst nach 12 oder mehr Stunden — Übelkeit, Hals- und Brustschmerzen, heftige Atemnot und nicht selten der Tod ein. Die Zahl der Personen, die alljährlich durch nitrose Gase verunglücken, ist nicht gering.

Allerdings treten keineswegs immer nachweisbare Gesundheitsschädigungen nach Einatmen von nitrosen Gasen auf. Dadurch werden die Personen, die viel mit Salpetersäure arbeiten, z. B. die Metallbrenner, leicht veranlaßt, die Gefahr zu verkennen und unvorsichtig und gleichgültig dagegen zu werden. Das ist aber durchaus unberechtigt, vielmehr ist beim Umgehen mit Salpetersäure stets die größte Vorsicht geboten. Besonders sollte jeder, der Säuredämpfe oder nitrose Gase eingeatmet hat, auch wenn er sich scheinbar wohlbefindet, sofort den Arzt aufsuchen.

Das beste Schutzmittel gegen Gesundheitsschädigungen durch nitrose Gase ist nach den bisherigen Erfahrungen das Einatmen von Sauerstoff.

Um die Arbeiter vor Schädigungen zu schützen, ist dafür zu sorgen, daß sich in den Arbeitsräumen nitrose Gase nicht bilden, oder, wenn dies nach der Art des Betriebes nicht zu vermeiden ist, daß sie wirksam abgeführt werden, ehe sie in den Atmungsbereich der Arbeiter gelangen können.

Beim Beizen selbst und beim Abspülen der gebeizten Gegenstände entstehen, (wie vorher ausgeführt) stets nitrose Gase, infolgedessen sind über, hinter oder unter den Beizgefäßen wirksame Abzugsvorrichtungen anzuordnen. Am zuverlässigsten sind mechanisch betriebene Absaugevorrichtungen. Gut bewährt haben sich Tonventilatoren, die von den Säuredämpfen nicht angegriffen werden, auch Ventilatoren aus imprägniertem Holz werden viel benutzt. Ferner haben sich Dampfstrahlgebläse, Wasserstrahlgebläse oder mit Preßluft betriebene Strahlpumpen als zweckmäßig erwiesen. Stehen keine Betriebskraft oder kein Dampf zur Verfügung, so werden die Abzugshauben usw. am besten mit einem gutziehenden Schornstein verbunden. Bei ganz kleinen Anlagen kann als Notbehelf auch ein Abzugsrohr, in dem eine starke Gasflamme (Lockflamme) brennt, zum Abführen der Gase dienen.

Das Ansetzen, Mischen und Verdünnen der Säure muß ebenfalls unter einem gutziehenden Abzug erfolgen.

Die Beizgefäße sind, wenn nicht daran gearbeitet wird, dicht abzudecken.

Um zu verhindern, daß unbeabsichtigt nitrose Gase entstehen, ist nach Möglichkeit dafür zu sorgen, daß Salpetersäure nicht mit Stoffen zusammenkommt, die zur Bildung nitroser Gase Anlaß geben können. Wichtig ist, daß die Salpetersäure nur in geschlossenen, dichten Gefäßen befördert wird. Glasballons, die mit Salpetersäure gefüllt sind, sollten in festen und dichten eisernen Körben — ohne Strohumhüllung — verpackt werden. Hölzerne oder aus Weiden geflochtene Körbe sowie Strohverpackungen sind stets gefährlich, da sie beim Zerbrechen der Ballons von der auslaufenden Salpetersäure unter heftiger Entwicklung von nitrosen Gasen angegriffen werden und dabei oft in Brand geraten.

Beim Befördern und Entleeren von Salpetersäuregefäßen ist stets mit großer Vorsicht zu verfahren. Das Entleeren sollte nur mittels eines zweckmäßigen, guten Ballonkippers oder durch einen mit Druckluft angeblasenen Glasheber erfolgen.

Da es aber im Betriebe nicht immer zu vermeiden ist, daß gelegentlich Salpetersäure ausläuft oder verschüttet wird, so sollte der Fußboden der Arbeitsräume aus Steinplatten, Klinkern, Tonplatten usw. — nicht aus Zement — hergestellt werden. Die Fugen werden zweckmäßig mit säurebeständigem Kitt gedichtet. Asphaltfußböden sind weniger zu empfehlen, wo mit konzentrierter Salpetersäure gearbeitet wird, da diese Asphalt angreift. Der Fußboden muß Gefälle nach einem Sammelbehälter oder nach der Abflußleitung haben, so daß er leicht abgespült werden kann. Zum Abspülen haben sich Brauserohre gut bewährt. Der Sammelbehälter sowie alle Leitungen müssen säurebeständig sein. Die Leitungen werden am besten aus glasierten Tonröhren hergestellt. Die in dem Sammelbehälter aufgefangene Säure ist vorsichtig zu neutralisieren, ehe sie in die Kanalisation usw. abgelassen wird. Der Anschluß des Fußbodens an die Seitenwände ist ebenfalls säurebeständig herzustellen. Ausgelaufene oder verschüttete Säure ist sofort mit viel Wasser zu verdünnen und abzuspülen; niemals darf sie durch Aufstreuen von Sägemehl, Asche oder Erde usw. beseitigt werden. In den Arbeitsräumen, in denen mit Salpetersäure gearbeitet wird, dürfen organische Stoffe, wie Papier, Holz, Stroh, Kohlen, Gewebe usw. nicht vorhanden sein.

Damit die nitrosen Gase nicht auch in die übrigen Arbeitsräume ziehen, sind die Räume, in denen mit Salpetersäure gearbeitet wird — Beizereien, Brennen — von den anderen Räumen durch dichte Wände zu trennen. Verbindungsöffnungen sind mit selbsttätig schließenden dichten Türen zu versehen.

Die zum Beizen benutzten Säuregefäße sind möglichst auf säurebeständigem Untergrund aufzustellen.

Selbstverständlich müssen die Arbeitsräume, besonders die Beizräume, in allen Teilen gut erleuchtet sein, weil es andernfalls kaum möglich ist, sorgfältig mit der Säure umzugehen.

Bei allen Arbeiten mit Säuren, besonders mit Salpetersäure, sollten zum Schutze der Augen stets Brillen getragen werden, ferner sind den mit Säuren beschäftigten Arbeitern geeignete (Gummi-) Handschuhe zur Verfügung zu stellen.

Der Genuß von alkoholischen Getränken erhöht nachgewiesenermaßen die Wirkung der nitrosen Gase, daher sind alkoholische Getränke zu vermeiden.

Jugendliche oder schwächliche Arbeiter sollten mit Säurearbeiten — in Beizereien — nicht beschäftigt werden.

Um die Arbeiter stets an die Gefahren der nitrosen Gase zu erinnern, ist in den Arbeitsräumen ein Anschlag anzubringen, der etwa folgenden Wortlaut haben kann:

„Nitrose Gase (sog. braune oder rote Dämpfe) sind sehr gesundheitsschädlich. Schon durch Einatmen kleiner Mengen können schwere Schädigungen entstehen. Die nachteilige Wirkung der nitrosen Gase zeigt sich erst nach mehreren Stunden.

Wer daher nitrose Gase eingeatmet hat, sollte, selbst wenn er sich ganz gesund fühlt, zum Arzt gehen.

Unbedingt muß dies geschehen, wenn man nach Einatmung nitroser Gase die geringsten Atembeschwerden fühlt.

Das beste Vorbeugungsmittel und Heilmittel ist die Einatmung von Sauerstoff. Diese kann am besten nur der Arzt anwenden.

Deshalb hüte man sich davor, nitrose Gase einzuatmen. Ausgelaufene oder verschüttete Säure ist durch Abspülen mit viel Wasser zu beseitigen, aber nie mit Sägemehl, Putzwolle, Asche oder Erde aufzunehmen."

Säure- und Laugenflecken auf Kleidern. Verdünnte Säuren erzeugen auf Kleiderstoffen rote Flecke. Diese kann man, sofern die Säure nicht so konzentriert war, daß eine Zerstörung des Stoffes stattfand, durch Betupfen mit Salmiakgeist beseitigen und unschädlich machen (Neutralisation). Umgekehrt werden Flecke, die durch alkalische Stoffe, wie z. B. Laugen, Kalk usw., hervorgerufen wurden, mit verdünnter Essigsäure neutralisiert.

Ich verweise noch auf die neuen Händewaschmittel für metallverarbeitende Betriebe, welche geeignet sind, die Metallverbindungen teils in unschädliche Verbindungen überzuführen, teils dieselben leicht von der Haut zu entfernen.

Hierzu kommen vor allem die Schwefelzuckerseifen in Betracht (siehe Dr. Sacher, Seifensiederzeitung, 1912, S. 894). —

Eisen. Zum Ab- oder Blankbeizen von Eisen verwendet man am besten verdünnte Schwefelsäure, deren Konzentration sich ganz nach der Eisensorte richten muß. Zumeist genügt eine Säure, die man erhält, wenn man in 1 l Wasser 100 bis 200 g konzentrierte, arsenfreie Schwefelsäure eingießt und gut durch Rühren mit einem Glasstab mischt.

Auch kann man Gegenstände aus Eisen oder Stahl weißbrennen durch Eintauchen in konzentrierte Salpetersäure, der man zweckmäßig etwas Kienruß zusetzt. Nach erfolgter Einwirkung spült man in Wasser und Kalkmilch ab, zuletzt wieder in reinem Wasser und trocknet in Sägespänen. Soll der Gegenstand nicht weiterbehandelt, gefärbt oder mit anderen Metallen überzogen werden, so übergeht man mit der Wachsbürste oder einem geeigneten Lack.

Man empfiehlt auch, als Vorbereitung zum chemischen Bronzieren des Gußeisens die Ware, nachdem sie ziseliert und bearbeitet ist, mit Weinstein zu putzen und scharf abzubürsten.

Die der Beize und Reinigung unterworfen gewesenen Gußstücke müssen, um ein empfindliches Rosten zu verhüten, sofort gespült, in Weinsteinlösung gelegt und weiterbehandelt werden. Ein Trocknen und Aufbewahren ist gewagt; es ist besser, sofort den Metallüberzug herzustellen.

Polierte Gegenstände aus Stahl beizt man in einer Lösung von saurem schwefelsaurem Kalium ab. Die Lösung darf nur so konzentriert sein, daß die hineingebrachten Gegenstände keine Gasblasen hervorrufen. Dann berührt man die Gegenstände mit einem Streifen Zinkblech, wodurch sogleich Entwicklung von Wasserstoff auftritt. Man läßt die Gegenstände so lange im Bade, bis der Glühspan oder der Rost verschwunden sind.

Eisenguß kann man am besten in 1%iger Schwefelsäure, Stabeisen in 10%iger Schwefelsäure, Stahl auch in ca. 20%iger Salzsäure abbeizen.

Schärfen stumpfer Feilen. Man reinigt zuerst durch Bürsten mit Metallbürsten und Sodalösung (1 : 10), dann taucht man 10—15 Min. in 10%ige Schwefelsäure, oder ein Gemisch aus: 1 l Wasser, 50 g Salpetersäure und 60 g konzentrierte Schwefelsäure; dann wäscht man mit Wasser und Kalkmilch ab und fettet mit Vaseline ein (s. a. S. 94).

Zum Beizen von Eisengußstücken, besonders in der Emailletechnik, wird in neuerer Zeit vielfach die Fluorwasserstoffsäure, sog. Flußsäure, mit Vorteil angewandt. Die Gußstücke müssen absolut blank und frei von Sandkörnchen sein, wenn die Emaillemassen gut auf dem Eisen haften sollen. Hier ist die Flußsäure der viel billigeren Schwefel- oder Salzsäure vorzuziehen, wenn es sich um Eisengußstücke z. B. für den Apparatebau handelt. Solche Stücke sind in den Wandstärken sehr verschieden; sie weisen daher häufig Lunkerstellen und Poren auf, die beim Emaillieren große Schwierigkeiten machen, wenn sie nicht frei von Sand und Beizsäure sind. Salz- und Schwefelsäure lassen sich sehr schwer aus solchen schadhaften Stellen herauswaschen; sie verursachen beim Brennen das gefürchtete „Aufkochen“ und bilden in der Emailleschicht Blasen, die nur schwer zu beseitigen sind. Bei Anwendung der Flußsäure ist diese Gefahr beseitigt.

Wenn Eisenteile, insbesondere Eisendraht, zur Entfernung des beim Ziehen und Glühen auf der Oberfläche gebildeten Eisenoxyduloxydes (Hammerschlag) mit verdünnter Säure gebeizt werden, können sie je nach den Verhältnissen den hierbei auftretenden Wasserstoff aufnehmen und dadurch spröde werden, sog. Beizbrüchigkeit (siehe S. 165).

Aluminium, das stets von hauchdünnen, farblosen, nicht in die Erscheinung tretenden Oxydhäutchen bedeckt ist, wird blank und weiß gebeizt mit verdünnter Salz- oder Flußsäure, oder durch Kochen mit konzentrierter Oxalsäurelösung. Oder man behandelt mit verdünnter Kalilauge, worauf die Oberfläche des Gegenstandes sofort einen lebhaften Glanz erhält. Man spült die anhaftende Lauge gut mit Wasser ab und trocknet dann mit einem Tuche. Zum Weißbeizen von Aluminium eignet sich nach den Mitteilungen der Aluminiumindustrie-Aktiengesellschaft am besten eine ca. 10%ige und mit Kochsalz gesättigte Natronlauge, welche, um eine schöne mattsilberähnliche Farbe des Metalls zu erzielen, stets heiß angewendet werden muß. Die Gegenstände bringt man zunächst etwa 15—20 Sekunden in die Lauge, nimmt sie wieder heraus, wäscht und bürstet sie ab. Hierauf beizt man nochmals und ungefähr eine halbe Minute lang, wobei an dem Metall eine lebhafte Gasentwicklung auftritt. Gutes Abwaschen, womöglich in fließendem Wasser, ist unerläßlich, und es empfiehlt sich, die Gegenstände zuletzt mit Sägespänen abzutrocknen. Kupferhaltiges Aluminium läßt sich mit dieser Lauge ebenfalls sehr schön weiß beizen. Dies Metall wird in der Beize zuerst sehr schön braun bis schwarz und erreicht seine eigentliche Farbe erst, wenn man es nach dem Abwaschen kurze Zeit in konzentrierte Salpetersäure taucht, dann wiederum gut wäscht und wie oben gut trocknet. Aluminiumlegierungen werden wie Kupferlegierungen behandelt. Aluminiumbronze taucht man zuerst am besten in verdünnte, ca. 30%ige Schwefelsäure, hierauf in konzentrierte Salpetersäure.

Zink. Liegen schwächere Oxydschichten vor, so genügt ein öfteres Eintauchen in verdünnte Schwefelsäure, auf 1 l Wasser 100—200 g konzentrierte, arsenfreie Schwefelsäure.

Während dieses Beizen des Zinkes bei kleinen und mittleren Gegenständen mit Leichtigkeit vor sich geht, bietet dasselbe bei größeren Gegenständen, z. B. Zinkguß, einige Schwierigkeit wegen der Entfernung einer etwas stärkeren Suboxydschicht, welche ein längeres Verweilen des Gegenstandes in der verdünnten Säure notwendig machen würde; man nimmt dann, da auch das Zink selbst in diesen verdünnten Säuren leicht löslich ist, stärkere Säuren, welche leicht die Oxydschicht, schwieriger aber das unterliegende Zink selbst angreifen.

Am besten verwendet man ein erkaltetes Gemisch aus 10 Gewichtsteilen konzentrierter Schwefelsäure und 10 Gewichtsteilen Salpetersäure von 36° Bé. Bei Herstellung dieses Gemisches läßt man die abgewogene Menge Schwefelsäure langsam und unter Umrühren in die Salpetersäure fließen. Da hierbei starke Erwärmung stattfindet, so verwendet man das Gemisch nach dem Abkühlen. In dieses Gemisch taucht man die Zinkgegenstände mittels einer hölzernen Zange

1—2 Sekunden ein, worauf man sie dann sofort in einem nebenstehenden Behälter mit viel reinem Wasser abspült, um sie von dem Säureüberschuß zu befreien. Dieses Spülwasser muß natürlich öfters gewechselt, d. h. durch neues ersetzt werden, damit sich nicht bei fortgesetztem Arbeiten die Säure darin anhäufe und die Zinkgegenstände angreife.

Die so abgebeizten Gegenstände müssen jetzt ganz weiß und glänzend sein; wäre dies nicht der Fall, so müßte man das Beizen der zuvor abgetrockneten Gegenstände wiederholen. Nach längerem Gebrauch wird dieses zum Beizen benutzte Säuregemisch infolge der Auflösung des Zinkoxyds natürlich schwächer an Säure, dafür immer reicher an Zinksalz, was man an dem Mattwerden, dem Erscheinen eines Kristallgefüges, der abgebeizten Zinkgegenstände bemerkt. Man verstärkt dann die Beize durch Zusatz von konzentrierter Schwefelsäure oder nimmt gleich eine neue Mischung.

Will man verkupfertes Zink wieder blank machen, so taucht man dasselbe in Salpetersäure, bis der Gegenstand schwarz geworden, und bringt ihn dann in obiges Gemisch.

Bei größeren Gegenständen aus Zinkguß bietet dieses Beizen durch Eintauchen Schwierigkeiten. Man benützt dann eine Lösung von weinsaurem Kaliumammonium, die man aufpinselt, einwirken läßt und abwischt. Diese Lösung greift das Zink nicht an, löst aber die Oxydschichten ab.

Kupfer und Kupferlegierungen (Messing, Bronze usw.). Das Blankbeizen dieser Metalle geschieht mit dem sog. Brennen, und zwar zweckmäßig mit der Vorbrenne, Gelbbrenne und Glanzbrenne (Mattbrenne siehe bei Mattieren). Gegenstände, welche mit Lacküberzug versehen sind, behandelt man zuvor in heißer Natronlauge.

Vorbrenne. 2 l konzentrierte Salpetersäure, 20 ccm konzentrierte Salzsäure.

Gelbbrenne. Die Gelbbrenne erhält man, indem man 100 Gewichtsteile konzentrierte Schwefelsäure (1,84 spez. Gew., 66° Bé) und 75 Gewichtsteile konzentrierte Salpetersäure von 40° Bé mischt, und zwar in der Weise, daß man die Schwefelsäure langsam, unter beständigem Umrühren, in die Salpetersäure gießt.

Nach dem Mischen der beiden Säuren setzt man dieselbe beiseite und läßt, da starke Wärmeentwicklung stattgefunden, erkalten.

Beim Gebrauche des erkalteten Gemisches setzt man zweckmäßig auf 1 kg Gemisch ca. 5,0 g Kochsalz zu, wodurch in der Mischung chlorsalpetrige Säure entsteht, welche die Wirkung der Beize verstärkt.

Die Anwesenheit von niederen Stickstoffsauerstoffverbindungen (Zerfallsprodukt der Salpetersäure — rote Dämpfe) wirkt katalytisch, d. h. beschleunigend auf die Beizwirkung. Die Bildung dieser ohnehin beim Beizen entstehenden Stoffe wird durch Zugabe von reduzierend wirkenden Stoffen, wie z. B. Ruß, zur neuen Beize eingeleitet.

Man taucht nun die Gegenstände rasch ein, bewegt dieselben 1—2 Sekunden und sieht zu, daß nirgends Luft zurückgehalten wird. Dann nimmt man heraus, läßt möglichst rasch die überschüssige Säure abtropfen und spült gehörig in einem nebenstehenden Gefäß, welches viel reines Wasser enthält. Man darf hierbei die Gegenstände nicht so lange in der Brenne lassen, daß dieselben außerhalb braune Dämpfe entwickeln. Je nach Abänderung der oben angeführten Gelbbrenne kann man der Metalloberfläche, besonders schön bei Messing, entweder eine sehr glänzende oder matte Oberfläche geben (siehe bei Mattieren, S. 239).

Glanzbrenne. Zur Erzielung einer glänzenden Oberfläche verwendet man die sog. Glanzbrenne, das ist eine erkaltete Mischung aus: 1 l konzentrierter Salpetersäure, 1 l konzentrierter Schwefelsäure, 20 ccm konzentrierter Salzsäure, 10 g Glanzruß.

Die Schwefelsäure ist bei der Mischung langsam in die Salpetersäure zu gießen, nicht umgekehrt. Die Salzsäure fügt man erst nach dem Erkalten der Mischung zu. (Warm oder bei längerer Einwirkung mattbrennend.)

Die Gegenstände, welche man in die Gelbbrenne bringt, sollen vollständig trocken sein; auch ist zu beachten, daß das Säuregemisch möglichst wasserfrei bleibt.

Sind Gegenstände durch eine Vorbehandlung mit Salpetersäure matt geworden oder sind dieselben oberflächlich angegriffen, so können sie wieder glänzend gemacht werden durch eine Mischung aus: 6 Tln. Salzsäure, 1 Tl. Salpetersäure und 2 Tln. Wasser.

Nachdem die Gegenstände gehörig im Wasser abgespült worden sind, bringt man sie zweckmäßig, um die metallisch blanke Oberfläche zu erhalten und ein Anlaufen zu verhindern, in eine Lösung von 5,0 g Weinstein und 1 l Wasser.

Wenn die Gelbbrenne schon etwas alt ist oder wenn der zu beizende Gegenstand etwas zu lange in der Brenne verweilt hat, so erhält die Oberfläche oft ein trübes, schwärzlichgraues Aussehen oder bekommt einzelne solcher Flecken. Ein wiederholtes Eintauchen in die Brenne führt hier nicht zum Ziel, sondern vermehrt nur den Übelstand. Hier empfiehlt sich nun die Anwendung einer Chlorzinklösung.

Man taucht solche schwarz gewordenen oder fleckige Stücke, wenn sie getrocknet wurden, in die Chlorzinklösung und erhitzt beim Herausnehmen so lange schwach, bis die anhängende Lösung eingetrocknet ist. Dann spült man sie mit Wasser ab, worauf der Gegenstand rein sein wird.

Sehr feine Gegenstände, welche von der Gelbbrenne alteriert würden, legt man zur Reinigung einige Zeit in eine ca. 5%ige Zyankaliumlösung.

Vorhandene Lötstellen werden beim Gelbbrennen schwarz und müssen durch Putzen oder Bürsten mit Bimsstein wieder gereinigt werden (blank).

Gelbbrenne ohne Salpetersäure (nach Georg Buchner):

500 g Wasser,
50—100 g Kalium- oder Natriumbichromat, gepulvert,
400 g konzentrierte Schwefelsäure.

Am besten gelingt glänzendes Beizen bei der gleich nach dem Mischen vorhandenen Temperatur von 50—60° C.

Nach dem Erkalten beizt die Lösung matt. Die verschiedenen kupferärmeren oder kupferreicheren Messingsorten erfordern entsprechende Abänderung der Mengenverhältnisse.

Auch oben angegebene Chlorzinklösung kann zum Blankbeizen von Messing, im Falle dasselbe nur von einer dünnen Oxydhaut überzogen ist, was oft vorkommt wenn Gegenstände, die blank gebeizt sind, nochmals erhitzt werden müssen, benutzt werden. In diesem Falle braucht man nur in die Chlorzinklösung zu tauchen, zu kochen und dann gut abzuspülen.

Während beim Reinigen des Kupfers die Gelbbrenne nur die Oberschicht entfernt und das unterliegende reine Metall bloßgelegt wird, wird bei Kupferlegierungen, z. B. Messing, die Oberfläche in ihrer Zusammensetzung etwas geändert, was man schon aus der entstehenden, von der inneren Metallmasse verschiedenen, hochgelben Färbung der so behandelten Oberfläche ersehen kann. Es werden nämlich von der Gelbbrenne die Bestandteile der Legierung, bei Messing also Kupfer und Zink, nicht in dem gleichen Verhältnisse aufgenommen, als dieselben im Messing vorhanden sind, sondern es geht verhältnismäßig mehr Zink als Kupfer in Lösung, so daß eine kupferreichere, dunklere Legierung an der Oberfläche entsteht.

Man beachte, daß sich Metallgegenstände, die in Säuren gebeizt wurden, nur schwierig durch Waschen mit Wasser allein vollständig entsäuern,

d. h. von den letzten Spuren anhängender Säuren befreien lassen. Das kann nur geschehen, wenn man die Waren durch Sodalösung zieht und dann nochmals spült.

Silberlegierungen. Weißsieden. Silber kommt nur legiert zur Verarbeitung. Die aus legiertem Silber hergestellten Gegenstände sind teils, insofern sie während der Bearbeitung geglüht werden mußten, mit einer dünnen, schwarzen Haut von Kupferoxyd überzogen, teils besitzen sie, wenn sie auch durch Feilen, Schaben usw. blank gemacht sind, keine reine Silberfarbe, sondern sie sind um so mehr rötlichweiß, je größer der Kupfergehalt der Legierung ist. Gleichwohl wünscht man allen Silberwaren das schöne Aussehen zu verschaffen, welches dem feinen Silber eigentümlich ist. Dieser Zweck wird erreicht, indem man durch ein Lösungsmittel von der Oberfläche der Gegenstände das in der Legierung befindliche Kupfer wegschafft und dadurch bewirkt, daß die zurückbleibende, sehr dünne Haut von feinem Silber die wahre Farbe der Metallegierung verdeckt. Damit jenes Lösungsmittel (der Sud) gehörig auf das Kupfer zu wirken vermag, muß letzteres aber durch Glühen oxydiert sein; deshalb werden die Gegenstände, welche in blankem Zustande aus der Bearbeitung hervorgehen, vor dem Sieden mäßig und kurze Zeit geglüht, damit sie einen schwärzlichen Überzug von Kupferoxyd erhalten. Zum Sieden selbst wird eine saure Flüssigkeit angewendet, welche wohl das Kupferoxyd, aber nicht das Silber auflösen kann. Mehrere Zusammensetzungen sind hierzu geeignet. Gewöhnlich gebraucht man eine Auflösung von 15 g feingepulvertem Weinstein und 30 g Kochsalz in $^1/_2$—$^3/_4$ l Wasser, in welcher Lösung man, nachdem sie in einem kupfernen Gefäße zum Sieden erhitzt ist, die Gegenstände so lange liegen läßt, bis dieselben beim Herausziehen blank erscheinen. Die hierzu erforderliche Zeit ist je nach dem Feingehalt des Silbers verschieden und beträgt z. B. bei 12- oder 13lötigem Silber etwa eine halbe Viertelstunde. — Sehr wirksam zum Weißsieden ist auch eine verdünnte Schwefelsäure, welche man aus 20 g Schwefelsäure und 1 l Wasser herstellt. Eine sehr kräftig wirkende Lösung erhält man durch Auflösung von 50 g Kaliumbisulfat in $^1/_2$ l Wasser, welche Lösung vor der Anwendung nicht erwärmt zu werden braucht.

Durch einmaliges Sieden erlangen die Silberwaren noch nicht die genügende Weiße. Man reibt sie daher mit feinem Sande oder, wenn die Oberfläche nicht glatt, sondern verziert ist, mit einer Kratzbürste von Messingdraht ab, glüht sie abermals und wiederholt das Sieden. Öfters wird das Glühen und Sieden sogar zum dritten Male vorgenommen. Arbeiten, welche matt bleiben sollen, werden vor dem zweiten Sieden mit einem Brei aus Wasser und Pottasche bedeckt, getrocknet, geglüht und in Wasser abgelöscht.

Goldlegierungen. Das Gold kommt nur legiert zur Anwendung.

Gelbsieden. Die aus der Werkstätte kommenden Goldwaren zeigen meist eine unschöne gelbbraune bis braune Farbe, die sie durch Erhitzen erhalten haben, wobei sich das Kupfer der Goldlegierung zu braunschwarzem Kupferoxyd oxydiert hat. (Siehe auch Weißsieden der Silberlegierungen.) Dieses Kupferoxyd entfernt man durch Kochen der Gegenstände mit einer Mischung aus 1 Tl. Schwefelsäure oder 1 Tl. chlorfreier Salpetersäure und 1 Tl. Wasser. (Bei silberhaltigen Legierungen löst sich dabei etwas Silber auf, welches aus der Flüssigkeit durch Salzsäure als Chlorsilber gefällt und als solches gesammelt werden kann.) Dabei ist folgendes zu bemerken: Man achte darauf, welche Legierung gelb gesotten werden soll, ob eine:

1. Gold-Kupfer- und Gold-Silberlegierung;
2. Gold-Kupfer-Silberlegierung;
3. Goldlegierung mit anderen Metallen (Kadmium usw.).

Für die Kupfer- und Silberlegierung kann man die gleichen Ergebnisse nur erzielen, wenn man das Gelbsieden unter Anwendung von Salpetersäure vornimmt, indem beide Metalle in Salpetersäure löslich sind. Es löst sich demnach sowohl das Kupferoxyd als das Silber zum Teil in der Salpetersäure, und erscheint die Farbe des reinen Goldes. Behandelt man den Gegenstand nur durch kurze Zeit in dem Salpetersäurebad, so wird fast nur Kupferoxyd aufgelöst, und erscheint der gelbgesottene Gegenstand durch den Silbergehalt etwas hellfarbiger als nach länger andauernder Einwirkung der Säure, wodurch auch das Silber von der Oberfläche weggelöst wird und die reine Goldfarbe hervortritt.

Wendet man für eine Gold - Kupfer - Silberlegierung Schwefelsäure zum Gelbsieden an, so wird durch letztere nur das Kupferoxyd weggenommen, das Silber wird von verdünnter Schwefelsäure auch beim Kochen mit derselben nicht angegriffen. Man erhält somit in diesem Falle den Gegenstand nie mit der Farbe des reinen Goldes, sondern immer nur mit jener einer Gold-Silberlegierung. Es ist daher für denjenigen, welcher das Gelbsieden vorzunehmen hat, notwendig zu wissen, welche Legierungen er zu bearbeiten hat. Gold-Kupfer-, sowie Gold-Silberlegierungen und Gold-Kupfer-Silberlegierungen können durch Gelbsieden mit Salpetersäure zur reinen Goldfarbe gebracht werden. Will man mittels der Schwefelsäure gelbsieden, so kann man diese Säure nur für Gold-Kupferlegierungen anwenden.

Um gleichförmig fortarbeiten zu können, empfiehlt es sich, beim Gelbsieden den Kunstgriff einzuhalten, nur Gegenstände, welche aus einer und derselben Legierung angefertigt sind, auf einmal dem Sieden zu unterwerfen.

Bei solchen Gegenständen, welche aus farbigem Gold angefertigt sind — die Legierungen mit Kadmium und Stahl gehören in diese Kategorie —, muß das Gelbsieden immer mit großer Vorsicht ausgeführt werden, um die Farbe der Legierung nicht durch chemische Einwirkung der Flüssigkeit zu ändern.

Es ist Gebrauch, die Gegenstände, ehe man sie der Wirkung des Säurebades aussetzt, schwach auszuglühen, um hierdurch die ihnen anhaftenden organischen Stoffe, namentlich Fett und Staub, zu zerstören und die Gegenstände der Einwirkung der Säure leichter zugänglich zu machen. Leichte, geringwertige Goldware wird aber nur selten mit schwer schmelzbarem Lot gelötet und kann es bei dem Ausglühen leicht vorkommen, daß das Lot stellenweise schmilzt und die Gegenstände dann nochmals überarbeitet werden müssen.

Um diesen unangenehmen Zufällen ganz auszuweichen, ist es angezeigt, die Gegenstände gar nicht auszuglühen, sondern durch Behandeln mit kochender Natronlauge zu reinigen. In großen Fabriken, in welchen Hunderte von Gegenständen auf einmal zum Gelbsieden in Arbeit genommen werden, verfährt man hierbei am zweckmäßigsten auf folgende Art:

Die Natronlauge befindet sich in einer viereckigen, flachen Eisenpfanne, welche so stark erwärmt wird, daß die Lauge nahezu kocht. Die zu verarbeitenden Gegenstände werden auf einen Rahmen aus Draht gelegt, welcher in die Pfanne paßt und mittels einer eisernen Handhabe in letztere gesenkt werden kann. Wenn die Gegenstände 10 Minuten lang in der heißen Natronlauge verweilt haben, hebt man sie aus, taucht sie mit dem Rahmen wiederholt in Wasser, um die anhängende Lauge abzuspülen, und bewahrt sie dann unter Wasser auf, bis sie in das Säurebad kommen sollen.

Die Zeit, während welcher man die Goldgegenstände in dem Gelbsiedebad beläßt, hängt von der Konzentration des Säurebades ab.

Bei Blei, Zinn und deren Legierungen wird von einer chemischen Reinigung abgesehen. Hier genügt die mechanische Reinigung.

Entfernung vorhandener Metallüberzüge, Absilbern usw. Diese Arbeiten spielen in Betrieben, die sich mit Neuversilberung oder Vergoldung alter Gegenstände befassen, z. B. Fabriken von Eßbestecken, kirchlichen Gegenständen und Bijouteriewaren usw., eine große Rolle und müssen gut ausgeführt werden, um eine tadellose Neuauflage von Metallen zu ermöglichen. Ganz dünne Metallüberzüge auf glatten Flächen kann man gut durch Abschmirgeln oder Abschleifen entfernen.

Zum Entfernen alter Vergoldungen hängt man die Gegenstände in konzentrierte Schwefelsäure ein und verbindet sie mit dem +-Pol einer Stromquelle, deren —-Pol mit einer Kohlenplatte verbunden ist. Das Gold springt in Flittern ab und sammelt sich am Boden des Steintroges; es wird nach dem Sammeln und Auswaschen wiedergewonnen usw.

Oder man benutzt ein Säuregemisch aus:

1 kg rauchender Schwefelsäure,
150 g konzentrierter Salzsäure,
75 g Salpetersäure 40° Bé.

Die Waren werden in das erwärmte Bad getaucht.

Alte Versilberung entfernt man durch Einhängen der Gegenstände, z. B. der versilberten Messingwaren, Löffel oder Bestecke, in eine Mischung aus gleichen Teilen konzentrierter Schwefelsäure und Salpetersäure. Nach Auflösung des Silberüberzuges werden die Waren mit Wasser gespült, gelbgebrannt, ev. einer mechanischen Behandlung mit Schleifwerkzeugen unterworfen (siehe mechanische Reinigung S. 224). Aus der silberhaltigen Säure wird das Silber wiedergewonnen (siehe S. 116).

Oder man kann das Silber von dem Grundmetall entfernen, indem man die Waren als Anode in eine 5%ige Zyankaliumlösung bringt und den Strom schließt; hierbei lagert sich das Silber auf der Kathode (Silberblech oder mit Öl schwach eingeriebenes Stahlblech) ab.

Ebenso kann man vorteilhaft anodisch entsilbern in konzentrierter Schwefelsäure; man bedarf dazu aber 15—20 Volt und 100 und mehr Ampere. Dabei entwickelt sich auch schweflige Säure.

Kupferwaren entsilbert man zweckmäßig in einem Gemisch von konzentrierter Schwefelsäure, der man Salpeter oder einen gleichen Gewichtsteil Salpetersäure zufügt. Das Gemisch soll vor Wasseraufnahme geschützt werden, da es sonst auch auf das Kupfer wirkt.

Eisen entfernt man von Kupfer (z. B. verstählte Kupferplatten) mittels verdünnter Salz- oder Schwefelsäure. Zinn entfernt man von Kupfer mittels Salzsäure. Nickel entfernt man durch vorsichtiges Abbrennen mit Salpetersäure durch wiederholtes kurzes Eintauchen, Abspülen usw. oder Abschleifen. Kupfer durch Abbrennen mit Salpetersäure oder, wenn es die Unterlage gestattet, Abschleifen.

Verkupfertes Zink beizt man in Salpetersäure, bis der Gegenstand schwarz wird, und bringt es dann in die für Zink S. 234 angegebene Beize.

Verzinktes Eisen wird durch heiße Natronlauge vom Zinküberzug befreit.

Zum Abkupfern des Silbers (Galvanoplastik), wenn noch hauchdünne Schichten Kupfer dasselbe bedecken, haben wir uns mit Nutzen einer Lösung bedient, welche man erhält, wenn man eine kochendheiße Lösung von 30 g chlorsaurem Kalium in 300 ccm Wasser in 300 g Salzsäure (25%) eingießt.

B. Herstellung matter Metalloberflächen, sog. Mattieren.

1. Mechanische Verfahren.

Eine weitgehende Anwendung hat hier das Sandstrahlgebläse gefunden. Mittels dieser Vorrichtung wird durch einen Luftstrom oder Dampf Quarzsand oder Glaspulver mit mehr oder weniger großer Gewalt auf die Flächen der Gegenstände geschleudert, wobei reine, matte Flächen entstehen, deren Körnung von dem Korn des verwendeten Angriffsmittels abhängig ist. Bei den Sandstrahlgebläsen, die zum Mattieren von Stahl, Kupfer, Messing usw. bestimmt sind, damit z. B. nachherige galvanische Metallniederschläge auch matt ausfallen, oder die nachträglich auf solchen ein feines Matt ergeben, werden rotierende Gebläse zur Erzeugung der Preßluft verwendet. Man arbeitet hier nicht mit freiem Strahl, sondern die Waren kommen auf einen Tisch, der sich in einem abgeschlossenen Gehäuse unter der Strahldüse dreht oder sie werden innerhalb eines Gehäuses mit der Hand im Sandstrahl so lange gewendet, bis alle Teile der Oberfläche die gewünschte Beschaffenheit haben.

Zur Abtönung der Mattierungen behandelt man mit der Messinggrundbürste und Seifenwasser.

Mittels des Sandstrahlgebläses lassen sich nicht nur auf Metall, sondern auch auf Glas, Schiefer und anderem harten Material Zeichnungen ausführen. Die durch eine Gelatineschicht bedeckte Platte wird nämlich nur da vom Sandstrahl wirksam angegriffen, wo die Gelatine unter dem Einfluß des Lichtes (Chromgelatine) mehr oder weniger geschrumpft und erhärtet ist, während die aufgequollenen Partien der Schicht die Unterlage vor dem Strahle schützen. Es entstehen so erhabene Bilder, ornamentale Motive, Inschriften usw.

2. Chemische Verfahren.

Bei der Einwirkung geeigneter Säuren auf ein Metall oder eine Legierung wird infolge der kristallinischen Struktur des Metalles oder des verschiedenen Verhaltens der Bestandteile einer Legierung der Zusammenhang der Metallteilchen unterbrochen. Hierdurch erleiden die optischen Eigenschaften (Lichtreflexion — Farbe) eine Änderung. Die vorher glatte, glänzende Oberfläche, die reichlich Oberflächenlicht zurückwirft, verwandelt sich hierbei in eine rauhe, unebene, matte Fläche mit Tiefenlicht.

Mattierungen können durch vorhergehende Mattverkupferung im sauren Kupferbad (s. d.) und nachherige Versilberung, Vergoldung usw. hergestellt werden. Gegenstände aus Blei, Zinn, Zink usw. werden vorher im alkalischen Kupferbad gedeckt.

Mattieren von Kupferlegierungen, z. B. Messing.

Mattbrenne. Man gießt 2 kg konzentrierte Schwefelsäure langsam in 3 kg konzentrierte Salpetersäure und setzt nach dem Erkalten des Gemisches 10 bis 20 g Kochsalz und 10 g schwefelsaures Zink, gelöst in 50 g Wasser, zu.

Diese Mattbrenne kann kalt und erwärmt, je nach Bedarf, verwendet werden. In der Mattbrenne nehmen die Gegenstände einen mißfarbigen Ton an, sie müssen daher nach dem Herausnehmen und Abspülen neuerdings die Vorbrenne und Glanzbrenne passieren. Durch die Mattbrenne können verschiedene feinere oder gröbere Mattierungen erzielt werden. Das Korn der Mattierung wird um so feiner und der Ton des Metalles um so blasser, je mehr Schwefelsäure zugegen und je weniger Kochsalz oder Salzsäure vorhanden ist. Ein Vorwiegen der Salpetersäure, insbesondere bei Anwesenheit von Kochsalz oder Salzsäure, bewirkt die Entstehung eines gröberen Kornes und macht den Ton der gebrannten Stücke feurig und dunkel. Je länger die Einwirkung, desto matter die Oberfläche. Dieses Mattieren beruht auf der ungleichmäßigen Einwirkung der Beize auf die Legierungsbestandteile (Kupfer und Zink), indem je nach deren Zusammensetzung entweder das eine oder andere Mittel stärker angegriffen wird, wodurch die Oberfläche ihre Glätte verliert.

Grobkörnige Mattierung von Messing.

Sollen die zu färbenden Messinggegenstände auf der Oberfläche ein körniges Aussehen zeigen, so werden dieselben vor dem Gelbbrennen einer Vorbeize unterworfen, indem man sie 12 Stunden oder mehr in ein Gemisch, bestehend aus 1 Volumteil konzentrierter Salpetersäure, 1 Volumteil englischer Schwefelsäure und 8 Volumteilen Wasser legt, wobei die Flüssigkeit die Gegenstände vollständig bedecken muß. Nach dieser Zeit wird der grauschwarze Überzug durch Abspülen mit Wasser entfernt, wodurch die Gegenstände ein moiréartiges Aussehen bekommen. Nun kommen sie in die schon oben beschriebene Glanzbrenne, werden dann in reinem Wasser gespült, durch eine schwache Sodalösung oder Kalkmilch gezogen und nach nochmaligem Abspülen mit Wasser mittels Sägespänen abgetrocknet. Zur Erzeugung einer mattgekörnten (grainierten) Fläche durch Beizen verwendet man ferner folgende Mischung aus 1 Raumteil gesättigter Lösung von doppeltchromsaurem Kalium in Wasser und 2 Raumteilen konzentrierter Salzsäure. In dieser Mischung läßt man die Messingwaren mehrere Stunden liegen, zieht sie schnell durch die Glanzbrenne und spült in viel und öfters gewechseltem Wasser ab. Wesentlich beschleunigt wird der Prozeß durch gleichzeitige Anwendung einer galvanischen Batterie, indem man die Gegenstände, mit dem positiven Pol in Verbindung, entweder in die oben angegebene verdünnte Lösung von Schwefelsäure und Salpetersäure oder von chromsaurem Kalium und Salzsäure bringt, während man am negativen Pol eine Messing- oder sonstige Metallplatte eintaucht.

Feinkörnige Mattierung von Messing, sog. Emailleätzung.

Man legt die Messinggegenstände ca. 10 Minuten in eine Lösung, welche im Liter 100 g doppeltchromsaures Kalium und 50—100 g konzentrierte Schwefelsäure enthält. Man erhält ein schönes, feines, körniges Matt. Benützt man eine Lösung, die im Liter 150 g doppeltchromsaures Kalium und 100 g konzentrierte Schwefelsäure enthält, so erhält man ein noch feinkörnigeres Matt mit schwachem Glanze von brillantem Aussehen. Die Gegenstände bleiben ca. 10 Minuten in der Lösung unter öfterem Bewegen.

Mattieren von Zink.

Will man die Zinkoberfläche mattieren, so taucht man den zuerst blank gebeizten Gegenstand in eine Beize von salpetersaurem Zink. Letztere stellt man her, indem man Zink (Abfälle von Zinkblech) in Salpetersäure auflöst, bis letztere davon nichts mehr aufnimmt; darauf säuert man schwach mit Salpetersäure an. Zur Herstellung dieser Mattierungsflüssigkeit kann man sich auch alter Zinkbeizen bedienen, in denen die Gegenstände nicht mehr glänzend werden, indem man denselben noch Zink bis zur Sättigung zusetzt und mit Salpetersäure ansäuert.

Mattieren von Aluminium.

Eisenhaltiges Aluminiumblech läßt sich mit Natronlauge und Salpetersäure gut mattieren; die Lauge löst hierbei das Aluminium, die Salpetersäure das Eisen auf. Sollen größere Aluminiumgegenstände, die nicht getaucht werden können, mattiert werden, so drückt man einen mit Asbest umhüllten Holzspan in Natronlauge von 20° Bé (ca. 170 g Ätznatron in 1 l Wasser), bestreicht den Gegenstand, läßt 2 Minuten einwirken; sodann spritzt man mit Wasser gründlich ab. Das Verfahren wird ev. wiederholt. Die Reinigung mit Wasser muß gründlich geschehen, damit keine starke Lauge zurückbleibt.

Mattieren von Silber (siehe auch körnige Versilberung, Grainieren).

Mattsilber (siehe auch Mattkupfer). Die galvanische Versilberung ergibt Mattsilber; ev. kann man auch zuerst Mattkupfer niederschlagen, dann versilbern auf irgendeine Weise.

Mattiert werden Silbergegenstände, indem man die zuerst rein gebeizten Stücke mit einem Brei aus Pottasche und Wasser bedeckt, dann erhitzt, glüht und in Wasser ablöscht. Dann beizt man nochmals in verdünnter Schwefelsäure.

Körniges Mattsilber erhält man durch Versilbern der grob- oder feinköringen Messingmattierung (siehe oben).

Mattgold. Bei genügender Dicke erscheint der galvanisch erzeugte Goldniederschlag in feinem Matt. Mattierung erhält man durch schwache Vergoldung von Mattkupferniederschlag (s. d.).

Körniges Mattgold durch Vergoldung von körnig mattiertem Messing (s. d.).

Mattvergoldungen auf Zink oder Antimon - Bleilegierungen erhält man durch vorherige galvanische Mattverkupferung.

Mattieren von Goldlegierungen. Man bedeckt dieselben mit einem geschmolzenen Gemenge aus 8 Tln. Salpeter, 5 Tln. Alaun, 7 Tln. Kochsalz, erhitzt und taucht dann in kaltes Wasser. Das Verfahren gründet sich darauf, daß das aus der Mischung beim Erhitzen sich entwickelnde Chlor das Gold oberflächlich löst und so mattiert.

Oder man verfährt auf nachstehende Weise. Man überzieht die Stellen, welche demnächst poliert erscheinen sollen, mit einer Reservage, welche Operation das Aussparen heißt. Die Reservage besteht aus einem Brei von Kreide, Zucker und Gummischleim, welcher aufgetragen und so lange erhitzt wird, bis die Spardecke eine schwärzliche Färbung zeigt. Auf die nicht bedeckten Stellen wird nun das Mattierpulver aufgetragen. Dieses, aus 40 Tln. Salpeter, 25 Tln. Alaun und 35 Tln. Kochsalz zusammengemengt, wird in einer Pfanne von emaillierter Fayence bis etwa zum Schmelzpunkte des Bleies erhitzt, wobei eine Schmelzung im Kristallwasser des Alaunes stattfindet; die Masse muß die Konsistenz eines dünnen Breies zeigen. Bei zu hoher Schmelztemperatur tritt Zersetzung ein.

Die mit Reservage versehenen Gegenstände werden mit Eisendraht an einer eisernen Stange (Kloben) befestigt und an einer Handhabe in den Ofen gebracht, welcher nach Art eines Küchenherdes eingerichtet ist. Auf demselben steht auf einem Dreifuß die Mattierpfanne in eine zweite Gußeisenpfanne mit Ofenkitt, der den Zwischenraum ausfüllt, eingesetzt. Die den Herd bildende starke Gußeisenplatte in der Mitte ist auf allen vier Seiten von niedrigen Ziegelsteinmauern umgeben, welche mit dem Boden des Ofens verbunden sind. Das Ganze ist mit starkem Blech bedeckt. Nach dem Anzünden des Feuers und dem Erhitzen der Mattierpfanne bis zur erforderlichen Temperatur hält der Arbeiter den Kloben in den Ofen, so daß er nicht mit den Kohlen in Berührung kommt, sondern nur von der strahlenden Wärme gleichmäßig erhitzt wird, und zwar so lange, bis die grünliche Färbung in schönes Goldgelb übergeht. Man läßt etwas abkühlen und trägt mit Berücksichtigung der Metallstärken auf die schwächsten Teile sofort das Mattierpulver auf. Ist das Stück zu heiß, so schmilzt das Pulver, frißt die Vergoldung an, löst sich teilweise los und es entsteht eine ungleichmäßige Mattierung. Bei zu kaltem Stück erhärtet das Pulver auf demselben, bleibt ohne Wirkung und löst sich los. Bei der richtigen Temperatur zischt (schreit) das Pulver, indem es auf dem Metalle in Fluß gerät, und erstarrt nach einem kaum bemerkbaren Aufkochen. Nachdem der Teig mittels eines Pinsels gleichmäßig auf den Gegenstand aufgetragen ist, bringt man denselben in den Ofen, worauf das Pulver erweicht; seine Bestandteile reagieren aufeinander unter Entweichen von roten Dämpfen von salpetriger Säure. Noch bevor Fluß eintritt, trägt man eine zweite Schicht Mattierpulver auf, und muß dies bei manchen Gegenständen drei- bis viermal wiederholt werden. Unter stetem Drehen des Klobens läßt man jedesmal das Pulver in Fluß geraten, wobei die gelbe Goldfarbe durchschimmert, löscht dann den Kloben in kaltem Wasser ab, wäscht ab und trocknet.

Mattieren vergoldeter Bronze.

Das Mattieren geschieht, indem man das Stück mit einem Gemenge von 35 Tln. Kochsalz, 40 Tln. Salpeter und 25 Tln. Alaun, welche man in dem Kristallwasser des letzteren schmelzen läßt, überzieht; man bringt das Stück wieder aufs Feuer und erhitzt es, bis die in Fluß gekommene Salzdecke vollkommen gleichförmig und durchsichtig ist. Hierauf taucht man es schnell in kaltes Wasser, welches die Salzdecke ablöst und den Kreideüberzug wegnimmt, der zum Aussparen aufgetragen worden ist. Man zieht hierauf das Stück durch sehr schwache Salpetersäure, wäscht es wieder mit Wasser ab und trocknet es nun entweder auf dem Roste über schwachem Kohlenfeuer oder auch mit einem trockenen, reinen Leinentuch.

Bei der einen wie bei der anderen dieser verschiedenen Methoden kommt es auf die Entwicklung einer gewissen Menge von Chlor und dadurch hervorgebrachter Anätzung des Goldes an. Indem man sich des Alauns bedient, der in höherer Temperatur seine Schwefelsäure abgibt, veranlaßt man eine langsamere und gleichmäßigere Chlorentwicklung, als wenn man freie Schwefelsäure zur Zersetzung des Salpeters und Kochsalzes anwenden wollte. Durch den Überschuß von Kochsalz beabsichtigt man das sich bildende Chlorsilber in Lösung zu erhalten, welches sich sonst auf der Oberfläche des vergoldeten Gegenstandes absetzen und eine gleichförmige Mattierung verhindern würde.

C. Glänzende Metalloberflächen.

Der Glanz eines Metalles ist um so höher, je glatter dessen Oberfläche und je dichter sein Gefüge ist (Spiegelreflex). Die Dauerhaftigkeit des Glanzes hängt ab von der Beschaffenheit des Metalles, indem dessen Unveränderlichkeit und Härte den Glanz dauernd macht.

Die Rauhigkeit einer Metalloberfläche kann geglättet werden entweder durch Abschleifen der Erhöhungen oder durch Niederdrücken der erhabenen Teilchen mittels harter Stoffe (Polierstahl, Polierstein, Blutstein usw.) oder auch durch chemische Mittel.

Metalle mit stark kristallinischer Struktur lassen sich nur schwer durch Polieren glänzend machen, da durch das Poliermittel die kristallinischen Strukturen sichtbar werden und die Kristallkanten sich ungleich verhalten. Daher muß in solchen Fällen das zu polierende Metall vorher gehämmert werden, wodurch eine feinere Struktur, eine Verdichtung der Metalloberfläche bewirkt wird.

1. Glänzendmachen auf mechanischem Wege (Polieren).

Zum Polieren kann man auch das bei der Technik der galvanischen Metallniederschläge geübte Glätten, das sog. Kratzen, rechnen. Dies geschieht im nassen Zustande der Metallwaren; besonders werden Niederschläge aus dem Zinkbad, dem zyankalischen Kupfer- und Messingbad, sowie dem Silberbad mit Bürsten aus mehr oder weniger feinem Metalldraht unter Befeuchtung mit einer Seifenwurzelabkochung in Wasser gekratzt. Zum Kratzen von Zinkniederschlägen verwendet man Bürsten aus Eisendraht, für Kupfer-, Messing- und Silberniederschläge solche aus Messingdraht. Nach dem Kratzen werden die Metallgegenstände mit Wasser gespült und getrocknet oder noch weiter poliert.

Zum Polieren benutzt man Wildleder, Tuch, Filz oder den Schwabbel, unter gleichzeitiger Anwendung von mit Stearin- oder Ölsäure gemengten Polierpulvern, wie z. B. Eisenoxyd (Englischrot, Pariserrot), Trippel, Wiener Kalk (gebrannter Kalk), Neuburger Kreide (amorphe Kieselsäure), Asbest, Talkum, ferner Polierstähle und Poliersteine.

Kupfer- und Messingwaren, die einen leichten Nickelüberzug erhalten sollen, werden z. B. schon vorher poliert, weiterhin dann der Nickelniederschlag.

Dieses Aufglänzen von Nickel-, Kupfer- und Messingplattierungen nimmt man nun mit Tuchscheiben vor (siehe S. 226), auf die man Stearinöl und pulverförmigen Wiener Kalk aufträgt oder an die man ab und zu für einen Augenblick die unter den Schleifern wohlbekannte weiße Paste andrückt, welche aus einer Mischung von festen, fetten Stoffen mit pulverförmigem Wiener Kalk besteht. Darauf kann man noch eine Behandlung mit Scheiben aus Wollstoffen folgen lassen, auf welche man etwas trockenen, pulverförmigen Wiener Kalk bringt, welche Arbeit von den Schleifern mit dem Namen „Abstauben" bezeichnet wird.

Weiche Filzscheiben oder solche aus sämischgarem Büffelleder dienen auch hierbei zur Aufnahme des Schleifmaterials. Um auch in Vertiefungen polieren zu können, stellt man aus Nessel, Abfalltuch oder Schleiffäden sog. Schwabbelscheiben her. Dieselben bestehen aus vielen durchlochten Scheiben, die, auf eine Schraube gesteckt, mittels Mutterschraube fest aneinander gepreßt, nur in der Drehbank oder Schleifmaschine gebraucht werden können. Bei schneller Umdrehung wird die Polierpasta angerieben und der Gegenstand unter Drehen und Wenden poliert.

Den Hochglanz auf versilberten Waren erzeugt man mit Polierstählen und Poliersteinen. Bei diesem „Polieren mit dem Stahl" wird der Griff des Werkzeuges mit der Faust gefaßt, der Stein oder der Stahl über ein Stück Leder gezogen, hierauf in Seifenwasser getaucht und dann, unter nicht zu starkem Drücken, mit kurzen Bewegungen aus dem Handgelenk, auf der versilberten Fläche hin und her geführt. Runde Gegenstände, wie Teile von Kirchenleuchtern u. dgl., bearbeitet man am besten auf der Drehbank mit dem Polierstahl.

Gegenstände, die sich auf der Drehbank polieren lassen, behandelt man durch Andrücken an ein Stück Flanell, das mit Petroleum oder Vaselin angefeuchtet wird. Bei vorgearbeiteten Gegenständen kann man auch feines Schmirgelpapier, das mit Petroleum befeuchtet ist, anwenden; für Hochglanz feines, mit etwas Wachs abgeriebenes, mit Öl befeuchtetes Schmirgelpapier. Als Poliermittel dient auch eine 4%ige Boraxlösung.

Poliermittel.

Für Eisen und Stahl: Zinnasche (= Zinnoxyd) oder Wiener Kalk, oder Eisenoxyd, auch Stahlpulver; bei Verwendung des Polierstahles nimmt man erst Öl, dann Seifenwasser, dann Wiener Kalk.

Für Gußwaren: schnellaufende Zirkularbürsten aus feinem Stahldraht.

Für Kupfer, Messing, Neusilber, Tombak nimmt man Stearinöl und Wiener Kalk.

Messinggegenstände kann man nach dem Gelbbrennen auf der Drehbank mit dem Druckstahl polieren unter Anwendung eines Poliermittels, bestehend aus:

Politur: 1000 Tle. alkoholische Schellacklösung, 1000 Tle. Kurkumawurzelpulver, 2000 Tle. Weinstein, 50 Tle. Rindsgalle, 3000 Tle. Wasser.

Politur für gepreßte Messingsachen. Der Polierstahl wird in eine Lösung von gleichen Teilen Ochsengalle und Wasser getaucht.

Gold wird mit Eisenoxyd (Goldrouge), welches, mit Spiritus oder Stearinöl befeuchtet, auf Leder gestrichen wird, poliert, auch mit feuchtem Achat und Polierstahl.

Silber poliert man mit Polierstahl oder mit Blutstein, unter Anwendung von Seifenwasser, dünnem Bier oder einer Seifenwurzelabkochung, auch mit feuchtem Achat.

Versilberte und plattierte Sachen werden auch mit Wiener Kalk poliert.

Um matten Glanz auf Gold- und Silbersachen zu erzeugen, dienen sog. Glasbürsten, d. i. Kratzbürsten aus fein gesponnenen Glasfäden.

Zinnerne Gegenstände poliert man mit Wiener Kalk oder Schlämmkreide; ersterer auf Leinwandlappen, letztere auf Leder.

Sollen nur erhabene Gegenstände poliert werden, so benützt man den Polierstahl; als Poliermittel: Seifenwasser, Seifenwurzelabkochung, Ochsengalle mit Wasser.

Antimon-Bleilegierungen werden poliert mit gebrannter Magnesia auf weichem Leder, oder mit feinstem Polierrot.

Zink wird geglänzt mit Wiener Kalk oder Holzkohlenpulver.

Wiener Kalk gibt auf Messing und Stahl eine helle Politur, Eisenoxyd dagegen einen dunklen Glanz.

Aluminiumgegenstände werden abgeschmirgelt oder mit gepulvertem Bimsstein und Wasser geschliffen. Auch kann man mit Wiener Kalk und Stearinöl polieren, dann auf der Zirkularborstenbürste mit demselben Mittel das Polieren fortsetzen. Hochglanz erhält man zuletzt mit der Lappenscheibe (Tuch oder Leder), wobei man mit Wiener Kalk bestreut.

Auch konzentrierte Boraxlösung, dann Vaseline (siehe auch bei Beizen).

Polierpaste für Aluminium.

1 Tl. Stearinsäure, 1 Tl. Walkerde, 6 Tle. Tripel. Nachpolieren mit Polierrot und Lederscheibe.

Poliermittel für Metalle.

8—9 Tle. Stearinsäure, 32—38 Tle. Talg, 2 Tle. Kolophonium, 2 Tle. Sterainöl zusammengeschmolzen und mit 50—60 Tln. Wiener Kalk gemischt. Die Masse wird in gut verschlossenen Büchsen aufbewahrt.

2. Glänzendmachen der Metalloberfläche auf chemischem Wege (siehe Glanzbrennen S. 235).

Rostentfernung von Eisen- und Stahlgegenständen.

Man bestreicht die Roststellen mit Petroleum und läßt einige Zeit einwirken. Nach einiger Zeit löst sich der Rost ab. Ev. reibt man mit Seifenlösung und Salmiakgeist nach.

Rostentfernung. Bei der Verwendung von Borsäure und zitronensaurem Natron wird auch das Eisen stark angegriffen. Nach im Materialprüfungsamt zu Lichterfelde ausgeführten Versuchen gelingt die Entfernung der Rostschicht leicht, sobald man Zinkstaub und Natriumhydroxyd anwendet. Die Rostschicht löst sich ab, ohne daß eine wägbare Gewichtsabnahme des Eisens eintritt.

Rostentfernungspaste.

20 g Olein, 2 g Talg, 2 g Paraffin werden zusammengeschmolzen und 30 g feines Bimssteinpulver daruntergerührt.

Rostentfernungsflüssigkeit.

1. 4 g Oxalsäure, 80 g Wasser, 16 g Salzsäure;
2. 10 g Zinnchlorür, 2,5 g Weinsäure oder Salzsäure, 100 g Wasser.

Schleifen und Polieren zur Vorbereitung metallographischer Untersuchungen. Die Probestücke werden auf der Hobelbank mit leichtem Schlichtschnitt überhobelt, ev. mit Schlichtfeile glatt gefeilt.

Nach den Angaben von Martens und Heyn erfolgt dann das Schleifen (für alle Metalle) mittels hölzerner Scheiben, die mit Schmirgelpapier überklebt sind und verschiedene Korngröße besitzen (gewöhnliche Mechanikerdrehbank). Das Schmirgelpapier wird mit gutem Tischlerleim aufgeklebt. (Gut bewährt hat sich das Schmirgelpapier Marke „Hubert".) Man geht von den gröberen Schleifscheiben zu den feinsten über. Das Polieren geschieht mit einer mit einem Tuch überspannten Holzscheibe unter Zuhilfenahme von Polierrot (Eisenoxyd) und Wasser, ev. Alkohol. Das Ätzpolieren nach Osmond geschieht, indem man an Stelle von Wasser eine 10%ige Süßholzwurzellösung oder eine 2%ige Ammonnitratlösung verwendet.

D. Putzen der Metallgegenstände.

a) Allgemeines.

Das Putzen bezieht sich auf fertige, im Gebrauch befindliche Metallgegenstände, die im Laufe der Zeit durch Staub, Schmutz, Fett, Oxydation bzw. Oxyde das schöne Aussehen ihrer Oberfläche verloren haben. Das Putzen ist so auszuführen, daß die Metalloberfläche möglichst geschont und nicht etwa verkratzt wird. Deshalb müssen die Putzmittel ganz der Natur der weicheren oder härteren Metalle angepaßt sein. Auch ist stets darauf zu achten, ob der Gegenstand nur von Staub und Fett gereinigt, seine Oxydierung oder Färbung aber erhalten werden soll, oder ob die Oxydschichte entfernt und die metallisch blanke Metalloberfläche zutage treten soll.

Zur Entfernung von Staub, Schmutz, Fett benützt man für die verschiedenen Metalle weichere oder härtere Bürsten, legt die Gegenstände in Soda- oder Seifenlösung oder Seifenspiritus, spült gut ab mit reinem Wasser und reibt trocken. Unter Umständen verwendet man bei sehr altem und festgewachsenem Schmutz die genannten Lösungen heiß. Die folgenden Putzmittel wirken auf die Entfernung der vorhandenen Oxydschichten, und zwar teils mechanisch, teils auch chemisch, und erzielen eine blanke Metalloberfläche.

Als Putzmittel werden meist mit Wasser oder Öl angefeuchtete mineralische Stoffe in Pulverform verwendet. Hierbei kommt es vor allem auf die Beschaffenheit dieser Stoffe in zwei Beziehungen an:

1. auf den Grad der Weichheit bzw. der Härte dieser Stoffe bzw. Stoffteilchen;
2. auf deren physikalische Beschaffenheit oder Zustandsform, ob nämlich die kleineren mikroskopisch sichtbaren Teilchen in Form rundlicher Körnchen oder in derjenigen eckiger, kantiger Splitter vorhanden sind; letztere können nur bei Hartmetallen verwendet werden.

Die Hauptvertreter der mineralisehen Putzmittel sind für weiche Metalle die Kreide (kohlensaurer Kalk), für härtere Metalle die härtere amorphe Kieselsäure, welche im Handel fälschlicherweise als Neuburger Kreide bezeichnet wird, ihrer chemischen Natur nach aber keine Kreide, sondern eine für Putzzwecke sehr geeignete amorphe Kieselsäure darstellt (rundliche Körnchen).

b) Verschiedene Putzmittel für Metalle zum Blankmachen der Oberfläche.

Für Messing, Kupfer, Stahl. Seifenlösung mit Kalk oder Bolus oder Neuburger Kreide.

Ölsäure (sog. Stearinöl) mit Kalkpulver, Kreide oder Neuburger Kieselkreide.

50 Tle. Oxalsäure, 1000 Tle. Wasser, die Hälfte des Volumens dieser Lösung Tripel.

Messinggegenstände reibt man zuerst mit Soda- oder Pottaschelösung ab; dann reibt man mit einem Lappen, den man in eine Mischung aus gleichen Teilen Schwefel- und Salpetersäure getaucht hat, tüchtig ein, spült mit Wasser gründlich ab und poliert nach dem Abtrocknen mit einem Lederlappen.

Bewährte Handels-Putzpräparate stellen Lösungen dar von Ammoniumoxalat, Seife, Salmiakgeist in Wasser, mit welchen Neuburger Kreide angerieben ist.

Maschinenputzmittel, welches sich zur Rein- und Blankerhaltung von Maschinenteilen auf Stahl und Eisen aufs beste bewährt hat. Das Putzmittel von breiiger Konsistenz besteht aus einer Mischung von 5 Tln. Terpentinöl, 25 Tln. Stearinöl, 25 Tln. feinstem Polierrot und 45 Tln. feinster Tierkohle. Die Mischung wird mit Spiritus bis zur dünnflüssigen Konsistenz versetzt und dann mit Hilfe eines Pinsels auf die zu reinigenden Objekte und Maschinenteile aufgetragen. Nach dem Verdunsten des Alkohols wird der Überzug unter Zuhilfenahme einer trockenen Mischung aus 45 Tln. Tierkohle und 25 Tln. Polierrot nachgerieben. Die geputzten Teile erscheinen alsdann glänzend und blank.

Für Aluminium dient zum Putzen verdünnte Natronlauge.

Silber. Das Silber und die im Handel befindlichen Silberlegierungen überziehen sich an der schwefelwasserstoffhaltigen Luft mit einem je nach der Dicke der Schicht gelb bis braun bis schwarzem Anflug von Schwefelsilber. Auch oxydiert sich bei kupferreichen Silberlegierungen das Kupfer (sog. Grünspan, in der Tat aber kohlensaures Kupfer). Solche unansehnlich gewordene Silbersachen unterwirft man dem sog. Weißsieden (siehe S. 237) oder behandelt sie mit einer gesättigten Boraxlösung oder einer Lösung von 1 Tl. unterschwefligsaurem Natrium in 3 Tln. Wasser, am besten mit einer verdünnten Zyankaliumlösung (Vorsicht, sehr giftig).

Angelaufene Silbergegenstände legt man auch in ein siebartig durchlöchertes Zink- oder Aluminiumgefäß und stellt dieses in eine Soda- oder Boraxlösung. Infolge des stattfindenden elektrochemischen Vorganges erscheint das Silber mit weißer Farbe. (Reduktion.)

Als Putzpulver für silberne und versilberte Gegenstände dient am besten der präzipitierte reine kohlensaure Kalk (künstliche Kreide) oder Putzpulver: 6 Tle. kohlensaure Magnesia, 1 Tl. Polierrot.

Silberputzpaste:			Silberputzseife:		
300	Tle.	Vaseline	500	Tle.	Kernseife
500	,,	Schlämmkreide	500	,,	Wasser
200	,,	Ossa sepia gepulv.;	500	,,	Schlämmkreide.

Gold. Die aus Goldlegierungen gefertigten Goldgegenstände oder vergoldete Waren werden durch Einlagerung von Schmutz usw. unansehnlich. Man reinigt sie durch Abreiben in einem in konzentrierte Boraxlösung getauchten Wollappen.

Gegenstände aus Mattgold legt man in verdünnte Javellsche Lauge ein, spült nach einigen Minuten ab und trocknet.

Allgemeine Putzpulver: 6 Tle. kohlensaure Magnesia, 70 Tle. Englischrot, 30 Tle. Salmiak.

Metallputzpulver: 4 Tle. kohlensaure Magnesia, 4 Tle. zerfallener Kalk, 7 Tle. Eisenoxyd.

Metallputzwasser: 250 Tle. Kreide, 20 Tle. Salmiakgeist, 500 Tle. Weingeist

Putzpomade: 5 Tle. Schweinefett, 1 Tl. Englischrot; oder: 43 Tle. Eisenoxyd, 12 Tle. Kochsalz, 45 Tle. Ölsäure.

Metallputzseifen: 2 Tle. Marseiller Seife, 20 Tle. Wasser, 2 Tle. Tripel; oder: 90 Tle Boluspulver, 10 Tle Seifenpulver, mit Seife angeknetet; auch 25 Tle. Kokosseife zu einem dicken Brei angemacht, 5 Tle. Englischrot, 1 Tl. kohlensaures Ammonium.

Erhaltung und Reinigung von Bronzedenkmälern.

Der Zweck dieser Reinigung ist die Entfernung der Schmutz-, Staub-, Ruß- und der Vogelschmutzschicht, die sich allmählich auf der Oberfläche dieser Denkmäler ablagert.

Bronzedenkmäler, die nur im Laufe der Zeit dunklere Farbe angenommen haben, ohne daß man auf eine schöne grüne Patina Rücksicht zu nehmen hat und die wieder einen hellen Bronzeton erhalten sollen, bürstet man mit einer Ammoniumkarbonatlösung ab. Diese Lösung löst die Kupferoxyde, wodurch der Zusammenhang der schwarzen Kruste aufgehoben wird, so daß der Staub und Ruß mit einem Wasserstrahl weggespült werden kann. Ev. kann man nach dem Waschen noch mit verdünnter Schwefelsäure abbürsten und dann gründlich abwaschen. Ist auf einem Bronzedenkmal Patina vorhanden, die erhalten werden soll, so überstreicht man dasselbe mit einer dicken, sodahaltigen Schmierseifenlösung und läßt ein- bis zweimal 24 Stunden einwirken; dann reibt man mit Sägespänen ab, wäscht mit kräftigem Wasserstrahl ab, trocknet mit wollenem Lappen und bürstet[1]).

E. Ätzen (Kaustik).[2])

Chemische Metallgravüren und Elektrogravüren.

Chemische Metallgravüren. Läßt man geeignete Stoffe, insbesondere Säuren oder Salze auf eine Metalloberfläche einwirken, so wird infolge des ungleichmäßigen Angriffes derselben auf die kristallinische Struktur des Metalles der Zusammenhang der Metallteilchen unterbrochen, es entsteht eine matte Oberfläche. Diesen ersten Grad der Anätzung bezeichnet man mit Mattieren, siehe S. 239.

Unter Ätzen im engeren Sinne versteht man die durch stellenweise Einwirkung derartiger Stoffe im festen, flüssigen oder gasförmigen Zustande auf Metalloberflächen erzeugten Vertiefungen (bzw. Erhöhungen), indem durch angriffsbeständige Überzüge (Decken) bestimmte Stellen des Metalles vor der lösenden Einwirkung der Ätzflüssigkeit geschützt und dadurch Zeichnungen oder Bilder erhalten werden. Wird die Zeichnung durch das Ätzen hochstehend (positiv) erzielt, so nennt man die Ätzung Hochätzung; bei negativem, tiefliegendem Bilde spricht man von Tiefätzung.

Geschieht das Ätzen mit Hilfe des elektrischen Stromes, so bezeichnet man den Vorgang als galvanisches Ätzen, Galvanokaustik oder Elektrokaustik.

Beim Hochätzen wird der Gegenstand mit dem flüssigen Ätzgrund bemalt oder bezeichnet bzw. bedruckt, so daß nach dem Ätzen und Entfernen des Ätzgrundes die Zeichnungen, die durch den Ätzgrund geschützt waren, erhöht erscheinen. Beim Tiefätzen wird die Metallfläche mit Ätzgrund überzogen, hierauf die Zeichnung durch stellenweise Entfernung desselben, z. B. Radieren, aufgetragen. Nach dem Ätzen und Entfernen des Ätzgrundes erscheint die Zeichnung vertieft.

Decken und Deckmittel. Die Herstellung der Zeichnung geschieht auf die verschiedenste Art:

Durch Bedecken der Metalloberfläche mit Ätzgrund und Ausradieren der Zeichnung mit der Radiernadel.

Der Ätzgrund, der auch käuflich ist, wird in ein doppeltes Stückchen Taffet eingelegt und dann damit über den erwärmten Gegenstand gestrichen. Da der Ätzgrundüberzug in dünner Schichte zu hell ist, wird er durch den Ruß eines Wachslichtes angeschwärzt. An Stelle dieses, eine gewisse Übung erforderlichen Verfahrens kann man eine konzentrierte weingeistige Lösung von schwarzer Teerfettfarbe auftragen, der man zur besseren Benetzung des fettigen Ätzgrundes etwas Ochsengalle beifügt (Verminderung der Oberflächenspannung der Flüssigkeit).

Das Ätzwasser wird gewöhnlich auf den mit einem geeigneten Rande umgebenen Metallgegenstand aufgegossen. Wird das Metallstück ganz in Ätzwasser

---

[1]) Ev. mit Paraffin einreiben. Die Pflege unserer Bronzedenkmäler liegt sehr im argen; ein Bronzedenkmal soll nicht wie rostiger Eisenguß aussehen.

[2]) Siehe auch H. Schuberth, Das Ätzen der Metalle für kunstgewerbliche Zwecke, Leipzig, Hartlebens Verlag; und Georg Buchner, Das Ätzen und Färben der Metalle, Berlin, M. Krayn 1922.

gelegt, dann muß dasselbe natürlich ganz mit Ätzgrund bedeckt sein. Nach dem Ätzen wird das Stück zuerst mit reinem Wasser gewaschen, dann mit einem leinenen Tuche getrocknet, sodann der Ätzgrund mit Terpentinöl, Benzol oder ätherischem Kampferöl abgewaschen.

Will man verschieden tief ätzen, also eine Abstufung der Ätzung haben, so deckt man die Stellen, welche nur schwach geätzt sein sollen, mit Decklack, nachdem sie tief genug angeätzt sind, und gibt dann den Gegenstand zum Weiterätzen ins Bad.

Will man des Ätzgrundes ganz sicher sein, bezüglich dessen Widerstandsfähigkeit gegen die Ätzflüssigkeiten, so trägt man verschiedene Ätzgrunde übereinander auf; z. B. zuerst eine Kautschuklösung in Benzol, dann eine weingeistige Schellacklösung, ev. dann eine dritte Schicht von Asphalt in Terpentinöl.

Aufgeschmolzene Ätzgrunde sind sicherer als aufgetrocknete Lösungen.

Andere Verfahren zum Auftragen der Zeichnung: Zeichnen und Malen mit säurewiderstandsfähigen Mitteln (Asphaltlösung usw.), Pausverfahren mit Rötel- oder Blaupauspapier, durchlöcherten Schablonen aus Pausleinen oder festem Papier und Druckfarbe, auf Hektographenart, Aufstempeln, Druckmethoden, Druck- und Umdruckverfahren, photographische Verfahren (Kopieren mit Asphalt, Chromgelatine usw.), Maschinendruck usw.

Soll die Zeichnung ungedeckt (negativ) im Deckgrunde sein, so kann diese mit gefärbter Gummilösung, der etwas Glyzerin zugesetzt wird, ausgeführt werden; nach dem Trocknen wird der ganze Grund mit Asphaltlösung überzogen, getrocknet, in warmem Wasser entwickelt, d. h. die Gummizeichnung wird mit dem aufgelegten Asphalt entfernt.

Auch ein aus Druckfarbe bestehendes Bild (umgedrucktes) oder eine Asphaltzeichnung kann negativ gestaltet werden, wenn man den Grund mit einer Schellacklösung bestreicht und das Bild mit Terpentinöl entwickelt, z. B. bei Schildern; anstatt die Namen vertieft zu gravieren oder aus einem Ätzgrunde auszuschaben (auszusparen), wird mit Gummilösung gezeichnet usw., oder die positive Schrift wird umgedruckt, dann in Negativ verwandelt, geätzt; oder die aufgedruckte Zeichnung wird in frischem Zustande mit wachshaltigem Asphaltpulver eingestaubt und angeschmolzen.

Übertragen mittels Abziehbilderdruckes, durch direktes Kopieren mit Chromateiweiß oder Asphalt.

An Stelle des Decklackes kann man sich des Aufdruck- oder Umdruckverfahrens bedienen.

Als Druckmasse benutzt man eine Mischung von Öl und Kolophonium von geeigneter Konsistenz, als Ätzgrund ein feines Pulvergemisch von Mastix und Asphalt zu gleichen Teilen. Beim Umdruckverfahren wird der Holzschnitt oder ein Klischee mit der Druckmasse eingewalzt, dann mit leichtem Druck auf ein Kissen aus Glyzeringelatine abgedruckt. Diesen Abdruck überträgt man auf die Metallplatte. Bei dem Aufdrucken mit dem Kautschukstempel nimmt man die auf eine Glasplatte aufgewalzte Druckmasse mit dem Stempel ab und bedruckt damit die Metallfläche. Das auf dem Metall befindliche Bild stäubt man dann mit dem Harzpulver ein; der Überschuß des letzteren wird mittels einer Feder sorgfältig entfernt. Erwärmt man jetzt die Platte leicht, so schmilzt das Harzpulver und bildet den säurebeständigen Ätzgrund. Die so hergestellten Bilder erreichen nahezu die Schärfe des Buchdruckes (Massenfabrikation siehe Metallgravüren S. 256).

Bei dem Umdruckverfahren wird eine Druckplatte aus Stahl gefertigt, auf der sich die Zeichnung umgekehrt befindet. Die Herstellung geschieht durch Ätzen. Von dieser Platte werden auf einer Lithographiehandpresse mittels fetter Steindruckfarbe Abzüge auf Umdruckpapier gemacht. Die Drucke werden durch

Aufdrucken und Ablösen des Papiers mittels Wasser auf die zu ätzenden Metallteile übertragen. Die Zeichnung wird noch vorsichtshalber mit Kolophoniumpulver eingestäubt, über einer Flamme angeschmolzen und geätzt.

Bei dem photographischen Verfahren wird eine mit Schlämmkreide und Lappen gereinigte Metallplatte mit verdünnter Schwefelsäure gespült, gewässert und getrocknet. Dann wird mit einer Asphaltlösung übergossen (1 Tl. Asphalt, 9 Tle. gereinigtes Terpentinöl, 4 Tle. Zitronenöl). Die filtrierte Lösung wird aufgegossen. Die übergossene Platte wird im Dunkeln getrocknet; dann unter einem gut gedeckten Negativ der gewünschten Zeichnung eine halbe bis drei Stunden belichtet. Es entsteht ein ätzfähiges Bild, da die belichteten Asphaltteilchen unlöslich geworden sind. Es wird mit Terpentinöl entwickelt, dann geätzt.

Zur Übertragung einer Zeichnung und nachheriges Ätzen kann man sich folgenden Verfahrens bedienen:

Man überzieht die Metallplatte, z. B. Weißblech, mit einem farblosen oder gefärbten Weingeistlack; nach dem Trocknen desselben überzieht man denselben an einem nicht belichteten Orte (dunkles Zimmer) mit einer Lösung von 5 Tln. Gelatine, 1 Tl. rotem chromsaurem Kalium in 100 Tln. Wasser, oder mit einer Lösung von 2 Tln. Albumin, 2 Tln. doppelchromsaurem Ammonium, 200 Tln. Wasser. Bringt man nun diese Platte nach dem Trocknen, mit einer entsprechenden Schablone bedeckt, in einen Kopierrahmen und setzt sie dem Lichte aus, so wird die lichtempfindliche Gelatineschicht an den belichteten Stellen unlöslich. Man legt in Wasser, wobei sich die von der Schablone bedeckt gewesenen Teile lösen, trocknet dann und entfernt an den von Gelatine befreiten Stellen den Weingeistlack mit Weingeist.

Beim Ätzen von Platten wird der Rand der Platte mit Baumwachs (8 Tle. gelbes Bienenwachs, 10 Tle. Fichtenharz, 2 Tle. Rindstalg, 10 Tle. Terpentin) umgeben oder mit einer Mischung aus 8 Tln. gelbem Wachs, 3 Tln. Schweinefett, 0,5 Tln. Burgunderharz. Diese Mischung dient auch zum Auskleben der Gefäßwand. Auch 5 Tle. Wachs, 2,5 Tle. Schusterpech, 1 Tl. Terpentin oder gleiche Teile gelbes Wachs, Asphalt und Kolophonium mit etwas Talg.

Ätzgrund. Weicher Ätzgrund: 2 Tle. Wachs, 1 Tl. Asphalt, 1 Tl. Mastix, oder: 3 Tle. Wachs und 4 Tle. Asphalt, oder: 16 Tle. Mastix, 50 Tle. Burgunderharz werden geschmolzen, dann 125 Tle. Wachs eingetragen, dann 200 Tle. geschmolzener Asphalt zugemischt und nach dem Abkühlen noch 500 Tle. Terpentinöl zugesetzt. Will man den Grund tiefschwarz haben, so setzt man etwas Ruß dazu.

Harter Ätzgrund: 125 Tle. Burgunderharz, 125 Tle. Kolophonium werden geschmolzen, dann 100 Tle. Nußöl zugesetzt, das Ganze gekocht, bis es sich in lange Fäden ziehen läßt.

Ätzgrund für Kupferstecher. 120 Tle. weißes Wachs, 15 Tle. Mastix, 60 Tle. Burgunderharz, 120 Tle. syrischer Asphalt werden zusammengeschmolzen, dann 5 Tle. einer konzentrierten Lösung von Kautschuk in Kautschuköl zugesetzt

Deckgrund für das Hochätzen. 500 Tle. syrischer Asphalt werden in 1000 Tln. Terpentinöl gelöst, oder: Asphalt, Kolophonium, Wachs, je 200 g, werden geschmolzen und dann in 1200 Tln. Terpentinöl gelöst. Die Rückseite der Metallplatten schützt man durch einen Anstrich mit weingeistiger Schellacklösung oder einer Lösung von 300 Tln. Asphalt in 600 Tln. Benzol.

Für stark saure Lösungen dient:1 Tl. schwarzes Pech, 2 Tle. japanisches Wachs, 1,5 Tle. Kolophonium, 1 Tl. Dammar werden zusammengeschmolzen und mit 1 Tl. Terpentinöl gemischt, oder 3 Tle. Buchdruckerschwärze, 1 Tl. Kolophonium, 1 Tl. Wachs.

Für galvanische Ätzungen wird folgender Ätzgrund empfohlen: 4 Tle. Wachs, 4 Tle. Asphalt, 1 Tl. Pech.

Ätzflüssigkeiten.

a) Allgemeines.

Die stofflichen Veränderungen beim Ätzen bestehen darin, daß das Metall des zu ätzenden Gegenstandes in Form von Metallionen bzw. des entsprechenden Metallsalzes in die Ätzlösung übergeht. Außerdem bilden sich Reaktionsprodukte, die bei Anwendung von Säuren teils gasförmig (Wasserstoff, Stickoxyde, Vorsicht: Nitrose Gase), bei Verwendung von Salzen teils leicht, teils schwerer lösliche Stoffe sind. Die Gase entweichen, die anderen Stoffe bleiben in der Lösung. Dadurch, daß beim Ätzen der wirksame Stoff an Konzentration, d. i. Menge, abnimmt, die Reaktionsprodukte dagegen sich in der Lösung anhäufen, wird bald der Vorgang behindert und zum Stillstand gebracht. Die chemische Wirkung ist der wirksamen Masse (Konzentration) proportional und umgekehrt proportional der Konzentration der Reaktionsprodukte. Da eine Reaktion um so langsamer verläuft, je mehr Reaktionsprodukte sich in dem betreffenden Reaktionsgemisch ansammeln, so müssen zur Förderung des Ätzprozesses die Reaktionsprodukte, die sich an der Metalloberfläche ansammeln, möglichst oft entfernt werden; es muß die Ätzflüssigkeit an der Metallfläche möglichst oft erneuert werden. In der Praxis erfüllt man diese Forderung durch öfteres Durchrühren der Ätzlösung, durch beständiges Bewegen der Metallwaren mit der Hand oder durch mechanische Vorrichtungen, wie Schaukelwannen oder geschlossene Kästen mit Bewegungsvorrichtungen (Ätzmaschinen). Man unterscheidet daher sog. Handätzung und Maschinenätzung. Dabei soll die Bewegung eine unregelmäßige sein, da sonst die Ätzwirkung nach einer Richtung stärker sein würde als nach anderen (unregelmäßige Ätzung). Die Ätzmaschinen spielen bei der Massenfabrikation eine große Rolle.

Man kann für das Ätzen folgende allgemeine Regeln aufstellen:

1. Die Metalloberfläche muß metallisch blank sein und fettfrei. Es dürfen darauf keine Spritzer vom Aufbringen des Deckgrundes her vorhanden sein, da sonst Fleckenbildung eintritt.

Betreffs der Vorbereitung der Metalle zum Ätzen gilt alles beim Reinigen der Metalle Gesagte.

2. Die Ätzflüssigkeiten müssen der Widerstandsfähigkeit des Ätzgrundes angepaßt sein.

Beim Ätzen mit Säuren treten folgende Nachteile auf; deshalb soll man, wenn möglich, auf Säureätzung verzichten und Salzlösungen verwenden.

Bei der Säureätzung tritt Gasentwicklung auf; beim Ätzen mit Salzsäure oder Schwefelsäure: Wasserstoff, beim Ätzen mit Salpetersäure je nach der Konzentration der Säure kleinere oder größere Mengen übelriechender und giftiger nitroser Gase.

Die Gasentwicklung kann Blasenbildung und Abheben des Deckgrundes, Unterfressen und ungleichmäßige Ätzung verursachen.

Außerdem tritt hohe Reaktionswärme und dadurch die Möglichkeit des Schmelzens des Deckgrundes auf.

Beim Ätzen mit Metallsalzlösungen tritt keine Gasentwicklung auf.

Salze oder Säuren, welche mit den zu ätzenden Metallen schwerlösliche Salze bilden, sind zu vermeiden, da sich dieselben auf dem Metall ablagern und die Ätzung beeinträchtigen. Eventuell macht man Zusätze, welche die Bildung derartiger Stoffe verhindern.

Eines der empfehlenswertesten Ätzmittel ist das Chlor. Man wendet dasselbe an in Form von Eisenchloridlösung. Das Eisenchlorid gibt ein Drittel Chlor ab und geht in Chlorür über; dadurch wird das zu ätzende Metall in das entsprechende Chlorid oder Chlorür übergeführt. Gasentwicklung findet hierbei nicht statt.

Man beachte, daß beim Ätzen durch Stoffverbrauch die Zusammensetzung der Ätzflüssigkeit fortwährend verändert wird, und daß die Ätzflüssigkeit stets annähernd auf konstanter Zusammensetzung zu halten ist, z. B. durch Zugabe von Säure, Ätzmitteln usw.

b) Besonderes.

Aluminium. Aluminium ist in verdünnter Salpetersäure kaum, in verdünnter Schwefelsäure schwer löslich; verdünnte Salzsäure, Phosphorsäure und Alkalilaugen lösen es leicht unter lebhafter Wasserstoffentwicklung. Wie alle Metalle, wird auch das Aluminium von Chlor unter Bildung von Aluminiumchlorid angegriffen. Als Chlorträger benutzt man am besten das Eisenchlorid.

Konzentrierte Eisenchloridlösung wirkt äußerst heftig auf das Metall ein, verdünnte Eisenchloridlösung dagegen schwach und langsam. Zweckmäßig ist alkoholische Salzsäure oder alkoholische Eisenchloridlösung.

Zusätze von Metallsalzen zur verdünnten Lösung beschleunigen die Ätzung. Am besten wirkt Aluminiumchlorid. Auch verdünnte Salzsäure läßt sich verwenden. (Eisenhaltiges Aluminium läßt sich mit Natrolauge und darauffolgende Behandlung mit Salpetersäure mattieren, wobei die Natronlauge das Aluminium, die Salpetersäure das Eisen löst.)

Ätzen von Aluminium zur Kenntlichmachung der Struktur. Man taucht in konzentrierte Flußsäure (Fluorwasserstoff); es tritt deutliche Wasserstoffentwicklung ein, die polierte Metallfläche wird dunkel. Dann taucht man in 60%ige Salpetersäure und erhält silberweiße Oberfläche.

Aluminiumbronze siehe Kupferlegierungen.

Das harte Aluminium wird leichter von Lösungsmitteln angegriffen als das durch Wärmebehandlung weich erhaltene Aluminium.

Antimon und dessen Legierungen: Verdünnte Salpetersäure.

Blei: Eisenchloridlösung, der man zur Lösung des schwerlöslichen Reaktionsproduktes (Chlorblei) essigsaures Natrium zufügt.

Eisen und Stahl:

I. Reine Salpetersäure, und zwar zum Anätzen mit 4—8 Tln. Wasser, zum Tiefätzen mit dem gleichen Gewichtsteil Wasser verdünnt.

II. 1 g Weinsäure,
15 g Quecksilberchlorid,
420 g Wasser und 16—20 Tropfen Salpetersäure.

III. 120 g Weingeist 80%,
8 g reine Salpetersäure,
1 g salpetersaures Silber.

IV. 40 g reine Essigsäure 30%,
10 g absoluter Alkohol,
10 g Salpetersäure, reine.

V. 10 g rauchende Salpetersäure,
50 g reine Essigsäure 30%, ev. mit Wasser zu verdünnen.

VI. Chromsäurelösung oder Kupferchloridlösung.

VII. Gleiche Teile halbkonzentrierter Lösung von Kaliumbisulfat und Kaliumnitrat unter Zusatz von Chlorammonium.

VIII. 1 Tl. Brom, 100 Tle. Wasser, oder auch 1 Tl. Quecksilberchlorid und 30 Tle. Wasser.

IX. 1 Tl. Chlorantimon, 6 Tle. Wasser, 6 Tle. Salzsäure.

Für feinere Ätzungen auf Stahl: 2 Tle. Jod, 4 Tle. Jodkalium, 40 Tle. Wasser, oder: Essigsaures Silber 8 Tle., Alkohol 500 ccm, Wasser 500 ccm, Salpetersäure rein 260 g, Äther 64 g, Oxalsäure 4 g.

X. Hochätzen von Stahl und zugleich dunkle Färbung der geätzten Stellen 800 g Wasser, 200 g konzentrierte Schwefelsäure, 150 g Kaliumbichromat.

Ätzpulver für Eisen und Stahl.

50 Tle. Kupfervitriol, 50 Tle. Kochsalz; oder 20 Tle. Quecksilberchlorid, 80 Tle. Eisenoxyd; beim Gebrauch mit Wasser zu einem Brei angerieben und aufgetragen.

Für Eisen und Stahl, Zink, Zinn, Neusilber:

50 g Kupfervitriol, 50 g Kochsalz werden gemischt und beim Gebrauch mit Wasser befeuchtet aufgetragen, z. B. auf Messerklingen.

Herstellung glänzender Figuren auf mattem Grund, z. B. auf Säbelklingen.

Die ganze Fläche wird zuerst blank poliert, die glänzend bleiben sollenden Stellen gedeckt (mit Schablonen), dann werden die betreffenden Gegenstände den Dämpfen von Salzsäure ausgesetzt, am besten, indem man in einem Gefäße 10 Tle. Kochsalz mit 20 Tln. Schwefelsäure übergießt.

Ätzsalbe, sogenannte.

1 Tl. Lindenkohlenpulver, 2 Tle. Eisenvitriol, 2 Tle. Salmiak mit Essig zu einem Brei angemacht; oder 2 Tle. Grünspan und 1 Tl. Kochsalz mit Essig zu einem Brei angemacht.

Schnellätzen von kleineren Stahlgegenständen.

Man ätzt galvanisch (s. d.) in einer halbkonzentrierten Salmiaklösung (= Chlorammonium) mit ca. 8 Volt Spannung. Der Deckgrund wird am sichersten aufgeschmolzen, nicht mittels Lösungen aufgebracht; oder Ätzen mit Kupferammoniumchlorid nach S. 156.

Aluminium. Man bedient sich am besten verdünnter Eisenchloridlösungen oder verdünnter Salzsäure. Zusätze von Metallsalzlösungen, z. B. Aluminiumchlorid, beschleunigen die Lösung.

Gold. Als Ätzlösung dient Königswasser; siehe auch Mattieren.

Kupfer- und Kupferlegierungen, insbesondere Messing.

Am zweckmäßigsten dient zum Ätzen des Kupfers und seiner Legierungen, wie z. B. Messing, eine Eisenchloridlösung (1,38 = 40° Bé) mit allmählichem Zusatz von Salzsäure und chlorsaurem Kalium.

Verdünnte Lösungen wirken gleichmäßiger als zu konzentrierte.

Der Zusatz von chlorsaurem Kalium dient dazu, die Ausscheidung des schwerlöslichen Reaktionsproduktes (Kupferchlorür) zu vermeiden, indem es zu leichtlöslichem Kupferchlorid oxydiert wird. Kochsalz mäßigt die Ätzwirkung.

Andere Ätzflüssigkeiten für Kupferstecher.

Schwächeres Ätzwasser: In eine Mischung von 200 g reiner Salzsäure und 500 g Wasser wird eine kochende Lösung von 20 g chlorsaurem Kalium in 200 g Wasser gegossen.

Stärkeres Ätzwasser, wie oben hergestellt, mit 250 g Salzsäure, 400 g Wasser, 25 g chlorsaurem Kalium und 200 g Wasser.

Starkes Ätzwasser, wie oben hergestellt, mit 300 g reiner Salzsäure, 300 g Wasser, 30 g chlorsaurem Kalium und 300 g Wasser.

Außerdem kann man verwenden eine gesättigte Lösung von Brom in Salzsäure, eine Mischung aus 0,5 g Kaliumbichromat, 1 g Wasser, 3 g roher Salpetersäure, ferner eine Salzsäure enthaltende Kupferchloridlösung; für feinere Gegenstände insbesondere mit Chromgelatine als Deckgrund, nimmt man weingeistige Eisenchloridlösung.

Hochätzen von Stahl, Kupfer, Messing.

Anstatt Salpetersäure, welche gern durch Gasentwicklung den Deckgrund aufhebt, bedient man sich mit Vorteil einer Mischung von 150 Tln. doppeltchromsaurem Kalium, 800 Tln. Wasser und 200 Tln. konzentrierter Schwefelsäure. Die Ätzung geht langsam, doch sehr gleichmäßig vor sich und vollständig geruchlos.

Für Kupfer, Messing und Tombak

dient reine Salzsäure mit Wasser verdünnt, daß sie 18° Bé zeigt. Die sich entwickelnden Gasbläschen sind sofort mit einer Federfahne zu entfernen, wenn die Ätzung gleichmäßig werden soll, oder: in ein Gemisch von 10 Tln. reiner Salzsäure und 70 Tln. Wasser wird eine kochende Lösung von 2 Tln. chlorsaurem Kalium in 20 Tle. Wasser gegossen. Für schwache Ätzungen wird noch mit 100—200 Tln. Wasser verdünnt.

Als Ätzlösung für Messing zur Herstellung von Schablonen dient Eisenchloridlösung oder Salpetersäure 1 : 3 spez. Gew., die mit so viel roter rauchender Salpetersäure versetzt wird, daß das Gemisch stark gelb gefärbt ist.

Werden Messingteile in eine Chlorammoniumlösung längere Zeit eingelegt, so erhält man Ätzfiguren auf diesem Metall.

Wiederherstellung der beim Ätzen von Kupfer oder Messing gebrauchten Eisenchloridlösung siehe S. 119. Feinkörniges Ätzen, sog. Emailleätzung, von Messing siehe Mattieren.

Entfernung der braunen Schichte auf der Oberfläche des mit Eisenchlorid geätzten Messings.

Man gießt 200 g Schwefelsäure in 1 l Wasser und löst in dieser Flüssigkeit 200 g gepulvertes Kaliumbichromat. Nach dem Erkalten taucht man unter ständigem Bewegen die geätzten Bleche einige Sekunden in die Lösung, spült mit Wasser ab und legt in Weinsteinwasser. Eventuell wird diese Prozedur einige Male wiederholt

Für Nickel und Kobalt dient verdünnte Eisenchloridlösung mit Zusatz von Salzsäure und chlorsaurem Kalium.

Für Silber benutzt man am besten Eisenchloridlösung, der man zur Lösung des gebildeten Chlorsilbers (Reaktionsprodukt) Chlorammonium zusetzt oder verdünnte Salpetersäure, oder Salpetersäure (spez. Gew. 1,185) 170 g, Wasser 320 g, Kalium- oder Natriumbichromat 30 g.

Mattieren siehe S. 239.

Für Zink. Für Zink eignet sich sehr gut eine Mischung halbkonzentrierter Lösungen von Natriumbisulfat und Kaliumnitrat. Die Wirkung beruht auf dem Auftreten von verdünnter Salpetersäure.

Besonderes Ätzwasser.

40 Tle. gestoßene Galläpfel werden mit 560 Tln. Wasser gekocht, bis das Ganze 200 Tle. beträgt; dann filtriert man und setzt zu: 2 Tle. Salpetersäure und einige Tropfen Salzsäure. Außerdem dienen zum Ätzen von Zink auch Eisenchlorid- und Antimonchloridlösungen.

Hochätzen von Zink.

Man schreibt oder zeichnet mit einer Lösung von 1 g Platinchlorid, 1 g Gummi in 12 g Wasser. Nach Entstehung der Zeichnung wird die Zinkplatte in verdünnte Salpetersäure (1 : 16) gelegt. Die schwarze Zeichnung bleibt stehen, oder: man zeichnet oder schreibt mit einer Lösung von 2 g Kupfervitriol, 3 g Kupferchlorid, 64 g Wasser, 8 g reiner Salzsäure, 1,1 spez. Gew. Nach Entstehen der Zeichnung wird die Platte in verdünnte Salpetersäure (1 : 8) gelegt.

Für Zinn und Zinnlegierungen (Britannia). Eisenchloridlösung, verdünnt mit Zusatz von Salzsäure und chlorsaurem Kalium.

Schärfen abgenützter Feilen durch Ätzen.

Nach dem patentierten Goodmardverfahren werden abgenützte Feilen durch ein Ätzverfahren wieder gebrauchsfähig gemacht. Nach einem Gutachten der Bayerischen Landesgewerbeanstalt wird durch dieses Ätzverfahren der Zweck vollständig erreicht, so daß sich die geätzten alten Feilen den neuen ebenbürtig erweisen. Weiters werden durch das Ätzverfahren die Verluste durch Härterisse, Bruch und Verbrennen ganz bedeutend reduziert. Die Ätzung ist erheblich billiger und rascher als die alten mechanischen Verfahren. Nachteile des Ätzverfahrens ergeben sich nicht. Der Rostanflug, der sich infolge des Nachwirkens von zurückbleibenden Säurespuren bemerkbar machen kann, läßt sich durch geeignete Gegenmittel verhüten.

Ätzen durch Elektrolyse (Elektro- oder Galvanokaustik), sog. galvanisches Ätzen, Elektrogravüren. Das galvanische Ätzen unterscheidet sich vom gewöhnlichen Ätzen durch die Benutzung von Ätzflüssigkeiten, die an und für sich nicht oder nur schwach auf die betreffenden Metalle einwirken und erst durch den elektrischen Strom dazu befähigt werden.

Die Vorbereitung der Gegenstände, Decken usw. geschieht wie bei der gewöhnlichen Ätzung. An einer nicht gedeckten Stelle wird dann ein Leitungsdraht mit Weichlot angelötet, der mit einem Lackanstrich versehen wird. Die Platte wird dann als Anode (Lösungselektrode) einer gleichartigen Platte gegenüber, welche als Kathode dient, in das Bad gehängt, bis die Ätzung tief genug ist. Beim Stromdurchgang durch einen Elektrolyten wird durch eine bestimmte Elektrizitätsmenge eine bestimmte Menge Metall von der Anode gelöst und zur Kathode geführt. (Anodischer Arbeitsprozeß.)

Als Ätzbäder (Elektrolyte) dienen:

Für Kupfer und Messing: Verdünnte Schwefelsäure 1 : 20 oder Kupfersulfatlösung.

Messing kann man galvanisch ätzen, wenn man damit ein Daniellelement bildet und dasselbe an Stelle des Zinks einfügt.

Für Zink: Zinksulfat- oder Chloridlösung.

Für Eisen und Stahl: Eisenvitriol- oder Chlorammoniumlösung.

Für Zinn: Zinnchlorürlösung.

Für Silber: Silbernitrat- oder Zyankaliumlösung.

Für Gold und Platin: Gold- oder Platinchlorid- oder Zyankaliumlösung.

Während die gewöhnliche Ätzung unter dem Mikroskop aus einer Reihe unregelmäßiger Vertiefungen besteht, welche bei einiger Tiefe sich sehr verbreitern, ist bei der glavanischen Ätzung die Linie unter dem Mikroskop eine vollkommene Furche, ohne, auch bei bedeutender Tiefe, unterfressen zu sein. Die galvanische Ätzung ist demnach eine schärfere und feinere. Außerdem vermeidet man die Säuredämpfe und kann die Ätzung durch die Stromregulierung beeinflussen.

Als Stromquellen bedient man sich der Voltaschen Elemente oder Ketten (fälschlich galvanische Elemente genannt), und zwar am besten in Form von Bunsenelementen (s. d.).

Hierbei wird der Kohlepol mit dem zu ätzenden Gegenstand, der Zinkpol mit der Metallplatte verbunden.

Diese Elektrizitätsquellen treten heute gegenüber den Dynamomaschinen als Quelle billiger elektrischer Energie in den Hintergrund.

Um diese benutzen zu können, bedient man sich entweder der Akkumulatoren oder der Rotationsformer (Transformator). Mit vier Akkumulatoren kann man eine vollständige Ätzung in 20 Minuten durchführen[1]).

---

[1]) Siehe auch: Georg Buchner, Das Ätzen und Färben der Metalle. Berlin, M. Krayn 1922.

Das Damaszieren ist eine besondere Art des Ätzens von Stahlwaren, durch welche Muster von ähnlicher Beschaffenheit wie bei dem echten Damaszener Stahl hervorgebracht werden[1]).

Das Ätzen zwecks metallographischer Untersuchungen geschieht nach vorhergegangenem Schleifen und Polieren mit einer Lösung von 12 g Kupferammoniumchlorid in 120 ccm Wasser (unter Bewegen 1 Minute), oder in alkoholischer Salzsäure (1 ccm Salzsäure [1,19], 100 ccm absoluter Alkohol), oder alkoholischer Salpetersäure (4 ccm Salpetersäure [1,14] und 100 ccm absoluter Alkohol), oder in Salpetersäure (1,18 spez. Gew.), oder in ammoniakalischer Kupferammoniumchloridlösung, oder auch mit Zuhilfenahme des elektrischen Stromes und Salzsäure (1 ccm Salzsäure, 1,19, und 100 ccm Wasser).

Metallgravüren.

Beispiel der Massenfabrikation. Es sollen z. B. auf Messingblechen erhabene Zeichnungen mit Schrift in Schwarz und mattiertem, ev. versilbertem Messinggrund hergestellt werden.

Hierzu werden benutzt dünne Messingplatten bzw. Bleche, wie solche aus gegossenen Messingplatten durch Walzen hergestellt und von den Fabriken in verschiedenen Ausmaßen, z. B. 0,5 × 2 m, geliefert werden. Hierzu ist folgendes zu bemerken. Durch das Walzen geht die dem Messing eigene kristallinische Struktur zum größten Teil verloren, indem sich die Kriställchen parallel den Gleitflächen verschieben. Das Gefüge wird äußerst feinkörnig und homogen, kann aber stellenweise noch kristallinische Struktur behalten, welche, vorerst unsichtbar, beim Ätzen als sog. Ätzfehler störend in die Erscheinung treten.

Mattgebeiztes Messingblech z. B. zeigt eine wohlausgebildete Kristallstruktur; es kreuzen sich zahlreiche scharfe Kristallkanten, die selbst wieder gestreift sind und durch den Angriff der Säure bloßgelegt wurden. Je dünner das Metall ausgewalzt ist, desto kleiner sind die Kristalle. Taucht man dieses mattierte Messing in Salpetersäure bis es blank erscheint, dann sind alle Kristallkanten und Spitzen abgerundet und zeigen infolge ihrer Glätte starken Glanz (Oberflächenlicht).

Aus diesen großen gereinigten Messingblechen werden nun durch Zerschneiden kleinere Blechstücke geschaffen, auf denen eine größere Anzahl der herzustellenden Gegenstände Platz findet.

Hierbei sind Verletzungen, z. B. Kratzer der Messingoberfläche, tunlichst zu vermeiden. Auf diese Messingbleche werden nun, nachdem die Rückseite mit einem Decklack versehen wurde, durch Umdruckverfahren (siehe Ätzen) Bild und Schrift aufgetragen, und die Deckwirkung der Farbe durch Einstäuben mit Harzpulvern, z. B. Asphalt, und leichtes Anschmelzen verstärkt. Auf den Grund gefallene Harzteilchen sind sorgfältig zu entfernen, ev. mit Benzol. Nun werden die Platten je nach der beabsichtigten Ätzung entweder in Eisenchloridlösung oder in einer Chromsäurelösung geätzt (siehe körniges Mattätzen). Die geätzten Bleche werden durch gründliches Spülen mit Wasser von den Resten der Ätzflüssigkeit befreit, ev. werden sie von dem beim Ätzen entstandenen braunen Anflug nach S. 254 befreit und blank gemacht. Soll der geätzte Messinggrund versilbert werden, dann kommen die Bleche ins galvanische Silberbad, soll derselbe schwarz gefärbt werden, wird er im Kupferbad leicht verkupfert, da das geätzte Messing nicht ohne weiteres, wie das ungeätzte Messing, durch die gewöhnlichen Beizen schwarz gefärbt wird. Sodann werden nach dem Waschen mit Wasser und Trocknen die Bleche mit Terpen-

---

[1]) Anmerkung: Gravieren heißt, eine Zeichnung, Verzierung oder Schrift mittels schneidender Werkzeuge auf einem Gegenstand vertieft oder erhaben auszuarbeiten.

Guillochieren wird diejenige Bearbeitung genannt, durch welche in großer Regelmäßigkeit gerade und krumme Linien zum Zwecke der Verschönerung eingeschnitten werden.

tinöl oder Benzol von dem Decklack befreit und das dadurch blankgelegte, unverändert gebliebene Messing, das Schrift, Bild und ev. Ränder erhaben darstellt, in der ammoniakalischen Schwarzbeize (siehe Metallfärbung) schwarz gefärbt. Oder man färbt vor dem Entfernen des Decklackes den verkupferten Grund mit Schwefelleber schwarz, und hat dann nach Entfernung des Decklackes Bild und Schrift in Messingfarbe. Nach der Schwarzfärbung von Bild und Schrift werden die Bleche mit Wasser gewaschen, getrocknet, mit einem geeigneten Schutzlack (z. B. Zapon) überzogen und dann in kleinere Bleche zerschnitten, sofern mehrere Bilder auf einem größeren Bleche sich befanden. Bei der Herstellung solcher Gegenstände zur Massenfabrikation werden von einer Operation zur anderen Bleche mit groben Fehlern ausgeschieden; solche mit kleineren Mängeln müssen bei Massenfabrikation in Kauf genommen werden. Dazu gehören z. B. kleinere, besonders erst nach der Ätzung sichtbare Fehler im Messingblech, z. B. Kratzer, Querstreifen usw., kleine, beim Umdruckverfahren entstandene Fehler, Asphaltkörnchen im Grund, nicht vollständig gleichmäßige Ätzung, stellenweise löcherige Ätzung usw.

F. Metallüberzüge.

Allgemeines.

Das Überziehen der Metalle mit anderen Metallen, sei es zur Verschönerung, Veredelung, Werterhöhung, sei es zum Schutze oder zur Ersparung geeigneterer oder wertvollerer Metalle, gehört zu den ältesten Arbeitsweisen und stellt in unserer Zeit ein äußerst umfangreiches und technisch und wirtschaftlich sehr bedeutendes Arbeitsgebiet dar. Der Techniker verfügt über eine Reihe von Verfahren, die sich im Laufe der Zeit herausgebildet haben und deren Auswahl stets im Hinblick auf die jeweiligen Anforderungen zu treffen ist. Hierbei sind es vor allem die Ansprüche an die Menge bzw. Dicke der Metallauflage, an die Haltbarkeit und Widerstandsfähigkeit, die Frage, ob es sich um kunstgewerbliche Einzelgegenstände oder um technische Erzeugnisse oder Massenartikel handelt, die Preisbewertung usw., welche die Wahl beeinflussen. — Es kommen im allgemeinen folgende Verfahren in Betracht:

1. Mechanische Verfahren und direkte Legierungsverfahren.

a) Durch Aufdrucken oder Aufkleben von dünnsten Metallblechen (Blattmetallen).
b) Aufreiben fein verteilter Metallpulver.
c) Plattieren.
d) Auftragen und Erhitzen von Amalgamen oder anderen Zubereitungen.
e) Aufschmelzen durch Eintauchen in geschmolzene Metalle.
f) Aufspritzen von in feiner Verteilung befindlichen geschmolzenen Metallteilchen.
g) Einwirkung von Metalldämpfen.

2. Elektrochemische Verfahren, sog. nasse Verfahren.

a) Eintauch-, Ansiede- Anreibe- und Kontaktverfahren.
b) Galvanische Metallüberzüge.

Die Wahl der Verfahren ist von vielen Faktoren technischer und wirtschaftlicher Natur abhängig; z. B. kann nicht schmiedbarer Eisenguß nur auf elektrochemischem Wege mit Kupfer und Kupferlegierungen überzogen werden. Gegenstände aus schmiedbarem Eisen lassen sich auf mechanischem und chemischem Wege mit Kupfer oder Kupferlegierungen überziehen.

Unterschiede zwischen den verschiedenen Metallüberzügen.

Die mittels chemischer Verfahren hergestellten Überzüge aus Kupfer oder Kupferlegierungen sind im allgemeinen mit dem darunter liegenden Metall metallisch verbunden; sie können aber auch in ablösbarer Form vorhanden sein. Die mechanisch aufgebrachten Überzüge können, falls sie kalt aufgebracht sind, mechanisch abgetrennt werden. Mit einem mechanisch aufgebrachten Überzug von Kupfer oder Kupferlegierungen versehene Stäbe, Bleche, Röhren usw. lassen sich durch Walzen und Ziehen weiter verarbeiten; dabei kann der Überzug so dünn werden, daß er von einem auf chemischem Wege hergestellten Überzuge kaum zu unterscheiden ist. Ein Überzug aus Kupfer oder Kupferlegierungen ist ohne weiteres nur dann als auf chemischem Wege hergestellt anzusehen, wenn er auf einem abgeschliffenen oder sauber abgeteilten Querschnitt auch durch die Lupe nicht sichtbar ist. Bei den auf mechanischem Wege hergestellten Überzügen ist das in der Regel der Fall. (Amtl. Anleitung für Zollabfertigung.)

Unterscheidung der nach verschiedenen Verfahren hergestellten Vergoldung und Verzinkung siehe S. 108 und 112.

1. Mechanische Verfahren und direkte Legierungsverfahren.

a) Aufdrücken oder Aufkleben von dünnsten Metallblechen (Blattmetallen).

Diese Arbeitsweise kommt eigentlich nur für das Vergolden und Versilbern oder für die sog. unechte Vergoldung mit unechtem Blattgold (Messing) oder Bronzepulvern, ferner für Auflagen von Aluminiumfolien oder -pulvern oder Zinnpulver (unechtes Silber) auf metallische oder nichtmetallische Gegenstände in Betracht (Bilderrahmen, unechtes Silber- und Goldpapier usw.).

Das einfache Aufdrücken von Blattgold findet hauptsächlich Anwendung auf Säbelklingen, Gewehrläufen und ähnlichen Gegenständen, welche vergoldete Verzierungen erhalten sollen und nicht den Einwirkungen der Atmosphärilien ausgesetzt sind.

Zu diesem Zwecke überzieht man die feinpolierten Gegenstände mit Ätzgrund, radiert die gewünschten Zeichnungen hinein, ätzt die entblößten Stellen durch Salpetersäure rauh, spült mit Wasser, entfernt den Ätzgrund mit Terpentinöl, erhitzt bis zum Blauanlaufen, legt auf die rauhen Stellen Goldblätter in doppelter Schicht und drückt sie mit Baumwolle und dann mit dem Polierstahl recht stark an. Auf diese Weise lassen sich beliebig viele Goldblättchen auflegen, man muß aber nach je zwei Blättchen polieren. Statt die zu vergoldenden Stellen durch Ätzen mit Säure rauh zu machen, bewirkt man dies zuweilen auch durch Ritzen vermittels einer scharfen Klinge und befestigt dann das Gold in der ebenbeschriebenen Weise durch Andrücken und Polieren. Man bedarf jedoch, um die hierbei entstehenden tieferen Rauheiten zu verdecken und eine völlig glänzende Fläche zu erhalten, mehr Lagen Goldes als beim geätzten Grunde.

Die Vergoldung, bei welcher das Blattgold nicht auf das Metall direkt (Adhäsionsverfahren), sondern auf einem auf das Metall aufgebrachten schwach klebenden Grund aufgebracht wird, spielt in der modernen Metall-Firmenschilderfabrikation eine große Rolle. Als derartige Zwischenschichten benutzt man sowohl den sog. Haftfirnis (Mixtion) als auch Zubereitungen, welche man mit dem Namen Poliment bezeichnet. Auf diese Gründe, welche auf Metall aufgestrichen werden, wird, wenn dieselben so weit aufgetrocknet sind (1—2 Tage), daß sie kaum noch kleben, das Blattmetall sorgsam aufgetragen und leicht angedrückt, ev. leicht mit dem Polierstahl oder Achat geglättet. Als Haftfirnis benutzt man zumeist Leinölfirnis, Bernstein- oder Kopallack, am besten mit Ocker oder Zinkweiß, weißem oder rotem Bolus u. a. zu dem sog. Poliment angemacht, ev. mit Terpentinöl verdünnt. Bleifarben sind, zu vermeiden. Zu bemerken ist folgendes: Es hat sich herausgestellt, daß derartige Vergoldungen auf Metallschildern, die sich im Freien befinden, wenig haltbar sind wenn sie nur auf einen Haftfirnis oder Lack ohne die Füllstoffe des Poliments aufgetragen würden. Trägt man aber auf das Grundmetall zuerst das Poliment, nach dem Trocknen darauf noch Haftfirnis auf, dann erst das Blattgold, so erhält man äußerst, auch im Freien haltbare Vergoldungen. Dazu darf aber der fertige Goldüberzug nicht mit Firnisüberzug versehen werden, da derselbe dem Rissigwerden ausgesetzt ist. Die sehr glatte, unbedeckte Vergoldung ist von großer Haltbarkeit. Als geeignetste Unterlage hat sich das Eisen erwiesen. Das Blattgold darf nicht zu früh und nicht zu spät auf das Poliment aufgetragen werden. Je glatter dieser Untergrund, desto schöner die Vergoldung.

Ganz ähnlich werden die Vergoldungen, echte und unechte, letztere mit Messingfolien, sog. unechtem Blattgold, Bronzepulvern, die Überzüge mit Blattsilber, mit Aluminiumpulvern oder Blattaluminium usw. auf nichtmetallischen oder metallischen Gegenständen ausgeführt.

b) Wismutbelag für Wismutmalerei nach Georg Buchner.

Im 15. und 16. Jahrhundert wurde unter der Bezeichnung Wismutmalerei insbesondere in Nürnberg und anderen süddeutschen Städten eine kunstgewerbliche Technik ausgeführt, von welcher in Museen und im Privatbesitz noch manches hübsche Stück zu sehen ist. Es handelt sich meist um kleinere oder größere Kästchen oder Truhen aus hartem Holz mit Blumen oder Ornamenten bemalt, in deren Zwischenräumen metallisch glänzender, meist bunt, bläulichgrau bis rötlich angelaufener, metallischer Grund durchscheint, der mit der Malerei einen hübschen Effekt aufweist. Es handelt sich hier um eine verlorengegangene und seit oben angeführter Zeit nicht mehr ausgeführte Ziertechnik. Es konnte festgestellt werden, daß der metallische Grund dieser Malerei tatsächlich aus Wismut besteht[1]); auch wurde versucht, die Technik nachzubilden, indem man (Wismutfolie läßt sich nicht herstellen wegen der Sprödigkeit des Wismuts) auf einen auf dem Holz aufgetragenen Leimkreidegrund gepulvertes Wismut aufstreute und dieses mit dem Polierstahl bearbeitete, ein äußerst mühevolles Beginnen. Verfasser dieses hat sich vor mehreren Jahren damit befaßt, ein Verfahren ausfindig zu machen, nach welchem es auf einfache Weise gelingt, das Wismut vollständig homogen und leicht auf den Leimgrund aufzutragen. Es gelang dies gut und soll hier mitgeteilt werden:

1. Man stellt sich zuerst fein verteiltes Wismut auf folgende Art dar: 100 g Wismutsubnitrat (= rund 70 g metallisches Wismut) übergießt man mit 200 g Wasser und gibt sodann so lange reine Salzsäure (25%ige) hinzu, bis eine klare Lösung entstanden ist. Man braucht hierzu rund 300 ccm Salzsäure. Man verdünnt nun mit etwa 1 l Wasser. In diese Wismutlösung stellt man Zinkblechstreifen (rund 50 g) ein und läßt sie einige Tage stehen. Das Zink, das im Überschuß vorhanden ist, fällt das Wismutmetall in Form von grauem, fein verteiltem Wismut (Wismutschwamm) aus, indem es selbst an die Stelle des Wismuts in Lösung geht. Wenn alles Wismut gefällt ist, was man daran erkennt, daß ein in die klare Lösung eingestellter Zinkstab kein Wismut mehr abscheidet, nimmt man das übergebliebene Zink heraus, gießt die über dem Wismutniederschlag befindliche klare Flüssigkeit ab, gießt frisches Wasser auf, läßt absitzen, gießt ab, füllt wieder Wasser auf und wiederholt dieses Auswaschen des Niederschlages so lange, bis das Waschwasser blaues Lackmuspapier nicht mehr rot färbt, die blaue Farbe also unverändert läßt. Dieses vollständige Auswaschen ist unerläßlich. Man gießt das letzte Waschwasser nun ab und bringt den grauen Brei von fein verteiltem, metallischem Wismut auf ein Filter. Nach dem Abtropfen des Wassers kann dieses Wismut in feuchtem Zustand sofort verwendet werden.

Verwendet man dasselbe nicht sofort, dann bringt man den Brei in ein weithalsiges Glas mit Glasstöpsel und überschichtet es mit verdünntem Alkohol, um

---

[1]) Wibel, Beiträge zur Geschichte, Etymologie und Technik des Wismuts und der Wismutmalerei 1891, und Georg Buchner, Bayer. Industrie- und Gewerbeblatt 1908.

eine zu weitgehende Oxydation und ein Austrocknen zu verhindern. Aus 100 g Wismutnitrat erhält man ungefähr 140 g Brei, der rund 70 g Wismutmetall enthält.

2. Wismutbelag. Der Gegenstand, aus am besten hartem Holze (es geht aber auch weiches Holz ganz gut), z. B. ein Kästchen, wird zuerst mit einem Leim-Kreidegrund überzogen. Man rührt mit Schlämmkreide mit heißer, etwa 10%iger Leimlösung auf das feinste an und trägt gleichmäßig mit dem Pinsel auf. Nach dem vollständigen Trocknen pinselt man den Wismutbrei fein und gleichmäßig auf; ist der Brei zu dick, so verdünnt man ein wenig mit Wasser; es geht das sehr leicht vonstatten. Nach dem Trocknen hat man einen matten, mausgrauen Wismutüberzug. Derselbe wird nun mit dem Achat glänzend und zusammenhängend poliert; es ist das sehr leicht auszuführen und liefert einen nahezu silberweißen Wismutbelag.

Auf diesen Wismutbelag wird entweder mit Deck- oder Lasurfarben nach Art der Tempera gemalt und das Anhaften der Farben evtl. mit etwas Ochsengalle befördert. Dieser Wismutgrund wäre einer vielseitigen kunstgewerblichen Verwendung fähig. Der Reiz dieser Technik beruht darauf, daß das Wismut im Lauf der Zeit an der feuchten Luft sich etwas oxydiert und die entstehende dünne Oxydschicht in bunten Anlauffarben erscheint.

c) Aufreiben feinster Metallpulver.

Diese Art des Vergoldens wird zumeist auf Silber, zuweilen auch auf Messing, Kupfer und Neusilber angewandt und dient besonders dazu, um schwach feuervergoldetem Silber von blasser Farbe eine schönere Goldfarbe zu erteilen oder um andere Vergoldungen auszubessern. Man stellt diese Anreibevergoldung folgendermaßen her:

Man löst 7 g Goldchlorid, 1 g Kaliumnitrat und 3,5 g Ammoniumchlorid in 200 ccm Wasser. Damit tränkt man ca. 120 g unappretierte Leinwand und trocknet. Die trockene Leinwand läßt man dann verglimmen und erhält dann goldhaltigen Zunder.

Man befeuchtet etwas angebrannten Kork mit Essig, in dem etwas Kochsalz gelöst wurde, nimmt damit etwas Goldzunder auf und reibt die zu vergoldende Stelle, bis sie genügend Goldfarbe zeigt. Man spült mit Wasser ab und poliert mit Blutstein, der mit Seifenwasser befeuchtet wurde.

Will man Rotvergoldung, dann fügt man der ursprünglichen Goldlösung etwas Kupferchlorid oder Kupfernitrat zu (3—5 g).

Mittels des im Handel befindlichen Argentins (Zinniederschlag, d. i. fein verteiltes metallisches Zinn, durch Ausfällen von metallischem Zinn aus Zinnsalzlösung mittels Zinkblech erhalten), kann man leicht alle unedlen Metalle, mit Ausnahme des Bleies, auf billige Art verzinnen. Zu diesem Zweck wird Argentin mit einer heißen gesättigten Salmiaklösung angerieben, der zu verzinnende Gegenstand damit bepinselt und mittels einer Weingeistlampe oder Gasflamme etwas erhitzt. Nach einer Minute ist die Verzinnung beendet, die Gegenstände werden abgewaschen und mit Kreide poliert. Zur Erzielung einer dickeren Zinnschicht ist die Operation öfters zu wiederholen. Auch kann man mit Argentin leicht schadhafte Stellen einer Verzinnung ausbessern; ebenso kann man auf dunklen Metallen damit kleine Verzierungen herstellen. Durch Beimischung von 2—10% reduziertem (aus Antimonchlorürlösung mittels Zink gefälltem) Antimon und 5% Salmiak erhält man noch einen festeren und schön weißen Überzug, ähnlich dem Britanniametall. Setzt man der Mischung von Argentin und Salmiak 30% Zinkstaub zu, so kann man auf Eisen einen sehr dünnen und billigen Überzug herstellen.

Das Grainieren (Körnen) ist ebenfalls ein Versilbern durch Anreiben und wird in der Uhrküvettenfabrikation zur Herstellung der mattvergoldeten Küvetten der Taschenuhren vielfach angewendet. Die Messingküvetten werden gelbgebrannt, schwach verkupfert, verquickt, und dann wird durch ein Silberpulver, bestehend aus 10 g Feinsilberpulver, 10 g Kochsalz, 10 g Weinstein, in das man eine mit etwas Wasser befeuchtete, recht steife Pinselbürste mit kurzen Borsten taucht, und unter Anwendung von Kraft durch Aufschlagen der Bürste versilbert. Die Operation erfordert viel manuelle Geschicklichkeit. Richtig ausgeführt, erhält man dadurch eine Versilberung, die das schöne, gekörnte Matt der darauffolgenden Vergoldung ermöglicht. Das Silberpulver stellt man dar durch Auflösen von 16 g salpetersaurem Silber in 2,5 l Wasser und Einbringen von blanken Kupferstreifen in die Füssigkeit; unter Auflösen von Kupfer scheidet sich das Silber der Lösung als feines Pulver ab, welches abfiltriert, gewaschen und getrocknet wird, wobei jeder Druck, der ein Zusammenballen des Silberpulvers bewirken würde, zu vermeiden ist. Die zu grainierenden kleinen Uhrteile werden mit Stiften auf einer Holz- oder Guttaperchaunterlage befestigt, um eine gleichmäßige Bearbeitung mit der Bürste zu ermöglichen. Nach Herstellung der körnigen Versilberung werden die Uhrteile in einem Goldbade halbmatt vergoldet.

Auch Artikel aus Zink kann man, nachdem man sie auf galvanischem Wege, mit Kupfer überzogen hat, grainieren; man nimmt anstatt des oben angegebenen Silberpulvers dann einfach Kupfer- oder Bronzepulver. Ersteres stellt man sich durch Fällung einer 2—3%igen Kupfervitriollösung mittels Zink oder Eisen her, letzteres durch Zerreiben von käuflicher Bronze.

Grainieren (Körnen) von Messing. Uhrenteile aus Messing werden häufig mit einer matten, körnigen Oberfläche versehen. Sie werden zu diesem Zwecke mit flachköpfigen Stecknadeln auf Korkscheiben befestigt und mit einem Brei aus Wasser und feinstem Bimssteinpulver gebürstet. Man wäscht sie sodann gut ab und bringt sie in eine Lösung aus 10 l Wasser, 2 g salpetersaurem Quecksilberoxyd und 4 g Schwefelsäure. In dieser Amalgamierlösung überziehen sich die Gegenstände augenblicklich mit einer Schicht Quecksilber, welche mit dem Kupfer ein Amalgam bildet, während das Zink in Lösung geht. Nachdem die Gegenstände nochmals gut abgewaschen sind, werden sie mit Grainierpulver behandelt. Dasselbe besteht aus Silberpulver, Weinstein und Kochsalz. Diese Substanzen müssen rein, trocken und aufs feinste gepulvert werden. Das Mischen derselben geschieht bei mäßiger Wärme. Je nachdem man ein gröberes oder ein feineres Korn wünscht, muß mehr Kochsalz oder mehr Weinstein in dem Pulver enthalten sein. Die gewöhnlichsten Verhältnisse sind:

Silberpulver . .	28	28	28 Tle.
Weinstein . . .	283	110—140	85 Tle.
Kochsalz . . .	900	370	900 Tle.

Dieses Pulver wird mit Wasser angefeuchtet und auf den Gegenstand gestrichen. Man stellt den Gegenstand mit der Korkunterlage in eine flache Schüssel und reibt mit einer steifen Bürste den Brei auf, während man die Schüssel ununterbrochen dreht. Nach und nach trägt man neue Portionen von Grainierpulver auf, bis man die gewünschte Körnung erreicht hat. Dieselbe wird um so runder, je mehr man Schüssel und Bürste dreht. Ist das richtige Korn erzielt, so spült man mit Wasser ab und behandelt den Gegenstand mit einer Kratzbürste unter Anwendung einer Abkochung von Seifenwurzeln. Die Bürsten müssen jedesmal im Kreise herumgeführt werden, sowohl beim Abbürsten mit Bimsstein als auch beim Aufreiben des Grainierpulvers und beim Bearbeiten mit der Kratzbürste. Das nötige Silberpulver stellt man sich durch Ausfällen einer verdünnten Lösung von salpetersaurem Silber mit einigen Streifen Kupferblech dar. Das gefällte Silberpulver wird auf einem Papierfilter ausgewaschen und bei gelinder Wärme getrocknet.

Andere, elektrochemische Anreibevergoldungen siehe bei den elektrochemischen Verfahren für Metallüberzüge, S. 285.

d) Plattieren.

Plattieren nennt man das Belegen geringerer Metalle mit dünnen Platten von wertvolleren, hauptsächlich zum Zweck, jenen ein schöneres, den letzteren gleiches Ansehen zu erteilen. Am häufigsten wird Kupfer, sodann auch Messing mit Silber, seltener mit Gold und Platin belegt. Zur Silberplattierung verwendet man aber am zweckmäßigsten Neusilber als Unterlage, da dieses letztere bei etwaigem Schadhaftwerden des Überzuges nicht so merkbar durchscheint als Kupfer oder Messing.

Ferner wird Eisen mit Kupfer, Kupfer und Messing mit Nickel, Eisen mit Messing, Blei mit Zinn usw. plattiert.

Die Vereinigung, das feste Aneinanderhaften der beiden Metalle wird bei der Plattierung nur auf mechanischem Wege durch Druck und Wärme erzielt. Die weitere Verarbeitung der so dargestellten plattierten Bleche findet erst nachträglich statt. Wenn dagegen Eisen mit Messing, Neusilber, silberplattiertem Kupferblech oder Silber überzogen werden soll, so arbeitet man die Form der Gegenstände vollständig in Eisen aus, verzinnt dieses und überzieht dann erst mit den zur Belegung bestimmten Blechen.

Silberplattierung auf Kupfer. Das vollkommen reine, metallisch blank gebeizte Kupferblech wird durch Einreiben mit einer Lösung von Silbernitrat (1 : 10) oder einem breiartigen Gemenge aus 1 Tl. Chlorsilber, 3 Tln. Zyankalium und etwas Wasser (Vorsicht, giftig!) schwach versilbert, damit ein gutes Haften des später aufgepreßten Silberbleches stattfindet.

Das Silberblech, zu dessen Herstellung man nur reines, nicht legiertes Silber anwenden darf, muß so groß sein, daß man nicht allein das Kupfer bedecken kann, es muß sich mit seinen äußersten Rändern auch noch bis auf die Rückseite der Kupferplatte umbiegen lassen. Auf diese Weise einseitig mit Silberblech belegte Kupferplatten heißen einfach plattiert. Soll das Kupfer auf beiden Seiten belegt werden, was man das Doublieren oder doppelte Plattierung nennt, so muß es ganz in Silberblech eingewickelt werden, indem man beide Flächen der Kupfertafel blank schabt, wie oben angegeben versilbert und mit zwei gleich großen, auf der dem Kupfer zugekehrten Seite blank gemachten Silberblechen belegt und diese auf den vier schmalen Seiten der Kupfertafel durch einfaches Falzen vereinigt. Bei dieser Manipulation hat man die größte Aufmerksamkeit auf vollkommene Reinheit der Silber- sowie auch der Kupferbleche zu verwenden und selbst ein bloßes Berühren der geschabten Flächen mit den Fingern sorgfältig zu vermeiden.

So vorgerichtet, kommt die in Silber gehüllte Platte entweder auf Kohlen, die auf einem Rost in einem flach überwölbten Ofen brennen, oder in eine rasch bis zum schwachen Kirschrotglühen erhitzte Muffel. Dabei drückt man die Silberplatte, indem man mit einem krückenähnlichen eisernen Werkzeuge darauf hin und her fährt, fest auf die Kupfertafel, um alle Luft zwischen den beiden Metallen zu entfernen und sie dicht aufeinander zu legen. Sobald man glaubt, daß die Vereinigung erfolgt sei, zieht man die Tafel rasch aus dem Feuer, prüft schnell durch einige Hammerschläge, ob überall innige Berührung stattfindet, was man nach einiger Übung leicht an dem Klang erkennt, und läßt sie so schnell und so heiß als möglich durch allmählich dichter gestellte gußeiserne Walzen laufen.

Hierdurch ist die vollkommene Adhäsion beider Metalle bewirkt; man schneidet dann die auf beiden Seiten umgebogenen Silberränder ab und gibt durch ferneres Walzen den Platten die gewünschte Dünne und Größe. Dabei müssen sie von Zeit zu Zeit, jedoch nicht öfter als durchaus nötig, ausgeglüht werden, weil sie sonst zu hart werden und zerreißen würden. Zuletzt beizt man sie in verdünnter Schwefelsäure ab und wäscht sie mit Wasser rein.

Das Herstellen spiegelglatter Flächen geschieht entweder mit spiegelblank polierten glasharten Stahlwalzen oder mit Stahl und Blutstein.

Ein sehr wichtiger Punkt beim Plattieren ist die Anwendung der richtigen Temperatur; ist dieselbe zu niedrig, so erhält man leicht Stellen, an welchen sich die Bleche nicht verbunden haben; war die Hitze zu groß, so zieht das Silber in das Kupfer, die Metalle legieren sich und die Fläche hat keine weiße Farbe.

Die Stärke der Plattierung wird durch den Bruch bezeichnet, welcher das Gewicht des angewandten Silbers im Verhältnis zum Kupfer angibt. Z. B. $^1/_{40}$ Plattierung bedeutet, daß der Silbergehalt $^1/_{40}$ von dem des Kupfers beträgt.

Die Herstellung plattierter Drähte, z. B. goldplattierter Kupferdraht, gehört in das Gebiet der mechanischen Technologie: Drahtfabrikation.

Goldplattierung. Diese wird ganz wie die Silberplattierung ausgeführt, nur daß die Bleche häufig statt der vorherigen dünnen Versilberung eine ebensolche Vergoldung erhalten (siehe sog. Tauchvergoldung). Am meisten wird Silber goldplattiert zur Herstellung von Bijouteriewaren. Durch das Auswalzen wird die Plattierung sehr dicht und fest. Das sog. Pariser Talmigold besteht aus goldplattiertem, kupferreichem Messingblech mit 1% Goldplattierung. Viele Talmigoldwaren sind aber galvanisch vergoldet mit einer Auflage von nur 0,03 bis 0,105% Gold.

Platinplattierung geschieht wie die Silberplattierung bei vorhergehender Versilberung.

Nickelplattierung wird meist hergestellt, indem Nickelbleche mit stärkeren Eisen- oder Stahlblechen zusammengeschweißt, dann ausgewalzt werden.

Eisenplattieren. Die Gegenstände werden zuerst schwach verzinnt, sodann mit Blechen aus Kupfer, Neusilber, Messing, Tombak, Silber, silberplattiertem Kupfer usw. plattiert.

Bei dem Wachwitzverfahren wird zwischen die zu verbindenden rotwarm gemachten Metalle ein Lötmetall in dünner Schicht gebracht, worauf die Teile einem starken Druck durch Walzen u. dgl. ausgesetzt werden, wodurch die metallische Vereinigung erfolgt.

Während theoretisch bei plattierten Metallen das Grundmetall vollständig von dem Plattierungsmetall bedeckt und so äußeren Einflüssen entzogen ist, verhält sich die Sache praktisch doch anders. Denn es ist unvermeidlich, daß beim Plattieren kleine, wenn auch mit freiem Auge unsichtbare Verletzungen des dünnen Plattierungsmetalles auftreten, so daß dann, wie z. B. bei nickelplattiertem Kupferblech, ein unerwünschter Angriff des Kupfers durch die Plattierung hindurch, z. B. durch geeignete Flüssigkeiten, erfolgen kann z. B. bei Feldflaschen und dgl.

Zinnplattiertes Blei (Stanniolersatz). Zinn und Blei in dünnen Tafeln oder dicken Blechen werden beide — blank geschabt — aufeinander gelegt und durch die Walze geführt. Wenn doppelte Plattierung verlangt wird, packt man die auf beiden Seiten geschabte Bleiplatte zwischen zwei geschabte Zinnplatten und läßt sie glatte Walzenpaare passieren, bis die gewünschte Stärke erreicht ist.

Aluminium kann mit Gold oder Silber plattiert werden, wenn die zu vereinigenden Metalle kalt zwischen zwei vorher auf dunkle Rotglut erhitzte Kolben gebracht und durch hydraulische Pressen vereinigt werden. Auch durch warmes Aufeinanderwalzen kommt man zum Ziel.

e) Metallüberzüge durch Auftragen und Erhitzen von Amalgamen oder anderen Zubereitungen.

Feuervergoldung[1]) und Feuerversilberung. Die Feuervergoldung, wohl die älteste Technik der Vergoldung, welche durch die galvanische Vergoldung

---

[1]) Unterscheidung der feuervergoldeten Waren von den galvanisch vergoldeten Gegenständen siehe S. 110.

zum größten Teil ersetzt ist, wird benutzt zum Vergolden von besonders Silber, Tombak, Bronze u. a.

Die Feuervergoldung ist nur auf solche Metalle oder Metallegierungen anwendbar, deren Schmelzpunkt wesentlich höher liegt als die Temperatur, bei welcher das dabei in Anwendung kommende Quecksilber sich verflüchtigt, sowie auch nur auf diejenigen, welche das Goldamalgam annehmen oder selbst amalgamationsfähig sind; denn ohne diese letztere Eigenschaft findet eine innige Vereinigung oder festes Anhaften des Goldes auf der Unterlage nicht statt. Das Quecksilber bildet nicht nur mit dem Golde, sondern auch mit der metallischen Unterlage ein Amalgam, beide vereinigen sich auf den Berührungsflächen miteinander und durchdringen sich gegenseitig bis zu einer gewissen Tiefe, so daß nach der Verflüchtigung des Quecksilbers eine wirkliche Legierung aus Gold und dem unterliegenden Metalle resultiert, auf welcher das feste Haften der Goldschicht beruht. Daß dem wirklich so sei, davon überzeugt man sich leicht, wenn man ein im Feuer vergoldetes Stück vorsichtig mit Salpetersäure behandelt; man findet dann auf der zusammenhängenden Goldschicht pulverförmig abgeschiedenes Gold als Bestandteil der zerstörten Legierung.

Bei den im Handel vorkommenden und auf diese Weise vergoldeten Fabrikaten ist die Menge von Gold, die man einer bestimmten Oberfläche zuteilt, ziemlich verschieden, indem sie im allgemeinen auf den Quadratzentimeter höchstens 0,260 g und wenigstens 0,042 g beträgt, also in dem Verhältnis von etwa 6 : 1 wechselt. Wie stark aber auch die Vergoldung hergestellt sein mag, so ist doch das so zu erhaltende Goldhäutchen, wenn nach dem Vergolden nicht poliert wurde, von unzähligen kleinen Löchern durchbohrt, die nach dem Verdunsten des Quecksilbers zurückgeblieben sind, während das Gold sich körnig zusammenzieht. Darum vertragen auch selbst stark im Feuer vergoldete Gegenstände, wenn sie nicht nach dem ersten Vergolden poliert, dann wieder vergoldet und abermals poliert werden, ebensowenig eine länger dauernde Einwirkung von Salpetersäure, wie galvanisch vergoldete, die man durch wiederholtes Polieren nach erneuten Ablagerungen ebenfalls mit einer undurchdringlichen Goldschicht bedecken kann.

Zur Feuervergoldung werden die tadellos gereinigten und metallisch blank gebeizten Metalle (siehe Reinigung und Beizen) verquickt, d. h. mit einer dünnen Schichte Quecksilber überzogen, damit die Metalle das Goldamalgam leichter annehmen. Dies geschieht am einfachsten durch Aufbürsten einer Lösung von 2 g salpetersaurem Quecksilberoxydul, 4 g Salpetersäure auf 1 l Wasser (Quickwasser). Das erforderliche Goldamalgam wird wie folgt hergestellt: Man erwärmt dünnes Goldblech in einem unglasierten Porzellantiegel bis zum schwachen Glühen und setzt dann unter einem Abzug das acht- bis zehnfache Gewicht stark erwärmten reinen Quecksilbers zu und bewirkt die Legierung der beiden Metalle durch Umrühren mit einem Eisenstab.

Die so entstandene Legierung, das Amalgam, gießt man, damit es durch langsames Erkalten nicht kristallinisch werde, noch heiß in eine Schale mit kaltem Wasser. Man sammelt das teigartige Amalgam und drückt es gegen die schiefen Wände der unglasierten Schale oder man bindet es in ein Stück sämischgares Leder und preßt, indem man immer mehr starken Bindfaden darum wickelt, das überschüssige Quecksilber ab. So hergestellt, bildet das Amalgam eine gelblichweiße Masse von butterartiger Konsistenz. Das abgepreßte Quecksilber ist jedoch nicht frei von Gold und wird daher entweder als schwaches, flüssiges Amalgam benutzt oder zu einer späteren Amalgambereitung verwendet. Durch starkes Pressen kann man es dahin bringen, daß das Amalgam auf 2 Tle. Quecksilber 1 Tl. Gold enthält; je reicher dasselbe an Gold ist, um so stärker fällt auch die Vergoldung aus.

Das Auftragen des Goldamalgams geschieht auf die Weise, daß man eine feine Kratzbürste von Messingdraht in das Quickwasser eintaucht; es verbindet sich sofort etwas Quecksilber mit dem Messingdraht der Kratzbürste. So angequickt, taucht man sie in das Amalgam ein und verbreitet dieses möglichst gleichmäßig auf der zu vergoldenden Fläche. Auf ganz kleine Gegenstände trägt man das Amalgam, statt mit einer Kratzbürste, mittels eines an einem Ende platt geschlagenen Messingdrahtes auf.

Das Quickwasser vermittelt nicht allein das Anhaften des Amalgams an der Kratzbürste, sondern auf gleiche Weise auch das Verquicken des Arbeitsstückes und das Anhängen und die Ausbreitung des Amalgams an demselben. Nachdem diese möglichst gleichmäßig bewirkt ist, wird der Gegenstand in reines Wasser getaucht, um die durch das Quickwasser entstandenen Metallsalze abzuspülen, und dann auf einem Rost von Eisendraht über frei brennenden Holzkohlen allmählich und gleichmäßig erwärmt.

Das Amalgam verfließt, indem es durch die Wärme flüssiger wird. Man nimmt daher das Arbeitsstück in die mit einem dicken ledernen Handschuh bekleidete Hand und verteilt oder verwischt mit Bürsten, Pinseln oder Watte das Amalgam aufs neue, und endlich erhitzt man bis zur vollständigen Verflüchtigung des Quecksilbers. Um das Amalgam nicht zu flüssig werden zu lassen, darf man es nur sehr allmählich erwärmen und auch die Verdampfungstemperatur des Quecksilbers nur zuletzt etwas überschreiten, weil das Gold sich sonst zusammenzieht, körnig und unscheinbar wird. Namentlich bei silbernen Gegenständen wird das Gold bei rascher und starker Erhitzung so verschluckt und so stark mit Silber legiert, daß, wenn nicht sehr viel aufgetragen wurde, eine kaum gelbliche Farbe erhalten wird. Den Zeitpunkt, wo das Abrauchen beendigt ist, erkennt man an der Art des Zischens, welches ein auf das heiße Metall gespritzter Wassertropfen verursacht.

Die Stücke werden nun in Wasser abgespült und mit einer messingenen Kratzbürste, die gröber ist als jene zum Auftragen des Amalgams, in einer Mischung aus Essig und Wasser gekratzt, dann wird in reinem Wasser gespült und mit Sägespänen abgetrocknet. Das Vergolden z. B. einer Blitzableiterspitze nimmt ca. 5 Minuten in Anspruch.

Soll eine stärkere Vergoldung erzielt werden, so trägt man abermals Amalgam auf, wobei man jedoch dem Quickwasser einen kleinen Zusatz von Salpetersäure gibt, reibt mit einer Kratzbürste, die in verdünnten Essig getaucht wird, spült wieder mit Wasser und raucht das Quecksilber ab. Zuweilen wiederholt man diese Operation zum dritten und vierten Male, wofür dann die Bezeichnung dreifach und vierfach vergoldet angewendet wird. Wenn das Arbeitsstück nach dem jeweiligen Abrauchen ein trübes Aussehen zeigt, so ist mit Sicherheit anzunehmen, daß noch nicht alles Quecksilber verdampft ist. Man muß dann sofort das Objekt wieder ins Feuer bringen und bei etwas stärkerer Hitze so lange hier verweilen lassen, bis die letzten Spuren von Quecksilber verjagt sind, welcher Zeitpunkt sich durch das Eintreten einer ockergelben Farbe kennzeichnet.

Das Abrauchen des Quecksilbers muß wegen der giftigen Quecksilberdämpfe unter einem Abzuge geschehen. (Vorsicht!)[1])

Gegenstände, deren vergoldete Teile überall poliert werden sollen, erhitzt man nochmals, und zwar etwas stärker als bei der Verflüchtigung des Quecksilbers, und taucht sie noch warm in verdünnte Schwefelsäure. Das Polieren geschieht dann mit Polierstahl oder Blutstein, der mit Essig benetzt wird, wobei es kaum noch der Erwähnung bedarf, daß man nach der Größe und Form der zu polierenden Gegenstände auch verschieden große und verschieden gestaltete Stähle oder Blutsteine nötig hat. Zur Erzielung einer schönen Politur und eines lebhaften metal-

---

[1]) Siehe auch: Teleky, Die gewerbliche Quecksilbervergiftung. Berlin, Polytechnische Buchhandlung A. Seydel 1912.

lischen Glanzes muß das Stück stets in einerlei Richtung gerieben werden; dann wird es mit kaltem Wasser abgewaschen, mit feiner weicher Leinwand abgetrocknet und langsam auf einem Roste über einer Kohlenpfanne mit glühenden Kohlen getrocknet.

Zur Hervorbringung von unter Umständen besonders hübschen Effekten werden von manchen vergoldeten Gegenständen nur bestimmte Stellen poliert, während andere matt erscheinen sollen. Dies wird dadurch erreicht, daß man die glänzend zu erhaltenden Stellen mit einer Reservage aus Kreide, Gummi und Zuckerwasser bestreicht, nach dem Auftrocknen bis zum Braunwerden erhitzt und dann erst mattiert oder färbt. Diese teilweise Bedeckung nennt man das Aussparen, und sie dient dazu, die Einwirkung der Mattfarbe auf diejenigen Stellen, welche poliert werden sollen, zu verhindern.

Mattieren der Vergoldung siehe bei Mattieren.

Nuancierung der Vergoldungsfarbe siehe bei galvanischer Vergoldung und Metallfärbung.

Soll Eisen feuervergoldet werden, reibt man mit Natriumamalgam ein, man trägt dann eine Lösung von Goldchlorid auf und verjagt dann das Quecksilber vor der Lampe oder dem Herde. Mittels dieses Verfahrens lassen sich leicht Zeichnungen in Gold auf Säbelklingen usw. anbringen.

Die Feuerversilberung wird ganz analog der Feuervergoldung mit Silberamalgam ausgeführt.

Vergoldung mit dem sog. Glanzgold der Porzellanmaler. Hierzu benutzt man das sog. Glanzgold der Porzellanmaler, im wesentlichen eine Verbindung des Goldes mit schwefelhaltigen Radikalen, die chemisch noch nicht charakterisiert sind (Schwefelgold in Schwefelbalsam u. a.), welches käuflich im Handel zu haben ist.

Die gut gereinigten und polierten Gegenstände werden mit einer Boraxlösung in Gummiwasser überzogen und vollständig getrocknet. Dann wird das Glanzgold so gleichmäßig wie nur irgend möglich und nicht zu stark aufgetragen und der Gegenstand über einer Weingeistlampe langsam erwärmt, bis sich ein schöner, etwas bläulicher Goldglanz zeigt. Nun erhitzt man rasch noch etwas stärker und läßt erkalten.

Für Galanteriewaren genügt ein einmaliges Auftragen der Goldflüssigkeit, für Gegenstände, die eine technische Verwendung haben, muß man die Operation zwei- bis dreimal wiederholen, und das letztemal, wenn es der Gegenstand erlaubt, bis zur beginnenden Rotglut erhitzen. Zeigt sich irgendwo die Goldschicht nach dem Putzen schwach, so wird diese Stelle wieder mit Glanzgold bestrichen und wie oben weiter behandelt.

Die Vergoldung ist billig und läßt eine ausgedehnte Anwendung zu. Obstmesser, chirurgische, physikalische und chemische Instrumente dürften, auf diesem Wege vergoldet, sich als sehr brauchbar erweisen. — Stahlgegenstände lassen sich nach dem Einbrennen des Goldes auch wieder im Wasser härten; doch verliert dabei das Gold an Glanz.

f) Metallüberzüge durch Aufschmelzen bzw. Eintauchen in geschmolzene Metalle.

Auf diese Weise werden vor allem in ausgedehnter Weise Zinn- und Zinküberzüge, in zweiter Linie solche von Blei und Bleilegierungen hergestellt. Als Grundmetalle dienen vorzugsweise das Eisen und dann das Kupfer.

Verzinnen von Kupfer, Messing, ev. Schmiedeeisen. Um Gegenstände aus diesen Metallen auf der Innenseite zu verzinnen, werden die durch entsprechende Reinigung (s. d.) blank gemachten und trockenen Metallgegenstände bis über den Schmelzpunkt des Zinns auf einem Kohlenfeuer erhitzt, während man

Kolophoniumpulver und Salmiak nebst der erforderlichen Menge Zinn hineingibt. Kolophonium schmilzt und schützt die Metalloberfläche vor Oxydation, der Salmiak löst etwa vorhandene dünne Oxydschichten auf. An Stelle des Salmiaks verwendet man auch Chlorzink oder Chlorzinkammonium.

Sobald das Zinn geschmolzen ist, verteilt man es mittels eines Bausches von Werg möglichst gleichmäßig auf der genügend erhitzten Fläche und wischt den Überschuß ab. Dies muß, wenn die Verzinnung recht gleichmäßig ausfallen soll, mit einer gewissen Behendigkeit geschehen, wobei man das Gefäß, während man das geschmolzene Zinn aufreibt, fortwährend dreht und wendet, damit möglichst alle Teile hinreichend und gleichmäßig erhitzt werden.

Die Heißverzinnung spielt in der Kupferschmiederei eine bedeutende Rolle, da der größte Teil der Kupferapparate in verzinntem Zustande verwendet wird.

Die Kupferteile werden meist auf mechanischem Wege blank gescheuert. Bei Kesseln aber wird in der Weise verfahren, daß man sie mit Wasser füllt, dem man geringe Mengen Salz- oder Salpetersäure zugefügt hat; man läßt einige Stunden stehen, bis das Metall blank geworden ist.

Kleine Kupfer- und Messinggegenstände werden entweder durch Anwendung von Wasser und Sand gescheuert oder durch Säure blank gebeizt und in irdenen Töpfen in Mengen von 2—3 kg bis über den Schmelzpunkt des Zinnes erhitzt; man gibt dann Zinn in den Topf, wirft Salmiak in denselben und schüttelt nun den aus dem Feuer gehobenen Topf sehr stark um, damit sich das Zinn gleichmäßig über die gesamten Gegenstände verteile. Der Inhalt des Topfes wird dann in ähnlicher Weise, wie dies mit den kleinen Eisengegenständen geschieht, auf Schüttelsiebe gebracht und in Wasser abgekühlt. Man zieht es aber häufig vor, kupferne oder messingene Gegenstände nicht so zu verzinnen, sondern den Zinnüberzug durch Weißsieden (s. d.) herzustellen.

Verzinnen von Eisenblech, sog. Weißblech. Hierzu dienen Schwarzblechtafeln sog. Sturzbleche. Diese werden zuerst metallisch blank gereinigt (siehe auch Reinigung). Den Beizsäuren setzt man zweckmäßig etwas Zinnchlorür zu. Durch Beizen stellt man aus den sog. Schwarzblechen die Feinbleche her. Die von den Walzwerken kommenden Bleche werden zuerst in der sog. Schwarzbeize gebeizt, dann getrocknet, bei Luftabschluß in Glühkisten geglüht, dann gewalzt, um glatte, glänzende Bleche zu erhalten. Diese dekapierten und auf diese Weise dressierten Bleche werden durch diese Operation wieder spröde, müssen daher nochmals ausgeglüht werden. Dann werden sie in der sog. Weißbeize weiß gebeizt. — Die Schwarzbeize besteht aus verdünnter Schwefelsäure von etwa 20—30° Bé. Zeitdauer etwa 15 Minuten. — Die Weißbeize ist verdünnter (etwa 5%), wird auf 70° C erwärmt. Beizdauer etwa 5 Minuten.

Bewegungsvorrichtungen, sog. Beizmaschinen, beschleunigen den Vorgang.

Auch auf elektrischem Wege wird das Beizen von Eisen und Stahl ausgeführt. In verdünnter Schwefelsäure von 60° C bei einer Stromdichte von etwa 6,5 Ampere auf das Quadratmeter wird das Eisenoxyduloxyd oder der Glühspan an der Kathode gelöst. Die blanken Bleche stellt man, sofern sie nicht sofort zur Verzinnung kommen, in eine verdünnte Sodalösung, um das Anrosten zu verhindern. Das Verzinnen geschieht in einem Ofen, in welchem in der Regel sechs rektanguläre, gußeiserne Pfannen von verschiedener Größe eingesetzt sind, deren jede ihre besondere Feuerung besitzt. Die erste dieser Pfannen, gewöhnlich der Vortopf genannt, ist mit geschmolzenem Talg gefüllt; in dieselbe bringt man zunächst die Bleche direkt aus dem Sodabad, also noch feucht, ohne sie abzutrocknen, und läßt sie so lange darin, bis die anhaftende Feuchtigkeit verdampft und die Metalloberfläche mit einer Fettschicht ganz gleichmäßig überzogen ist.

Nach etwa einer Stunde faßt man die Bleche auf einmal mit der Zange und taucht sie mit noch allem anhängenden Talg in den zweiten Kessel oder die Einbrennpfanne, einen mit geschmolzenem Zinn gefüllten gußeisernen Trog. Die obere Fläche des Verzinnungsofens ist mit nach den Pfannen hingeneigten eisernen Platten belegt, damit das abtropfende Zinn in die Pfannen zurückfließe. Dieses Zinn, welches gewöhnlich mit Blei versetzt ist, teils der Billigkeit halber, teils weil diese Legierung leichter schmilzt und fester haften soll, muß in geeigneter Temperatur erhalten werden. Ist es nicht heiß genug, so legiert es sich und haftet nur unvollständig; ist es zu heiß, so fällt die Verzinnung zu dünn aus. Nachdem die Bleche hier eine Viertel- bis anderthalb Stunden verweilt haben, hebt man diese einzeln heraus und stellt sie auf einen Rost zum Ablaufen und Erkalten. Diese Arbeit nennt man das Einbrennen. Die Verzinnung ist weder gleichmäßig noch blank genug; man taucht daher die Tafeln nochmals in eine dritte Pfanne, welche reineres, unter Talg geschmolzenes Zinn enthält und zwei Abteilungen hat. Die mit der Zange gefaßte Tafel wird in die erste Abteilung gebracht, sowie sie die Temperatur des Bades angenommen hat, herausgezogen, mit einem Pinsel von Hanf, auf der Pfanne liegend, abgewischt und sofort in die zweite Abteilung gebracht, aber sogleich auch wieder herausgezogen und in eine vierte Pfanne eingesetzt, die so stark erhitzten Talg enthält, daß das überflüssige Zinn darin abtropfen und sich gleichmäßig auf dem Bleche verteilen kann. Gerade die Behandlung der Bleche in diesem vierten Kessel erfordert viel Aufmerksamkeit und Sachkenntnis. Verweilen die Bleche lange in demselben, so verlieren sie zuviel Zinn; andernfalls wird der Überzug zu stark und bekommt wegen der bleibenden, wellenförmigen Unebenheiten nach dem Erkalten Risse. Man kann gewöhnlich 10 Minuten auf die Arbeit in dieser Pfanne, die man den Fettopf nennt, rechnen. Nach dieser Zeit kommen die Bleche in den fünften Kessel, den Fettopf, welcher bei niedriger Temperatur eingeschmolzenen Talg enthält, um in diesem zu erkalten. Es bleibt nun noch übrig, die Tropfkante, eine Anhäufung von Zinn an der unteren Kante der Tafel, zu entfernen. Dies geschieht, indem man das verzinnte Blech in eine flache Pfanne, die Abschwenkpfanne, mit stark erhitztem Zinn, aber nur etwa 1,25 cm hoch taucht und so den Überschuß abschmilzt, worauf die angewärmten Tafeln durch Putzen mit Kreide und Kleie und Abwischen des Staubes mit trockenen Lappen gereinigt, weiß gewischt werden. Das erforderliche frische Zinn wird immer nur in der zweiten Abteilung der zweiteiligen Pfanne zugesetzt. Aus dieser füllt man die erste Abteilung nach; was hier übrig bleibt, dient zur Füllung der Einbrennpfanne.

Man hat das Verfahren dadurch vervollkommnet, daß in die Fertigpfanne zwei horizontale Walzen eingelegt werden, die so weit in das Metall eintauchen, daß der Metallspiegel in die Ebene ihrer Achsen zu liegen kommt. Der gegenseitige Druck der Walzen, deren Aufgabe es ist, das Zinn in einer gleichmäßigen Schicht auf den Blechtafeln auszubreiten, kann reguliert werden. Unterhalb der Walzen befinden sich die festen Leitungen, zwischen welche die Bleche eingelegt werden; die letzteren gehen dann zwischen den Walzen aufwärts und werden vermittels der Zangen weggenommen.

Ketten, Schnallen, Haken, Pferdegebisse und ähnliche Artikel, die zu ihrer Vollendung nach dem Schmieden gefeilt worden sind, taucht man in Chlorzinklösung, trocknet diese in der Wärme auf und taucht dieselben noch heiß in unter einer Decke von Talg geschmolzenes Zinn. Durch Abschwenken und rasches Abkühlen, durch Bewegen in der Luft oder Eintauchen der dickeren Stücke in Wasser erhält man einen genügend dicken Überzug. Waren die Gegenstände stark oxydiert, so werden sie vorher in einem aus 3—4 Tln. Schwefelsäure und 100 Tln. Wasser gemischten Bade abgebeizt, worin man sie mehrere Stunden oder überhaupt so lange läßt, bis sie blank erscheinen. Ist der Talg schwarz geworden und läuft das Zinn beim

Zurseiteschieben rötlichblau an, so muß man etwas Salmiak auf dasselbe streuen, ehe man fortfährt.

Hat man es mit kleinen Gegenständen zu tun, welche in großer Anzahl auf einmal verzinnt werden müssen, so schmilzt man in einer flachen eisernen Pfanne so viel Zinn, daß dieses 3—6 cm hoch steht und gibt darauf 10—12 cm hoch Talg, läßt die Ware langsam durch den Talg in das gehörig erhitzte Zinn fallen, rührt um und nimmt wieder heraus.

Um zu verhüten, daß die Stücke während des Erkaltens durch das Erstarren des Zinnes aneinandergelötet werden, holt man, sobald man glaubt, daß sie genügend verzinnt seien, mit einer eisernen mehrzinkigen Gabel so viel Stücke heraus, als auf der Gabel Platz finden, bringt sie über ein Gefäß mit kaltem Wasser und führt gegen den Stiel derselben einen kurzen Schlag. Hierdurch werden die verzinnten Stücke getrennt und in das Wasser geschleudert; den noch anhängenden Talg entfernt man durch Schütteln mit Kleie oder Sägespänen in leinenen Säcken.

Nach einem anderen, gewöhnlich bei sehr kleinen Artikeln angewendeten Verfahren bringt man die abgebeizten und wieder getrockneten Stücke in eine horizontal liegende eiserne Trommel, die über Kohlenfeuer umgedreht wird, und erhitzt darin die Gegenstände gleichmäßig bis über den Schmelzpunkt des Zinnes, gibt gepulverten Salmiak hinzu und dreht die wieder verschlossene Trommel, bis gleichmäßige Verzinnung erfolgt ist. Hat man nicht zuviel Zinn genommen, so gelingt es leicht, die Gegenstände so in ein tieferes Gefäß mit Wasser zu schütten, daß sie nicht aneinanderhaften.

Für technisch verwendetes Weißblech nimmt man gewöhnlich Zinn mit 60—50% Zinn und 40—50% Blei.

Bleche, die mit einer solchen Legierung aus einer solchen mit 2 Tln. Blei und 1 Tl. Zinn hergestellt sind, tragen im Handel auch die Bezeichnung Terneblech.

Die verzinnten Bleche müssen langsam gekühlt werden, schon weil ihr Eisenkern und ihre Zinnhülle neben ziemlich abweichender spezifischer Ausdehnung wie Schwindung auch ziemlich abweichenden Querschnitt aufweisen. Denn die spezifische Ausdehnung der Eisenbleche beträgt 0,000 012 bei einem Schwindemaß von 1/55—1/72, während die gleichen Werte für Zinn 0,000 022 und 1/147 betragen. Bei mangelhaft durchgeführtem Verzinnungsprozeß entstehen leicht ungeschlossene Stellen der Zinnhülle, besonders bei rascher Kühlung; bei langsamem Kühlen werden auch Umwandlungen des Zinngefüges verhindert. Das Zinnbad soll frei von verunreinigenden Schwebestoffen, z. B. Eisenteilchen, Eisenrost usw. sein.

Wenn man die verzinnten Bleche, wenn sie aus dem Zinnbade kommen, sofort der Luft aussetzen wollte, so würde der Zinnüberzug rascher erkalten, als der Eisenkern. Die Folge davon würde aber sein, daß sich die Zinnschichte an gewissen Stellen verdicken und die Oberfläche des Metalles ein ungleichmäßiges, gewelltes Aussehen erhalten würde. Es muß daher dafür Sorge getragen werden, daß die Abkühlung der Bleche möglichst gleichmäßig erfolge, um den Zinnüberzug und dem darunter befindlichen Eisen Gelegenheit zu geben, sich gleichmäßig zusammenzuziehen. Entweder werden die Bleche in angewärmte Trockenkästen gebracht oder sie kommen direkt aus dem Zinnbade in Kessel, welche Talg- oder Palmöl enthalten, die auf eine Temperatur von etwas unter dem Schmelzpunkte des Zinns gehalten werden.

Für Verzinnung von Küchengeschirr gelten betreffs der Zinnbeschaffenheit die gesetzlichen Bestimmungen (siehe S. 104).

Für die Verzinnung von Eisendraht dienen besondere maschinelle Vorrichtungen.

Ebenso wird Zinkblech oder Bleiblech verzinnt usw.

Der Zinnverbrauch bei der Weißblechdarstellung beträgt ca. 6—8%; der Zinngehalt des fertigen Bleches 3—5% vom Gewichte des Bleches.

Weißbleche mit deutlicher Kristallbildung (Moirébleche) lassen sich leicht erzeugen, indem man das Weißblech bis zum Schmelzen des Zinnes erhitzt, dann langsam erkalten läßt. Je langsamer die Abkühlung, desto größer werden die Kristalle. Noch schöner erhält man die Kristalle durch Behandeln des erkalteten Bleches mit verdünnter Salzsäure. Selbst ohne vorhergehendes Erhitzen erhält man durch Salzsäure einen moiréartigen Charakter und perlmutterartigen Glanz. Auch dient an Stelle der Salzsäure zum Beizen ein Gemisch aus 4 Tln. Wasser, 1 Tl. Salpetersäure, 2 Tln. Salzsäure und 2 Tln. Zinnsalz, in das die bis zum Schmelzpunkt erhitzten Bleche getaucht werden. Die Gegenstände werden in warmes Wasser getaucht, dann nach dem Verdunsten des Wassers lackiert.

Über die Beschaffenheit der Weißbleche zur Konservendosenherstellung. Aus den Mitteilungen von Serger aus der Versuchsstation für die Konservenindustrie[1]) kann man entnehmen, daß das in der Nachkriegszeit zur Herstellung von Konservendosen gelieferte Weißblech keineswegs dem vormaligen Friedensweißblech entspricht, sondern eine wesentliche Verschlechterung aufweist, wenn es auch äußerlich einen guten Eindruck macht. Die Klagen aus der Praxis über das Überhandnehmen von Korrosionserscheinungen, dann die Verschlechterung des Konserveninhalts in bezug auf Aussehen und Geschmack, beides verursacht durch Aufnahme von Eisen, ferner das Durchfressenwerden der Dosen, besonders bemerkbar bei Erbsenkonserven, gaben Serger Veranlassung, neuerdings bestimmte Forderungen aufzustellen, welche für das in der Konservenindustrie verwandte Weißblech gefordert werden müßten. Dieselben lauten:

1. Die Zugfestigkeit der Bleche betrage 33—36 kg auf den Quadratmillimeter.

2. Das Blech sei nicht spröde oder brüchig; es soll fünfmaliges Knicken und Wiederaufbiegen an einer Stelle aushalten.

3. Das Eisenmaterial des Bleches sei gleichmäßig, homogen und möglichst frei von Einflüssen wie Graphit, Phosphaten, Oxyden usw.

4. Für Dosenformate über $2^1/_2$ kg (große Dosen) betrage die Blechstärke mindestens 0,31 und höchstens 0,33 mm, für Formate $^1/_2$—$2^1/_2$ kg (mittlere Dosen) mindestens 0,26 und höchstens 0,28 mm, für Formate unter $^1/_2$ kg (kleine Dosen) mindestens 0,22 und höchstens 0,24 mm.

5. Die Verzinnung sei völlig bleifrei und betrage für 100 qcm einseitig mindestens 0,15 g, besser 0,20 g, d. h. doppelseitig 0,30 bzw. 0,40 g.

6. Die Weißbleche sollen keine oder nur eine geringe Anzahl durch die Ferrizyankaliumgelatineprobe[2]) nachweisbare Poren haben. Unzulässig sind ferner vielfach verletzte, streifige, blasige oder gelb angelaufene Bleche.

Es sei nicht versäumt, hier auf die wirtschaftliche Bedeutung der Wiedergewinnung des wertvollen Zinns aus den **Weißblechabfällen** (sog. Entzinnen) hinzuweisen, wofür eine Reihe von Verfahren vorhanden sind.

Entzinnung von Weißblech. Die Wiedergewinnung des Zinns von Weißblechabfällen hat eine große wirtschaftliche Bedeutung erlangt, was man daraus ersehen kann, daß Deutschland bisher jährlich rund 75 000 Tonnen Weißblech entzinnte. Ein großer Teil allen Zinns, welches fast ausschließlich vom Ausland kommt, wird zur Erzeugung von Weißblechen verwendet, welches ungefähr 2% Zinn aufgelegt enthält und welches, wohl zum größten Teil in Form von Konservenbüchsen, lange Zeit einfach verschleudert wurde. Von den vielen zur Wiedergewinnung des Zinns aus unbrauchbar gewordenen Weißblechen vorgeschlagenen Verfahren haben sich vor allem zwei Arten bewährt.

---

[1]) Zeitschrift für öffentl. Chemie 1921.

[2]) Konserventechnisches Taschenbuch 1920.

I. Das elektrochemische Verfahren, welches auf der Tatsache beruht, daß sich in verdünnter, etwa 10%iger und 70° C warmer Natronlauge bei anodischer Behandlung im wesentlichen nur das Zinn löst, welches sich dann an der Kathode allerdings weder ganz rein noch in regulinischer Form (als Zinnschwamm) wieder abscheidet.

Die Sache wird so gemacht, daß die vorher gereinigten und zu Paketen gepreßten Blechabfälle in Gitterkörben, meist drei große oder sechs kleine, mit 20 bis 50 kg Inhalt in ein eisernes Elektrolysiergefäß eingehängt werden, welches Kathode ist, während die Körbe selbst zur Anode gemacht werden. Bei einer durchschnittlichen Stromdichte von 100 Amp./qm ist der Entzinnungsprozeß in einigen Stunden beendet. Die Bleche, welche ungefähr noch 0,5% Zinn zurückhalten, werden herausgehoben und nach dem Abtropfen und Abspülen an Eisenwerke verkauft. Das an der Kathode ausgeschiedene schwammförmige Zinn mit etwa 97—98% Reinzinn wird dann zu regulinischem Zinn verarbeitet.

II. Die Chlorentzinnung. Diese beruht darauf, daß trockenes Chlorgas das Zinn leicht als Zinntetrachlorid verflüchtigt, während das Eisen kaum angegriffen wird. Bedingung für gutes Gelingen dieses Prozesses ist unbedingte Trockenheit des Chlorgases sowohl wie der zu entzinnenden Bleche, welche natürlich vorgereinigt, also z. B. von Öl, Lack, Speiseresten usw. befreit sein müssen. Die in Pakete gepackten Bleche werden in eisernen Trommeln, welche gekühlt werden, mit Chlor unter Druck behandelt. Das Zinnchlorid sammelt sich als Flüssigkeit am Boden der Trommel, wo es abgelassen werden kann. Die entzinnten Bleche werden nach Entfernung des überschüssigen Chlors sorgfältig gewaschen und eingeschmolzen. Das Zinnchlorid findet direkt als solches, besonders in der Textilindustrie, Verwendung.

Das Chlorverfahren zur Entzinnung von Weißblech konnte sich erst entwickeln, als man gelernt hatte, das Chlor zu verflüssigen und es der Metallindustrie in Stahlflaschen komprimiert zur Verfügung zu stellen.

Verzinken von Eisenblech, sog. galvanisiertes Eisen (Rostschutz), siehe elektrochemisches Verhalten, S. 86.

Bei dieser sog. heißen oder Feuerverzinkung[1]) werden die von Oxyd und Fett befreiten, blanken Eisenblechtafeln (siehe Reinigung) zuerst in eine Lösung von 2 Tln. Chlorzink, 2 Tln. Salmiak (Chlorammonium) in 30 Tln. Wasser getaucht und rasch getrocknet; sodann kommen sie in ein Bad aus geschmolzenem Zink, welches Metall mit einer etwa 5 cm dicken Schicht von Chlorzink-Salmiak bedeckt gehalten wird. Nach kurzem Verweilen werden die verzinkten Bleche herausgenommen, in Wasser gekühlt, mit Kleie und Sägespänen trocken gerieben. Das Metall erstarrt großkristallinisch (hexagonale Prismen). Nach Mitteilungen des Materialprüfungsamtes Berlin-Lichterfelde beträgt die durchschnittliche Zinkmenge auf 1 qm Oberfläche in Gramm bei feuerverzinkten Blechen $0{,}039_5$, bei elektrolytisch verzinkten $0{,}014_7$; berechnete Dicke der Zinkschicht in Millimeter: feuerverzinkt 0,055, elektrolytisch verzinkt $0{,}02_5$. Man benutzt eiserne Wannen, die aus starkem Eisenblech zusammengeschweißt sind, auch solche, die in der Mitte, aber der Länge nach, durch eine Leiste geteilt sind; diese hält die auf einer Seite befindliche Chlorzinksalmiakschichte, die geschmolzen auf dem Zink schwimmt, von der anderen Hälfte fern. In die erstere Hälfte wird das gebeizte Blech eingeführt, auf der anderen Seite herausgezogen. Man hat Vorrichtungen, wobei die Bleche im Zinkbade Walzen passieren. Bei der Feuerverzinkung ist vor allem darauf zu sehen, daß erstens die Zinkschicht gut auf dem Eisen haftet, und zweitens, daß

[1]) Unterscheidung von feuerverzinkten Waren von galvanisch verzinkten Gegenständen siehe S. 112.

die Wanne nicht so schnell schadhaft wird; so soll z. B. das erstarrte Metall von oben nach unten angeheizt werden, damit das beim Schmelzen sein Volum vergrößernde Metall die Blechwand nicht durchbiegt und aufreißt. Während des Verzinkens ist die Temperatur möglichst niedrig zu halten, damit die Bildung von Eisenzinklegierungen hintangehalten wird. Allmählich bilden sich am Boden und an den Wänden der eisernen Wannen Krusten aus harten Zinkeisenlegierungen. Nur bei niederer Badtemperatur werden zähe, gut haftende Zinküberzüge erhalten Beim Verzinken von Eisendraht ist das besonders zu beachten, auch daß der Draht beim Beizen nicht beizbrüchig wird (siehe S. 165). Vielfach hat man die Eisenwannen zum Schutze mit einem Anstrich von Lehm und Wasserglas, der angetrocknet wird, versehen.

Das Zink ist gegen Atmosphärilien sehr beständig.

Nach Pettenkofer beträgt die Abnutzung bei Zinkdächern innerhalb eines Zeitraumes von 27 Jahren 0,042 kg Zink pro Quadratmeter, so daß also galvanisierte Eisenbleche, welche bei der Vollkommenheit der heutigen Verzinkungsmethoden recht wohl mit 0,55 kg Zink pro Quadratmeter auf jeder Seite geliefert werden können, eine Dauer von 350 Jahren haben würden.

Bei der heißen Verzinkung von Eisen bilden sich Zink-Eisenlegierungen; dieselben reichern sich im Zinkbad an; aus dem geschmolzenen Zinkbad seigern dann Kristalle einer Zink-Eisenlegierung aus, die langsam zu Boden sinken; Zinkbäder nehmen bis zu 8% Eisen auf. Diese eisenreichen Zinklegierungen, sog. Hartzink, können zum Einführen von Eisen in zinkhaltige Legierungen dienen; ähnlich sind die Zinn-Eisenlegierungen.

Siehe auch elektrolytische Verzinkung und deren Vorteile gegenüber der Feuerverzinkung.

Eigenschaften und Prüfung der Zinküberzüge. Die Eigenschaften, die den Wert des Zinküberzuges beeinflussen, sind folgende:

1. Dauerhaftigkeit des Zinkes und Schutz des darunterliegenden Metalles gegen Anfressungen,
2. Haftintensität des Zinküberzuges am Grundmetall,
3. Zähigkeit und Biegsamkeit des Überzuges,
4. Zusammenhang, Dichtigkeit und Gleichmäßigkeit in Stärke,
5. Widerstand des Zinkes gegen Abschabung.

Ein einfaches, praktisch bewährtes Verfahren, von Pettenkofer zuerst vorgeschlagen, um die Dicke und Dauerhaftigkeit eines Zinküberzuges zu prüfen, ist folgendes:

Man taucht den verzinkten Gegenstand in Kupfersulfatlösung (1 : 10) je eine Minute lang, spült hierauf mit Wasser ab und stellt fest, nach wieviel Tauchungen sich auf dem Grundmetall ein zusammenhängender Kupferniederschlag bildet. Die Zahl derartiger Tauchungen, die ein Gegenstand aushält, wird als ein Zeichen für die Lebensdauer des Überzuges angesehen.

Ein verbessertes Verfahren ist von Burgeß ausgearbeitet:

Das verzinkte Blech wird sorgfältig gewogen und dann in 3,2%ige Schwefelsäurelösung eingetaucht, darin während gewisser festgesetzter Zeiträume belassen, worauf es dann herausgenommen, gespült, gebürstet, in Alkohol getaucht, getrocknet und wieder gewogen wird. Der Gewichtsverlust, der auf diese Weise festgestellt wird, zeigt die Schnelligkeit der Korrosion an. Die Eintauchungen werden wiederholt, bis alles Zink entfernt, oder so weit beseitigt ist, um seine relative Widerstandsfähigkeit gegen die Korrosion feststellen zu können. Der Moment, in welchem alles Zink entfernt ist, kann sehr genau an dem Aufhören des schnellen Aufsteigens des Wasserstoffes festgestellt werden, und ebenso an dem sehr geringen Gewichtsverlust, der einsetzt, nachdem alles Zink gelöst ist. Das Verhältnis, in welchem das Eisen selbst in der Säure sich löst, ist sehr klein zu jenem, in dem sich das Zink in Kontakt mit Eisen löst, und das Eisen kann für eine beträchtliche Zeit in der Lösung belassen werden, nachdem alles Zink entfernt ist, ohne merkbar an Gewicht zu verlieren. Durch das Gewicht des Musters vor und nach der Entfernung des Zinkes kann leicht die Zinkmenge festgestellt werden, die zu Anfang darauf war. Dies kann mit ziemlicher Sicherheit, frei von Irrtümern, ausgeführt werden, um so mehr, als wenig oder gar kein Eisen sich löst, solange Zink gegenwärtig ist, und der Prozeß kann angehalten werden, sobald das Zink vollkommen entfernt ist. Die Zeitdauer, während welcher ein gegebenes Gewicht an Zink aushält, dient dazu, um annähernd die Dauer des Zinkes gegen Korrosion im allgemeinen anzugeben.

Nach Szirmay zeigen die Tauchungen in konzentrierter Kupfersulfatlösung sowie diejenigen in normaler Schwefelsäurelösung bloß, in welchem Maß diese Sulfatlösungen das Zink angreifen und auflösen; da diese Sulfate aber selbst in den geringsten Quantitäten in der Luft nicht vorkommen, geben sie auch kein analoges Bild darüber, wie atmosphärische Einflüsse sich auf das verzinkte Eisen korrodierend geltend machen.

Szirmay verfährt zur Prüfung nun so, daß er unter einer Glasglocke die Versuchsgegenstände freihängend anbringt. Am Fuß der Glocke war im Glasbehälter eine entsprechend große Menge Wasser vorhanden. Mittels eines gut schließenden Zuführungshahns wurden der Glocke zu der eingeschlossenen atmosphärischen Luft unter Druck schweflige Säure und Kohlensäure zugeführt.

Die Analyse der in der Glocke eingeschlossenen Luft wies unter anderem ungefähr

12% schweflige Säure (SO_2),
15% Kohlensäure (CO_2)

auf, während der Höchstgehalt der Luft an schwefliger Säure allein in der Nähe von Essen- und Lokomotivenrauch 3% kaum erreicht und der Normalgehalt der Luft an Kohlensäure 0,03% ist.

Durch Erwärmung und Abkühlung wurden Temperaturschwankungen von 6—45° innerhalb der Glocke hervorgerufen, laut Beobachtung an dem hineinragenden Thermometer, das gegen außen luftdicht abgeschlossen war. Diese Temperaturdifferenzen ergaben reichliche Niederschläge im geschlossenen Versuchsraum.

Aus den Versuchen von Szirmay geht hervor, daß der heißverzinkte Draht nach dem Wischverfahren absolut keinen Schutz gegen atmosphärische Einflüsse bietet, rasch rosten muß und demnach seinem Zweck nicht entspricht. Darüber kann sein glänzend schönes Aussehen selbst Laien bloß zeitweilig wegtäuschen. Heißverzinkter englischer Draht bester Sorte hält ungleich besser; der Zinkbelag bröckelt aber gerade an stark verzinkten Stellen bei mechanischer Deformation ab, und die lädierten Stellen bewirken ein weiteres Abbröckeln des Zinküberzuges.

Elektrolytisch verzinkter Draht widersteht sowohl den mechanischen Deformationen als auch den atmosphärischen Einflüssen ungleich besser als jedweder heißverzinkte Draht, infolge der größeren Haftbarkeit und der Reinheit des Zinkniederschlags, wiewohl er nicht die gleiche Tauchzahl aushält.

Ähnlich wie das Verzinnen und Verzinken wird auch das Verkupfern und Vermessingen ausgeführt; diese Verfahren sind jetzt wohl zum größten Teil durch die galvanischen Arbeitsweisen verdrängt.

Um Eisen mit Kupfer oder Messing zu überziehen, taucht man es in das geschmolzene Metall, das mit einer flüssigen Schichte von borkieselsaurem Blei bedeckt ist, hergestellt durch Zusammenschmelzen von 24 Tln. Borsäure, 16 Tln. Kieselerde und 112 Tln. Bleioxyd.

Bei Herstellung von Metallüberzügen auf trockenem Wege dient auch das Chlorblei als vermittelnder Stoff, indem die zu überziehenden Gegenstände nacheinander oder gleichzeitig mit geschmolzenem Chlorblei und dem betreffenden Überzugsmetall in Berührung gebracht werden. Je nach der Form des zu überziehenden Metalles kann das Schmelzen des Chlorbleies und des Metalles auf dem zu überziehenden Gegenstand selbst vorgenommen werden oder letztere werden nacheinander in Chlorblei und Metallbad eingetaucht. So werden Eisen mit Zinn, Zink und Blei überzogen. Eine Vorbereitung der Metalle ist hierbei nur in geringem Grade nötig, z. B. beim Verzinnen und Verzinken von Eisen, oder gar nicht beim Verzinnen von Kupfer und Messing.

Verbleien[1]). Mit Blei werden Metalle besonders zum Schutze gegen Säuren, insbesondere Schwefelsäure, überzogen. Obwohl die galvanische Verbleiung mit gutem Erfolge ausgeführt wird, ist doch die Feuerverbleiung, wenn es sich um dickere Überzüge handelt, vorzuziehen. Das Blei wird vom Eisen schwerer angenommen als das Zinn oder das Zink und haftet schlechter darauf. Man verwendet daher meist eine Legierung aus ca. 85% Blei und 15% Zinn.

Die Gegenstände werden mit verdünnter Schwefelsäure blank gebeizt, in heiße Salmiaklösung getaucht, dann in das auf 350—360° C erhitzte, geschmolzene Metall gebracht, das mit einer Schutzdecke von Salmiak-Chlorzink oder Borax bedeckt ist. Die Gegenstände müssen einige Zeit im Bade verweilen; schneller gelingt die Verbleiung, wenn die Gegenstände vorher erwärmt wurden. Überhitzung ist zu vermeiden. Dieses Verbleien durch Eintauchen wird besonders ausgeführt zur Verbleiung von Messingröhren, Schalterteilen, Schrauben u. a. für die Elektrotechnik.

Sogenannte homogene Verzinnung bzw. Verbleiung. Für verschiedene Industrien werden stärkere Überzüge von Blei und Zinn gefordert, als das durch das übliche Verbleien oder Verzinnen geschehen kann, wobei höchstens eine Metallauflage von etwa $1/_2$ mm Stärke erreicht wird. Die Herstellung stärkerer Überzüge bis etwa 6 mm geschieht nach vorhergehender Verzinnung oder Verbleiung durch Auftragen und Verschmelzen des Zinns, sei es in Form von einzelnen Tropfen oder durch Aufschmelzen von Zinnblechen bzw. Bleiblechen. Es ist dies eine Art Plattierung, die besonders für Apparate der chemischen Industrie ausgeführt wird. Voraussetzung für die Haltbarkeit solcher starker Metallüberzüge, besonders bei äußerer und innerer Erwärmung, ist völlige Verschmelzung der Metallschichten, ohne jede eingeschlossene Gas- oder Luftblase. Andernfalls bilden sich bald die bekannten Ausbuchtungen des Blei-Zinnüberzuges in Beulenform, die schnell zum Bruch führen.

Unter Doppelmetall versteht man kupferplattiertes Eisen oder Stahlblech.

Aluminiumüberzug auf Eisen. Nach „Metall und Erz“ 1919 kann durch einen neuen Prozeß Aluminium sicher auf Gußeisen aufgetragen werden, wobei die Oberfläche gleich der von gewalztem Aluminium ist. Das Gußeisen wird zunächst galvanisiert oder verzinnt und dann in geschmolzenes Aluminium bei 700 bis 800° C getaucht. Während es so untergetaucht ist, wird die Oberfläche mit Stahlbürsten abgerieben, mit dem Erfolg, daß das Zinn oder Zink in das geschmolzene Aluminium übergeht und durch Aluminium auf der Oberfläche des Eisens ersetzt wird. Zwei oder mehr Aluminiumbäder sind erforderlich, doch bleibt das meiste Zinn oder Zink schon im ersten Bad zurück. Die Vorteile des Verfahrens sind ausgezeichnete Adhäsionskraft, Rostfreiheit und Ersparnis an Kosten im Vergleich zu Reinaluminium.

---

[1]) Siehe auch: Protokoll der Sitzung des Großen Rates des Institutes für Gewerbehygiene. Polytechnische Buchhandlung A. Seydel, Berlin 1912: Ärztliche Überwachung und Begutachtung der in Bleibetrieben beschäftigten Arbeiter. Siehe auch: Ärztliche Merkblätter über berufliche Vergiftungen. Berlin, Julius Springer 1913.

g) Aufspritzen von in feiner Verteilung befindlichen geschmolzenen Metallteilchen.

Das Schoopsche Metallisierungsverfahren. Das Wesen dieses Verfahrens besteht darin, daß das Überzugsmetall (Zinn, Zink, Blei, Aluminium, Kupfer, Messing usw.) unter Benutzung von komprimierter Luft oder anderen Gasen als Zerstäubungs- oder Transportmittel in geschmolzenem Zustand in feinster Zerteilung auf den zu metallisierenden Gegenstand niedergeschlagen wird. Es bildet sich hierbei ein beliebig dicker, homogener und dichter Überzug, der, da die Metallteilchen bis in die feinsten Poren eindringen, an der Unterlage fest haftet, sei diese nun aus Metall, Holz, Glas, Papier, Zeug, Zelluloid usw., so daß der metallisierte Gegenstand beliebig weiterverarbeitet und mechanischer Beanspruchung ausgesetzt werden kann. Wird die Adhäsion durch einfache Mittel verhindert, so entstehen bei Verwendung von entsprechenden Negativen reliefartige Dekorationsstücke, Medaillen, Bild- oder Druckklischees usw. Auch graphische bzw. photographische Vorlagen können reproduziert werden.

Beispiel: Bei der Verzinkung nach diesem Verfahren wird das geschmolzene Zink durch einen unter sehr hohem Druck (8 Atm.) ausströmenden Gasstrahl verstäubt und gegen die zu verzinkende Fläche geblasen. Das dazu dienende Werkzeug ist die Metallisator genannte Spritzpistole. Im Innern derselben befindet sich ein Zahnradgetriebe, das einen Zinkdraht von genau bemessener Dicke mit einer genau bemessenen Geschwindigkeit in eine Düse einschiebt.

In diese Düse treten drei Gasströme ein: Sauerstoff und Wasserstoff zur Speisung des Knallgasgebläses, welches das Drahtende schmilzt, und Preßluft, welche das geschmolzene Metall aus der Düse herausschleudert. In sinnreicher Weise dient dieselbe Preßluft zuvor dazu, um eine jenes Zahnradgetriebe bewegende Turbine zu treiben. Der an der Pistole befindliche Hahn gestattet, mit einer einzigen Drehung alle drei Gaswege zu öffnen oder zu schließen. Der „Metallisator" wiegt etwa 1,5 kg. Um ihn in Betrieb zu setzen, öffnet man den Hahn und zündet das austretende Gasgemisch an. Für bewegliche Metallisierungsanlagen werden von der G. m. b. H. Metallisator, Berlin NW 7, kleine Wagen gebaut, welche Motor, Druckpumpe und Gasflaschen nebst sonstigem Zubehör tragen.

Mittels dieser Spritzpistole kann man große Bottiche und andere wegen ihrer Größe oder ihrer besonderen Form für die Badverzinkung nicht geeignete Gegenstände bequem mit einer zusammenhängenden Zinkschicht von beliebiger Dicke bekleiden, z. B. fertige Gitterkonstruktionen. Naturgemäß muß auch in diesem Falle die Unterlage sauber sein, sonst haftet der Überzug nicht gut; vorteilhaft ist eine rauhe Oberfläche der zu verzinkenden Gegenstände. Das Spritzverfahren eignet sich des weiteren dazu, um schadhafte Stellen abzudichten und zu verdecken; man bläst eine Metallschicht von genügender Stärke auf und schleift danach, wenn gewünscht, die Stelle ab. Weil die anprallenden Metalltröpfchen nur wenig Wärme übertragen, so kann auch Pappe, Holz und jeder andere Stoff nach dem Spritzverfahren verzinkt werden. Auf diese Weise kann man z. B. Papphülsen gegen Feuchtigkeit schützen, indem man eine dünne Zinkhaut aufspritzt.

Nach neueren Mitteilungen von Schoop brauchen seine Spritzpistolen neuester Konstruktion nur noch $3^1/_2$ Atm. bei 300 l stündlichem Luftverbrauch. Ein weiterer Vorteil gegenüber dem alten Modell besteht darin, daß der Wasserstoff durch das billigere Leuchtgas ersetzt worden ist, wodurch, wie naheliegend, die Betriebskosten wesentlich heruntergedrückt wurden. Im Gegensatz zu der Feuerverzinkung beträgt die Oberflächentemperatur während der Bestrahlung nur 70 bis 80° C, so daß ein Ausglühen ganz ausgeschlossen ist, was in manchen Fällen (Torpedobleche) von Wichtigkeit ist.

Für das Metallspritzverfahren für Verzinkung, Verzinnung, Aluminierung usw. mit der Spritzpistole bringt die Meurersche Aktiengesellschaft für Spritzmetallveredelung, Berlin SO. 36, Apparate in den Handel.

Kalorisieren[1]). Aus dem Untersuchungslaboratorium der General Electric Comp., Schenectady, N. Y., ist ein Verfahren hervorgegangen, das für die Metallindustrie von großer Bedeutung zu werden verspricht. Namentlich da, wo Metallteile hohen Temperaturen und dem dadurch bedingten großen Verschleiß ausgesetzt sind, dürfte das als „Kalorisieren" benannte Verfahren bald die entsprechende Würdigung erfahren.

Die wichtigste Anwendung des Verfahrens besteht in dem Schutz des Eisens gegen hohe Temperaturen. Aber auch Kupfer, Nickel u. dgl. können wirksam gegen hohe Temperaturen geschützt werden. Das Verfahren hat daher bereits ausgedehnte Anwendung gefunden für Verbrennungsröhren, Glühkasten, Pyrometerrohrtuben, Ofenteile u. dgl. Es besteht in der Erzeugung einer aluminiumreichen Legierung auf der Oberfläche der Metalle. Hierzu werden die zu kalorisierenden Stücke in eine Mischung von Tonerde-, Aluminiumpulver und etwa 1% Chlorammonium eingepackt und dann erhitzt. Der Aluminiumgehalt schwankt zwischen 5 und 50 Gewichtsprozenten, je nach der Verwendungsart der betreffenden Stücke. Für Stahl und Eisen werden Mischungen von hohem Aluminiumgehalt gebraucht und die Temperatur auf 900—950° C gesteigert, für Kupfer- und Messingteile aluminiumärmere bei einer Steigerung der Temperatur auf 700—800° C. Durch das Kalorisieren werden die ursprünglichen Abmessungen etwas vergrößert, namentlich an den Kanten; auf ebenen Flächen beträgt die Zunahme indes nur 0,05—0,1 mm. Der Bereich der Schutzwirkung erstreckt sich bei kalorisierten Stücken bis zu Temperaturen von 1000° C. Oberhalb dieser Temperatur ist die Schutzwirkung nicht mehr eine vollkommene, es wird indes auch da eine wesentliche Verlängerung der Lebensdauer erzielt. Kalorisierte Stahl- und Schmiedeeisenteile widerstehen hohen Temperaturen besser als gußeiserne, doch ist bei letzteren die Schutzwirkung bis zu einer Temperatur von 800—900° C immer noch eine sehr gute. Da die auf Eisen erzeugte Legierung sehr spröde ist, können Drähte und dünne Bänder nur mit einer leichten Haut versehen werden, um die Biegsamkeit dieser nicht zu beeinträchtigen. Nickel dagegen ist besonders in Form kalorisierter Drähte zu verwenden, denn die hier erzeugte Schutzschicht ist nicht spröde und die Drähte bleiben vollständig geschmeidig. Mit Vorteil werden daher Verbrennungsschirme aus kalorisierter Nickelgaze hergestellt.

Kupferteile werden durch dieses Verfahren besonders gut geschützt. Es bildet sich hier eine sehr aluminiumreiche Haut von Aluminiumbronze, die das Kupfer bis zu seinem Schmelzpunkte vor Oxydation schützt. Über die Behandlung von Kupfergegenständen gibt das D. R. P. 285245 der Allgemeinen Elektrizitäts-Gesellschaft einige Ausführungsformen. Hiernach wird für diesen Zweck das Aluminiumpulver mit Chlorammonium und Zinkpulver gemischt. In diesem Gemisch werden die Gegenstände in einem Ofen unter Umdrehen etwa 2 Stunden auf einer Temperatur von 450° C gehalten, dann herausgenommen und nun nochmals auf 700—800° C während 15—20 Minuten erhitzt. Gute Resultate sollen mit einer Mischung von 70% Aluminium, 25% Chlorammonium und 7% Zink erzielt worden sein. Das Zink kann hierbei auch durch Graphit ersetzt werden, so daß man etwa ein Gemisch aus 60% Aluminium, 30% Graphit und 10% Chlorammonium anwendet. Bei Verwendung von Graphit kann die Temperatur sogleich auf 700° C gesteigert werden. Die nach diesem Verfahren erzielte Schutzschicht hat eine Stärke

[1]) Technische Rundschau 1915.

von etwa 0,2—0,3 mm; sie ist hart, zähe, hochpolierfähig und widerstandsfähig gegen Säuren.

Zu erwähnen wäre noch, daß das Kalorisieren keineswegs etwa mit einem Rostschutzverfahren zu verwechseln ist, denn eine rostschützende Wirkung vermag die auf Eisen erzeugte Schicht nicht auszuüben. Kalorisiertes Eisen ist daher nach wie vor den Einflüssen der Atmosphärilien unterworfen. Kupfer dagegen wird auch gegen diese Einflüsse geschützt.

Das Verfahren findet Anwendung für Hütten- und Gießereierzeugnisse, wie für Stahl, Gußeisen, namentlich weißes Gußeisen, ferner für Kupfer und seine wichtigsten Legierungen, hauptsächlich Bronzen, sowie für Nickel. Die Erfahrung lehrt, daß Gegenstände, die bereits einer mechanischen Vorbehandlung unterzogen wurden, wie durch Walzen, Strecken, Ziehen und Pressen, sich besser und leichter kaloritsieren lassen als Gußstücke. Das kalorisierte Stück ist uneben, läßt sich aber durch Polieren glätten, während die Kalorisationsschicht eine bedeutende Härte aufweist. Im allgemeinen wird angenommen, daß die Lebensdauer eines kalorisierten Metallstückes derjenigen eines nichtkalorisierten bei Arbeitstemperaturen von 700—800° um das Fünf- bis Zwanzigfache, bei höheren Arbeitstemperaturen um das Zwei- bis Vierfache überlegen ist.

Als Anwendungsgebiete der Kalorisation sind zu nennen:

für Stahl und Gußeisen: Kondensationsrohre, Ofenstücke, alle Arten von Apparaturen, die höheren Temperaturen ausgesetzt sind, wie Zementationskästen, Teile von Destillationsapparaten und von Motoren (hauptsächlich Ventile, Kolbenböden von Dieselmotoren), Radiatoren, Brenner, Roste, Muffeln, Schutzrohre für Pyrometer;

für Kupfer und Kupferlegierungen: Kondensatorrohre, die in kalorischem Zustande eine Lebensdauer von 8 Jahren erreichen sollen, während sie sonst bereits nach 6 Wochen angefressen sind und oft erneuert werden müssen. Schließlich ist noch der Vorteil der Kalorisation für Drähte in der elektrischen Industrie zu erwähnen, die sogar eine hundertfache Lebensdauer aufweisen sollen.

h) Metallüberzüge durch Einwirkung von Metalldämpfen.

Eiserne Gegenstände werden zuerst z. B. galvanisch verkupfert und dann mit Kohlenpulver und Zinkoxyd in eisernen Kästen geglüht, wobei das reduzierte Zink mit dem Kupferüberzuge zu einem solchen von Messing sich verbindet. Kupferstäbe vermessingt man nach einem ähnlichen Verfahren, indem man sie horizontal in einen eisernen Kasten in einiger Entfernung von dessen Boden einlegt; auf letzterem breitet man sodann ein Gemenge von Zinkgranalien und Salmiak aus und erhitzt über den Schmelzpunkt des Zinkes so lange, bis die aufsteigenden Dämpfe des letzteren die Bildung einer genügend starken Messingschicht auf dem Kupfer bewirkt haben.

In Lyon verfertigt man in ähnlicher Weise sog. unechten Golddraht (Messingüberzug):

Etwa $^2/_3$ m lange und 2,5 cm dicke Kupferstangen werden in gußeiserne Zylinder, deren Endscheiben durchlöchert sind, parallel mit der Achse eingesteckt, dann wird etwas granuliertes Zink in den Zylinder geworfen. Beim Erhitzen des hierauf in horizontaler Rotation erhaltenen Apparates verflüchtigt sich das Zink und verbindet sich oberflächlich mit dem Kupfer zu einer sehr schönen goldgelben Legierung. Durch Ziehen dieser Stangen zu Draht nimmt dessen Oberfläche auch einen lebhaften Glanz an.

S h e r a r d i s i e r e n. Das nach dem Erfinder S h e r a r d benannte Verfahren wird besonders zum Verzinken von kleinen eisernen Gegenständen, z. B. Münzen, benutzt, Es ist eine sog. T r o c k e n v e r z i n k u n g, einfach und bequem auszuführen für Massenartikel, die vor Rost geschützt werden sollen.

Die zu verzinkenden blankgebeizten Gegenstände (Massenartikel) werden zusammen mit Zinkpulver (Handelsware mit ca. 80% Zink und 20% Zinkoxyd) in eine luftdicht verschlossene Trommel eingebettet und letztere zwischen 230—400° C erhitzt unter Drehen während mehrerer Stunden. Nach Beendigung des Prozesses wird die Trommel über einem Eisenrost entleert; der abfallende Zinkstaub ist wieder verwendbar. Mittels Dampf werden die anhaftenden Zinkteilchen entfernt.

Bei 250° C verdampft das sehr fein verteilte Zink schon merklich, obwohl der Siedepunkt des Zinkes erst bei 930° C liegt. Der Zinkdampf dringt in das Eisen ein und legiert sich mit ihm. Nach den Messungen von Cowper-Coles wurden bei 350° C in einer Stunde auf das Quadratmeter 15 g Zink abgeschieden, bei 400° C schon 100 g und bei 450° C 258 g. Als er bei konstanter Temperatur die Dauer der Erhitzung änderte, ergab sich, daß der Zinkniederschlag nicht proportional der Zeit zunahm, sondern daß der Zuwachs allmählich immer kleiner wurde.

Dieser Befund läßt sich durch die berechtigte Annahme erklären, daß die Dampfspannung des im Eisen gelösten Zinkes geringer ist als die des Zinkes selbst. Dank diesem Spannungsgefälle dampft ständig Zink zum Eisen hinüber. Weil aber bei der verhältnismäßig niedrigen Temperatur das Zink nur sehr langsam in das Innere des Eisens hineinwandert, so wird die Oberflächenschicht immer reicher an Zink und das Gefälle entsprechend kleiner. Die sherardisierten Gegenstände zeigen je nach der Menge des aufgenommenen Zinkes eine silberglänzende bis mattgraue Farbe.

Das Sherardisieren eignet sich vornehmlich dazu, um kleinen eisernen Gegenständen eine ziemlich harte, gegen Verrosten schützende Oberfläche zu geben, z. B. Eisenmünzen. Weil das Zink sich gleichmäßig zart auf der ganzen Fläche, in Vertiefungen wie auf Erhöhungen, ablagert, so erfordern z. B. auf diese Weise verzinkte feine Schrauben kein Nacharbeiten des Gewindes. Komplizierte Rahmenteile aus gezogenem Stahlrohr, z. B. für Flugzeuge, lassen sich einzig auf diese Weise gleichmäßig innen und außen verzinken, weil der feine Zinkstaub in alle Öffnungen eindringt und alle Zweige des Rohres anfüllt.

Die 2,5 g schweren, aus Siemens-Martinstahl hergestellten Kriegsmünzen (Fünfpfennigstücke) sind verzinkt zum Schutze gegen äußere Angriffe. Durch diese Verzinkung hat man ein kurz geschlossenes galvanisches Element, in dem das Zink die Lösungselektrode bildet, während das Eisen unangegriffen bleibt. Das Zink macht etwa $^1/_{50}$ des Gesamtgewichtes aus. Zinkschicht etwa $^1/_{70}$ mm dick.

Bestimmung der Dicke der Zinkschichte auf sherardisierten Eisenwaren. Die Dicke der Zinkschicht läßt sich schnell und genau feststellen nach dem von O. Bauer ausgearbeiteten Verfahren, das auf der Schwerlöslichkeit von Eisen in arsenige Säure enthaltender verdünnter Schwefelsäure beruht, während Zink unter stürmischer Wasserstoffentwicklung gelöst wird. Das Verfahren gibt sichere Resultate. Es ist möglich, die Zinkmasse auf 1 qcm Oberfläche festzustellen und daraus die Dicke der Zinkschicht in Millimetern zu berechnen. Man ist so in der Lage, den Trockenverzinkungsprozeß bei den Münzschrötlingen zu kontrollieren und später bei den fertigen Geldstücken die Dicke der Zinkschicht ausfindig zu machen, um ein einigermaßen gleichmäßiges Material sicherzustellen.

Cowperisieren. Eine andere Art der Trockenverzinkung ist das von Cowper-Coles erfundene „Cowperisieren", bei diesem befinden sich das Zink und die zu verzinkenden Gegenstände in getrennten Räumen, wo sie auf höhere Temperatur erhitzt werden. Der Apparat hat die Form von zwei konzentrischen Trommeln, von denen die innere, die Gegenstände enthaltende Trommel mit feinem Drahtnetz bespannt ist und sich innerhalb der äußeren Trommel langsam umwälzt. Um Oxydation zu verhüten und das Verdampfen des Zinkes zu beschleunigen, wird

Wasserstoff durch die Trommel geleitet. Meines Wissens hat dieses Verzinkungsverfahren für Deutschland noch keine Bedeutung gewonnen.

Verzinkt kann auch auf die Weise werden, daß man Zinkkulver auf die metallisch blanken Eisenteile in feuchtem Zustande aufstreicht. Nach dem Antrocknen schmilzt man mit der Gebläseflamme rasch auf.

2. Elektrochemische Verfahren, sog. nasse Verfahren.

a) Verfahren ohne äußere Zuführung von elektrischer Energie. (Ohne Stromquelle.)[1]

Tauch-, Ansiede- oder Sudverfahren, Anreibeverfahren, Kontaktverfahren. — Allgemeines. Ein Metall schlägt sich auf einem anderen aus seiner Lösung nieder, wenn das eingetauchte Metall mit den in Lösung befindlichen Metallionen des anderen Metalles reagieren kann, d. h. unter Abgabe von Elektronen, welche die in Lösung befindlichen Metallionen in Metall überführen, in Lösung gehen kann. Das Metall, auf welches sich ein anderes niederschlagen soll, muß, wie man sagt, einen höheren Lösungsdruck haben als das in Lösung befindliche; das in Lösung befindliche Metall muß eine größere Affinität zu den Elektronen haben als das eingetauchte Metall. Diese Verhältnisse sind in der sog. Spannungsreihe der Metalle zum Ausdruck gebracht, wonach jedes voranstehende Metall die nachstehenden aus ihren Lösungen ausfällt. Jedes Metall mit größerem positiven Wert verdrängt demnach das mit kleinerer Spannung aus seinen Salzlösungen, indem ein Elektronenaustausch stattfindet.

Kalium K + 2,9 Volt, Natrium Na + 2,54 Volt, Barium Ba + 2,54, Strontium Sr + 2,49, Kalzium Ca + 2,28, Magnesium Mg + 1,21, Aluminium Al + 1,00, Mangan Mn + 0,8, Zink Zn + 0,49, Kadmium Cd + 0,14, Eisen Fe″ + 0,06, Thallium Tl + 0,04, Kobalt Co — 0,04, Nickel Ni — 0,04, Zinn Sn″ — 0,08, Blei Pb — 0,13, Wasserstoff H — 0,28, Kupfer Cu″ — 0,61, Arsen As — 0,62, Wismut Bi — 0,67, Antimon Sb — 0,74, Quecksilber Hg″ — 1,03, Silber Ag — 1,05, Palladium Pd — 1,07, Platin Pt — 1,14, Gold Au — 1,35 Volt.

Diese sog. Spannungsreihe der Metalle, wonach jedes vorhergehende Metall das nachfolgende aus seinen Lösungen ausfällt, ist nicht allgemein gültig, sondern besteht nur für die Metallsalze der starken Säuren, nicht aber für die komplexen Salze, wie z. B. zyankalische Lösungen. Aus solchen wird z. B. Silber wohl durch Kupfer, aber nicht durch Eisen gefällt. Unter Umständen kehrt sich die Reihenfolge direkt um.

Wenn man in eine Kupfersulfatlösung Zinkmetall einbringt, so wird dieses System so verändert, daß die Metalle ihre Plätze wechseln; das Zink geht in Lösung, während eine äquivalente Menge Kupfermetall ausfällt. Löst man z. B. 25 g Kupfersulfat in Wasser auf, so werden durch 6,5 g Zink = 6,3 g Kupfer metallisch gefällt, während die angegebene Menge Zink in Lösung geht.

Da es sich bei der technischen Benutzung dieser Vorgänge zur Erzielung dünnster Metallüberzüge auf anderen Metallen nicht um eine Metallabscheidung überhaupt, sondern um eine solche in einer ganz besonderen Zustandsform, d. h. um die Herstellung dünner, glänzender, festhaftender, zusammenhängender Metallschichten handelt, so müssen ganz bestimmte, durch die Erfahrung festgelegte Zusammensetzungen und Arbeitsverfahren benutzt werden.

Bei diesen sog. Tauchverfahren, eventuell Ansiede- oder Sudverfahren oder Anreibeverfahren zur Herstellung dünner Metallüberzüge werden die Gegen-

---

[1]) Siehe auch: Georg Buchner, Elektrolytische Metallabscheidungen. Berlin, M. Krayn 1923.

stände kurze Zeit in die betreffende Lösung getaucht, eventuell damit bepinselt oder angerieben, dann gespült und getrocknet.

Übrigens ist der hier in Betracht kommende Fällungsprozeß eines Metalles durch ein anderes kein so einfacher Prozeß, als er erscheint. Denn bei der Ausfällung eines Metalles durch ein anderes muß der entstehende Metallniederschlag stets auch eine gewisse Menge des fällenden Metalles enthalten, um mit den von diesem in Lösung gehenden Ionen im Gleichgewicht zu bleiben. Je nach den Verhältnissen handelt es sich nur um Spuren oder um größere Mengen. So schlägt sich beim Eintauchen von Zink in eine verdünnte Kupfersulfatlösung eine schwarze Legierung nieder, Kupferzink, die ca. 60% Kupfer und 40% Zink enthält (sog. amorphes Messing).

Man kann durch diese Eintauchverfahren Zink leicht schön verkupfern, vergolden, versilbern; Kupfer, Messing versilbern, vergolden usw.

In den einfachen Metallsalzlösungen, z. B. Kupfersulfat, Silbernitrat, ist die Konzentration der Metallionen so groß, daß die Metallfällung zu rasch erfolgt, um einen Überzug in zusammenhängender Form zu erhalten. Man benutzt deshalb Lösungen, welche das Metall in Form von komplexen Salzen enthalten[1]).

Bei Niederschlägen durch einfaches Eintauchen (Sudverfahren ohne Kontakt) hört unbedingt eine weitere Bildung des Metallniederschlages auf, sobald das Metall mit einem dünnen Metallhäutchen bedeckt ist. Hieraus ergibt sich, daß alle durch diese Verfahren erhaltenen Metallniederschläge nur hauchdünn sein können und durch längeres Eintauchen usw. keine Verstärkung erfahren. Im Gegenteil ist letztere meist von Nachteil, da die Farbe oft ungünstig verändert wird.

Wenn der Lösungsdruck eines Metalles nicht groß genug ist, um ein anderes Metall zu fällen, so kann unter Umständen dies bewirkt werden, wenn man das Metall mit einem solchen mit größerem Lösungsdrucke in Berührung bringt. Bei der Berührung solcher Metalle entsteht dann eine kleine Voltasche Kette, d. h. nach der unitarischen Theorie der Elektrizität sendet dann das eine Metall, z. B. das Zink, positive Ionen in Lösung und gibt Elektronen ab, die vom anderen Metall fortgeleitet und dort zur Ausfällung der betreffenden Metallionen verwendet werden.

Hierbei fungiert das eine Metall mit dem höheren Lösungsdruck als Lösungs-, das andere als Ableitungsmetall. Das erstere verhält sich, wie man sagt, anodisch und ist der Lösung, also der Zerstörung preisgegeben.

Wenn zwei verschiedene Metalle in einer Elektrolytlösung sich berühren, so summieren sich ihre Potentialdifferenzen.

Hierauf gründen sich die sog. Verfahren zur Herstellung von Metallüberzügen durch Kontakt (siehe später).

Berührt man z. B. ein in eine verdünnte zyankalische Zyansilberkaliumlösung tauchendes Kupferblech mit einem in die gleiche Lösung tauchenden Zinkstabe, so entsteht ein elektrischer Strom (siehe: Galvanische Elemente). Dieser scheidet auf dem Kupfer Silber ab, während am Zink Zinkionen in Lösung gehen. Bei diesem Kontaktverfahren kann der Metallniederschlag eine größere Stärke erreichen, als beim bloßen Eintauchverfahren, wenn man Sorge trägt, daß das Berührungsmetall, welches sich auch mit dem Niederschlagsmetall überzieht, von Zeit zu Zeit von letzterem befreit wird, da sonst das auf dem ersteren, z. B. Zink, abgeschiedene Metall die Metallionen hindert, in die Lösung zu treten und so den galvanischen Strom unterbricht.

---

[1]) Wenn bei der Vereinigung von zwei Salzen ein neues Salz entsteht, das in verdünnter, wässeriger Lösung andere Ionen hat, als die beiden Salze für sich, so heißt man das ein komplexes Salz, z. B. das gelbe Blutlaugensalz = Ferrozyankalium enthält in Lösung weder Eisen- noch Zyanionen, sondern Ferrozyanionen.

In diesem Sinne bietet in vielen Fällen das Aluminium gewisse Vorteile vor dem Zink und Eisen, indem sich die angefallene Metallschichte leichter entfernen läßt, z. B. durch Salpetersäure, ohne das Aluminium zu lösen.

Da der durch Kontakt erzeugte Strom von sehr geringer Stärke ist, müssen die entsprechenden Metallsalzlösungen (Elektrolyte) einen geringen Widerstand besitzen, also gut leitend sein und reichlich Bestandteile enthalten, welche das Kontaktmetall lösen, da sonst kein Strom entsteht. Der Strom fließt vom Zink zum Kupfer (siehe auch: Elektrochemisches Verhalten der Metalle S. 85).

Wenn bei den Vorschriften „Zinkkontakt“ vorgeschrieben ist, so geschieht dies einfach dadurch, daß man ein Zinkstäbchen oder einen dünnen Zinkblechstreifen, Eisen- oder Aluminiumdraht so weit in die Flüssigkeit taucht, daß der zu überziehende Gegenstand sicher davon berührt wird.

Diese Art der Erzeugung eines dünnen Metallniederschlages ist leicht zu bewerkstelligen; es ist jedoch dabei notwendig, sich genau an die nachstehend angegebenen Vorschriften und Mengenverhältnisse der einzelnen Stoffe zu halten, da sonst wohl eine Metallabscheidung vor sich geht, aber nicht in der gewünschten Form eines dünnen, zusammenhängenden, festhaftenden Überzuges, sondern z. B. bei konzentrierteren Lösungen, infolge der zu raschen Ausscheidung, das Metall als nicht zusammenhängendes Pulver oder sehr kristallinisch ausfällt.

Einzelne größere Gegenstände taucht man, entsprechend an Drähten aus gleichem Metall, bei Kontaktverfahren an Zink- oder Eisendrähten befestigt, in die Lösungen. Bei Massenartikeln, z. B. Knöpfen, Federn, Nadeln, Nägeln, Plättchen, verwendet man verschiedene Vorrichtungen. So reiht man z. B. kleinere Gegenstände beim Nickelsud auf Zinkdraht auf oder bringt sie, gemischt mit feindrahtigen, blanken Zinkspiralen, in denselben. Beim Silbersud verwendet man, ebenso beim Goldsud, Steinzeugkörbe, siebartig durchlöchert. In diesen werden die Waren einem kürzeren oder längeren schüttelnden Eintauchen unterworfen. Auch schüttelt man die mit der Lösung übergossenen Waren zweckmäßig in Holzkübeln, die an einem Strick aufgehängt sind. Oft ist es von Vorteil, Sand, Sägespäne, Kleie mit den entsprechenden Lösungen zu befeuchten und damit oder mit der Lösung allein die Metallwaren, z. B. Schließen, Haken usw., mit oder ohne Kontaktmetallblechen in hölzernen Drehtrommeln oder Rollfässern rascher Bewegung auch mit maschineller Einrichtung auszusetzen. Es geschieht das z. B. beim Verzinnen und Verkupfern kleiner Eisenwaren.

Da die Siebe aus Kontaktmetall sich mit dem niederschlagenden Metall bedecken, so stellen die Langbein-Pfannhauser Werke, Leipzig, Siebe her aus Kontaktmetall, die auf der Außenseite mit nichtleitenden Stoffen (Hartgummi, Zelluloid) oder dem niederzuschlagenden Metall selbst bedeckt sind.

An Stelle des Zinkes oder Eisens ist Aluminium als Kontaktmetall sehr vorteilhaft. Das gleichzeitig auf dem Aluminium abgelagerte Metall läßt sich leicht ablösen mit Hilfe von Salpetersäure, ohne Aluminium zu lösen.

Für diese Metallüberzüge müssen die Metallgegenstände geeignet vorbereitet, d. h. vollständig fettfrei und metallisch klank gemacht sein (siehe Reinigung S. 223). Die gereinigten Waren dürfen nicht mit den Händen berührt und sollen zweckmäßig gleich nach dem Reinigen weiter verarbeitet werden; ist dies nicht möglich, so werden eiserne Gegenstände am besten in verdünnter Sodalösung, Kupfer und Kupferlegierungen in Weinsteinlösung aufbewahrt.

Verkupfern durch Tauchen, Anstreichen, Anbürsten oder im Rollfaß. Geeignet für größere Eisengegenstände, z. B. Treppengeländer, schmiedeeiserne Tore usw. oder für Massenartikel, wie z. B. Knöpfe, Schnallen, Schließen, Nägel, Schrauben, Ösen, Stahlfedern usw.

1. Man gießt in 1 l Wasser 10 g konzentrierte, arsenfreie Schwefelsäure ein und löst dann 10 g Kupfervitriol darin auf.

Diese Lösung wird mit dem Schwamme oder einem Pinsel aufgestrichen oder mit einer Bürste angebürstet. Nach erfolgter schöner Verkupferung wird mit Wasser gründlich abgespült, eventuell mit verdünnter Sodalösung abgewaschen, mit Sägespänen trocken gerieben, mit einer über Paraffin oder Wachs gestrichenen Bürste abgerieben.

Diese Kupferschwefelsäurelösung gibt man zur Verkupferung von Massenartikeln ins Rollfaß, bringt dann die blanken Eisengegenstände ein und läßt sofort längere Zeit rotieren. Die Flüssigkeit muß so bemessen sein, daß die Gegenstände damit vollständig bedeckt sind und daß der Kupfergehalt für die Waren ausreicht und davon verbraucht wird. Durch die Reibung der Gegenstände wird festes Haften und Politur erzielt. Nachbehandlung wie oben.

2. An Stelle dieser Zusammensetzung kann man auf Gußeisen, Schmiedeeisen oder Stahl eine schöne Verkupferung herstellen, wenn man mit einer Bürste Weinsteinpulver, das mit Kupfervitriollösung durchtränkt ist, aufnimmt und damit einbürstet.

3. Statt der schwefelsauren Kupferlösung kann man auch folgende Lösung anwenden, welche teurer ist, aber einen ziemlich soliden Kupferniederschlag gibt: In 1 l Wasser löst man 50 g Kupfervitriol, gibt 50 g Salmiakgeist, 0,91 spez. Gew., zu, und löst dann in der lasurblauen Flüssigkeit 80 g Weinsteinsäure auf.

Zinkgegenstände verkupfert man in folgender Lösung (geeignet für Dachbedeckungen, Dachrinnen usw., zum Anpinseln und nachheriges Abwaschen mit der Wasserspritze).

Man löst in 1 l Wasser 50 g Kupfervitriol und gibt dann 50 g Salmiakgeist, 0,91, dazu.

Messing verkupfert man, indem man die Gegenstände in eine 3—4%ige Kupfervitriollösung, die mit Schwefelsäure angesäuert ist, legt und dieselben mit Eisen oder Zink in Berührung bringt. Nach erfolgter Verkupferung spült man mit Wasser tüchtig ab und trocknet sorgfältigst mit Sägespänen.

Zinn verkupfert man unter Anwendung von Zink- oder Aluminiumkontakt mit folgender komplexen Tartratlösung:

Man löst 150 g Kaliumnatriumtartrat (Seignettesalz) und 80 g 60%iges Ätznatron in 400 g Wasser, gießt in diese Lösung eine solche von 30 g Kupfervitriol in 400 g Wasser und verdünnt sodann zu 1 l.

Aluminium erfordert zur Aufbringung von Metallüberzügen aller Art eine besonders sorgfältige Vorbehandlung zur Entfernung des stets vorhandenen dünnen Oxydhäutchens und nachherige sofortige Behandlung.

a) Man löst 1 Tl. Kupferchlorid in 8—12 Tln. Wasser und bringt den gereinigten, noch feuchten Aluminiumgegenstand in die auf ca. 50° C erhitzte Lösung. Er überzieht sich rasch mit Kupfer. Ein Zusatz von 2 Tln. Chlorkalium erweist sich als zweckdienlich.

b) Man versetzt eine konzentrierte Kupfersulfatlösung mit einer 0,5—2%igen Kaliumchloratlösung und legt die Gegenstände in die siedende, mit gleichem bis doppeltem Volumen Wasser verdünnte Lösung. Man erhält so eine dünne Kupferschichte.

c) Aluminium erhält einen festen, selbst durch Zirkularbürsten bearbeitbaren Kupferüberzug, wenn man das gebeizte Aluminium in eine alkoholische Kupferchloridlösung eintaucht.

d) Man verreibt Kupfersulfatlösung mit Zinnpulver oder Schlämmkreide auf dem frisch gebeizten Aluminium.

Verzinnen. Zinnsud, sog. Weißsud, auf Eisen- oder Stahlwaren, z. B. Haken, Ösen, Nadeln usw., auch auf Kupfer und Messing mit Zink- oder Aluminiumkontakt.

1. Man löst 5 g Weinstein in 1 l Wasser und setzt dann 2 g Zinnsalz (Zinnchlorür) zu. In die kochende Lösung werden die Gegenstände einzeln oder in Sieben mit entsprechendem Kontakt (Aluminium- oder Zinkstreifen oder Siebe) eingehängt.

2. Eiserne Massenartikel, Schließen usw., werden zweckmäßig nach dem Rollfaßverfahren verzinnt. Man beschickt das Faß mit Wasser und Zinnsalz (= Zinnchlorür pro Liter 5 g), gibt dann die Eisenwaren und kleine Zinkblechstreifen dazu und läßt einige Zeit rotieren.

3. 1 l Wasser, 3 g Zinnsalz (Zinnchlorür), 5 g Ätznatron, 4 g Zyankalium. Temperatur 40—50° C. Aluminiumkontakt. Giftig!

Anreibeverzinnung.

Hierzu ist nötig Zinkpulver, am besten der sog. Zinkstaub des Handels und eine Lösung von 10 g Weinstein, 50 g Zinnsalz in 1 l Wasser.

Man taucht dann einen Schwamm oder ein Läppchen in die Zinnlösung, überstreicht damit das zu verzinnende Objekt, so daß es überall benetzt wird. Unterdessen hat man einige Messerspitzen Zinkpulver auf einer Glasplatte oder einem Teller ausgebreitet. Man nimmt nun etwas Zinkpulver mit demselben Lappen auf und streicht dasselbe durch kräftiges Reiben auf den zu verzinnenden Gegenstand. Die Verzinnung erscheint augenblicklich, und man hat, um eine gleichmäßige Zinnoberfläche zu erhalten, nichts weiter zu tun, als das Läppchen abwechselnd in die Zinnlösung zu tauchen und etwas frisches Zinkpulver zu fassen, auf den Gegenstand zu streichen usw. Das Zinnsalz wird hier durch das Zink zersetzt unter Abscheidung von Zinn, welch letzteres sich auf den zu verzinnenden Gegenstand bei vorstehender Behandlung ablagert. Nach der Verzinnung wird mit Wasser gespült und mit Kreide geputzt.

Vernickelung auf Eisengegenständen. Sudvernicklung mit Zinkkontakt: 1 l Wasser, 60 g Nickelsalz, 30 g Kochsalz, 10 g Soda.

Glänzende Sudkontaktvernickelung. Nach dem Verfahren von Basse & Selve benutzt man ein Bad, welches aus 20 Tln. Nickelammoniumsulfat, 40 Tln. Chlorammonium und 60 Tln. Wasser besteht. Die Lösung, der Ammoniak in geringem Überschuß zugesetzt wird, muß nach dem Filtrieren mit Zitronensäure schwach angesäuert werden. Erhitzt man dieses Bad zum Kochen und bringt die zu vernickelnden Metalle mit einem Aluminiumstreifen oder -sieb in Kontakt, so erhält man nach etwa $1^1/_2$—2 Minuten einen glänzenden und festhaftenden Nickelniederschlag.

Nach G. Buchner kann man an Stelle der lästigen, zu Anrostungen Anlaß gebenden Chloride essigsaures Ammonium anwenden und erhält mit folgender Lösung beim Ansieden (etwa eine Viertelstunde) einen vorzüglichen Nickelüberzug:

1 l gesättigte Nickelsulfatammoniumlösung,
100,0 g Ammoniumsulfat,
100,0 g Ammoniumazetat.

Kupfervernickelung durch Kontakt. Die zu vernickelnden Gegenstände bringt man in einen siebartig durchlöcherten Aluminiumkorb (Kontaktmetall) und taucht sie dann bis zur erfolgten Vernickelung in eine bis auf 50° C erwärmte Lösung von: 13,5 g Nickelchlorür, 20,0 g Ammoniumchlorid, 8,5 g Natriumkarbonat, 2,35 g Natriumphosphat, 8,5 g Ammoniumkarbonat in 1 l Wasser.

Verkobalten. Kontaktverkobaltung von Kupfer- und Messingwaren gelingt leicht, wenn man sich nachfolgenden Bades bedient: Schwefelsaures Kobalt 10 g, Chlorammonium 20 g, Wasser 1 l.

Das Bad ist auf 40—45° C zu erwärmen; die gut entfetteten und dekapierten Waren aus den genannten Metallen sind in Berührung mit einer nicht zu kleinen, blanken Zinkfläche in das Bad einzutauchen; für kleine Artikel kann man sich hierzu eines Siebel aus Zink bedienen. Nach 3—4 Minuten ist der Überzug stark genug, um ein kräftiges Putzen zu vertragen.

Verzinken von Aluminium. Die gut gereinigten, noch nicht getrockneten Aluminiumgegenstände werden in nachstehenden Sud gebracht:

Man löst Zinkstaub in einer kochenden Ätznatronlösung, läßt absetzen und verdünnt mit 5—12 Tln. Wasser. In diese Lösung eingebracht, erhalten die Aluminiumteile einen festhaftenden Zinküberzug.

Platinüberzüge (Verplatinieren). Hierzu dient folgende Vorschrift, die sich für leichtere Platinierung von Bijouterieartikeln gut eignet. Eine Lösung von 10 g Platinchlorid, 200 g Kochsalz in 1 l Wasser wird durch Zusatz von etwas Natronlauge alkalisch gemacht und zum Gebrauche auf Siedetemperatur erhitzt (Zinkkontakt).

Sollen größere Gegenstände durch Kontakt verplatiniert werden, so umwickelt man sie, nachdem gründlich entfettet und gebeizt ev. verkupfert wurde, mit Zinkdraht oder legt sie auf ein blankes Zinkblech und führt sie in das erwärmte Bad ein. Alle übrigen Manipulationen sind dieselben wie bei den anderen Kontaktverfahren.

Kupfer- und Messinggegenstände werden in einer Lösung von nachstehender Zusammensetzung verplatiniert: 1 Tl. Platinsalmiak, 8 Tle. Salmiak, 32—40 Tle. Wasser.

Diese Lösung wird in einer Porzellanschale zum Sieden erhitzt, die reinen Gegenstände eingelegt, worauf sie in kurzer Zeit einen Platinüberzug bekommen, welcher, gewaschen und getrocknet, mit Kreide geputzt wird.

Stahl und Eisen lassen sich gut mit einer Lösung von Platinchlorid in Äther oder einer Lösung von Elaylplatinchlorid (durch länger fortgesetztes Kochen einer alkoholischen Lösung von Platinchlorid erhalten) platinieren.

Platinieren durch Anreiben gelingt, wenn man die blanken Metallgegenstände mit einem Gemenge von gleichen Teilen Platinsalmiak und gereinigtem Weinstein reibt.

Vergoldung. Auf Eisen oder Stahl erhält man durch Auftragen einer Lösung von Goldchlorid in Äther nach Verdunstung des Äthers einen Goldüberzug, der durch Reiben Goldglanz erhält. Durch Zeichnen mit einer in die Lösung getauchten Gänsefeder lassen sich so auf Eisen oder Stahl aus Gold bestehende Ornamente usw. leicht hervorbringen.

Eiserne oder stählerne polierte Gegenstände werden zuerst durch Eintauchen in eine Lösung von 5 g Kupfervitriol und 2 g Schwefelsäure in 1 l Wasser verkupfert, dann in eine heiße Goldlösung getaucht, bestehend aus: 6,0 g Goldchlorid, 75,0 g Wasser, 22,5 g kristallisierter Soda.

Der Goldüberzug läßt sich polieren.

Durch bloßes Eintauchen kann man leicht vergolden mit einer Lösung von 5 g Goldchlorid und 400 g pyrophosphorsaurem Natrium in 5 l Wasser.

Diese Lösung gibt auf Messing sowohl kalt als auch warm sehr schöne Resultate, doch ist dabei Zinkkontakt nötig.

Eisen, Stahl, Zink und Zinn werden am besten vorher verkupfert oder vermessingt. Alle mit Pyrophosphaten hergestellten Bäder vergolden leicht und schön, solange sie neu sind, zersetzen sich aber bald.

Goldsud für Kupfer und Messing (Massenartikel). Eisen, Stahl, Zink und Zinn werden vorher gut verkupfert.

5 g phosphorsaures Natrium, 3 g Ätzkali, 1 g Goldchlorid, 16 g Zyankalium löst man in 1 l Wasser. (Giftig!)

Man löst in $^3/_4$ l Wasser das phosphorsaure Natrium und Ätzkali auf, in $^1/_4$ l Wasser das Zyankalium nebst dem Goldchlorid und vermischt beide Lösungen. Der Sud ist auf Kochhitze zu bringen, sein Goldgehalt läßt sich fast gänzlich ausnutzen, ohne daß eine Zersetzung beim Aufbewahren des Sudes eintritt. Werden die Gegenstände rot — setzt man etwas Zyankalium —, werden dieselben grau oder mißfarbig, oder bleiben sie unvergoldet — etwas Goldlösung zu. Will der Sud nicht mehr gut angreifen, so setzt man wenig Zyankalium, ca 5 g, zu und benutzt ihn zum Vorsieden so lange, bis überhaupt keine Goldscheidung in demselben mehr erzielt werden kann. Die vorgesottenen Gegenstände taucht man dann noch einige Sekunden in einen frisch bereiteten Sud gleicher Zusammensetzung, um den Überzug zu vollenden bzw. zu verstärken.

Zum Vergolden mittels Zinkkontakt ist nachstehende Lösung sehr brauchbar:

2 g Goldchlorid, 10 g schwefligsaures Natrium, 5—10 g Zyankalium, 60 g phosphorsaures Natrium werden in 1 l Wasser gelöst und das Bad erwärmt angewendet.

Anreibevergoldung für Kupfer, Zink und Messing (Silber geht nicht). Giftig!

20 g Goldchlorid, 40—60 g Zyankalium, 5 g Weinstein, 100 g Wasser, 100 g Schlämmkreide. Wird mit wollenen Lappen aufgerieben (siehe auch S. 260).

Versilbern. Das unter dem Namen Weißsieden bekannte Verfahren, kleine Massenartikel, wie Haken, Ösen, Nadeln, im Silberweißsude hauchdünn mit Silber zu überziehen oder, besser gesagt, zu färben, unterscheidet sich von den sog. Eintauchverfahren, die die Versilberung in wenig Sekunden bewirken, dadurch, daß es ein längeres Sieden erfordert. Das Verfahren ist folgendes:

Man bereitet einen Teig aus Chlorsilber (gefällt aus 25 g salpetersaurem Silber), Weinsteinpulver 1250 g, Kochsalz 1250 g, indem man die Silbersalzlösung mit Salzsäure fällt, das Chlorsilber auswäscht und mit den angegebenen Mengen Weinsteinpulver, Kochsalz und Wasser zu einem Brei mischt, den man in einem dunklen Glase zur Vermeidung der Zersetzung des Chlorsilbers durch das Licht aufbewahren muß. Sollen kleine Artikel aus Kupfer oder Messing, die vorher zu entfetten und durch Gelbbrennen zu dekapieren sind, weißgesotten werden, so erhitzt man in einem emaillierten Kesselchen 3—5 l Inhalt destilliertes Wasser zum Sieden, gibt 2—3 gehäufte Eßlöffel voll Teig hinzu, der sich teilweise auflöst, und bringt nun das die Metallobjekte enthaltende Steinzeugsieb in den Weißsud, wobei man die Objekte mit einem Glas- oder Holzstabe fleißig umrührt. Ehe man eine neue Menge Waren in den Sud bringt, muß der Silberteigzusatz erneuert werden. Nimmt das Weißsudbad schließlich eine grünliche, vom aufgelösten Kupfer herrührende Farbe an, so ist es für diesen Zweck unbrauchbar geworden und wird zu den Silberrückständen gegeben.

Folgende zyanhaltige Lösungen sind sehr giftig. Vorsicht!

Zink, Kupfer, Messing usw. werden durch einfaches Auftragen nachstehender Zusammensetzung versilbert:

Man löst 10 g salpetersaures Silber in 50 g destilliertem Wasser auf, setzt eine Lösung von 25 g Zyankalium in 50 g destilliertem Wasser hinzu, rührt das Gemisch um und filtriert. Sodann mischt man 100 g Schlämmkreide mit 10 g Weinsteinpulver und benetzt dieses Gemisch mit so viel obiger Lösung, als zur Erzielung einer breiigen Masse erforderlich ist, welche mit dem Pinsel aufgetragen werden kann. Nach dem Auftrocknen spült man ab und trocknet. Die Einhaltung der Verhältnisse zwischen Silbersalz und Zyankalium ist notwendig.

Würde man weniger Zyankalium nehmen, würde sich das Silber zu schnell niederschlagen, der Niederschlag eine grauschwarze Farbe annehmen und nur schwach anhaften; bei Anwendung von mehr Zyankalium könnte sich der zuerst entstehende dünne Überzug von Silber wieder lösen.

Die Lösung ist auch für Kupfer ohne Zusatz von Weinstein und Kreide anwendbar. Polierte Kupferplatten, die mit Benzin entfettet, mit Zyankaliumlösung von Oxydschichten befreit wurden, können damit sehr schön versilbert werden.

Zur Sudversilberung der verkupferten oder vermessingten Waren, sofern sie nicht schon aus Kupfer, Messing oder einer anderen Kupferlegierung bestehen, eignet sich eine heiße Lösung von: 10 g salpetersaurem Silber, 35 g Zyankalium 99%, 1 l Wasser.

Zur Bereitung dieses Silbersudes löst man das Silbersalz in $^1/_2$ l destillierten Wassers auf, das Zyankalium in dem anderen $^1/_2$ l Wasser und vermischt beide Lösungen unter Umrühren, wobei sich das zuerst ausscheidende Zyansilber sehr rasch löst.

Der Silbersud ist auf ungefähr 80—90° C in einer Porzellanschale oder in einem emaillierten Gefäße zu erwärmen, worauf man die gut entfetteten und dekapierten Gegenstände eintaucht, bis sie gleichmäßig versilbert sind. Ein vorheriges Verquicken ist nicht erforderlich. Der Niederschlag ist glänzend, wenn man nur ganz kurze Zeit eintaucht, und wird bei längerem Verweilen matt, er ist im ersten Falle hauchdünn, im zweiten etwas stärker. Es nimmt die Stärke des Niederschlages durch längere Einwirkung auch nicht mehr zu.

Es ist sehr verschieden, ob kleinere oder größere Mengen versilbert werden. Derselbe Sud gibt oft bei kleineren Waren tadellose Versilberung, während bei größeren Mengen Fleckenbildung auftritt.

Allmählich arbeitet der Silbersud träger und versilbert schließlich gar nicht mehr; man kann dann versuchen, ob durch Zusatz von 5—10 g Zyankalium auf 1 l Sud die Wirkung wiederhergestellt wird; wenn nicht, ist der Silbergehalt fast erschöpft.

Der Sud arbeitet auch kalt, wenn man das Zyankalium auf 50 g erhöht.

Will man mittels Zinkkontakt versilbern, so kann man eine verdünnte Silberkaliumzyanidlösung anwenden, am besten mit folgender Zusammensetzung:

17 g salpetersaures Silber löst man in 500 g Wasser auf und gibt die Lösung zu einer Lösung von 25 g reinem Zyankalium in 500 g Wasser. Am besten überzieht man den Gegenstand zuerst mit einer dünnen Schicht Quecksilber (siehe S. 287) und taucht dann unter Berührung mit einem Zinkstab, welch letzteren man öfters wechselt, in obiges Bad ein.

Man wendet am besten das Bad warm an, damit der Niederschlag nicht zu langsam erfolgt.

Einen schönen Silberüberzug liefert auch folgende Lösung mit Zinkkontakt:

10 g salpetersaures Silber werden in Wasser gelöst und mit Salzsäure, Chlorsilber ausgefällt; man wäscht aus, gießt dann das über dem Chlorsilber befindliche Wasser ab, löst in 70 g Salmiakgeist, setzt dann 40 g reines Zyankalium, 40 g kristallisierte Soda, 15 g Kochsalz zu und so viel destilliertes Wasser, daß das Ganze 1 l beträgt.

Bei der Anreibeversilberung wird ein silberhaltiger Teig der nachstehenden Zusammensetzungen mittels eines weichen Leders oder Läppchens auf die entfettete Metallfläche (Kupfer, Messing oder andere Kupferlegierungen) so lange angerieben, bis sie sich überall versilbert zeigt.

Eine der besten Mischungen zur Anreibeversilberung ist nach Langbein folgende: 10 g Chlorsilber, 20 g Weinsteinpulver, 20 g Kochsalz, Wasser bis zur Teigkonsistenz.

Anstatt trockenes Chlorsilber zu verwenden, nimmt man besser frisch gefälltes Chlorsiber wie folgt hergestellt:

15 g salpetersaures Silber, gelöst in $^1/_4$ l Wasser, versetzt man mit einer Lösung von 7 g Kochsalz in wenig Wasser und rührt anhaltend bis zum Zusammenballen des ausgeschiedenen Chlorsilbers. Das abfiltrierte Chlorsilber verreibt man sodann im nassen Zustande mit 20 g Weinsteinpulver und 40 g Kochsalz; ev. kann mit Wasser verdünnt werden.

Unter dem Namen Galvanit sind Anstreich- oder Anreibeversilberungen im Handel, die Lösungen von Chlorsilber in Natriumthiosulfat usw. darstellen.

Quecksilberüberzug, sog. Verquicken. Das Verquicken nimmt man besonders vor, um das Haften von galvanischen Metallüberzügen auf Metallen, wie besonders auf Kupfer oder Messing, zu begünstigen. Es entsteht dann auf der Metallunterlage eine dünne Schicht von Quecksilber, welche z. B. die nachfolgende Versilberung fester mit der Unterlage verbindet (Amalgamation), so daß beim späteren Polieren mit dem Polierstahl ein Ablösen der Silberschichte nicht zu befürchten ist. Die sog. saure Quicke besteht aus einer Lösung von 5—20 g salpetersaurem Quecksilberoxydul in 1 l Wasser, der man eine geringe Menge Salpetersäure zufügt. In diese Lösung werden die zu verquickenden Metalle eingetaucht, worauf sich etwas Quecksilber abscheidet und mit den Metallen sich verbindet. Sehr gute alkalische Quicken sind folgende:

25 g Quecksilberchlorid und 25 g salpetersaures Ammonium werden in 200 g Wasser gelöst und hierauf Salmiakgeist zugegeben, bis sich der entstandene weiße Niederschlag gerade wieder löst, oder 5 g Zyankalium, 5 g Zyanquecksilber, 1 l Wasser.

Zinkzylinder für galvanische Batterien überbürstet man am besten mit einer in obige saure Quicke getauchten derben Handbürste.

b) Verfahren mit äußerer Zufuhr elektrischer Energie (Stromquelle).

Elektrolytische, sog. galvanische Metallabscheidungen.

Die elktrolytische Metallabscheidung[1]) bildet ein besonderes Gebiet der angewandten Elektrolyse. Hierbei handelt es sich nicht um Metallabscheidungen überhaupt, sondern um Metallniederschläge von ganz bestimmter, kohärenter Beschaffenheit.

Man unterscheidet die Galvanostegie, welche sich mit den Metallüberzügen auf metallischen oder nichtmetallischen Gegenständen befaßt, von der Galvanoplastik, deren Zweck die Abformung gegebener Modelle in Metall ist.

I. Allgemeines.

Wir müssen uns hier mit ganz kurzen Ausführungen begnügen und bezüglich des näheren auf die Werke über Galvanostegie und Galvanoplastik (siehe auch Anmerkung Seite 382 u. f.) verweisen.

Unter Elektrolyse versteht man die stofflichen Veränderungen, welche durch die elektrische Energie in Elektrolyten, also Lösungen von Salzen, Säuren, Basen bzw. auch geschmolzenen Salzen bewirkt werden.

Die moderne Elektrochemie hat die engen Beziehungen zwischen chemischen und elektrischen Vorgängen bzw. zwischen chemischer und elektrischer Energie klargelegt.

---

[1]) Siehe: Georg. Buchner, Die elektrolytischen Metallabscheidungen. Berlin, M. Krayn 1923. Steinach u. Buchner, Die galvanischen Metallniederschläge. 4. Auflage, Berlin, M. Krayn 1922.

Ein weiterer Fortschritt ergibt sich aus der einheitlichen, stofflichen Auffassung aller elektrischen Erscheinungen durch Elektronentheorie, wodurch das ganze Gebiet der elektrischen Wirkungen unserem Verständnis näher gebracht wurde.

1.[1]) Der elektrische Druck, der die Elektrizität der Elektrizitätsquellen, seien es elektrische Ketten oder Dynamomaschinen, in Bewegung setzt und durch die Leitung treibt, heißt die elektromotorische Kraft oder Spannung (bzw. Spannungsdifferenz oder Potentialdifferenz). Dieser Druck (der Intensitätsfaktor der elektrischen Energie) wird gemessen in Volt. (Ein Daniellelement hat ungefähr die elektromotorische Kraft von 1 Volt.

2. Die Stromstärke (Kapazitäts- oder Größenfaktor der elektrischen Energie, also die Elektrizitäts- oder Elektronenmenge, wird in Ampere angegeben, d. h. die Menge, welche in einer Sekunde durch die Leitung fließt und beim Durchgang durch eine Silbernitratlösung in einer Sekunde 0,001 118 g Silber niederschlägt.

3. Der Widerstand, den die Leitung dem Fließen der Elektrizität entgegensetzt, wird in Ohm angegeben.

$$\underset{\text{Intensität } (=i)}{\text{Stromstärke}} = \frac{\text{elektromotorische Kraft } (=e)}{\text{Widerstand } (=w)} \text{ oder Ampere } \frac{\text{Volt}}{\text{Ohm}}.$$

4. Stromdichte heißt das Verhältnis von Stromstärke zur Größe der Warenfläche. Man bezieht die Stromdichte auf 100 qcm gleich 100 cm^2 (N D 100). Zumeist wird in der Praxis angegeben, wieviel Ampere man auf einen Quadratdezimeter (qdm = dm^2) anwenden soll. Wenn also die Stromdichte bei einem Nickelbad 0,35 Amp. pro Quadratdezimeter sein soll und die Warenfläche 4 qdm, so braucht man eine Stromstärke von $0{,}35 \cdot 4 = 1{,}4$ Amp., oder wenn die Stromdichte beim sauren Kupferbad zu 1,3 Amp./qdm angegeben wird, so braucht man für einen Niederschlag von 6,5 qdm Fläche $= 1{,}3 \cdot 6{,}5 = 8{,}45$ Amp.

In den Elektrolyten, zu denen die Lösungen der Salze, Säuren und Basen gehören, sind diese Stoffe zum Teil in elektrisch geladene Atome, sog. Ionen (die Wandernden), gespalten, und zwar stehen den positiven Ionen, den Kationen, stets eine gleiche Menge negativer Ionen, die Anionen, gegenüber, die sich das Gleichgewicht halten, so daß eine derartige Lösung elektrisch neutral erscheint. Bei der Einwirkung eines elektrischen Stromgefälles wandern in einer Metallsalzlösung die Kationen (die positiven Metallionen) zum Kathodenpol (— Pol), wo sie unter Aufnahme von Elektronen in den metallischen Zustand übergehen; die Anionen (die negativen Säurereste) wandern zum Anodenpol (+ Pol), lösen dort das Anodenmetall oder veranlassen sekundäre Prozesse. Die Ionen des Elektrolyten besorgen also als Elektrizitätsträger einen Teil der ganzen Stromleitung. Indem man einen Metallgegenstand oder einen leitend gemachten nichtmetallischen Gegenstand mit dem Kathodenpol verbunden der Anode gegenüber in den Elektrolyten bringt, bewirkt man die Abscheidung des Elektrolytmetalles auf demselben.

Der Galvonotechniker benötigt also vor allem

1. eine Stromquelle (elektrische Kette, sog. galvanisches Element, Akkumulator oder Strom der Dynamomaschine);
2. einen geeigneten Elektrolyten oder das richtig zusammengesetzte galvanische Bad, welches das niederzuschlagende Metall in Form eines Metallsalzes bzw. der entsprechenden Metallionen enthält;
3. die von der Stromquelle zum Elektrolyten führende Drahtleitung, welche den elektrischen oder Elektronenstrom zum Elektrolyten führt. Die Leitungsdrähte sind mit Metallblechen, den sog. Elektroden, verbunden, welche sich gegenüber im Elektrolyten befinden. Die mit dem + Pol, dem sog. Anodenpol, verbundene Metallplatte (welche auch durch eine leitende Kohlenplatte ersetzt sein kann) heißt die Anode. Diese besteht meist aus dem Metall, das im Elektrolyten gelöst ist und niedergeschlagen werden soll. Theoretisch wird dann von den zuwandernden Anionen (Säurereste) des Bades so viel

[1]) Siehe: Elektrische Maßeinheiten im Anhang des Buches.

Metall wieder gelöst und in das Bad gebracht, als sich an der Kathode abscheidet, so daß der Metallgehalt des Bades gleichbleibt. Die mit dem — Pol, dem sog. Warenpol, verbundene Elektrode heißt Kathode; zu ihr wandern die Kationen oder die Metallionen und scheiden sich auf dem mit ihr verbundenen Metallgegenstand in metallischer Form ab.

4. Daneben sind einzuschalten die Meßapparate für Spannung (Voltmeter) und Strommenge (Amperemeter). Der elektrische Druck, den die Stromquelle liefert, wird vermindert durch den Widerstand der Leitung, durch den des Bades (Elektrolyten) und durch die sog. Zersetzungs- bzw. Abscheidungsspannung. Die Stromstärke ist proportional der Spannung in Volt, d. h. sie vergrößert sich und verkleinert sich mit dieser und steht ebenso in Beziehung mit der Vergrößerung oder Verminderung des Widerstandes. Eine Veränderung des einen Faktors hat diejenige des anderen Faktors zur Folge. Wird der Widerstand erhöht, muß auch die Spannung erhöht werden usw.

Je größer der Querschnitt eines Leiters, z. B. des Kupferdrahtes, desto geringer der Widerstand. Je näher sich Kathode und Anode gegenüberstehen und je größer deren Querschnitt, desto geringer der Badwiderstand. Wir haben also folgendes System: Stromquelle, — Pol, Leitung, Kathode, Elektrolyt, Anode, Leitung, + Pol, Stromquelle.

Man muß sich für jeden Fall unterrichten, unter welchen Bedingungen also Zusammensetzung des Elektrolyten und bei welchen Stromstärken bzw. Stromdichten man die besten Metallüberzüge erhält. Praktisch ermittelt man die für ein bestimmtes Bad erforderliche Arbeitsspannung, indem man durch einige einfache Versuche feststellt, wie groß sie sein muß, damit bei einem bestimmten Abstand von Anoden und Waren ein Strom von passender Stärke durch das Bad getrieben wird.

Man hängt zu dem Zweck ein Probeblech von bekannter Größe als Ware in das Bad, stellt ihm in einer Entfernung, an der man dann beim Arbeiten ungefähr festhalten will, beiläufig die gleichen Anodenflächen gegenüber und ermittelt nun durch Versuche, bei welcher Spannung sich auf dem Probierbleche der gewünschte Metallniederschlag am besten ausbildet. Gleichzeitig mißt man die Stärke des durch das Bad getriebenen Stromes.

Beispiel: Es sei z. B. in ein Nickelbad ein eisernes Probeblech von 4 dm Länge und 4 dm Breite eingehängt worden, ihm gegenüber seien beiderseits als Anoden Nickelbleche von ungefähr den gleichen Abmessungen in einer Entfernung von 15 cm angeordnet worden; nun stellt sich heraus, daß es einer Spannung von 3 Volt bedarf, um einen Strom von 13 Ampere durch das Bad zu treiben, wobei ein tadelloser Nickelüberzug erhalten wird. Da eine Seite des Metallbleches einen Flächeninhalt von 4 dm × 4 dm = 16 qdm hat, somit beide Flächen zusammen 32 qdm, kommen auf 1 qdm des Probebleches 13 Ampere: 32 = rund 0,41 Ampere, d. h. man hat mit einer Stromstärke von 0,41 Ampere pro Quadratdezimeter Warenfläche oder mit einer Stromdichte von 0,41 Ampere gearbeitet. Unter Umständen kann das System Kathode—Elektrolyt—Anode selbst einen elektrischen Strom liefern oder m. a. W. als elektrische Kette oder galvanisches Element wirken, wenn Anode und Ware mit einem Draht verbunden wären. So ginge z. B. in einem Nickelbad, das von den Klemmen des Stromerzeugers losgelöst und mit Zinkwaren behängt ist, beim Verbinden der Anodenstangen mit den Warenstangen im Bad ein Strom von den Waren zu den Anoden, wobei sich die Werkstücke auflösen und das Bad verderben würde. Ein solches Bad hat also die Eigenschaften eines galvanischen Elementes, und die Spannung, die den erläuterten Strom in Bewegung setzen kann und die der Arbeitsspannung entgegenwirkt, muß man ebenfalls durch deren entsprechende Erhöhung überwinden. Dies ist jedoch nur so lange nötig, bis die eingehängten Zinkgegenstände „gedeckt", d. h. mit einer ersten Nickelschicht über zogen sind; ist dies geschehen, ist die „Deckung“ erfolgt, dann kann man, da keine Gegenspannung mehr wirkt, die Arbeitsspannung entsprechend erniedrigen.

Beim Decken muß man, um eine bestimmte Stromstärke zu erhalten, mit einer Spannung arbeiten, die sich nach der Beziehung:

Spannung an den Badklemmen = (Stromstärke × Widerstand) + Zersetzungsspannung + Gegenspannung

ergibt, nach erfolgter Deckung kann man auf eine Spannung heruntergehen nach der Beziehung:

Spannung an den Badklemmen = (Stromstärke × Widerstand) + Zersetzungsspannung.

Abscheidung der Metalle durch 1 Ampere in 1 Stunde.

	Elektrochemische Äquivalente pro Amperestunde in Gramm
Blei	3,852
Eisen (Oxydulform)	1,045
„ (Oxydform)	0,695
Gold (Oxydulform)	7,356
Kadmium	2,095
Kobalt	1,097
Kupfer (Oxydulform)	2,368
„ (Oxydform)	1,184
Nickel	1,094
Platin	1,814
Silber	4,025
Zink	1,220
Zinn (Oxydulform)	2,242
„ (Oxydform)	1,112
Wasserstoff	0,0375

Die Niederschlagsstärke pro Amperestunde ergibt sich unter Berücksichtigung des Umstandes, daß 1 qm des niedergeschlagenen Metalles bei 1 mm Dicke durch die Zahl des spezifischen Gewichtes des betreffenden Metalles ausgedrückt wird.

Wenn man die Oberflächen der mit Metall zu überziehenden Gegenstände berechnet, so kann man die Stromstärke, welche die Stromquelle liefern muß, ersehen: Man bewertet dieselbe pro Quadratmeter

bei Vernickelung von Eisen	zu	50	Ampere
„ „ „ Zink	„	100	„
„ Verstählung	„	25	„
„ Vermessingung	„	30	„
„ Verkupferung	„	30	„
„ Verzinkung	„	100	„
„ Versilberung	„	25	„
„ Vergoldung	„	10	„

Im allgemeinen gelten für die in der Praxis üblichen galvanischen Bäder folgende Abscheidungsspannungen:

Vernickelung von Eisen	3,5	Volt
„ „ Zink	4,0	„
Verkupferung	3,0	„
Vermessingung	3,0	„

Verzinkung	3,0	Volt
Versilberung	1,0	,,
Vergoldung, heiß	1,0	,,
,, kalt	4,0	,,
Verstählung	1,0	,,

Von Bedeutung ist die Temperatur des Bades; mit der Zunahme dieser nimmt der Badwiderstand ab. Die Niederschlagsmenge läßt sich im allgemeinen nach der Stromstärke und dem elektrochemischen Äquivalent eines betreffenden Metalles berechnen.

Zur Kontrolle des Strom- und damit des Metallverbrauches galvanischer Anstalten (besonders bei Edelmetallabscheidungen) eignet sich sich vorzüglich der sog. Stia - Elektrizitätszähler[1]). Durch einfache Ablesung kann z. B. im Kontor der Stromverbrauch und damit der Verbrauch von Silber oder Gold in den galvanischen Bädern jederzeit kontrolliert werden. Dieser Stiazähler ist ein technisch ausgebildetes Quecksilbervoltmeter. Aus dem durch den Strom aus einer Jodquecksilberkaliumlösung in einer Röhre abgeschiedenen Quecksilber läßt sich der Stromverbrauch und durch Umrechnung auf das jeweilige Äquivalentgewicht von z. B. Silber, Gold, Kupfer der Metallverbrauch berechnen.

Bäder mit verschiedenen Ansprüchen an Spannung und Stromstärke kann man nicht beliebig miteinander verbinden. Am besten ist es im allgemeinen, für die verschiedenen Bäder eigene Stromleitungen zu haben. Hintereinander geschaltete Bäder müßten denselben Strombedarf in Ampere haben, parallel geschaltete Bäder denselben in Volt. Die Spannung wird durch Hintereinanderschaltung, die Stromstärke durch Parallelschaltung erhöht. Bei Stromüberschuß ist die Ware zu vermehren oder ein entsprechender Widerstand einzuschalten. Jedes Metallsalz braucht zur Elektrolyse, also zur Metallabscheidung (Abführung der Kationen und Anionen) eine eigene Spannung, sog. Zersetzungs- oder besser Abscheidungsspannung, unter welcher eine Elektrolyse nicht stattfinden kann. Den Widerstand, den die Metallionen oder die Wasserstoffionen dem Übergang vom Ionenzustand in den metallischen Zustand oder elektrisch neutralen Zustand (Wasserstoffgas) entgegensetzen und der überwunden werden muß, heißt man „Überspannung“.

Für elektrochemische Arbeiten ist es äußerst wichtig, die Stromverhältnisse, d.h. die Stromstärke, in gewissen Grenzen zu halten, die bei manchen Metallen ziemlich weit, z. B. beim sauren Kupferbad, bei anderen sehr eng begrenzt sind. Die Güte des Metallniederschlages, d. h. die richtige Zustandsform, in der das Metall auf den betreffenden Gegenstand niedergeschlagen wird, hängt im großen und ganzen von der richtigen Stromstärke ab. Bei zu großer Stromstärke leidet die glatte, dichte Beschaffenheit des Niederschlages, auch finden sekundäre Vorgänge statt, z. B. Wasserstoffgasentwicklung an den Waren, wodurch die Niederschläge pulverig, schwammig oder brüchig werden. Der Wasserstoff, der infolge der Entladung der Wasserstoffionen des Wassers auftritt, spielt bei den elektrochemischen Arbeiten eine große Rolle. Auch löst sich bei zu großer Stromstärke das Anodenmetall nicht schnell genug auf (durch die Anionen), so daß der Metallgehalt des Elektrolyten nicht, wie beabsichtigt, konstant bleibt, sondern metallärmer wird. Ebenso ungünstig sind zu geringe Stromstärken. Gewöhnlich soll die Anodenfläche annähernd gleich der Warenfläche sein; wird durch kleine Anodenfläche, z. B. in Goldbädern u. a., der Widerstand größer, dann benötigt man höhere Spannung; will man das Anodenmetall, z. B. Gold, sparen, dann nimmt man lieber Kohlenanoden und ersetzt den Metallverlust durch Zugabe von Goldlösung. Ist die Anodenfläche größer als die Warenfläche, dann wird der Widerstand kleiner, es steigt die Spannung.

[1]) Stiazähler von Schott und Genossen, Glaswerk Jena.

Die Arbeit des Stromes besteht in folgendem:

Die erste Arbeit leistet der Strom durch die Überwindung der Reibungswiderstände, welche die Ionen an den ihnen entgegenstehenden Wassermolekeln erfahren. Die zum Transport der Ionen verbrauchte Arbeit, d. i. die hierzu gebrauchte elektrische Energie, geht in Wärme über (Joule-Wärme).

Die zweite Arbeit des Stromes ist die, den Metallionen die Elektronen zuzuführen, durch deren Aufnahme sie in den metallischen Zustand übergehen, sowie aus dem Metall der Anoden neue Ionen zu bilden. Die Ionen sind bestrebt, im Ionenzustande zu verharren; um diesem Bestreben entgegenzuwirken, ist eine Potentialdifferenz nötig, welche diejenige der Ionen um ein weniges übertrifft.

Die Abscheidungsspannung der Metalle ist um so kleiner und die Abscheidung geschieht um so leichter, je größer die Konzentration der abzuscheidenden Ionen ist.

Die Geschwindigkeit der Abscheidung wird durch Erwärmen oder Rühren des Elektrolyten erhöht (Schnellelektrolyse).

Die Polarisation ist nichts anderes als eine einfache, durch Elektrolyse entstandene Kette.

Die Hauptbedingungen für das Gelingen bzw. Mißlingen tadelloser Metallüberzüge seien hier zusammengefaßt:

1. Natur und Konzentration des Elektrolyten, Mengenverhältnisse der einzelnen Bestandteile, durchgängige oder stellenweise Verarmung oder Anreicherung von Kationen oder Anionen, Anhäufung von Zersetzungsprodukten usw.

2. Leitfähigkeit des Elektrolyten, Viskosität, Oberflächenspannung, Adhäsion am Metall.

3. Beschaffenheit der Kathodenoberfläche, Leitfähigkeit der Kathode, sekundäre Prozesse, die durch die Wirkung der an der Kathode sich ansammelnden Ionen auf die Elektrolytflüssigkeit zustande kommen, Wasserstoffentwicklung, Oxydbildung usw.

4. Polarisationserscheinungen (gegenseitige Anziehung der Ionen entgegengesetzter Ladung oder das Bestreben der an den Elektroden abgeschiedenen Stoffe, in den Ionenzustand überzugehen und dadurch erzeugter Widerstand im Elektrolyten).

5. Beschaffenheit der löslichen Anoden, Dichte, Kohärenz, Oberflächenstruktur, Passivitätserscheinungen, Verunreinigungen.

6. Stromdichte an den Elektroden.

7. Temperatur des Elektrolyten.

8. Bewegung des Elektrolyten ev. der Kathode (Ware).

Bei Störungen handelt es sich vor allem um:

1. Kontrolle der Stromverhältnisse,

2. Kontrolle der Elektrolytzusammensetzung bezüglich der normalen Beschaffenheit und etwaiger zufälliger Verunreinigungen.

Für die Metallabscheidung ist es wichtig, daß die abgeschiedenen Metalle möglichst glatt und zusammenhängend auftreten. Man erreicht dies auf mechanischem Wege, indem man die Oberfläche, welche den Niederschlag aufnimmt, möglichst eben und glatt herstellt, wohl auch während der Fällung mechanisch bearbeitet, um die Bildung von Unebenheiten zu verhindern.

Unebenheiten entstehen, wenn unebene Flächen vorliegen oder wenn durch ungleiche Stromverteilung bestimmte Punkte zunächst bevorzugt werden, wenn die daselbst herrschenden Badwiderstände am geringsten sind.

Durch Elektrolytbewegung wird man immer dem ersten Entstehen von Unebenheiten entgegentreten können.

Die Struktur der elektrolytisch erhaltenen Metallniederschläge ist unter normalen Verhältnissen dicht, kleinkristallinisch — unter anormalen Bedingungen entweder großkristallinisch, flitterig, warzig, drüsig oder schwammförmig, pulverig.

Unter Flittern versteht man die bei ungestörter, aber zu rascher Abscheidung sich ausbildenden langen Kristallnadeln.

Mit Schwammbildung bezeichnet man die losen Gebilde, die bei Störung der Kristallisation, sei es durch zu hohe Stromstärke oder durch Gasentwicklung, entstehen. Bei der elektrochemischen Metallabscheidung legen sich die kleinsten Metallkriställchen dicht nebeneinander, doch sind sie immerhin noch mehr oder weniger voneinander getrennt; daher das matte Aussehen der galvanischen Niederschläge, welche erst durch nachheriges Polieren homogen und glänzend werden.

Auf das Haften an der Unterlage, welches von größter Bedeutung ist, hat vor allem die Reinheit der Oberfläche entscheidenden Einfluß. Fetthäutchen, Luftblasen, hauchdünne, für das Auge kaum sichtbare Oxydschichten, eingeschlossene Badflüssigkeit spielen hier eine große Rolle. Hier hilft oft ein Behandeln der Gegenstände eben vor dem Eintauchen ins Bad mit sauren, oxydlösenden Flüssigkeiten.

Das feste Haften der elektrolytischen Metallniederschläge beruht wahrscheinlich auf der lokalen Entstehung von Legierungen. Das Haften des Metalles auf der Unterlage ist um so größer, je größer und gleichmäßiger die Berührungsfläche der beiden Metalle ist.

Von Bedeutung bei der Elektrolyse ist die Bewegung der Elektroden gegen den Elektrolyten. Nicht nur weil hierdurch den Konzentrationsänderungen entgegengearbeitet wird, sondern weil auch aus nicht näher bekannten Gründen ein günstiger Einfluß auf die Struktur des Metallniederschlages ausgeübt wird.

Von großer Bedeutung für die Struktur des Metallniederschlages ist die Konzentration der Metallsalzlösung und die Form, in welcher das Metall vorhanden ist, ob z. B. in einfachen oder komplexen Ionen (siehe S. 85 u. 280).

Einen der wichtigsten Faktoren bei der Galvanostegie und Galvanoplastik bildet die gleichartige Beschaffenheit der Badflüssigkeit, welche durch Bewegung erhalten wird und verhindert, daß sich metallärmere und metallreichere Schichten in dem Bade bilden (siehe auch S. 306).

Wichtig ist auch die Verhinderung des Mitausfallens pulveriger Körper, wie z. B. Kupferoxydul, basischer Salze, Oxyde usw. Es müssen im Bade stets die Körper in genügender Menge vorhanden sein, welche diese störenden Stoffe in Lösung erhalten.

Die Anwesenheit geringer Mengen von Kolloiden in den Bädern (z. B. Gelatine, Gummi usw.) übt teils eine günstige Wirkung auf den Niederschlag aus, z. B. glänzende Niederschläge; größere Mengen können jedoch gegenteilig spröde Niederschläge hervorrufen und ein Bad vollständig unbrauchbar machen.

Von größter Wichtigkeit für den galvanischen Betrieb ist es, die verschiedenen Arbeiten nicht etwa in einem Raume, sondern in getrennten Lokalen vorzunehmen. Als absolut nötig halten wir:

1. den Reinigungsraum mit Abbrenneinrichtung,
2. die chemische Küche mit Abzug,
3. den Bäderraum mit Arbeitstischen und Kratzbank,
4. die Fertigstellräume.

Auf die Vorbereitung der Metallgegenstände behufs elektrochemischer Metallüberzüge ist größte Sorgfalt zu verwenden (siehe Reinigen, S. 228 u. f.).

Bei der Massengalvanisierung werden die Gegenstände entweder an Drähten aufgereiht oder in Trommelapparaten mit der Leitung verbunden, besonders beim Verkupfern, Vermessingen, Verzinken, Verzinnen, bei Überzügen mit Arsen (Graufärben) und bei den Schwarznickelniederschlägen.

Notwendig ist auch die Erzielung fettfreier Hände bzw. fettfreier Haut, da es unvermeidlich ist, daß die Waren nicht ab und zu mit den Händen in Berührung kommen.

Von Harzen, Fetten reinigt man die Hand, wenn dieselbe gröblich beschmutzt ist durch Übergießen mit Terpentin, Benzin und Abreiben mit Sägespänen bis zur Trockenheit. Darauf Waschen in einer Quantität herausgeschöpfter Auskochlauge und Abspülen. Sind die Hände nicht so stark verunreinigt, so genügt letzteres Abwaschen oder Abseifen und starkes Spülen.

Nunmehr nehme man eine kleine Menge stets vorrätig gehaltenen, zu Pulver zerfallenen Kalkes (durch vorsichtiges Ablöschen zu erhalten) und wasche damit wiederholt die Hände innen und außen, bis man das Gefühl vollständiger Fettfreiheit erhält. Diese Abreibungen mit Kalk sind oft während der Arbeit zu wiederholen und alles Augenmerk darauf zu richten, daß man eine fettfreie Haut zur Gewohnheit macht.

Die Lieferanten der elektrischen Energie (sog. Stromquellen).

Hierzu dienen im praktischen Betriebe vor allem die Dynamomaschinen, die elektrischen Ketten, sog. galvanische Elemente und die Akkumulatoren.

Die Dynamos arbeiten sauber und bedürfen nahezu keiner Wartung und liefern den Strom bei gleicher Leistungsfähigkeit billiger. Die elektrischen Ketten bedürfen einer sorgfältigen Instandhaltung, sind unsauber, entwickeln lästige Dämpfe, sind aber in kleineren Betrieben, welche nur ab und zu elektrochemisch arbeiten, vorteilhafter. Die Akkumulatoren, ebenfalls elektrische Ketten, finden zweckmäßige Anwendung, wenn z. B. Bäder bei Nacht, wenn die Maschinen ruhen, betrieben werden sollen, wobei die Akkumulatorenbatterie bei Tage durch den Maschinenstrom geladen wird.

Dynamomaschinen. Die Gleichstromdynamomaschinen, die hier in Betracht kommen, heißen, da sie für Klemmenspannung von 1 bis höchstens 12—15 V gebaut werden, Niederspannungsmaschinen.

Die in Betracht kommenden Maschinen sind ausschließlich sog. Nebenschlußmaschinen. Die Stärke des Stromes im Nebenschluß, in der Magnetwicklung und damit die Klemmenspannung der Maschine kann durch Verstellung eines Widerstandes, des sog. Nebenschlußregulators, innerhalb gewisse Grenzen verändert werden. Schwächt man den Strom in der Magnetwicklung, indem man den Widerstand des Nebenschlußregulators vergrößert, so sinkt die Klemmenspannung der Maschine, verringert man den Widerstand des Nebenschlußregulators, so steigt sie. Die Regulierbarkeit der Klemmenspannung bewegt sich jedoch innerhalb ziemlich enger Grenzen, und sie ist um so geringer, je stärker die Maschine belastet wird, d. h. je stärker der Strom ist, den sie an die Leitungen abgeben muß.

Für kleinere Anlagen sind sog. Umformer zweckmäßig.

Die elektrischen Ketten oder galvanischen Elemente. Obwohl das Daniellelement (das älteste Element) nur mehr bei direkten Prozessen in der Galvanoplastik im Kleinbetriebe verwendet wird, wobei die Kupferelektrode gleich von dem Gegenstand gebildet wird, auf dem der Kupferniederschlag gewünscht wird, wollen wir doch diese Kette näher beschreiben, weil mit dieser typischen Vorrichtung das System eines galvanischen Elementes sehr anschaulich erklärt werden kann.

Ein galvanisches Element ist ein Mechanismus, in dem chemische Energie in elektrische Energie übergeführt oder transformiert wird.

Wenn man Zink in eine Kupferlösung einstellt, so löst sich Zink auf und Kupfer wird abgeschieden. Hierbei entsteht eine Wärmetönung im Betrage von 25 263 g Kalorien, also beim Verbrauch von 32,7 g Zink bei 0° C.

Nun kann man eine Vorrichtung treffen, daß diese Reaktion so stattfindet, daß an Stelle der Wärmeenergie elektrische Energie auftritt. Man kann also den

Vorgang elektrochemisch oder elektromotorisch leiten. Eine solche Vorrichtung haben wir im Daniellelement.

Im Daniellelement ist die Vorrichtung getroffen, daß sich Zink und Kupfer nicht berühren, sondern in ihren Salzlösungen stehen, welche durch eine Membran oder durch eine poröse Tonzelle oder sogar nur durch Überschichten voneinander getrennt sind. Im Daniellelement wird das Kupfer nicht unmittelbar durch das in seiner Lösung stehende Zink, sondern nach der Verbindung des Zinkes mit dem Kupfer außerhalb der Lösung durch einen Leitungsdraht durch die bei der Lösung des Zinkes durch den Draht abfließenden Elektronen gefällt. Hier findet also die Lösung des Zinkes und die Fällung des Kupfers an getrennten Stellen statt (sog. chemische Fernwirkung). Die Elektronen springen also nicht direkt vom Zink auf die Kupferionen über, was der Fall ist, wenn Zink direkt in der Kupferlösung steht, sondern müssen durch den Leitungsdraht vom Zink zu den Kupferionen fließen und können in dieser gerichteten oder geordneten Form Arbeit leisten. Hier tritt nahezu alle bei der direkten Reaktion als Wärme auftretende Energie als elektrische Energie auf. Im Daniellelement ist dieser Prozeß umkehrbar, reversibel, es kann durch zugeführte elektrische Energie wieder in seinen Anfangszustand übergeführt werden. Da beim Umsatz eines Äquivalentes eines Stoffes 96 500 Coulombs Elektrizität teilnehmen, so sind, da die Stoffe des Daniellelementes zweiwertig sind, zweimal 96 500 Coulombs übergeführt. Beim Durchgang dieser Elektrizitätsmenge werden 65,6 g Zink gelöst und 63,6 g Kupfer niedergeschlagen. Ein Daniellelement liefert beim Verbrauch von 1 Grammäquivalent Zink = 32,7 g, elektrische Energie im Betrage von 25,263 Kalorien.

Beim Daniellelement befindet sich in einem Glasgefäß eine gesättigte Lösung von Kupfersulfat (Kupfervitriol = schwefelsaures Kupfer), in welcher ein hohle Kupferzylinder aus Kupferblech steht; innerhalb dieses Kupferzylinders steht eine poröse, unten geschlossene Tonzelle aus gebranntem Ton, welche zwar dem Strom, d. h. hier den Ionen, den Durchgang gestattet, die Vermischung der Flüssigkeiten aber hintanhält. In diese Tonzelle, die mit verdünnter Schwefelsäure (1 : 20) oder mit Zinksulfatlösung gefüllt ist, steht ein massiver Zinkzylinder. Das Kupfer bildet die Kathode, das Zink die Anode.

Wenn man die beiden Drähte des Daniellelementes, also den vom Zink kommenmenden und den am Kupfer angebrachten miteinander verbindet, so fließen Elektronen vom Zink zum Kupfer durch den Draht, positive Kupferionen und negative Sulfationen gegeneinander zu den beiden Metallen.

Bringt man die beiden Drähte, anstatt sie zu verbinden, je mit einer Metallplatte vereinigt, in eine Kupfervitriollösung, so setzt sich Kupfer an den Draht ab, der vom Zink kommt; das Sulfation geht an den Streifen, der vom Kupfer kommt und löst hier Kupfer auf.

Der Strom ist durch den Elektrolyten geschlossen.

Im Daniellelement geht also das Zink aus dem metallischen Zustand in den Ionenzustand über, das Kupfer aus dem Ionenzustand in die metallische Form. Hierbei gibt das Zink Elektronen ab, welche von den Kupferionen aufgenommen werden. Dadurch geht das Kupferion in metallisches Kupfer über. Hierbei verwandelt sich freie chemische Energie in elektrische Energie.

Dieser Vorgang findet so sttat, daß negative Elektronen vom Zink durch den Draht zum Kupfer fließen, dort von den Kupferionen aufgenommen werden. Das entsprechende Sulfation setzt die Stromleitung fort, indem es durch die Lösung und durch die Tonzelle zum Zink wandert. Das Zink muß in einer leitenden Flüssigkeit stehen (Zinksulfat), freie Schwefelsäure ist nicht nötig.

Wenn man einen elektrischen Strom im umgekehrten Sinne des natürlichen Stromes durch das Daniellelement schickt, so verwandelt sich das Kupfer in

Kupferionen (geht in Lösung), das Zinkion nimmt Elektronen auf und scheidet sich metallisch ab.

Der Prozeß im Daniellelement ist reversibler (umkehrbarer) Prozeß.

Nach dieser unitarischen Betrachtungsweise der Elektrizität handelt es sich also nur um ein Strömen von Elektronen, und zwar in einer der üblichen Bezeichnungsweise entgegengesetzten Richtung.

Das Daniellelement ist ein sehr konstantes Element, d. h. der Spannungsabfall ist ein sehr geringer. Im Daniellelement geht nahezu die ganze chemische Energie oder Arbeitsfähigkeit des Systems in elektrische Energie über: Elektromotorische Kraft rund 1 Volt. Innerer Widerstand bis zu 2 Ohm.

Eine praktische Abänderung in der Anordnung ist das Meidingersche Element.

Für die Zwecke des kleintechnischen elektrochemischen Betriebes kommen in Betracht:

1. Das Bunsenelement,
2. die Chromsäuretauchelemente.

Das Bunsenelement besteht aus dem Systeme

Zink :	Schwefelsäure	Salpetersäure : Kohle
amalgamiert,	verdünnt	konzentrierte

Wie beim Daniellelement verbindet sich das Zink mit den Sulfationen der Schwefelsäure unter Abgabe von Elektronen, welche durch den Draht zur Kohle fießen, dort sich mit den Wasserstoffionen der Schwefelsäure zu gasförmigem Wasserstoff verbinden, der aber sofort, um eine Polarisation der Elektrode zu vermeiden, durch die vorhandene Salpetersäure zu Wasser oxydiert wird (Depolarisation). Das äußere Gefäß, ein glasierter Steinzeugtopf oder ein Glaszylinder, enthält einen gegossenen Zinkzylinder, der amalgamiert wurde (siehe Verquicken); an demselben ist ein ca. 5 mm starker Kupferdraht angelötet, der zweckmäßig, um ihn vor dem Angriff der Säuredämpfe zu schützen, mit Asphaltlack überzogen ist. Innerhalb des Zinkzylinders befindet sich eine Zelle aus gebranntem, unglasiertem Ton, in welcher die Kohle mit der nötigen Leitungsverbindung steht. Die Tonzelle füllt man mit konzentriertet Salpetersäure, nachdem man sie mit der zur Füllung des Gefäßes mit dem Zink vorgesehenen verdünnten Schwefelsäure (1 : 20) hat durchtränken lassen. Die elektromotorische Kraft eines Bunsenelementes, d. h. die Spannung zwischen den Polklemmen des ruhenden, keinen Strom abgebenden Elementes, ist ungefähr 1,8—2,0 V (Elementwiderstand ca. 0,2 Ohm).

Die elektromotorische Kraft (= EMK) ist in keiner Weise abhängig von der Größe des Elementes, sondern ausschließlich von der Elementkombination, also der Art der Stoffe, welche in Reaktion treten.

Aber die Kapazität, d. h. die Dauer der Energieabgabe eines galvanischen Elementes, ist von den Größenverhältnissen der Elektroden und der Menge des Elektrolyten abhängig.

Nicht zu verwechseln mit der elektromotorischen Kraft eines Elementes ist die Spannung, welche zwischen seinen Polklemmen besteht, wenn es Strom abgibt. Sie hängt nämlich von der Stärke des dem Element entnommenen Stromes ab. Dieser muß nicht nur von der einen Klemme durch die angeschlossene Leitung zur anderen Klemme gehen, sondern auch von da wieder durch die eine Elektrode und die Füllung im Elemente zur anderen Elektrode. Dazu nun, den Strom durch das Element selbst, unter Überwindung seines inneren Widerstandes, zu treiben, bedarf es eines gewissen Anteiles der insgesamt vorhandenen elektromotorischen Kraft, der sich als Produkt der Multiplikation

innerer Widerstand × Stromstärke

ergibt. Um diesen Anteil ist dann die Klemmenspannung des stromabgebenden Elementes kleiner als seine elektromotorische Kraft, also

elektromotorische Kraft — innerer Widerstand
× Stromstärke = Klemmenspannung.

Entnehmen wir z. B. einem frisch zusammengestellten Bunsenelement einen Strom von 3 A und ist der innere Widerstand des Elementes 0,1 O, so ist bei einer elektromotorischen Kraft des Elementes von 1,8 V die Klemmenspannung 1,5 V, denn

1,8 V = elektromotorische Kraft
— 0,3 V = 0,1 O innerer Widerstand × 3 A Stromstärke
= 1,5 V Klemmenspannung.

Offenbar ist also die Klemmenspannung eines Elementes um so geringer, je mehr Strom wir ihm entnehmen. Damit sie aber mit steigender Belastung möglichst wenig sinke, ist es nach dem eben Gesagten wichtig, daß die Größe des Elementes, von der sein innerer Widerstand abhängt, der für die Arbeiten benötigten Stromstärke angepaßt ist. Man soll einem Bunsenelement beim Dauerbetrieb nur so viel Strom entnehmen, daß auf 1 qdm der Innenfläche des Zinkzylinders ungefähr 0,5 A kommen. Hat also der Zinkzylinder innen eine Fläche von 6 qdm, so ist das Element für eine Belastung von

$$6 \times 0{,}5 \text{ A} = 3 \text{ A}$$

zu gebrauchen. Nur vorübergehend sollen dem Element höhere Stromstärken entnommen werden, auch schon aus dem Grunde, um es nicht zu rasch abzunutzen und wieder frisch füllen zu müssen.

Arbeiten wir mit Stromstärken, die dieser Vorschrift entsprechen, also mit einer Stromdichte von ungefähr 0,5 A pro 1 qdm innerer Fläche des Zinkzylinders, so können wir ein Element mit einer Klemmenspannung von rund 1,5 V mit Sicherheit in Rechnung stellen, ein Anhaltspunkt, der insbesondere bei der Zusammenschaltung mehrerer Elemente zu Batterien und der ungefähren Berechnung der Klemmenspannung der arbeitenden Batterie wertvoll ist. Aus den vorstehenden Ausführungen ergibt sich weiter, daß man sowohl mit der Klemmenspannung eines einzigen Bunsenelementes als auch mit der Stromstärke, die man einem einzigen Element zumuten kann, nicht sehr weit kommt. Schon recht stattliche Elemente mit einem Zinkzylinder von 3,5 dm Höhe und einem Umfang von 4,5 dm, also einer einseitigen Fläche von 15,75, rund 16 qdm, sollen ja nach unseren Darlegungen anhaltend bloß mit rund 8 A belastet werden, und andererseits erfordert der Betrieb eines Nickelbades meist schon eine Spannung von über 2 V. Man muß daher zu dem Auskunftsmittel greifen, mehrere Elemente zu Batterien zusammenzuschalten, um höhere Spannungen oder größere Stromstärken zur Verfügung zu haben.

Will man die Stromstärke vermehren, so verbindet man auf Stromstärke d. h. alle gleichen Pole miteinander (sog. Nebeneinanderschaltung oder Parallelschaltung).

Wir haben z. B. gleiche Elemente vor uns, von denen jedes mit 6 A belastet werden kann, wir brauchen aber einen Strom von 18 A bei einer Klemmenspannung von 1,5 V. Wir stellen dann drei dieser Elemente nebeneinander, verbinden Zink mit Zink, Kohle mit Kohle. Jedes Element kann 6 A in die Leitung senden, aus denen also 18 A bei einer Klemmenspannung von 1,5 V entnommen werden können. Wollen wir aber die Spannung vermehren, so verbinden wir auf Spannung, d. h. wir schalten hintereinander, indem wir den Zinkpol des einen Elementes mit dem Kohlepol des anderen verbinden usf.

Wir können z. B. von den Klemmen eines Elementes 6 A bei 1,5 V Spannung entnehmen; schalten wir zwei solche Elemente hintereinander, so können wir entnehmen 6 A bei 3 V Spannung. Es kann aber auch sein, daß diese Schaltungen nicht die erforderlichen Stromverhältnisse liefern, dann greift man zu den sog. Gruppenschaltungen.

Beispiel.

Es soll eine Batterie zusammengestellt werden, die 24 A bei 6 V Spannung liefert, und zwar aus Elementen mit Zinkzylinder von 4 dm Umfang und 3 dm Höhe.

Ein solches Element liefert uns 6 A bei 1,5 V Spannung; wir müssen daher vier Elemente parallel schalten, um eine Batterie für 24 A zu erhalten.

Diese Batterie würde aber erst 1,5 V Spannung haben. Wir müssen daher weiter 6 V : 1,5 V = 4 solcher Teilbatterien hintereinander schalten, um zu einer Batterie für 24 A bei 6 V Spannung zu kommen.

Beim Gebrauch von Bunsenelementen wird von der verdünnten Schwefelsäure Zink aus dem Zinkzylinder aufgelöst, und aus der Salpetersäure im Diaphragma steigen übelriechende und giftige, braune Dämpfe auf (nitrose Gase, s. d.). Daher ist es vor allem nötig, die Bunsenelemente so aufzustellen, daß sie durch die Entwicklung dieser Dämpfe nicht belästigen, also so, daß die Dämpfe raschen Abzug finden. Ferner muß die verdünnte Schwefelsäure und die Salpetersäure, welche Stoffe bei den geschilderten Vorgängen verbraucht werden, erneuert werden, wenn die Elemente in ihrer Wirkung nachlassen. Während längerer Arbeitspausen, und womöglich schon stets während der Nacht, sollen zum mindesten die Zinkzylinder aus den Elementen genommen werden; man spült sie ab und stellt sie beiseite. Die Elemente müssen stets sauber gehalten werden. Zur Versilberung z. B. genügt die elektromotorische Kraft eines Bunsenelementes; zur Vernickelung müssen je nach der Metallunterlage zwei bis drei Elemente auf Spannung verbunden werden.

Die Drähte, Metallstücke und Klemmen müssen öfters gereinigt werden, damit nicht unsaubere Kontakte dem Strome bei der ohnehin geringen Intensität Widerstand bieten. Man reinigt am besten in der Gelbbrenne, spült sorgfältig und trocknet.

Die Verbindung einzelner Elemente zu Batterien kann man vornehmen, indem man sie durch Klemmen und Messingblechstreifen von geeigneter Form verbindet. Recht zweckmäßig ist es auch, von den einzelnen Elementen Drähte zu einem Klemmenbrett zu führen und die Zusammenschaltung der einzelnen Elemente zu Batterien mit Hilfe von Verbindungsstücken auf dem Klemmenbrett zu besorgen.

Einige praktische Behelfe für diese Elemente und die daraus zusammengestellten Batterien.

An Stelle des Zinkes kann bei den Bunsenelementen auch das billigere Eisen, z. B. alte Gasröhren, verwendet werden. Klemmkontakte können durch die an dem kalten Metalle kondensierten Säuredämpfe den Kontakt bald verlieren und fressen letztere die Schrauben bald auf, daher sind solche ganz zu vermeiden. Es geht dies sehr einfach, z. B. für Bunsen dadurch, daß man in der Batteriekammer für jedes Element zwei Quecksilberkontakte anbringt (Glasnäpfchen, die in Holz eingefügt sind)[1]), in welche die Drähte von Zink und Kohle eintauchen. Der Draht des Zinkes ist direkt an dasselbe angelötet. (Erwärmen des Zinkes ist vor dem Löten notwendig.) Der Draht für die Kohle kann in folgender Weise angebracht werden. An das, in eine zylindrische Ausbohrung der Kohle zu steckende Ende des Drahtes

[1]) Wegen des Schwindens des Holzes sind die Bohrungen im Holz um 2 mm größer zu nehmen und das Holz mit Paraffin einzulassen.

ist hart ein Platinstreifen gelötet. Das Ganze wird dann in ein Stück Ebonitrohr gesteckt, und zwar so, daß der Platinstreifen ca. 1,5 cm hervorsieht. Durch Korke wird der Draht in dem Rohr festgehalten und letzteres mit Paraffin ausgegossen. Dann legt man das vortretende Platinende um und an die äußere Rohrwand an und steckt das System in das genau ausgebohrte Loch der Kohle. Das andere Ende des Drahtes wird in geeigneter Weise gebogen, um in den betreffenden Quecksilbernapf einzutauchen.

Es ist vorteilhaft, die zu verquickenden Enden der Kupferdrähte erst zu versilbern, indem das gebildete Silberamalgam sich weniger leicht oxydiert, wenn das Element auseinander genommen ist. Übrigens genügt ein Abwischen der Kontaktenden mit einem Tuch vor dem Zusammensetzen, um dieselben blank zu machen. Auf das Diaphragma kann noch eine durchbohrte Glasplatte, durch welche die Ebonitröhre geht, gelegt werden. Beim Auseinandernehmen des Elementes, was jeden Abend zu geschehen hat, wird die Kohle mit dem Diaphragma und der Säure in ein geeignetes Steingutgefäß und der Zinkzylinder auf einen Holzrost gestellt. Das Ebonitrohr mit dem Kontakt bleibt für immer in der Kohle.

Eine ähnliche Einrichtung für mehrere Elemente, die gemeinsam auf Spannung verbunden werden sollen, wie solche für Nebenarbeiten, Verkupfern von Blei, Vergolden usw. notwendig sind, soll nachfolgend beschrieben werden. Der leitende Gedanke, wie überhaupt bei allen Einrichtungen für den praktischen Betrieb, ist immer der, daß stets alles mit wenigen Handgriffen bereit ist und nicht unnötig sich selbst verbraucht.

In einem langen Holzkasten stellt man eine Reihe von Gefäßen hintereinander auf, in denen die Kohlenzylinder und die Salpetersäure sich befinden. Durch Platinstreifen, die in zylindrischen Löchern durch Kohlenstopfen festgehalten sind, ist die Verbindung mit denselben hergestellt, die Vorderseite des Kastens hat für jedes Element zwei mit Quecksilber gefüllte Glasnäpfe (Stücke von Reagenzzylindern) eingefügt, in deren einem der Kohlenplatinstreifen eingeführt ist. In einem gemeinsamen Deckelbrett sind die Tonzellen für die Zinke eingehängt. Wird das Element nicht gebraucht, so wird dieser Deckel auf den rückwärts befindlichen Kasten (rechts) gebracht und hängen die Tonzellen in Gläsern ein, die, wie die Zellen selbst, mit verdünnter Schwefelsäuse gefüllt sind. Dadurch entsteht bei noch so langem Nichtgebrauch kein Verlust an der Füllung. Die oberen Ränder der Diaphragmen sind mit Paraffin getränkt so daß ein Aufsaugen vermieden ist. Ein weiterer schmälerer Deckel enthält dann die Zinkstäbe mit Klemmschrauben und Eintauchdrähten für die entsprechenden Quecksilbernäpfe. Bei Nichtgebrauch hängt dieser Zinkträger hinter dem Kasten, während der eigentliche Batteriekasten mit den Elementen durch ein gut schließenden Deckel geschützt ist. Der ganze Apparat erleidet also beim Nichtgebrauch keine Abnutzung und ist stets durch wenige Handgriffe in die Arbeitsstellung zu bringen. Die Weiterleitung des Stromes erfolgt durch Stangen, die über die Vorderkante des Kastens in geeigneter Führung gelegt werden und Eintauchstifte für jeden Quecksilbernapf haben. Je nach Verbindung dieser Eintauchstifte erhält man dann die Elemente zu zweien, dreien usw. auf Spannung verbunden.

Außer den Bunsenelementen kommen hier noch die sog. Chromsäuretauchelemente in Betracht. Hier ist einfach die oxydierende und depolarisierende Salpetersäure durch die geruchlose Chromsäurelösung ersetzt.

Zink: amalgamiert	Schwefelsäure verdünnt	Chromsäure	Kohle.

Die Zinkplatten der Elemente müssen, wie die Zinkzylinder der Bunsenelemente, amalgamiert werden, die Elementengläser werden mit einer Lösung von Kaliumbichromat oder besser Natriumbichromat in Wasser, der man Schwefelsäure zusetzt, gefüllt. Zur Bereitung der Lösung werden für je 1 l Wasser 100 g Natriumbichromat abgewogen, unter öfterem Umrühren gelöst, und schließlich werden der Lösung für je 1 l Wasser, wiederum unter Umrühren, 150 g Schwefelsäure zugesetzt. Beim Gebrauch sind die Zink- und Kohlenplatten in die Gläser eingesenkt, nach Gebrauch werden sie mit der vorhandenen Vorrichtung wieder herausgehoben. Elektromotorische Kraft ca. 2 Volt.

Um die Pole einer Stromquelle zu bestimmen, benutzt man Reaktionen, welche die Stromrichtung kennzeichnen, am besten in Form der sog. Polreagenzpapiere.

Filtrierpapier wird entweder mit einer Kochsalzlösung, der etwas einer alkoholischen Lösung von Phenolphtaleinlösung beigefügt wurde, oder mit einer Stärkelösung (2 : 200), der etwas Jodkalium und Phenolphtalein zugefügt wurde, getränkt und getrocknet.

Beim Anlegen der feuchten Papiere an die Pole gibt sich der negative Pol (Kathodenpol) durch eine Rötung des Papieres (Alkalibildung und dadurch bewirkte Rötung des Phenolphtaleins), der positive Pol (Anodenpol) durch schwarzblaue Färbung (Jodstärke), durch Jodabscheidung zu erkennen.

Obwohl in der Galvanostegie nicht gebraucht, sollen hier die, wegen ihrer allgemeinen Verbreitung im nassen (Zimmerleitungen, Telephonbatterien usw.), wie im schwach feuchten, sog. trockenen Zustande (Trockenelemente), verwendeten Leclancheelemente kurz erörtert werden.

Die Leclanchekette besteht aus einem Glasgefäß, das am oberen Rande eine kleine Ausbuchtung hat, um einen dicken Zinkstab aufzunehmen; in einer Tonzelle steht ein Kohlenzylinder, umgeben von gekörntem Braunstein (= Mangansuperoxyd) und Kokspulver oder Retortengraphit. Die Tonzelle ist meist mit einem mit Pech gedichteten Deckel mit zwei Luftlöchern geschlossen. Als Elektrolyt dient eine Salmiaklösung (Chlorammonium) sowohl für Kohle wie für Zink.

Elektromotorische Kraft 1,4—1,7 Volt, nach längerem Gebrauche 1,28 V; innerer Widerstand 0,4—2,0 O. An Stelle der Schwefelsäure im Bunsenelement tritt hier der lösende Salmiak, an Stelle des dortigen Oxydations- oder Depolarisationsmittels der Braunstein.

Das Leclancheelement wird in den verschiedensten Anordnungen gebraucht.

Bei den Trockenelementen wird der Elektrolyt in gallertartige Form gebracht.. Unter den vielen angewandten Mischungen sei z. B. eine erwähnt: 140 g Salmiak, 40 g Chlorzink, 10 g Ammonsulfat (oder Ammonazetat), 10 g Glyzerin in 1 l Wasser gelöst, mit Gips, Sägespänen, Leim oder Mehl verdickt ev. noch nach dem Einfüllen zur Verdickung erwärmt. Oft wird, z. B. bei Taschenlampen, die Zinkelektrode gleich als Elementgefäß benutzt. Innen amalgamiert, außen lackiert. Eine zweizellige Trockenbatterie hat meist 3—3,5 V, eine dreizellige 4—4,5 V. Haupterfordernis für die Haltbarkeit ist die Reinheit der angewandten Stoffe, damit nicht auch bei offener Kette Nebenprozesse vor sich gehen.

Akkumulatoren. Wie schon kurz bei der Daniellkette erwähnt, lassen sich die in einem galvanischen Element vor sich gehenden Prozesse umkehren, wenn man einen entgegengesetzt gerichteten elektrischen Strom durch das Element sendet. Es wird dann der Anfangszustand wiederhergestellt. Das Daniellelement ist hierzu wenig geeignet. Praktisch bewährt haben sich die Bleiakkumulatoren oder Sammler. Ein geladener Akkumulator besteht aus einem Gefäß mit verdünnter Schwefelsäure, in das zwei Bleiplatten tauchen, von denen die eine mit Bleisuperoxyd bedeckt ist.

Die Schwefelsäure muß hierzu vollständig frei von Metallen, insbesondere Arsen, Kupfer usw., auch von Chlor sein.

Zwischen den beiden Elektroden herrscht eine Spannung von ungefähr 2 V, das heißt, der Akkumulator ist imstande, mit dieser Spannung einen elektrischen Strom durch einen an seine Pole angeschlossenen Widerstand zu treiben. Bei dieser Entladung des Akkumulators sinkt seine Spannung zunächst nach und nach auf etwa 1,8 V und fällt dann bei weiterer Stromentnahme rasch auf ganz geringe Werte ab. Der Akkumulator ist entladen. Auf den Bleiplatten befindet sich nun schwefelsaures Blei.

Schicken wir nun einen Strom in der entgegengesetzten Richtung, die der Strom beim Entladen hatte, den sog. Ladestrom, durch den Akkumulator, so verschwindet das schwefelsaure Blei an beiden Platten, an der Platte I, bei welcher der Ladestrom eintritt, entsteht wieder Bleisuperoxyd, an der Platte II, bei der der Ladestrom austritt, eine Schicht von metallischem Blei bis ein Aufsteigen von Gasblasen an den beiden Platten anzeigt, daß der Akkumulator sich wieder in dem Zustande befindet, den er vor der Entladung hatte, daß er wieder gebrauchsfähig, geladen ist. Beim Laden wird also elektrische Energie in chemische (aufbewahrbare) und beim Entladen diese in elektrische umgewandelt. Die allgemeine Bedeutung des Akkumulators liegt nun eben darin, daß er eine zweckmäßige Vorrichtung ist, beim Laden elektrische Energie in Form von chemischer Energie aufzuspeichern, zu sammeln und sie bei der Entladung zum größten Teil wieder in Form elektrischer Energie abzugeben, daß er also eine Vorrichtung ist, um elektrische Energie gewissermaßen aufzubewahren oder zu transportieren.

Prüfung von Akkumulatorensäure. Die Akkumulatorensäure soll vor ihrer Verwendung, nach den Angaben der Akkumulatorenfabrik A.-G. Berlin, in folgender Weise geprüft werden, bzw. soll folgenden Anforderungen genügen:

1. Prüfung auf Chlor. Bei Abwesenheit von Schwefelwasserstoff wird eine Probe der Säure (1,18 spez. Gew.) mit einigen Tropfen einer $^1/_2$%igen Silbernitratlösung versetzt. Dieselbe soll klar kleiben. Jedenfalls aber soll der Gehalt an Chlor nicht mehr als 0,002%, berechnet auf Schwefelsäuremonohydrat, betragen.

Falls eine quantitative Bestimmung notwendig wird, so wird bei völliger Abwesenheit von Schwefelwasserstoff eine geeignete Menge der Säure mit Silbernitrat gefällt und am nächsten Tage bzw. nach vollständigem Absitzen des Chlorsilbers abfiltriert. — Der Filterinhalt wird alsdann durch Glühen direkt in metallisches Silber verwandelt und hieraus der Chlorgehalt gerechnet. Hierbei ist zu beobachten, daß das Säurevolum, in dem das Chlor bestimmt wird, so gewählt wird, daß etwa 10—30 mg Chlorsilber niedergeschlagen werden. Diese kleinen Mengen Chlorsilber werden durch die Kohle des Filters vollständig zu metallischem Silber reduziert, und zwar wird zu diesem Zweck das noch nasse Filter nach vollständigem Auswaschen (durch Chlorbarium darf das Waschwasser nicht mehr getrübt werden) in einem gewogenen Porzellantiegel mitsamt dem Niederschlage in der bewegten Gasflamme getrocknet, bei nicht zu hoher Glühtemperatur vollständig verascht und schließlich kurze Zeit auf dem Gebläse geglüht.

Bei Anwesenheit von Schwefelwasserstoff wird die Probe gekocht, bis der Geruch nach Schwefelwasserstoff verschwunden ist, darauf unter Zusatz von etwas Salpetersäure wiederum eine Zeitlang gekocht und erst dann mit Silbernitrat gefällt. Die weitere Behandlung geschieht wie im ersten Falle.

2. Eisen. Zur qualitativen Prüfung wird eine Probe mit 1%iger Kaliumpermanganatlösung eben rosa gefärbt und mit einigen Tropfen einer 20%igen Rhodankaliumlösung versetzt. Die Flüssigkeit soll dann farblos sein oder höchstens einen blassen roten Schimmer haben. Falls eine stärkere Rotfärbung eintritt, wird die quantiative Untersuchung in der Weise ausgeführt, daß eine Probe von 100 ccm mit metallischem Zink reduziert und nach Auflösen des Zinks mit Permanganat-

lösung (1 ccm = 0,001 g Eisen) titriert wird. Wenn die Säure Schwefelwasserstoff enthält, so ist derselbe vorher durch Kochen zu beseitigen.

Der so gefundene Eisengehalt soll nicht mehr wie 0,01 % betragen. Es ist dabei gleichgültig, ob in diesem Eisengehalt etwas organische Substanz mit bestimmt wird.

Nur in zweifelhaften Fälle wird vor der Reduktion mit Zink das Eisen durch Ammoniak nach vorheriger Oxydation mit Salpetersäure gefällt, abfiltriert, ausgewaschen und wieder in reiner Schwefelsäure gelöst.

3. Ammoniak. Eine Probe der Säure mit Natronlauge neutralisiert, soll auf Zusatz von einigen Tropfen Neßlers Reagens keinen flockigen, braunen Niederschlag, sondern höchstens eine gelbe oder braune Trübung ergeben.

4. Salpetersäure. Eine Probe der Säure mit einem gleichen Volum reiner konzentrierter Schwefelsäure vermischt und mit einer gesättigten Lösung von Eisenvitriol überschichtet, soll an der Berührungsstelle keinen rotbraun gefärbten Ring ergeben.

Der Gesamtgehalt der Säure an Stickstoff soll nicht mehr als 0,1% betragen. Eine quantitative Bestimmung derselben pflegt jedoch bei neuer Säure nicht in Betracht zu kommen.

5. Schwefelwasserstoffmetalle. Eine Probe der mit Schwefelbarium bzw. Schwefelwasserstoff gereinigten, fertig verdünnten Füllsäure darf nach dem Einleiten von Schwefelwasserstoffgas bis zur Sättigung auch nach 24 Stunden höchstens eine farblose Ausscheidung von Schwefel ergeben. Oder aber die Säure muß die sog. Zinkprobe bestehen. Letztere wird folgendermaßen ausgeführt.

Man füllt ein gründlich ausgespültes Reagenzglas zu etwa einem Viertel mit der Säure und setzt zu demselben ein Stückchen chemisch reinen Zinkes. Nach Verlauf einer Viertelstunde beobachtet man, ob eine stetige Entwicklung von feinen Bläschen durch die ganze Flüssigkeit hindurch in stärkerem Maße stattfindet oder nicht. Mit chemisch reinen Zinkstückchen entwickelt eine brauchbare Füllsäure auf diese Weise keine irgend nennenswerten Gasmengen (Wasserstoff). Ist dagegen eine lebhafte Gasentwicklung vorhanden, so daß die Flüssigkeit von den zahlreichen Gasbläschen getrübt erscheint, so ist die Säure nicht frei von schädlichen Metallen. Sie ist für unsere Zwecke unbrauchbar. Eine derartige Säure gibt dann auch beim Einleiten von Schwefelwasserstoff eine Abscheidung von Schwefelmetallen. Jedes Stückchen Zink ist nur einmal zu benutzen. Es ist jedoch nicht ausgeschlossen, daß einige der Zinkstückchen nicht den gewünschten Reinheitsgrad haben und infolgedessen auch bei reiner Säure eine schwache Gasentwicklung zeigen. In diesem Falle ist die Probe bis dreimal zu wiederholen. Ist dann noch immer Gasentwicklung zu beobachten, so ist die obige Kontrollprobe mit Schwefelwasserstoff auszuführen.

II. Besondere Angaben.

Galvanostegie.

Dünne, festhaftende Metallüberzüge auf metallischen oder nichtmetallischen Gegenständen mittels des elektrischen Stromes. (Kathodische Prozesse.)

Verkupferung. Bei der Verkupferung hat man zu unterscheiden diejenige im sauren Bade von derjenigen im alkalischen Bade.

Im alkalischen bzw. zyankalischen Kupferbade verkupfert man die Metalle, die im sauren Kupferbade angegriffen würden, also vor allem Eisen, Stahl, Zink, Zinn und deren Legierungen; dieser Kupferniederschlag kann nach erfolgter Deckung dann im sauren, billigeren Kupferbad verstärkt werden. In vielen Fällen ist es zweckmäßig, bevor man andere Metallüberzüge, z. B. Gold, Silber, Messing u. a., aufbringt, eine Verkupferung vorhergehen zu lassen.

Im sauren Kupferbade verkupfert man leitend gemachte nichtmetallische Gegenstände, wie z. B. imprägnierte Gipsgegenstände, zur Herstellung von sog. Galvanobronzen, Galvanos, Klischees usw.; ferner verstärkt man darin beliebig die im alkalischen Kupferbad erhaltenen ersten dünnen Niederschläge.

Kupferbad, saures, sog. Galvanoplastik- oder Plastikbad. Man löst 180 g Kupfervitriol (= Kupfersulfat) in 1 l Wasser und setzt zur Erhöhungen der Leitfähigkeit und Erzielung des richtigen Kupferniederschlages 60 g konzentrierte Schwefelsäure zu. Stromdichte 1—2 Amp./qdm in Ruhe (2 bis 3 Amp./qdm bei bewegtem Bad); 0,5—1,5 Volt. Elektrodenabstand mindestens 5 cm. Man nimmt Kupferanoden. Das niedergeschlagene Kupfer muß eine helle, fleischrote Farbe und ein feines, samtartiges Korn aufweisen. Die Kupferanoden sollen aus reinem Kupfer bestehen. Obwohl theoretisch von der Kupferanode so viel Kupfer gelöst, als an der Kathode abgeschieden wird, gestalten sich die Verhältnisse in der Praxis etwas abweichend, so daß die Zusammensetzung des Bades erheblich verändert werden kann. Deshalb ist eine chemische Kontrolle von Zeit zu Zeit notwendig; insbesondere ist der Gehalt an freier Schwefelsäure und an Kupfer festzustellen. Zweckmäßig wird das Bad in Bewegung gehalten. Bei zu geringen Stromdichten fällt mit dem Kupfer leicht Kupferoxydul aus, der Niederschlag wird spröde; bei zu hoher Stromdichte tritt störende Wasserstoffentwicklung auf. Von den galvanoplastischen Formen ins Bad gelangende Kolloide, z. B. Gelatine, können das Bad verderben, d. h. einen spröden Niederschlag verursachen. Gegen die Gefahr der Kupferoxydulbildung setzt man von Zeit zu Zeit etwas Ammonpersulfat zu oder etwas Salpetersäure. Unreine Kupferanoden werden mit der Zeit dunkelfarbig.

Gußeisen kann im sauren Kupferbad verkupfert werden, wenn man dasselbe durch Verweilen in geschmolzenem Zeresin oder Ozokerit imprägniert, d. h. die Poren ausfüllt, dann mit Guttaperchalack (siehe S. 305) überzieht und bei starkem Strom ins Bad gibt. Für alle Fälle erst einhängen, nachdem der Strom eingeschaltet ist.

Schmiedeeisen wird im alkalischen Bad verkupfert.

Schnell arbeitende Kupferbäder siehe bei Schnellgalvanoplastik.

Metallüberzüge auf nichtmetallischen Gegenständen. Nichtmetallische Gegenstände müssen vor allem durch geeignete Imprägnation, undurchlässig für die Badflüssigkeit und dann leitend gemacht werden.

Bezüglich der Vorbehandlung nichtmetallischer Gegenstände, wie z. B. Holz, Terrakotta, Gips, Glas, Wachs u. dgl., zwecks nachheriger Aufbringung von galvanischen Metallüberzügen, muß man unterscheiden, ob es sich um poröse (Gips, Holz) oder nichtporöse (Glas, Porzellan) Gegenstände handelt.

Im letzteren Falle handelt es sich lediglich darum, die Oberflächen gleichmäßig leitend zu machen. Man überzieht die Oberflächen mit einem dünnen Kopallack oder mit einem Lack, den man erhält, indem man 2 Tle. Asphalt und 1 Tl. Mastix zusammenschmilzt und dann in Terpentinöl löst, so daß eine sirupdicke Flüssigkeit entstanden ist; ev. genügt auch eine dickere Guttaperchalösung oder eine weingeistige Schellacklösung. Wenn diese Überzüge nahezu trocken sind, bringt man entweder einen sog. Galvanographit oder reines Kupferbronzepulver auf und reibt diese Überzüge glänzend.

Das Überziehen mit Kopallack übergeht man zuweilen, indem man die Glasfläche entweder mittels Sandstrahlgebläses oder durch Flußsäure aufrauht und dann direkt graphitiert oder kupferbronziert. Die matte Glasoberfläche nimmt dann den Graphit- oder Kupferpulverüberzug gut und festhaftend an.

An Stelle dieser Behandlung mit Kupferbronze kann man besonders bei Gegenständen aus Glas oder Porzellan auch das sog. Glanzgold (siehe S. 266) oder

Glanzsilber, auch Glanzplatin, welches zum Vergolden des Porzellans dient, auftragen und einbrennen, auch kann man Platinchlorid und Lavendelöl zu einem feinen Brei anrühren, welcher auf Glas oder Porzellan ganz nach Art einer Farbe aufgetragen werden kann. Die Gegenstände werden dann in einem Muffelofen in der Rotglut gebrannt. Das Platinchlorid wird zu metallischem Platin reduziert und bildet eine leitende Unterlage, auf welcher jeder beliebige Metallniederschlag in jeder Form niedergeschlagen werden kann.

Poröse Gegenstände, z. B. Gips, müssen durch Durchtränkung mit geeigneten Stoffen vollständig undurchlässig gemacht werden für die Badflüssigkeit, bevor man sie leitend macht. Das kann aber nicht vollständig durch Behandlung mit irgendwelchen Losungen — z. B. Harzlösungen — geschehen, wie man das in Büchern und Zeitschriften ausgeführt findet; denn durch derartige Lösungen, z. B. Schellack oder Kolophonium in Weingeist, von Paraffin in Benzin usw., wird man nie eine vollständige Ausfüllung der Poren und eine Undurchdringlichkeit der Gegenstände für die Badflüssigkeiten erreichen. Nach dem Verdunsten des Lösungsmittels hinterbleibt nämlich nur eine minimale Menge des in der Lösung befindlichen Körpers, z. B. Harz, die bei weitem nicht genügt, die Poren des Körpers vollständig auszufüllen. Auch der viel empfohlene Leinölfirnis erfüllt seinen Zweck nur unvollständig, und es ist unvermeidlich, daß ein späteres Ausschwitzen und ev. Zersprengen des Metallüberzuges stattfindet. Eine vollständige Durchtränkung und Ausfüllung der Poren gelingt nur durch Behandlung der porösen Körper mit schmelzenden Körpern, welche beim Erkalten erstarren und die Poren vollständig verschließen. Als solche Körper sind am besten geeignet entweder Paraffin, Zeresin oder Mischungen von Zeresin mit Kolophonium. In diese geschmolzenen Körper wird der poröse Gegenstand so lange untergetaucht, bis keine Luftblasen mehr entweichen, bis also an Stelle der die Poren ausfüllenden Luft das Imprägnierungsmittel getreten ist, welches nach dem Herausnehmen des Gegenstandes erstarrt. Auf diese Weise können alle porösen, nichtmetallischen Körper vollständig imprägniert und für wässerige Flüssigkeiten undurchdringlich gemacht werden. Die imprägnierten Gegenstände werden dann ganz ebenso leitend gemacht, wie dies bei den nichtporösen Gegenständen geschieht.

Es empfiehlt sich hierzu immer vorerst eine Überpinselung mit Guttaperchalack. Hierauf folgt entweder Leitendmachung durch Aufpinseln von Galvanographit in bekannter Weise, oder besser die Behandlung mit fein verteiltem, chemisch reinem Kupfer.

Um Tonwaren usw. galvanisch mit Metall zu überziehen, werden dieselben mit einer Mischung aus Bleiweiß und Firnis übermalt und nach dem Trocknen eineingebrannt. Durch die hierbei stattfindende Reduktion des Bleioxydes zu metallischem Blei werden die Gegenstände leitend.

Mit Silber können Gegenstände aus Glas oder Porzellan auch leitend gemacht werden, indem man Silberoxyd mit Lavendelöl anreibt, auf die Gegenstände aufträgt und erhitzt.

Verkupfern bzw. Vernickeln der hölzernen Griffe chirurgischer Instrumente. Bei vielen solcher Instrumente sind stählerne Teile in Holzgriffen befestigt. In dieser ursprünglichen Form wäre nun ein solches Instrument nicht verwendbar, da der Holzgriff und insbesondere die Stellen, wo die Stahlteile in ihn eingepaßt sind, nicht in einer den Anforderungen des Artzes entsprechenden Weise gereinigt werden könnten. Man überzieht deshalb das ganze Instrument mit einer lückenlos zusammenhängenden metallischen Haut von Nickel, die man folgendermaßen herstellt. Zunächst wird das Instrument einige Zeit in einen Trockenschrank gebracht, damit sich aus dem Holzgriff alle Feuchtigkeit verflüchtige. Dann wird er sorgfältig in schmelzendem Hartparaffin oder Zeresin imprägniert, so daß er keine Feuchtigkeit mehr aufnehmen kann. Nun reinigt man die Stahlteile, entfettet sie durch Abbürsten mit Kalk und hängt das Instrument mit einer geeigneten Drahtschlinge für ganz kurze Zeit ins Nickelbad. Dabei schlägt sich auf den Stahlteilen ein leichter Überzug von Nickel nieder, der lediglich den Zweck hat, diese Teile gegen ein Anfressen durch die Schwefelsäure des sauren Kupferbades zu schützen. Hat man das Instrument dem Nickelbad entnommen, so spült man es sorgfältig ab, trocknet es und graphitiert nun die nichtmetallischen Teile mit aller Sorgfalt, worauf es zum Einhängen ins Kupferbad bereit ist. Hat man diese Vorbereitungen mit der nötigen Sorgfalt ausgeführt, so wird sich bald ein zusammenhängender Überzug von metallischem Kupfer niedergeschlagen haben. Hat er die genügende Dicke erlangt, so glättet man ihn erst sorgfältig in allen Teilen mit einer Feile und weiter mit dem Schleifzeug, wie irgendeinen anderen Metallgegenstand, der einen starken Nickelüberzug erhalten soll. Die Instrumente werden also mit Polierscheiben und den Bürsten behandelt, dann mit Kalk entfettet, gespült und schließlich in ein Nickelbad von entsprechender Zusammensetzung eingehängt, immer so, daß die Spitzen nach oben weisen und die Schneiden nicht zu den Anoden gewendet sind. Der Nickelüberzug muß ein sehr solider sein.

Herstellung von sog. Galvanobronzen. Beispiel. Die Herstellung von Galvanobronzen, d. h. von Gegenständen aus Gips, welche mit einem dünnen Überzug von Kupfer auf galvanischem Wege überzogen sind, ist gegenwärtig zu einem Industriezweig geworden, der einer noch größeren Verbreitung fähig ist. Es dürfte deshalb angezeigt sein, über die Art und Weise dieser Fabrikation einiges mitzuteilen:

1. Die Imprägnierung. Auf diese Arbeit ist die größte Sorgfalt zu verwenden, weil dieselbe die Grundlage des ganzen Herstellungsverfahrens bildet.

Die Imprägnierung muß eine vollständige sein, da sonst im sauren Kupferbade die stark schwefelsaure Flüssigkeit in den schlecht imprägnierten Gips eindringt, darin verbleibt und dann oft die Ursache des Zerreißens und Aussickerns der fertigen Ware bildet. Die gut trockenen Gipsgegenstände werden in geschmolzenes Zeresin eingelegt und bleiben darin, bis das Zeresin den Gips vollständig durchdrungen hat; man erkennt das daran, daß keine Luftblasen mehr aus dem Gips entweichen, was anfangs in reichlichem Maße stattfindet. Deshalb müssen, um ein Überschäumen zu vermeiden, die Imprägnierungsgefäße reichlich groß sein. Ist die Imprägnierung vollständig, dann entfernt man die Gegenstände aus dem Zeresinbad und läßt sie erkalten. Bei größeren Gegenständen, bei welchen der Preis des Imprägnierungsmaterials eine Rolle spielt, tritt an die Stelle des Zeresins eine Mischung aus gleichen Teilen Kolophonium und Zeresin. Auch kann an die Stelle des letzteren der nur gereinigte, aber nicht gebleichte Ozokerit (schwarzes Rohzeresin) treten.

2. Lackierung. Diese Operation ist sehr wesentlich. Die gut imprägnierten Gegenstände werden, nachdem an geeigneten Stellen Kupferschrauben eingefügt sind (behufs Einhängung in das Bad), mit einem Lack überpinselt, welchen man erhält durch Auflösen von 25 g Guttaperchataffet in 75 g Chloroform und nachherigem Zusatz von 100 g Steinkohlenteerbenzol. Es wird der klar abgesetzte Lack verwendet. Diese Lackierung hat sich als sehr vorteilhaft erwiesen für sicheres Arbeiten. Die Oberfläche wird dadurch sehr gleichmäßig, der Graphit haftet besser an.

3. Leitendmachen. Das Leitendmachen im allgemeinen geschieht zuerst nach dem bekannten Graphitverfahren. Der reine Galvanographit wird mittels verdünntem Spiritus angerührt, über den ganzen Gegenstand aufgetragen, nach dem Trocknen durch sorgfältiges Bürsten glänzend gemacht. Hierauf ist die größte Aufmerksamkeit zu verwenden. Solch vorbereitete Gegenstände decken sich in den Tiefen und den dem Bürsten schwer zugänglichen Stellen schlecht oder gar nicht.

An Stelle der früher in die Tiefen geführten Kupferdrähte (Drahtfühler) schaltet man folgende Arbeit ein, wobei dann eine besondere Stromzuleitung zu den Tiefen nicht mehr nötig ist. Man rührt feinstes, absolut reines Kupferpulver (reinste Kupferbronze der Nürnberger Blattmetallfabriken, garantiert frei von anderen Metallen) mit dem unter 2. angegebenen Guttaperchalack an und bepinselt die Tiefen und die dem Graphitieren schwerer zugänglichen Stellen. (Andere Bronzepulver, z. B. Messingbronze, geben kein gutes Resultat. Es hängt alles von dem reinen Kupferpulver ab.) Die dünne Guttaperchaschichte vermindert die Leitungsfähigkeit nicht. Dieses Verfahren bildet einen wesentlichen Vorteil und ermöglicht fakrikationsmäßig zu arbeiten.

4. Besondere Vorsichtsmaßregeln beim Verkupfern. Vor allem ist zur tunlichsten Vermeidung von auf den Gegenständen entstehenden Unebenheiten, welche später weggefeilt werden müssen, nötig, die Gegenstände möglichst staubfrei ins Bad zu bringen. Das Bad soll an staubfreiem Orte stehend möglichst vor Verunreinigungen geschützt werden. Über Nacht wird es zugedeckt. Die Anoden sollen in feinem Gasstoff eingehüllt sein, um zu vermeiden, daß die abfallenden Anodenteilchen (Anodenschlamm) sich auf den Gegenständen festsetzen und dort Unebenheiten, Wülste usw. hervorrufen. Alle Unebenheiten konnen jedoch nicht vermieden werden, dieselben müssen nach Fertigstellung abgefeilt werden. Durch Bewegung des Bades ist dafür zu sorgen, daß in demselben stets eine gleichmäßige Konzentration vorhanden ist, daß nicht verschiedene Strömungen kupferreicherer und kupferärmerer Schichten vorhanden sind. Besonders ist beim Einhängen der Gegenstände darauf zu sehen, daß sich in den Tiefen keine Luftblasen ansetzen. Man legt vor dem Einhängen die Gegenstände zweckmäßig in ein Kupferbad, das einige Prozente Alkohol enthält, und entfernt mit dem Pinsel etwa anhängende Luftblasen.

5. Die fertigen, verkupferten und gründlich gewaschenen Gegenstände müssen dann, um verkäuflich zu sein, entsprechend gefärbt werden.

Kupferbad, alkalisches. Der Elektrolyt für das alkalische Kupferbad ist eine Lösung von Zyankupferkalium. Wenn man Kupfersulfatlösung mit Zyankaliumlösung im Überschuß versetzt, erhält man unter Zyanentwicklung das Zyankupferkalium. Zur Bindung dieses giftigen Gases setzt man eine entsprechende Menge schwefligsaures Natrium zu.

Man löst für 1 l Bad 20 g essigsaures Kupfer in 0,5 l Wasser, in einem zweiten Gefäß 25 g neutrales schwefligsaures Natrium und 17 g Soda in 0,25 l Wasser und in einem dritten Gefäß 20 g reines Zyankalium in 0,1 l Wasser. Nun gießt man unter tüchtigem Umrühren die Lösung von schwefligsaurem Natrium und Soda in die Lösung des Kupfersalzes, wobei ein grüner Niederschlag entsteht. Schließlich trägt man die Zyankaliumlösung ein, wobei der Bodensatz rasch verschwindet, und füllt mit reinem Wasser zu 1 l auf.

Spannung an den Klemmen des Bades bei einer mittleren Entfernung von 15—20 cm zwischen Waren und Anoden etwa 2—3,5 Volt, Stromdichte 0,3 bis 0,5 Ampere.

Bei der Verkupferung kleiner Massenartikel (z. B. Zink), welche im Messingdrahtnetz verkupfert werden, nimmt man statt der oben angegebenen 20 g Zyankalium 30 g davon und wendet das Bad erwärmt an. —

Will man gleich von dem käuflichen Zyankupferkalium ausgehen, verfährt man wie folgt:

Man löst 10 g Soda, 20 g schwefelsaures Natrium, 20 g schwefligsaures Natrium, 30 g Zyankupferkalium und 1 g Zyankalium (reines) in 1 l Wasser auf. Badspannung bei 15 cm Elektrodenentfernung für Eisen 2,7 V, für Zink 3,2 V. Als Anoden nimmt man am besten Platten aus Elektrolytkupfer.

Der Metallbelag fällt mattfleischrot aus und nimmt metallischen Glanz erst bei der Behandlung mit Messingdrahtbürsten beim Kratzen an. Während des Kratzens werden die Werkstücke mit einer Abkochung von Seifenwurzeln benetzt. Will man einen starken Niederschlag erzeugen, so ist es, ebenso wie beim Versilbern, erforderlich, das Kratzen schon einige Male während der Herstellung des Niederschlages vorzunehmen, d. h. die Waren aus dem Bade zu holen, sie abzuspülen, zu kratzen, neuerlich zu spülen und dann wieder einzuhängen.

Treten Störungen infolge der Änderung der Zusammensetzung auf, so ist das Rationellste, sofern es sich um größere Mengen Bad handelt, eine Analyse vornehmen zu lassen; kleine Quantitäten Bad ersetzt man am einfachsten durch neue. Allgemein kann man angeben, daß bei Zyankalium- und bei Kupfermangel an den Anoden grüne Schlammschichten auftreten, daß die Bäder langsam arbeiten und bei Zyankaliummangel sich bläulich färben. Man setzt dann Zyankalium in kleinen Portionen zu, evtl. Zyankupferkalium oder Kupron (= Kupferoxydul) bis die Verkupferung wieder tadellos arbeitet.

Arsenüberzug. Dieser dient zumeist dazu, um Metallgegenstände, insbesondere Kupfer, Messing, Bronze, Zink usw. mit einem dunklen Überzuge zu versehen, der auf polierten Waren schwarz, auf mattierten Metallen grau erscheint (sog. Grauglanzoxyd).

Man löst in 1 l Wasser 50 g arsenige Säure, 30 g kalzinierte Soda und 50 g reines Zyankalium in der Wärme auf. Badspannung bei 15 cm Elektrodenentfernung 2,5—3 Volt. Stromdichte 0,4 Ampere. Kohlenanoden. Die aus dem Bade genommenen Gegenstände werden mit Wasser gebürstet, um ein Irisierendwerden zu vermeiden.

Hohe Stromdichten sind wegen der dann auftretenden Entwicklung von giftigem Arsenwasserstoff zu vermeiden (Abzüge!).

Schwarzer Arsenkupferniederschlag. Die verkupferten oder kupfernen Gegenstände werden zuerst mit Zirkularmessingdrahtbürsten und Seifenwurzelwasser gekratzt, durch Zyankaliumlösung gezogen, dann in ein Bad gebracht, das besteht aus: arseniger Säure 1000 g, Soda (kalziniert) 325 g, Zyankalium 98—100% 100 g, Kupfertrisalyt (Schering) 10 g, Wasser 10 l, Badtemperatur 15—20° C. Badspannung bei 15 cm Anodenentfernung von der Ware 3 Volt. Anoden aus Kohle.

Antimonüberzug. Dunkelgraublaue Überzüge besonders für Kupfer und Messing. Man löst in 1 l Wasser 50 g Natriumsulfantimoniat (sog. Schlippesches Salz) und 25 g kristallisierte Soda. Kohlenanoden. Spannung für Kupfer und Messing 2 Volt, für Eisen und Zink 3 Volt. Stromdichte 0,35 Ampere pro Quadratdezimeter.

Eisenüberzug. Die Eisenniederschläge, sog. Verstählen, finden hauptsächlich Anwendung zum Herstellen widerstandsfähiger Klischees, da der Eisenniederschlag infolge seines Gehaltes an Wasserstoff sehr hart ist, und schon dünne Niederschläge genügen, das weichere Kupfer zu schützen.

Man löst in 1 l Wasser 125 g reinen Eisenvitriol (Eisensulfat) und 140 g schwefelsaures Magnesium auf. Bei gewöhnlicher Temperatur 0,03—0,05 Ampere.

Das Bad soll keine freie Säure enthalten, also Kongopapier nicht blau färben. Anderenfalls kann man die freie Säure durch Zugabe von kohlensaurer Magnesia neutralisieren.

Vernickelung. In 1 l Wasser löst man auf 35 g Nickelsulfat, 10 g entwässertes (kalziniertes) Natriumsulfat, 25 g zitronensaures Natrium. Spannung an den Badklemmen bei einer mittleren Entfernung von 15—20 cm zwischen Waren und Anoden etwa 3—3,5 Volt, beim „Decken“ von Werkstücken aus Zink etwa 3,8 bis

4 Volt, Stromdichte bei diesen Spannungen 0,2—0,4 Ampere, oder: Man löst in 1 l Wasser 35 g Nickelsulfat, 10 g entwässertes Natriumsulfat, 7 g Borsäure. Spannungen an den Badklemmen und Stromdichten ähnlich wie bei 1.

Da die Bäder, die nach diesen Vorschriften bereitet sind, keine Ammoniumsalze enthalten, eignen sie sich gleichermaßen zur Bearbeitung von Eisen- und Stahlwaren, wie auch zur Behandlung von Gegenständen aus Kupfer, Messing, Zink, Zinn und Blei.

Eines der gebräuchlichsten Nickelbäder besteht aus einer 5—7%igen Lösung von Nickelsalz (Nickelammonsulfat) mit Zusatz von 2,5% Borsäure.

Das Nickelbad soll Kongopapier (freie Mineralsäure) nicht merklich blau färben, rotes Lackmuspapier soll nicht gebläut werden (alkalisches Bad).

Bei zu hoher Stromdichte scheidet sich ein grauer, unscheinbarer Überzug aus (sog. verbranntes Nickel). Beim Vernickeln von Gegenständen aus Zink muß man zuerst mit einer etwas höheren Spannung arbeiten, bis die Waren „gedeckt" sind. Will man besonders vorsichtig sein, so kann man solche Werkstücke vorher auch im zyankalischen Kupferbad leicht verkupfern, bevor man sie ins Nickelbad bringt. Gegenstände mit scharfen Schneiden und Spitzen, z. B. spitzige Messer und Gabeln, soll man so einhängen, daß keine Schneide den Anoden zugekehrt ist, und daß alle Spitzen nach oben gerichtet sind. An Schneiden und Spitzen, die nach abwärts oder den Anoden zugewendet sind, herrscht nämlich eine sehr hohe Stromdichte, so daß der Niederschlag „verbrennen" würde. Schließlich soll man stets danach trachten, daß ein arbeitendes Bad möglichst voll mit Waren behängt ist — nicht nur wegen seiner steten rationellen Ausnutzung —, sondern auch deshalb weil auf einem einzelnen, verhältnismäßig kleinen Gegenstand, der zwischen großen Anodenflächen hängt, sich ebenfalls leicht eine zu hohe Stromdichte ausbildet, so daß der Niederschlag unscheinbar ausfällt. Ist man doch einmal gezwungen, gerade ein einzelnes Stück zu bearbeiten, so hilft man sich so, daß man einige Anodenplatten aus ihrer gewöhnlichen Lage neben das betreffende Stück an die Warenstange hängt.

Als Anoden für diese Bäder verwendet man am besten Platten aus Gußnickel und Walznickel, und zwar nicht nur die eine oder die andere Sorte allein, sondern beide, so daß zwischen zwei Walznickelplatten je eine Gußnickelplatte hängt und an den Enden der Reihen sich stets Platten aus Walznickel befinden.

Platten aus Gußnickel geben beim Durchgang des Stromes durch das Bad leicht etwas mehr Metall ab, als an den Waren abgeschieden wird, während bei Platten aus Walznickel das Umgekehrte eintreten kann. Beides würde nun zu Störungen führen. Daher trachtet man einen Ausgleich herbeizuführen, indem man eben beide Sorten von Platten verwendet.

Überzieht sich die Ware schlecht mit Nickel, dann ist meist der Strom zu schwach.

Erfolgt die Vernickelung bei richtigem Strom dunkel und fleckig, dann ist das Bad zu konzentriert oder alkalisch.

Man habe Bedacht auf richtige Anodenentfernung (Flecken und stellenweise Nichtvernickelung) und Ablagerung von Staub oder Wasserstoffbläschen (Löcherbildung).

Das Nickelbad wird sauer, wenn sich an der Anode zu wenig Nickel löst (Passivität), alkalisch, wenn neben Nickel Wasserstoffionen entladen werden.

Saure Bäder werden nach Maßgabe einer Analyse durch Zusatz von Nickelkarbonat, alkalische durch Schwefelsäure korrigiert[1]).

---

[1]) Über Schnellvernickelung siehe: Georg Buchner, Elektrolytische Metallabscheidungen. Berlin, M. Krayn 1923.

Es ist eine vielbesprochene Frage, ob es zweckmäßiger ist, das Eisen direkt oder nach vorheriger Verkupferung zu vernickeln. Tatsache ist es, daß verkupferte Gegenstände nach der Vernickelung je nach der Art des Metalles und der Dauer des Niederschlages schwerer zu behandeln sind als die nicht verkupferten. Andererseits ist Stahl nach vorheriger Verkupferung schneller und leichter zu vernickeln; dagegen verhält sich Gußeisen vorausgesetzt, daß der Nickelniederschlag sehr stark sein soll, günstiger, wenn es direkt vernickelt wird, was keine Schwierigkeiten bietet. Während also bei Eisen besser nicht vorher verkupfert wird, ist eine Kupferunterlage (evtl. Messingniederschlag) bei starker Vernickelung nötig für Zink, Alpaka, Zinn, Alfenide evtl. Britannia.

Annähernde Bestimmung der Stärke der Nickelschicht auf vernickelten Gegenständen.

Hierzu gibt Pontio[1]) eine Methode an. Sie beruht darauf, daß ein Gemisch von Wasserstoffsuperoxyd und Mineralsäuren, weil die Dichte und Gleichförmigkeit des Nickelüberzugs von der Stärke der Vernickelung abhängen, durch schwache Nickelschichten, welche keine Zwischenräume enthalten, in einem kürzeren Zeitraum bis zum unterliegenden Metall dringt, als durch starke.

Der zu untersuchende Gegenstand wird zur Entfernung aller äußerlich anhaftenden Verunreinigungen einige Sekunden mit konzentrierter Schwefelsäure behandelt und dann mit Wasser gewaschen und getrocknet. Nun betupft man ihn mit einem Tropfen des Gemisches, welches besteht aus 50 Teilen Wasser, 10 Teilen Salpetersäure (36° Bé), 20 Teilen Salzsäure (22° Bé) und 20 Teilen Wasserstoffsuperoxyd von 12 Volumprozent und läßt 2 Minuten einwirken. Nachdem man darauf einen Tropfen Ammoniak (22° Bé) hat zufließen lassen, bringt man nach 1 Minute die Flüssigkeit auf eine weiße Porzellanplatte. Eine blaue Färbung des Tropfens deutet auf Kupfer, eine gelbbraune auf Eisen. Um einer Täuschung durch die Malvenfarbe des Nickeldoppelsalzes vorzubeugen, prüft man noch mit Kaliumferrozyanidlösung, hierbei darf sich nach Verlauf einer Minute keine rote Färbung von Kupferferrozyanid zeigen.

Wie durch vergleichende Versuche festgestellt wurde, braucht das Gemisch aus Säure und Wasserstoffsuperoxyd 3 Minuten, bis eine Nickelauflage in der Stärke von 1 mg auf 1 qcm auf Kupfer und eine solche von 4 mg auf 1 qcm auf verkupfertem Eisen vollständig durchdrungen wird. Bei einer zu prüfenden Vernickelung läßt sich die Stärke aus der Zeit berechnen, die vergeht, bis das Metall des Untergrundes zur Lösung gebracht wird.

Schwarznickelniederschläge. Zur Erzeugung eines tiefschwarzen Niederschlages (kathodisch) bedient man sich folgenden Bades: 100 g Nickelammonsulfat, 25 g Ammoniumsulfozyanat, 12 g Zinkvitriol, 2 l Wasser.

Bei der Bereitung des Bades löst man zuerst das Nickelsalz und fügt dann Ammoniumsulfozyanat zu. Hierauf gibt man zu der Lösung Zinkvitriol. Ist die Badflüssigkeit fertig, so soll sie 6° Bé zeigen. Die Temperatur soll nicht unter 15° betragen, die günstigste ist 27°. Als Anoden verwendet man leicht lösliche Gußanoden, deren Oberfläche möglichst groß gewählt wird. Bei der Ausführung soll man die Waren erst hell vernickeln. Man arbeitet mit einer Spannung von höchstens 1 Volt; bei höherer Spannung wird der Niederschlag leicht streifig und zeigt Neigung zum Abblättern.

Bei Verwendung eines Stromes von $^1/_2$—$^3/_4$ Volt werden in den ersten Sekunden keinerlei Anzeichen eines Niederschlages zu beobachten sein. Dann aber färbt sich der Gegenstand gelb und hierauf blau, um bald zu irisieren. Nach 1 oder

---

[1]) Zeitschrift für analyt. Chemie 1917.

2 Minuten verschwindet das Irisieren und die gesamte Oberfläche wird schwarz. Wird die Oberfläche sofort schwarz, so ist dies ein Zeichen, daß der Strom zu stark ist. Das Niederschlagen dauert gewöhnlich 1 Stunde.

Stromregulierung ist hier sehr wichtig. Die Gegenstände werden vorher verkupfert oder vernickelt.

Da das Schwarznickelbad die Anoden nicht oder nur wenig angreift, so wird der Elektrolyt sauer, nachdem er einige Zeit im Gebrauch war, und der Überzug wird dann streifig und grau. Um diesen Übelstand zu beseitigen, fügt man etwas kohlensaures Nickel hinzu. Das Bad ist neutral zu halten.

Wenn die dunkel vernickelten Gegenstände aus dem Bad kommen, abgespült und abgetrocknet sind, so zeigen sie meist eine graue oder braune Farbe. Man erhält einen mattschwarzen Überzug bei Verwendung von folgender Flüssigkeit: 80 g Eisenchlorid, 6 g Salzsäure, 1 l Wasser.

Im kalten Zustand genügt ein 15—20 Sekunden langes Eintauchen, um die schwarze Farbe zu erhalten, bei 49° tritt dies augenblicklich ein.

Versilberung. Als Silberbad bzw. Elektrolyt dient eine Lösung von Silberkaliumzyanid (= Zyansilberkalium), das man durch Lösen von Zyansilber in Zyankaliumlösung erhält.

Man löst 17 g salpetersaures Silber (= 10,8 g Silber) in 0,5 l Wasser auf und setzt dazu eine Lösung von 6,5 g reinem Zyankalium. Es entsteht ein weißer Niederschlag von Zyansilber. Man läßt absitzen, gießt dann die überstehende, silberfreie Flüssigkeit ab, gießt Wasser zu, rührt um, gießt nach dem Absetzen ab und wiederholt diese Operation des Auswaschens einige Male. Man sammelt das Zyansilber auf einem Filter oder einem Tuche und löst es dann mit 13 g reinem Zyankalium und Wasser zu 1 l.

Ein solches Bad ist für die Herstellung dünner Silberniederschläge gut geeignet. Man arbeitet bei einer mittleren Entfernung zwischen Waren und Anoden mit einer Spannung von etwa 0,5—1,5 Volt, wobei die Stromdichte ungefähr 0,3—0,6 Ampere beträgt.

Für starke Versilberung zur Gewichtsversilberung nimmt man für 1 l Bad 34 g salpetersaures Silber, fällt mit 13 g Zyankalium, löst mit 26 g Zyankalium.

Bei dünnen Silberüberzügen sind keine Anstände zu befürchten; bei stärkeren Niederschlägen, die poliert werden, ergeben sich durch das sich im Bade infolge der Zersetzung des Zyankaliums anhäufende kohlensaure Kalium Störungen; hier wird durch Zugabe von Zyanbarium Abhilfe geschaffen.

Die Silberbäder müssen von Zeit zu Zeit bezüglich ihrer Zusammensetzung durch eine Analyse kontrolliert werden[1]).

Für die direkte Versilberung von Britannia, wobei oft Schwierigkeiten auftreten, können folgende Erfahrungen mitgeteilt werden:

1. Erforderlich ist, daß wirkliche Britannialegierung (Kupfer-Zinn-Antimon) vorliegt, und zwar möglichst bleifrei.

2. Die Gegenstände sollen durch Kochen mit Laugen und Bürsten mit Bims gereinigt, und ehe sie ins Silberbad kommen, in warme Zyankaliumlösung eingelegt werden.

3. Peinliche Sauberkeit ist Bedingung, Verwendung eigener Bürsten.

4. Es sollen keine zu starken Silberbäder Verwendung finden und ein genügender Überschuß an reinem Zyankalium vorhanden sein.

5. Es soll nicht zu stark versilbert werden.

Hartversilberung, Arkasversilberung, Kadmiumlegierungen siehe Georg Buchner, Elektrolytische Metallabscheidungen; Berlin, M. Krayn 1922.

---

[1]) Siehe Georg Buchner, Elektrolytische Metallabscheidungen, Berlin, M. Krayn 1923.

Vergoldung. Der Elektrolyt für Vergoldung besteht aus einer Lösung von Goldkaliumzyanid (= Zyangoldkalium). Man löst 6 g Goldchlorid (= ca. 3 g Gold) in 20 g Wasser auf, fügt 2 g Salmiakgeist zu, sodann 13 g Zyankalium (rein) und so viel Wasser, daß das Ganze einen Liter beträgt. Zweckmäßig erwärmt man dann auf dem Wasserbad, bis die Flüssigkeit nur mehr schwach nach Ammoniak riecht.

Spannung bei 10 cm Elektrodenentfernung 1,5—2 Volt, Stromdichte 0,15 Ampere/qdm. Goldanoden; auch Eisenanoden sind verwendbar in chlorfreien Bädern (Auflösen von Zyangoldkalium); dann die Zugabe von Goldlösung zum Elektrolyten oder Knallgold in Salmiakgeist.

Für die Vergoldung von Massenartikeln verwendet man die ergiebigen Phosphatgoldbäder.

Man löst für 1 l Bad 2,0 g Chlorgold (ca. 1 g Gold), 1,5—2 g Zyankalium, 15 g neutrales schwefligsaures Natrium, 50 g phosphorsaures Natrium.

Die Spannung, die an den Klemmen eines Goldbades erforderlich ist, ermittelt man durch einige Versuche. Man arbeitet in solchen Bädern in der Regel nicht mit löslichen Anoden, sondern ordnet an mehreren Stellen des Bades kleine Platinbleche als Anoden an. Je nach der Entfernung dieser Blechstreifen von den eingehängten Waren wird nun die erforderliche Spannung sehr verschieden sein und außerdem hängt von ihr auch in weitgehendem Maße die Farbe des niedergeschlagenen Goldes ab. Diese Farbe kann man nun auch noch in anderer Weise beeinflussen. Wenn man nämlich dem Goldbad etwas Zyankupferkalium zusetzt, so nimmt der Niederschlag einen rötlichen Ton an (sog. Rosavergoldung oder Neugold), während eine Zugabe von etwas Silberbad in die Goldlösung ihm einen eigentümlichen grünstichigen Ton verleiht (grüne Vergoldung). Auch für diese Herstellung von „Rotgold"- und „Grüngold"-Bädern lassen sich aber nicht gut bestimmte Vorschriften angeben. Man geht daher so vor, daß man die Zusatzlösung von Zyankupferkalium oder Zyansilberkalium unter fortwährendem Probieren tropfenweise beimischt, bis die gewünschte Farbe erreicht ist.

Bevor man Waren aus Kupfer oder Messing oder die zunächst verkupferten oder vermessingten Werkstücke aus Eisen, Zink oder Weichmetallen ins Goldbad bringt, unterzieht man sie gewöhnlich zuerst einer sog. Vorvergoldung in einem älteren, bereits ziemlich ausgenutzten Goldbad oder einem Goldsud oder taucht sie, wie es manche Praktiker zu tun pflegen, für einen Augenblick in ein älteres Silberbad. Dabei scheidet sich auf ihnen ein hauchdünner Überzug von Silber aus.

Empfohlen werden auch die Ferrozyanbäder, z. B. 2,5 g Chlorgold, 15 g Kaliumferrozyanid (= gelbes Blutlaugensalz), 15 g Natriumkarbonat (kalzinierte Soda), 1 l Wasser. Badspannung bei 15 cm Elektrodenabstand 2,1 Volt, Stromdichte 0,1 Amp./qdm. Diese Bäder greifen den Decklack weniger an.

Platinüberzüge. Hierfür dient folgendes Bad: 50 g Zitronensäure werden in 200 g Wasser gelöst und mit Ätznatronlösung neutralisiert. In die siedendheiße Lösung trägt man aus 7,5 g Platinchlorid mit Chlorammoniumlösung frisch gefällten Platinsalmiak ein, erwärmt bis zur erfolgten Lösung und bringt das Ganze auf 0,5 l; dann fügt man noch 1—2 g Chlorammonium zu.

Als Anoden dienen kleine Platinbleche, die geeignete Spannung ermittelt man durch einige Feststellungen. Sowohl an den Waren wie an den Anoden soll bei der Arbeit Gasentwicklung auftreten.

Verzinnen. Die galvanische Verzinnung kann mit großem Vorteil in vielen Fällen die heiße oder Feuerverzinnung ersetzen, besonders bei der Kleineisenindustrie (Metallersparnis), wenn die elektrolytischen Zinniederschläge den technischen Ansprüchen genügen; das ist erst in neuerer Zeit möglich geworden. Neben dem vollkommen dichten Zinniederschlag, der die Struktur des Elektrolytbleies oder Kupfers zeigt, besteht große Neigung des Zinnes, in grobkristallinischer oder in schwammiger Zustandsform aufzutreten (ähnlich beim Blei). Hier spielt auch das Metall, auf dem der Zinniederschlag aufgebracht werden soll, eine Rolle. Folgendes Zinnbad ist geeignet, schöne, dünne Zinniederschläge zu erhalten, die beim Kratzen einen schönen silberweißen Ton zeigen.

Man löst in 0,5 l Wasser 30 g Ätzkali, fügt sodann eine Lösung von 20 g Zinnchlorür (Zinnsalz) in wenig Wasser sowie 10 g Zyankalium zu und füllt mit Wasser zu 1 l auf. Gegossene Zinnanoden; 15—20 cm Abstand bei ca. 0,5 Volt.

Für die elektrolytische Verzinnung gilt im allgemeinen dasselbe, was bei der elektrolytischen Verzinkung ausgeführt wird. Wenn die elektrolytische Verzinnung tadellos ausgeführt wird, kann sie nicht nur mit der Feuerverzinnung konkurrieren, sondern erweist sich in vieler Beziehung vorteilhafter. Die Vorurteile gegen die elektrolytische Verzinnung schwanden erst dann, als der Mangel an Zinn zu größter Sparsamkeit in der Verwendung dieses Metalles zwang. Während z. B. bei feuerverzinnten Blechen die Zinnauflage zumeist 43—82 g für den Quadratmeter beträgt, genügt für Konservendosen schon eine solche von 10—15 g. Galvanisch verzinnte Feldbestecke hatten 1—2 g, feuerverzinnte 6 g Zinnauflage. Natürlich muß der Zinnüberzug vollständig homogen hergestellt sein. Die elektrolytischen Zinnüberzüge legieren sich infolge eines Wasserstoffgehaltes schwierig mit dem Grundmetall, sie haben daher die unangenehme Eigenschaft, daß sie beim Erwärmen, wie das z. B. beim Löten verzinnter Bleche nötig ist, abfließen.

Die Verzinkung, Verbleiung, die Kobalt- und Kadmiumüberzüge sind sehr geeignet als Ersatz für die Kupfer-, Messing-, Nickel- und Zinniederschläge, sei es zum Schutze (Zink und Blei) oder zur Verschönerung (Kobalt-Kadmium).

Verzinkung. Die Verzinkung auf elektrolytischem Wege, sog. galvanische oder kalte Verzinkung, kann entweder in der neutralen bzw. schwachsauren oder in einer alkalischen Elektrolytflüssigkeit (sog. galvanischem Bade) ausgeführt werden.

1. Neutraler bzw. schwachsaurer Elektrolyt.

Man löst 150 g schwefelsaures Zink und 50 g schwefelsaures Ammonium in so viel destilliertem Wasser auf, daß das Ganze 1 l beträgt. Zweckmäßig setzt man 5,0 g Borsäure zu. Spannung in den Badklemmen bei einer mittleren Entfernung von 15—20 cm zwischen den Waren und Anoden 1—3 Volt, Stromdichten bei diesen Spannungen 0,3—1 Ampere.

2. Alkalischer Elektrolyt.

Man löst in 0,5 l destilliertem Wasser 80 g Ätzkali, erwärmt und setzt 40 g kohlensaures Zink zu, rührt bis zur Lösung und füllt mit Wasser zum Volumen eines Liters auf. Spannung in den Badklemmen bei einer mittleren Entfernung von etwa 15—20 cm zwischen Waren und Anoden 2—3,5 Volt, Stromdichte ca. 1 Ampere. Als Anoden verwendet man Gußplatten aus reinem Hüttenzink.

Zweckmäßig ist es, aber nicht nötig, die Badtemperatur auf 30—50 ° C zu halten, da man dann etwas höhere Stromdichten anwenden kann. Es ist vorteilhaft, die Zinkbäder durch ein Rührwerk bewegt zu halten.

Zu 1. Das neutrale Bad färbt, obwohl es (ohne Borsäure) nur Neutralsalze enthält, blaues Lackmuspapier rot (Eigenschaft der Schwermetallsalze). Diese Reaktion soll im Laufe der Arbeit nicht schwächer werden, da sonst sich im Bade basische Zinksalze oder Zinkhydroxyd gebildet hätten, was zur Abscheidung von Zink in grauer, schwammiger Form Veranlassung gäbe.

Am besten hält man das Bad so, daß blaues Lackmuspapier intensiv rot, Kongopapier sehr schwach, aber noch nicht deutlich blau wird. Sollte das nicht der Fall sein, so gibt man etwas Schwefelsäure zu, so daß nach gutem Durchmischen diese Bedingung erfüllt ist. Der Zusatz der Borsäure hat den Zweck, die ursprüngliche

Säurekonzentration aufrecht zu erhalten. Eine weitere Bedingung für die Zinkabscheidung in der nötigen dichten Form ist die Reinheit der angewendeten Stoffe, d. h. die Abwesenheit von Fremdstoffen, wie z. B. Kupfer, Arsen usw.; diese Stoffe begünstigen die Entstehung des porösen, grauen Zinkes (Zinkschwamm), indem diese Verunreinigungen an der Kathode abgeschieden werden und die Wasserstoffüberspannung vermindern, mit anderen Worten Wasserstoffentwicklung hervorrufen, wodurch das Bad an Säure bzw. Wasserstoffionen ärmer wird, also nach der basischen Seite neigt. Weitere Bedingung zur Erzielung dichten, schwach glänzenden Niederschlages ist Einhaltung der anfänglichen Konzentration des Bades an Zink und der nötigen Stromdichten.

Zu 2. Das alkalische Zinkbad ist weniger empfindlich, besonders für Waren, die mangelhaft vorgereinigt bzw. entfettet sind. Sehr zweckmäßig, besonders wenn es sich um die Gewinnung eines stärkeren Zinkniederschlages handelt, ist es bei beiden Bädern, die Gegenstände ab und zu aus dem Bade zu nehmen, abzuspülen und mit Messingbürsten zu überkratzen, um den bereits entstandenen Niederschlag zu glätten und einem Rauhwerden vorzubeugen, da dies wieder das Auftreten des Zinkes in der schwammigen Zustandsform begünstigen würde. Geschliffene Werkstücke werden mit Petroleum oder Benzin usw. und nachherige Behandlung mit Kalkbrei entfettet, eiserne Massenartikel kann man mit dem Sandstrahlgebläse vorbehandeln und beizen. Kleine eiserne Massenartikel, wie z. B. Schrauben, die des Blankmachens nicht bedürfen, werden mit heißer Lauge gereinigt. Zum Verzinken kleiner Massenartikel dienen in Bewegung gehaltene geeignete Siebe, Trommeln usw.

Vorteile der elektrolytischen Verzinkung von Eisen- und Stahlwaren gegenüber der sog. Heißverzinkung. In Anbetracht der heutigen Zeiten, in denen es mehr als früher darauf ankommt, von verschiedenen Arbeitsmöglichkeiten diejenige auszuwählen, welche die beste und dauerhafteste Ware liefert, und bei der Notwendigkeit, jede Arbeitsweise so rationell als möglich zu betreiben, bei der allgemeinen Wichtigkeit der Verzinkung sei auf die Versuche von I. Szirmay[1]) hingewiesen, welche zugunsten der elektrolytischen Verzinkung sprechen. Diese Ergebnisse seien wie folgt zusammengefaßt:

Gegenstand der Versuche bildeten: Eisen- und Stahlbleche, schmiedeeiserne Gas- und Wasserleitungsrohre, Eisen- und Stahldrähte englischer, amerikanischer und österreich-ungarischer Fabrikation in verzinktem Zustand.

Die heiß verzinkten Waren besten Materials waren aus den entsprechenden Ländern zugegangen, die elektrolytisch verzinkten waren von der Firma Paul Kollerich & Söhne in Budapest, von den ungarischen Staatswerken in Zoyom Brezo und von der Drahtfabrik der Firma Joh. Pengg in Thörl (Steiermark) beschafft.

Die Überlegenheit elektrolytisch verzinkter Eisen- und Stahlwaren den heißverzinkten gegenüber, sowohl bezüglich des mechanischen Verhaltens als auch betreffs der Einwirkung der Atmosphärilien, wurde überzeugend nachgewiesen.

1. Während bei der Heißverzinkung infolge der unumgänglichen Unreinheit des Zinks verhältnismäßig große Zinkmengen aufgebracht werden müssen, um Rostsicherheit zu verbürgen, genügt ein viel geringerer Zinkniederschlag, elektrolytisch bewirkt, um die Gegenstände vor Rost zu schützen, infolge der Reinheit desselben.

2. Die große Zinkmenge und die Ungleichmäßigkeit des Überzugs beim Heißverfahren beeinträchtigen die feste Haftbarkeit, und da sowohl Bleche als Rohre und Drähte bei Gebrauch mechanisch verarbeitet werden, wobei der Zinküberzug leidet, findet ein vorzeitiges Rosten der bearbeiteten Stellen statt.

---

[1]) Zeitschrift für Elektrochemie. 1918.

In letzterer Zeit versuchte man dem Übelstand durch das sog. Wischverfahren, besonders bei Drahtverzinkung, zu steuern. Man sparte dadurch an Zink und erzielte eine größere Gleichmäßigkeit und Haltbarkeit des Überzugs; aber sehr auf Kosten der Rostsicherheit, wie die chemischen Versuche dargetan haben, wonach die von erstklassigen englischen und amerikanischen Firmen bezogenen Wischdrähte absolut keinen Schutz gegen atmosphärische Einflüsse bieten. Darüber kann auch ihr schönes Aussehen nicht hinwegtäuschen, und es werden tatsächlich unter den Konsumenten Stimmen laut, die solche Drähte wegen des raschen Rostens ablehnen.

3. Infolge des Gebrauchs von Salmiak und Chlorzink bei der Heißverzinkung korrodiert der Überzug bei mechanischer Lädierung, und die eingeschlossenen Chlorsalze bewirken in solchen Fällen ein Rosten von innen nach außen. Wenn sonach die großen Zinkmengen, trotz der darin enthaltenen Unreinheiten, das darunter befindliche Eisen vor Rost auch für längere Dauer schützen würden, bewirkt dieser Übelstand vor der Zeit ein Verrosten des Eisens oder Stahls, obwohl die vorgeschriebene Tauchzeit und -zahl einwandfrei erreicht wird. Eigentümlich ist der Mangel einer einwandfreien Verzinkung des Rohrinnern gerade bei solchen Dimensionen, die zumeist in Gebrauch kommen, wie wohl sehr leicht zu erklären.

Die zähe geschmolzene Zinkmasse kann nicht so rasch wie notwendig das enge Rohrinnere ausfüllen, daher das Vorkommen bloß einzelner Streifen und erstarrter Klümpchen, so daß diese Rohre im Innern viel rostiger sind und früher zugrunde gehen müssen als Schwarzrohre, denen das Oxyduloxyd wenigstens für einige Zeit Schutz bietet.

Alle diese Mängel kommen bei elektrolytischer Verzinkung in Wegfall, weshalb auch diese den Vorzug vor dem Heißverzinken verdient.

Allerdings ist es auch hier nicht gleichgültig, aus welchen Bädern der Zinküberzug niedergeschlagen wurde.

Es wurden elektrolytisch verzinkte Waren untersucht, die eine genügend starke Zinkschicht aufwiesen und dennoch rasch rosteten, während seit Jahren exponierte elektrolytisch verzinkte Bleche, Rohre und Stacheldrähte in Größen, wie solche auf den Markt gebracht werden, sich noch heute als tadellos erweisen.

Eine sorgfältige Untersuchung des Zinkblechniederschlags verschaffte die Aufklärung über das verschiedene Verhalten.

Man fand manchen Niederschlag nahezu chemisch rein; die mit diesem versehene Ware hat auch atmosphärischen Einflüssen siegreich widerstanden. Manche Niederschläge hingegen enthielten Salze eingeschlossen, welche sich als direkte Ursache des frühen Rostens zeigten.

Auf Grund der Befunde einer Reihe von Zinkelektrolyten ist festzustellen, daß natürlich das Zink nicht an Salze gebunden sein darf und der Elektrolyt keine derartigen Leitsalze enthalten darf, welche rostsichere Niederschläge verhindern. Nach dem Verfasser ist das ablehnende Verhalten der Großindustrie elektrolytischen Verfahren gegenüber auf solche Fehler zurückzuführen. Da diesem Mangel leicht abzuhelfen ist, wäre es an der Zeit, sich zu Verzinkungen immer mehr der elektrochemischen Verfahren zu bedienen.

Verbleiung. Dünne, leichte Bleiüberzüge erhält man in folgenden Bädern:

1. Man löst in 0,5 l Wasser 50 g Ätzkali, erwärmt und trägt dann 5 g Bleioxyd ein; nach erfolgter Lösung fügt man so viel Wasser zu, daß das Ganze 1 l beträgt.

2. Oder man benutzt eine Lösung von 5 g essigsaurem Blei, 5 g Essigsäure in 1 l Wasser. Man verwendet als Anoden Eisenbleche und arbeitet mit einer Spannung, deren zweckmäßige Höhe man durch einige Proben ermittelt. Der Strom braucht nur von geringer Stärke, ca. 2 Volt Spannung, zu sein. Bei der Verbleiung handelt es sich darum, den Bleiniederschlag in dichter mikrokristallinischer Form, nicht aber großkristallinisch oder in Schwammform zu erhalten. Durch Zusatz von Bleioxyd

bzw. Bleiazetat wird der Bleigehalt gleich erhalten. Für dichtere Bleiniederschläge haben sich Lösungen von kieselfluorsaurem Blei bewährt. Man nimmt die käufliche Kieselfluorwasserstoffsäure und verdünnt sie zu 20° Bé, setzt dann so lange reines Bleikarbonat zu, bis die die Kieselfluorwasserstoffsäure verunreinigende Fluorwasserstoff- und Schwefelsäure ausgefällt ist. Dann fügt man 130 g käufliches Bleikarbonat (Bleiweiß) zu, so daß im Liter ca. 100 g Blei enthalten sind. Als Anoden dienen Bleiplatten; der Elektrolyt ist in Bewegung zu halten. Am besten funktioniert der Elektrolyt unter folgenden Bedingungen:

Bleigehalt 4—8 %, Kieselfluorwasserstoffsäure 11%, Stromdichte 50—100 Ampere pro Quadratmeter, Gelatinezusatz 0,1%.

Verzinkung und nachherige Verbleiung von Eisenblech zum verstärkten Rostschutz, sog. Schulte-Verfahren oder Zi-Lied-Verfahren. (Zi=Zink, Led=Blei [lead].)

Nach diesem Verfahren wird zunächst Zink auf elektrolytischem Wege, sodann auf dem erhaltenen Zinküberzug, ebenso galvanisch Blei niedergeschlagen. Diese Überzüge sind besonders wertvoll, wenn es sich darum handelt, das verzinkte Blech gegen Einwirkung von verdünnten Säuren, z. B. schwefliger Säure der Rauchgase usw., zu schützen.

Kobaltüberzüge. Das Kobalt eignet sich wegen seiner schönen weißen Farbe, seiner Ergiebigkeit und schönen Politur äußerst gut für Überzüge an Stelle des Nickels. Man benutzt als Elektrolyt folgende Zusammensetzung: 30 g schwefelsaures Kobaltoxydulammonium werden in 1 l Wasser aufgelöst. Als Anoden dienen gewalzte Kobaltbleche. Bei Verwendung von Kohlenanoden muß der Kobaltgehalt des Bades durch entsprechende Zugabe von Kobaltsalz ergänzt werden. Stromstärke etwa 2 Volt, 0,8 Ampere. Die Metallgegenstände sollen sich schnell mit einem Hauch von Kobalt bedecken. Dann kann der Strom schwächer genommen werden. Der Kobaltüberzug schlägt sich leichter nieder als Nickel, doch muß der Strom gut reguliert werden. Da Kupfer bei gleicher Stromstärke das Kobalt nicht so leicht annimmt als das Messing, muß bei ersterem Metall mit stärkerem Strome begonnen werden. Bei Eisen und Stahlgegenständen genügt ein schwächerer Strom als bei Kupfer und Messing. Die Gegenstände sollen zur Erzielung eines weißen Kobaltbelages möglichst weit von den Anoden gehalten werden. Auf Zink gelingen die Kobaltniederschläge schwerer. Die Kobaltüberzüge sollen nicht für die Innenseite von Eß- und Kochgeschirren verwendet werden.

Kadmiumniederschläge. Silberweiße Kadmiumüberzüge lassen sich leicht herstellen mittels folgender Elektrolyten:

1. Neutrales Bad.

100 g schwefelsaures Kadmium, 50 g schwefelsaures Ammonium auf 1 l Wasser.

2. Alkalisches Bad (Zyanbad, giftig !).

Man löst 32 g Kadmiumchlorid in 0,5 l Wasser und fällt dann mit überschüssiger Sodalösung kohlensaures Kadmium aus, d. h. man fügt so lange Sodalösung unter Umrühren zu, bis eine abfiltrierte Probe der Flüssigkeit mit Sodalösung keinen Niederschlag mehr gibt. Man wäscht den Niederschlag mit Wasser aus, bis die über dem weißen Niederschlag stehende Flüssigkeit rotes Lackmuspapier unverändert läßt. Dann bringt man das kohlensaure Kadmium auf ein Filter und löst nach Entfernung der größten Menge Wassers in einer Lösung von 50 g Zyankalium in 1 l Wasser. Temperatur ca. 40° C; Kadmiumanoden. Badspannung: 4—5 Volt. Der Niederschlag läßt sich schön kratzen und auf der gefetteten Barchentscheibe glänzend polieren. Eignet sich besonders für Überzüge von Eisen, Kupfer und Messing.

Elektrolytische Metallniederschläge auf Aluminium. Hier bieten sich infolge der chemischen und elektrochemischen Eigenschaften des Aluminiums besondere Schwierigkeiten, welche eine gesonderte Behandlung erfordern. Wenn man das Aluminium zuerst auf geeignete Weise verkupfert oder verzinkt, lassen sich beliebige Metallüberzüge (Silber, Gold usw.) herstellen.

In Neuhausen wird zur Verkupferung eine Lösung von 100 g Kupfervitriol und 60 ccm konzentrierte Salpetersäure (36° Bé = 1,333) in 1 l angewendet. Es ist dabei für das Festhaften des Niederschlages nicht gut, wenn die Flächen ganz blank und glänzend sind, vielmehr sollen dieselben mit Schmirgel gerieben und so lange in verdünnte Natronlauge getaucht werden, bis überall beträchtliche Gasentwicklung eingetreten ist. Dann wäscht man mit konzentrierter Salpetersäure ab und bringt sofort ins Kupferbad. Die Kupferanode soll ungefähr die gleiche Oberfläche wie der zu verkupfernde Gegenstand haben. Die geeignetste Spannung am Bade ist ca. 4 Volt bei einer Elektrodenentfernung von ca. 5 cm. Der Strom soll durch das Eintauchen und Herausnehmen der Gegenstände selbst geschlossen und geöffnet werden. Die Dauer der Stromeinwirkung soll nicht länger als 10—20 Minuten betragen. Zu dicke Niederschläge blättern leicht ab.

Nach Wogrinz und Halle verzinkt man leicht in einem Bade, das im Liter 40 g Zyanzinkkalium, 10 g Zyankalium, 150 g Soda und 50 g Ätznatron enthält und auf 30—40° C erwärmt ist, innerhalb 1—2 Minuten bei 10—15 cm Elektrodenentfernung bei 2—3 Volt. Anoden: Eisenbleche. Der Zinkniederschlag muß festhaften, mit dem Finger nicht abwischbar sein. Nach dem Abspülen kann direkt vernickelt, vermessingt werden; die Messingüberzüge werden gut durchgekratzt und bilden eine gute Unterlage für nachfolgende Vergoldung.

Elektrolytische Herstellung von Legierungen. Man kann auf elektrolytischem Wege auf zweierlei Weise auf Metalloberflächen Legierungen herstellen.

1. Wenn man verschiedene Metalle nacheinander zur Abscheidung bringt und durch Temperatursteigerung die Bildung der Legierung befördert. Diese Art der Legierungsbildung wird technisch wenig benutzt; dieselbe gibt aber die Erklärung für manche unliebsame Veränderung von Metallniederschlägen.

Man kann z. B. mit einer sehr geringen Menge Platin eine polierte Messingplatte vollständig galvanisch mit Platin überziehen; aber nach kurzer Zeit verfärbt sich die Platinierung, dann verschwindet sie ganz; das Platin versinkt in das Messing, d. h. es löst sich im Grundmetall, legiert sich, das Messing, heißt es, schlägt durch.

Zink, in dünner Schicht auf Platin oder Silber niedergeschlagen, gibt keine Zinkschicht, sondern eine Legierung; Kupfer wird von einer Antimonschicht ganz durchdrungen. Schlägt man auf Platin eine Kupferschicht nieder, darauf eine Zinkschicht, so bildet sich nach und nach ein Messingüberzug, schneller bei 100° C.

2. Durch gemischte Ionen- bzw. Metallabscheidung.

Hier bestehen besondere Schwierigkeiten.

Um ein Metall an der Kathode abzuscheiden, muß man der Kathode zum mindesten die Spannung aufzwingen, die dem Gleichgewichtszustande bzw. Potential Metall—Elektrolyt entspricht. Man habe z. B. eine Lösung von drei Metallen. Bei unendlich kleinen Stromdichten fällt zuerst das edelste Metall aus; erst wenn dieses gefällt ist, kommt das nächstedlere daran. Das entfernter liegende Metall, das höhere Stromdichten erfordert, bleibt unberührt.

Um zwei oder mehrere Metalle gleichzeitig abzuscheiden, müssen die Stromdichtepotentialkurven genügend nahe beisammen liegen; diese liegen aber bei den meisten Metallen, welche in Betracht kommen, ziemlich weit auseinander; doch kann man durch besondere Vorkehrungen eine Näherung erreichen. So kann man durch Bildung komplexer Salze, z. B. Metallzyanverbindungen, bei großem Überschuß an Zyankalium die Gleichgewichtspotentiale von Kupfer und Zink, die sonst + 0,33 und — 0,8 betragen, nahezu gleichmachen, beide Metalle also gleichzeitig zur Abscheidung bringen und Messingniederschläge erzielen. Hierbei wird noch durch die Bildung einer festen Lösung (Kupferzink) die Abscheidung des weniger edlen Metalles begünstigt.

Messingüberzug. Als Elektrolyt dient eine Lösung von Kupfer- und Zinkkaliumzyanid (= Zyankupfer- und Zyanzinkkalium) in geeigneten Verhältnissen.

Man löst z. B. für 1 l Bad 12,5 g essigsaures Kupfer und 12,5 g essigsaures Zink im Badgefäß selbst in 0,3 l Wasser, fügt der Lösung eine Lösung von 10 g kristallisierter Soda und 25 g neutralen schwefligsauren Natriums in 0,2 l Wasser bei, wobei sich ein hell blaugrüner Niederschlag bildet, den man gut umrührt, und setzt schließlich eine Lösung von 35 g Zyankalium in 0,2 l Wasser zu. Nunmehr löst sich der Niederschlag, und wenn man auf 1 l auffüllt, ist 1 l Messingbad fertig.

Spannung an den Badklemmen bei einer mittleren Entfernung von 15—20 cm zwischen Waren und Anoden 2,5—3,5 Volt, Stromdichten 0,3—0,6 Ampere.

Als Anoden verwendet man gegossene Platten aus gutem, reinem Messing, die man in der bekannten Art an den Anodenstangen befestigt. Die nach den mitgeteilten Vorschriften angesetzten Bäder eignen sich sowohl zur Elektroplattierung von Eisen und Stahl, wie auch von Waren aus Blei, Zinn und Zink und aus Legierungen dieser Metalle. Der Niederschlag fällt bei richtiger Spannung und Stromdichte gleichmäßig mattgelb aus, zeigt manchmal auch rote Flecken, die aber gewöhnlich nicht viel schaden und nimmt metallischen Glanz erst beim Kratzen an. Dieses Kratzen, unter Verwendung einer Abkochung von Seifenwurzeln, muß öfters wiederholt werden, wenn es sich um die Herstellung eines starken Messingüberzuges handelt.

Galvanoplastik.

Erzeugung von abtrennbaren, genügend starken Metallniederschlägen auf metallischen oder nichtmetallischen Gegenständen zum Zwecke der Abformung und Vervielfältigung.

Die abzuformenden Gegenstände werden mittels leichtschmelzbarer Metalllegierungen, Weichblei, Siegellack, Gips, Wachsmischungen, Guttapercha oder Leimformen, mit oder ohne Druck durch Pressen abgeformt, durch Graphit leitend gemacht und im sauren Kupferbad hinreichend dick metallisch nachgebildet.

Man stellt sich zum Abformen Wachsplatten (frei von Luftblasen) her, die schwach angewärmt in die Originale eingedrückt werden. Das Ankleben verhindert man durch schwaches Überstreichen der Platte und des Gegenstandes mit einer mit Graphit versehenen weichen Bürste.

Wachsmischungen:

1. 650 g gelbes Bienenwachs, 270 g Stearinsäure, 50 g Hartparaffin, 30 g reiner Graphit, der in die schmelzende Masse eingerührt wird; oder
2. 60 g gelbes Bienenwachs, 90 g Zeresin, 10 g Graphit.

Nach dem Abpressen werden die Leitungsdrähte eingeschmolzen, die Formen beschwert, damit sie nicht auf der Badoberfläche schwimmen.

Beim Abformen von Gipsmodellen mit Gips überstreicht man zuerst mit weingeistiger Schellacklösung, überpinselt nach dem Trocknen mit Seifenwasser und bringt dann den mit Wasser angerührten Gipsbrei darauf; nach dem Erhärten und Abnehmen sowie Trocknen wird der Gips mit Paraffin oder Zeresin imprägniert (längeres Verweilen in der Schmelze), damit die Badflüssigkeit nicht eindringen kann; man versieht mit Leitungsdrähten, macht durch Graphitieren leitend, verkupfert schwach und formt dann mit Wachsplatten ab.

Das Graphitieren zum Leitendmachen muß sorgfältig vorgenommen werden (siehe S. 305).

Herstellung von Kupfer-, Nickel- oder Eisengalvanos unmittelbar nach einem Kupfergalvano: Zunächst wird dieses in allen Teilen sorgfältig geputzt, dann auf der Rückseite mit geschmolzenem Wachs oder auch mit einer Schicht Decklack überzogen, damit sich dort kein Metall niederschlagen kann, und nun auf der Bildseite noch einmal durch Abreiben mit einer Mischung von Schlämmkreide und Spiritus und darauffolgendes vorsichtiges Entfetten mit Kalkmilch sowie Spülen unter der Brause gereinigt. Würde man die so vorbereitete Form nun in das galvanoplastische Kupfer-, Nickel- oder Eisenbad bringen, so entstünde zwar ohne weiteres ein gleichmäßiger Niederschlag, — er würde sich aber so fest mit der Grundlage verbinden, daß er von ihr nicht mehr getrennt werden könnte. Bevor man daher die in der beschriebenen Weise vorbereitete und entfettete Metallform in das betreffende Plastikbad hängt, taucht man sie für einen Augenblick in Wasser, dem man etwas Schwefelammonium zugesetzt hat, und spült sie hierauf gut ab. Beim Eintauchen in das verdünnte Schwefelammonium bildet sich auf dem blanken Kupfer ein hauchdünner Überzug von Schwefelkupfer, dessen Vorhandensein man nur daran merkt, daß das blanke Rot des Kupfers einen mehr bräunlichroten, allenfalls einen etwas irisierenden Ton angenommen hat. Dieser äußerst dünne Überzug von Schwefelkupfer genügt aber vollkommen, um ein Zusammenwachsen des niedergeschlagenen Metalles mit der Grundlage zu verhindern.

Für unterschnittene Modelle benutzt man elastische Leim- oder Guttaperchaformen.

Das Abgießen mit Leim, das auch viele Gipsgießer bei der Herstellung ihrer Gußformen anwenden, geschieht folgendermaßen: Man fettet mit einem Pinsel die Oberfläche des abzuformenden Gegenstandes leicht mit Öl ein und wischt mit einem Bausch aus feinem Leinen wieder ab, so daß nur eine Spur von Öl auf der Oberfläche bleibt. Dann umgibt man den Gegenstand mit einem Rand von Papier oder Ton und gießt eine Lösung von Gelatine in warmem Wasser auf. Von der Gelatine verwendet man Sorten, welche sich schwieriger in Wasser lösen, und zwar setzt man je 10 g mit 10—27 ccm Wasser an. Zweckmäßig ist es, nach der Auflösung des Leimes, die man durch Einstellen des betreffenden Gefäßes in einen Topf mit erwärmtem Wasser beschleunigt, 3—7 g Glyzerin zuzusetzen, weil sich dann die Leimmasse beim Erstarren weniger stark zusammenzieht. Nach dem Erstarren löst man das Gelatinerelief vorsichtig vom Modell ab und hat es nun bloß noch durch eine geeignete Behandlung gegen die Einwirkung der Flüssigkeit des Bades unempfindlich zu machen, bevor man es weiter bearbeitet. Dies geschieht entweder dadurch, daß man die Oberfläche der Leimform durch Eintauchen in eine Lösung von 10 g Tannin in 100 Tln. Wasser oder von 2 g Tannin in 100 ccm Weingeist unlöslich macht. Die gleiche Wirkung erzielt man übrigens auch, wenn man die Leimform für einige Minuten in eine Lösung von 3 Gewichtsteilen Kaliumbichromat in 100 Gewichtsteilen Wasser senkt und sie dann für kurze Zeit dem direkten Sonnenlicht oder während ungefähr einer halben Stunde dem zerstreuten Tageslicht aussetzt. Eine Leimmasse, die nach dem Gießen ohne weitere Behandlung unlöslich bleibt, erhält man, wenn man in 1 l Wasser 125 g Kandiszucker sowie 500 g gute Gelatine löst und schließlich unter beständigem Rühren 12 g Tannin beimischt.

Jede Leimform muß im Bad schnell gedeckt werden, da ihre Widerstandsfähigkeit, auch wenn sie gut präpariert ist, doch eine recht begrenzte bleibt. Überhaupt ist die ganze Arbeit eine ziemlich prekäre und insbesondere, wenn man nicht Gelegenheit gehabt hat, sie praktisch kennen zu lernen, tut man gut daran, sie zu unterlassen.

Das Abgießen eines unterschnittenen Modelles mit Guttapercha geschieht folgendermaßen:

Man zerschneidet gute, reine Guttapercha in kleine Stücke und knetet sie unter warmem Wasser gründlich durch, um aus ihnen Verunreinigungen, wie Holzspäne u. dgl., zu entfernen. Dabei arbeitet man die einzelnen Stücke zu größeren Ballen zusammen, die man wieder zerreißt und neue Ballen bildet, bis eine gleichmäßige, reine Masse entstanden ist. Die gebildeten Klumpen zerschneidet man schließlich wieder in ganz kleine Stücke, läßt sie einige Zeit an der Luft trocknen und schmilzt sie dann in einem reinen Gefäß, das man in einen Topf mit heißem Wasser stellt, unter kräftigem Umrühren mit dem zehnten Teil ihres Gewichtes an reinem Olivenöl zusammen.

Dabei ist zu bemerken, daß die Menge des Ölzusatzes sowohl von der Beschaffenheit des Öles, als hauptsächlich von der der Guttapercha abhängt. Sie wird durch längeres Lagern brüchig und braucht dann mehr Öl.

Zum Abformen erwärmt man die gut geölten Modelle, trägt dann die teigförmige Masse auf, verteilt gleichmäßig und stellt dann in kaltes Wasser.

Die so vorbereiteten Formen werden im sauren Kupferbad, wie bei der Galvanostegie, unter Zuführung des elektrischen Stromes verkupfert. Bei kleinen Gegenständen und mangels einer geeigneten Einrichtung kann man gelegentlich, wie das früher viel geschah, die Verkupferung auch ohne äußere Stromquelle ausführen, indem man die leitend gemachte Form an Stelle der Kupferelektrode (Kathode) in ein Daniellelement einhängt. Man stellt ein größeres Daniellelement her, indem man ein Diaphragma mit verdünnter Schwefelsäure und der Zinkelektrode leitend mit dem in Kupfervitriollösung befindlichen abzuformenden Gegenstand verbindet.

Nach Fertigstellung der Galvanos werden sie durch Erwärmen vom Wachs (Ausschmelzen) usw. befreit, in verdünnter Schwefelsäure blank gebeizt, getrocknet und auf der Rückseite mit einer geschmolzenen Legierung aus gleichen Teilen Blei und Zinn ausgegossen.

Galvanoplastische Eisen- und Silberbäder siehe Steinach-Buchner: Die galvanischen Metallniederschläge. M. Krayn, Berlin 1922.

Eisen-, sog. Stahlgalvanos, bilden Ersatz für Kupfergalvanos zur Vervielfältigung von Bildstöcken.

Scheuertrommeln, kippbare Massengalvanisierapparate mit Steinzeugglocke, Bewegungseinrichtungen für Silberbäder mit Durchlüftung, Gewichtszähler für Versilberung liefern besonders Langbein-Pfanhauser-Werke, Leipzig-Sellerhausen, die Vereinigten Elektrochemischen Fabriken Dr. Oskar Hahn, Markranstädt i. Sa. und die Firma Friedrich W. Kelm, Berlin W 9.

Schnellgalvanoplastik. Mit Kupfersulfatbädern höherer Konzentration als bei dem gewöhnlich sauren Kupferbad der Fall ist, gelingt es bei geringem Gehalt an freier Schwefelsäure und erhöhter Temperatur schneller zu arbeiten, während bisher mit den gewohnlichen Bädern die Herstellung eines Klischees von mindestens 0,15 mm ca. 5 Stunden Zeit erforderte. Ein solches Bad besteht aus: 30—34 kg Kupfervitriol, 0,2 kg Schwefelsäure von 66 Bé, 100 l Wasser.

Das Bad braucht bei 5—6 cm Elektrodenentfernung ungefähr 6 Volt und arbeitet mit Stromdichten bis zu 8 Amp./qdm, so daß man solide Klischees in eineinhalb bis zwei Stunden herstellen kann.

Für gute Stromzuleitungen von genügendem Querschnitt ist wegen der angewandten hohen Stromdichten Sorge zu tragen. Da die zwischen Anoden und Waren befindlichen Badschichten durch die rasche Kupferabscheidung schnell kupferarm werden, muß man durch Bewegung der Bäder dafür sorgen, daß sie durch frische Lösung ersetzt werden.

Man legt vorteilhaft Bleischlangen ins Bad, durch welche man Dampf, zum Zwecke der Erwärmung, aber auch kaltes Wasser, zum Zwecke der Abkühlung, leiten kann, wenn infolge der Stromarbeit eine unzulässige Erhöhung der Temperatur eintreten sollte.

Es ist empfehlenswert, die Matrize in einem gewöhnlichen Kupferbad mit geringer Stromdichte zuwachsen zu lassen und sie erst dann ins Schnellgalvanoplastikbad zu bringen.

G. Metallfärbung[1]).

Unter Metallfärbung im weitesten Sinne des Wortes versteht man jede natürliche oder künstliche Änderung der Farbe eines Metalles oder einer Legierung, sofern der Metallcharakter (Metallglanz) nach Möglichkeit gewahrt bleibt. (Unterschied von Anstrichen.)

Die Färbung kann sich durch die ganze Masse des Metalles (farbige Legierungen) oder nur auf die Metalloberfläche (Oberflächenfarben) erstrecken; dieselbe kann ungewollt durch die Einwirkung der Atmosphärilien (natürliche Metallfärbung) oder durch zielbewußte Arbeiten chemischer — elektrochemischer — oder mechanischer Art bewirkt werden (künstliche Metallfärbung).

Im engeren Sinne bezeichnet man heute unter Metallfärbung eine Oberflächenfärbung der Metalle oder Legierungen, sei es, daß dieselbe auf chemischem oder elektrochemischem Wege (chemische oder elektrochemische Metallfärbung) oder durch mechanisches Überdecken der Metallteilchen (mechanische Metallfärbung) unter Wahrung des Metallcharakters bewirkt wird.

1. Die chemische Metallfärbung.

Färben, Bronzieren oder Patinieren durch Beizen.

Die chemische Metallfärbung ist kein Auftragen einer schon fertigen Farbe auf die Metalle, kein Färben, wie es der Prozeß des Färbens der Gespinste und Gewebe ist, wobei der schon vorhandene Farbstoff durch die Faser aufgenommen (adsorbiert) wird; sondern die chemische Metallfärbung, also die Metallfärbung im eigentlichen Sinne des Wortes, ist ein chemischer bzw. elektrochemischer Prozeß, bei welchem die oberflächlich liegenden Metallteilchen eines Gegenstandes durch geeignete Mittel in anders gefärbte Verbindungen übergeführt oder mit andersfarbigen Metallen oder Verbindungen bedeckt werden.

Wir unterscheiden hierbei die direkte und die indirekte Metallfärbung.

Bei der direkten Metallfärbung wird die betreffende Metalloberfläche durch chemische Einwirkung in gefärbte Verbindungen übergeführt, also z. B. Kupfer in braunes Kupferoxydul oder schwarzes Kupferoxyd, Eisen in blaue, braune oder schwarze Oxydschichten, oder es wird das Metall mit einer dünnen Schicht eines andersfarbigen Metalles überzogen, z. B. Zink durch Kupferüberzug rot gefärbt. Bei der indirekten Metallfärbung wird das zu färbende Metall zuerst mit einem anderen, zur Färbung besser geeigneten Metall (z. B. Eisen oder Zink mit Kupfer) überzogen und dann das Überzugsmetall entsprechend, z. B. braun, gefärbt.

Durch die Metallfärbung bezweckt man teils eine Oberflächenveredelung (Erhöhung oder Abschwächung der natürlichen Farbe und des Glanzes), teils durch Hebung der äußeren Wirkung eine Verschönerung oder aber auch einen Schutz vor Veränderung durch die äußeren Einwirkungen vorgreifende Wirkung, indem man eben die im Laufe der Zeit von selbst, d. h. durch äußere Einflüsse erfolgenden Veränderungen gleich von vornherein künstlich in vollkommener Weise durch Zuhilfenahme chemischer Stoffe bewirkt.

---

[1]) Wer sich eingehender mit der Metallfärbung befaßt, den verweise ich auf mein größeres Werk: Die Metallfärbung und deren Ausführung, 6. Auflage, Berlin, M. Krayn 1920. Hier können nur die wichtigsten typischen Metallfärbungen behandelt werden.

Gegenstände der Metallfärbung sind daher sowohl die sog. unedlen Metalle, welche sich an der Luft oxydieren, d. h. mit Sauerstoff verbinden und sich mit den Produkten der Oxydation, den Oxyden, unter Verlust ihres glänzenden, metallischen Ansehens bedecken, als auch die edlen Metalle bzw. deren Legierungen. Besonders geeignet und benutzt zur Metallfärbung sind das Kupfer und dessen Legierungen, z. B. Messing, Bronze usw., ferner Zink und Eisen. Von den edlen Metallen werden besonders die Silber- und Goldlegierungen gefärbt; teils zur Abtönung des zu starken Glanzes, teils zur Nuancierung der Farbe. Manche Metalle, wie z. B. das Zink — es sei nur an den Zinkguß erinnert —, können überhaupt nur durch entsprechende Färbung, welche ihnen das Ansehen wertvollerer Metalle oder Legierungen gibt, für gewisse, z. B. kunstgewerbliche Zwecke Verwendung finden.

Die Metallfärbung ist und war von jeher von großer Bedeutung, weil viele Metallerzeugnisse nicht mit metallisch glänzender, veränderlicher Oberfläche, sondern in abgetönten, haltbaren Farbennuancen, welche künstlerischen und ästhetischen Anforderungen besser genügen, als erstere, von den Konsumenten verlangt werden. Da auch der Markt die Metallwaren in allen möglichen Farben, welche dem Zeitgeschmack entsprechen, verlangt, so hängt die Verkäuflichkeit eines Metallgegenstandes viel von dessen Färbung, in vielen Fällen sogar ganz davon ab. Sehr wichtig ist die Metallfärbung auch für die Feinmechanik, für physikalische Apparate und wissenschaftliche Instrumente, bei denen eine möglichste Unveränderlichkeit oder auch eine gewisse Farbentönung nötig ist oder gefordert wird.

An eine Metallfärbung sind vor allem folgende Forderungen zu stellen: sie muß

1. schön sein, d. h. künstlerischen und ästhetischen Anforderungen entsprechen,
2. festhaften,
3. beständig sein und
4. den Metallcharakter der unterliegenden Metallfläche vollständig wahren, d. h. selbst ein den Metallen ähnliches optisches Verhalten aufweisen.

Wenn es nur irgend möglich ist, soll man stets der chemischen Metallfärbung den Vorzug vor der mechanischen Färbung geben. In manchen Fällen lassen sich beide Arten der Färbung zweckmäßig vereinigen; siehe später und bei mechanischer Metallfärbung.

Von Belang ist die Wahl der betreffenden Vorschriften. Viele Vorschriften eignen sich vorzüglich für die Färbung einzelner kunstgewerblicher Gegenstände, sind aber unbrauchbar für Massenartikel. Die Feinmechanik mit ihren meist hochpolierten größeren Metallteilen stellt an die Metallfärbung die schwierigsten Anforderungen.

Das allererste Erfordernis zur Ausführung und die wichtigste Bedingung für das Gelingen jeder chemischen Metallfärbung ist die vollständige, gleichmäßige Reinheit der Metalloberfläche von Schmutz, Fett, Oxydschichten usw. Es muß also eine entsprechende Reinigung der Metallgegenstände jeder Metallfärbung vorausgehen, und zwar unmittelbar, damit nicht wieder durch Berührung mit den Händen, Einwirkung der Luft usw. die blanke Metalloberfläche alteriert werde; siehe hierüber Kapitel: Reinigen und Beizen der Metalle.

Ferner ist für die Beschaffenheit der Metallfärbungen von Bedeutung die Art des Zustandes der Metalloberfläche, ob dieselbe glänzend, poliert oder mattiert oder geätzt ist; siehe bei: Glanzbrenne, Polieren, Mattieren und Ätzen.

Von besonderer Wichtigkeit ist die geeignete Nachbehandlung nach dem Färbungsprozeß, wodurch oft erst die Färbung in ihrer Schönheit hervortritt. Durch richtiges Bürsten, Polieren usw. lassen sich die auf chemischem Wege erhaltenen

Farbentöne zumeist sehr günstig verändern, matte Färbungen werden glänzend, hellere Färbungen dunkler, auch können verschiedene Stellen, z. B. Tiefen und Erhöhungen, hübsch nuanciert werden.

Um dem Gegenstand einen warmen Ton zu geben, ohne daß derselbe aber einen besonderen Glanz erhält, bedient man sich am besten des Wachses oder Zeresins. Am besten in der Weise, daß man die Gegenstände mit Bürsten bearbeitet, welche man öfters über Wachs oder Zeresin gestrichen hat.

Wenn die Färbung es verträgt, kann man mit Tüchern, Filz, mit dem Schwabbel, ev. mit dem Polierstahl unter Anwendung von Seifenwurzelabkochung behandeln; oder man bearbeitet mit weicheren oder härteren Borsten- oder Metalldrahtbürsten. Die auf Kupfer mit Schwefelleber erzeugten Färbungen nuanciert man z. B. in der Weise, daß man dieselben mit mittelfeinem Bimsstein- oder Kalkpulver und Wasser mit der Hand oder mit Zirkularbürsten entsprechend bearbeitet und dadurch nach Belieben dünnere Schichten von Schwefelkupfer und damit eine mehr braune Färbung erzielt. Man wäscht dann mit Wasser, trocknet und bürstet mit trockenem Bimssteinpulver oder Kalk oder Kreide längsstrichig durch.

Erhöhungen der Gegenstände werden heller gefärbt, indem man sie mit Polierrotpaste und rotierenden, feinen Nesseltuchpolierschwabbeln entsprechend durchpoliert.

Bei schönen Metallfärbungen sollen die Farbabstufungen in den Höhen und Tiefen des Gegenstandes durch geeignete hellere und dunklere Abtönung der Färbung hervorgebracht werden, nicht aber dadurch, daß, wie das sehr häufig geschieht, in den erhöhten Stellen einfach das blanke Metall herausgebürstet wird.

Verbindung der chemischen mit der mechanischen Metallfärbung, Durch geeignete farblose Lacke, z. B. Zaponlack, werden die Färbungen geschützt, durch gefärbte Lacke usw. kann die Farbenwirkung erhöht bzw. nuanciert werden (siehe: Mechanische Metallfärbung).

Maschinelle Metallfärbung. In manchen Fällen läßt sich eine Metallfärbung auch maschinell gestalten, wenn man z. B. eine mit Antimontrichlorid oder einer der Arsenbeizen durchtränkte oder damit stetig betropfte Filzscheibe rotieren läßt und die zu färbenden Messinggegenstände andrückt; oder umgekehrt einen Messingzylinder z. B. auf eine in langsamem Gang befindliche Drehbank bringt, während der Arbeiter mit einem mit Antimontrichloridlösung getränkten Filzlappen das Metall bestreichen läßt und so die Färbung hervorbringt.

Verschiedene Färbungen auf einer Metalloberfläche. Sollen nur Teile einer Metalloberfläche gefärbt werden, andere dagegen ungefärbt bleiben, oder sollen verschiedene Teile eine verschiedene Färbung erhalten (Muster, Zeichnungen usw.), so kann man verschieden verfahren:

Teilweises Decken mit Lack. Man kann diejenigen Teile, welche man ungefärbt lassen will, mit einem Lack überziehen, welchen man dann nach erfolgter Färbung mittels eines Lösungsmittels, z. B. Terpentinöl, wieder entfernen kann. Das gleiche ist der Fall, wenn ein Gegenstand verschieden gefärbt werden soll. Man deckt da auch zuerst die einen Teile mit Lack, färbt dann, entfernt nach dem Färben denselben, deckt dann jetzt die gefärbten Stellen und legt sie in das neue Färbebad. Z. B. zur Herstellung von schwarzen Zeichnungen auf weißem Grund auf Messing verfährt man wie folgt: Man bringt die Zeichnungen mit Decklack auf das Messingblech, dann versilbert man, sodann entfernt man den Decklack und färbt die bloßgelegten Stellen des Messings in der Schwarzbeize schwarz.

Teilweises Entfernen der Färbung. Man kann auch eine hergestellte Färbung teilweise mit einem schützenden Decklack überziehen und die Farbe der nicht gedeckten Teile mit entsprechenden Säuren entfernen. Die freigelegten Stellen können ev. wieder anders gefärbt werden. So kann man z. B. auf Kupferflächen bunte Muster erzeugen, indem man die Kupferfläche durch entsprechendes Erhitzen oxydierend färbt, die verschiedenartig gefärbten Kupferstellen mit Decklack teilweise überzieht, die nicht gedeckten Stellen mit Säuren behandelt usw.

Die Metallfärbung erfordert eigene Räume und Einrichtungen, die von den übrigen Arbeitsstätten, insbesondere denjenigen, in denen Säuredämpfe u. dgl. vorhanden sind, entfernt liegen, damit die gefärbten Waren nicht Schaden leiden; für die Erzeugung von besonderen Färbungen, z. B. schönen Anlauffarben, sind eigene Öfen u. dgl. nötig.

Die Metallfärbungen bewerkstelligt man in Gefäßen aus Glas, Porzellan, Steingut oder Emaillegefäßen mit unverletzter Emaille. Steingutgefäße vertragen nur schwache Erwärmung; für große Gegenstände kann man auch gut gearbeitete, paraffinierte oder asphaltierte Holzwannen verwenden.

Im allgemeinen werden die ev. angewärmten Metallgegenstände, deren Oberfläche durch entsprechende Vorbehandlung vollständig metallisch rein, also frei von Fett- und Oxydschichten sein muß, mit den ev. erwärmten Lösungen angerieben, angepinselt, getaucht, längere Zeit in der siedenden Flüssigkeit belassen (Sudverfahren), angespritzt und eintrocknen gelassen. dann abgewaschen und getrocknet. Auch werden die Lösungen mit neutralen Stoffen, wie z. B. Ton, verrührt und in Pastenform aufgetragen, was sich besonders bei größeren Gegenständen oft als vorteilhaft erweist. Auch Färbung bewirkende Stoffe können, wie z. B. präzipitierter Schwefel, allein oder in Mischungen angefeuchtet, in Pastenform aufgebracht werden.

Manche Lösungen, wie z. B. Messingschwärze, Graubeize, geben sehr gute Resultate beim Tauchen (Massenwirkung), aber schlechten Erfolg beim Anpinseln.

Die Vorbereitung eines Metallgegenstandes, die richtige Bearbeitung der Metalloberfläche vor dem Färben ist eine Hauptbedingung für das Gelingen der chemischen Metallfärbung. Nur auf einer fehlerlosen Unterlage kann eine gleichmäßige Färbung durch chemisch wirksame Stoffe bewirkt werden.

Anstatt, wie man oft glaubt, durch die Metallfärbung Fehler in der Oberflächenbeschaffenheit eines Metallgegenstandes verdecken zu können, werden solche durch die chemische Metallfärbung erst recht sichtbar gemacht. Man merke: „Immer ist es besser, ein Metall blank zu lassen, als schlecht zu färben!"

Um nach stattgefundener Metallfärbung die letzten Spuren von Säuren oder Metallsalzen, welche durch ihre Einwirkung die Färbung oder das Metall (besonders bei Eisen: Rosten) verändern würden, zu entfernen, genügt meist nicht ein gutes Spülen mit Wasser. Um ganz sicher zu gehen, werden zuletzt die Metallgegenstände durch verdünnte Sodalösung gezogen.

a) Zink.

I. Direkte Färbungen. Silberweiß: Färben durch dünnen Silber-, Nickel-, Kobalt-, Kadmium-, Zinniederschlag.

Gelb: 1. Färben durch dünnen Messing- oder Goldniederschlag.

2. Kräftiges Aufbürsten einer Lösung, die im Liter 50 g Kupfervitriol, 50 g Salmiakgeist (0,91 spez. Gew.) und 30 g Chlorammonium enthält, mittels Messingbürsten.

Rot: Verkupfern durch Anstreichverfahren oder elektrolytisch.

Braun: Verkupferungen färben sich nach und nach an der Luft braun (Oxydation); durch Aufbürsten obiger für Gelb angegebenen Lösung erhält man nach dem Trocknen braune Tönung.

Schwarz: 1. Zink kann man schwarz färben durch Bestreichen mit einer verdünnten Lösung von Platinchlorid. Dies läßt sich besonders bei kleineren, feineren Gegenständen gut verwenden.

2. Die entfetteten, direkt vor der Färbung mit verdünnter Salzsäure und Seesand gescheuerten Gegenstände werden in eine Lösung von 80 g Kupfervitriol, 40 g chlorsaurem Kalium, 500 g Wasser getaucht oder damit bestrichen. Nach erfolgter Schwarzfärbung (Bildung von Kupferoxyd) spült man mit Wasser ab und trocknet, behandelt ev. mit der Wachsbürste oder mit schwarzem Lack. Man erhält sehr gute Resultate, besonders auch auf matten, polierten, kleineren Gegenständen, wie z. B. Schnallen, Schließen usw. Man kann auch mit der Lösung Sägespäne tränken und im Rollfaß die Zinkgegenstände anrollen.

Schwarzfärben und Hochätzen von Zink.

2 Tle. salpetersaures Kupfer, 3 Tle. Kupferchlorid, 64 Tle. Wasser, 8 Tle. Salzsäure von 1,1 spez. Gewicht.

Man taucht in diese Lösung das Zinkblech ein und spült mit kaltem Wasser nach. Legt man ein mit dieser Lösung beschriebenes oder bezeichnetes Zinkblech in verdünnte Salpetersäure (1 Tl. Säure, 1,2 spez. Gew., 8 Tle. Wasser) einige Stunden ein, so wird das Zink geätzt, während die Schrift oder Zeichnung stehen bleibt.

Tinte auf Zink.

37 Tle. essigsaures Kupfer, 37 Tle. Salmiak, 500 Tle. Wasser, 10 Tle. Gummiarabikum.

Grau: Die Schwarzfärbungen werden durch Anwendung sehr verdünnter Lösungen oder durch nachheriges Bürsten nuanciert oder man benützt den Arsenüberzug, sog. Grauglanzoxyd; siehe S. 301.

Bunte Farben (sog. Zinkiris).

Diese Färbung, für Massenartikel auf polierten Waren beliebt, erfolgt durch Tauchen oder Bestreichen der gut gereinigten Gegenstände mit einer Lösung von 30 g Kupfervitriol, 30 g Weinstein, 150 g Ätznatron zu 1 l Wasser. Es entsteht ein Spiel von besonders grünen, roten, violetten und braunen Farbtönen. Man spült ab und trocknet. Sehr haltbar sind die Farben nicht, auch vertragen sie Lackierungen schlecht.

II. Indirekte Färbungen. Braun: Verkupfern oder Vermessingen und Braunfärbungen wie bei Kupfer bzw. Messing.

Schwarz: Verkupfern oder Vermessingen und Schwarzfärbungen wie bei diesen Metallen oder Vernickeln und dann Schwarznickelniederschläge; siehe diese.

Grün (Patina): Verkupfern und Grünpatinieren wie bei Kupfer.

b) Zinn.

I. Direkte Färbungen. Gelbfärben: Vermessingen, Vergolden.

Rotfärben: Verkupfern.

Schwarz: Einpinseln mit einer verdünnten Platin-, Eisenchlorid-, Antimonchlorür-, oder nachfolgender Lösung:

Altzinn.

Man löst 5 g Wismutsubnitrat in 50 ccm Salpetersäure, setzt 80 g Weinsäure zu und verdünnt das Ganze zu 1 Liter.

Ferner Arsen- oder Schwarznickelniederschläge; s. d.

Graufärbungen: Nuancieren der Schwarzfärbungen durch Bürsten.

II. Indirekte Färbungen. Braun, schwarz, grüne Patina usw. Verkupfern, Vermessingen und Färben dieser Metalle; s. d.

c) Kupfer.

Hier werden nur direkte Färbungen benutzt.

Das Elektrolytkupfer ist reaktionsfähiger, daher leichter zu färben als das Werkkupfer.

Silberweiß: Vernickeln, Versilbern oder Überzüge von Kobalt, Kadmium oder Zinn.

Gelb: Vermessingen, Vergolden.

Orange, rosenrot, violett, stahlweiß, messinggelb, fleischrot, grün, sog. Anlauffarben.

Durch Erhitzen an der Luft entstehen auf Kupfer die sog. Anlauffarben (dünnste Oxydschichten). Diese hängen von der Temperatur und der Dauer der Einwirkung ab und können durch bestimmte Arbeitsmethoden beliebig erzeugt und festgehalten werden[1]). (Orange, rosenrot, violett, stahlweiß, messinggelb, fleischrot, grün.)

Braun in verschiedensten Nuancen von hellbraun (bronzefarbig) bis dunkelkastanienbraun.

Diese Färbungen beruhen alle auf der Erzeugung von dünneren oder dickeren Kupferoxyduloxydschichten.

I. Braunfärbungen.

A. Sog. Trocken- und Schmelzverfahren (Brünieren). 1. Man trägt auf den Kupfergegenstand, z. B. Medaillen, einen dicken Brei auf, den man erhält durch Befeuchten von fein gepulvertem Blutstein oder Polierrot (= Eisenoxyd) oder einer Mischung von solchem mit Graphit mit Wasser. Man erwärmt dann gelinde über einem Kohlenfeuer und reibt dann nach dem Abkühlen mit mittelharter Bürste. Eventuell wird diese Arbeitsweise wiederholt, bis gleichmäßige Färbung (Bronzeton) erzielt ist. Zuletzt Übergehen mit der Wachsbürste. An Stelle des Eisenoxydgraphitgemisches kann man auch einen Brei auftragen, den man durch Befeuchten einer Mischung von 15 g kohlensaurem Ammonium, 5 g Seesalz, 5 g essigsaurem Kupfer, 5 g Weinstein mit Essig erhält. Nach dem Auftrocknen an der Luft, das längere Zeit dauert, bürstet man gleichmäßig durch usw.

2. Sog. Nitriten (braune bis braunrote Färbung). Kalium- oder Natriumnitrit (salpetrigsaures Kalium oder Natrium) wird in einer Eisenblechschale über den Schmelzpunkt erhitzt. In diese Schmelze taucht man die trockenen Kupfergegenstände ca. $^1/_2$ Minute ein, bringt dann in Wasser, wobei sich die anhängende Schmelze ablöst. Solange das Metall heiß ist, erscheint eine graue bis schwarze Farbe, die aber beim Abkühlen in Braun bis Rot übergeht. Diese Färbung ist festhaftend und glänzend, polierfähig, kann mit Sandstrahlgebläse mattiert werden. Größere Gegenstände, die nicht getaucht werden können, werden stark erhitzt, dann mit dem gepulverten Nitrit bestreut, das mit einem Stahldrahtpinsel verteilt wird.

B. Nasse Verfahren. 1. Grünspan-Salmiakverfahren, besonders gebräuchlich zum Bronzieren von Kupfermedaillen.

Man trägt 35 g Grünspan (essigsaures Kupfer) mit 17,5 g Chlorammonium (sog. Salmiak) gleichzeitig in 7 l kochendes Wasser.

Man kocht die Flüssigkeit so lange, bis sie auf ein Volumen von ungefähr 1500 ccm eingedampft ist, und schäumt mittels eines hölzernen Spatels fleißig ab. Nun werden 500 g Weinessig zugesetzt, neuerdings ca. 5 Minuten gekocht und hierauf von dem nunmehr kohärenten Niederschlage abfiltriert. Nach dem Auswaschen desselben mit heißem Wasser wird das Filtrat durch weiteres Verdünnen

---

[1]) Siehe Georg Buchner, Die Metallfärbung, 6. Auflage. Berlin, M. Krayn 1920.

auf das Volumen von 5700 ccm gebracht, so daß es nur 0,06% Kupfer enthält und sich in jeder Hinsicht zur Bronzierung von Medaillen gut eignet.

Die mittels Flußsand, Quarzpulver und kupfernen Drahtbürsten sorgfältig gescheuerten und mit dem letzten Prägestoß (Glanzstoß) versehenen Medaillen, die mittlerweile in Weingeist gelegt wurden, gelangen nun, ohne abgetrocknet zu werden, zur Bronzierung. Zu diesem Zwecke bringt man die in der angeführten Art bereitete, ganz klare Lösung in einer kupfernen Pfanne zum Kochen, entfernt den etwa neuerdings gebildeten Schaum und taucht 10—15 Stück von den aus hammerbarem Kupfer geprägten Medaillen mit Hilfe eines kupfernen Drahtsiebes oder in einem Holzgestell unter fortwährendem Schwenken so lange in dieselbe ein, bis sie die gewünschte Färbung erhalten haben.

Nach dieser Operation werden die bronzierten Stücke zuerst in warmem, dann in kaltem Wasser abgespült, mit weicher Leinwand und Rohleder abgetrocknet und hierauf auf eine 7 mm dicke und mäßig erhitzte Eisenplatte gelegt, wobei der Farbenton etwas nachdunkelt. Zuletzt werden die Medaillen nachgeprägt. Man hält die Flüssigkeit für erschöpft, wenn noch zwei, zuweilen auch drei ebenso große Partien von Medaillen in derselben bronziert wurden.

2. Braunbad, sog. (auch Universalbad genannt). Man löst 25 g Kupfervitriol, 25 g Nickelsulfat, 12 g chlorsaures Kalium und 7 g übermangansaures Kalium in 1 l Wasser auf.

Man erhitzt in einem emaillierten Topf zum Sieden und taucht die geeignet gereinigten blanken Kupferwaren ein (1—2 Minuten). Kleine Massenartikel läßt man im Bad ansieden, größere Gegenstände kann man mit der heißen Flüssigkeit übergießen oder anbürsten. Die gefärbte Ware wird mit Wasser gespült, mit der Wachsbürste egalisiert. Die Färbung dunkelt am Lichte etwas nach. (Es entsteht beim Färbeprozeß kupferchlorürhaltiges Kupferoxyduloxyd.)

3. Chloratbeize. Man stellt eine Lösung her, welche auf 100 ccm Wasser 10 g Natriumchlorat, 10 g Ammoniumnitrat, 1 g Kupfernitrat enthält, erhitzt diese in einem geeigneten Gefäß aus Glas, Porzellan, Steingut oder emailliertem Eisen auf 100° und taucht das sorgfältig gereinigte, insbesondere auch von Fett und Oxyd vollständig befreite und an einem Kupferdraht befestigte Metallstück ein. Der zu beizende Gegenstand ist in dem heißen Bade so lange hin und her zu bewegen, bis die gewünschte gelbbraune Farbe erreicht ist, was bei kleineren Stücken in 5—10 Minuten der Fall ist. Ein zu langes Verweilen des zu beizenden Gegenstandes in dem Bade ist zu vermeiden.

Der gefärbte Gegenstand wird gut in Wasser, zuletzt am besten in kochendem Wasser, gespült und mit einem weichen Handtuch getrocknet und abgerieben.

4. Braunfärbung durch Schwefelverbindungen. Die verschiedenen löslichen Schwefelverbindungen färben Kupfer braun bis schwarz. Die dunklen Färbungen können durch geeignete Behandlung in schön hell- bis dunkelbraune Töne nuanciert werden. Man benutzt eine Lösung von Schwefelkalium (sog. Schwefelleber) oder von Schwefelammonium.

Altkupfer (Braunoxyd). Die galvanisch verkupferten oder kupfernen Gegenstände werden zuerst mit einer Zirkulardrahtbürste (gewellter Draht von 0,10 mm Drahtstärke) durchkratzt, unter Anwendung von Seifenwurzel oder Süßholzabsud, dann gespült, sodann in einer Lösung von 150—250 g Schwefelleber, 10 l Wasser, 25—30 g Salmiakgeist schwarz gefärbt (Schwefelkupfer). Dann werden die Gegenstände mit mittelfeinem Bimssteinpulver (auch Blutsteinpulver) und Wasser mit der Hand oder mit Zirkularbürsten entsprechend bearbeitet und dadurch beliebig abgetönt, dann gewaschen, getrocknet und nochmals mit trockenem Bimssteinpulver längsstrichig durchbürstet, zuletzt mit der Wachsbürste. Durch diese Behandlung wird die anfänglich dichtere schwarze Schwefelkupferschicht nach Braun abgetönt. Zur Abtönung kann man auch Zyankaliumlösung oder Weinsteinlösung verwenden; oder:

Man bestreicht die Kupferflächen mit einem in Schwefelammonium getauchten Pinsel, läßt kurze Zeit einwirken, spült mit Wasser ab, trocknet und reibt mit einem schwach mit Leinölfirnis gefetteten Lappen ab. Ist die Färbung zu dunkel geworden, so reibt man mit gebranntem Kalk oder Kreide oder Blutstein trocken ab, bis die gewünschte Braunfärbung erreicht ist.

An Stelle der einfachen Schwefelverbindungen wird in manchen Fällen das Natriumsulfantimoniat, sog. Schlippesche Salz, verwendet (sog. Schlippen); bei dieser Arbeitsweise, wobei die kalte Lösung von 50 g Schlippeschem Salz in 1 l Wasser mit Messingdrahtbürsten aufgebürstet wird, erhält man ein glänzendes, schönes Braun.

Für bronzeartige Färbungen eignet sich für galvanische Kupferniederschläge nachstehende Vorschrift, welche sich auf die Anwendung von Schwefelkalzium und Salmiak gründet und ausgezeichnete, ausgedehnt zu verwendende Resultate gibt.

Hierzu benutzt man eine Lösung von 12 g Schwefelkalzium, 40 g Salmiak (Chlorammonium) in 10 l Wasser.

Diese Verdünnung ist notwendig zum Erfolg, ebenso die Einhaltung der Verhältnisse zwischen Schwefelkalzium und Salmiak. Das Verfahren ist folgendes:

Die Gegenstände werden mittels eines Schwammes, welcher mit obiger Lösung angefeuchtet ist, gleichmäßig benetzt, hierauf $^1/_2$—1 Stunde an der Luft befeuchtet stehen gelassen, sodann mit weichen Messingbürsten gebürstet, hierauf wieder mit obiger Lösung befeuchtet, an der Luft stehen gelassen und so dieses Verfahren so lange wiederholt, bis der gewünschte Ton erreicht ist. Dann wäscht man mit Wasser ab, trocknet mit Sägespänen und bürstet mit der Wachsbürste. Dieses Verfahren gibt ausgezeichnete Resultate bei richtiger Behandlung und einiger Geschicklichkeit. Man erhält so eine festhaftende, je nach der öfteren Behandlung goldgelbe, bronzeartige bis gelbbraune und schließlich dunkelbraune Färbung. Am Licht dunkelt dieselbe etwas nach.

Es erklärt sich dies durch das Vorhandsein von Kupferchlorür. Will man ein Nachdunkeln vermeiden, muß man Schwefelverbindungen anwenden ohne einen Zusatz von Chloriden.

II. Grauschwarzfärben von Kupfer. Man löst in 1 l Wasser 120 g Kupfervitriol und 15 g Kaliumpermanganat, erhitzt diese Lösung in einem Gefäß aus Glas, Porzellan oder emailliertem Eisen auf 100° C und taucht das sorgfältig gereinigte Kupfermetall ein; dasselbe wird bis zum Erreichen der gewünschten Färbung hin und her bewegt. Das dauert bei kleineren Stücken ca. 10—15 Minuten. Der zuerst samtartig-braun aussehende Gegenstand wird in kaltem Wasser gespült, dann mit einem weichen Tuche getrocknet und abgerieben; er erscheint nun mattgrau-schwarz (schiefergrau) und rauh. Die Beize ist sehr ergiebig.

III. Kupfer fumé (Cuivre fumé). Die galvanisch verkupferten Waren werden zuerst mit Messingdrahtzirkularbürsten durchbürstet, mit Schwefelleberlösung wie bei Altkupfer schwarz gefärbt, gewaschen und getrocknet, dann die hohen Konturen mit Polierrotpaste und rotierenden feinen Nesseltuchpolierschwabbeln entsprechend durchpoliert.

Man kann auch in der Weise verfahren, daß man einen Arsenkupferniederschlag auf den Waren niederschlägt (siehe S. 307).

Graue bis stahlartige bis schwarze Färbungen auf kleineren kunstgewerblichen Gegenständen erhält man durch Aufpinseln einer verdünnten Platinchloridlösung.

IV. Schwarzfärbungen.

A. Sog. trockenes Verfahren, Schwarzbrennen durch Schwarzbrennsäure oder heiße Kupferschwärze: 600 g salpetersaures Kupfer werden in 200 ccm destilliertem Wasser gelöst und dieser Lösung eine solche von 2,5 g salpetersaurem Silber in 10 ccm destilliertem Wasser zugesetzt.

Man bringt die Gegenstände ca. 1 Minute lang in die auf 40—50° erwärmte Schwarzbeize. Bei Stücken, welche man nicht untertauchen kann, werden diese mit einer Feder oder einem Pinsel reichlich überstrichen. Ein leichtes Bestreichen ist schädlich, weil es Flecken erzeugen kann. Nach dem Herausnehmen aus der Beize läßt man abtropfen, wobei jede stärkere Ansammlung von Flüssigkeit an einer Stelle zu vermeiden ist. Dann wird der Gegenstand in der Nähe einer Flamme oder im Trockenofen vorsichtig getrocknet, jedoch so, daß die Flamme den Gegenstand nicht berührt. Ein zu schnelles Trocknen erzeugt gleichfalls Flecken. Zunächst stellt sich nunmehr ein hellgrüner, gleichmäßig stumpfer Überzug her. Ist das Trocknen so weit fortgeschritten, so führt man den Gegenstand tiefer in die Flamme ein, worauf die grüne Farbe nach und nach in ein tiefes Schwarz (Kupferoxyd) übergeht. Dabei steigt, wenn auch nur auf kurzes Zeit, die Temperatur über den Schmelzpunkt des Lötzinnes, weshalb weich gelötete Gegenstände in dieser Beize sehr vorsichtig behandelt werden müssen. Nach dem Erkalten wird der Gegenstand mit einer nicht zu harten Bürste gerieben. Eventuell wird das Verfahren wiederholt.

B. Nasse Verfahren. 1. Schwefelverfahren (nach S. 326).

2. Persulfatverfahren. (Erzeugung von schwarzem Kupferoxyd.)

Man erhitzt eine passende Menge 5%iger Natronlauge in einem geeigneten Gefäß aus Glas, Porzellan, Steingut oder emailliertem Eisen auf 100° C, fügt 1% (gepulvertes) Kaliumpersulfat hinzu und taucht das an einem Draht befindliche Metallstück ein, wobei eine Sauerstoffentwicklung sichtbar wird. Der zu beizende Gegenstand ist in dem heißen Bade so lange hin und her zu bewegen, bis die gewünschte schwarze Farbe erreicht ist, was bei kleineren Stücken gewöhnlich innerhalb 5 Minuten geschieht. Sollte die Sauerstoffentwicklung vorher aufhören, so ist von neuem 1% Kaliumpersulfat zuzusetzen.

Der zunächst samtartig aussehende Gegenstand wird in kaltem Wasser gespült, darauf mit einem weichen Handtuch getrocknet und abgerieben; er erscheint dann tiefschwarz mit mattem Glanz.

Bei Nichtgebrauch ist die Lauge gut verschlossen aufzubewahren, um sie nach Möglichkeit vor Kohlensäureaufnahme aus der Luft zu schützen.

Gegenstände, die teils aus Eisen, teils aus Kupfer bestehen, kann man z. B. zugleich schwarz färben, wenn man zuerst verkupfert, dann mit der Perlsulfatbeize behandelt.

V. Grüne Patina. Am einfachsten verwendet man von den vielen Vorschriften hierzu eine Lösung, die im Liter ca. 250 g Salmiak (= Chlorammonium) und 250 g kohlensaures Ammonium enthält.

Man färbt zweckmäßig die Kupfergegenstände zuerst braun durch Schwefellösungen (siehe S. 326), dann überpinselt man mit der Patinierungsflüssigkeit und läßt einige Zeit einwirken. Man nimmt dann den Überschuß der Flüssigkeit von den erhöhten Teilen weg, reibt dann zur gleichmäßigen Verteilung, trägt die Patinierungsflüssigkeit wieder auf, läßt einwirken usf., bis die erwünschte Stärke erreicht ist.

Man erhält blaustichige Patina, wenn man das kohlensaure Ammonium in der Lösung vorwalten läßt, gelbgrüne Patina, wenn man Chlorammonium im Überschuß anwendet. Über diese Patina = basische Kupferkarbonate mit basischen Kupferchloriden siehe auch bei Bronze und bei galvanischer Metallfärbung.

VI. Blaufärben siehe sog. Blausud (S. 330).

d) Messing (Kupferzink) und andere Kupferzinklegierungen.

I. Direkte Färbungen. Die Färbungen fallen natürlich je nach den Legierungsverhältnissen, ob kupferärmer oder kupferreicher, verschieden aus.

A. Durch geeignetes Erhitzen lassen sich auf Kupferlegierungen ebenso wie bei Kupfer schöne Anlauffarben erzeugen.

Weiße Färbungen: Färben durch Silber-, Zinn-, Kadmium-, Kobalt-, Nickel-, Platinniederschlag.

Goldgelbe Färbung — Vergolden.

Goldgelber, oranger bis karminroter Überzug entsteht auf polierten Messingwaren durch Eintauchen in eine Mischung von 5 g Ätznatron, 50 g Wasser und 10 g kohlensaurem Kupfer. Die Nuancen erscheinen in einigen Minuten, und ist das Fortschreiten leicht zu beurteilen und zu überwachen. Ist die gewünschte Farbe erschienen, spült man mit Wasser gut ab und trocknet in feinen Sägespänen. Eignet sich sehr gut für Messingwaren, und zwar für Legierungen mit 50—99% Kupfergehalt. Legierungen mit ca. 50% Kupfer werden in 1 Minute goldgelb, in 2 Minuten rötlichgelb, in 3—10 Minuten braun bis rot, in 10 Minuten violettblau, in 12—17 Minuten blau. Eine Legierung mit ca. 85% Kupfer wird zuerst goldbraun, dann braun, zuletzt dunkelblau.

Oder man nimmt eine mindestens 12° C warme Lösung von 3 g weinsaurem Kupfer, 5 g Ätznatron, 48 g Wasser. Anfangs erscheint ein sehr schönes Dunkelgelb, welches sehr zweckmäßige Verwendung finden kann, z. B. für Messingröhren.

Französische oder falsche Vergoldung im Lüstersud S. 330 während einiger Sekunden.

Schönes Gelbgrau erhält man auf Messing durch Anpinseln oder Eintauchen in folgende, auf 60—70° erwärmte Lösung: Man löst 6 g Nickelsalz, 6 g Chlorammonium in 100 g heißem Wasser und setzt dann 6 g chlorsaures Kalium und 6 g Grünspan zu. Verwendet man die Lösung kochend, so erhält man nur mattiertes Messing von schmutziger Farbe. Eine schöne, festhaftende Metallfärbung, besonders gut anwendbar für kupferreiches Messing, z. B. Färben der Knöpfe für für feldgraue Uniformen. Man benutzt mit Sandstrahlgebläse mattierte Ware und behandelt nach dem Färben mit der Wachsbürste, wodurch etwas dunklere Töne erzielt werden.

B. Braunfärben mit dem bei Kupfer angegebenen Braunbad, S. 326, oder

Chloratbeize. Man löst in 1 l Wasser 50 g chlorsaures Kalium und 100 g Kupfervitriol. Man legt die Gegenstände entweder einige Stunden in die kalte Flüssigkeit oder taucht die Ware in die siedende Flüssigkeit; letztere kann man auch anbürsten. Sog. französische Patinierung und Wiener Bronzen. Dunkelt im Lichte etwas nach.

Für braune Färbungen eignet sich auch das sog. Schlippen, siehe S. 327.

C. Schwarze Färbungen. 1. Sog. trockenes Verfahren wie bei Kupfer, S. 328 (Schwarzbrennen).

2. Nasse Verfahren. Kupferammoniakschwarz. Je nachdem man Gegenstände zu färben hat, benutzt man eine stärkere oder verdünntere Lösung; erstere z. B. für Messingguß, oder Druckknöpfe aus Messing, letztere für Messinggegenstände, die teilweise versilbert sind (siehe Metallgravüren und Nielloimitation).

Stärkere Lösung: Man löst 100 g kohlensaures Kupfer (gefälltes oder sog. Bergblau) in 1 l Salmiakgeist (0,91 spez. Gew.).

Schwächere Lösung: 30 g gefälltes Kupferkarbonat werden bei Zimmertemperatur in 1 l Salmiakgeist (mit 10% Ammoniak) durch Schütteln in einer Stöpselflasche gelöst.

Die blaue Lösung ist in geschlossener Flasche aufzubewahren; bei dem Gebrauch befindet sie sich in offenem Gefäß. Die gut gereinigten und oxydfreien Arbeitsstücke werden an einem Messingdraht bei Zimmertemperatur in die Beizflüssigkeit eingetaucht und darin 2 Minuten lang hin und her geführt, darauf schnell mit Wasser abgespült und mit einem weichen Tuch getrocknet. Das Eintauchverfahren ist in gleicher Weise noch einmal zu wiederholen. Man kann auch die schwach erwärmte Lösung (30—40° C) verwenden.

Sehr kupferreiches oder zinkreiches Messing, sowie geätztes Messing wird nicht gefärbt. (Verkupfern und indirekt färben).

Für kleine Kunstgegenstände aus Messing eignet sich sehr gut zum Schwarzfärben eine verdünnte Platinchloridlösung.

D. Graufärben. (Arsenbeize.) (Sehr giftig! Vorsicht!)

Schwarzgraue Beize (stahlgrau): 1000 g rohe Salzsäure, 60 g arsenige Säure, feinstes Pulver, 30 g Antimonchlorür, 150 g Hammerschlag (Eisenhammerschlag), feinst gepulvert. Man fügt alle Bestandteile zur Salzsäure, erwärmt das Gemisch auf 70—80° C während 1 Stunde, wobei öfters umgerührt wird, damit die arsenige Säure gut in Lösung geht. Nach dem Erkalten ist die Beize zum Gebrauch fertig. Wird die Beize nicht gleich gebraucht, so kann die Erwärmung der Salzsäure auch fortfallen. Das Gemisch bleibt dann unter öfterem Durchschütteln 24—36 Stunden stehen.

Die Herstellung dieser Beize muß wegen des Auftretens giftiger Arsenwasserstoffdämpfe unter einem Abzug geschehen.

Die blanken Gegenstände werden ca. $^1/_2$ Minute in die Beize getaucht, ev. mit einem Pinsel bestrichen. Man spült mit Wasser gut ab, zieht sie dann durch eine Sodalösung zur vollständigen Entsäuerung und trocknet mit Sägespänen.

E. Violette Färbung. Erhitzt man blank poliertes Messing ganz gleichförmig so stark, daß man es eben noch, ohne sich zu brennen, in der Hand halten kann, und überstreicht es in diesem erhitzten Zustande schnell und möglichst gleichmäßig mit einem in salzsaure Antimonchlorürlösung eingetauchten und schwach ausgedrückten Bauwollenbäuschchen, so erhält man eine überaus schöne violette Färbung.

F. Blaue Färbung durch den sog. Lüstersud. Man löst in 1 l Wasser 130 g unterschwefligsaures Natrium, in einem zweiten 35 g kristallisierten Bleizucker und vermischt beide Lösungen. Die entfetteten, gelbgebrannten Messinggegenstände werden unter beständigem Bewegen in das auf 80° C erhitzte Gemisch eigetaucht, wobei sich zunächst eine goldgelbe Färbung zeigt, die bald in Violett und Blau, nach weiterer Einwirkung des Bades in ein dunkles Grün übergeht. Die Wirkung beruht darauf, daß sich eine Lösung von unterschwefligsaurem Blei im überschüssigen unterschwefligsauren Natrium bildet, die sich langsam zersetzt und Schwefelblei abscheidet, welches sich auf die Messingobjekte niederschlägt und je nach der Stärke des abgesetzten Schwefelbleies die verschiedenen Lüsterfarben hervorruft.

G. Grüne Patina. Grüne Patina mit dunklem Grund auf Messing erhält man, wenn man eine Lösung von 20 g salpetersaurem Kupfer, 20 g Chlorzink, 60 g Wasser aufträgt und eintrocknen läßt. An Stelle des Chlorzinks kann man auch Chlorkalzium verwenden. Das Eintrocknen geht etwas langsam, aber man erhält eine sehr schöne und lebhafte grüne, festhaftende reichliche Patina. Man wäscht mit Wasser und trocknet.

II. Indirekte Färbungen. Das Messing wird verkupfert, der Kupferniederschlag wie bei „Kupfer“ gefärbt.

Messing fumé. Messing wird verkupfert, dann wie bei Kupfer fumé oder Altkupfer behandelt.

Galvanische Messingüberzüge verhalten sich beim Färben anders (wie Kupfer) als kompaktes Messing.

e) Bronze (Kupferzinnlegierungen) und Kunstbronze (Kupferzinnzinklegierungen).

Hier kommen ausschließlich direkte Färbungen zur Verwendung.

A. Anlauffarben: Durch gleichmäßiges Erhitzen.

Um den neuen Bronzegegenständen das neue Aussehen zu nehmen und ihnen ein altes Aussehen zu geben, kann man sie über der Spiritus- oder Gasflamme erhitzen und mit einem in feingepulverten Graphit getauchten wollenen Lappen so lange reiben, bis der gewünschte Farbenton erreicht ist.

Oder man trägt auf den Gegenstand einen Brei auf, bestehend aus 5 Tln. Graphit, 15 Tln. Blutstein, mit der hinreichenden Menge Weingeist. Nach 24 Stunden bürstet man das trockene Pulver weg. Auch kann man eine heiße Lösung aufbürsten, aus 4 Tln. Salmiak, 1 Tl. Kleesalz, 200 Tln. Essig.

Oder man bürstet die Gegenstände mit einer kochenden Lösung aus 20 Tln. essigsaurem Kupferoxyd und 10 Tln. Salmiak, gelöst in 60—100 Tln. Essig.

B. Braunfärben (Bronze Barbedienne). 1. Im sog. Braunbad, siehe bei Kupfer, S. 326.

2. Medaillenfärbung nach S. 325 (Grünspan-Salmiakverfahren).

3. Nach sog. trockenem Verfahren, S. 325.

4. Platinchloridlösung, verdünnte.

5. Heiße Schwefelleberlösung (S. 326) und Erhitzen.

C. Schwarzfärben. 1. Mit Schwarzbrennverfahren, S. 328.

2. Mit Arsenbeize.

3. 5%ige Platinchloridlösung.

D. Grüne Patina. Man hat sich von jeher bemüht, die schöne, grüne, echte Patina auf Bronzen künstlich zu erzeugen oder wenigstens sie zu imitieren.

Es ist hier zu unterscheiden, ob man künstlich eine Patina von derselben Zusammensetzung der echten Patina (basisch-kohlensaures Kupfer) erzeugen (künstliche Patina) will, oder ob man lediglich die Farbe der echten Patina imitieren will, wobei diese Farbe durch beliebige Kupferverbindungen (basische Chloride, Nitrate, Sulfate, Azetate u. dgl.) hervorgerufen wird. (Imitierte Patina.)

1. Künstliche Patina (basisch-kohlensaures Kupfer). Siehe auch Metallfärbung durch Elektrolyse. Die reinen Gegenstände stellt man in einen Raum von mittlerer Temperatur, in dem sich Kohlensäure entwickelt. Entweder erzeugt man dieselbe dadurch, daß man auf Teller oder Schalen Marmorstückchen legt und dieselben öfters mit verdünnter Salzsäure begießt, oder man benutzt Räumlichkeiten, in denen sich, wie z. B. in Gärkellern, stetig Kohlensäure entwickelt. Vorher benetzt man die Gegenstände (kleinere Gegenstände durch Eintauchen, größere durch Anspritzen) mit einer Flüssigkeit, bestehend aus: 100 g Essigsäure 1,04 spez. Gew., 5000 g Wasser, öfters im Tage, worauf man schon nach einigen Tagen einen Überzug von basisch-essigsaurem Kupfer erhält, der sich unter der Einwirkung der kohlensäurereichen Luft allmählich in festhaftendes, basisch-kohlensaures Kupfer umwandelt, also in die der echten Patina gleiche Zusammensetzung übergeht.

Je verdünnter man die Essigsäure anwendet, desto langsamer, aber desto schöner erfolgt die Patinabildung. In 8—14 Tagen wird man ein schönes Resultat erzielt haben.

2. Imitierte Patina. Bronzeguß (mit Zinkgehalt) wird mit einer schönen dunkelgrünen Patina versehen, wenn man eine der nachstehenden Lösungen aufträgt, aufbürstet und bei gewöhnlicher Temperatur auftrocknen läßt; nach dem Trocknen wird gebürstet. Das Verfahren wird je nach Bedarf wiederholt.

Die Resultate dieser Methode sind vorzüglich (Grünbronze): 20 g salpetersaures Kupfer, 30 g Quecksilberchlorid, 30 g schwefelsaures Zink, 920 g Wasser.

Für Bronze ohne Zinkgehalt benutzt man folgende Lösung: 20 g Kupfernitrat, 20 g Kupferchlorid, 60 g Zinksulfat, 30 g Quecksilberchlorid, 50 g chlorsaures Kalium in 2 l Wasser.

Patinierung mit dunklem Grund erhält man durch Auftrocknenlassen nachstehender Lösung: 20 g Kupfernitrat, 20 g Zinkchlorid, 60 g Wasser; oder 10 g Kupfernitrat, 2 g Kochsalz werden in 0,5 l Wasser gelöst, dazu eine Lösung von 10 g Ammoniumazetat in 0,5 l Wasser gesetzt. Die Gegenstände werden mit einem mit der Lösung benetzten Schwamme überstrichen, eintrocknen gelassen und die Operation, wenn nötig, öfters wiederholt.

Ferner: Patinierung wie bei Kupfer, S. 328.

f) Eisen.

I. Direkte Färbungen. Silberweiße Färbung = Versilbern, Vernickeln Zinn-Kobalt-Kadmiumüberzüge.

Gelbfärbung = Vergolden-Vermessingen. Anlauffarbe bei etwa 240° C.

Rotfärbung: Verkupfern, oder:

Bestreichen mit Salpetersäure und nachheriges kräftiges Erhitzen.

A. Blaufärbung.

Blaue Anlauffarbe (siehe auch bei Härten des Stahles).

Wenn man Stahl auf ca. 300° C erhitzt, tritt eine prachtvoll schöne, gleichmäßige blaue Farbe (dünne Oxydschicht) auf. Diese Anlauffarbe wird vielfach benutzt zur Färbung von stählernen Schließen, Knöpfen, Uhrfedern, Sensen, Gewehrläufen u. a. Die tadellos sauberen Metallgegenstände werden auf einer eisernen Platte, in erhitztem Sand, Metallbädern (siehe bei Härten des Stahles) oder in eigenen Anlaufkästen gleichmäßig erhitzt.

Das Blauen der Kleineisenteile geschieht am vorteilhaftesten in einer Trommel aus etwa 1 mm starkem Eisenblech. Die Trommel besitzt im Inneren Drahtwender, welche die Gegenstände auseinanderhalten, damit das Bläuen gleichmäßig vor sich geht. Die Hitzequelle für die Trommel besteht aus einem Gebläsebrenner oder einem Herdfeuer mit Abzugesse, wobei die Hitze bis zu einer Temperatur von 250 bis 330° C entwickelt wird. Ist unter langsamem Drehen der Trommel diese Temperatur erreicht worden, so kann der Blauprozeß als beendet gelten. Um das Fortschreiten der Oxydation beobachten zu können, besitzt die Trommel ein Schauloch. Je blanker die Eisenteile sind, um so gleichmäßiger wird die Bläuung.

Blaufärbung im Lüstersude, S. 330.

B. Schwarzfärbung. 1. Sog. trockenes Verfahren. a) Aufbrennen von geeigneten organischen Stoffen, welche bei erhöhter Temperatur unter Zersetzung festhaftende Kohle auf der Eisenoberfläche ablagern (sog. Fettbrünierungsverfahren).

Die eisernen Gegenstände werden äußerst dünn mit Ölen, wie z. B. Leinöl, Baumwollsamenöl, Talg oder Wachs oder Mischungen von solchen überzogen (Rollfaß bei Massenartikeln) und dann langsam auf 200—400° C erhitzt bei Massenartikeln in rotierenden Trommeln). Es erscheint zuerst eine schön braune, dann eine tiefschwarze festhaftende Farbe, siehe auch S. 342 Parazitverfahren.

Für das Schwärzen der Eisenteile kann man eine Trommel wählen, wie beim Blaufärben angegeben (siehe S. 332), die aber aus etwa 2,5 mm starkem Eisenblech herzustellen und an der Stirnseite konisch auszubilden ist. Die Stirnseite erhält für den Abzug der Dämpfe in der Nähe der Achse einige Löcher. Das Öl oder Fett wird den Eisenteilen mittels Sägespänen übermittelt, die mit diesen Stoffen getränkt werden. Die Trommel wird zunächst bis zu einem Viertel mit dem

Kleineisen gefüllt; das zweite Viertel erhält die Sägespänemischung. Nunmehr wird die Trommel über der Hitzequelle in Bewegung gesetzt. Durch die Hitze gehen die Ölspäne in Verkohlung über und das Kleineisen überzieht sich mit einem tiefschwarzen Oxyd. Zu lange Erhitzung ist zu vermeiden, da sonst eine grauschwarze Färbung auftritt. Es ist notwendig, daß man den ganzen Prozeß durch öftere Probenahme beobachtet. Im allgemeinen benutzt man Leinöl, das jedoch den höchsten Hitzegrad erfordert. Der mit Leinöl gewonnene Überzug ist sehr gut und dauerhalt. Ziemlich gleichwertig ist das Nußöl. Die billigeren Öle, wie Baumöl, Rüböl, ergeben einen schlechteren Überzug. Ein festhaftender Überzug ist auch durch Gebrauch von Talg zu erzielen. Man kann auch ein Gemisch von 3 Tln. Leinöl 1 Tl. Rüböl und 1 Tl. Ozokerit wählen, von welchem Gemisch $^1/_8$—$^1/_4$ kg auf 1 kg Späne von Tannen-, Fichten- oder Kiefernholz kommt. Das Ganze muß vorher innig durchmischt werden. Geschwärzte Waren haben nach dieser Behandlung als fertig zu gelten, während gebläute Waren in der Regel noch einen Lacküberzug erhalten.

b) Nach einem alten Schmiedeverfahren werden die Hufeisen in angewärmtem Zustande mit Hufhorn überstrichen; letzteres schmilzt und hinterläßt eine dünne festhaftende kohlenstoffreiche Farbschicht. An Stelle des Hufhornes kann man auch andere Stoffe, z. B. Kasein, Hornpulver, Asphaltpulver verwenden.

c) Man taucht die eisernen kleinen Gegenstände in schmelzenden, mit Graphit gemischten Schwefel.

d) Tiefschwarze Färbung von Eisen, Stahl, Stahlblech usw. erhält man, wenn man den betreffenden Gegenstand mit Schwefelbalsam (Balsam sulfuris terebinth. des Handels) bestreicht, bei gelinder Wärme eintrocknen läßt, z. B. über einem Kohlenfeuer, und dann stark erhitzt, jedoch mit der Vorsicht, daß der Schwefelbalsamüberzug, ohne mit Flamme zu brennen, nur verkohlt.

e) Schwarzfärben mit Schwarzbrennverfahren, siehe S. 328 oder Arsenniederschlag (S. 307).

f) Schwarzfärben durch Nitritschmelze, S. 325.

Nicht anwendbar für gehärteten Stahl.

An Stelle des Nitrites kann man ein Gemisch von 1 Tl. Salpeter und 4 Tln. Ätznatron verwenden.

g. Unter der Bezeichnung Orthoman-Verfahren wird ein Präparat in den Handel gebracht, das bei 310° C schmilzt, in welche Schmelze die Gegenstände 1—10 Minuten getaucht werden. Wegen der niederen Temperatur auch für Stahlgegenstände zu gebrauchen.

2. Nasse Verfahren. a) Schwarzfärben durch Platinchlorid.

b) Graue bis schwarze Metallbeize auf Eisen und Stahl. Man benutzt eine Lösung von 1 Tl. Wismutchlorid, 2 Tln. Quecksilberchlorid, 1 Tl. Kupferchlorid in 6 Tln. Salzsäure, 5 Tln. Alkohol und 50 Tln. Wasser. Der zu schwärzende stählerne oder eiserne Gegenstand wird zunächst vollständig rein und fettfrei gemacht, sodann die Lösung mittels Bürste aufgetragen, evtl. wird der Gegenstand getaucht. Nach dem Trocknen wird der Gegenstand eine halbe Stunde lang in siedendes Wasser getaucht. Bei dunkler gewünschter Färbung wird das Verfahren wiederholt. Nach dem Abtrocknen wird sogleich mit der Wachsbürste behandelt.

c) Schwarzfärbung — Schwarzoxydieren — Schwarzrostverfahren — Inoxydationsverfahren — Schwarzbrünierung — Schweizeroxyd — Schweizermatt. Ein vielseitig für Gewehrläufe, Uhrgehäuse (Schweizer Uhren), Stockgriffe, Zigarettenetuis usw. angewandtes Verfahren.

Die Waren werden zunächst blank geschmirgelt und dann in der bekannten Weise durch Abbürsten mit Wiener Kalk sowie gründliches Spülen gereinigt, oder man behandelt sie im Sandstrahlgebläse, nach dessen Anwendung ein Entfetten mit Wiener Kalk entfallen kann.

Die so vorbereiteten Werkstücke werden nun gleichmäßig und dünn mit einer Lösung bestrichen, deren Zweck es ist, einen dichten und feinen Belag von Rost (= Eisenoxyd) zu erzeugen, welcher bei der weiteren Bearbeitung in festhaftendes schwarzes Eisenoxyduloxyd übergeführt wird. Die Lösung muß Eisenchlorür und Eisenchlorid enthalten, neben welchen Stoffen auch Kupfer- und Quecksilbersalze vorhanden sein können. Man löst in 1 l Wasser 70 g kristallisiertes Eisenchlorür, 10 g Eisenchlorid sowie 2 g Quecksilberchlorid. Der fertigen Lösung werden einige Tropfen Salzsäure zugefügt.

Die gestrichenen Gegenstände kommen ungefähr 20—30 Minuten an einen warmen Ort, am besten in einen etwa auf 100° erwärmten Trockenschrank, in dem sie zuerst eine schwärzlichgrüne Farbe annehmen und sich später mit einem braunroten Rostanflug bedecken, der nirgends Höcker und Krusten oder Flecke bilden soll. Sodann bringt man sie, wiederum für etwa 20—30 Minuten, in den Dampf kochenden Wassers und legt sie hierauf durch weitere 20 Minuten in kochendes Wasser, wobei der Rostbelag in Eisenoxyduloxyd übergeht und tiefschwarz wird. Nunmehr kann man die Werkstücke ganz leicht mit nassen, kleinen Zirkularbürsten aus feinem, weichem Eisendraht kratzen; sodann wiederholt man das Anstreichen mit der beschriebenen Lösung, das Erwärmen, Dämpfen und Kochen noch ein zweites Mal.

Bei dem nun folgenden scharfen Kratzen mit trocken angewendeten und mit ungefähr 1000 Umdrehungen in der Minute laufenden Zirkularbürsten muß der tiefschwarze Überzug an allen Stellen festhaften und einen feurigen, fleckenlosen Glanz annehmen. Die fertigen Waren werden schließlich durch heißes Leinöl gezogen, um alle Spuren von Feuchtigkeit aus den Poren des Metalles zu vertreiben, um so, was insbesondere bei Exportwaren wichtig ist, einem späteren Nachrosten vorzubeugen. Das anhaftende Leinöl entfernt man durch Abwaschen mit Seifenwasser, dem ein gründliches Auftrocknen in feinen Sägespänen folgen muß.

Schwarzfärbung von Stahl mit gleichzeitiger Ätzung. 800 g Wasser, 200 g konzentrierte Schwefelsäure, 150 g Kaliumbichromat.

d) Rötlichbraune Brünierungen. Man löst 10 g festes Antimonchlorür (sog. Spießglanzbutter) in 100 g Olivenöl. Die blanken Metallteile bestreicht man mit dieser Salbe und läßt mehrere Stunden einwirken, worauf das Verfahren wiederholt wird. Der gebildete Überzug wird von Zeit zu Zeit mit feinen Stahlbürsten bearbeitet, durch neues Auftragen usw. verstärkt. Man erhält grünlichbraune Töne, die man nach dem Abwaschen mit Wasser trocken reibt und mit Leinöl abreibt. Nimmt man statt obiger Salbe eine ca. 2%ige Eisenchloridlösung, erhält man mehr rotbraune Töne. Auch kann man festes Eisenchlorid in Öl auflösen.

Weitere Brünierungsvorschriften:

a) 15 g Salpetersäure, 15 g Spiritus nitri dulcis, 30 g Weingeist, 45 g Kupfervitriol, 1 l Wasser, 30 g Eisenchloridlösung von 1,5 spez. Gew.

b) Man löse in 4 Tln. Wasser 2 Tle. kristallisiertes Eisenchlorid, 2 Tle. Antimonchlorür und 1 Tl. Gallussäure.

c) 1. 2 Tle. rauchende Salpetersäure, 98 Tle. Wasser; 2. 1 Tl. Silbernitrat, 99 Tle. Wasser.

Der Gewehrlauf wird mit der Flüssigkeit 1 wiederholt bestrichen und getrocknet, bis er stark rostig erscheint. Sodann wird er mit der Flüssigkeit 2 so oft bestrichen, bis die gewünschte Färbung eintritt. Nach jedesmaligem Auftragen der Flüssigkeit 2 setzt man den Gewehrlauf durch einige Stunden dem Lichte aus. Schließlich reibt man den Lauf mit Leinöl ein.

Die eigentlichen Inoxydierungsfärbungen beruhen darauf, daß Eisen abwechselnd oxydierend und reduzierend erhitzt wird, so daß ein festhaftender, schützender Überzug von Eisenoxyduloxyd entsteht[1]).

[1]) Siehe Georg Buchner, Die Metallfärbung, 6. Aufl. Berlin, M. Krayn.

II. Indirekte Färbungen. Das Eisen wird verkupfert oder vermessingt, und dann diese Metalle entsprechend gefärbt; oder vernickelt und dann Schwarzniederschlag darauf erzeugt, siehe S. 309. Auch versilbert man das Eisen und färbt das niedergeschlagene Silber mit Schwefelalkalien schwarz, sog. Fer poli (siehe bei Silber)[1]).

Beispiel: Eisen und Stahl schwarz färben, sog. Stahloxyd, hervorgerufen durch die Bildung von Schwefelkupfer.

Die reinen Gegenstände werden zunächst verkupfert, und zwar durch Einlegen während 10 Sekunden in eine Lösung von: 10 g Kupfersulfat, 15 g Zinnchlorür, 20 g reiner Salzsäure in 1 l Wasser.

Man löst das Kupfersulfat in etwa 250 ccm Wasser, fügt dazu die Lösung von 15 g Zinnchlorür in 20 g Salzsäure und 100 g Wasser und verdünnt sodann zu 1 l. — Die Überführung des so erhaltenen festhaftenden Kupferüberzuges in schwarzes Schwefelkupfer bewerkstelligt man sodann, indem man die mit Wasser gut abgespülten Gegenstände 2—3 Minuten in eine Lösung folgender Zusammensetzung einlegt:

Man setzt zu 1 l Wasser 1,0 kg Natriumthiosulfat und erhitzt bis Lösung eingetreten ist. Nach dem Abkühlen fügt man 75 g reine Salzsäure zu. (Greift die Lösung beim Gebrauch nicht mehr an an, dann fügt man wieder Salzsäure zu.) Sind die Gegenstände schwarz geworden, nimmt man sie heraus, spült und trocknet sie. Diese Färbungen fallen sehr schön und tief schwarz aus und haften fest. — Man poliert zweckmäßig mit dem Polierholze.

g) Silber bzw. Silberlegierungen.

Erhöhung der Silberfarbe: Weißsieden siehe S. 237.

Goldfarbe: Vergolden.

Schwarzfärben, sog. Altsilber (fälschlich oxydiertes Silber genannt).

1. Trockenes Verfahren. Man streicht einen dünnen Brei aus 6 Tln. Graphit, 1 Tl. Eisenrot und Terpentinöl auf, läßt trocknen und bürstet dann mit einer weichen Bürste durch. Die erhabenen Stellen reibt man blank.

2. Nasse Verfahren. Man erzeugt schwarzes Schwefelsilber auf der Metallfläche, das durch Bürsten usw. abgetönt werden kann.

Man taucht in eine 1%ige Schwefelleber- (= Schwefelkalium) oder Schwefelammoniumlösung.

Man kann die erhöhten Stellen mit feinem Bimssteinpulver oder mit einem in Zyankaliumlösung getauchten Pinsel abtönen.

Altsilber nach französischem Verfahren. Man taucht die Gegenstände einige Sekunden in eine 50%ige Eisenchloridlösung, spült dann ab, legt die Ware in ein Messingdrahtsieb und legt sie dann mit diesem in eine 2%ige Ätznatronlösung ca. 15 Sekunden lang.

Es erscheint dann ein bläulichgrauer Beschlag, der nach dem Abwaschen mit Bimsstein abgetönt wird.

Durch Behandlung mit Eisenchlorid wird auf der Silberoberfläche Chlorsilber gebildet, das dann in der Natronlauge durch die Berührung mit der Zinklegierung zu grauem Silber reduziert wird.

Schöne Schwarzfärbungen erreicht man mit Platinchloridlösung, auch mit der Arsenbeize, S. 330.

Blaufärbung gelingt mit dem Lüstersud, S. 330.

h) Gold bzw. Goldlegierungen.

Erhöhung der Goldfarbe: Gelbsieden siehe S. 237.

Siehe auch Gold, verschiedenfarbige Legierungen, S. 39.

[1]) Siehe auch: Metallfärbung durch Elektrolyse und mechanische Metallfärbung, S. 337.

Die einfachste Färbung von Goldlegierungen besteht darin, daß man die blanken Gegenstände in entsprechend zusammengesetzten Goldbädern galvanisch vergoldet und so, je nachdem die Bäder kupfer- oder silberhaltig sind — rötliche oder hellgelbe Vergoldung der Oberfläche erzielt, siehe S. 311.

Altgoldtöne auf vergoldeten Waren erhält man durch den Lüstersud, siehe S. 330.

Mit Borax geschmolzen, erhalten die Goldwaren mehr hellere, blassere, mit Salpeter mehr rötliche Farbe.

Schöne Goldfarbe. Man mischt 2 Tle. Salpeter, 1 Tl. Kochsalz, 1 Tl. Alaun, mit 24 Tln. Wasser, erwärmt die Lösung und setzt, sobald Gasentwicklung auftritt, etwas Salzsäure vom spez. Gew. 1,16 (auf 25 Tle. Flüssigkeit 1 Tl. Salzsäure) unter Umrühren hinzu und bewegt die Gegenstände an einem Platindraht etwa 2 Minuten. Durch das in der Mischung sich bildende Chlor bzw. Nitrosylchlorid wird etwas Gold gelöst und schlägt sich dann auf der Oberfläche des Gegenstandes wieder nieder.

An Stelle dieser alten empirischen Zusammensetzung werden zu gleichem Zwecke nachfolgende Kompositionen angegeben: Kochsalz 115 g, Salpeter 230 g, Salzsäure 170 g, Wasser 150 g; oder: Salzsäure 3 g, Salpetersäure 1 g, Kochsalz 2 g, Wasser 40 g. (Vorhandenes Silber wird hierbei in Chlorsilber verwandelt, das sich im Kochsalz löst.)

Soll der Gegenstand die rötliche Färbung der Kupferkaratierung (rote Vergoldung) erhalten, so wird z. B. die vergoldete Bronze nach dem Verdampfen des Quecksilbers noch warm in Glüh- oder Vergolderwachs, dann über ein Kohlenfeuer gebracht und so stark erhitzt, bis das Wachs abgebrannt ist. Nach dem Abbrennen des Wachses taucht man den Gegenstand in Wasser, reibt ihn mit einer in Essig oder stark verdünnte Salpetersäure getauchten Kratzbürste, wäscht ab, poliert mit Stahl oder Blutstein, wäscht von neuem, trocknet mit einem leinenen Tuche und läßt über gelindem Feuer trocknen. Bei nicht schöner oder auch ungleichmäßiger Farbe überstreicht man das Stück mit einem Brei aus Grünspan und Wasser, läßt diesen über gelindem Feuer trocknen, kühlt in Wasser ab und bürstet mit der sauren Flüssigkeit.

Das in der Feuervergoldung zur Erteilung der rötlichen Färbung angewendete Glühwachs besteht aus einem Gemenge von gelbem Wachs mit feingepulvertem Grünspan, zu welchem man in der Regel etwas Bolus, gebrannten Alaun oder gebrannten Borax setzt, z. B. in nachstehenden Verhältnissen: 32 Tle. gelbes Wachs, 3 Tle. roter Bolus, 2 Tle. Grünspan, 2 Tle. Alaun. Oder: 96 Tle. Wachs, 48 Tle. Rötel, 2 Tle. Kolkothar, 32 Tle. Grünspan, 20 Tle. Kupferasche, 32 Tle. Zinkvitriol, 16 Tle. Eisenvitriol, 1 Tl. Borax. Das Wachs wird zuerst geschmolzen, dann rührt man die übrigen Stoffe, fein gepulvert, hinein.

Für hellgelbe Goldfarbe wendet man gelbes Glühwachs, bestehend aus gelbem Wachs (96), Zinkvitriol (48), und gebranntem Borax (15), bei dessen Verwendung sich eine Zink-Goldlegierung bildet.

Mattgold, siehe bei Mattieren, S. 242.

i) Nickel.

Gelbfärbung durch Vergolden.

Rotfärbung durch Verkupfern.

Nickel läßt sich schwarz und grau färben durch Platinchlorid, auch durch Einlegen in eine Lösung von ammoniumchloridhaltigem, gelbem Schwefelammonium. Die Grau- bis schwarze Färbung beruht auf der Bildung von Platinschwarz bzw. Schwefelnickel.

Grauglanzoxyd auf Nickel siehe S. 324.

Siehe auch Schwarznickelniederschläge, S. 309.

k) Aluminium.

I. Direkte Färbungen. Anlauffarben entstehen beim gleichmäßigen Erhitzen.

Silberweiß: siehe bei Beizen und Reinigen.

Rot: Verkupfern.

Gelb: Vergolden, Vermessingen.

Schwarzfärben:

1. Sog. trockene Verfahren. Diese gründen sich auf die Erzeugung einer festhaftenden Kohlenstoffschicht auf der Aluminiumoberfläche.

Man bestreicht mit Eiweißlösungen, fetten Ölen, z. B. Leinöl oder Harzen, Wachsen usw. und erhitzt bis Zersetzung unter Abscheidung einer festhaftenden Kohleschicht eingetreten ist.

2. Nasse Verfahren. a) Tiefschwarze, festhaftende Färbung erhält man leicht durch Auftragen verdünnter Platinchloridlösung (1 : 20) auf die blankgebeizten Gegenstände.

Die Aluminiumgegenstände müssen zu diesem Zwecke erst blank gebeizt werden, was in der Weise geschieht, daß man sie zunächst in einer heißen 20%igen Ätznatronlösung mit einem Zusatz von 3—5% Kochsalz beizt, dann mittels Zirkularbürsten und Wasser durchkratzt und nun nochmals beizt. Hierauf zieht man sie durch ein Säuregemisch, bestehend aus 1 Tl. Schwefelsäure und 7 Tln. 40%iger Salpetersäure, spült sie mit fließendem Wasser ab, zieht sie durch heißes Wasser und trocknet sie in Sägespänen.

Zum Schwarzfärben benützt man auch eine Lösung von 10 g Platinchlorid in 1000 g Alkohol.

Dieser Anstrich wird im Trockenofen bei etwa 150° C getrocknet und dann auf den Gegenstand ein Spezial-Mattschwarzlack mittels Spritzapparates aufgespritzt. Nun wird bei etwa 150—200° C im Trockenofen getrocknet und das Aufspritzen des Lackes nochmals wiederholt.

b) Die Gegenstände werden zunächst mit 80%iger Schwefelsäure vorbehandelt, dann mit einer Lösung von 100 g Antimonchlorür, 200 g Salzsäure, 50 g Manganoxydul in 1 l reinem Spiritus geschwärzt, schließlich mit einer schwarzen Spiritusschellacklösung überzogen.

Über die Ursache der Fleckenbildung auf geschwärztem Aluminiumkochgeschirr. Ursache sind Reste der zum Schwärzen verwendeten Stoffe. Die Wirkung dieser Stoffe beginnt erst, wenn die Luft des Aufbewahrungsortes einen hohen Feuchtigkeitsgrad angenommen hat. Zur Verhütung empfiehlt sich:

1. Trockene Aufbewahrung. — 2. Einfetten mit Vaselin.

II. Indirekte Färbungen. Aluminium wird verkupfert, siehe S. 282, und nach dem bei Kupfer angegebenen Verfahren die Kupferschicht gefärbt.

Aluminiumkupferlegierungen

werden gefärbt wie Kupfer und Kupferlegierungen.

2. Metallfärbung durch Elektrolyse.

(Anodische Verfahren.)

Metallochromie — Galvanochromie (Galvanische Metallfärbung.

Die Metallfärbung durch Elektrolyse beruht darauf, daß der in einem entsprechenden Elektrolyten als Anode (+ Pol) eingeschaltete Metallgegenstand durch die Wirkung der Anionen auf das Metall oder den Elektrolyten eine stoffliche Veränderung erfährt, indem sich entweder farbige Verbindungen auf dem Metall bilden oder solche auf der Metalloberfläche niedergeschlagen werden.

Hängt man z. B. Kupfer als Anode in die Lösung eines kohlensauren Salzes, so wird je nach der Dauer der Einwirkung des elektrischen Stromes durch den an der Anode auftretenden Sauerstoff das Kupfer oxydiert, ev. durch die Kohlensäure karbonisiert (grüne Patina). Wenn gewisse Metallsalze, z. B. Blei, Mangan, Molybdänsalze, der Elektrolyse unterworfen werden, so scheidet sich auf der als Anode eingehängten Metalloberfläche das sich bildende schwarze oder braune Metallsuperoxyd in Form eines dünneren oder dickeren Überzuges ab; in ersterem Falle erhält man äußerst dünne Häutchen, welche die Farben dünner Blättchen zeigen (Nobilische Farbenringe), im letzteren Falle entstehen schwarze Überzüge.

I. Nobilische Farbenringe auf polierten Metallen, insbesondere Kupfer, Messing, Silber usw.

Man löst 100 g Ätzkali in 0,5 l Wasser, fügt 100 g Bleioxyd (Bleiglätte) zu und kocht längere Zeit. Nach dem Erkalten gießt man klar ab. Die zu färbenden Gegenstände bringt man als Anode in dieses Bleibad. Als Kathode dient ein Eisenstab. Es genügt ein größeres Bunsenelement.

II. Blauschwarze Überzüge auf Eisen: Es werden 8 Gewichtsteile salpetersaures Blei in 50 Tln. Wasser gelöst, und diese Lösung in 63,5 Tle. = 50 Volumteilen Ätznatronlösung (= spez. Gew. 1,26 = 31° Bé) unter Umrühren eingetragen; in diese Lösung werden unmittelbar vor Beginn des Färbens auf 1 l ca. 10 g Mangankarbonat eingerührt, das Eisen als Anode ins Bad gehängt.

III. Grüne Patina auf Kupfer. Der Elektrolyt besteht aus einer Flüssigkeit, die kohlensaure Verbindungen oder solche Verbindungen enthält, bei denen durch Elektrolyse Kohlensäure entsteht. Am einfachsten ist die Anwendung von natürlichem Wasser, das kohlensaure Salze gelöst enthält und frei ist von solchen Bestandteilen, deren bei der Elektrolyse entstehende Zersetzungsprodukte die Bildung von kohlensauren Metallsalzen verhindern, oder das solche Bestandteile nur in sehr geringer, das Verfahren nicht beeinträchtigender Menge enthält. Will man ein Kupferblech mit Edelrost überziehen, so bringt man es als Anode in das Wasser und hängt ihm gegenüber im Abstand von 40—50 mm ein Kupferblech als Kathode auf und läßt einen Strom von etwa 1 Amp. auf 1 qm Fläche einwirken. Die Spannung kann 3 Volt betragen, siehe oben.

Die chemische Metallfärbung, welche vor allem zu bevorzugen ist, kann in manchen Fällen zweckdienlich mit der mechanischen Färbung (gefärbte Lacke usw.) kombiniert werden zur Erzielung besonderer Farbnuancen.

3. Die mechanische Metallfärbung.

Bei der mechanischen Metallfärbung wird im Gegensatz zu der chemischen und elektrochemischen Metallfärbung die Farbwirkung nicht durch stoffliche, also chemische Veränderung der Metalloberfläche selbst bewirkt, sondern durch mechanisches Auftragen von farbigen Stoffen mit oder ohne Bindemittel hervorgerufen. Von den Anstrichen unterscheidet sich die mechanische Metallfärbung dadurch, daß bei den ersteren der metallische Charakter des Metallgegenstandes mehr oder weniger verdeckt wird, während bei der Arbeit, welche man mit dem Begriffe mechanische Metallfärbung umfaßt, das Bestreben besteht, den Metallcharakter nach Möglichkeit zu wahren. Bei der mechanischen Metallfärbung werden geeignete farbige Stoffe, wie z. B. Farbstoffe, Bronzepulver, Metallplättchen oder Drähte usw. allein oder mit Bindemitteln, oder gefärbte Firnisse oder Lacke entsprechend befestigt oder aufgetragen. Hierbei ist zu unterscheiden zwischen den sog. Deckfarben und den Lackfarben (Lasurfarben). Bei den ersteren liegen die Farbstoffteilchen der sog. Körperfarben unmittelbar nebeneinander und bedecken das Metall als undurchsichtige Schicht; bei den Lackfarben ist ein Farbstoff im Bindemittel gelöst, so daß die Metalloberfläche durch einen durchsichtigen, gefärbten Überzug bedeckt wird. Nach dieser von mir gegebenen Definition der mechanischen Metallfärbung rechne ich dazu auch die Arbeitsverfahren, bei welchen farbige Metallplättchen oder Drähte in das Metall eingehämmert werden, wie z. B. beim Tauschieren, die Inkrustationsverfahren, das Niello, das sog. kalte Email- und in gewissem Sinne die Emailleverfahren und deren Imitationen.

Brünieren von Kupfer und Kupfergegenständen durch Einhämmern von Roteisenstein (Eisenoxyd). (Altes Kupferschmiedverfahren.) Verfahren zum Brünieren von Kupfereimern, Kupferkesseln, Destillierblasen, Küchenmodeln usw. Die getriebenen blanken Kupfergegenstände werden mit einem über Wachs gestrichenen Leder eingerieben. Sodann wird mit einem Leder feines Rötelpulver (tonhaltiger Roteisenstein) aufgetragen. Nun wird der Gegenstand auf einem Amboß mit dem Holzhammer bearbeitet, dann mit dem Wachsleder abgerieben, ev. nochmals Rötel aufgetragen und mit dem Holzhammer geklopft, bis eine gleichartige Rötelschicht auf der Kupferoberfläche sich befindet.

Nun wird der Rötel mit polierten Stahlhämmern auf dem Amboß in das Kupfer eingeschlagen. Jeder Schlag gibt eine dunkelbraune, glänzende Stelle. Auf diese Weise wird der Gegenstand behandelt. Je nach der Form des Gegenstandes hat man verschieden geformte Ambosse und Hämmer. Die Hämmer werden stets frisch mit Wiener Kalk poliert; dieselben müssen wie ein Spiegel blank sein. Je höher die Politur, desto schöner der Glanz der Brünierung.

Durch diese Brünierung werden die Kupferwaren viel härter als sie vor der Bearbeitung sind.

Diese Brünierung ist sehr fest und haltbar, kann erhitzt werden, verträgt auch nachheriges Verzinnen der Innenseite der Gegenstände. Entfernt kann die Brünierung werden durch Abschmirgeln.

Diese Metallfärbung ist eine der schönsten Färbungen, welche auf mechanischem Wege erzielt werden können; sie nähert sich in ihrem Aussehen einer chemischen Metallfärbung. Es wird das durch die besondere Eigenschaft des Eisenoxydes bewirkt, bei der beschriebenen Bearbeitung einen den Metallen ähnlichen Oberflächenglanz anzunehmen und so gleichsam ein Metall vorzutäuschen.

Eine andere Art des Brünierens von Kupfer auf mechanischem Wege besteht darin, daß geeignete Farbpulver durch intensives Reiben in das verhältnismäßig weiche Kupfer oberflächlich eingepreßt werden. Hierzu bedient man sich allgemein des Eisenoxydes allein oder in Mischung mit Graphit.

Nach Reichardt werden die kupfernen Gegenstände vor allem auf das sorgfältigste gereinigt und poliert — auf diese vorzügliche Politur wird ein Hauptwert gelegt —, dann werden sie mit Leder und feinst gepulvertem Caput mortuum (rotes Eisenoxyd) anhaltend gerieben, bis der hohe Glanz und der dunkle Farbenton erzielt ist.

Nach einem anderen Kupferschmiedeverfahren wird der kupferne Gegenstand einfach mit einem Gemisch von Eisenoxyd (Rötelpulver) und verdünnter Eiweiß- oder Wasserglaslösung angestrichen; nach dem Trocknen wird poliert.

Bei der mechanischen Metallfärbung durch Auftragen von Farben usw. kommt in Betracht:

1. Die Vorbereitung der Metalle zur guten Annahme eines Anstriches.
2. Herstellung und Mischung der Farbenmaterialien.
3. Verwendung geeigneter Bindemittel.
4. Art und Weise, die Farben mit den Bindemitteln auf den zu färbenden Gegenstand aufzutragen, wozu eine große Handfertigkeit und Geschicklichkeit

notwendig ist, welche sich nicht durch die beste Beschreibung, sondern nur durch Arbeit und Erfahrung erreichen läßt.

Was die Vorbereitung der Metalle zur mechanischen Metallfärbung anbelangt, so handelt es sich in vielen Fällen darum, die blanke Oberfläche zur Annahme des Anstriches geeignet zu machen, was durch Flüssigkeiten geschieht, welche die Oberfläche etwas angreifen und etwas rauh erscheinen lassen. Für Kupfer verwendet man am besten eine heiße Lösung von 10 Tln. Grünspan, 5 Tln. Salmiak, 100 Tln. Essig (6%ige Essigsäure); für Messing dient eine 5—10%ige Kupferchloridlösung; für Zink wird nachstehende Zusammensetzung angewendet: 1 Tl. Kupferchlorid, 1 Tl. salpetersaures Kupfer, 1 Tl. Salmiak, 64 Tle. Wasser, 1 Tl. Salzsäure.

Man streicht das Zink bzw. den Zinkgegenstand mit dieser Lösung an, worauf er gleich tiefschwarz wird; nach dem Eintrocknen entsteht eine dunkelgraue Farbe, auf welcher jeder Anstrich, z. B. Ölfarbe, festhaftet.

Für die Behandlung der Metallgegenstände mit Bronzepulvern bleibt die Metalloberfläche blank, um die Wirkung der Bronzepulver nicht zu beeinträchtigen.

Was die Wahl der Farben anbelangt, so kommen zur Anwendung hauptsächlich die verschiedenen Bronzepulver, wie Kupferbronze, Messingbronze, Silberbronze (Zinngrau), Musivgold, Antimongrau, allein oder in Mischungen mit Graphit, Blutstein, Chromgelb, Berlinerblau, kohlensaurem Kupfer, Grünspan, Umbra, Zinnober, Zinkweiß, Kienruß, Ultramaringrün und -blau, Erdfaben, Chromoxyd usw., ferner gefärbte Lacke und Firnisse. Mit letzteren kann man durch geeignete Anwendung oft schöne Färbungsnuancierungen hervorbringen.

Dazu bemerken wir noch, daß die mit Teerfarben gefärbten Lacke am Lichte zumeist verblassen.

Als Bindemittel werden vor allem verwendet: Leinölfirnis, Weingeistlacke, Dammarlack, Kopallack, Bernsteinlack, überhaupt die verschiedensten Harzlösungen, ferner Guttaperchalösungen in Chloroform, Benzol oder Schwefelkohlenstoff, Wachslösungen, Paraffinlösungen, Asphaltlack, Wasserglaslösung, Zelluloidlösungen (Zaponlack) und andere.

Man löst z. B. 1 Tl. Dammarharz in 2 Tln. Terpentinöl auf und streicht damit das sorgfältig gereinigte Eisen mit einem halbharten Pinsel an. Wenn der Anstrich nur noch ein wenig klebt, trägt man mit einem anderen, auch nicht sehr weichen Pinsel das entsprechende Bronzepulver auf, indem man gleichzeitig einen Bogen Glanzpapier unterhält, um das abfallende Pulver aufzufangen. Schließlich stäubt man die nicht anhaftende Bronzefarbe mit einem Haarpinsel von dem bronzierten Gegenstand ab und überputzt ihn gehörig.

Im nachfolgenden geben wir teils im allgemeinen, teils in einigen Beispielen dem Ausführenden einige Anhaltspunkte, in welcher Art die mechanische Metallfärbung auszuführen ist.

Schöne Metallfärbungen werden ausgeführt mittels Eisenoxyd und Eiweißlösung, Chromoxyd und Wasserglaslösung. Hübsche Färbungen lassen sich auch mit gefärbten Zelluloidlösungen (Zapon) herstellen. So wird z. B. nach Dr. Perls Verfahren eine Imitation vergoldeter Waren auf folgende Weise hergestellt: Die Gegenstände werden zuerst in Zelluloidlösung (Zapon) getaucht und getrocknet. Hierauf kommen dieselben in eine mit Alizarinfarben gefärbte Zelluloidlösung (Färbebad); diese Färbung ist sehr festhaftend, selbstredend aber nicht lichtbeständig. Für Färbungen eignen sich auch mit Asphalt gefärbte Zaponlösungen.

Viele Färbungen werden hergestellt, indem man mit weingeistiger Schellacklösung, der man entsprechend gefärbte Bronzepulver beigemengt hat, die man mit Lampenschwarz oder Ocker nuancieren kann, anpinselt, trocknen läßt, ev. diese Anstriche wiederholt.

Oder man streicht Dammarlösung auf und trägt, wenn der Anstrich nur noch wenig klebt, Bronzefarben auf, deren Überschuß nach dem Trocknen mit einem Haarpinsel entfernt wird.

Gelbe Farben — Goldlacke. Man benutzt mit Teerfarbstoffen gefärbte Schellack- oder Zaponlösungen, denen man entsprechende Deckfarben, siehe S. 340, beifügen kann.

Goldlack, sog. Man färbt eine alkoholische Lösung von 1 Tl. gebleichtem Schellack in 5 Tln. Alkohol, 96%ig mit Pikrinsäure, Drachenblutharz, Safran, Gummigutt, Anilingelb, Anilinorange, Geraniumrot usw.

Beispiele: Kupferbronze. Nachdem der Gegenstand mit Kopallack angelegt, bronziert man mit einer fein verriebenen Mischung von viel Kupferbronze, Graphit, Umbra und Kasselerbraun. Nach dem Trocknen lackiert man mit verdünntem braunem Weingeistlack, legt alsdann mit einem feinen Porstenpinsel die erhabenen Stellen mit magerem Kopallack an und bronziert hierauf mit einer Kupferbronze; der Bronzestaub, welcher in die tiefen Stellen gefallen ist, muß mit einem reinen Haarpinsel ausgestaubt werden; um dies zu ermöglichen, wurde der Weingeistlack angewandt.

Zum Schluß lackiert man den Gegenstand mit braunem oder rötlichbraunem Weingeistlack; noch sei bemerkt, daß alle Bronzierungen, wenn nicht speziell anders vorgeschrieben, langsam getrocknet werden müssen.

1. Eine matte Kupferbronze nach J. Rhein: Man reibe Umbra, Graphit und viel Kupferbronze mit Sikkativ zu einer braunen Farbe, gebe damit dem Gegenstand vermittels eines feinen Borstenpinsels einen vollständigen Anstrich, bronziere (schattiere) unmittelbar darauf mit einem Haarpinsel die erhabenen Stellen mit einer Kupferbronze und lackiere, wenn der Gegenstand trocken ist, mit Weingeistlack. Die Bronzierung wird etwas heller, wenn man nach dem braunen Anstrich trocknet, mit magerem Kopallack anlegt, darauf bronziert, wieder trocknet und lackiert.

Beim Anreiben der braunen Farbe empfiehlt es sich, ab und zu einige Tropfen Terpentinöl zuzugießen, weil das Sikkativ sehr rasch trocknet.

2. Sehr schönes Braun für glatte und mit glatten Stellen versehene Gegenstände.

Man lege den Gegenstand vermittels eines Fischpinsels mit Kopallack vorsichtig an, und zwar so, daß derselbe einen dünnen, gleichmäßig glatten Überzug bekommt; wenn erhabene Verzierungen (glatte oder wellenförmige) vorhanden, bronziert man diese kräftig mit reiner Kupferbronze, und die tiefliegenden Stellen, ob glatt oder verziert, mit Kupferbronze, der man viel Graphit zumischt. Das Auftragen der mit Graphit gemischten Kupferbronze geschieht trocken (ohne Terpentin in den Pinsel zu nehmen). Hierauf wird der Gegenstand getrocknet, wenn dies geschehen, wiederholt vorsichtig mit Kopallack angelegt und erhabene wie tiefe Stellen mit einer Kupferbronze leicht bronziert und gut getrocknet. Diese Bronzierung wird mit in Terpentinöl aufgelöstem Wachs überzogen, und wird durch Putzen mit dem Leder Glanz erzeugt. Ist der Gegenstand etwas zu hell geworden, dann muß derselbe vor dem Wachsüberzug mit Graphit gebürstet und dann erst weiter behandelt werden.

3. Grüne Färbungen (Patinaimitationen). Man benutzt mit Teerfarben gefärbte Schellack- oder Zaponlösungen, denen man entsprechende Deckfarben beifügen kann (siehe S. 340).

4. Moderne Patina auf Kupfergefäßen (Kunstpatina). Man tönt den Kupfergegenstand mit verdünntem Schwefelammonium ab. Dann streicht man grüne Farbmischungen (siehe unter 1 und 2) mittels dünner Leimlösung auf. Nach dem Trocknen kann man durch Bestreichen mit Formalinlösung den Leim wasser-

unlöslich machen. Wenn alles gleichmäßig aufgetragen ist, läßt man trocknen. Zuletzt reibt man mit Leinölfirnis ein. Mit dieser Prozedur kann man gleichzeitig in die Vertiefungen grüne Farbpulver (siehe unter 3) eintragen.

Als grüne Farbmischungen eignen sich gut:

1. 10 Tle. Chromgrün mit 10 Tln. Kupferkarbonat.
2. 10 Tle. Chromgrün, 10 Tle. Ocker, 1 Tl. Ruß.
3. 10 Tle. Chromgrün, 10 Tle. Zinkweiß.

5. Schwarzoxyd nach J. Rhein: Man legt den Gegenstand mit fettem Kopallack an, überpinselt denselben rechtzeitig mit feinst geschlämmtem Graphit, wie solcher in den Bleistiftfabriken verarbeitet wird, und trocknet, nachdem vorher mit einem Haarpinsel abgestaubt worden ist. Das Auftragen kann auf zweierlei Art geschehen: entweder durch zartes Einreiben mit einem Haarpinsel oder unter Anwendung eines weichen Borstenpinsels; bei der ersten Art muß nach dem Eintrocknen mit einer ziemlich steifen handlichen Bürste gebürstet werden, bis ein hoher Glanz erzielt ist. Bei der zweiten Art wird der Borstenpinsel wie beim Bronzieren gehandhabt, und kann man den Gegenstand mit einer weichen Bürste bearbeiten oder geschliffene Gegenstände auch mit dem Putzleder polieren; man erhält so vor dem Trocknen einen hohen Glanz und ist deshalb das Bürsten nach dem Trocknen nicht mehr nötig.

Hierauf legt man den Gegenstand, mit zwei Drittel magerem Kopallack und einem Drittel Terpentinöl gemischt, an, und zwar die glatten Stellen so reichlich, daß sie spiegelglatt werden, macht in obiger Weise einen zweiten Graphitüberzug, bringt den Gegenstand sofort zum Trocknen an einen warmen Ort; die erste Trocknung muß gut ausgeführt werden, doch dürfen die Gegenstände nicht zu heiß werden, weil der Überzug sonst grünlich wird.

Zum Schluß überzieht man den Gegenstand mit Wachsterpentin, putzt mit einem reinen Lappen ab und poliert dann mit dem Putzleder.

6. Schwarze Metallfärbungen nach dem Parazitverfahren. Die Parazitgesellschaft, G. m. b. H., Frankfurt a. M., bringt unter dem Namen Parazit dicke Lösungen (auch den feste Stoff Parazit) von dunkelbrauner, in dünner Schicht durchsichtiger Farbe in den Handel. Dieselben können bei der Metallfärbung eine ausgedehnte Verwendung finden, ebenso als Rostschutzmittel. Sie unterscheiden sich von den bisher in gleicher Richtung für diese Zwecke benutzten Fabrikaten durch ganz besondere, neue Eigenschaften. Diese Parazitlösungen sind Lösungen eines Stoffes, der Parazit genannt wird, in einem einheitlichen Lösungsmittel. Beide Stoffe sind vollständig indifferent, greifen die Metalle nicht an und sind absolut widerstandsfähig gegen Säuren, Alkalien, Atmosphärilien usw. Die Parazitlösungen werden auf Metallgegenständen in dünnerer oder dickerer Schicht aufgetragen, was durch Anpinseln, Tauch- oder Spritzverfahren je nach Bedarf geschehen kann. Die aufgetragenen Lösungen verteilen sich sehr leicht und geben eine glatte Oberfläche, auf welcher Pinselstriche nicht ersichtlich sind. Die braunen Überzüge trocknen in verhältnismäßig kurzer Zeit vollständig durchsichtig auf. Werden die Metallbleche dann, am besten in einem Trockenofen, bei langsam ansteigender Temperatur bis zu 200° C erhitzt und auf dieser Temperatur ca. 25—30 Minuten erhalten, sodann langsam abgekühlt, so erhält man aus dem anfangs durchsichtigen Überzug einen festhaftenden, tiefschwarzen und glänzenden Überzug auf der Metalloberfläche, welcher bis über 300° C beständig ist. Nach Angaben der Fabrikanten wird bei der angegebenen Temperatur das Parazit durch die Einwirkung der Wärme und des Luftsauerstoffes polymerisiert und dadurch in eine andere Modifikation umgewandelt. Die Parazitlösungen können bei jeder Temperatur, auch im Freien, verarbeitet werden. Es können auch Farbzusätze gemacht werden. Dieselben vermindern aber im Verhält-

nis ihres Zusatzes die Widerstandsfähigkeit. Bei der Verarbeitung der Parazitlösungen ist Wasserdampf auszuschließen, da derselbe schädlich ist.

Der besondere Vorzug dieses Verfahrens, das sich bereits vielfach bewährt hat, liegt auch darin, daß sich das Präparat zuerst schmelzen läßt, beim nachherigen Erwärmen sich aber derart verändert, daß es weder mehr zu schmelzen noch aufzulösen ist.

Die mechanische Metallfärbung kann in manchen Fällen zweckmäßig mit der chemischen Färbung kombiniert werden, siehe z. B. S. 342.

H. Metalleinlagen.

Seit alten Zeiten werden auf Metallen, sei es durch mechanisches Gravieren oder chemisches Ätzen, vertiefte Zeichnungen hervorgebracht und dann durch die verschiedensten frabigen Stoffe (farbige Metalle, z. B. Silber und Gold auf Eisen, Farben aller Art, schwarze Schwefelverbindungen, Email usw.) ausgefüllt, wodurch die schönsten künstlerischen Wirkungen erzielt werden, sog. Inkrustationsverfahren. Die Metalle selbst bleiben blank oder werden gefärbt.

I. Tauschierung. Hierbei werden in die durch Gravieren oder Ätzen vertieft erzeugten Zeichnungen auf dunklen, wenig glänzenden Metallen, insbesondere Stahl und Eisen, Drähte oder Blättchen verschiedenfarbiger Metalle, insbesondere Silber Gold, Kupfer, Messing, eingelegt und durch Einhämmern befestigt. Eventuell wird dann das Grundmetall oder die Metalleinlagen (orientalische Intarsien) gefärbt mit Beizen, welche die anderen Metalle nicht färben (siehe Metallfärbung).

Tauschierungsimitationen, Nachahmung orientalischer Intarsien. Die zuerst gedeckten, dann gravierten oder geätzten Metalle werden als Kathoden in die galvanischen Bäder der gewünschten Metalle eingehängt, wobei sich dann die entsprechenden Metalle, z. B. Gold, Silber usw., in den Vertiefungen niedergeschlagen. Auch Einlegen mit Niello, Email usw. werden gemacht.

Beispiel. Der Gegenstand wird vorerst ganz blank gemacht und jene Stellen, welche vergoldet werden sollen, mit einer Masse bedeckt, welche aus Bleiweiß besteht, das man mit Gummiwasser zu einem Brei angerieben hat, welcher sich wie eine dicke Malerfarbe mittels der Feder oder des Pinsels auftragen läßt. Jene Stellen der Metallfläche, welche nicht von der Farbe bedeckt sind, werden mit Asphaltlack (einer Lösung von Asphalt in Benzin, der man etwas Terpentinöl zugesetzt hat) überzogen. Nachdem dies geschehen, legt man den Gegenstand in Wasser, damit sich die Bleiweißfarbe vollständig ablöse, und bringt ihn in ein Vergoldungsbad oder anderes Bad.

Durch den elektrischen Strom wird nun auf die blanken Stellen des Metalles Gold niedergeschlagen; hat die Goldschicht die genügende Dicke erreicht, so hebt man den Gegenstand aus dem Bade, wäscht ihn, läßt ihn abtrocknen und legt ihn in ein mit Benzol gefülltes Gefäß. Der Asphalt löst sich in dem Benzol auf und erscheint nun die gewünschte Zeichnung in Gold auf dem Untergrunde von Bronze, Eisen oder Silber.

Man kann diese Arbeit auch in der Weise ausführen daß man den ganzen Gegenstand mit Asphaltlack überzieht und die Zeichnung mittels eines stumpfen Grabstichels, welcher nur den Lacküberzug wegnimmt, ohne das Metall selbst zu ritzen, ausführt; auf den in dieser Weise blank gelegten Stellen wird dann Gold u. a. durch den elektrischen Strom niedergeschlagen und der Lacküberzug in der angegebenen Weise von dem Gegenstande losgelöst.

Man kann einen und denselben Gegenstand aber auch mit verschiedenen Metallen verzieren, indem man für die verschieden gefärbten Metallablagerungen für eine jede, soweit man sie benutzen will, eine besondere Radierung veranstaltet, nach welcher man nacheinander den galvanischen Niederschlag entstehen läßt, für die folgende Farbe radiert, niederschlägt und dann ebnet. Die Metalle können dann wieder verschieden gefärbt werden.

II. Kaltes Email (Kalter Einlaß). Diese alte Technik (z. B. Regensburger Silberfund oder Jamnitzers „Mohrenkopf") besteht darin, daß man Metallgegenstände ohne weiteres mit geeigneten, bei niederer Temperatur schmelzenden gefärbten Harzmischungen bestreicht bzw. bemalt, oder solche Harzschmelzen in geätzte oder gestanzte Vertiefungen einträgt. Die Gegenstände werden dabei angewärmt, sodann die flüssige Masse aufgetragen; nach dem Erkalten schabt man das Überschüssige ab, schleift homogen und legt dann den Gegenstand auf eine warme Platte, so daß die Harzmasse, der sog. Einlaß, zu schmelzen beginnt. Zumeist benutzt man eine Mischung von 1 Tl. Farbstoff, z. B. Ruß und 2 Tln. Mastix. Der Mastix wird vorsichtig geschmolzen, dann der Farbstoff eingerührt. Um den Glanz zu erhöhen, setzt man einige Tropfen Spicköl zu, doch nicht zu viel, da sonst der Einlaß zu weich würde. Als Farbstoffe dienen weiter: Zinnober, Graphit, Ocker, Gummigutt, Ultramarin, Umbra, Bleiweiß, Zinkweiß, Grünspan usw. Auch farbige Siegellacke verwendet man dazu. Man kann auch so verfahren, daß man die Farben oder Bronzepulver mit Kopallack und Terpentinöl verreibt und in die Vertiefungen einträgt; nach dem Trocknen wird der Überschuß mit einem mit Terpentinöl befeuchteten Lappen entfernt. Auch mit Teerfarben, z. B. Nigrosinfettfarbe gefärbte, Lacke aller Art, sog. Emaillacke, Zaponlacke usw. werden benutzt.

III. Niello (auch Tulatechnik genannt). Bei Niello werden die in Metallgravierten, gestanzten oder geätzten Zeichnungen durch eine schwarze, aus Schwefelmetallen bestehende Masse ausgefüllt.

Die zum Niellieren angewendete schwarze Masse besteht der Hauptsache nach aus feinem Silber, Kupfer, Blei und Schwefel, bzw. aus den entsprechenden Schwefelmetallen. Das Mengenverhältnis dieser Stoffe kann sehr verschieden sein, ohne daß dadurch ein wesentlicher Unterschied in dem Erfolg hervorgerufen würde. Nach Karmarsch kann die Masse folgendermaßen zusammengesetzt sein:

8 Tle. Silber, 18 Tle. Kupfer, 18 Tle. Blei, 4 Borax, 96 Schwefel, oder:
2 Tle. Silber, 5 Tle. Kupfer, 3 Tle. Blei, 1 Borax, 24 Schwefel, oder
3 Tle. Silber, 5 Tle. Kupfer, 7 Tle. Blei, 24 Schwefel, oder:
1 Tl. Silber, 2 Tle. Kupfer, 3 Tle. Blei, 12 Schwefel.

Die Masse wird auf folgende Art bereitet: Man schmilzt zuerst die drei Metalle (um die Oxydation zu verhüten) mit etwas Borax in einem Tiegel zusammen, hierauf gießt man das Gemisch in einen mit dem gepulverten Schwefel halbgefüllten Tiegel, schmilzt es neuerdings und schüttet es über ein Büschel Reiser in Wasser, wodurch sich Körner bilden, die dann leichter in einem gußeisernen Mörser zu Pulver gestoßen werden können.

Das so bereitete Pulver wird nun mit Salmiaklösung angemacht und in die Gravierung eingerieben; hierauf bringt man die Stücke, nachdem man sie vorher wieder rein abgewischt hat, in die Muffel des Emaillierofens, erhitzt sie bis zum Schmelzen der schwarzen Masse, läßt sie langsam abkühlen, schleift sie dann vorsichtig mit Bimsstein ab und poliert schließlich mit Tripel.

Das Niello, welches besonders zur Verzierung der sog. Tulaer Dosen und sonstiger Metallarbeiten dient, wird dargestellt aus 15 g Silber, 90 g Kupfer und 150 g Blei, welche Metalle miteinander in einem Tiegel geschmolzen und mit einem Stück trockenen Holzes bis zur vollkommenen Vereinigung umgerührt werden. Ist dieser Zeitpunkt eingetreten, so mischt man 750 g Schwefel und 15 g Salmiak unter die Masse und setzt die Erhitzung so lange fort, bis der Überschuß des Schwefels verflüchtet ist. Man gießt dann die Masse in ein Gefäß aus, dessen Boden mit Schwefelblumen bedeckt ist und verschließt das Gefäß dicht, damit die Masse bis zum Erkalten den Schwefeldämpfen ausgesetzt bleibt. Hierauf schmilzt man sie nochmals und gießt sie dann in Stangen. Für die Hervorbringung von Figuren oder Verzierungen aller Art auf Gold- oder Silberarbeiten geht man auf folgende Weise zu Werke. Auf der Oberfläche der zu verzierenden Gegenstände wird eine beliebige Zeichnung durch Pressen oder Gravieren tief angebracht, das Niello in ein höchst feines Pulver verwandelt, mit einer schwachen Lösung von arabischem Gummi angerieben und sodann mit einem Pinsel in die vertieften oder gravierten Stellen eingestrichen, der Gegenstand vollständig getrocknet und dann entweder über freiem Feuer, oder noch besser in einer Muffel das Niello in Fluß gebracht oder eingeschmolzen. Hierauf nimmt man den Gegenstand aus der Muffel, und falls das Niello rein und ohne Blasen geschmolzen erscheint, schreitet, man zum Polieren, welches auf gleiche Weise wie bei dem Silber bewirkt wird.

Auch Goldverzierungen werden eingelegt (Gold-, Silber- und Niellomosaik). Nach anderen Mitteilungen wird in Tula das Niello aus 9 Tln. Silber, 1 Tl. Kupfer, 1 Tl. Blei und 1 Tl. Wismut hergestellt, welche geschmolzen und mit Schwefel verbunden werden. Diese Mischung ergibt das prächtigste Blau, welches irrtümlicherweise so oft für Stahlblau betrachtet wird.

Die Niellierung hat vor dem eigentlichen (aus Glasmasse bestehenden) Email den Hauptvorzug, daß sie sich inniger mit dem Silber vereinigt, weshalb in Niello sehr feine Zeichnungen von höchster Dauerhaftigkeit ausgeführt werden können. (Hygiene: Bleivergiftungsgefahr.)

Nielloimitationen können auf verschiedene Weise hergestellt werden, siehe auch Metallgravüren.

Beispiel. Messing wird versilbert, dann graviert. Man färbt dann die blank gelegten Messingstellen durch Einlegen in ammoniakalische Kupferlösung (sog. Schwarzbeize mit Kupferoxydschwarz, siehe Metallfärbung) schwarz; hierbei bleibt die Versilberung ungefärbt.

Zur Hervorbringung nielloartiger Verzierungen auf Eisen und Stahl werden die fein polierten Objekte mit einer blauschwarzen bis schwarzen Anlauffarbe versehen, indem der Gegenstand durch eine gleichmäßige Erwärmung mit Gas oder Kohlen dunkelkblau angelassen und dann in Öl getaucht wird. Durch Aufdruck eines säurebeständigen Deckgrundes wird die gewünschte Zeichnung auf dem Objekte angebracht, worauf die nicht gedeckten Stellen mit starker Salzsäure bis zum Erscheinen des blanken Metalles bloßglegt werden. Dieses wird nunmehr in üblicher Weise versilbert, vernickelt, vergoldet usw. und endlich die Entfernung des Deckgrundes bewerkstelligt. (Siehe auch kaltes Email.)

J. Das Email.

(Die Schmelzarbeit[1].)

I. Allgemeines. Unter Email versteht man im allgemeinen jeden Glasüberzug auf einer festen Unterlage, welcher durch eine bis zur Schmelzhitze des Glases erhöhte Temperatur in Fluß und hierdurch mit der Unterlage in eine innige Verbindung gebracht wird. Dieser Glasüberzug, der in der Keramik „Glasur", in der Metalltechnik „Email" genannt wird, kann durchsichtig (transluzid — Untergrund deutlich sichtbar) oder undurchsichtig (opak), farblos oder verschiedenfarbig sein.

Man unterscheidet:

1. Das Email für technische Zwecke, z. B. emaillierte Eisengeschirre aller Art, Uhrblattschmelzerei usw.

---

[1]) Für eingehendere Studien: Ferd. Luthmer, Das Email. Leipzig 1892. Paul Randau, Die Fabrikation des Emails und das Emaillieren. Leipzig, Hartleben 1909.

2. Die künstlerischen Emaillearbeiten (alte Technik), insbesondere das Goldschmiede- und das Maleremail.

Die durch Zusammenschmelzen feingepulverter Mischungen und nachheriges feines Pulvern bzw. Mahlen erhaltene Emailmasse besteht aus gemischten kieselsauren Verbindungen (Silikaten), welche durch Beigabe von geeigneten Stoffen getrübt und durch Metallverbindungen verschieden gefärbt, durch geeignete Zusammensetzung den verschiedenen Verwendungszwecken angepaßt wird. Hierbei kommt vor allem geforderte Widerstandsfähigkeit und die entsprechende Schmelztemperatur (ca. 800 ° C) in Betracht. Das Email haftet nur auf Eisen, Kupfer, kupferreichem Messing oder Gold. Andere Metalle müssen vorher mit einem derartigen Metallüberzug versehen werden. Die Metallunterlage heißt der Rezipient.

Für die Herstellung der Emailmasse (Glassatz) dienen als Grundmaterialien: Kieselsäure (Quarzpulver), Ton, Feldspat, Kalk (Kreide), Magnesia, Potasche, Soda, Bleioxyd, Borax.

Als trübe oder undurchsichtig machende Stoffe: Zinnoxyd, phophorsaurer Kalk (Knochenasche) Kryolith u. a.

Als Entfärbungsmittel: Salpeter, Braunstein, Mennige.

Als färbende Stoffe für Gelb: Antimonoxyd, Eisenoxyd, Silberoxyd, Uranoxyd; Rot: Eisenoxydtonerde, Kupferoxydul, Gold, Goldpurpur; Grün: Eisenoxydul, Kupferoxyd, Chromoxyd; Blau: Kobaltoxyd, Smalte; Violett: Manganoxyd; Schwarz: Eisenoxydul in größeren Mengen.

II. Technische Emaillierung. Im Gegensatz zu der uralten, künstlerischen Zwecken dienenden Emaillierung ist die technische Emaillierung erst gegen 60 Jahre in Anwendung, wobei große technische Schwierigkeiten zu überwinden waren. Es handelte sich darum, emaillierte Eisengeschirre herzustellen, welche bei wiederholten Temperaturerhöhungen unverändert blieben, d. h. weder rissig, sog. Haarrisse, wurden, noch abblätterte. Es mußten Emailmassen gefunden werden, die einen dem Metall nahestehenden Ausdehnungskoeffizienten besitzen, so daß sie der Ausdehnung in der Wärme, der Zusammenziehung beim Abkühlen rasch folgen konnten und diese Eigenschaft auch beibehielten. Vollkommen hat sich dieses Problem erst lösen lassen, als man anfing, an Stelle einer einzigen Emailmasse zwei auf das Metall zu schmelzen, eine Grundmasse und eine Deckmasse, von denen jede die nötigen Eigenschaften aufweist.

Die Grundmasse ist strengflüssig und soll auf dem Metall nicht aufgeschmolzen sondern nur aufgesintert sein. Die Grundmasse bedeckt ferner das Metall nicht als vollständig zusammenhängender Überzug, sondern als mehr oder weniger poröse Masse. Dadurch kann sich das Metall rasch ausdehnen und zusammenziehen, ohne daß eine Trennung der Teilchen der Grundmasse untereinander oder vom Metalle stattfindet.

Die Deckmasse, gleichsam die Glasur der Grundmasse, ist leichter schmelzbar als diese und verschmilzt mit der Grundmasse.

Beispiel der Zusammensetzung einer Grundmasse:

a) Schwer schmelzbar. Kieselsäure (Quarzpulver) 30 Tle., Borax 16,5 Tle., Bleiweiß 3,5 Tle. Geschmolzen und vermahlen mit Kieselsäure 25—40 Tle., Ton 20—25 Tle., Magnesia 5—6 Tle.

b) Leichter schmelzbar. Kieselsäure (Quarzpulver) 30 Tle. Borax 25 Tle., Feldspat 30 Tle. Geschmolzen und vermahlen mit 10,75 Tln. Ton, 6 Tln. Feldspat, 1,25 Tln. Magnesia.

Zusammensetzung von Deckmasse.

Bleihaltig. Kieselsäure 75, Borax 48, Zinnoxyd 50, Bleiweiß 30, Soda 22,5, Salpeter 20, Ammonkarbonat 15, Magnesia 10, wird vermahlen mit Kieselsäure 126.

Bleifrei (für Küchengeschirr).

Kieselsäure 37,5, Borax 27,5, Zinnoxyd 30, Soda 15, Salpeter 10, Kohlensaures Ammonium 7,5, Magnesia 7 wird vermahlen mit: Kieselsäure 6,12, Zinnoxyd 3,66, Soda 0,7, Magnesia 0,7.

(Siehe auch das Gesetz über den Verkehr mit blei- und zinkhaltigen Gegenständen, S. 104.)

Vor dem Emaillieren müssen die Metallstücke so gereinigt werden, daß sie metallisch blank erscheinen (siehe bei Reinigung, S. 224 u. f.).

Die geschmolzene Emailmasse wird unter Wasserzusatz gemahlen und so als Brei aufbewahrt. Diese Masse wird auf die etwas vorerwärmten (ca. 40° C) Metallbleche dünn aufgetragen, mit einer Bürste verstrichen in Trockenöfen getrocknet und dann in Muffelöfen eingebrannt. Die Erhitzung beim Einbrennen der Grundmasse soll in der heftig glühenden Muffel höchstens 20—25 Minuten in Anspruch nehmen; die Grundmasse soll lediglich aufgefrittet werden, darf aber nicht mehr abfärben.

Unter der Bezeichnung Stellmittel versteht man Stoffe, die den fertig gemahlenen Emaillemassen zugesetzt werden, um die feinen Emailleteilchen lange in der Schwebe zu erhalten; dazu dienen am besten Borax oder Salmiak (Chlorammonium).

Bei Herstellung der sog. Granitgeschirre wird auf die Grundmasse mittels Zerstäubers eine Flüssigkeit gespritzt, welche leicht schmelzbare Deckmasse von graublauer oder graurötlicher Farbe enthält; für Bauornamente wird der künstlerische Emailgrubenschmelz durch Umdruckverfahren hergestellt.

Für Eisenglasur, z. B. zum Schutze eiserner Röhren vor zerstörenden Einflüssen dient folgende Zusammensetzung: Kristallglas 130, Soda 20, Borsäure 12.

Email für kupferne Kochgefäße: 12 Flußspat, 12 ungebrannter Gips, 1 Tl. Borax.

Email für Zifferblätter der Uhren auf Kupfer: Kieselsäure 100, Bleioxyd 50—100, Zinnoxyd 50, Potasche 200—80.

III. Künstlerische Emailarbeiten.

1. Goldschmiedeemail. Bei dem Goldschmiedeemail unterscheidet man:

a) Grubenschmelzarbeit (Email champlevé). Hierbei werden zur Aufnahme der Schmelzmasse Vertiefungen eingearbeitet, teils mit dem Grabstichel, teils mittels Ätzverfahrens, auch durch mechanische Pressung, Prägung oder Guillochierung auch galvanisch. Die entstandenen Vertiefungen (Gruben) werden entweder mit einem oder mehreren verschiedenfarbigen Emaillepulvern ausgefüllt und eingeschmolzen. Hierbei kann die ganze Metallfläche so mit den farbigen Glasflüssen bedeckt sein, daß nur schmale Metallstreifen stehen bleiben, oder es kann die ganze Zeichnung im Metall ausgesparrt und nur der Grund mit Email versehen sein. Oft ist die durchsichtige Emailmasse auf reliefierten Metallgrund aufgeschmolzen. Das Email wird mit dem umgebenden Metall in eine Fläche geschliffen.

b) Zellenschmelz — Email cloisonné. Der Schmelzüberzug ruht hier ganz auf der Oberfläche des Metalles, wird aber in kleineren Abteilungen (Zellen) aufgebracht, welche durch feine, auf dem Metallgrund aufgelötete Metallstreifen oder Drähte gebildet werden.

2. Maleremail. Hierbei wird die metallene Unterlage vollständig mit einfarbiger Schmelzfarbe bedeckt, welche als Malgrund dient, um dann mit dem Pinsel ebenfalls mit Emaillefarben Zeichnungen und Bilder aufzutragen, die dann beim Einbrennen mit dem Grunde einheitlich zusammenschmelzen.

Die Zusammensetzung der künstlerischen Emaille muß vor allem sehr reine Farben zeigen, also mit reinsten Stoffen ausgeführt werden; da diese Schmelzflüsse aber nicht besonders widerstandsfähig zu sein brauchen, kann man Mischungen mit niedrigerem Schmelzpunkt benutzen, wodurch die ganze Handhabung erleichtert wird. Es sind vorzugsweise bleihaltige Glasflüsse im Gebrauch. Die unter Zusatz von Wasser feinst verriebenen Schmelzflüsse werden feucht in Breiform aufgetragen, eingestrichen, getrocknet, sodann mit dem Lötrohr oder in der Muffel eingebrannt. Nach dem ersten Einschmelzen findet eine Volumverringerung statt, weshalb die Operation nach weiterem Auftragen von Emailmasse wiederholt wird. Das fertige Stück wird mit Feilen egalisiert, mit geschlämmtem Tripel poliert.

Metalle, die das Email nicht annehmen, werden vorher verkupfert. Zumeist wird die Rückseite des Metallbleches auch (Konteremail) mit Email überzogen, um die unvermeidlichen Bewegungen, welche das Metall beim mehrfachen Schmelzen und Erkalten der Vorderseite durchzumachen hat, zu kompensieren.

Emailmassen für Schmuckgegenstände: 6,0 g Zinnoxyd und 4,0 g Bleioxyd werden mit 20 g pulverisiertem weißem Kristallglas unter Zusatz von kleinen Mengen Salpeter und Braunstein (Entfärbungspulver) zusammengeschmolzen in kleinen Tiegeln, die Schmelze in kaltes Wasser gegossen, das Schmelzen wird wiederholt, bis die Schmelze vollkommen homogen ist; sodann wird feinst gepulvert und mit Wasser oder mit Lavendelöl angerieben und aufgetragen.

Leichter schmelzbare Masse: 60 Zinnoxyd, 40 Bleioxyd, 60 Quarzpulver (Kieselsäure), 25 Kochsalz.

Zum Färben nimmt man für Blau 6% Kobaltoxyd, für Violett 5% Braunstein, für Gelb 9% Neapelgelb, für Grün 5% Kupferoxyd usw.

Farbiges, durchscheinendes Email, Grundmasse: Quarzpulver 5,0, Potasche 1,5, Soda 7,0, Mennige 3,0, für durchsichtiges Email z. B. für Blau: Kristallglas 34, Borax 6, Kobaltoxyd 4.

Eine besondere Emaillierung ist die sog. Schmelzpatikierung (Plaqué-vitro-métallique). Hierbei werden dünne Metallfolien überzogen, Metallpulver damit aufgeschmolzen usw., besonders für Schmuck- und Bijouteriewaren. Die mit Wasser fein pulverisierte getrocknete Schmelze aus z. B. 1 Tl. Borsäure und 1 Tl. Mennige, oder 2 Tln. Borsäure, 15 Tln. Mennige wird mit Lavendelöl angerieben, aufgetragen, auch mit Gold-, Silber-, Platinpulver zu Dekorationen der Metalloberflächen benutzt.

Im Handel sind die fertigen Emailpulver in allen Farben zu haben.

K. Anstriche auf Metalle.

(Siehe auch mechanische Metallfärbung.)

I. Allgemeines. Zu den teils der Verschönerung, teils dem Schutze dienenden Metallanstrichen kommen allein oder vermischt mit verschiedenen Deck- oder Lackfarben (siehe auch mechanische Metallfärbung, S. 340) zur Verwendung:

1. Trocknende Öle, insbesondere Leinöl oder die aus diesem hergestellten Firnisse und Lacke (fette Lacke oder Öllacke).

2. Lösungen von Harzen und anderen geeigneten Stoffen in flüchtigen Lösungsmitteln, flüchtige oder magere Lacke, Essenz- oder Spritlacke; da die Güte der Anstriche vor allem von der Güte der verwendeten Materialien abhängt, geben wir über diese kurze Ausführungen:

Die trocknenden Öle (Leinöl, Mohnöl, Nußöl u. a.) gehören zu der Klasse von fetten Pflanzenölen, welche, in dünner Schicht der Luft ausgesetzt, Sauerstoff aufnehmen (Oxydation) und sich dadurch in einen festen, elastischen Stoff, das sog. Linoxyn, umwandeln, also eine chemisch-physikalische Zustandsänderung erfahren.

Reines Leinöl trocknet in dünner Schicht, auf Glasplatten aufgestrichen, in höchstens 3—4 Tagen vollständig hart auf, ohne zu kleben.

Wird dieser Trokenprozeß des Leinöles durch geeigneten Zusatz von gewissen Stoffen (insbesondere Blei- oder Manganverbindungen) beschleunigt (Katalysatoren), so erhält man die sog. Firnisse.

Reiner Leinölfirnis trocknet, in dünner Schicht auf Glasplatten aufgestrichen, in 12—24 Stunden vollständig hart auf, ohne zu kleben.

Schlechteres Trocknungsvermögen macht bei Leinöl die Verfälschung mit nicht trocknenden Ölen, bei Leinölfirnis ebenfalls diese oder die Gegenwart von gewöhnlichem Leinöl wahrscheinlich.

Die Öllacke oder fetten Lacke sind Lösungen von harten Harzen, insbesondere Kopal, Bernstein usw. in Leinöl oder Leinölfirnis, häufig mit Zusatz von flüchtigen Lösungsmitteln, wie Terpentinöl und Terpentinölersatzstoffen. Trocknungsverhältnisse wie bei Leinölfirnis.

Die flüchtigen oder mageren oder Essenzlacke sind Lösungen von Harzen oder anderen geeigneten Stoffen (Schellack, Dammar, Kolophonium, Kopal, Bernstein, Mastix, Sandarak, harzsaure Metalloxyde, Kautschuk, Guttapercha, Asphalt, Zelluloid u. a.) in flüchtigen Lösungsmitteln, wie Alkohol, Methylalkohol, Benzin, Benzol, Terpentinöl, Amylazetat, Azeton usw. Die Trockendauer hängt von der Natur des Lösungsmittels ab, nach dessen Verflüchtigung der Harzüberzug bleibt. Das alle diese Anstrichmittel weitgehenden Verfälschungen ausgesetzt sind, welche eine Qualitätsverschlechterung bedeuten, so ist in erster Linie auf den Bezug tadelloser Waren zu sehen.

Ferner ist bei der Wahl der Anstrichmittel der beabsichtigte Zweck zu bedenken, insbesondere, ob es sich um Gegenstände handelt, die in Innenräumen oder im Freien aufgestellt werden, ob die Gegenstände unberührt stehen oder Angriffen der verschiedensten Art ausgesetzt sind, ob der Anstrich lediglich der Verschönerung oder auch dem weitgehenden Schutze von Witterungseinflüssen dienen soll.

Bezüglich der Zustandsänderung der trocknenden Öle, Firnisse und Lacke sei folgendes erwähnt: Der Trockenprozeß der trocknenden Öle und der daraus hergestellten Firnisse beruht nicht auf dem Verdunsten irgendeines flüchtigen Stoffes, sondern auf der durch die Sauerstoffaufnahme aus der Luft bewirkten Umwandlung der in diesen Ölen enthaltenen flüssigen Glyzeride (Glyzeride der Linolen- und Linolsäuren) in einen festen Stoff (Linoyen). Das Trocknen der trocknenden Öle beginnt von der Oberfläche her (Hautbildung), wo der Luftsauerstoff direkt einwirken kann, und schreitet langsam nach der Tiefe hin fort. Infolge dieser Sauerstoffaufnahme entsteht an der Oberfläche eine Volumvergrößerung. Befindet sich das Öl in einem Gefäße, so daß es der Ausdehnung nicht folgen kann, dann entsteht eine unregelmäßige, wellenförmige Gestaltung der Oberfläche, sog. Runzelbildung. Trocknende Öle und daraus hergestellte Firnisse weisen starke Runzelbildung auf, welche die Vorstufe zur späteren Rißbildung ist. Es muß daher, um diese Übelstände zu vermeiden, ein möglichst dünner Anstrich damit gemacht werden (Verdünnen mit Terpentinöl). Dagegen zeigen die Öllacke, d. h. die harzhaltigen Firnisse, meist mit Terpentinöl verdünnt, die Runzelbildung nicht oder nur in minimalem Betrage, um so weniger, je harzreicher sie sind.

Hierzu gehören die Kopal-, Bernstein- und die Harzsäureesterlacke u. a.

Die Sprit- und Essenzlacke, also die Lösungen von Harzen in flüchtigen Lösungsmitteln, trocknen durch die Verdunstung des Lösungsmittels. Alkoholische Lacke trocknen daher schneller als Terpentinharzlacke. Der Sauerstoff hat hier keinen Anteil. Das Trocknen findet unter Volumverminderung statt (Schwindung). Die Volumvergrößerung der Ölfirnisse und die Schwindung der Essenzlacke gleichen sich in den Ölharzlacken aus.

Lacke, welche rasch trocknen sollen, an deren Haltbarkeit keine großen Anforderungen gestellt werden, die also nicht den Atmosphärilien im Freien ausgesetzt sind, werden meist hergestellt durch Lösen mittelweicher und weicher Harze in Terpentinöl oder in Steinkohlenteerbenzol, auch in Petroleumbenzin; so z. B. der sog. Dammarlack, welcher nahezu farblos ist, und welchem zur Vermeidung der Sprödigkeit etwas venezianischer Terpentin oder Elemiharz zugesetzt wird. Dieser Lack hat die Eigenschaft des schwach Trübewerdens der aufgetrockneten Harzschicht (Blauanlaufen). Ferner hat man Kopal-Terpentinöllacke, Kolophonium-Terpentinöllacke, Asphalt- oder Eisenlacke (Teerasphalt oder syrischer Asphalt in Steinkohlenteerölen oder Terpentinöl), dann sog. Bronzetinkturen, Lösungen von Dammar in Benzin usw. mit Bronzepulvern versetzt usw.

Die Spirituslacke sind Lösungen von gewöhnlichem oder gebleichtem Schellack, Kolophonium, Akaroidharz, Mastix, Sandarak u. a. in Alkohol oder Methylalkohol (Vorsicht bei letzterem, giftig!). Diese finden als Überzugslack an und für sich oder mit Farbstoffen gefärbt für Metall- und Blechwaren (Goldlacke usw.) Verwendung. Der durch diese Lacke erzeugte Überzug ist ein spröder Harzüberzug. Durch Beigabe von venezianischem Terpentin, Elemiharz, Rizinusöl (einziges in Alkohol lösliches Öl) in geringer Menge hilft man dem Sprödesein ab. Ferner kommen wegen ihrer großen Vorzüge zur Verwendung die sog. Zaponlacke, d. h. Lösungen von Zelluloid in Amylazetat und Azeton, die Zellonlacke (Azetylzelluloselacke), Kumaronharzlacke, Backelitlacke (Phenolformaldehydkondensation) usw. Im Gegensatz zu all diesen glänzend auftrocknenden Lacken stehen die Mattlacke, welche eine matte Überzugsschicht geben. Von großem Vorteil haben sich die Zaponlacke erwiesen, welche nach dem etwas langsam vor sich gehenden Auftrocknen eine farblose, harte und doch nicht spröde Schicht von Zelluloid hinterlassen und großen Schutz gewährleisten, z. B. für polierte Messingwaren usw., auch nicht den Eindruck einer Lackierung machen.

Für gewisse Zwecke können auch Leim- und Wasserglasanstriche verwendet werden.

Die Sprit- oder Essenzlacke trocknen in der Wärme schneller als bei gewöhnlicher Temperatur, weil das Lösungsmittel schneller verdunstet. Dieser Grund ist bei Firnissen und Öllacken für das Trocknen in der Wärme nur dann maßgebend, wenn diese Terpentinöl oder andere flüchtige Verdünnungsmittel enthalten. Dennoch empfiehlt es sich, auch die mit Firnissen und Öllacken gefirnißten oder lackierten Metallgegenstände der Wärmebehandlung, z. B. im Lackierofen[1]), zu unterziehen. Wenn auch der eigentliche Trockenprozeß durch den Luftsauerstoff nicht direkt gefördert wird, so wird er doch beschleunigt, da alle chemischen Prozesse bei Temperaturerhöhung schneller verlaufen. Der Hauptvorteil aber liegt darin, daß erstens eine gleichmäßigere Verteilung, ein Glätten des Aufstriches, dadurch erhöhte Glanzwirkung und ein besseres Haften auf der Metallgrundlage erzielt wird. Das Trocknen der lackierten Waren, sog. Einbrennen, geschieht bei 100 bis 120° C.

Allgemeine Regeln. Es sollen nur reine Firnisse und Lacke verwendet werden.

Es soll nur einheitliches Material benutzt werden, d. h. es sollen nicht verschiedene Firnisse und Lacke kritiklos zusammengemischt werden.

Die Firnisse und Lacke sollen wasserfrei und klar sein.

---

[1]) Lackieröfen sind Wärmekammern, die durch besonders konstruierte Wände (Doppelwände usw.) die Wärme gut bewahren und die zu trocknenden Objekte vor Staub und Zugluft schützen. Die Dimension solcher Öfen richtet sich nach der Art, der Größe und der Menge der Waren. Kleine Öfen werden mit Gas angeheizt; für größere Öfen eignet sich Heißluft- oder Heißwasserheizung; für ganz große Öfen empfiehlt es sich, dieselben an die Heizungsanlage einer Dampfleitung anzuschließen. Letztere Heizungsarten sind insofern am besten, als sie keinen Staub, keinen Ruß und keine Asche mit sich führen.

Die Firnisse sollen keine größeren Mengen freier Säuren oder weicher Harze, z. B. Kolophonium, enthalten (sonst klebrig bleibend).

Auf Glasplatten, in dünner Schicht aufgestrichen, muß ein guter Firnis innerhalb 12—24 Stunden vollkommen fest und hart, ohne zu kleben, auftrocknen. Schwach erwärmt, darf kein Klebrigwerden (Nachkleben) eintreten. Fährt man mit einem kleinen Messer über die getrocknete Schicht, so muß dieselbe spänen, sie darf nicht schmieren, auch nicht splittern.

Ganz das gleiche gilt für die Öllacke; für diese gilt noch folgendes:

Ein durch Aufstreichen in dünner Schicht auf einer Glasplatte erzeugter Lacküberzug darf nach dem vollständigen Trocknen beim Reiben mit den Fingern nicht abpulvern und muß sich mit Wasser und Bimsstein glatt schleifen lassen, ohne aufzuweichen oder zu reißen. Die Witterungsbeständigkeit prüft man, indem man die getrocknete Schicht in ein mit Wasser feucht gehaltenes Tuch einschlägt und 24 Stunden liegen läßt. Nach dem vollständigen Austrocknen muß die Lackschicht den gleichen Glanz, Farbe, Härte aufweisen, wie eine nicht feucht behandelte Lackschicht. Die nach dem Auftrocknen der Sprit- oder Essenzlacke auf Glasplatten hinterbleibende Harzschicht soll nicht spröde oder leicht abreibbar sein.

Für Gegenstände, die im Freien zu stehen kommen, sind keine spröde auftrocknenden Firnisse, Lacke oder Farben zu verwenden.

Bei Anstrichen soll man von Grund auf mager arbeiten, d. h. mit Farben, die nicht zu reich an öligen Bindemitteln sind; nie sollen fettere Farbschichten, die langsam trocknen oder durchhärten, unter mageren, schneller fest werdenden Schichten sich befinden. Es entstehen sonst zwischen den aufeinander liegenden Schichten Spannungen und dadurch Rißbildung.

Was die Farbstoffe betrifft, so sind vor allem beständige Farben zu wählen und solche, welche chemisch nicht auf das Metall einwirken (siehe bei Rostprozeß). Am besten bedient man sich der verschiedenen Erdfarben, z. B. Ocker, Umbra usw. Bleiweißanstriche weisen eine beträchtliche Elastizität auf und sind im Freien beständiger als die Zinkweißanstriche, welche durch Aufnahme von Kohlensäure körnig werden. Zinkweißanstriche nimmt man für Innenanstriche.

Die wichtigsten Anstrichfarben sind:

Weiße Farben: Bleiweiß (basisch kohlensaures Blei), Zinkweiß (Zinkoxyd), Lithopone (schwefelsaures Barium — Schwefelzink); alles Deckfarben.

Blaue Farben: Ultramarin (schwefelhaltiges Aluminiumnatriumsilikat), Deckfarbe; Berliner- und Pariserblau (Ferrozyaneisen), Lasurfarbe; in dicken Schichten Deckfarbe.

Braune Farben: Kasselerbraun, van Dyckbraun (Braunkohlen), braune Ocker (einsenoxydhaltige Tone), Mineralische Umbra (manganhaltige Ocker), Deckfarben; Terra di Sienna (eisenoxydhaltiger Ton), Lasurfarbe.

Gelbe Farben: Gelb- und Goldocker (eisenoxydhaltiger Ton), Neapelgelb (antimonsaures Blei), Chromgelb (chromsaures Blei), Deckfarben.

Grüne Farben: Grüne Ultramarine, Grünerde (eisensilikathaltiger Ton), Deckfarben.

Rote Farben: Eisenrot (Eisenoxyd), sog. Eisenmennige, Rotocker, Zinnober (Schwefelquecksilber), Deckfarben; Krapplack (Alizarinlack), Lasurfarbe.

Schwarze Farben: Rußschwarz, Rebenschwarz, Graphit (Deckfarben).

Graue Farben: Mit weißen Farben verdünnte schwarze Farben, ferner Zinkgrau (feinverteiltes Zinkpulver mit Zinkoxyd, sog. Zinkstaub). (Deckfarben.)

Man unterscheidet bei den Farbstoffen Deckfarben und Lasurfarben bzw. Lackfarben. Bei den Deckfarben bilden die Farbstoffteilchen, verteilt im Bindemittel, eine undurchsichtige Decke für die Unterlage. Bei den Lasurfarben sind die Farbstoffe im Bindemittel so fein verteilt, daß man von einer Lösung sprechen kann (wahre oder kolloidale Lösung); diese Farben lassen die Unterlage durchscheinen.

Vor allem ist auf eine gute Verbindung der Farbe oder des Lackes mit dem Untergrund zu sehen. Die Metalle werden sorgfältig blank gemacht, und wenn es sich nicht um glänzende, polierte Oberflächen handelt (bloße Lackierungen) mit Sandpapier nach zwei aufeinander senkrechten Richtungen abgerieben, um der Grundierung Halt zu geben. Auf blankem, glattem Zink haften bzw. halten die Farbanstriche schlecht. Man muß daher das Zinkblech anrauhen, rauh schleifen, rauh ätzen, mit dem Sandstrahlgebläse behandeln, oder chemisch matt machen, auch die ersten Ölfarbenanstriche nach dem Trocknen mit Sandpapier hineinschleifen.

II. Besondere Verfahren.

Verfahren, Zinkbleche zur Annahme eines festhaftenden Ölfarbanstriches vorzubereiten.

Man löst 1 Tl. Kupferchlorid, 1 Tl. salpetersaures Kupfer, 1 Tl. Salmiak in 64 Tln. Wasser, dem man 1 Tl. Salzsäure zusetzt, auf. Ein Zinkblech, welches mit dieser Beize mittels eines breiten Pinsels bestrichen wird, nimmt unmittelbar nach erfolgtem Anstrich ein teiefschwarze Farbe an, die sich nach dem Eintrocknen (d. h. nach Verlauf von etwa 12—24 Stunden) in eine schmutzig dunkelweißgraue Farbennuance verwandelt, auf welcher nunmehr jeder Ölfarbanstrich festhaftet.

Kupfer- oder Bleifarben springen auf Zink ab. Wasserglasanstriche erweisen sich auf Zink beständig, aber nicht wetterbeständig. Die dünne Oxydschicht, welche Aluminium stets aufweist, gibt eine gute Grundlage für Ölfarbenanstriche ab.

Farblose Lacke, oder für Messing Goldlack, werden mit feinhaarigem Marderpinsel auf die handwarm gemachten Gegenstände gestrichen. Sauberkeit ist dabei sehr zu empfehlen, der Pinsel muß immer von Lackresten freigehalten werden, Lackrest nicht in die Flasche zurückschütten. Wichtig ist das Trocknen in einem Trockenofen bei 50—70 °, wobei kleine Unregelmäßigkeiten sich ausgleichen und der Lack klar durchsichtig wird.

Beim Überziehen der Metalle mit Zelluloid werden die Gegenstände zweckmäßig durch Eintauchen in Zapon überzogen. Zapon gibt beim Trocknen keine Ränder.

Für Anstriche mit Öl- oder Firnisfarben und Lackierungen dienen folgende allgemeine Bemerkungen: 1. Vorbereitung, Blankmachen oder Anrauhen. 2. Grundierung mit geeigneter Ölfarbe. 3. Nach dem Trocknen Farbanstrich. 4. Abschleifen mit Bimsstein. 5. Lackauftrag. 6. Schleifen nach dem Harttrocknen mit Bimsstein. 7. Schlußlackierung.

Lackieren von Weißblech (Goldlack).

Man bestreicht das vorher sorgfältig gereinigte Weißblech mittels eines breiten weichen Pinsels mit einer Mischung von 1 Tl. Leinöl und 2 Tln. dunklem Kopallack, hiernach werden die bestrichenen Metallteile im Trockenofen getrocknet. Das lackierte Stück läßt sich biegen und hämmern ohne daß der Lack abspringt.

Gegenstände aus Eisen oder Stahl erhalten schöne Farbanstriche mit Glanz, wenn sie mit Asphaltlacken (schwarz oder braun) oder mit Kopallacken, die mit verschiedenen Erdfarben, wie z. B. Goldocker, Rotocker oder mit Lithopone, Ultramarin usw. angerieben sind, bestrichen und nach dem Antrocknen im Lackierofen (150—200 ° C) gehärtet werden. Kleinere Massenartikel, z. B. Schließen, Haken, können im Rollfaß mit den Lacken oder Farben angerollt, dann im Trockenofen weiter behandelt werden. —

In den meisten Fällen werden die Anstrichmittel von zuverlässigen Firmen fertig bezogen. Nachstehend sollen nun einige Beispiele zur Selbstherstellung gegeben werden.

Als schützender Anstrich, besonders für Messing- und Bronzearbeiten ist eine Zelluloidlösung (farblos) zu empfehlen, wie solche unter dem Namen „Zapon" im Handel ist. Leinölfirnis, fetter Kopallack, werden mit sog. Anilinfettfarben beliebig gefärbt.

Schellacklack.

Man übergießt grob gepulverten Schellack in einem gut verschließbaren Glasgefäße mit der vier- bis fünffachen Menge Alkohol und läßt unter öfterem Umschütteln in gelinder Wärme bis zur erfolgten Lösung stehen. Hierauf läßt man einige Tage absetzen und gießt durch ein feines Tuch. Das Hindurchgeflossene läßt man nochmals einige Tage absetzen und filtriert dann in einem kühlen Raume durch Fließpapier.

Biegsamer Schellacklack.

Man setzt zu 100 Tln. Schellacklack 5 Tle. venezianischen Terpentin und 20 bis 40 Tle. Spicköl. Durch Zusatz von konzentrierten Lösungen geeigneter Teerfarbstoffe kann man dem Lacke beliebige Färbungen geben.

Schellacklack, farbloser.

70 g Schellack gebleicht, 7 g Sandarak, 500 g Alkohol (96%), 2 g Rizinusöl.

Lack für Zinnfolien (nach R. Kayser).

200 g Schellack werden in 1 l Alkohol gelöst, hierauf wird filtriert. Den auf dem Filter zuerst zurückbleibenden Schlamm läßt man abtropfen, wobei man, um das Verdunsten von Weingeist tunlichst zu verhüten, über den Trichter eine Glasplatte deckt. Zu dem so erhaltenen Schellacklack fügt man 2 g Rizinusöl.

Goldlack.

20 g gebleichter Schellack, 4 g Mastix, 4 g Sandarak, 2,0 Drachenblutharz, 0,5 g Safran, 2,5 g Gummigutt, 0,2 Anilingelb, 150 g Alkohol (96%).

Lack für Flaschenkapseln.

10 Tle. Schellack, 1 Tl. Terpentin, 1 Tl. Gummigutt, 50 Tle. Alkohol (96%).

Akaroidharzlack für Metallwaren (Goldton).

Rotes Akaroidharz 100 g, Alkohol (96%) 600 g, 50 g Rizinusöl.

Lack für Mechaniker.

2 Tle. Sandarak, 1 Tl. Körnerlack, 1 Tl. Mastix, 1 Tl. Benzoe, 8 Tle. Alkohol (96%), 1 Tl. Terpentin

oder:

6 Tle. Sandarak, 3 Tle. Mastix, 6 Tle. Terpentinöl, 2 Tle. Terpentin, hierzu 8 Tle. Spiritus, der ev. gefärbt ist mit Kurkuma, Gummigutt, Drachenblut usw.

Mastixlack.

30 g Mastix, 70 g Terpentinöl.

Lack für Blechdosen.

200 g Sandarak, 100 g Mastix, 30 g venezianischer Terpentin, 600 g Alkohol 96%.

Farbloser Lack.

125 g Sandarak werden in 0,25 l Alkohol gelöst, zu welcher Lösung dann 20 g Kampfer und 35 g venezianischer Terpentin gefügt werden. Man schüttelt so

lange, bis sich alles gelöst hat, und läßt einige Tage an einem mäßig warmen Orte stehen, worauf man die klare Flüssigkeit vom Bodensatz abgießt und für den Gebrauch aufbewahrt. Wenn ein Gegenstand lackiert werden soll, so muß er vorher etwas erwärmt werden. Ebenso ist es nötig, den Lack vorher etwas zu erwärmen, was dadurch geschehen kann, daß man etwas davon in ein Gläschen gießt und dieses in eine Schüssel mit warmem Wasser stellt Sehr wesentlich ist es, den Lack dünn aufzutragen.

Metallacke.

2 Tle. Dammarharz, 4 Tle. Terpentinöl, 1 Tl. Sikkativ, 2 Tle. Leinölfirnis. Der Lack läßt sich durch Asphalt, Drachenblut usw. färben.

10 Tle. Schellack, 3 Tle. Kopaivabalsam, 3 Tle. Leinölfirnis, 100 Tle. Alkohol.

Dammarlack.

Man löst 100 g Dammarharz in 1 l Terpentinöl.

Bronzelacke sog. Bronzetinkturen (säurefrei).

Da die freien Harzsäuren die Bronzepulver, welche mit dem Lacke aufgetragen werden, angreifen (Grünfärben durch Auflösen von Kupfer), so müssen die Harze entsprechend entsäuert werden.

1. Man schmilzt 100 g Dammar mit 30 g kalzinierter Soda und erhält diese Mischung längere Zeit im Schmelzen. Die erkaltete Schmelze wird pulverisiert und in 900 g Benzin gelöst.

2. Man löst 250 g Dammar in 1 l Benzin, schüttelt die Lösung mit 0,25 l 10%iger Ätznatronlösung einige Zeit durch. Man trennt die Harzlösung von der Ätzlauge und schüttelt dieselbe nochmals mit neuer Lauge durch. Nachdem sich die beiden Schichten getrennt haben, wird die klare Harzlösung abgegossen und filtriert.

Metallack nach G. Buchner.

80 g harzsaures Mangan, 170 g Benzol, 50 g Kopallack, gefärbt mit benzollöslichen Anilinfettfarben.

Asphaltlack (Eisenlack).

a) 450 g Asphalt, 200 g Leinöl, 1 l Terpentinöl.

b) 10 g Teerasphalt, 4 g Kolophonium schmelzen, dann zufügen 2 g Leinölfirnis und 5 g Benzin.

oder:

c) 40 g syrischer Asphalt, 10 g Leinölfirnis, 70 g Terpentinöl oder Asphalt lösen in Petroleum oder Benzol. Färben mit Ruß oder fettlöslicher Nigrosinfarbe.

Mattlack.

a) 35 g Sandarak, 400 g Äther, 10 g Kanadabalsam lösen, dann zufügen 150 g Benzol.

b) 50 g Mastix, 50 g Sandarak in 600 g Äther lösen, dann 200 g Benzol zufügen.

Anstriche für Eisenwerk.

Sollen Eisenteile blank bleiben, so müssen dieselben öfters mit warmem Mineralöl (Paraffinöl, Vaselin) eingefettet werden. Tierische und Pflanzenöle oder -fette sind zu vermeiden.

Sehr zu empfehlen ist ein Anstrich mit einer Zelluloidlösung, wie solche unter dem Namen „Zapon“ im Handel ist.

Als Lacküberzug dient ein Gemisch von 5 Tln. Leinölfirnis (oder Kopallack) und 4 Tln. Terpentinöl.

Bei farbigen Anstrichen auf Eisen unternimmt man zwei Anstriche.

Grundieren. Hierzu dient gewöhnlich eine Farbe aus Mennige und Bleiweiß mit Leinölfirnis. Anstatt Mennige, welche eine oxydierende Wirkung auf das Eisen ausübt, dient besser die sog. Eisenmennige (geschlämmtes tonhaltiges Eisenoxyd). Nach dem Grundieren wird, natürlich nach vorausgegangenem Trocknen, der Anstrich bewerkstelligt.

Dies geschieht am besten mit sog. Diamantfarbe (Graphit mit Leinölfirnis), oder mit Firnissen und Öllackfirnissen, die mit den gewünschten Farben gemischt sind.

Anstreichverfahren für im Freien stehende Eisenteile, z. B. Geländer, Brücken usw.

Die Eisenteile werden zuerst mit eisernen Instrumenten abgekratzt, zuletzt mit Drahtbürsten gereinigt. Dann werden die Fugen mit sog. Spachtelkitt ausgefüllt. Dann wird durch einen zweimaligen Anstrich mit einer aus Eisenmennige und Leinölfirnis bestehenden Farbe grundiert und nach dem Trocknen zweimal gestrichen mit folgender Farbe:

50 Tle. Bleiweiß, 50 Tle. Zinkgrau, 1 Tl. Ultramarin, fein abgerieben mit 25 Tln. gekochtem Leinöl.

Der Boden einer Brücke von Eisen wird mit einer Mischung von 8 Tln. wasserfreiem Gasteer, 1 Tl. Terpentinöl und 2 Tln. gebranntem und gepulvertem Kalk angestrichen, dann mit trockenem Sand beworfen. Guß- und schmiedeeiserne Wasserleitungsrohre werden am besten mit heißem, auf ca. 200° C erhitztem Gasteer bestrichen.

Eine andere empfehlenswerte Mischung:

250 Tle. Asphalt, 250 Tle. Kolophonium werden geschmolzen, dann 2 Tle. Teeröl zugesetzt, ev. mit mehr Teeröl verdünnt.

Lack für eiserne Zimmerschlösser, der nicht abspringt:

1 Tl. Asphalt geschmolzen, 1,5 Tl. dunkle Umbra, 1,5 Tl. Leinölfirnis, 5 Tle. Terpentinöl.

Anstrich auf Eisen zum Schutz gegen Feuerungen.

Man streicht zuerst mit einer Wasserglaslösung von 30° Bé, die mit gepulvertem Glase versetzt ist. Nach dem Trocknen folgt ein Anstrich, bestehend aus 14 Tln. Quarzsand, 4 Tln. Hammerschlagpulver, 0,5 Tl. gelöschter Kalk, 0,5 Tl. Ton, mit Wasserglas zu einer dünnen Farbe angerührt.

Anstrich für gußeiserne Gegenstände, z. B. Maschinenteile u. a.

Gußeiserne Teile müssen zwecks Aufbringens eines Farbanstriches zuerst gespachtelt werden. Die Spachtelung verfolgt den Zweck, das Korn der Gußhaut, Feilstriche u. dgl. zu verdecken und etwa vorhandene Einbeulungen und Mulden der Eisenstücke auszugleichen. Zur Spachtelung bedient man sich des sog. Spachtelkittes, der mit dem Spachtel aufgetragen wird. Bei Konstruktionsteilen komplizierter Gestalt wird die Grundierung in Form von Schleifgrundfarbe mit dem Lappen oder Pinsel aufgetragen. Zur Herstellung von Spachtelkitt mengt man die eine Hälfte einer gewissen Menge Schlämmkreide mit Leimwasser zu einem steifen Brei an. Die andere Hälfte der Kreide wird mit Leinölfirnis und Sikkativ zu einem geschmeidigen, nicht zu steifen und knollenfreien Teig angemacht. Der Sikkativzusatz kann sehr gering sein. Beide Massen werden nun auf einem Brett zusammengearbeitet und gut durchgemengt. Der Kitt muß ganz gleichmäßig sein, darf nicht bröckeln und auch nicht ziehen. Er muß sich in die Vertiefungen streichen lassen ohne daß der Spachtel die Masse wieder herauszieht. Ist der Kitt zu bröckelig, so muß mehr Öl angewendet werden; zieht er, so kann man noch mehr mit Leimwasser angemachte Kreide zusetzen. Nun erfolgt das Schleifen, das mit Bimsstein ausgeführt wird. Die letzte Spachtelung wird stets naß geschliffen. Auf das Schleifen folgt dann der eigentliche Anstrich, der mit einer Öllackfarbe erfolgen kann. Das Trocknen geschieht in Lackieröfen.

Weißer Anstrich auf Metall.

Man nehme reines Zinkweiß und mische es mit Natronwasserglas von 40—50° Bé zu einer mit dem Pinsel leicht auftragbaren, der gewönlichen Ölfarbe gleichen Konsistenz; die anzustreichende Metallfläche putze man vorher rein und beize sie, wenn es sich um Zink handelt, mit verdünnter Salzsäure; darauf wasche man mit Wasser ab und überstreiche mehrmals mit der Zinkoxydwasserglasfarbe, bis der Anstrich gehörig deckt. Zwischen jedem Anstrich muß man eine Zeit warten; es dauert dies jedoch nicht lange, da der Anstrich schnell trocknet. Hat man größere Flächen, z. B. Zimmerdecken, zu streichen, so mische man nicht zuviel Farbe auf einmal, da dieselbe nach einiger Zeit dick wird. Durch Zusatz von Mineralfarben kann man dem Weiß andere Farbentöne ggeben.

Anstrich für Metalle.

50 Tle. Leim werden in Wasser quellen gelassen, dann in 150 Tln. Wasser heiß gelöst und mit 2 Tln. Natronlauge einige Zeit hindurch gekocht; der hierbei entstehende, flockige Niederschlag kann mit verwendet werden. Nach dem Erkalten setzt man 50 Tle. käufliche Wasserglaslösung hinzu und rührt mit dieser Mischung so viel Zinkoxyd an, bis man einen dünnen, leicht mit dem Pinsel zu vertreibenden Brei erhält. Zur gleichmäßigen Verteilung läßt man die Mischung durch eine Farbenmühle gehen. Mit diesem Farbenbrei, der für den jedesmaligen Bedarf frisch bereitet sein muß, wird das Metall ein- bis zweimal angestrichen, und nachdem der Anstrich völlig getrocknet ist, mit einer 10%igen Lösung von Chlorzink einmal überstrichen. Erst durch diesen letzten Überzug erhält der Anstrich einen schönen Glanz und große Widerstandsfähigkeit. Durch Zusatz von Erdfarben, Braunstein, Umbra, Chromoxyd usw. kann man dem Anstriche beliebige Farbentöne geben.

L. Das Rosten des Eisens und die Rostschutzmittel.

I. Allgemeines (siehe auch S. 93). — Der Rostprozeß des Eisens verläuft nach unseren heutigen Erkenntnissen in zwei Phasen.

1. Das Eisen geht unter Bildung von Eisenionen (Ferroionen) in Lösung (Korrosion).

2. Durch Einwirkung des Sauerstoffs werden Ferriionen gebildet, ein Oxydationsprozeß, der zur Abscheidung von Ferro-Ferrihydroxyd und von Ferrihydroxyd (Rost) führt.

Der Rostprozeß ist also in erster Linie ein Lösungs-, in zweiter Linie ein Oxydationsprozeß. Die Mitwirkung der Kohlensäure spielt dabei eine untergeordnete Rolle.

Der Verlauf des Lösungsvorganges hängt nun vor allem ab von der Beschaffenheit des Metalles selbst, dessen Lösungsdruck je nach seiner Zustandsform und Zusammensetzung wechselt. Jedes bearbeitete Stück Eisen zeigt an verschiedenen Stellen Ungleichheiten der Struktur und Zusammensetzung, die zum Auftreten von Lokalströmen (s. S. 94 u. 357) Veranlassung geben, wodurch der Lösungsprozeß zunächst eingeleitet wird. Hierbei ist zu erwägen, daß das technische Eisen, abgesehen von anderen Bestandteilen, wie z. B. Kohlenstoff, stets mit Wasserstoff beladen ist.

Der Rostprozeß ist bedingt durch Einwirkung von Luftsauerstoff und Feuchtigkeit auf das Eisen, begünstigt durch die Wirkung der Kohlensäure und durch elektrochemische Prozesse. Druch die Einwirkung der Kohlensäure entsteht kohlensaures Eisen, welches unter Sauerstoffaufnahme und Kohlensäureabgabe in Eisenhydroxyd übergeht. Eisen rostet nicht in vollständig luftfreiem Wasser und nicht in trockener Luft.

Verdünnte Säuren begünstigen den Rostprozeß, und zwar verhielt sich der Angriff z. B. von 1%iger Schwefelsäure auf Flußeisen: Schweißeisen: Gußeisen wie 1 : 2 : 100 (nach Heyn und Bauer, Kgl. Materialprüfungsamt Berlin). Alle salz- und säurehaltigen Flüssigkeiten (Elektrolyte) begünstigen im allgemeinen den Rostvorgang.

Der Rost bildet sich erst dann in feuchter Luft, wenn der Wasserdampf der Luft auf den betreffenden Gegenständen sich kondensiert. Da alle unsere Wässer Sauerstoff enthalten, so wirken sie rostbildend, und zwar an der Oberfläche mehr als in den Tiefen, da an ersterer noch die Berührung des Luftsauerstoffes hinzukommt. Um Gegenstände vor Rost zu schützen, hat man daher vor allem auf die Trocknung der Luft bedacht zu sein. Leere Dampfkessel werden vor dem Anrosten bewahrt, wenn man in dieselben Schalen mit Chlorkalzium stellt und dieselben verschließt. Eisengegenstände, z. B. Instrumente und dergleichen, bewahrt man am besten in einer Kiste neben Chlorkalzium auf. Der Luftgehalt des Wassers kann auch im Betriebe stehenden Dampfkesseln, besonders an den Einmündungsstellen des Speisewassers bedeutende Anrostungen verursachen. Es ist das leicht erklärlich, wenn man bedenkt, daß 1 l Wasser bei 10° C 38 ccm Sauerstoff gelöst enthält. Da kaltes Wasser mehr Sauerstoff enthält als warmes, so wirkt ersteres stärker rostbildend. Entstandener Rost bildet keinen zusammenhängenden dichten Überzug auf dem Eisen, sondern eine poröse Masse. Poröse Körper verdichten in ihren Poren Gase und Wasser, weshalb hier die Rostbildung immer weiter fortschreitet und die unterliegenden Schichten oxydiert werden, weshalb der volkstümliche Ausdruck „der Rost erzeugt Rost“ oder „Rost frißt“, wenn auch nicht buchstäblich zu nehmen, so doch richtig ist.

Jedes technische Eisen, auch Schmiedeeisen, enthält in sehr geringen Mengen Fremdmetalle, z. B. Spuren Kupfer, die wenig Neigung zeigen, sich mit Eisen zu legieren, und die sich infolgedessen aus dem geschmolzenen Metall beim Erkalten ausscheiden. Sie tun dies aber nicht in völlig gleichmäßiger Weise, sondern es werden sich in dem erstarrten Eisen unregelmäßig zerstreute Partikelchen von verschiedener Korngröße finden. Dies ist auf die jedem Chemiker bekannte Erscheinung zurückzuführen, daß aus einem Konglomerat verschieden großer Kristalle, die sich in ihrer gesättigten Lösung befinden, die kleineren allmählich verschwinden, während die größeren auf ihre Kosten wachsen; ähnlich wie in einem mit Wasserdampf gesättigten Raum die größeren Wassertropfen die kleineren förmlich aufsaugen. Diese Erscheinung ist eine Wirkung der Oberflächenspannung, insofern als jeder Körper das Bestreben zeigt, seine Oberfläche möglichst zu verkleinern.

Jedes technische Eisen enthält ferner größere oder kleinere Mengen elementar ausgeschiedenen Kohlenstoffs, sei es in Form von Graphit, sei es als Temperkohle. Kohle bildet aber jedenfalls mit Eisen bei Anwesenheit von Wasserstoffionen enthaltender Flüssigkeiten, wie es das gewöhnliche Wasser vorstellt, eine elektrische Kette, deren elektromotorische Kraft sogar größer ist als die der Kupfer-Eisenkette. Der hohe elektrolytische Lösungsdruck des mit Kohle eine Kette bildenden Eisens bewirkt ein fortwährendes Hinaussenden von Ferroionen, welche durch den im Wasser gelösten Sauerstoff zu dem in Wasser praktisch unlöslichen Ferrihydroxyd, dem Rost, oxydiert werden. Da hierdurch konstant Ferroionen dem Wasser entzogen werden, bleibt der Lösungsdruck fortgesetzt in Tätigkeit, wodurch an dieser Stelle ein rasches Rosten des Eisens eintritt.

Diese Verhältnisse sind maßgebend für die Einleitung des Rostprozesses, welcher dann bechleunigt wird, wenn eine angrenzende Schicht edler als das Eisen ist, und umgekehrt verlangsamt wird, wenn das Eisen edler ist.

Bekanntlich ist das Auftreten solcher äußerer Lokalelemente der Grund, weshalb man eiserne Bleche nicht verkupfert, sondern verzinkt. —

Gußeiserne Gas- oder Wasserleitungsröhren bedecken sich innen durch die kalkhaltigen harten Wasser (Karbonathärte) bald mit einer schützenden Schicht von kohlensaurem Kalk, bedürfen daher keines Anstriches.

Nach den Untersuchungen von Swinden hat sich ergeben, daß bei der Anwesenheit von mehr als 1% Molybdän im Stahl die Rostfähigkeit des letzteren nicht unerheblich gesteigert wird. Kupferhaltiger Stahl wird weniger von Rost angegriffen als kupferfreier Stahl.

Schwache Salzlösungen bringen Eisen schnell zum Rosten, stärkere Lösungen jedoch weniger, und bei ganz starken Salzlösungen hört die Rostbildung schließlich ganz auf. Man sagt, diese Lösungen machen das Eisen „passiv", doch besteht über diesen Vorgang wissenschaftlich noch keine Klarheit. Besonders sind es Lösungen der Chromsäure und ihrer Salze, welche die genannte Wirkung äußern. So bleibt in einer Chromsäurelösung die Oberfläche von Eisenplättchen jahrelang völlig blank. Die rostschützende Wirkung dürfte teilweise darauf zurückzuführen sein, daß bei starken Salzlösungen die Löslichkeit für Sauerstoff eine Abnahme erfährt. Diese wässerigen Lösungen als Rostschutz lassen jedoch nur eine begrenzte Anwendung zu, da sie, im Freien benutzt, vom Regen langsam abgewaschen werden. Zschokke hat Wasserfarben mit solchen Lösungen hergestellt, die, an Eisen gut haftbar, einen ausgezeichneten Rostschutz boten. Die Herstellung fester Anstriche ist bisher noch nicht ganz gelungen. In Soda- oder Ätzlaugenlösungen bleibt Eisen blank.

Ein interessantes Ergebnis haben jene Versuche geliefert, die den im Wasser gelösten Sauerstoff chemisch zu binden suchten. Man hat zu diesem Zweck dem Wasser einen Zusatz von Natriumsulfit gegeben, das sich durch Aufnahme von Sauerstoff leicht zu Natriumsulfat umsetzt. Es ergab sich zunächst, daß diese Umsetzung „quantitativ" verläuft, d. h., daß zur Bindung des vorhandenen Sauerstoffs die berechnete Menge Sulfit ausreicht. Die in enthärtetem Wasser vorgenommenen Versuche ergaben, daß das Eisen nicht rostete, solange genügend Sulfit vorhanden war, um den Sauerstoff des Wassers festzuhalten. Sobald die Sulfitmenge nicht mehr genügend groß war, setzte der Rostprozeß ein. Dieser Versuch scheint die Möglichkeit zu eröffnen, dem Kesselspeisewasser durch einen Zusatz von Sulfit die schädliche Eigenschaft zu nehmen, die Kesselwände zum Rosten zu bringen. Untersuchungen hätten allerdings noch festzustellen, ob die starke Anreicherung des Wassers mit Natriumsulfat nicht andere Schäden im Gefolge hat.

II. Rostschutzmittel. Für den Rostschutz ist die sachgemäße Reinigung des Eisens von größter Bedeutung (s. S. 224 u. f.). Vielfach wird der Rost mit Drahtbürsten und Schabern beseitigt; leichtere Rostflecken lassen sich meist mit Petroleum beseitigen, doch muß dieses durch Nachreiben mit trockenen Lappen sehr sorgfältig entfernt werden. Man kann auch den Rost mittels einer Abbrennlampe abbrennen; in größeren Betrieben bedient man sich auch des Sandstahlgebläses zur Entfernung des Rostes mit großem Erfolg. Brauchbar ist auch das Verfahren, die gerosteten Eisenteile in ein Bad 6%iger Salzsäurelösung zu legen, und zwar 12 Stunden lang. Die Gegenstände werden dann mit Bürsten gereinigt und in ein Bad von Kalkwasser gebracht. Zum Schluß wird mit reinem Wasser nachgespült und mit siedendem Wasser ausgekocht, um jede Säurespur zu beseitigen. Das Verfahren ist umständlich und eignet sich nur für wertvolle Eisenteile. Das in Amerika versuchte Mittel, den Rost durch Borsäure und zitronensaures Natrium zu entfernen, führt wohl zu einem Erfolg, doch besitzt das Mittel für die Praxis keinen Wert, da das Eisen ebenfalls stark angegriffen wird. Dagegen haben im Kgl. Materialprüfungsamt in Berlin-Lichterfelde durchgeführte Versuche gezeigt, daß sich mittels Zinkstaub und Natriumhydroxyd die Rostschicht sehr leicht entfernen läßt, wobei keine wägbare Gewichtsabnahme des Eisens zu ermitteln ist.

Besten Rostschutz gewährt das Einreiben blanker rostfreier Eisenteile mit säurefreiem Mineralöl, Vaselin, Petroleum, Eintauchen in geschmolzenes Paraffin und nachheriges Verreiben.

Ein eigenartiges Rostschutzmittel hat vor einer Reihe von Jahren die American Society for Testing Machines ermittelt[1]), die über mehr als fünfzig der verschiedensten Rostschutzmittel Untersuchungen angestellt hat. Es ergab sich, daß Papier, und zwar Pergamentpapier, die Eigenschaft hat, bei entsprechender Behandlung gegen Luft und Feuchtigkeit undurchlässig zu sein. Man hat dann, da das Pergamentpapier zu wenig schmiegsam ist, Paraffinpapier genommen, mit dem ausgezeichnete Erfolge erzielt wurden. Man schlug folgendes Verfahren ein. Nachdem das Eisenstück mit Hilfe steifer Drahtbürsten oder durch sonstige Mittel von etwa vorhandenem Rost befreit worden war, trug man eine Schutzfarbe auf, die aus einer Blei- oder Eisenfarbe bestand, auch nahm man ein Asphaltpräparat. Man legte nun das Paraffinpapier in Streifen von entsprechender Breite um das Eisenstück, wo das Papier auf der dicken Farbe von selbst festklebte. Nach dem Trocknen gab man einen weiteren Farbanstrich, der von verschiedener Farbe war. Solche papierumhüllte Eisenstücke wurden Rauch, schädlichen Säuredämpfen, Feuchtigkeit, Gasen ausgesetzt, ohne daß irgendwie Rostbildung eintrat. Ebensowenig zeigte sich Rost bei solchen mit Papier behandelten Eisengerüsten, die 2 Jahre im Meerwasser lagen und mit dem oberen Teil in die Luft ragten. Doch ist dieses Verfahren nur im begrenzten Maße anwendbar.

Anstriche des Eisens mit Zement. Umhüllung mit Zement oder Beton gewährt sicheren Rostschutz.

Rostschutz gewähren sachgemäß hergestellte Metallüberzüge (s. d.), besonders auch Zink-Bleiüberzüge, sowie Emailleüberzüge.

Nach den Versuchen von J. N. Friend hat sich ein Anstrich von ausgekochtem wasserfreiem Leinöl mit einem Zusatz von Paraffin als ein gutes Schutzmittel gegenüber dem Rostangriff der Atmosphärilien erwiesen. Steht für das Trocknen des Anstriches genügend Zeit zur Verfügung, so genügt nach Friend ein Paraffinzusatz von 0,1%. Ist ein schnelleres Trocknen erwünscht, so erhöht man den Paraffinzusatz bis auf 0,3%. Großen Einfluß auf die Schutzwirkung des Anstrichs übt die Korngröße des zugesetzten Farbstoffes aus. Bei den Versuchen wurde Eisenoxyd in drei Korngrößen verwendet, und es ergab sich, daß die Schutzwirkung um so günstiger zutage trat, je feiner das Korn war. Mehrfaches Überziehen des Eisens mit dem Anstrichmittel erhöht jedoch den Rostschutz in keiner Weise, Friend will vielmehr das Gegenteil beobachtet haben. Nach Friend braucht ein bereits vorhandener dünner Rostbelag nicht entfernt zu werden, vorausgesetzt, daß er vorher vollständig getrocknet wird. Im Betrieb wird aber in letzterer Hinsicht nicht immer volle Sicherheit darüber zu gewinnen sein, ob der Rostbezug wirklich trocken ist.

Ein altbewährtes, immer noch zu dem besten Rostschutz zählendes Mittel haben wir in der Ölfarbe, die in zahlreichen Zusammensetzungen auf den Markt gebracht wird. Sehr gut geeignet ist wasser- und säurefreier Leinölfirnis, der, wie jede Farbe, natürlich nur auf das gründlich gereinigte und getrocknete Eisen aufgetragen werden darf. Es soll nur bester Leinölfirnis verwendet werden, da dieser allein die wertvolle Eigenschaft besitzt, in dünnen Lagen aufgestrichen werden zu können. Hierauf folgt dann der eigentliche Grundanstrich, dem sich je nach Erfordern weitere Anstriche mit guten Ölfarben anzuschließen haben.

---

[1]) Siehe: P. Martell, Neuere Rostschutzmittel. Bayer. Industrie- u. Gewerbeblatt, 1916, Nr. 8.

Es sind eine Menge geeigneter Anstrichspräparate, wie Schuppenpanzerfarbe, Diamantfarbe, Antioxyd, Temperol, Nigrit, Chromol usw. im Handel.

Auch auf das Parazitverfahren, siehe S. 342, sei hier hingewiesen.

Chromol, ein Rostschutzmittel. Lösungen von chromsauren Salzen, z. B. Alkalichromate, Alkalibichromate und andere, üben für Eisen einen Rostschutz aus. An Stelle dieser wäßrigen Lösungen werden in dem patentierten Chromolverfahren Ölchromverbindungen verwendet, welche als Farbenbindemittel benützt werden können. Danach werden zur Herstellung von Imprägnierungsmitteln, Farbenbinde-, Anstrichzusatzmitteln insbesondere gegen Rostbildung, Öle bzw. fettlösliche Halogenverbindungen des Chroms, welche derselben Oxydstufe wie die Chromsäure angehören, in geeigneter Weise in Leinöl oder Firnis unter Verhütung einer heftigen Reaktion zur chemischen Einwirkung gebracht, wodurch man ein klares, grünviolettes, dickflüssiges Öl erhält, das sich als Rostschutzmittel vorzüglich eignet. Das Verfahren macht die Verwendung von Chromverbindungen, welche bisher nur in Wasser löslich waren, für die Technik nutzbar, indem die in statu nascendi gebildeten Chromverbindungen nur in dieser Form öllöslich sind. Die Verhütung des Eintretens einer heftigen Reaktion ist ein weiterer wesentlicher Bestandteil des Verfahrens.

Die entstandenen Ölchromverbindungen besitzen sehr hohe Widerstandsfähigkeit gegen Säuren und Alkalien und schützen Eisen lange Zeit vor Rostbildung, was darin seine Erklärung findet, daß die zur Verwendung gebrachten Chromverbindungen vollständig unempfindlich sind gegen die Einwirkung der Rostbildner Sauerstoff, Kohlensäure usw., dabei auch elektronegativ auf das Eisen einwirken, so daß den zurzeit bestehenden Rosttheorien durch das vorliegende Verfahren Genüge geleistet wird. Die erhaltenen Chromverbindungen dringen in die Poren des Eisens ein und verbinden sich mit demselben zu Massen, welche durch einfache mechanische Eingriffe nicht mehr entfernt werden können.

Das Eisen zeigt nach dem Einbürsten und Trocknen der Ölchromverbindungen keine Schicht auf der Oberfläche im Gegensatz zu den sonstigen Rostschutzmitteln, die nur mechanisch aufliegen. Es nimmt eine schöne schwarze Farbe an oder behält seine Naturfarbe bei. Ein Abblättern oder Rissigwerden der Imprägnierung kann nach diesem Verfahren unmöglich eintreten.

Vorstehendes Verfahren wird noch dadurch erweitert, daß Nichthalogenverbindungen des Chroms der angegebenen Oxydstufe verwendet werden, welche in Äther, Chloroform, Schwefelkohlenstoff oder anderen ähnlichen Lösungsmitteln und dadurch in Ölen und Fetten usw. löslich sind, z. B. die Chromsäure, die Überchromsäure, Chromazetat, wie überhaupt Chromverbindungen, welche das Radikal „Chromyl“ enthalten. Diese chromhaltigen Lösungen können für sich oder in Mischung miteinander oder mit den in vorstehendem Patent angeführten Halogenverbindungen des Chroms verwendet werden, um eine möglichste Anhäufung des Gehalts an gelösten Chromverbindungen in Ölen usw. und daducrh eine erhöhte Wirksamkeit der erhaltenen Produkte zu erzielen. Weiterhin werden vorteilhaft mit den Chromverbindungen alkalische Erden und Metalle vermischt, die sich ebenfalls in Äther, Schwefelkohlenstoff oder ähnlichen Lösungsmitteln und dadurch wiederum in Ölen usw. lösen, gegenüber Sauerstoff und Kohlensäure unempfindlich sind und gleichzeitig den Eintritt einer Verseifung ausschließen.

Das beschriebene Verfahren kennzeichnet in der Tat insofern einen ganz neuen Weg, als dabei nicht ein mechanisches Gemenge von heterogenen Körpern wie bei den Rostschutzfarben, sondern eine chemische Lösung, also eine einheitliche Masse, verwendet wird. Die dazu benützten Substanzen besitzen eine besondere Affinität zum Eisen, verhindern also das Auftreten eines Kreisstroms und erfüllen die Forderung der Unempfindlichkeit gegen die Rostbildner. Die Elastizität bleibt gewahrt; die Bildung von Haarrissen erscheint ausgeschlossen.

Ein weiterer Vorteil des Verfahrens soll darin bestehen, daß es schon angerostetes Eisen nach erfolgter Imprägnierung nicht weiter rosten läßt, ja sogar den gebildeten Rost teilweise umsetzt. Diese Chromolverbindungen können übrigens auch, wenn ein farbiger Anstrich gewünscht wird, mit Farben angerieben werden, ohne wie der Leinölfirnis dem Zerfall zu unterliegen. Die Erfolge, die mit solchen Imprägnierungen erzielt wurden, scheinen den Erwartungen entsprochen zu haben.

In neuerer Zeit ist von Liebreich und Spitzer festgestellt worden, daß bei Anstrichen mit Ölfarben (mit Ausnahme einer Farbe mit alkalischen Zusätzen) mit zunehmender Zahl der Anstriche die Rostbildung unter dem Anstrich zunahm. Es handelt sich hierbei zweifellos um elektrochemische Vorgänge, die sich in dem System Eisen-Feuchtigkeit-Farbe abspielen. Entweder wird Feuchtigkeit von diesen absorbiert oder sie entstammt dem Trockenprozeß des Leinöles selbst. Das Eisen wird Lösungselektrode. Wasserstoff scheidet sich ab. Die ganze Farbschicht wird eine Wasserstoffelektrode.

Mit Rücksicht auf die mechanische Abnutzung wird man wohl immer einen dpopelten Anstrich wählen müssen. Die Frage der weiteren Erhöhung der Anstrichzahl wird aber von Fall zu Fall zu entscheiden sein. Hierbei ist es dann notwendig, auf die geschilderten Verhältnisse bezüglich der Beschleunigung der Rostbildung bei der Wahl der Farbe Rücksicht zu nehmen.

Wichtig ist zu unterscheiden zwischen Dauerhaftigkeit und Rostschutz einer Farbe.

Unter Dauerhaftigkeit einer Farbe sei die relative Zeit verstanden, die ein Farbanstrich hält, ohne Zeichen der Zerstörung zu zeigen. Es ist die Dauerhaftigkeit natürlich eine Funktion des Pigments und Bindemittels. Da aber unter gleichen Verhältnissen und bei gleichen Bindemitteln, z. B. Leinöl, die verschiedenen Pigmente auch verschieden dauerhafte Farbe liefern, so kann man ohne Frage auch von der Dauerhaftigkeit eines Pigments allein sprechen. Farben mit weißen Pigmenten, wie z. B. Zinkoxyd und Bleiweiß, halten überraschend kurze Zeit und haben die Eigenschaft, leicht an den Furchen der Pinselstriche zu platzen. Dunkle Pigmente halten besser.

Unter Rostschutz einer Farbe wird man die Fähigkeit einer Farbe verstehen während ihrer Lebensdauer, d. h. solange ihre Dauerhaftigkeit währt, die Entstehung von Rost unter dem Anstrich zu verhindern. Wir erinnern daran, daß der Rost in den weitaus meisten Fällen zuerst zwischen dem Anstrich und dem Eisen auftritt und dann infolge seiner Volumenausdehnung die darüber sitzende Farbe absprengt. Aus dem Gesagten erhellt sofort, daß überall da, wo die äußeren Bedingungen des Rostens äußerst gering sind, also z. B. in sehr trockener Atmosphäre, es mehr auf die Dauerhaftigkeit als auf den Rostschutz einer Farbe ankommen wird. In solchen Fällen wird nämlich die elektrochemische Rostbildung verschwindend klein werden und deutliche Rostbildung erst nach Zerstörung des Pigments auftreten. Es wird daher in solchen Fällen auch das beobachtete Phänomen, daß die Rostbildung mit der Zahl der Anstriche zunimmt, nicht zu beobachten sein. Aus diesem Grunde wird in solchen Fällen sogar das Auftreten von Rost mit zunehmender Zahl der Anstriche verzögert werden. Denn die Lebensdauer eines Anstriches nimmt offenbar im allgemeinen mit der Zahl der Anstriche zu. Überall jedoch da, wo die äußeren Bedingungen des Rostens günstige und geeignet sind, die elektrochemische Rostbildung zu unterstützen, wie z. B. in feuchter Atmosphäre, wird es mehr auf den Rostschutz als auf die Dauerhaftigkeit der Farbe ankommen; es wird dann die Rostbildung unter dem Anstrich schon aufgetreten sein, ehe noch eine Zerstörung der Farbe an sich angefangen hat.

Ein billiges und zugleich einfaches Mittel, einen guten Rostschutz zu erzielen, besteht darin, die Gegenstände etwa 3 Stunden in eine heiße Zinkphosphatlösung zu legen. Nach dem Abtrocknen und Abreiben mit Eisenspänen fettet man die Gegenstände mit Öl ein. Als Rostschutzmittel sind schließlich auch die Schnellbrüniermittel anzusprechen, die besonders bei Heeresartikeln eine große Bedeutung erlangt haben. Für das Brünieren kommen verschiedene Verfahren in Betracht, wobei zuletzt die Herstellungskosten den Ausschlag geben.

Empfehlenswerten Rostschutz gewähren die Verfahren, welche das Eisen mit dünnen Oxydschichten überziehen, wie das Blauenlassen, das Schwarzfärben mit kohlenstoffhaltigen Stoffen, siehe S. 332 und 342, sowie die Schnellbrünierungsverfahren und der sog. Inoxydierungsprozeß, siehe S. 333.

Alle Verfahren, welche eine starke Erhitzung erfordern, haben natürlich nur eine begrenzte Verwendung, weil bei Stahl, z. B. Werkzeuggegenständen, hierdurch ein Verlust der beim Härten erworbenen Eigenschaften eintritt.

Die gegen Rost zu schützenden Gegenstände werden im Muffelofen in einer Wasserdampfatmosphäre einer einstündigen Erhitzung bis zur Rotglut ausgesetzt, wobei gegen Schluß der Operation etwas Spiritus eingespritzt wird. Nachdem die Gegenstände abgekühlt sind, werden sie mit Lein- oder Paraffinöl eingeölt. Es ergibt sich hierdurch bei Gußeisen und Stahl eine gleichmäßig schwarze und wasserundurchlässige Schicht. Den gleichen Zweck erstrebt mit gutem Erfolg das Verfahren von Bontemps, bei dem die Gegenstände im Muffelofen auf wenigstens 480° erhitzt werden; hierauf läßt man Zinkdämpfe oder Teer- und Pechrauch auf die Gegenstände einwirken. Man erzielt so eine dichte schwarze Schicht.

Will man sich des Kaltverfahrens bedienen, das besonders für Schneidewerkzeuge in Frage kommt, so legt man die vorher gereinigten Gegenstände in eine Lösung von 1 Tl. Eisenchlorür, 8 Tln. Wasser und 8 Tln. Alkohol. Hierauf bringt man für $^3/_4$ Stunden die Gegenstände in einen mit Naßdampf gefüllten Raum und taucht sie zum Schluß in heißes Wasser. Das Verfahren muß zwei- bis dreimal wiederholt werden. Zuletzt werden die Gegenstände abgebürstet und eingefettet. Zur Bildung von schwarzem Eisenoxydul kann man sich auch des geschmolzenen Salpeters bedienen, in welchen man die Gegenstände eintaucht. Das gleiche erreicht man durch Erwärmen der Gegenstände in einem Holzkohlenfeuer, siehe auch bei Metallfärbung.

M. Mineralschmieröle.

Säurefreie Mineralöle sind ohne Einwirkung auf Lagermetalle; auch bei Gegenwart von gespanntem Wasserdampf greifen diese Öle die in Frage kommenden Metalle nur bei Gegenwart fetter Öle merklich an, da diese dabei in freie Fettsäuren und Glyzerin gespalten werden.

Zement und Beton sind gegen Einwirkung von Teer und Mineralölen, sofern diese säurefrei sind, unempfindlich. Dagegen greifen fette Öle Zement und Beton an (Fettsäurewirkung).

Die Aufgabe der Schmiermittel besteht darin, an Stelle der hohen Reibung der metallischen, sich aneinander bewegenden Gleitflächen die geringere Reibung des zwischen die Gleitflächen gebrachten Schmiermittels zu setzen. Da nun die verschiedenen Schmiermittel verschieden große innere Reibung besitzen, so müssen dieselben den jeweiligen Ansprüchen angepaßt werden; so benutzt man für unter sehr großer Geschwindigkeit aber geringem Druck laufenden Maschinen (Dynamos, Turbinen usw.) dünnflüssige, für schwerbelastete Lager dickerflüssige Öle, für Dampfzylinderschmierung die dickflüssigen, oft vaselinartigen, konsistenten Schmieren.

Rostschutzöle. Zum Einfetten von Gewehrläufen, Maschinenteilen u. a. dienen säurefreie Mineralöle, Vaseline usw.

Formenöle. In der Metallgießerei werden Mineralschmieröle als Bindemittel für den Formensand benutzt.

Transformatorenöle. Als solche werden wegen ihrer isolierenden Eigenschaften Mineralöle in der Elektrizitätsindustrie angewandt. Dazu müssen sie vollständig wasserfrei und säurefrei sein, auch einen hohen Flammpunkt aufweisen.

Putzöle. Als Putzöle zur Säuberung von Maschinen und Maschinenölen von verbrauchtem Schmieröl und Schmutzteilen dienen die zwischen 100 und 150° oder die zwischen 200—250° C siedenden, in den wertvolleren Produkten (Leuchtöl, Schmieröl) nicht unterzubringenden Teile des Erdöls. Auch Braunkohlenteeröle mit den Siedegrenzen 190—300° werden verwendet.

Blanke Eisenteile, Farben und Lacke dürfen von den Putzölen nicht angegriffen werden. Die Putzöle aus Erdöl sollen keine Steinkohlenteeröle enthalten, da diese leicht gesundheitsschädlich (hautreizend) wirken; sie sollen säure-, harz- und wasserfrei sein, und Seh- und Riechorgane nicht angreifen; sie sollen rasch und vollständig verdunsten und nicht verharzen.

N. „Ölkohle" der Schmieröle.

In Zylindern von Verbrennungsmotoren, Kompressionsmaschinen, Dampfmaschinen usw. finden sich oft schwarze kohlige Massen, welche vom Schmieröl herstammen und recht unliebsame Betriebsstörungen, auch Entzündungen und dergleichen verursachen. Diese kohligen Ablagerungen faßt man unter der Bezeichnung „Ölkohle" zusammen. Man hat sich vielfach bemüht, die Ursachen dieser Ölkohlenbildung aufzuklären, die oft in harten Krusten, anders auch in Form weicherer Rückstände auftreten. Diese Rückstände erwiesen sich als wechselnde Gemische von benzinlöslichem Öl, benzinunlöslichem, sprödem Asphalt, kohligen Teilen und Mineralstoffen. Bisher war man der Meinung, daß diese Rückstände in der Mehrzahl der Fälle nicht auf das Schmieröl, sondern auf Verunreinigungen der Zylinder und Lager oder auf mangelhaften Zustand derselben zurückzuführen seien.

Aus neuen Untersuchungen von Marcusson[1]) geht folgendes hervor:

1. Bei längerer Verwendung der Mineralschmieröle, besonders solcher, die zum Verharzen neigen und die eine höhere Verteerungszahl (0,8) aufweisen, wie z. B. die Texasöle u. a., ist Verharzung unter Bildung von Asphaltenen bzw. Karbenen und Asphaltogensäuren eingetreten. Letztere greifen die Lagermetalle unter Bildung von Zinnseifen an. Dieser Fall liegt ähnlich wie bei den Turbinenschmierölen.

2. Daher ist für die Schmieröle eine möglichst niedere Verteerungszahl (0,2) zu fordern. In Luftkompressoren können bei Verwendung ungeeigneter Öle selbst Explosionen vorkommen. Die Gefahr ist um so geringer, je niederer die Verteerungszahl des Öles, d. h. seine Neigung zur Oxydation ist.

3. Weit leichter als reine Mineralöle zeigen Mischungen von solchen mit fetten Ölen diese Übelstände, insbesondere auch durch Bildung von Metallseifen.

4. Im Explosionsmotor verbrennt bei den hohen, durch Explosionen des Treibmittels entstehenden Temperaturen der größte Teil des Schmieröls. Es entstehen harte kohlige Krusten, es bilden sich Karbene und Karboide, die einer Verkohlung anheimfallen.

5. Die Bildung der Ölkohlen wird durch die Art der Lager- bzw. Zylindermetalle beeinflußt, also durch deren verschiedene katalytische Wirkung. So

[1]) Brennstoff-Chemie 1921.

trat z. B. mit dem gleichen Öl bei einem Aluminiumkolben keine Ölkohle auf, dagegen zeigte sich bei gußeisernen Kolben starke Krustenbildung.

6. Schwefel der Öle, Schwefelgehalt der Gase wirkt ähnlich wie Sauerstoff. Die schweflige Säure bildet mit Luftsauerstoff Schwefelsäure, diese greift das Schmieröl an unter Bildung von Säureharzen.

7. Zur Vermeidung von Rückstandsbildungen genügt es nicht, asphaltfreie Mineralöle zu verwenden, es ist vielmehr dem in der Verteerungszahl zum Ausdruck kommenden Sauerstoffaufnahmevermögen der Öle erhöhte Bedeutung beizumessen.

O. Bohröle—Gleitöle.

Zum Kühlen von Werkzeugen beim Bohren, Fräsen, Schneiden usw. von Metallen hat man früher bei gröberen Arbeiten Schmierseifenlösungen, bei feineren Arbeiten fette Öle (Rüböl) oder auch Mineralöl benutzt. Diese Flüssigkeiten sollen auch das schnellere Gleiten der Werkzeuge über Ecken, Vorsprünge und sonstige Unebenheiten bei der Metallbearbeitung bewirken und heißen daher auch Gleitöle. Reines Öl ist für sehr glatte Schnitte, z. B. feine Gewindearbeiten, unentbehrlich. Auch bloße Preßluft ist ein beliebtes, empfehlenswertes Kühlmittel bei vielen Werkstattsarbeiten, z. B. Fräsen von Gußeisen, und wird schon lange benutzt. Bei Messingbearbeitung wird Wasser, in anderen Fällen auch Milch (= Fettemulsion) als Kühlmittel benutzt. Die Öle halten zwar die Schneide der Arbeitsgeräte scharf, kühlen aber nicht so gut wie Wasser und wäßrige Flüssigkeiten, z. B. Seifenlösungen; bei gröberen Arbeiten ist aber Öl entbehrlich.

Die üblichen Schmierseifenlösungen wurden seit längerer Zeit durch sog. wasserlösliche, in der Tat aber nur mit Wasser emulsierbare Öle verdrängt, welche Lösungen von 20—25% Ammoniak- oder Alkaliseife in Mineralöl neben Wasser darstellen, oft auch etwas Alkohol enthielten und mit Wasser bleibende Emulsionen d. h. 2—5%ige Suspensionen des Öles in Wasser bilden. Diese Zubereitungen greifen, sofern sie aus einwandfreien Materialien hergestellt sind, Gußeisen und Stahl bedeutend weniger an als die Schmierseifenlösungen. An Stelle der Fettseifen werden als emulsierende Mittel Fettschwefelsäuren, Naphtensulfosäuren, Harzseifen usw. angewandt; als Ersatzmittel kommen als Bohröle z. T. mit etwas Mineralöl emulsierte und zur Verhütung des Rostens schwach alkalisch gemachte wässrige Lösungen von Sulfitzellulose (sog. Zellpech), Pflanzenschleimlösungen, Leimlösungen, Glyzerinpechlösungen in den Handel, auch sog. Kienteerbohröle.

Anhang.

Erste Hilfe bei den in den metalltechnischen Werkstätten vorkommenden Unfällen.

Selbstverständlich ist bei derartigen Vorkommnissen sofort ein Arzt zu holen.

Da aber bis zur Ankunft eines solchen oft längere Zeit vergehen kann, so gebe ich für alle Fälle allgemeine Angaben für erste, dringendste Hilfeleistung; für gewerbliche und industrielle Betriebe kommen selbstredend in erster Linie die Vorschriften der Berufsgenossenschaften in Betracht.

1. Verbrennungen und Ätzungen durch Säuren, Laugen usw.

Schnelles Abwischen mit Wattebauschen, dann Abwaschen mit viel Wasser (Wasserleitung), dann nach 2.

2. Behandlung von Brandwunden.

Eine Brandwunde ersten Grades (Rötung der Haut, schwache Blasenbildung) wird mit einer Mullbinde, welche mit 10% Borvaselin bestrichen wurde, verbunden.

Eine Brandwunde zweiten Grades (offene Blasen) behandelt man mit einer Suspension von gleichen Teilen Kalkwasser und Olivenöl (Brandsalbe). Vorteilhaft verbindet man die Wunde auch mit der Wismutbrandbinde von Bardeleben. Geschlossene Blasen werden vorsichtig mit der ausgeglühten Spitze einer Nadel aufgestochen. Eventuell kann man leichte Verbrennungen mit einer Paste aus Natriumbikarbonat und Wasser behandeln.

Eine Brandwunde dritten Grades (bis auf den Knochen) verbindet man mit in essigsaurer Tonerde getränktem Mull.

3. Schnittwunden.

Auswaschen mit reinem fließenden Wasser, 2% Borsäurelösung, ev. Unterbinden; Bedecken mit feuchtem Borlint und Gasbinde.

4. Vergiftungen.

Allgemeine Regel: Um das Gift so schnell als möglich wieder aus dem Magen zu bringen, sind die wirksamsten Mittel: Erbrechen und Magenausspülen mit dem Schlauche; da aber letzteres nur von geübter Hand vorgenommen werden kann, so kann man statt dessen durch Trinken von sehr viel Wasser infolge der dadurch erzielten Verdünnung im Magen die Wirkung des Giftes verringern. Trinkt man hernach noch lauwarmes Wasser oder kitzelt den Rachen mit dem Finger, dann wird Erbrechen erregt und auf diese Weise der Magen auch entleert. Ferner sind dienlich: frische Luft, Sauerstoffinhalation, Belebungs- und Anregungsmittel, sog. Analeptika (schwarzer Kaffee, Äther, Kampfer usw.).

Ammoniakflüssigkeit: Einnehmen von verdünnten organischen Säuren, z. B. Essigsäure, Zitronensaft, 1%ige Weinsäurelösung.

Ammoniakgas: Frische Luft, Sauerstoff.

Arsenik (arsenige Säure): Erbrechen, Magenausspülen, Eingeben großer Mengen heißer Milch, Wasser gemischt mit gebrannter Magnesia. Gegenmittel: frisch gefälltes Eisenhydroxyd, erhalten aus verdünnter Ferrisulfatlösung und mit Wasser gemischter gebrannter Magnesia; vorrätig in den Apotheken als sog. Antidotum Arsenici.

Alkalien: siehe Laugen.

Blausäure (Zyanwasserstoff)): Einatmen von verdünntem Ammoniak oder verdünntem Chloroform; Erbrechen, Magenausspülen. Verdünntes Wasserstoffsuperoxyd. Als wirksame Gegenmittel bei Blausäure bzw. Zyankaliumvergiftungen, die natürlich nur dann irgendeinen Erfolg versprechen, wenn sie sofort zur Anwendung kommen, sind neuerdings Wasserstoffsuperoxyd und Kobaltnitrat auf Grund experimenteller Ermittlungen empfohlen worden. Ersteres wird in $2^1/_2$—3%iger Lösung zu subkutanen Injektionen an verschiedenen Körperstellen und zu Magenausspülungen angewandt und führt die Blausäure in das ungiftige Oxamid über.

Kobaltnitrat, welches mit Zyankalium das nicht giftige Kaliumkobaltzyanid bildet, wird in 0,5—1%iger Lösung verabreicht. Neuerdings wird besonders als Vorbeugungsmittel Natriumthiosulfat innerlich gegeben, von Teichmann und Nagel, Biochemische Zeitschrift 1919, empfohlen.

Es sollten diese Mittel in jeder Anstalt vorrätig gehalten werden. Eventuell sind Sauerstoffinhalationen, Magenausspülungen durch reichliches Wassertrinken am Platze, ebenso Belebungsmittel.

Blei und Bleisalze: z. B. Bleizucker u. a.: Magenspülung, Erbrechen, Milch, Eiweißlösungen, Abführmittel (Glaubersalz, Bittersalz u. a.).

Brom- und Chlorgas: Frische Luft, Sauerstoff, Einatmen von Wasserdämpfen, Alkohol- und Ätherdämpfe, Belebungsmittel.

Cyan- siehe Zyan-.

Jod: Magenspülung, Milch, Eiweißlösungen.

Kohlenoxydgas (Kohlendunst, Leuchtgas): Frische Luft, Sauerstoff, künstliche Atmung, Belebungsmittel.

Karbolsäure, auch Lysol u. a.: Magenspülung, Milch, verdünntes Kalkwasser, schwefelsaures Natrium, Anregungsmittel.

Kupfer, z. B. Kupfersalze: Eiweißlösungen, Milch, Magenspülung, gebrannte Magnesia, Belebungsmittel.

Laugen, z. B. Kali- oder Natronlauge, Soda, Pottasche, Salmiakgeist. Siehe allgemeine Regeln, verdünnte organische Säuren, Essig, Zitronensaft, 1%ige Weinsäurelösung, Milch, Eiweiß, Belebungsmittel.

Leuchtgas siehe Kohlenoxydgas (sofortige Entfernung aus dem betreffenden Raum).

Giftige Gase, z. B. Schwefelwasserstoff, Schwefelammonium u. a.: Frische Luft, Sauerstoffinhalation, künstliche Atmung, Belebungsmittel.

Nitrose Gase (Stickstoffoxyde, Zerfallsprodukte der Salpetersäure): Frische Luft, Sauerstoffinhalation und künstliche Atmung, Belebungsmittel.

Säuredämpfe: Reine Luft, Einatmen von verdünntem Ammoniak, Inhalation zerstäubter Natriumbikarbonatlösungen.

Phosphor: Magenspülung mit verdünnten Kaliumpermanganatlösungen, Eiweiß, Stärkekleister, Erbrechen, kleine Gaben von Terpentinöl (10—20 Tropfen). Keine Milch, kein Öl, also keine Stoffe, welche Phosphor lösen.

Quecksilbersalze: Eiweißlösungen, Magenspülung mit Milch, Erbrechen, Mehlbrei, kein Kochsalz!

Säuren, wie z. B. Schwefelsäure (= Vitriolöl), Salpetersäure (= Scheidewasser), Salzsäure, Oxalsäure (= Zuckersäure), Weinsteinsäure, Essigsäure, Essigessenz, Essigsprit u. a. Siehe: Allgemeine Regel. Reiche doppelkohlensaures Natrium in Wasser gelöst oder gebrannte Magnesia oder Kreidepulver mit Wasser angerührt, auch Eiweiß mit Wasser geschlagen oder gequirlt. Bei Oxalsäurevergiftung gib nur gebrannte Magnesia mit Wasser angerührt. Belebungsmittel.

Zyankalium siehe Blausäure.

Man beachte stets den Grundsatz:

„Verhüten ist leichter als Wiedergutmachen."

Elektrische Größen.

Elektrische Maßeinheiten.

$$\text{Die Stromstärke} = \frac{\text{Elektrizitätsmenge}}{\text{Zeit}} = \frac{\text{Potentialdifferenz}}{\text{Widerstand}}$$

Einheit der Elektrizitätsmenge ist ein Coulomb. Ein Coulomb scheidet 0,0 011 180 g Silber aus Silbernitrat aus. Einheit der Stromstärke = ein Coulomb pro Sekunde ist ein Ampere.

$$\text{Ein Ampere ist} = \frac{\text{Potentialdifferenz Eins}}{\text{Widerstand Eins}}$$

$$\text{Widerstand} = \frac{\text{Potentialdifferenz}}{\text{Stromstärke}}$$

Einheit des Widerstandes ist ein Ohm, es wird durch den Widerstand, den eine prismatische Säule von konstantem Querschnitt aus reinem Quecksilber von 14,4521 g Masse und 106,300 cm Länge bei 0° ergibt, charakterisiert.

$\text{Leitfähigkeit} = \frac{1}{\text{Ohm}}$ ist das Reziproke vom Widerstand.

Potentialdifferenz = Stromstärke × Widerstand.

Einheit der Potentialdifferenz, ein Volt, ist diejenige Potentialdifferenz, die am Ende eines Ohms vorhanden sein muß, damit ein Coulomb pro Sekunde (ein Ampere) durch diesen Widerstand fließt.

Elektrische Energie = Potentialdifferenz × Elektrizitätsmenge.

Einheit der elektrischen Energie ist ein Joule = ein Volt × ein Coulomb = 10^7 Erg.

Elektrische Leistung = Potentialdifferenz × Stromstärke.

Einheit der elektrischen Leitung ist ein Watt = ein Volt × ein Ampere = 10^7 Erg pro Sekunde.

Die internationale Maßeinheit für „elektrische Leistung" ist das Watt, ähnlich wie z. B. Meter die Maßeinheit für Längen, Kilogramm diejenige für Gewicht darstellt.

1000 Watt (abgekürzt W) = 1 Kilowatt (= KW).

Die allgemein eingeführte Einheit für die Messung elektrischer Arbeit bildet die Kilowattstunde (= KWSt), d. h. diejenige Arbeitsmenge, welche der Benutzung von 1 KW auf eine Stunde entspricht.

Die elektrische Leistung in Watt kann durch Multiplikation der Spannung (Maßeinheit Volt [= V.]) mit der Stromstärke (Maßeinheit Ampere [= A. oder Amp.]) ermittelt werden.

Weitere Bezeichnungen:

Amperestunde = 3600 Coulomb, Wattstunde = 3600 Joule. Die dekadischen Hilfseinheiten: Milli — 10^{-3}, Mikro — 10^{-6}, Kilo — 10^3, Mega — 10^6.

Elektrochemisches Äquivalent F = 96 540 Coulomb.

Elektrische Kapazität $= \frac{\text{Elektrizitätsmenge}}{\text{Potential}}$

Einheit der Kapazität, ein Farad, besitzt ein Leiter, der durch die Elektrizitätsmenge Eins zum Potential Eins geladen wird, d. h. ein Farad ist $= \frac{\text{Ein Coulomb}}{\text{Ein Volt}}$. Die Dimension ist die Länge und wird in Zentimetern gemessen. Da diese Einheit sehr groß ist, so wird meistens Mikrofarad benutzt.

Die Dielektrizitätskonstante Eins hat der leere Raum. Bei einem Dielektrikum wird sie durch das Verhältnis der Kapazitäten eines Kondensators im Vakuum und im gegebenen Dielektrikum charakterisiert.

Selbstinduktion — praktische Einheit Quadrant = 10^9 cm Länge.

$\frac{1 \text{ Erg}}{\text{sec}} = 10^{-7} \text{ Watt} = 1{,}020 \cdot 10^{-8} \frac{\text{Kilogrammeter}}{\text{sec}} = 136 \cdot 10^{-12} \text{ Pferdestärke} = 2 \cdot 39 \cdot 10^{-8} \frac{9 \text{kal.}}{\text{sec}}$.

1 Watt = 1 Joule pro sec = 10^7 Erg; 1 Pferdestärke = 75 kg m/sec = 735 · 10 Erg; 1 kgm = 98 · 1 · 00 · 000 Erg; 1 g kal = 41 · 900 · 000 Erg = 4,19 Watt = 4,19 Joule pro sec.

Die internationalen elektrischen Maßeinheiten.

Definitionen des Internationalen Elektrikerkongresses, Chicago 1893, nach den Vorschlägen der Physikalisch-technischen Reichsanstalt. (In Deutschland eingeführt durch das Reichsgesetz vom 1. Juni 1908.)

1. Die gesetzlichen Einheiten für elektrische Messungen sind das Ohm, d. i. der Widerstand, den der Leiter dem Passieren der elektrischen Energie entgegensetzt, das Ampere, d. i. die Stromstärke, und das Volt, d. i. die elektromotorische Kraft.

2. Das (sog. internationale) Ohm ist die Einheit des elektrischen Widerstandes. Es wird dargestellt durch den Widerstand einer Quecksilbersäule von 0° C, deren Länge bei durchweg gleichem, 1 qmm messenden Querschnitt 106,3 cm und deren Gewicht 14,4521 g beträgt.

3. Das Ampere ist die Einheit der elektrischen Stromstärke. Es wird dargestellt durch den unveränderlichen elektrischen Strom, der beim Durchgang durch eine wässerige Lösung von Silbernitrat in 1 Sekunde 0,001 118 g Silber niederschlägt.

4. Das Volt ist die Einheit der elektromotorischen Kraft. Es wird dargestellt durch die elektromotirische Kraft, welche in einem Leiter, dessen Widerstand 1 Ohm beträgt, einen elektrischen Strom von 1 Ampere erzeugt.

1 Voltampere (V. A.) oder Watt = 0,102 Sek/mk.

1 Kilowatt = 1000 Watt.

1 Kilowattstunde = 1,359 PS (Pferdestärke = 864 W. Kalorien). 1 Kilowattstunde wird verbraucht, wenn z. B. ein Strom von 220 Volt, wie ihn die Lichtleitung der meisten Zentralstellen abgibt, mit einer Stromstärke von 4,5 Ampere eine Stunde lang fließt.

1 Voltcoulomb = 10^7 Erg = 0,1018 Kilogrammeter = 0,239 Kalorien.

1 Pferdekraft (PS) = 736 Watt (= 75 Meterkilogramm in 1 Sekunde[1])).
1 HP (horse power) = 746 Watt.

Meg(a) ist das Millionenfache,
Kilo „ „ Tausendfache,
Milli „ „ $^1/_{1000}$,
Mikr(o) „ „ $^1/_{1000000}$ einer Einheit.

Der Ausdruck Klemmspannung ist ein komplexer Begriff, der sich zusammensetzt aus:
1. dem Potentialsprung, Anode—Elektrolyt,
2. dem Potentialabfall im Elektrolyten,
3. dem Potentialsprung, Kathode—Elektrolyt, wenn man von dem Abfall in den Elektroden selbst absieht.

Als Einheit für alle Kräfte benutzt man in der Physik eine Dyne. Es ist dies die Kraft, mit welcher die Erde ein Milligramm anzieht (die Anziehungskraft, welche die Erde auf ein Kilogramm ausübt, also das Gewicht eines Kilogramms ist = 981 000 Dynen).

Gewichte von geschichteten und aufgeschütteten Stoffen.

1 Kubikmeter wiegt Kilogramm:

Buchenholz in Scheiten	400	Kohlenasche	740
Fichtenholz in Scheiten	320	Zement	1200
Eichenholz in Scheiten	420	Lehm (frisch)	1650
Ruhrkohle	980	Mörtel (Kalk und Sand)	1800
Saarkohle	870	Ziegelsteine	2100
Schlesische Kohle	820	Formsand	1200
Zwickauer Kohle	770	Steinsalz	1015
Ascherslebener Braunkohle	710	Siedesalz	745—785
Böhmische Braunkohle	640	Kalkstein (Grus)	1400
Zeitzer Braunkohle	800	Kalkstein (fein gemahlen)	1550
Holzkohle (weiches Holz)	150	Ammoniaksoda	750—850
Holzkohle (hartes Holz)	220	Kristallsoda	1010
Gaskoks	300—350	Ätzkalk, in kleinen Stücken	1058
Zechenkoks	380—450		

2. Ladung zu 10 Tonnen enthält Kubikmeter:

Ruhrkohle	10,20	Formsand	8,33
Zwickauer Kohle	13,00	Trockener Sand	7,52
Zechenkoks	23,81	Feuchter Flußsand	5,65
Gaskoks	30,30	Lehm, frisch gegraben	6,06
Holzkohlen (von hartem bis weichem Holz	45,45—66,66	Bruch- und Kalksteine	5,00
		Ziegelsteine	4,76

Vergleichung der Baumégrade mit dem Volumgewichte.

(Temp. 12,5° C.)

Grade	Volumgewichte	Grade	Volumgewichte	Grade	Volumgewichte
Für Flüssigkeiten, die leichter sind als Wasser		18	0,9480	28	0,8902
		19	0,9420	29	0,8848
10	1,000	20	0,9359	30	0,8795
11	0,9932	21	0,9299	31	0,8742
12	0,9865	22	0,9241	32	0,8690
13	0,9799	23	0,9183	33	0,8639
14	0,9733	24	0,9125	34	0,8588
15	0,9669	25	0,9068	35	0,8538
16	0,9605	26	0,9012	36	0,8488
17	0,9542	27	0,8957	37	0,8439

[1]) Ein Meterkilogramm ist das Äquivalent einer Arbeit, welche 1 kg einen Meter hoch hebt. Eine Pferdekraft wird demnach eine Arbeitsleistung genannt, welche gleich ist derjenigen, die in 1 Sekunde 75 kg einen Meter hoch hebt oder 1 kg in 1 Sekunde 75 m.

Grade	Volumgewichte	Grade	Volumgewichte	Grade	Volumgewichte
38	0,8391	8	1,0587	41	1,3968
39	0,8343	9	1,0665	42	1,4105
40	0,8295	10	1,0745	43	1,4244
41	0,8249	11	1,0825	44	1,4386
42	0,8202	12	1,0907	45	1,4531
43	0,8156	13	1,0990	46	1,4678
44	0,8111	14	1,1074	47	1,4828
45	0,8066	15	1,1160	48	1,4984
46	0,8022	16	1,1247	49	1,5141
47	0,7978	17	1,1335	50	1,5301
48	0,7935	18	1,1425	51	1,5466
49	0,7892	19	1,1516	52	1,5633
50	0,7849	20	1,1608	53	1,5804
51	0,7807	21	1,1702	54	1,5978
52	0,7766	22	1,1798	55	1,6158
53	0,7725	23	1,1896	56	1,6342
54	0,7684	24	1,1994	57	1,6529
55	0,7643	25	1,2095	58	1,6720
56	0,7604	26	1,2198	59	1,6916
57	0,7565	27	1,2301	60	1,7116
58	0,7526	28	1,2407	61	1,7322
59	0,7487	29	1,2515	62	1,7532
60	0,7449	30	1,2624	63	1,7748
Für Flüssigkeiten, die schwerer sind als Wasser		31	1,2736	64	1,7960
		32	1,2849	65	1,8195
0	1,0000	33	1,2965	66	1,8428
1	1,0069	34	1,3082	67	1,839
2	1,0140	35	1,3202	68	1,864
3	1,0212	36	1,3324	69	1,885
4	1,0285	37	1,3447	70	1,909
5	1,0358	38	1,3574	71	1,935
6	1,0434	39	1,3703	72	1,960
7	1,0509	40	1,3834		

Verdünnungsformel,

um die Herstellung einer verdünnteren Lösung aus einer konzentrierteren schnell zu berechnen:

Um aus einer 10,1%igen Lösung eine 5,5%ige zu erhalten, schreibt man die Prozente der zur Verfügung stehenden Lösungen (hier also 10,1% und 0% Wasser!) untereinander, das Prozent der gewünschten Lösung rechts davon auf. Man subtrahiert nun diese Zahlen diagonal und erhält sofort die nötigen Mengen, wenn man horizontal liest

```
10,1   5,5
   \  /
   5,5
   /  \
  0    4,6
```

Man muß also 5,5 Tle. der 10,1%igen Lösung mit 4,6 Tln. Wasser verdünnen, um eine 5,5%ige Lösung zu erhalten.

Hätte man z. B. eine 10,1%ige und eine 5,5%ige Lösung und wollte eine 7,75%ige Lösung herstellen, so wäre der Ansatz folgender:

```
10,1   2,25
   \   /
   7,75
   /   \
 5,5   2,35
```

Es wären demnach 2,25 Tle. der 10%igen mit 2,35 Tln. der 5,5%igen Lösung zu mischen.

Volumgewicht und Gehalt der Salzsäure (Kolb).

Grade Baumé	Dichtigkeit	100 Teile enthalten bei 0° HCl	100 Teile enthalten bei 15°			
			HCl	Säure von 20° B.	Säure von 21° B.	Säure von 22° B.
0	1,000	0,0	0,1	0,3	0,3	0,3
1	1,007	1,4	1,5	4,7	4,4	4,2
2	1,014	2,7	2,9	9,0	8,6	8,1
3	1,022	4,2	4,5	14,1	13,3	12,6
4	1,029	5,5	5,8	18,1	17,1	16,2
5	1,036	6,9	7,3	22,8	21,5	20,4
6	1,044	8,4	8,9	27,8	26,2	24,4
7	1,052	9,9	10,4	32,6	30,7	29,1
8	1,060	11,4	12,0	37,6	35,4	33,6
9	1,067	12,7	13,4	41,9	39,5	37,5
10	1,075	14,2	15,0	46,9	44,2	42,0
11	1,083	15,7	16,5	51,6	48,7	46,2
12	1,091	17,2	18,1	56,7	53,4	50,7
13	1,100	18,9	19,9	62,3	58,7	55,7
14	1,108	20,4	21,5	67,3	63,4	60,2
15	1,116	21,9	23,1	72,3	68,1	64,7
16	1,125	23,6	24,8	77,6	73,2	69,4
17	1,134	25,2	26,6	83,3	78,5	74,5
18	1,143	27,0	28,4	88,9	83,0	79,5
19	1,152	28,7	30,2	94,5	89,0	84,6
19,5	1,157	29,7	31,2	97,7	92,0	87,4
20	1,161	30,4	32,0	100,0	94,4	89,6
20,5	1,166	31,4	33,0	103,3	97,3	92,4
21	1,171	32,3	33,9	106,1	100,0	94,9
21,5	1,175	33,0	34,7	108,6	102,4	97,2
22	1,180	34,1	35,7	111,7	105,3	100,0
22,5	1,185	35,1	36,8	115,2	108,6	103,0
23	1,190	36,1	37,9	118,6	111,8	106,1
23,5	1,195	37,1	39,0	122,0	115,0	109,2
24	1,199	38,0	39,8	124,6	117,4	111,4
24,5	1,205	39,1	41,2	130,0	121,5	115,4
25	1,210	40,2	42,4	132,7	125,0	119,0
25,5	1,212	41,7	42,9	134,3	126,6	120,1

Volumgewicht und Gehalt der Salpetersäure.

Grade Baumé	Volumgewicht	100 Teile enthalten bei 0°		100 Teile enthalten bei 15°	
		NO_3H	N_2O_5	NO_3H	N_2O_5
0	1,000	0,0	0,0	0,2	0,1
1	1,007	1,1	0,9	1,5	1,3
2	1,014	1,2	1,9	2,6	2,2
3	1,022	3,4	2,9	4,0	3,4
4	1,029	4,5	3,9	5,1	4,4
5	1,036	5,5	4,7	6,3	5,4
6	1,044	6,7	5,7	7,6	6,5
7	1,052	8,0	6,9	9,0	7,7
8	1,060	9,2	7,9	10,2	8,7
9	1,067	10,2	8,7	11,4	9,8
10	1,075	11,4	9,8	12,7	10,9
11	1,083	12,6	10,8	14,0	12,0
12	1,091	13,8	11,8	15,3	13,1
13	1,100	15,2	13,0	16,8	14,4
14	1,108	16,4	14,0	18,0	15,4
15	1,116	17,6	15,1	19,4	16,6
16	1,125	18,9	16,2	20,8	17,8
17	1,134	20,2	17,3	22,2	19,0
18	1,143	21,6	18,5	23,6	20,2
19	1,152	22,9	19,6	24,9	21,3
20	1,161	24,2	20,7	26,3	22,5
21	1,171	25,7	22,0	27,8	23,8
22	1,180	27,0	23,1	29,2	25,0
23	1,190	28,5	24,4	30,7	26,3
24	1,199	29,8	25,5	32,1	27,5
25	1,210	31,4	26,9	33,8	28,9
26	1,221	33,1	28,4	35,5	30,4
27	1,231	34,6	29,7	37,0	31,7
28	1,242	36,2	31,0	38,6	33,1
29	1,252	37,7	32,3	40,2	34,5
30	1,261	39,1	33,5	41,5	35,6
31	1,275	41,1	35,2	43,5	37,3
32	1,286	42,6	36,5	45,0	38,6
33	1,298	44,4	38,0	47,1	40,4
34	1,309	46,1	39,5	48,6	41,7
35	1,321	48,0	41,1	50,7	43,5
36	1,334	50,0	42,9	52,9	45,3
37	1,346	51,9	44,5	55,0	47,1
38	1,359	54,0	46,3	57,3	49,1
39	1,372	56,2	48,2	59,6	51,1
40	1,384	58,4	50,0	61,7	52,9
41	1,398	60,8	52,1	64,5	55,3
42	1,412	63,2	54,2	67,5	57,9
43	1,426	66,2	56,7	70,6	60,5
44	1,440	69,0	59,1	74,4	63,8
45	1,454	72,2	61,9	78,4	67,2
46	1,470	76,1	65,2	83,0	71,1

Grade Baumé	Volumgewicht	100 Teile enthalten bei 0°		100 Teile enthalten bei 15°	
		NO_3H	N_2O_5	NO_3H	N_2O_5
47	1,485	80,2	68,7	87,1	74,7
48	1,501	84,5	72,4	92,6	79,4
49	1,516	88,4	75,8	96,0	82,3
49,5	1,524	90,5	77,6	98,0	84,0
49,9	1,530	92,2	79,0	100,0	85,71
50,0	1,532	92,7	79,5		
50,5	1,541	95,0	81,4		
51,0	1,549	97,3	83,4		
51,5	1,559	100,0	85,71		

Volumgewicht und Gehalt der Schwefelsäure bei + 15° (Kolb).

Grade B.	Volum-Gewicht	100 Gewichtsteile enthalten				1 Liter enthält in Kilogramm			
		Prozent SO_3	Prozent H_2SO_4	Säure v. 60 °B.	Säure v. 53 °B.	SO_3	H_2SO_4	Säure v. 60 °B.	Säure v. 53 °B.
0	1,000	0,7	0,9	1,2	1,3	0,007	0,009	0,012	0,013
1	1,007	1,5	1,9	2,4	2,8	0,015	0,019	0,024	0,028
2	1,014	2,3	2,8	3,6	4,2	0,023	0,028	0,036	0,042
3	1,022	3,1	3,8	4,9	5,7	0,032	0,039	0,050	0,058
4	1,029	3,9	4,8	6,1	7,2	0,040	0,049	0,063	0,074
5	1,037	4,7	5,8	7,4	8,7	0,049	0,060	0,077	0,090
6	1,045	5,6	6,8	8,7	10,2	0,059	0,071	0,091	0,107
7	1,052	6,4	7,8	10,0	11,7	0,067	0,082	0,105	0,123
8	1,060	7,2	8,8	11,3	13,1	0,076	0,093	0,120	0,139
9	1,067	8,0	9,8	12,6	14,6	0,085	0,105	0,134	0,156
10	1,075	8,8	10,8	13,8	16,1	0,095	0,116	0,148	0,173
11	1,083	9,7	11,9	15,2	17,8	0,105	0,129	0,165	0,193
12	1,091	10,6	13,0	16,7	19,4	0,116	0,142	0,182	0,211
13	0,100	11,5	14,1	18,1	21,0	0,126	0,155	0,199	0,231
14	1,108	12,4	15,2	19,5	22,7	0,137	0,168	0,216	0,251
15	1,116	13,2	16,2	20,0	24,2	0,147	0,181	0,231	0,270
16	1,125	14,1	17,3	22,2	25,8	0,159	0,195	0,250	0,290
17	1,134	15,1	18,5	23,7	27,6	0,172	0,210	0,269	0,313
18	1,142	16,0	19,6	25,1	29,2	0,183	0,224	0,287	0,333
19	1,152	17,0	20,8	26,6	31,0	0,196	0,233	0,306	0,357
20	1,162	18,0	22,2	28,4	33,1	0,209	0,258	0,330	0,385
21	1,171	19,0	23,3	29,8	34,8	0,222	0,273	0,349	0,407
22	1,180	20,0	24,5	31,4	36,6	0,236	0,289	0,370	0,432
23	1,190	21,1	25,8	33,0	38,5	0,251	0,307	0,393	0,458
24	1,200	22,1	27,1	34,7	40,5	0,265	0,325	0,416	0,486
25	1,210	23,2	28,4	36,4	42,4	0,281	0,344	0,440	0,513
26	1,220	24,2	29,6	37,9	44,2	0,295	0,361	0,465	0,539
27	1,231	25,3	31,0	39,7	46,3	0,311	0,382	0,489	0,570
28	1,241	26,3	32,2	41,2	48,1	0,326	0,400	0,511	0,597

Grade B.	Volumgewicht	100 Gewichtsteile enthalten				1 Liter enthält in Kilogramm			
		Prozent SO_3	Prozent H_2SO_4	Säure v. 60 °B.	Säure v. 53 °B.	SO_3	H_2SO_4	Säure v. 53 °B.	Säure v. 53 °B.
29	1,252	27,3	33,4	42,8	49,9	0,342	0,418	0,536	0,625
30	1,263	28,3	34,7	44,4	51,8	0,357	0,438	0,561	0,654
31	1,274	29,4	36,0	46,1	53,7	0,374	0,459	0,587	0,684
32	1,285	30,5	37,4	47,9	55,8	0,392	0,481	0,616	0,717
33	1,297	31,7	38,8	49,7	57,9	0,411	0,503	0,645	0,751
34	1,308	32,8	40,2	51,1	60,0	0,429	0,526	0,674	0,785
35	1,320	33,8	41,6	53,3	62,2	0,447	0,549	0,704	0,820
36	1,332	35,1	43,0	55,1	64,2	0,468	0,573	0,734	0,856
37	1,345	36,2	44,4	56,9	66,3	0,487	0,597	0,765	0,892
38	1,357	37,2	45,4	58,3	67,9	0,505	0,617	0,791	0,921
39	1,370	38,3	46,9	60,0	70,0	0,525	0,642	0,822	0,959
40	1,383	39,5	48,3	61,9	72,1	0,546	0,668	0,856	0,997
41	1,397	40,7	49,8	63,8	74,3	0,569	0,696	0,891	1,038
42	1,410	41,8	51,2	65,6	76,4	0,589	0,722	0,925	1,077
43	1,424	42,9	52,8	67,4	78,5	0,611	0,749	0,960	1,108
44	1,438	44,1	54,0	69,1	80,6	0,634	0,777	0,994	1,159
45	1,453	45,2	55,4	70,9	82,7	0,657	0,805	1,030	1,202
46	1,468	46,4	56,9	72,9	84,9	0,681	0,835	1,070	1,246
47	1,483	47,6	58,3	74,7	87,0	0,706	0,864	1,108	1,290
48	1,498	48,7	59,6	76,3	89,0	0,730	0,893	1,143	1,330
49	1,514	49,8	61,0	78,1	91,0	0,754	0,923	1,182	1,378
50	1,530	51,0	62,5	80,0	93,3	0,780	0,956	1,224	1,427
51	1,540	52,2	64,0	82,0	95,5	0,807	0,990	1,268	1,477
52	1,563	53,5	65,5	83,9	97,8	0,836	1,024	1,311	1,529
53	1,580	54,9	67,0	85,8	100,0	0,867	1,059	1,355	1,580
54	1,597	56,0	68,6	87,8	102,4	0,894	1,095	1,402	1,636
55	1,615	57,1	70,0	89,6	104,5	0,922	1,131	1,447	1,688
56	1,634	58,4	71,6	91,7	106,9	0,954	1,170	1,499	1,747
57	1,652	59,7	73,2	93,7	109,2	0,986	1,210	1,548	1,804
58	1,672	61,0	74,7	95,7	111,5	1,019	1,248	1,599	1,863
59	1,691	62,4	76,4	97,8	114,0	1,055	1,292	1,654	1,928
60	1,711	63,8	78,1	100,0	116,6	1,092	1,336	1,711	1,995
61	1,732	65,2	79,0	102,3	119,2	1,129	1,384	1,772	2,065
62	1,753	66,7	81,7	104,6	121,9	1,169	1,432	1,838	2,137
63	1,774	68,7	84,1	107,7	125,5	1,219	1,492	1,911	2,226
64	1,796	70,6	86,5	110,8	129,1	1,268	1,554	1,990	2,319
65	1,819	73,2	89,7	114,8	138,8	1,332	1,632	2,088	2,434
66	1,842	81,6	100,0	128,0	149,3	1,503	1,842	2,358	2,750

Für Schwefelsäure mit mehr als 90% H_2SO_4 sind die Bestimmungen von Kolb unzuverlässig.

Verdünnungstabelle für Schwefelsäure.

100 Teile Schwefelsäure von 66° B. geben mit folgenden Mengen Wasser verdünnt	ein spezifisches Gewicht von	100 Teile Schwefelsäure von 66° B. geben mit folgenden Mengen Wasser verdünnt	ein spezifisches Gewicht von	100 Teile Schwefelsäure von 66° B. geben mit folgenden Mengen Wasser verdünnt	ein spezifisches Gewicht von	100 Teile Schwefelsäure von 66° B. geben mit folgenden Mengen Wasser verdünnt	ein spezifisches Gewicht von
5	1,838	42	1,605	79	1,443	180	1,262
6	1,835	43	1,599	80	1,439	185	1,256
7	1,831	44	1,593	81	1,436	190	1,252
8	1,827	45	1,587	82	1,433	195	1,247
9	1,822	46	1,582	83	1,430	200	1,242
10	1,816	47	1,576	84	1,427	210	1,234
11	1,810	48	1,570	85	1,425	220	1,226
12	1,804	49	1,564	86	1,421	230	1,218
13	1,798	50	1,558	87	1,418	240	1,212
14	1,792	51	1,552	88	1,416	250	1,206
15	1,788	52	1,547	89	1,413	260	1,199
16	1,782	53	1,542	90	1,410	270	1,193
17	1,774	54	1,539	91	1,407	280	1,187
18	1,766	55	1,535	92	1,404	290	1,182
19	1,758	56	1,531	93	1,401	300	1,177
20	1,751	57	1,527	94	1,398	310	1,172
21	1,743	58	1,523	95	1,395	320	1,167
22	1,735	59	1,519	96	1,392	330	1,163
23	1,727	60	1,515	97	1,390	340	1,158
24	1,720	61	1,511	98	1,388	350	1,155
25	1,713	62	1,507	99	1,386	360	1,152
26	1,707	63	1,503	100	1,384	370	1,149
27	1,700	64	1,500	105	1,373	380	1,146
28	1,693	65	1,496	110	1,363	390	1,142
29	1,686	66	1,492	115	1,353	400	1,138
30	1,679	67	1,488	120	1,343	420	1,132
31	1,672	68	1,482	125	1,335	440	1,127
32	1,666	69	1,480	130	1,328	460	1,124
33	1,658	70	1,476	135	1,320	480	1,118
34	1,652	71	1,472	140	1,312	500	1,113
35	1,646	72	1,468	145	1,305	550	1,105
36	1,640	73	1,464	150	1,298	600	1,096
37	1,634	74	1,460	155	1,291	650	1,089
38	1,628	75	1,457	160	1,285	700	1,083
39	1,623	76	1,453	165	1,278	750	1,078
40	1,617	77	1,450	170	1,272	800	1,073
41	1,611	78	1,447	175	1,267	850	1,069

Bereitung von Schwefelsäure irgendwelcher Konzentration durch Mischen der Säure von 1,84 Vol.-Gew. mit Wasser. (Anthon.)

100 Teile Wasser von 15—20° gemischt mit Teilen Schwefelsäure v. 1,85 Vol.-Gewicht	geben Säure vom Volum-Gewicht	100 Teile Wasser von 15—20° gemischt mit Teilen Schwefelsäure v. 1,85 Vol.-Gewicht	geben Säure vom Volum-Gewicht	100 Teile Wasser von 15—20° gemischt mit Teilen Schwefelsäure v. 1,85 Vol.-Gewicht	geben Säure vom Volum-Gewicht
1	0,009	130	1,456	370	1,723
2	1,015	140	1,473	380	1,727
5	1,035	150	1,490	390	1,730
10	1,060	160	1,510	400	1,733
15	1,090	170	1,530	410	1,737
20	1,113	180	1,543	420	1,740
25	1,140	190	1,556	430	1,743
30	1,165	200	1,568	440	1,746
35	1,187	210	1,580	450	1,750
40	1,210	220	1,593	460	1,754
45	1,229	230	1,606	470	1,757
50	1,248	240	1,620	480	1,760
55	1,265	250	1,630	490	1,763
60	1,280	260	1,640	500	1,766
65	1,297	270	1,648	510	1,768
70	1,312	280	1,654	520	1,770
75	1,326	290	1,667	530	1,772
80	1,340	300	1,678	540	1,774
85	1,357	310	1,689	550	1,776
90	1,372	320	1,700	560	1,777
95	1,386	330	1,705	570	1,778
100	1,398	340	1,710	580	1,779
110	1,420	350	1,714	590	1,780
120	1,438	360	1,719	600	1,782

Wässerige Ammoniaklösung (Salmiakgeist). (Lunge.)

Spez. Gewicht	Prozent NH_3	Spez. Gewicht	Prozent NH_3	Spez. Gewicht	Prozent NH_3	Spez. Gewicht	Prozent NH_3
0,996	0,91	0,968	7,82	0,952	12,17	0,924	20,49
0,992	1,84	0,964	8,84	0,950	12,74	0,920	21,75
0,988	2,80	0,962	9,35	0,946	13,88	0,916	23,03
0,984	3,80	0,960	9,91	0,942	15,04	0,910	24,99
0,980	4,80	0,958	10,47	0,938	16,22	0,900	28,33
0,976	5,80	0,956	11,03	0,934	17,42	0,890	31,75
0,972	6,80	0,954	11,60	0,930	18,64	0,882	34,95

Volumgewicht von Natronlaugen bei 15°. (Lunge.)

Spez. Gewicht	Baumé	Twaddel	Prozent Na_2O	Prozent NaOH	1 cbm enthält kg Na_2O	NaOH
1,007	1	1,4	0,47	0,61	4	6
1,014	2	2,8	0,93	1,20	9	12
1,022	3	4,4	1,55	2,00	16	21
1,029	4	5,8	2,10	2,71	22	28
1,036	5	7,2	2,60	3,35	27	35
1,045	6	9,0	3,10	4,00	32	42
1,052	7	10,4	3,60	4,64	38	49
1,060	8	12,0	4,10	5,29	43	56
1,067	9	13,4	4,55	5,87	49	63
1,075	10	15,0	5,08	6,55	55	70
1,083	11	16,6	5,67	7,31	61	79
1,091	12	18,2	6,20	8,00	68	87
1,100	13	20,0	6,73	8,68	74	96
1,108	14	21,6	7,30	9,42	81	104
1,116	15	23,2	7,80	10,06	87	112
1,125	16	25,0	8,50	10,97	96	123
1,134	17	26,8	9,18	11,84	104	134
1,142	18	28,4	9,80	12,64	112	144
1,152	19	30,4	10,50	13,55	121	156
1,162	20	32,4	11,14	14,37	129	167
1,171	21	34,2	11,73	15,13	137	177
1,180	22	36,0	12,33	15,91	146	188
1,190	23	38,0	13,00	16,77	155	200
1,200	24	40,0	13,70	17,67	164	212
1,210	25	42,0	14,40	18,58	174	225
1,220	26	44,0	15,18	19,58	185	239
1,231	27	46,2	15,96	20,59	196	253
1,241	28	48,2	16,76	21,42	208	266
1,252	29	50,4	17,55	22,64	220	283
1,263	30	52,6	18,35	23,67	232	299
1,274	31	54,8	19,23	24,81	245	316
1,285	32	57,0	20,00	25,80	257	332
1,297	33	59,4	20,80	26,83	270	348
1,308	34	61,6	21,55	27,80	282	364
1,320	35	64,0	22,35	28,83	295	381
1,332	36	66,4	23,20	29,93	309	399
1,345	37	69,0	24,20	31,22	326	420
1,357	38	71,4	25,17	32,47	342	441
1,370	39	74,0	26,12	33,69	359	462
1,383	40	76,6	27,10	34,96	375	483
1,397	41	79,4	28,10	36,25	392	506
1,410	42	82,0	29,05	37,47	410	528
1,424	43	84,8	30,08	38,80	428	553

Spez. Gewicht	Baumé	Twaddel	Prozent Na_2O	Prozent NaOH	1 cbm enthält kg Na_2O	1 cbm enthält kg NaOH
1,438	44	87,6	31,00	39,99	446	575
1,453	45	90,6	32,10	41,41	466	602
1,468	46	93,6	33,20	42,83	487	629
1,483	47	96,6	34,40	44,38	510	658
1,498	48	99,6	35,70	46,15	535	691
1,514	49	102,8	36,90	47,60	559	721
1,530	50	106,0	38,00	49,02	581	750

Potaschelösungen (Kaliumkarbonat) bei 15° von Lunge ber.).

Spez. Gewicht	Baumé	Twaddell	Prozent K_2CO_3	1 cbm enthält Kilogr. K_2CO_3	Spez. Gewicht	Baumé	Twaddell	Prozent K_2CO_3	1 cbm enthält Kilogr. K_2C_3O
1,007	1	1,4	0,7	7	1,231	27	46,2	23,5	289
1,014	2	2,8	1,5	15	1,241	28	48,2	24,5	304
1,022	3	4,4	2,3	23	1,252	29	50,4	25,5	319
1,029	4	5,8	3,1	32	1,263	30	52,6	26,6	336
1,037	5	7,4	4,0	41	1,274	31	54,8	27,5	350
1,045	6	9,0	4,9	51	1,285	32	57,0	28,5	366
1,052	7	10,4	5,7	60	1,297	33	59,9	29,6	384
1,060	8	12,0	6,5	69	1,308	34	61,6	30,7	402
1,067	9	13,4	7,3	78	1,320	35	64,0	31,6	417
1,075	10	15,0	8,1	87	1,332	36	66,4	32,7	436
1,083	11	16,6	9,0	97	1,345	37	69,0	33,8	455
1,091	12	19,2	9,8	107	1,357	38	71,4	34,8	472
1,100	13	20,0	10,7	118	1,370	39	74,0	35,9	492
1,108	14	21,6	11,6	129	1,383	40	76,6	37,9	512
1,116	15	23,2	12,4	138	1,397	41	79,4	38,2	534
1,125	16	25,0	13,3	150	1,410	42	82,0	39,3	554
1,134	17	26,8	14,2	161	1,424	43	84,8	40,5	577
1,142	18	28,4	15,0	171	1,438	44	87,6	41,7	600
1,152	19	30,4	16,0	184	1,453	45	90,6	42,8	622
1,162	20	32,4	17,0	198	1,468	46	93,6	44,0	646
1,172	21	34,4	18,0	211	1,483	47	96,6	45,2	670
1,180	22	36,0	18,8	222	1,498	48	99,6	46,5	697
1,190	23	38,0	19,7	234	1,514	49	102,8	47,7	722
1,200	24	40,0	20,7	248	1,530	50	106,0	48,9	748
1,210	25	42,0	21,6	261	1,546	51	109,2	50,1	775
1,220	26	44,0	22,5	275	1,563	52	112,6	51,3	802

Natriumkarbonatlösungen (Soda) bei 15° (von Lunge ber.).

Vol.-Gewicht	Baumé	Twaddell	Gew.-Prozent Na_2CO_3	Gew.-Prozent Na_2CO_3, 10 aq	1 cbm enthält Kilogramm Na_2CO_3	1 cbm enthält Kilogramm Na_2CO_3, 10 aq
1,007	1	1,4	0,63	1,700	6,3	16,9
1,014	2	2,8	1,29	3,480	13,1	35,3
1,022	3	4,4	2,00	5,396	20,4	55,1
1,029	4	5,8	2,83	7,639	29,0	78,6
1,036	5	7,2	3,42	9,227	35,4	95,6
1,045	6	9,0	4,16	11,224	43,5	117,3
1,052	7	10,4	4,93	13,301	51,9	139,9
1,060	8	12,0	5,65	15,244	59,9	161,6
1,067	9	13,4	6,36	17,159	67,9	183,1
1,075	10	15,0	7,08	19,102	76,1	205,3
1,083	11	16,6	7,85	21,179	85,0	229,4
1,091	12	18,2	8,57	23,122	93,5	252,3
1,100	13	20,0	9,31	25,118	102,4	276,3
1,108	14	21,6	10,08	27,196	111,7	301,3
1,116	15	23,2	10,85	29,273	121,1	326,7
1,125	16	25,0	11,67	31,486	131,3	354,2
1,134	17	26,8	12,46	33,617	141,3	381,2
1,142	18	28,4	13,25	35,749	151,3	408,3
1,152	19	30,4	14,09	38,015	162,3	437,9

Kupfersulfatlösungen (Kupfervitriol) bei 15°.

Vol.-Gewicht	Prozent $CuSO_4$ + 5 aq	Prozent $CuSO_4$	Vol.-Gewicht	Prozent $CuSO_4$ + 5 aq	Prozent $CuSO_4$	Vol.-Gewicht	Prozent $CuSO_4$ + 5 aq	Prozent $CuSO_4$
1,0063	1	0,637	1,0716	11	7,012	1,1427	21	13,387
1,0126	2	1,275	1,0785	12	7,650	1,1501	22	14,028
1,0190	3	1,912	1,0854	13	8,287	1,1585	23	14,662
1,0254	4	2,550	1,0923	14	8,925	1,1699	24	15,300
1,0319	5	3,187	1,0993	15	9,572	1,1738	25	15,938
1,0384	6	3,825	1,1063	16	10,200	1,1817	26	16,574
1,0450	7	4,462	1,1135	17	10,837	1,1898	27	17,211
1,0516	8	5,100	1,1208	18	11,475	1,1980	28	17,848
1,0582	9	5,737	1,1281	19	12,111	1,2063	29	18,486
1,0649	10	6,375	1,1354	20	12,750	1,2146	30	19,125

Verschiedene Bezeichnungen der wichtigsten Chemikalien.

Gebräuchlicher Name	Wissenschaftliche Bezeichnung, welche die Zusammensetzung ausdrückt	Lateinische Bezeichnungen (Die älteren Namen sind in Klammern)
Ätzammoniak	Ammoniaklösung, Ammoniumhydroxyd	Liquor Ammonii causticus.
Ätzkali	Kaliumhydroxyd	Kalium hydricum (Kali causticum).
Ätzkalilauge	Kaliumhydroxydlösung	Kalium hydricum solutum (Liquor kali caustici).
Ätznatron	Natriumhydroxyd	Natrium hydricum (Natron causticum).
Ätznatronlauge	Natriumhydroxydlösung	Natrium hydricum solutum (Liquor Natri caustici).
Amalgamiersalz	Salpetersaures Quecksilberoxydul Quecksilbernitrat Merkuronitrat	Hydrargyrum nitricum oxydulatum.
Ammoniak, kohlenlaures	s. kohlensaures Ammon.	
Antichlor	Unterschwefligsaures Natrium Natriumthiosulfat	Natrium thiosulfuricum (Natrium subsulfurosum. natron hyposulfurosum.)
Antimonbutter	Antimonchlorid Antimontrichlorid	Stibium chloratum (Butyrum antimonii).
Antimonbutter, flüssig	Antimonchloridlösung	Liquor Stibi chlorati.
Arsenik, gelber	Arsentrisulfid Dreifach Schwefelarsen	Arsenicum trisulfuratum. Arsenicum flavum oder citrinum, Arsenicum sulfuratum flavum (Auripigmentum).
Arsenik, grauer	Arsen	Arsenicum metallicum, Arsenicum griseum).
Arsenikmehl	Arsentrioxyd Arsenige Säure	Acidum arsenicosum (Arsenicum album).
Arsenige Säure	,, ,,	,, ,,
Arsenik, roter	Arsendisulfid Zweifach Schwefelarsen	(Arsenicum rubrum). Arsenicum disulfuratum (Realgar).
Bergblau	Kohlensaures Kupfer (basisch) Kupferkarbonat	Cuprum carbonicum.
Bisulfit	Natriumbisulfit Doppel- oder saures schwefligsaures Natrium (Natron)	Natrium (Natron) bisulfurosum.
Bittersalz	Magnesiumsulfat, Schwefligsaures Magnesium (Magnesia)	Magnesium (Magnesia) sulfuricum.
Bleiglätte	Bleioxyd	Plumbum oxydatum (Lythargyrum).
Bleiweiß	Bleikarbonat (basisch)	(Cerussa). Plumbum carbonicum.
Bleizucker	Bleiazetat Essigsaures Blei (Bleioxyd)	Plumbum aceticum.

Gebräuchlicher Name	Wissenschaftliche Bezeichnung, welche die Zusammensetzung ausdrückt	Lateinische Bezeichnungen (die älteren Namen sind in Klammern)
Blutlaugensalz, gelbes	Ferozyankalium Kaliumferrozyanid	Kalium (Kali) ferrocyanatum (flavum).
Blutlaugensalz, rotes	Ferrizyankalium Kaliumferrizyanid	Kalium (Kali) ferricyanicum.
Borax	Natriumtetraborat Natriumborat	Natrium (Natron) biboracicum. oder tetraboricum.
Chlorgold	Goldchlorid	Aurum chloratum.
Chlorkalium	Kaliumchlorid	Kalium chloratum.
Chlorsaures Kali	Kaliumchlorat	Kalium (Kali) chloricum.
Chlorsilber	Silberchlorid	Argentum chloratum.
Doppelchromsaures Kali	Kaliumdichromat Kaliumbichromat	Kalium (Kali) bichromicum.
Eisenchlorid	Eisenchlorid Ferrichlorid	Ferrum sesquichloratum.
Eisenvitriol	Eisensulfat Ferrosulfat	Ferrum sulfuricum oxydulatum.
Fixiersalz s. Antichlor		
Glaubersalz	Schwefelsaures Natrium (Natron) Natriumsulfat	Natrium (Natron) sulfuricum.
Glätte s. Bleiglätte		
Goldglätte s. Bleiglätte		
Grünspan	Kupferazetat Essigsaures Kupfer(oxyd)	Cuprum aceticum.
Goldsalz	Natriumgoldchlorid	Auro-Natrium chloratum.
Hirschhornsalz s. Kohlensaures Ammon		
Höllenstein	Salpetersaures Silber Silbernitrat	Argentum nitricum.
Kalilösung s. Ätzkalilösung		
Kochsalz	Chlornatrium Natriumchlorid	Natrium chloratum.
Königswasser	Chlorsalpetrige Säure	Aqua regis.
Kohlensaures Ammon	Ammoniumkarbonat	Ammonium carbonicum.
Kohlensaures Kupfer	Kupferkarbonat	Cuprum carbonicum.
Kreide	Kalziumkarbonat Kohlensaures Kalzium Kohlensaurer Kalk	Calcium carbonicum, Calcaria carbonica.
Kremserweiß s. Bleiweiß		
Kupfervitriol	Kupfersulfat Schwefelsaures Kupfer (Kupferoxyd)	Cuprum sulfuricum.
Laugenstein s. Ätznatron		
Natriumnitrit	Salpetrigsaures Natrium (Natron) Natriumnitrit	Natrium (Natron) nitrosum.
Natron s. Ätznatron		
Natronlauge s. Ätznatronlauge		
Natronsalpeter	Natriumnitrat Salpetersaures Natrium (Natron)	Natrium (Natron) nitricum.
Nickelvitriol	Nickelsulfat Schwefelsaures Nickel (Nickeloxydul)	Niccolum sulfuricum.
Nickelsalz	Nickelammoniumsulfat Schwefelsaures Nickelammonium	Niccolum sulfuricum ammoniatum.
Phosphorsaures Natron	Natriumphosphat Dinatriumphosphat	Natrium (Natron) phosphoricum.

Gebräuchlicher Name	Wissenschaftliche Bezeichnung, welche die Zusammensetzung ausdrückt	Lateinische Bezeichnungen (die älteren Namen sind in Klammern)
Potasche	Kohlensaures Kalium (Kali) Kaliumkarbonat	Kalium (Kali) carbonicum.
Salmiak	Chlorammonium Ammoniumchlorid	Ammonium chloratum.
Salmiakgeist s. Ätzammoniak		
Salpeter (Kalisalpeter)	Salpetersaures Kalium (Kali) Kaliumnitrat	Kalium (Kali) nitricum (Nitrum).
Salpetersäure	Salpetersäure	Acidum nitricum.
Salpetersaures Kupfer	Kupfernitrat	Cuprum nitricum.
Salzsäure (Salzgeist)	Chlorwasserstoffsäure	Acidum hydrochloricum (Acidum muriaticum).
Scheidewasser s. Salpetersäure		
Schlämmkreide	Kohlensaurer Kalk Kalziumkarbonat	Calcium carbonicum. Calcaria carbonica.
Schlippesches Salz	Natriumsulfantimoniat	(Sal Schlippii) Stibium-Natrio-sulfuratum.
Schwefelblumen	Schwefelpulver	Flores sulfuris.
Schwefelleber	Kaliumtrisulfid	(Hepar sulfuris) Kalium sulfuratum.
Schwefelsäure	Schwefelsäure	Acidum sulfuricum.
Schwefelspießglanz	Schwefelantimon	Stibium sulfuratum.
Schwefligsaures Natron	Natriumsulfit	Natrium (Natron) sulfurosum.
Silbersalpeter s. Höllenstein		
Spießglanz	Antimon	Antimonium, Stibium.
Spießglanzbutter s. Antimonbutter		
Spiritus	Äthylalkohol	Alcoholum.
Übermangansaures Kali	Kaliumpermanganat	Kalium (Kali) hypermanganicum oder permanganicum.
Vitriole	Schwefelsaure Salze der Schwermetalle	
Vitriol, blauer s. Kupfervitriol		
Vitriol, grüner, s. Eisenvitriol		
Vitriol, weißer, s. Zinkvitriol		
Vitriolöl s. Schwefelsäure		
Weingeist	Alkohol Äthylalkohol	Alcoholum.
Weinstein	Kaliumbitartrat Saures weinsaures Kalium (Kali)	Kalium bitartaricum, Tartarus (Cremor tartari).
Weinsteinsäure	Weinsäure	Acidum tartaricum.
Zinkvitriol	Zinksulfat Schwefelsaures Zink (Zinkoxyd)	Zincum sulfuricum.
Zinnsalz	Zinnchlorür Stannochlorid	Stannum chloratum.
Wienerkalk	Kalkhydrat Kalziumhydroxyd	Calcium hydricum.
Zitronensäure	Zitronensäure	Acidum citricum.
Zyankalium	Kaliumzyanid	Kalium cyanatum.

Bücherschau.

I.

Vom Verfasser dieses Buches sind außer dem vorliegenden folgende metalltechnische Werke erschienen:

Die Metallfärbung und deren Ausführung. (Chemische, elektrochemische und mechanische Metallfärbung.) 6. Aufl. 426 S. gr. 8°. Berlin, M. Krayn 1920.

Die elektrolytischen Metallabscheidungen. Angewandte Elektrochemie (Galvanostegie und Galvanoplastik). 203 S. gr. 8°, m. 9 Fig. im Text. 2. Aufl. Berlin, M. Krayn 1923.

Die galvanischen Metallniederschläge (Galvanostegie und Galvanoplastik) und deren Ausführung. Im Verein mit H. Steinach hrsg. 4. Aufl. von G. Buchner u. A. Wogrinz. 184 S. Lex. 8°, mit Abb. Berlin, M. Krayn 1923.

Das Ätzen und Färben der Metalle. 108 S. gr. 8°. 3. Aufl. Berlin, M. Krayn 1922.

Lehrbuch der Chemie. Mit besonderer Berücksichtigung des für das Leben Wissenswerten. I. Teil: Chemie der Nichtmetalle und Metalle. 512 S. gr. 8°. München 1897. (Selbstverlag.) (Solange Vorrat reicht, wird dieses Buch vom Verfasser gegen Einsendung von M. 500,— an die Käufer dieses Buches abgegeben.)

Bemerkung; Der Verfasser dieses Buches ist gerne bereit zur Auskunft und Beratuug; da aber jede derartige Tätigkeit mit einem Aufwand von Überlegung und Zeit verbunden ist, so können derartige Consultationen nur berücksichtigt werden, wenn, soweit Untersuchungen oder Versuche zur Erledigung der Sache nicht angestellt werden müssen, ein Honorar von M. 500,— eingesandt wird.

Genaue Adresse: Chemiker Georg Buchner, München, Rottmannstr. 9.

II.

Gewerbehygienische Werke.

Schriften des Instituts für Gewerbehygiene. Frankfurt a. M.

Die industrielle Herstellung und Verwendung der Chromverbindungen, die dabei entstehenden Gesundheitsgefahren für die Arbeiter und die Maßnahmen zu ihrer Bekämpfung. Von Gewerberat Dr. R. Fischer. 171 S. gr. 8°, mit 18 Tab. u. 9 Fig. im Text. Berlin, Polytechn. Buchhandlung A. Seydel 1911.

Die gewerbliche Quecksilbervergiftung. 228 S. gr. 8°, mit 14 Abb. u. 17 Tab. im Text. Berlin, Polytechn. Buchhandlung von A. Seydel 1912.

Protokoll der Sitzung des Großen Rates des Institutes für Gewerbehygiene. 57 S. gr. 8°. Berlin, Polytechn. Buchhandlung A. Seydel 1912.

Das Buch enthält außer dem Bericht der Tagesordnung über die Sitzung des Institutes die folgenden Vorträge:

Studien an Tieren und in Fabriken über die Bedeutung der Chromate für die Gesundheit. Von Prof. Dr. K. B. Lehmann.

Die ärztliche Überwachung und Begutachtung der in Bleibetrieben beschäftigten Arbeiter. Von Privatdozent Dr. L. Teleky.

Ärztliche Merkblätter über berufliche Vergiftungen. 32 S. gr. 8°, mit 6 Textfig. u. 2 farb. Taf. Berlin, Julius Springer 1913.

Die Bedeutung der Chromate für die Gesundheit der Arbeiter. Von Prof. Dr. K. Lehmann. 119 S. gr. 8°, mit 11 Textabb. Berlin, Julius Springer 1914.

Der Gesundheitsschutz in den Metallbeizereien (Metallbrennen). Von Dr. Poerschke. 27 S. 8°, mit 15 Abb. Berlin, Polytechn. Buchhandlung A. Seydel 1912. (Sonderabdruck aus den „Mitteilungen des Instituts für Gewerbehygiene zu Frankfurt a. M.“)

Liste der gewerblichen Gifte und anderer gesundheitsschädlicher Stoffe, die in der Industrie Verwendung finden. Nach den Beschlüssen des Komitees der Internationalen Vereinigung für gesetzlichen Arbeiterschutz. Jena, Verlag Gustav Fischer 1912.

Gewerbliche Vergiftungen, deren Vorkommen, Erscheinungen, Behandlung, Verhütung. Von Dr. J. Rambousek. 431 S. 8°, mit Fig. Leipzig, Veit & Co. 1911.

III.
Andere Werke aus verwandten Gebieten.

Chemisch-technisches Rezeptbuch für die gesamte Metallindustrie. Eine Samml. ausgewählter Vorschriften für die Bearbeitung aller Metalle, Dekoration und Verschönerung daraus gefertigter Arbeiten, sowie deren Konservierung. Von H. Bergmann. 2. vollst. umgearb. Aufl. 327 S. 8°. Wien, A. Hartleben 1904.

Bewährte Arbeitsweisen der Metallfärbung. Von E. Beutel. 88 S. 8°. Wien, W. Braumüller 1913.

Die binären Metallegierungen. Von Dr. K. Bornemann. In 3 Teilen.
1. Teil: 156 S. Lex. 8°, mit 8 Taf. u. Ableselineal. 1909.
2. Teil mit Textabb. u. 13 Taf. Halle, W. Knapp 1912.
Der 3. Teil befindet sich in Vorbereitung.

Metallkunde. Von Dr. A. Fenchel. 236 S. gr. 8°, mit 111 Abb. Hamburg, Boysen & Maasch 1911.

Die Legierungen, ihre Herstellung und Verwendung für gewerbliche Zwecke. Von G. Fermum. 158 S. kl. 8°, mit 29 Abb. Hannover, Dr. M. Jänecke 1910.

Das Färben der Metalle. Eine Anleitung zum Färben aller wichtigen Metalle auf chemischem, elektrochemischem und mechanischem Wege. Für Metalltechniker, Mechaniker, Gold- und Silberarbeiter, Bronzewarenfabrikanten usw. Von F. Hartmann. 480 S. kl. 8°, mit 14 Abb. Wien, A. Hartlebens Verlag 1912.

Verzinnen, Verzinken, Vernickeln, Verstählen, Verbleien und das Überziehen von Metallen mit anderen Metallen überhaupt. Methoden zur Anfertigung aller Metallüberzüge, sowie der Patinas, der oxydierten Metalle und der Bronzierungen. Von F. Hartmann. 6. Aufl. 264 S. 8°, mit 8 Abb. Wien, A. Hartlebens Verlag 1913.

Die technisch wichtigen Eigenschaften der Metalle und Legierungen. Von Prof. E. Heyn. Hälfte A: Die wissenschaftlichen Grundlagen für das Studium der Metalle und Legierungen. Metallographie. 506 S. 4°, mit 489 Textfig. u. 19 Taf. (Handbuch der Materialienkunde für den Maschinenbau. Von Prof. A. Martens. T. 2.) Berlin, Julius Springer 1912.

Die Färbung der Metalle und deren Ausführung. Von M. Hufschmidt. 69 S. 8°. Dresden, G. Wolf 1912.

Kurze Übersicht über sämtliche Legierungen. Von Dr. E. Jänecke. 100 S. 8°, mit Abb. u. 1 Tab. Hannover, Gebr. Jänecke 1910.

Zusammensetzung der gebräuchlichen Metallegierungen. Von E. W. Kaiser. 26 S. Lex. 8°. Halle, W. Knapp 1911.

Galvanotechnik (Galvanostegie und Galvanoplastik). Von H. Krause. 195 S. kl. 8°, mit 24 Textabb. Hannover, Dr. M. Jänecke 1908.

Galvanoplastik und Galvanostegie. Kurzgefaßter Leitfaden für das Selbststudium und den Gebrauch in der Werkstatt. Von Dr. G. Langbein und Dr.-Ing. A. Frießner. 4. Aufl. 265 S. 8°, mit Titelbild und 77 in d. Text gedr. Abb. Leipzig, J. J. Weber 1904.

Die Legierungen. Handbuch für Praktiker. Enthaltend die Darstellung sämtlicher Legierungen, Amalgame und Lote für die Zwecke aller Metallarbeiter, besonders für Erzgießer, Glockengießer, Bronzearbeiter, Gürtler, Sporer, Klempner, Gelbgießer, Gold- und Silberarbeiter, Mechaniker, Zahntechniker. Vorschriften über das Färben der Legierungen usw. Von A. Krupp. 3. erweiterte, verm. und vollst. umgearb. Aufl. 448 S. 8°, mit 30 Abb. Wien, A. Hartleben 1909.

Die Legierungen in ihrer Anwendung für gewerbliche Zwecke. Von A. Ledebur. 4. Aufl., bearb. u. hrsg. von Prof. O. Bauer. 214 S. 8°, mit 45 Abb. im Text. Berlin, M. Krayn 1913.

Die Metallverarbeitung auf chemisch-physikalischem Wege. Von Prof. A. Ledebur. 312 S. gr. 8°, mit 75 Holzstichen. Braunschweig. Vieweg & Sohn 1882.

Der praktische Verzinker. Mit Anleit. zur prakt. Einricht. von Verzinkereien, Herstell. d. Beizgefäße usw. Von R. Menzel. 65 S. 8°, mit zahlr. Abb. Leipzig-R., F. Stoll jr. 1909.

Legierungsmetalle, ihre Bestimmung und kritische Beleuchtung der vorgeschlagenen Analysengänge nebst ihrer Verwendung. Von E. Pancke. 62 S. 8°. Halle, W. Knapp 1913.

Die elektrolytischen Metallniederschläge. Lehrbuch d. Galvanotechnik mit Berücksicht. d. Behandl. d. Metalle vor u. nach d. Elektroplattieren. Von Dr. W. Pfannhauser jr. 801 S. gr. 8°, mit 173 in d. Text gedr. Abb. Berlin, Julius Springer 1910.

Galvanostegie. Von M. Schlötter.

I. Teil. Über elektrolytische Metallniederschläge. 257 S. Lex. 8°, mit 32 Textabb. Halle, W. Knapp 1910.

II. Teil. Über besondere Einrichtungen zum Plattieren. 191 S. Lex. 8°, mit 157 Abb. im Text. Halle W. Knapp 1911. (Monographien über angewandte Elektrochemie, 37 und 40.)

Das Ätzen der Metalle. Für kunstgewerbliche Zwecke. Nebst einer Zusammenstellung der wichtigsten Verfahren zur Verschönerung geätzter Gegenstände. Von H. Schubert. 2. Aufl. 222 S., mit 30 Abb. Wien 1905. A. Hartleben.

Metallurgische und technologische Studien auf dem Gebiete der Legierungsindustrie, insbesondere über das Ausglühen von Metallen und Legierungen. Von Dr.-Ing. M. Weidig. 123 S. Lex. 8°, mit 64 Fig. Berlin 1912. L. Simion Nachf.

Die Galvanoplastik. Ausführliches Lehrbuch der Galvanoplastik und Galvanostegie, nach den neuesten theoretischen Grundsätzen und praktischen Erfahrungen bearb. von J. Weiß. 5. völlig umgearb., verm. u. verb. Aufl. 384 S. 8°, mit 66 Abb. Wien 1909. Hartleben.

Der Galvanotechniker. Praktisches Handbuch, umfassend die Elektrochemie in ihrer Anwendung, um Gegenstände in Metall nachzubilden oder mit Metall zu überziehen. Von M. Zapfe. 6. vollständig neu bearbeitete Auflage von „Binders Handbuch der Galvanoplastik". 201 S. gr. 8°, mit 52 Abb. u. 4 Tab. Saarbrücken 1911. F. Woas.

Amerikanische Praxis des Verzinkens, Verzinnens, Verbleiens, Verkupferns usw. Unter Mitwirkung bewährter Fachleute bearbeitet von H. Voelker. 28 S. gr. 8°, mit 16 Tafeln. Zeichnungen. (Format 300 × 400 mm.) 1915. In steifem Umschlag.

Sachregister.

GPSR Compliance

The European Union's (EU) General Product Safety Regulation (GPSR) is a set of rules that requires consumer products to be safe and our obligations to ensure this.

If you have any concerns about our products, you can contact us on ProductSafety@springernature.com

In case Publisher is established outside the EU, the EU authorized representative is:

Springer Nature Customer Service Center GmbH
Europaplatz 3
69115 Heidelberg, Germany

Batch number: 10682323

Printed by Printforce, the Netherlands